Die Hefe in der Brauerei

Hefemanagement
Kulturhefe - Hefereinzucht
Hefepropagation im Bierherstellungsprozess

Prof. Dr. sc. techn. Gerolf Annemüller

Dr. sc. techn. Hans-J. Manger

Dr. Peter Lietz

4. aktualisierte Auflage

Im Verlag der VLB Berlin

Bibliografische Information Der Deutschen Bibliothek
Die Deutsche Bibliothek verzeichnet diese Publikation in der Deutschen National-
bibliografie; detaillierte bibliografische Daten sind im Internet über:
portal.dnb.de abrufbar.

Kontaktadresse:
Dr. Hans-J. Manger
Pflaumenallee 14
15234 Frankfurt (Oder)
Email: hans.manger@t-online.de

4. aktualisierte Auflage 2020

ISBN 978-3-921690-93-2

© VLB Berlin, Seestraße 13, D-13353 Berlin, www.vlb-berlin.org

Alle Rechte, insbesondere die Übersetzung in andere Sprachen, vorbehalten.
Kein Teil des Buches darf ohne schriftliche Genehmigung des Verlages in
irgendeiner Form reproduziert werden.
Die Wiedergabe von Gebrauchsnamen, Handelsnamen, Warenbezeichnungen usw. in
diesem Werk berechtigt auch ohne besondere Kennzeichnung nicht zu der Annahme,
dass solche Namen in Sinne der Warenzeichen- und Markenschutz-Gesetzgebung als
frei zu betrachten wären und daher von jedermann benutzt werden dürfen.

All rights reserved (including those of translation into other languages).
No part of this book may be reproduced in any form.

Herstellung: VLB Berlin, PR- und Verlagsabteilung
Druck: CPI buchbücher.de GmbH, Birkach

Inhaltsverzeichnis

Verzeichnis der Abkürzungen	10
Vorwort	12
1. Einleitung und Begriffsbestimmungen	14
1.1 Probleme der Systematik	18
1.2 Heferassen und -stämme	19
1.3 Nicht-*Saccharomyces*-Hefen	24
1.4 Weitere Versuche mit Nicht-*Saccharomyces*-Hefen	25
2. Zur geschichtlichen Entwicklung der Züchtung von reinen Bierhefen	26
2.1 Die Entdeckung der Hefe als lebender Mikroorganismus	26
2.2 Die Entwicklung der verschiedenen Bierheferassen und ihre Reinzüchtung	39
2.2.1 Die Mikroflora des Bieres	40
2.2.2 Die Geschichte der Hefereinzucht	59
3. Die Notwendigkeit zur Regenerierung des Hefesatzes und die Anforderungen an die Anstellhefe in der Brauerei	73
3.1 Anzeichen für die Degeneration eines Hefesatzes	73
3.2 Mögliche Ursachen für eine Degeneration des Hefesatzes	74
3.3 Stressfaktoren	75
3.4 Zur Notwendigkeit des Hefewechsels	77
3.5 Vorteile eines in einer Propagationsanlage hergestellten Hefesatzes	79
3.6 Anforderungen an eine Anstellhefe	80
4. Wichtige mikrobiologische und biochemische Grundlagen der Bierhefevermehrung und ihre Bedeutung für die Hefereinzucht und Hefepropagation	82
4.1 Die chemische Zusammensetzung der Hefe	82
4.1.1 Der Zusammenhang zwischen Wassergehalt und Hefetrockensubstanzgehalt	82
4.1.2 Die chemische Zusammensetzung der Hefetrockensubstanz	84
4.1.2.1 Molformel und Makroelemente der Hefe	84
4.1.2.2 Rohproteingehalt	84
4.1.2.3 Gesamtkohlenhydrate	87
4.1.2.4 Nucleinsäuren und Nucleotide	91
4.1.2.5 Lipide (Rohfette)	91
4.1.2.6 Porphyrine	95
4.1.2.7 Vitamine und Wuchsstoffe der Hefe	96
4.1.2.8 Aschebestandteile	96
4.2 Einige für die verfahrenstechnische Auslegung von Hefe- behandlungsanlagen und für technologische Berechnungen ermittelte physikalische Stoffkennwerte der Hefezellen und Hefesuspensionen	100
4.2.1 Größe einer Hefezelle, Zellzahl und Biomassekonzentration	100
4.2.2 Oberfläche der Hefezelle	106
4.2.3 Dichte der Hefezelle	107

4.2.4 Dichte und Trockensubstanzwerte von Hefesuspensionen und Hefeprodukten	107
4.2.5 Rheologische Parameter von Hefesuspensionen	111
4.2.6 Druckverlustberechnung für Hefesuspensionen in Rohrleitungen	121
4.2.7 Wärmephysikalische Kennwerte von Hefeprodukten	123
4.2.8 Oberflächenladung	124
4.2.9 Osmotischer Druck	124
4.2.10 Sedimentationsgeschwindigkeit der Hefe	125
4.2.11 Berechnungsbeispiel für den Einfluss des Feststoffvolumenanteils der Erntehefe auf die mögliche Hefebiergewinnung	139
4.3 Aufbau der Hefezelle und die Funktionen ihrer Organellen	142
4.3.1 Das Cytoplasma (Zellplasma)	143
4.3.2 Zellwand mit Plasmamembran	144
4.3.2.1 Die äußere Zellwand	144
4.3.2.2 Hefeflockung und Flockungstheorien	146
4.3.2.3 Flockungstest	148
4.3.2.4 Sprossnarben	148
4.3.2.5 Protoplasten	148
4.3.2.6 Plasmamembran (Plasmalemma)	149
4.3.3 Zellkern	150
4.3.4 Mitochondrien	150
4.3.5 Vakuolen	151
4.3.6 Endoplasmatische Membranen	152
4.3.7 Ribosomen	153
4.3.8 Speicherstoffe der Zelle	153
4.3.9 Die Mechanismen des Stofftransportes durch die Hefezellwand	153
4.4 Grundlagen der Hefevermehrung und ihre Kinetik	156
4.4.1 Vegetative und geschlechtliche Vermehrung	156
4.4.2 Desoxyribonucleinsäuren und Ribonucleinsäuren - die Träger des genetischen Codes der Hefezelle	159
4.4.3 Die Wachstumskurve von Hefepopulationen in einer Batchkultur und der Zellzyklus bei der vegetativen Vermehrung einer Einzelzelle	166
4.4.4 Vermehrungskinetik der Hefe	169
4.4.5 Einflussfaktoren auf die Geschwindigkeit der Hefevermehrung und Richtwerte für die Generationsdauer in der logarithmischen Wachstumsphase	172
4.4.5.1 Fermentationstemperatur	172
4.4.5.2 Einfluss der Substratkonzentration	173
4.4.5.3 Einfluss der Konzentration der extrazellulären Stoffwechselprodukte Ethanol und Kohlendioxid	176
4.4.5.4 Fermentationsverfahren	179
4.4.5.5 Die Vitalität der Satzhefe	180
4.4.5.6 Die Anstellkonzentration der Stellhefe	181

4.4.5.7 Beeinflussung des Hefestoffwechsels durch weitere physikalisch-chemische Faktoren ... 181
    4.4.5.7.1 Verfügbares Wasser und osmotischer Druck ... 182
    4.4.5.7.2 Statischer Druck und Druckimpuls ... 182
    4.4.5.7.3 Die extra- und intrazelluläre Wasserstoffionenkonzentration (pH-Wert) und ihre Veränderungen ... 183
    4.4.5.7.4 Redoxpotenzial ... 185
    4.4.5.7.5 Oberflächenspannung ... 185
4.4.5.8 Schlussfolgerungen ... 185
4.4.6 Berechnungsbeispiele für die Auslegung von Hefepropagationsanlagen unter Verwendung der aufgeführten Richtwerte und Gleichungen ... 186
4.5 Stoffwechselwege der Hefe und Regulationsmechanismen ... 190
  4.5.1 Energie- und Baustoffwechsel ... 190
  4.5.2 Stoffwechselwege der Hefezelle ... 196
  4.5.3 Regulationsmechanismen im Hefestoffwechsel ... 208
  4.5.4 Die Gärungsnebenprodukte im Stoffwechsel der Bierhefe ... 213
    4.5.4.1 Bukett- und Jungbukettstoffe des Bieres ... 214
    4.5.4.2 Der Schwefelstoffwechsel der Hefe und sein Einfluss auf die Bierqualität ... 214
4.6 Der Nährstoffbedarf der Hefe *Saccharomyces cerevisiae* für die Vermehrung ... 219
  4.6.1 Die erforderlichen Kohlenstoff- und Energiequellen ... 220
  4.6.2 Reihenfolge der Zuckerverwertung ... 221
  4.6.3 Die Hefeausbeute in Abhängigkeit vom *Crabtree*-Effekt und aerober Gärung ... 222
  4.6.4 Der assimilierbare Stickstoffbedarf ... 222
  4.6.5 Der freie α-Aminostickstoffgehalt (FAN) und seine Kontrolle ... 224
  4.6.6 Die Vorteile der assimilierbaren N-Versorgung der Hefe durch Aminosäurengemische im Vergleich zur anorganischen Ammoniumionen-Dosage ... 226
  4.6.7 Die Dosage der N-Quelle und der Rohproteingehalt (RP) der Erntehefe ... 226
  4.6.8 Der Mineralstoffbedarf ... 227
  4.6.9 Der Wuchsstoff- bzw. Vitaminbedarf ... 230
  4.6.10 Kalkulation der mit normalen Brauereivollbierwürzen erreichbaren Hefevermehrung ohne Zufütterung von Nährstoffen ... 234
  4.6.11 Anforderungen an die für die Hefevermehrung eingesetzte Bierwürze ... 239
    4.6.11.1 Grundsätzliche Zielstellungen ... 239
    4.6.11.2 Konkrete Anforderungen an die Würzen ... 240
    4.6.11.3 Zur Problematik der Belüftung und Sauerstoffanreicherung der Anstellwürze ... 240
    4.6.11.4 Zum erforderlichen mikrobiologischen Status der verwendeten Würzen ... 241
    4.6.11.5 Einflussfaktoren auf den erforderliche Aufwand zur Erreichung der Sterilität ... 244
    4.6.11.6 Über die Sterilisation der Würze ... 245

4.6.11.7 Vorschläge für die Auslegung der thermischen Behandlung einer Brauereireinzuchtwürze ... 247
4.6.11.8 Schlussfolgerungen ... 248
4.6.12 Der Einfluss der Hefevermehrung auf den Extraktschwand ... 248
4.6.13 Verbesserung des Nährstoffangebotes der Bierwürze durch Zusätze ... 251
4.7 Die technologischen Grundlagen der Sauerstoffversorgung der Hefe ... 252
4.7.1 Vorbemerkungen ... 252
4.7.2 Zu einigen biochemischen Zusammenhängen aus der Sicht des Sauerstoffbedarfes ... 252
4.7.3 Zum Stand des Wissens über die erforderliche O_2-Versorgung bei der Brauereihefevermehrung ... 253
4.7.4 Sauerstoffbedarf und Sauerstoffaufnahmerate von *Saccharomyces cerevisiae* bei höheren Zuckerkonzentrationen ... 255
4.7.5 Berechnung des erforderlichen Sauerstoff- und Lufteintrages bei der Hefevermehrung (Hefeherführung, Hefeeinzucht) in Bierwürze ... 258
4.7.5.1 Modell 1: Berechnung des Gesamtsauerstoff- und Luftbedarfes, bezogen auf den erreichbaren Gesamthefezuwachs von 1,5 g HTS_Z/L_{AW} ... 259
4.7.5.2 Modell 2: Berechnung des Hefezuwachses für die Start- und Endphase und Ermittlung der in diesen Phasen maximalen Sauerstoffaufnahme der vorhanden Hefe ... 259
4.7.5.3 Modell 3: Abschätzung der erforderlichen Belüftungszeit von Hefefermentationen in Brauereiwürze ... 262

5. Maschinen, Apparate und Anlagen für die Hefeeinzucht und Hefepropagation ... 264

5.1 Hefeeinzucht und Hefeherführung als Verfahren ... 264
5.2 Ausrüstungen für die Hefeeinzucht im Labor ... 267
5.3 Ausrüstungen für die Hefevermehrung im Betriebsmaßstab ... 269
5.3.1 Allgemeiner Überblick ... 269
5.3.2 Beispiel für eine Hefepropagationsanlage ... 269
5.3.3 Propagationsgefäße ... 270
5.3.4 Sensoren für Hefepropagationsanlagen ... 272
5.3.5 Anlagen zur Sauerstoffzufuhr ... 274
5.3.6 Anlagen für die Würzeentkeimung ... 276
5.3.7 Zubehör ... 276
5.3.8 Ausgeführte Anlagen ... 277
5.4 Die verfahrenstechnischen Grundlagen der Sauerstoffversorgung der Hefe ... 280
5.4.1 Gesetzmäßigkeiten der Löslichkeit von Gasen in Flüssigkeiten ... 280
5.4.2 Die Gaslösung beeinflussende Faktoren ... 283
5.4.3 Technische Lösungen für die Belüftung ... 284
5.4.3.1 Gemeinsame Voraussetzungen ... 284
5.4.3.2 Technische Möglichkeiten für die Verbesserung der Gaslösung ... 285
5.4.3.3 Begasungsvorrichtungen im Bereich der Backhefeindustrie und der Technischen Mikrobiologie ... 286

5.4.3.4 Möglichkeiten der Schaumverminderung bei der Begasung	287
5.4.3.5 Der Einsatz der unstetigen bzw. stetigen Querschnittserweiterung zur Gasverteilung	288
5.4.3.6 Beispiele ausgeführter Begasungssysteme bzw. Komponenten	291
5.4.3.7 Schlussfolgerungen	293
5.5 Anforderungen an die Ausrüstung	294
5.5.1 Werkstoffe und Oberflächen	294
5.5.2 Anforderungen an die Gestaltung von Rohrleitungen und Anlagen im Hinblick auf kontaminationsfreies Arbeiten	299
5.5.3 Hinweise zur Rohrleitungsverschaltung, zum Einsatz von Armaturen und zur Probeentnahme	301
5.5.3.1 Allgemeine Hinweise	301
5.5.3.2 Die manuelle Verbindungstechnik	302
5.5.3.3 Die Festverrohrung	304
5.5.3.4 Armaturen für Rohrleitungen und Anlagenelemente	306
5.5.4 Probeentnahmearmaturen	307
5.5.4.1 Allgemeine Hinweise zu Armaturen für die Probeentnahme	307
5.5.4.2 Armaturen für die manuelle und automatische Probeentnahme	308
5.5.4.2.1 Anforderungen an die Probeentnahme	308
5.5.4.2.2 Armaturen für die manuelle Probeentnahme	310
5.5.4.2.3 Armaturen für die automatische Probeentnahme	310
5.5.4.2.4 Dekontamination der Probeentnahmearmaturen	311
5.5.4.3 Gestaltung von Probeentnahmearmaturen	312
5.5.4.3.1 Membranventile	313
5.5.4.3.2 Doppelsitzventile	320
5.5.4.3.3 Nadelventile	321
5.5.4.3.4 Einfache Ventile und sonstige Probeentnahmevorrichtungen	322
5.5.4.3.5 Probeentnahmehähnchen	324
5.5.4.4 Betätigungsvarianten	325
5.5.4.5 Einbau von Probeentnahmearmaturen	325
5.5.4.6 Automatische Probenahmesysteme	327
5.5.4.7 Wartung der Armaturen	331
5.5.5 Hinweise zum Einsatz von Pumpen	332
5.5.5.1 Allgemeine Hinweise	332
5.5.5.2 Verdrängerpumpen	332
5.5.5.3 Zentrifugalpumpen	334
5.6 Sterilisation der Würze	336
5.7 Anlagenplanung	338
5.8 Reinigung und Desinfektion, Sterilisation	338
5.8.1 CIP-Verfahren	338
5.8.2 Sterilisation, das Dämpfen der Anlage	340
5.9 Mess- und Steuerungstechnik für Hefepropagationsanlagen	341
5.9.1 Messtechnik	341
5.9.2 Steuerungstechnik	341

6. Hefemanagement in der Brauerei — 342

- 6.1 Allgemeines und Begriffsbestimmung — 342
- 6.2 Die Reinzucht und Propagation der Brauereibetriebshefen — 342
  - 6.2.1 Die Isolierung von Brauereihefestämmen — 343
  - 6.2.2 Zur Stammauswahl eines neuen Hefestammes — 344
  - 6.2.3 Die Herführung der Reinzuchthefen im Brauereilabor — 346
  - 6.2.4 Die Pflege, Aufbewahrung und Konservierung der Hefestammkulturen im Labor — 348
  - 6.2.5 Die Vermehrung der Reinzuchthefen im Brauereibetrieb — 351
    - 6.2.5.1 Offene Systeme zur Hefeherführung im Brauereibetrieb — 351
    - 6.2.5.2 Geschlossene Hefevermehrung im Brauereibetrieb — 356
    - 6.2.5.3 Zusammenfassende Schlussfolgerungen über die bei der Hefepropagation anwendbaren Einflussfaktoren — 366
- 6.3 Kontrollverfahren bei der Dosierung der Anstellhefe und Methoden zur Bestimmung der Hefekonzentration — 371
  - 6.3.1 Bestimmung der Hefezellkonzentration mit Labormethoden — 371
    - 6.3.1.1 Die Zellzahlbestimmung mit der Zählkammer nach *Thoma* — 371
    - 6.3.1.2 Die Zellzahlbestimmung mit Teilchenzählgeräten — 375
    - 6.3.1.3 Probleme der Zellzahlbestimmung aus ZKT — 377
  - 6.3.2 Die Dosierung der Anstellhefe und ihre Kontrollverfahren — 379
    - 6.3.2.1 Dosierung nach Volumen — 379
    - 6.3.2.2 Dosierung nach Masse — 381
    - 6.3.2.3 Onlinebestimmung der Zellmenge — 381
      - 6.3.2.3.1 Dosierung durch Differenz-Trübungsmessung — 381
      - 6.3.2.3.2 Dosierung durch Erfassung der Teilchenzahl in der angestellten Würze — 383
- 6.4 Das Anstellen — 384
  - 6.4.1 Die Höhe der Hefegabe — 384
  - 6.4.2 Der Zeitpunkt und die Form der Hefegabe — 386
  - 6.4.3 Technologie der Hefedosage — 387
  - 6.4.4 Die Anstelltemperatur — 388
  - 6.4.5 Die Zeitdauer des Anstellens und die Würzebelüftung — 389
  - 6.4.6 Anstellen mit Reinzucht- oder Propagationshefe — 390
- 6.5 Die Gärführung — 391
  - 6.5.1 Temperaturführung — 391
  - 6.5.2 Einfluss des Druckes — 392
  - 6.5.3 Beeinflussung des Verhältnisses des vergärbaren Restextraktes zur in Schwebe befindlichen Hefekonzentration — 393
  - 6.5.4 Einfluss der Bewegung des Gärsubstrates — 394
  - 6.5.5 Beschleunigung der Hefeklärung — 395
- 6.6 Die Hefeernte — 395
  - 6.6.1 Die klassische Hefeernte — 395
  - 6.6.2 Hefeernte aus einem zylindrokonischen Gärtank — 396

	6.6.3 Die Hefeernte mittels Jungbierseparation	400
6.7	Die Hefebehandlung	401
	6.7.1 Kühlung der Hefe	401
	6.7.2 Das Sieben der Hefe	401
	6.7.3 Das Aufziehen der Hefe	402
	6.7.4 Das moderne Aufziehen oder „Vitalisieren"	402
	6.7.5 Die Hefewäsche	403
6.8	Die Hefelagerung	403
6.9	Presshefe	404
6.10	Trockenhefe	405
6.11	Einige Empfehlungen für das Hefemanagement beim High-gravity-brewing	411

7. Hefebiergewinnung und Verwertungsmöglichkeiten von Hefebier und Überschusshefe 413

7.1	Die Hefebiergewinnung	413
7.2	Sedimentation	413
7.3	Separation	414
	7.3.1 Einsatz von Tellerseparatoren für die Hefebiergewinnung	414
	7.3.2 Einsatz eines Dekanters zur Hefebiergewinnung	415
	7.3.3 Einsatz von Klärseparatoren vor der Filtration	416
	7.3.4 Förderung der mittels Separators/Dekanters abgetrennten Hefe	416
	7.3.5 Der Einsatz von Jungbier-Separatoren	417
7.4	Hefepresse	418
7.5	Membran-Trennverfahren	419
	7.5.1 Crossflow-Mikrofiltration	419
	7.5.2 Restbiergewinnung nach Alfa Laval	425
7.6	Einschätzung der Varianten	427
7.7	Qualitätseigenschaften und Aufarbeitung von Hefebieren	428
7.8	Verwertung der Überschusshefe	431
	7.8.1 Bierhefe als Futtermittel	432
	7.8.2 Bierhefe zur Maische	433
	7.8.3 Bierhefefraktionen als pharmazeutische Produkte und Nahrungszusatzstoffe	433
	7.8.4 Hefeextrakte	433
	7.8.5 Lagerung der Überschusshefe	434
7.9	Überschusshefe und Abwasserbelastung	435

Anhang	437
Index	441
Literatur- und Quellenverzeichnis	459

Verzeichnis der Abkürzungen

ADP	Adenosindiphosphat
AMP	Adenosinmonophosphat
ATP	Adenosintriphosphat
CIP	Cleaning in place
c_P	Permeabilitätskoeffizient
DIN EN	Europäische Norm
DIN	Deutsches Institut für Normung e.V.
DMS	Dimethylsulfid
DNA	Desoxyribonucleic Acid ($\hat{=}$ DNS Desoxyribonucleinsäure)
EHEDG	European Hygienic Equipment Design Group
EPDM	Ethylen-Propylen-Dien-Mischpolymerisat
E_s	Extrakt, scheinbar
E_w	Extrakt, wirklich
FDA	Food and Drug Administration
GLRD	Gleitringdichtung
GMO	genmanipulierte Mikroorganismen
hL	Hektoliter
H	Zuwachsfaktor
HACCP	Hazard Analysis and Critical Control Points
HRA	Hefereinzuchtanlage
HTS	Hefe-Trockensubstanz
HTS_Z	HTS-Zuwachs
i.N.	im Normzustand (0 °C, 1,013 bar)
Index 0	Startzeitpunkt
Index t	zur Zeit t
K	Konsistenzfaktor
KZE	Kurzzeiterhitzung
l_{AW}	Liter Anstellwürze
l	Länge
L	Liter
m	Masse
mL	Milliliter
$\dot{m}$	Massenstrom
ME	Maßeinheit
n	Sauerstofftransportrate in g O_2/(L·h)
N	Zellzahl/Volumeneinheit
NBR	Acrylnitril-Butadien-Kautschuk
p	Druck
PCR	Polymerase Chain Reaction
PE	Polyethylen
PP	Polypropylen
PTFE	Polytetrafluorethylen
PWÜ	Plattenwärmeübertrager
$p_ü$	Überdruck
R^2	Bestimmtheitsmaß

r.A.	reiner Alkohol
RNA	Ribonucleic Acid ($\hat{=}$ RNS Ribonucleinsäure)
s	Sekunde
S	Standardabweichung
SIP	Sterilization in place
St	Stammwürze
T	Temperatur in K
t	Zeit
t_G	Generationszeit
V	Variationskoeffizient
V	Volumen
$\dot{V}$	Volumenstrom
var.	Varietät (Unterart; wird auch als *subspecies*, abgekürzt ssp. bezeichnet
VDMA	Verband Deutscher Maschinen- und Anlagenbau e.V.
V_s	Vergärungsgrad, scheinbar
V_w	Vergärungsgrad, wirklich
X	Hefekonzentration in g HTS/Volumeneinheit
$\overline{X}$	Mittelwert
ZKG	zylindrokonischer Gärtank
ZKL	zylindrokonischer Lagertank
ZKT	zylindrokonischer Tank (Tank in zylindrokonischer Bauform)

ρ	Dichte
η	dynamische Viskosität
ν	kinematische Viskosität
ϑ	Temperatur in °C
$\dot{\gamma}$	Schergeschwindigkeit
τ_0	Fließgrenze
η_{CA}	*Casson*-Viskosität
μ	spezifische Wachstumsrate
Δ	Differenz

Vorwort

Die Brauereihefe *Saccharomyces cerevisiae var.* ist der wichtigste Mikroorganismus für die Bierherstellung. Ihre Eigenschaften bestimmen neben den Rohstoffen Malz, Hopfen und Wasser die Qualität des Bieres und die Produktivität des verwendeten Gär- und Reifungsverfahren entscheidend mit.

Die Bereitstellung der benötigten Anstellhefe in der erforderlichen Menge und Qualität und zum optimalen Zeitpunkt ist die Aufgabe des Hefemanagements, ebenso die Auswahl und Pflege des betrieblich günstigsten Hefestammes, die Vermehrung dieses Hefestammes, die Planung und der Betrieb der Hefepropagationsanlage sowie die Verwertung der Überschusshefe und des daraus gewonnen Restbieres.

Mit der Einführung der zylindrokonischen Großtanks (ZKT) in die Gär- und Reifungsabteilungen stiegen auch die Anforderungen an die Bierqualität, insbesondere an die Haltbarkeit und Stabilität der Biere, und damit auch an die Reinheit der verwendeten Anstellhefen und die Betriebssicherheit der Propagationsanlagen.

Die vorliegende Schrift möchte Informationen zu folgenden Schwerpunkten vermitteln:
- Hinweise zur Hefesystematik
- Anforderungen an die Anstellhefe in der Brauerei und die Notwendigkeit der Regenerierung des Hefesatzes
- die Zusammensetzung der Hefe
- Stoffkennwerte der Hefe (Dichte, Größe, rheologische Parameter, wärmephysikalische Kennwerte, osmotischer Druck, Oberflächenladung)
- Aufbau und Funktionen der Hefezelle
- Hefevermehrung und ihre Kinetik
- Stoffwechselvorgänge und Regulationsmechanismen
- Nährstoffbedarf der Hefe
- Sauerstoffbedarf der Hefe
- Maschinen, Apparate und Anlagen zur Hefevermehrung
- Hinweise für die Auslegung und den Betrieb von Propagationsanlagen
- Hefemanagement in der Brauerei
- Hefebiergewinnung.

Dabei wird der Versuch unternommen, die objektiven naturwissenschaftlichen Zusammenhänge in den Mittelpunkt zu stellen, um allzu subjektiven Darstellungen den Boden zu entziehen.

Es ist das Ziel der Autoren, sachliche Informationen zum Hefemanagement und zur Hefevermehrung zu vermitteln und einen Beitrag zur realen Einschätzung der realisierbaren Teilprozesse zu leisten.

Die nachfolgenden Ausführungen können und sollen die Fachliteratur zur Thematik „Hefe" nicht ersetzen. Insbesondere wird neben den aufgeführten Quellen beispielhaft auf das Standardwerk „The Yeasts" [142] verwiesen.

Die Autoren bedanken sich bei Herrn *Udo Kriegel* (GEA Tuchenhagen Brewery Systems GmbH) sowie bei Frau *Margret Lamers* und Frau Dr. *Juliane Kunte* (ehem. Berliner-Kindl-Schultheiss-Brauerei GmbH) für die Unterstützung der Versuchsarbeiten und bei zahlreichen Unternehmen, die uns Informationsmaterial bereitgestellt haben.

Herrn Dr. *Peter Lietz* wird für die Aus- und Überarbeitung des Kapitels 2 „Zur geschichtlichen Entwicklung der Züchtung von reinen Bierhefen" gedankt.

Zur ausführlichen Darstellung der Entwicklung der Gär- und Reifungsverfahren von Bier sowie der Bildung und Beeinflussung der Gärungsnebenprodukte durch die Verfahrensführung wird auf die Fachliteratur verwiesen [1]. Der Einfluss der Hefe auf die Klärung und Filtrierbarkeit der Biere wird in [2] beschrieben. Die mikrobiologische Betriebskontrolle ist nicht Gegenstand dieser Publikation (hierzu s.a. [238]).

Die vorliegende 4. Auflage wurde in einigen Kapiteln aktualisiert und ergänzt und es wurden Korrekturen vorgenommen.

Berlin, im Januar 2020 *Gerolf Annemüller* und *Hans-J. Manger*

1. Einleitung und Begriffsbestimmungen

In den Brauereibetrieben ist zu den technologisch erforderlichen Zeiten die Bereitstellung einer ausreichenden Menge an Anstellhefe, die den Qualitätsanforderungen für die Herstellung eines den Marktanforderungen entsprechenden Bieres entspricht, zu gewährleisten, eine entscheidende Voraussetzung für die Wirtschaftlichkeit und die Qualitätssicherheit des Bierherstellungsprozesses.

Um die in den letzten Jahrzehnten enorm gestiegenen Anforderungen an die Bierqualität zu erfüllen, insbesondere an die biologische, kolloidale, sensorische und die Schaumhaltbarkeit sowie an die Reinheit des Geruches und Geschmackes und besonders an die Geschmacksstabilität auch noch am Ende einer Haltbarkeitsgewährleistung von 6…12 Monaten, ist auch eine Veränderung des betrieblichen Hefemanagements erforderlich. Es werden höchste Anforderungen an die Qualität der Betriebshefe, insbesondere an die biologische Reinheit und den physiologischen Zustand jedes zum Anstellen verwendeten Hefesatzes gestellt, die weit über den Anforderungen der früheren Jahrzehnte liegen (siehe Kapitel 2). Im Gegensatz zur bisherigen Verfahrensweise stieg der Mengenbedarf an einer solchen Satzhefe mit den Qualitätsmerkmalen reiner, frisch geführter Reinzuchthefe an, da aus Sicherheitsgründen die Wiederverwendung der normalen Erntehefen sehr stark eingeschränkt wurde.

Der physiologische Zustand des verwendeten Hefesatzes wird mit den Begriffen „Lebensfähigkeit" („viability") und „Hefevitalität" („vitality") beschrieben.

Unter „viability" versteht man in erster Linie den mit verschiedenen Analysenverfahren erfassbaren prozentualen Anteil an lebenden Zellen einer Hefeprobe.

Der Begriff „vitality" charakterisiert die mit sehr unterschiedlichen Analysenmethoden quantifizierbaren Stoffwechselaktivitäten der Hefeprobe (z. B. die Gärgeschwindigkeiten, das Säurebildungsvermögen, metabolische Aktivitäten, den ATP-Gehalt, den Gehalt an intrazellulären Reservestoffen) und ihre Widerstandsfähigkeit gegenüber Stresszuständen.

Unter dem Begriff „Hefemanagement" (Synonym „Hefewirtschaft") fasst man in der Brauerei sämtliche Prozesse und Handlungen zusammen, die den Umgang mit der Betriebshefe betreffen. Sie beginnen mit der Stammauswahl und mit der Stammpflege im Labormaßstab und enden mit der Bierrückgewinnung aus der Überschusshefe und deren anschließender Entsorgung. Einen allgemeinen Überblick über die einzelnen Positionen des Hefemanagements in der Brauerei gibt Abbildung 1.

Die dominierenden Bestandteile eines Hefemanagements sind die Reinzucht des Hefestammes und die Propagation eines Hefesatzes.

Die „Reinzucht eines Hefestammes" beginnt mit der Isolierung einer Einzellkultur, der schrittweisen, sterilen Vermehrung eines Hefestammes im Labor im Volumenbereich zwischen 5 mL und 20 mL, dann bis auf 50 L ansteigend. Die Überführung der niederen Stufe in die nächst höhere sollte im Verhältnis von 1 : 3 erfolgen. Dabei sollte darauf geachtet werden, dass sich die Hefe bei der Überführung in die nächst höhere Stufe in der logarithmischen Wachstumsphase befindet und verbleibt. In der Regel schließt sich der Isolierung eines neuen Klons seine Prüfung auf Gär- und Flockungseigenschaften, sowie die Bewertung des mit diesem neuen Stamm erzeugten Bieres an. Die weitere Vermehrung des ausgewählten Hefestammes erfolgt unter „sterilen Bedingungen" im technischen Maßstab meist zweistufig in speziellen Hefereinzuchtanlagen, die im Volumenbereich zwischen 50…1000 L arbeiten. In kleineren und mittleren Betriebs-

Einleitung und Begriffsbestimmungen

größen kann der so vermehrte Hefestamm direkt als Hefesatz zum Anstellen einer betrieblichen Würzecharge verwendet werden.

Der in der Hefereinzuchtanlage vermehrte, kontaminationsfreie Hefestamm wird in Großbetrieben anschließend in einer Anlage für die „Hefepropagation" schnell und unter technisch keimfreien Bedingungen so vermehrt, dass damit auch die anzustellende Würzelosgröße einer Großbrauerei (Sud, zylindrokonischer Tank) mit einer ausreichenden Hefekonzentration angestellt werden kann.

Eine für den großtechnischen Betrieb mit normalen Gärtanks oder modernen Gärgefäßen abgewandelte Hefepropagation ist das „Anstellen mit Kräusen", d.h. der Vermehrung der Anstellhefe in der logarithmischen Wachstumsphase. Eine mit Reinzuchthefe angestellte Würzecharge wird im Hochkräusenstadium mit Hefekonzentrationen zwischen $30...60 \cdot 10^6$ Zellen/mL mit frisch propagierter Anstellwürze so „verdünnt", dass die Hefekonzentration im Bereich zwischen $>10...<30 \cdot 10^6$ Zellen/mL liegt. Je nach vorhandener Behältergeometrie wird die frische Anstellwürze einmal oder mehrmals „draufgelassen" oder die Kräusen werden auf die neu anzustellenden Gärtanks entsprechend verteilt.

Die für eine Anstellwürzecharge benötigte und eingesetzte Hefemenge wird als „Hefesatz" bezeichnet.

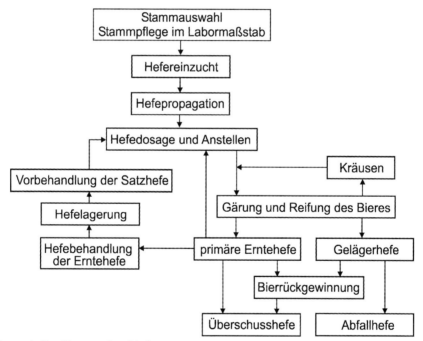

Abbildung 1 Positionen des Hefemanagements im Bierherstellungsprozess

Die in der Brauerei eingesetzten ober- und untergärigen Bierhefen gehören als Kulturhefestämme zur großen Gattung *Saccharomyces* (siehe Abbildung 2). Einen Kurzüberblick über die Systematik fasst Tabelle 1 zusammen. Die Namensveränderungen im Verlauf des letzten Jahrhunderts sind in Tabelle 3 aufgeführt.

Die Bezeichnung „untergärige" und „obergärige" Hefe beruht auf dem Verhalten dieser Hefen am Ende der Hauptgärung in einem offenen Gärbottich. Obergärige Hefen bilden größere, feste Sprossverbände, die durch ihre große Oberfläche bedingt, durch die aufsteigenden CO_2-Blasen an die Oberfläche des gärenden Bieres getragen werden. Sie bilden den so genannten Hefetrieb, deshalb „obergärig". Sie werden in diesen offenen Bottichen auch oberschichtig geerntet. Die untergärigen Bierhefen besitzen im gärenden Substrat meist nur eine Sprosszelle, von der sich die Mutterzelle bald trennt. Am Ende der Hauptgärung lagern sich die meisten untergärigen Hefen zu Agglomeraten zusammen und sinken auf Grund ihrer Masse auf den Boden des Gärgefäßes, deshalb „untergärig". Sie werden im offenen Gärbottich erst nach dem Schlauchen des Jungbieres in das Lagergefäß geerntet.

In hohen zylindrokonischen Gärtanks werden die obergärigen Sprossverbände durch die große Turbulenz im Gärtank auch zerstört, so dass die Einzelhefen auch als Agglomerate zum Boden sinken und aus dem ZKT wie untergärige Hefen geerntet werden können.

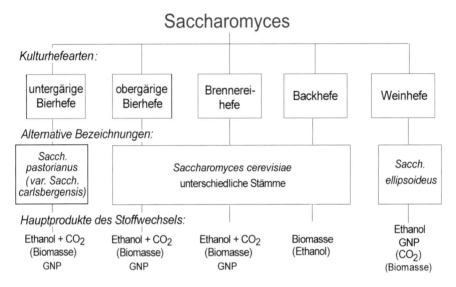

Abbildung 2 Die Kulturhefen der Gärungs- und Getränkeindustrie
(GNP = Gärungsnebenprodukte)

Tabelle 1 Die Kulturhefen der Gärungs- und Getränkeindustrie, zugehörig zu Saccharomyces cerevisiae

Begriff	lat. Begriff	
Reich	*Regnum*	Pflanzenreich
Abteilung	*Divisio*	*Fungi*; *Eumycota* = echte Pilze
Klasse	*Classis*	*Ascomycetes* (Schlauchpilze)
Ordnung	*Ordo*	*Endomycetales*
Familie	*Familia*	*Saccharomycetaceae*
Gattung	*Genus*	*Saccharomyces* (Zuckerpilze, Sprosspilze,
Art *)	*Species*	*Saccharomyces cerevisiae*

*) auf eine weitere Untergliederung der Art in Heferassen und Hefestämme wird verzichtet

Tabelle 2 Unterschiede zwischen ober- und untergäriger Brauereihefe

Qualitätskriterium	Untergärige Brauereihefe	Obergärige Brauereihefe
Größe, Form u. Zellinhalte der Einzelzelle unter dem Mikroskop	keine Unterschiede	
Bildung von Sprossverbänden im Gärsubstrat u. Agglutinationsvermögen	lockere, nur wenige Zellen umfassende Sprossverbände; weniger starkes Agglutinationsvermögen	bildet am Ende der Gärung Sprossverbände von 8 bis 10 Zellen; kein Agglutinationsvermögen
Verhalten am Ende der Hauptgärung im offenen Gärbottich	ballt sich zusammen und setzt sich im Normalfall, mehr oder weniger stark ausgeprägt, am Boden ab	steigt im Normalfall nach oben (CO_2-Auftrieb) und scheidet sich in der Gärdecke (Hefedecke) aus
Temperaturempfindlichkeit	Vermehrt sich und gärt auch bei niederen Temperaturen (5…10 °C) noch sehr gut	empfindlich gegenüber Gärtemperaturen unter 10 °C, gärt im Normalfall im Temperaturbereich von ϑ = 12…25 °C, sedimentiert bei niedrigen Temperaturen
Maximale Wachstumstemperatur [3]	ϑ_{max} = 31,6…34,0 °C	ϑ_{max} = 37,5…39,8 °C
Optimale Wachstumstemperatur [3]	ϑ_{opt} = 26,8…30,4 °C	ϑ_{opt} = 30…35 °C
Bildung von Gärungsnebenprodukten	untergärige Biere sind im Normalfall deutlich weniger fruchtig u. aromatisch im Bukett	deutlich höhere Nebenproduktbildung bei höheren Alkoholen, einigen Estern, flüchtigen Phenolen u. Schwefelverbindungen
Sporenbildungsvermögen	besitzt nur ein geringes Sporenbildungsvermögen, erfolgt erst nach 72 h nach Ausbringung auf den Gipsblock	sporulationsfreudiger, höherer Anteil sporenbildender Zellen, bereits nach 48 h feststellbar
Raffinoseverwertung	vollkommene Raffinoseverwertung, besitzt sowohl das Enzym β-h-Fructosidase (Invertase) als auch das Enzym α-Galactosidase (Melibiase)	besitzt nicht das Enzym α-Galactosidase, verwertet Raffinose nur zu einem Drittel, kann Melibiose nicht verwerten
Atmungsaktivität in Glucose (0,3 %) limitierten Medien	sehr schwache Atmungsaktivität	größere Atmungsaktivität
SO_2-Bildung	bildet mehr S-Verbindungen; SO_2 > 4 mg/L	bildet weniger S-Verbindungen, SO_2 < 2 mg/L
Weitere Differenzierungsmöglichkeiten	ober- und untergärige Hefestämme lassen sich weiterhin durch genetische, elektrophoretische, immunologische u. enzymatische Methoden differenzieren	

1.1 Probleme der Systematik

Alle Kulturhefen der Gärungs- und Getränkeindustrie gehören nach der jetzigen Systematik und genetischen Untersuchungen der Gattung *Saccharomyces* an. Die Brauereitechnologen hatten lange die untergärige Brauereihefe als eigene Art geführt und darauf hingewiesen, dass sich die obergärigen von den untergärigen Brauereihefestämmen sehr deutlich unterscheiden. Die Unterscheidung der Hefen in untergärige und obergärige erfolgt auf Grund ihrer unterschiedlichen physiologischen, morphologischen und gärungstechnologischen Unterschiede, wie der Vergleich in Tabelle 2 zeigt.

Die Einteilung der untergärigen Brauereihefe als eigene Art *Saccharomyces carlbergensis* wird durch neuere Untersuchungen von J. Hansen und anderen gestützt [4], [5], [6]. Sie haben durch Homologieuntersuchungen am Genom der untergärigen Bierhefen festgestellt, dass dieser Mikroorganismus wahrscheinlich aus der Verschmelzung der zwei verschiedenen Hefearten *Saccharomyces cerevisiae* und *Saccharomyces monacensis* entstanden ist.

Eine andere Forschungsgruppe definierte auf Grund ihrer PCR-Analysen die untergärigen Brauhefen als Hybriden der Hefearten *Saccharomyces cerevisiae* und *Saccharomyces bayanus / Saccharomyces pastorianus* (einen Überblick gibt [7]).

Die untergärige Bierhefe scheint in jedem Fall eine Arthybride und nicht mit *Saccharomyces cerevisiae* identisch zu sein.

In der Brauerei werden die untergärige Bierherstellung und die untergärigen Hefen sowie die obergärige Bierherstellung und die obergärigen Hefen bei einem Gemischtbetrieb sehr streng räumlich, technologisch und verfahrenstechnisch getrennt. Zu den untergärigen Bieren gehören u.a. die Export- und Pilsener-Biere, Märzen- und Bockbiere, zu den obergärigen das Altbier, das Kölsch, die Weizen- oder Weißbiere.

Folgende Bezeichnungen waren ausgehend von den grundlegenden Arbeiten von E. Chr. Hansen [8], (siehe auch Kapitel 2) im zwanzigsten Jahrhundert für die untergärige Brauereihefe gültig (Tabelle 3):

Tabelle 3 Veränderungen der Bezeichnungen für untergärige Brauereihefe

Name	Jahr	Bezeichnung
Meyen (ref. d. [9])	1836	*Sacch. cerevisiae*
Hansen [10]	1908	*Sacch. carlsbergensis*
Kudrjawzew [11]	1960	*Sacch. uvarum*
Lodder [12]	1970	*Sacch. uvarum*
Barnett, Payne u. Yarrow [13]	1983	*Sacch. cerevisiae*
Pedersen [14]	1988	*Sacch. carlsbergensis*

Die untergärige Bierhefe, in der englisch-sprachlichen Fachliteratur als „Lagerhefe/-Lagerbierhefe" bezeichnet, ist in ihrer Vielfalt der in der Brauindustrie verwendeten Stämme eine Hybride von *Saccharomyces cerevisiae* und anderen *Saccharomyces*-Arten mit ähnlichem Aromaprofil (wie z. B. *Sacch. pastorianus*, *Sacch. uvarum*, *Sacch. bayanus*, *Sacch. eubayanus* u.a.).

Es wurde in neuerer Literatur [15] die Hefe *Saccharomyces eubayanus* aus Patagonien beschrieben, die mit ihrem Erbgut unseren untergärigen Hefen das Gärvermögen bei kühleren Temperaturen (ϑ = 8…15 °C) verliehen hat.

Weiterhin besitzen die untergärigen Lagerbierhefen das FSY 1-Gen, das den Fructosetransport in die Hefezelle kodiert und in obergärigen Ale-Hefen nicht nachgewiesen wurde (l. c. [16]).

Auf Grund der genetischen Verwandtschaft wird die untergärige Brauereihefe/ Lagerbierhefe jetzt als *Saccharomyces pastorianus* (oft mit dem klärenden Zusatz var. *Sacch. carlsbergensis*) definiert.

Die Herkunft der Bezeichnungen für die untergärige Brauereihefe sind folgenden Wortstämmen entlehnt:

cerevisiae ⇒ cerevisia ⇒ cerves(i)a, cervesa (keltisch) = Bier
uvarum ⇒ uva (lateinisch) = Traube (von *Beijerinck* 1898 aus Fruchtsaft isoliert)
carlsbergensis ⇒ bezieht sich auf die Carlsberg-Brauerei Kopenhagen

1.2 Heferassen und -stämme

Zu einer Kulturheferasse gehören die zahlreichen Kulturhefestämme der Industriezweige der Gärungs- und Getränkeindustrie bzw. für einzelne spezielle Produkte.

Dabei kann der Kulturhefestamm eines Zweiges oder für ein bestimmtes Produkt gleichzeitig ein gefürchteter Kontaminant für einen anderen gärungstechnologischen Zweig bzw. für ein anderes Gärungsprodukt darstellen.

Die Herausbildung der unterschiedlichen Kulturhefestämme erfolgte bis zum neunzehnten Jahrhundert durch natürliche Selektion. Am Ende des 19. Jahrhunderts war es das Verdienst von Emil Christian Hansen, die methodischen Grundlagen für die Züchtung eines Hefestammes aus einer einzigen Zelle geschaffen zu haben, die die Voraussetzungen für eine gezielte Selektion einschließlich der Hefereinzüchtung wurden (s.a. Kapitel 2).

Im zwanzigsten Jahrhundert wurden durch wissenschaftliche Selektionen, durch Kreuzung und Mutation neue Hochleistungshefestämme gezüchtet. Dabei gab es für die Hefestammauswahl, je nach dem Verwendungszweck und den technologischen Anforderung des jeweiligen Anwenders, unter anderem folgende Zielstellungen für einen Hefestamm wie:

- Hoch- oder niedrigvergärend (Maltotrioseverwertung);
- Mehr Gär- oder mehr Wuchshefe;
- Staub- oder Bruchhefe;
- Verringerung der Temperaturempfindlichkeit;
- Erhöhung der Ethanoltoleranz (wichtig für die Ethanol- und Weinindustrie und Starkbierproduktion);
- Raffinoseverwertung (wichtig für die Rohrzuckermelasseverarbeitung);
- Erhöhung der Osmotoleranz (wichtig für Backhefe in zuckerreichen Teigen).

Nach der Komplettsequenzierung des Hefegenoms Ende des zwanzigsten Jahrhunderts (siehe auch Kapitel 4.4.2) wurden die ersten Hefestämme durch die genetischen Veränderungen des Erbgutes außerhalb der Hefezelle und unter anderem durch das Einschleusen hefefremder Gensequenzen in die Hefezelle mit völlig neuen Eigenschaften gezüchtet.

Diese so genannten *genmanipulierten* Hefestämme (GMO) werden bis jetzt auf Grund der noch immer vermuteten Risiken in der deutschen Brauindustrie *nicht* eingesetzt.

Durch folgende nicht genverändernde Entwicklungstechniken können nach *Hung* et al. [17] neue interessante Hefestämme gezüchtet werden:
- *Selektive Züchtung*: Gezielte Kreuzung von ausgewählten, erstklassigen Elternhefen, um Hybridnachkommen mit Merkmalen beider Elternteile zu produzieren.
- *Rückkreuzung*: Wiederholte selektive Züchtung, in der ausgewählte, erstklassige Hybridnachkommen isoliert und mit einem Elternteil gekreuzt werden.
- *Adaptive Evolution*: Iterative Anpassung eines Organismus an selektive Wachstumsbedingungen oder -umgebungen über viele Generationen.
- *Direkte Paarung*: Gezielte Kreuzung von zwei spezifischen Paarungstypen von kompatiblen, haploiden Hefeelternteilen (Zellen bzw. Sporen).
- *Seltene Paarung*: Ungezielte Kreuzung von zwei spezifischen Paarungstypen von nicht kompatiblen Hefeelternteilen (haploid bzw. diploid) durch Zufallsereignisse bei Paarungstypwechsel mit geringer Eintrittshäufigkeit.

Jedoch macht der Kenntnisstand des genetischen, des physiologischen und des Produktionsverhaltens der Kulturhefe Saccharomyces cerevisiae in Verbindung mit ihrem komplett entschlüsselten Genom sie zu einem attraktiven Forschungsorganismus. Neue Untersuchungen erlauben Metabolismusuntersuchungen und Messungen der intrazellulären Stoffwechselwege und die Korrelation dieser Daten mit dem Proteom. Dadurch werden Aufklärungen über die Funktionen der einzelnen Gene erhalten. Diese Erkenntnisse können nicht nur zur Konstruktion genetischer Veränderungen der Hefe verwendet werden, sondern auch zu ihrer molekularen Überwachung, um damit den Produktionsprozess zu optimieren bzw. anzupassen (einen Überblick hierzu siehe z. B. [18]).

Die Hochleistungskulturhefestämme werden u.a. in den Stammsammlungen des Instituts für Gärungsgewerbe Berlin (IfG Berlin) bzw. der Versuchs- und Lehranstalt für Brauerei in Berlin (VLB) bzw. der TU Berlin und in der TU München-Weihenstephan gepflegt und für die Brau- und andere Gärungsindustrie zur Verfügung gestellt.

Kurzinformationen über weitere wichtige Stammsammlungen von Mikroorganismen sind in Tabelle 4 zusammengefasst.

Die Eigenschaften der Hefen aus den Stammsammlungen wurden beschrieben und unter brauereitechnologischen Gesichtspunkten charakterisiert, so dass für den Anwenderbetrieb eine gezielte Auswahl möglich ist.

Beispiele dafür sind [19], [20], [21] und [328], oder die Eigenschaften können bei den Stammsammlungen erfragt werden.

Diese so genannten genmanipulierten Hefestämme (GMO) werden bis jetzt auf Grund der noch immer vermuteten Risiken in der deutschen Brauindustrie *nicht* eingesetzt. Durch folgende nicht genverändernde Entwicklungstechniken können nach *Hung* et al. [22] neue interessante Hefestämme gezüchtet werden:
- Selektive Züchtung: Gezielte Kreuzung von ausgewählten, erstklassigen Elternhefen, um Hybridnachkommen mit Merkmalen beider Elternteile zu produzieren.
- Rückkreuzung: Wiederholte selektive Züchtung, in der ausgewählte, erstklassige Hybridnachkommen isoliert und mit einem Elternteil gekreuzt werden.
- Adaptive Evolution: Iterative Anpassung eines Organismus an selektive Wachstumsbedingungen oder -umgebungen über viele Generationen.

Einleitung und Begriffsbestimmungen

- Direkte Paarung: Gezielte Kreuzung von zwei spezifischen Paarungstypen von kompatiblen, haploiden Hefeelternteilen ((Zellen bzw. Sporen).
- Seltene Paarung: Ungezielte Kreuzung von zwei spezifischen Paarungstypen von nicht kompatiblen Hefeelternteilen (haploid bzw. diploid) durch Zufallsereignisse bei Paarungstypwechsel mit geringer Eintrittshäufigkeit.

Tabelle 5 zeigt eine Kurzcharakteristik von untergärigen Hefestämmen aus der Weihenstephaner Stammsammlung. Hervorzuheben sind die sehr guten Stammeigenschaften der Hefe W 34/70 für die Herstellung von hellen untergärigen Vollbieren (weitere Ausführungen dazu siehe in [20]) und die bewährte obergärige Hefe W 68 zur Herstellung der bayerischen Weizenbiere.

Weitere industrienahe, gut charakterisierte Hefestammsammlungen ergänzen das umfangreiche Hefeangebot, wie zum Beispiel der in Tabelle 7 beschriebene obergärige Weißbierhefestamm 476 der Doemens-Akademie zeigt, der in anderen Sammlungen unter einem anderen Namen geführt wird.

Von der bewussten Nutzung der Vielfalt der bekannten Hefestämme wird noch zu wenig für die Entwicklung und Produktion neuer Getränke und Biere, insbesondere für deren Differenzierung, durch die Brauindustrie Gebrauch gemacht.

Tabelle 4 Stamm-Sammlungen, Beispiele

Name der Sammlung	Ort
DSMZ Deutsche Sammlung von Mikroorganismen und Zellkulturen GmbH	Braunschweig (D)
Versuchs- und Lehranstalt für Brauerei in Berlin (VLB), Abt. Bioprozesstechnik und Angewandte Mikrobiologie, Biologisches Labor, Hefebank (www.vlb-berlin.org)	Berlin (D) E-Mail: biolab@vlb-berlin.org
Leibnitz-Institut für Pflanzengenetik und Kulturpflanzenforschung Gatersleben; Arbeitsgruppe Hefegenetik *)	Gatersleben, Sachsen-Anhalt (D)
Technische Universität München [23]; Wissenschaftszentrum Weihenstephan für Ernährung, Landnutzung und Umwelt; Mikrobiologische Analytik u. Hefezentrum	Freising/ Weihenstephan (D); Email: hefezentrum.blq.wzw@tum.de
Doemens e.V.; Hefebank u. Mikrorganismensammlung	Gräfelfing/München (D)
Hefebank Weihenstephan GmbH [24]	Au i. d. Hallertau (D)
Danbrew/ Alfred Jørgensen Laboratory Ltd. [25]	Kopenhagen (DK)
National Collection of Yeast Cultures (NCYC)	Norwich, NR4 7UA (UK)
Centraalbureau voor Schimmelcultures	3508 AD Utrecht (NL)

*) In diese Sammlung wurde die Stammsammlung der Humboldt-Universität zu Berlin, Wissenschaftsbereich Mikrobiologie der Sektion Nahrungsgüterwirtschaft/ Lebensmitteltechnologie und des VEB WTÖZ der Brau- und Malzindustrie integriert.

Im Anhang (S. 437, Tabelle 140) wird zur weiteren Vertiefung der Thematik auf einige Dissertationen hingewiesen, die sich mit ausgewählten Themen zur Charakterisierung von Hefestämmen, Varianten ihrer Qualitätsbeeinflussung und den Einfluss ihrer Vitalität und ihres Enzympotentials auf den Gärverlauf beschäftigen.

Tabelle 5 Charakteristik von untergärigen Brauereihefen der Weihenstephaner Stammsammlung (nach [20])

Hefe-stamm W	Gär-leistung	Bruch-bildung	Diacetyl-reduktion	Schaum	Differenz Vsend - Vsaus	Acet-aldehyd	Höhere Alkohole	Ester
7	Hoch	Optimal	Sehr gut	++	++	+	(+)	++
26	mittel	Kräftig	Normal	++	(+)	++	+	+
34	Hoch	Optimal	Sehr gut	+++	+++	++	+++	+++
35	Hoch	Optimal	Sehr gut	++	(+)	+	+	++
69	Mittel	Geringer	Normal	+	++	++	+	++
72	Niedrig	Optimal	Normal	++	+	+	(+)	++
84	Hoch	Geringer	Sehr gut	++	+++	+++	+	++
105	Hoch	Kräftig	Sehr gut	++	+	+	(+)	+
107	Hoch	Kräftig	Sehr gut	+	+	+++	++	+
109	Mittel	Kräftig	Normal	+++	(+)	++	+++	+
111	Hoch	Geringer	Sehr gut	++	++	++	+	++
128	Hoch	Optimal	Sehr gut	++	++	++	+	++
159	Niedrig	Geringer	Sehr gut	+++	++	++	++	++
164	Mittel	Geringer	Sehr gut	+++	+++	+++	++	++
168	Hoch	Geringer	Normal	+++	+	++	+++	++
193	Hoch	Optimal	Langsam	+++	+++	++	(+)	++
195	Hoch	Geringer	Langsam	+++	++	++	-	+++
202	Hoch	Geringer	Sehr gut	+++	++	++	+	++

Schaum: + niedrig, ++ gut, +++ sehr gut;
Vergärungsgraddifferenz: (+) etwas höher, + normal, ++ gering, +++ sehr gering
Acetaldehyd: + höher, ++ normal, +++ niedrig
Höhere Alkohole: - hoch, (+) relativ hoch, + normal, ++ niedrig, +++ sehr niedrig
Ester: + niedrig, ++ normal, +++ ausgeprägt
pH-Wert-Abfall: bei allen Stämmen normal

In den letzten Jahren wurden die Hefestämme des Weihenstephaner Brauerei-forschungszentrums und der TU München neu und ausführlich charakterisiert sowie teilweise mit neuen Namen versehen (siehe u.a. [26] und [27]).

Auch die Versuchs- und Lehranstalt für Brauerei in Berlin (VLB) bietet nach *Pahl* [28] für unterschiedliche Zielstellungen die dazu geeigneten Hefestämme an. Einen Auszug der in der VLB gepflegten Hefestämme, verbunden mit einer Kurzcharakteristik, weist Tabelle 6 aus.

Tabelle 6 Hefestammsammlung der Versuchs- und Lehranstalt für Brauerei in Berlin E.V. (nach Pahl [28] und Hageböck [29])

Hefestamm Nr.	Hefetyp	Flokulations- eigenschaft	Geeignet für den Biertyp	Sensorische Eigenschaften
Rh	untergärig	gut flokulierend	Lagerbier	neutral
He.-Bru	untergärig	gut flokulierend	Lagerbier	fruchtig
Nr. 42	untergärig	gut flokulierend	Lagerbier	fruchtig
Nr. 221	untergärig	medium flokulierend	Lagerbier	aromatisch
1901	untergärig	nicht flokulierend	Lagerbier	neutral
SMA-S	untergärig	nicht flokulierend	Lagerbier	neutral
St.F.	untergärig	nicht flokulierend	Lagerbier	leicht aromatisch
160 obg.	obergärig	nicht flokulierend	Ale, Altbier	fruchtig, malzig
109	obergärig	gut flokulierend	Ale, Altbier	estrig, süß und säuerlich
110	obergärig	flokulierend	Ale, Stout	estrig, leicht fruchtig
111	obergärig	medium flokulierend	Ale, Altbier	estrig, leicht nach Vanille
68 obg.	obergärig	nahezu nicht flokulierend	Weizenbier	Fokus auf Isoamylacetat
94	obergärig	nicht flokulierend	Weizenbier	Fokus auf 4-Vinylguajacol
O.K.3	obergärig	nahezu nicht flokulierend	Kölsch Bier	neutral

Pahl [28] stellt die Entwicklung drei verschiedener Biercharaktere aus einer Bierwürze vor, die allein durch den Einsatz von drei verschiedenen Hefestämme erzeugt werden können wie nachfolgende Aufzählung z. B. zeigt:
Aus einer hellen Lagerbierwürze können drei unterschiedlich aromatische Biere mit einem Alkoholgehalt von 3…5 Vol.-% und mit einer Bittere von 15…40 BE hergestellt werden, die bei Einsatz des Hefestammes
- He.-Bru ein fruchtiges Bier,
- Rh ein neutral schmeckendes Bier und mit
- Stamm 221 ein sehr aromatisches Bier ergeben.

Weiterhin gewinnt die Verwendung spezieller Hefestämme bei der Herstellung alkoholarmer Biere zunehmend an Bedeutung. Insbesondere Maltose-negative Hefen stellen für kleinere Brauereien eine gute Möglichkeit dar, kostengünstig und mit geringem Aufwand alkoholfreie Biere herzustellen. Von der Versuchs- und Lehranstalt für Brauerei in Berlin sind nach *Hageboeck* [29] folgende Hefestämme dafür geeignet:
Saccharomyces dairensis
Saccharomyces rosei
Saccharomycodes ludwigii

Diese Beispiele sollen zeigen, dass allein durch die Wahl der bereits vorhandenen und bekannten Hefestämme eine große Biervielfalt erreicht werden kann.

Tabelle 7 Charakterisierung der obergärigen Weißbierhefe Stamm 476 der Doemens-Akademie [30]

Aromabildung	Fruchtiges, estriges Hefearoma mit typischer Bananennote, abgerundeter, aromatischer Geschmack
Gäreigenschaften	Hohe Hefevermehrung und Gärleistung
Hefezelle	7…9 µm, rund
pH-Wertabfall	normal
Sprossansammlung	Ja, sparrige Sprossverbände
Hefeernte	Sehr gut, 2,5-fache Menge
Hauptgärung	Bei 15…25 °C ca. 3 Tage
Nachgärung	Meist Flaschengärung, 2…3 Wochen
Hefeführungen	Unbegrenzt
Diacetylreduktion	Sehr gut
Schaum	Sehr gut
Differenz Vsend/Vsaus	Sehr gering
Acetaldehyd	Sehr niedrig
Stabilität gegen Autolyse	Hoch
Bierqualität	Sehr gut
Vergärung von Raffinose	33,3 %

Dieser Hefestamm ist zu unterschiedlichen Kosten erhältlich als Hefe auf einem Wattebausch, als Schrägagarkultur oder als Flüssigkultur 500 mL. Bezugsbedingungen siehe [31].

1.3 Nicht-*Saccharomyces*-Hefen

In Verbindung mit der sich ausbreitenden Craftbier-Scene werden von diesen experimentierfreudigen Bierbrauern oft auch Nicht-*Saccharomyces*-Hefen eingesetzt, um neue, besondere sensorische Biereindrücke zu kreieren. Nicht jeder dieser neuen Biertypen wird zwar von einem klassischen Biertrinker begeistert begrüßt, trotzdem gibt es auch dafür ein sich interessierendes Verbraucherklientel.

Weiterhin muss darauf hingewiesen werden, dass bereits in den vergangenen Jahrhunderten ausgewählte Nicht-*Saccharomyces*-Hefestämme auch in der „klassischen Brauindustrie" zum Einsatz kamen.

Folgende zwei Nicht-*Saccharomyces*-Hefestämme waren in der klassischen Bierbrauerei bereits im vorhergehenden Jahrhundert eingeführt:

Saccharomycodes ludwigii

Dieser Hefestamm (bekannt auch als „Ludwigshefe") vergärt nur die Angärzucker Saccharose, Glucose und Fructose. Die Hauptgärzucker der Malzwürze Maltose und Maltotriose werden von dieser Hefe nicht vergoren. Dadurch eignete sich dieser aromastarke Hefestamm sehr gut zur Herstellung von alkoholarmen Bieren. Ein erstes Patent dazu wurde bereits 1927 von *Haehn* und *Glaubitz* (siehe u.a. [32]) angemeldet. Neuere Produktentwicklungen von *Kunz* und *Methner* [33] ergaben mit dieser Maltose nicht vergärenden Hefe in Verbindung mit einer separaten Milchsäurefermentation einer Teilwürzemenge und anschließender Ausmischung sensorisch anspruchsvolle alkoholfreie Biere (Ethanolgehalt ≤ 0,5 Vol.-%).

Weiterführende technologische Hinweise zur Herstellung von alkoholarmen bzw. alkoholfreien Bieren siehe [1].

Brettanomyces bruxellensis
Diese Hefe wurde 1921 aus dem obergärigen belgischen Lambic-Bier isoliert. Es ist eine alkoholtolerante (bis 15 Vol.-% Ethanol), alle Würzezucker langsam vergärende Hefe, die bekannterweise für die englische Porterherstellung als Nachgärhefe zum Einsatz kam. Sie bildet intensiv organische Säuren, die mit Ethanol sehr aromaintensive Ester (Ethylacetat, Ethyllactat) bilden. Sie soll auch bei der Flaschengärung der klassischen Berliner Weißen als Infektionshefe einen deutlichen Beitrag zur Aromabildung beigetragen haben (weitere Ausführungen dazu siehe [30] und [34]).

1.4 Weitere Versuche mit Nicht-*Saccharomyces*-Hefen

In der Craft-Brewer-Scene wurde und wird weiterhin mit verschiedenen Wildhefestämmen experimentiert, die oft als Kontaminationshefen in der gesamten Gärungs- und Getränkeindustrie bekannt sind. Sie wurden teilweise in Mischkulturen mit normalen Brauhefen eingesetzt oder auch als aromagebende Nachgärhefen bzw. als direkte Anstellhefen. Nach *Michel* et al. [35] wurden u.a. folgende Hefestämme untersucht: *Torulaspora delbrueckii, Zygosaccharomyces rouxii, Candida shehatae, Pichia kluyveri, Brettanomyces anomalus, Candida zemplinina* und *Lachancea thermotolerans*.

Interessant ist die Kahmhefe *Pichia kluyveri*. Sie vergärt wie die Ludwigshefe keine Maltose und Maltotriose und eignet sich dadurch auch zur Herstellung von alkoholarmen Bier. Sie ist eine sehr aromastarke Hefe, die viel höhere Alkohole und flüchtige Thiolverbindungen, wie z. B. 3-Mercaptohexylacetat (Maracuja-Aroma) und 3-Mercaptohexan-1-ol (Grapefruit-Aroma), bildet und damit den Mangel an normalem Gärungsbukett im alkoholarmen Bier ersetzt.

2. Zur geschichtlichen Entwicklung der Züchtung von reinen Bierhefen

2.1 Die Entdeckung der Hefe als lebender Mikroorganismus

Die Schriften der Alchemisten (zwischen 350 und 1556 n. Chr.) lassen noch keine Klarheit über das Wesen und die Ursachen der Gärungsvorgänge erkennen. Man spricht hier von einem „fermentum" ohne zu erklären, was darunter zu verstehen ist. Neben dem Begriff „fermentatio" (Gärung) kommen die Begriffe „putrefactio" (Fäulnis) und „digestion" (Auslaugung bzw. Verdauung) vor.

Die Begriffe „fermentatio" oder „fermentum" standen bis in das 14. Jahrhundert für verschiedene Vorgänge. Der Begriff „fermentatio" leitet sich wahrscheinlich von „fervimentatio" (Erwärmung) ab, denn man erkannte in dem Aufwallen und Schäumen des Gärprozesses eine Ähnlichkeit mit dem Erwärmen der Materie, bei der es ebenfalls zu einem Aufwallen kommt [36]. *Magnus* (1193-1280), *Baco* (1214-1284), *Lullus* (1234-1315) u.a. unterschieden in der Regel noch nicht zwischen Fäulnis, Gärung und Verdauung.

Die Voraussetzungen für einen qualitativen Schritt zu einer wissenschaftlich fundierten Erklärung sowohl der Gärung als auch der Fäulnis, waren aber noch nicht gegeben, denn es existierte noch keine auf systematische Beobachtung gestützte Naturwissenschaft und die technischen Voraussetzungen für das Vordringen in die Welt der Mikroben in Form leistungsfähiger Mikroskope bestanden ebenfalls noch nicht. Dies sollte erst mit der Entwicklung des Mikroskops geschehen.

Antonio van Leeuwenhoek, Sohn eines holländischen Brauers, war der Erste, der mit Hilfe von ihm selbst gefertigter Glaslinsen, durch die Objekte 100- bis 150-mal vergrößert werden konnten, in gärender Flüssigkeit kleine runde kugelige Gebilde entdeckte, die er in einem 1680 erschienenen Buch beschrieb (ref. d. [37]).

Mit diesem, von ihm selbst gefertigten Instrument, das noch keine Ähnlichkeit mit einem heutigen Mikroskop hatte, war *Leeuwenhoek* zum ersten Mal in die Welt der Mikroorganismen vorgedrungen (siehe Abbildung 4).

Abbildung 3
Antonio van Leeuwenhoek (1632 - 1723)

Zur geschichtlichen Entwicklung

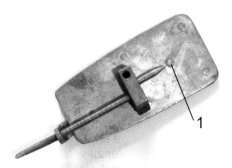
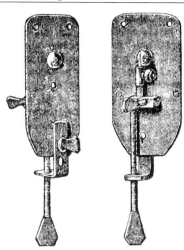

Abbildung 4 Erstes von A. v. Leeuwenhoek gefertigtes Mikroskop (rechtes Bild nach [35]) oben Foto einer Kopie von Gist-Brocades NV; die Länge beträgt 60 mm, Pos. 1 ist die Linse

Er, aber auch die Herren von der Royal Society in London, denen er von seinen Entdeckungen berichtet hatte, erkannten noch nicht die Tragweite dieser Entdeckung.

Die lebende Natur dieser unbeweglichen Hefezellen, konnte *Leeuwenhoeck* mit den ihm zur Verfügung stehenden Mitteln nicht erkennen. Verständlich, dass er die von ihm beobachteten und gezeichneten Hefezellen auf die gleiche Stufe wie die im gleichen Präparat vorhandenen Stärkekörner stellte.

Es sollten noch 200 Jahre vergehen, bis die Kulturverfahren entwickelte wurden, mit denen es möglich war, Hefezellen und andere Mikroorganismen bei ihrem Wachstum unter dem Mikroskop zu beobachten und zu züchten.

Auch wenn Ausgang des 17. Jahrhunderts und noch 100 Jahre später die Theorie der Urzeugung, die so genannte „*Generatio spontanea*", vorherrschte, war der Praxis als auch der Wissenschaft offensichtlich die Bedeutung der Zugabe eines „Fermentes" zu dem zu vergärenden Substrat bekannt.

Stahl (1659-1734) beschrieb 1697 [38] die Bildung neuer beständiger Verbindungen im Ergebnis der Fermentation.
Nach seiner Theorie waren Fäulnis und Gärung gleichartige Prozesse, die durch die Einwirkung von in innerer Bewegung begriffenen Körpern auf noch ruhende zustande kommt.

Abbildung 5
Georg Ernst Stahl (1659 - 1734)

„Ein Körper, der in Faulung begriffen ist, bringet bei einem anderen, von Faulung noch befreiten, sehr leichtlich die Verderbung zuwege; ja, es kann ein solcher bereits in innerer Bewegung begriffener Körper einen anderen annoch ruhigen, jedoch zu einer sotanen Bewegung geneigten, sehr leicht in eine innere Bewegung hineinreißen" [39].

Der Begriff „Ferment" stand für alle chemisch wirksamen Substanzen. *G. E. Stahl* schreibt in seiner 1697 erschienen „Zymotechnia fundamentalis" und der 1748 in Leipzig in das Deutsche übersetzten Fassung über die Ursache der Gärung [36]:

„Weil die Fermentation eine Bewegung ist, so ist nöthig, daß nicht allein etwas bewegliches sondern auch etwas bewegendes, oder auch Beweger zugleich gegenwärtig sey. Das Bewegliche machen die salzigte, sauer, erdige, schwefelichte Theilchen aus. Der vornehmste Beweger aber ist die in diesen Theilchen eingeschlossenen und unter deren glebrichten Zusammen-Ordnung verborgene Luft... Diese innere Wirkung des Aetheris, wird nicht alleine von außen durch die Wärme, sondern auch durch das zugesetzte Ferment, welches man aus einer schon in Gährung begriffenen, oder auch dazu vor andern bequemen Materie zu nehmen pfleget, gar sehr befodert".

Dies deutet darauf hin, dass *Stahl* offensichtlich die Infektionswirkung gärender bzw. faulender Flüssigkeiten erkannte. Man wusste, dass für die Gärung „gärungsfähige Substanzen" wie Zucker, Mehl oder Milch notwendig waren, und dass im Ergebnis dieses Prozesses Alkohol entstand, aber wodurch, blieb weiter im Dunkeln.

Ende des 18., Anfang des 19. Jahrhunderts war die Zeit für einen qualitativen Schritt reif. Das Zeitalter der wissenschaftlichen Chemie hatte mit dem Wirken von *Priestley* und *Scheele*, den Entdeckern des Sauerstoffs (1774), sowie den Arbeiten von *Lavoisier* (*alle Verbrennungsvorgänge sind Oxidationsprozesse*) begonnen. Es begann die Zeit des gezielten Experimentierens.

Gay-Lussac hatte sich mit der „weinigen Gärung" beschäftigt [40] und zunächst unter dem Eindruck der Ergebnisse des ersten von einem Pariser Koch und Konditor namens *Appert* (ref. d. [41]) entwickelten Konservierungsverfahrens 1810 die Hypothese aufgestellt, dass die Gärungsvorgänge als Oxidationsvorgänge zu verstehen seien.

Er konnte in den Konserven, bei denen keine Gärung aufgetreten war, auch keinen freien Sauerstoff nachweisen. Seine Schlussfolgerung:

„für die Gärung ist freier Sauerstoff notwendig, und
Gärungsprozesse sind Verbrennungsprozesse".

Mit der einsetzenden Laborgeräteentwicklung, vor allem der Entwicklung leistungsfähiger Mikroskope, war es nur eine Frage der Zeit, wann das Geheimnis über das Wirken der „unbekannten Fermente" gelüftet werden konnte. Dies wurde darüber hinaus durch eine Ausschreibung der Akademie der Wissenschaften in Paris gefördert.

Im Jahre 1799 hatte die Klasse der physikalischen und mathematischen Wissenschaften der Akademie der Wissenschaften in Paris folgende Frage als Preisaufgabe gestellt:

„Welches sind die Kennzeichen, durch welche sich bei den
pflanzlichen und tierischen Substanzen diejenigen, welche als Gärmittel (ferment) dienen, sich von denjenigen unterscheiden, auf
welche sie die Gärung (fermentation) übertragen".

Der Preis bestand aus einer Medaille im Wert von 1 kg Gold. Dieser Preis wurde zwei Jahre später wiederholt angeboten, weitere zwei Jahre später jedoch wieder zurückgezogen, da die Mittel nicht mehr zur Verfügung standen [42], [9].

Thénard, Berzelius und *C. v. Linné* vermuteten als Erste einen Zusammenhang zwischen der Hefe und der Gärung. *Thenard* sprach von der animalischen Natur der Hefe, wobei er von der gleichen Zusammensetzung hinsichtlich des Stickstoffgehalts des Tierkörpers ausging [43].

Den Gelehrten des 19. Jahrhunderts, hauptsächlich *Franz Schulz*, Theodor Schwann, *Cagniard de la Tour*, *Friedrich Traugott Kützing* und vielen anderen war es vorbehalten, letztendlich den Schleier über den Gärungsvorgängen zu lüften und den Zusammenhang zwischen der Tätigkeit von Hefezellen und der Gärung nachzuweisen.

Erxleben vermutete 1818, dass die Hefe ein lebender pflanzlicher Organismus sei, welcher als die Ursache für die Gärung angesehen werden müsse [44].

Persoon mikroskopierte 1822 die Kahmhaut und beschrieb die hier beobachteten Hefezellen. Den Beweis für die lebende Natur der Hefe konnten jedoch beide noch nicht liefern [45].

In Frankreich hatte sich der Ingenieur *Charles Cagniard de la Tour* (1777-1859) mit der Gärung, speziell der Biergärung beschäftigt. Dabei bediente er sich, wie er selbst schrieb, hauptsächlich eines Mikroskops mit einer Vergrößerung von 300…400-fach von Herrn *G. Oberhauser* und beobachtete sowohl Bierhefezellen als auch mit Bierhefe angestellte Maische. Die Ergebnisse dieser Arbeiten, über die von ihm zum ersten Mal am 18. Juni 1836 in der Pariser Societe Philomatique berichtet wurde, die ihren Niederschlag im „L' Institut" Sect. 4 (1836) fanden, sowie 1838 unter der Überschrift „Abhandlungen über die weinige Gärung" veröffentlicht wurden [46], bewiesen, dass die Hefe sich als Organismus vermehrt und Ursache für die Gärung ist:

> „Die Gärung ist eine Folge pflanzlicher Tätigkeit"
> (resulte d'un phènomene de vegetation).

Zu dem gleichen Ergebnis war im gleichen Jahr auch sein französischer Kollege *Turpin* gekommen.

Friedrich Traugott Kützing (Abbildung 6) kann nach dem heutigen Stand des Quellenstudiums als der erste Naturwissenschaftler bezeichnet werden, dem der Nachweis der „vegetablischen Natur der Hefe" gelungen war. Als achtes Kind einer Müllerfamilie, geboren am 08. Dezember 1807 in Ritteburg an der Unstrut nahe Artern, gestorben am 09. September 1893 in Nordhausen, begann er schon während seiner Lehrzeit in der Ratsapotheke Aschersleben mit seinen ersten botanischen Untersuchungen. Nach Zwischenstationen in Apotheken in Magdeburg, Schleusingen, Bad Tennstedt, Eilenburg und Halle sowie zahlreichen, unter anderem von *Alexander von Humboldt* finanziell unterstützten Exkursionen, die ihn bis nach Italien führten, nahm er schließlich am 15. Oktober 1835 eine Stellung als Oberlehrer der Naturwissenschaften an der Realschule zu Nordhausen an. Hier war er noch bis in sein hohes Alter von 76 Jahren als Lehrer tätig und fand genügend Zeit für seine umfangreichen naturwissenschaftlichen Studien.

Bekannt wurde *Kützing* vor allem durch seine Arbeiten über Algen, die in zahlreichen anerkannten Veröffentlichungen mündeten. Ihm war unter anderem 1834 als Erstem der Nachweis gelungen, dass der Panzer der Stäbchenalgen aus Kieselsäure besteht. In der Mikrobiologie wurde er durch seine Studien über die Natur der Hefen und Essigsäurebakterien bekannt, die er offensichtlich in seiner Eilenburger Zeit anfertigte [47].

Eine Arbeit über die vegetabilische Natur der Hefen bot *Kützing* den „Annalen der Physik und Chemie" bereits im Dezember 1834 an, die jedoch nicht veröffentlicht wurde. Der Redakteur, *Johann Christian Poggendorff,* seit 1834 ao. Professor für

Physik an der Universität Berlin, hatte das Manuskript achtlos beiseite gelegt und „verschwinden" lassen (ref. d. [48]).

Kenntnis vom Inhalt dieser 1834 eingereichten Arbeit hatten vorher *Alexander von Humboldt*, *Christian Gottfried Ehrenberg* und *Johann Adam Horkel* genommen, zu denen *Kützing* von je her eine enge Verbindung unterhielt und die ihn auch förderten. Da sich Kützing zum Zeitpunkt der geplanten Veröffentlichung auf einer italienischen Studienreise befand, war ihm der Umstand erst 1835 nach seiner Rückkehr aufgefallen und das Manuskript dann nicht mehr auffindbar, so dass es neu geschrieben werden musste. Erst durch seinen am 26. Juli 1837 auf der Versammlung des „Naturhistorischen Vereins des Harzes" in Alexisbad gehaltenen Vortrag über seine „Mikroskopischen Untersuchungen über die Hefe und Essigmutter, nebst mehreren anderen dazu gehörigen vegetabilischen Gebilden" erhielt die Öffentlichkeit Kenntnis von dieser Arbeit (s.a. Abbildung 7). Dieser Vortrag erschien dann 1837 in „Erdmann's Journal für praktische Chemie", Bd. 11, 1837, S. 385-409 [49], sowie weiteren Zeitschriften, wie dem Kunst- und Gewerbeblatt „Organ des polytechnischen Vereins für das Kgr. Bayern" 16 (1838) S. 204–208.

Abbildung 6 Friedrich Traugott Kützing (1807 - 1893)
(Quelle: Stadtarchiv Nordhausen)

Theodor Schwann (Abbildung 8) hatte ebenso 1837 über seine Versuche mit Bierhefe in vorher sterilisierter Zuckerlösung berichtet: „In ausgepreßtem Traubensaft tritt die sichtbare Gasentwicklung als Zeichen der Gärung ein, bald nachdem die ersten Exemplare eines eigentümlichen Fadenpilzes, den man Zuckerpilz nennen könnte, sichtbar geworden sind. Während der Dauer der Gärung wachsen diese Pflanzen und vermehren sich der Zahl nach" [50].

Zur geschichtlichen Entwicklung

Abbildung 7 Der von Kützing im Rahmen seines Vortrages 1837 vorgetragene Nachweis über die Vermehrung der Hefe

Schwann erfuhr erst danach von den Untersuchungen *Cagniard de la Tours*. Sein Lehrer *Johannes Müller* hatte in den ersten Tagen des Februar 1837 vor der „Gesellschaft Naturforschender Freunde" in Berlin zu dem gleichen Thema einen Vortrag gehalten. Im Gegensatz zu *Kützing* hatte *Schwann* das Glück, dass seine Arbeit, wahrscheinlich Dank der Fürsprache von *J. Müller*, einem Kollegen von Poggendorff, sofort in den Annalen der Physik und Chemie veröffentlicht worden war.

Er zögerte nicht, die Arbeit von *Cagniard de la Tour* zu würdigen und bemerkt später: „Übrigens dürfte die vorliegende Untersuchung über den Bildungsprozeß der Organismen vielleicht einiges dazu beitragen auch der fraglichen Theorie der Gärung bei den Chemikern mehr Eingang zu verschaffen".

Hier irrte sich *Th. Schwann*, denn es vergingen noch einige Jahrzehnte, bis sich diese Erkenntnis auch bei den führenden Chemikern durchsetzte.

T. F. Kützing, Ch. Cagniard de la Tour und *Th. Schwann* hatten somit zur gleichen Zeit, ohne von einander zu wissen, mit ähnlichen Versuchsanstellungen die gleichen Ergebnisse erzielt. Sie hatten letztendlich den Beweis erbracht, dass die Hefe eine lebende Substanz ist, aus einzelnen vermehrungsfähigen Zellen besteht und die Ursache für die Gärung darstellt.

Kützing ging auf diese Tatsache zu Beginn seines Vortrags in Alexisbad ein, in dem er ausführte:
> „Indem nun von uns dreien ein und dasselbe in Hinsicht auf die wirkliche organische Natur der Hefe beobachtet wurde, ohne dass einer von den Untersuchungen des anderen Kunde hatte, so ist mir dies um so erfreulicher, da ich meine Beobachtungen auch durch andere Naturforscher bestätigt sehe. Ich verzichte darum gern auf das Prioritätsrecht einer Entdeckung, da es für die Wissenschaft doch gleich ist, wer es zuerst fand...".

Die Hefe in der Brauerei

Abbildung 8 Theodor Schwann
(1810 - 1882)

Der französische Physiker *C. Blondeau* wies 1846 nach, dass jede Art von Gärung durch eine besondere Spezies von mikroskopischen Organismen bewirkt wird [51]. An der Aufklärung des Phänomens der Hefegärung waren darüber hinaus beteiligt: *Demaziers, Helmholtz, Schloßberger, Balling, Wagner, Schroeder, Th. v. Dusch, Berzelius, Trommer* und viele Andere. *Mitscherlich* (Abbildung 9) hatte als erster die Vermehrung der Bierhefe aus einer einzigen Zelle unter dem Mikroskop verfolgt und dokumentiert (Abbildung 10) [52].

Mit dem Nachweis des Zusammenhangs zwischen Gärung und der Hefe wurde die vitalistische Gärungstheorie begründet, die jedoch noch über Jahrzehnte hinweg von vielen Gelehrten, u.a. von den namhaften Chemikern dieser Zeit, *Wöhler* und *J. Liebig* (Abbildung 12), heftig attackiert wurde [53].

Liebig und Wöhler sahen in der Gärung und der Fäulnis „Zersetzungsprozesse von der eigentümlichen Art, die wir mit chemischen Methamorphosen bezeichnet haben".

Abbildung 9 Eilhard Mitscherlich
(1794 - 1863)

Sie bestritten den Zusammenhang zwischen der Gärung und der Tätigkeit von Hefezellen. Sie scheuten auch nicht davor zurück, ihre Gegner zu diskreditieren. So schrieben *Wöhler* und *Liebig* 1839 in einem in den Annalen der Pharmazie (Bd. 29, S. 100), veröffentlichten Aufsatz, in dem die Autoren sich über die neuen Erkenntnisse lustig machten:

> „...diese Infusorien fressen Zucker, entleeren aus dem Darmkanal Weingeist und aus dem Harnorganen Kohlensäure. Die Urinblase besitzt in gefülltem Zustande die Form einer Champagnerbouteille, im entleerten ist sie ein kleiner Knopf;...".

Mitte des 19. Jahrhunderts, nachdem sich unter den Biologen und Chemikern allgemein die Erkenntnis durchgesetzt hatte, dass die die Gärung auslösenden Mikroorganismen lebende Organismen darstellen, begann ein wahrer Boom der Erkundung dieser Lebewesen. Diese Beobachtungen wurden in den verschiedensten wissenschaftlichen Zeitschriften dokumentiert, die Praxis allerdings blieb von diesen neuen Entdeckungen zunächst weitestgehend unberührt.

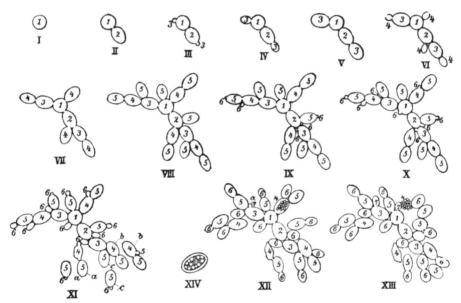

Abbildung 10   Mitscherlich: erstes Studium der Vermehrung einer Hefezelle unter dem Mikroskop

Vor allem die Praktiker in den kleinen Brauereien hatten von diesen Entdeckungen kaum Kenntnis genommen. *Heinrich Marquard* schrieb noch 1859 in einem von ihm verfassten Büchlein über „Die neuesten und bewährtesten Bereitungsweisen, Aufbewahrungsmethoden und Tauglichkeitsproben der so genannten Pfund- oder Presshefen" (siehe Abbildung 11):

> Die gewöhnliche Hefe ist bekanntlich die von gährendem Biere abgesonderte breiartige, gelbbräunliche, meist auf der Oberfläche sich sammelnde, zum Theil aber auch zu Boden fallende, aus Kleber, Wasser, Kohlen , Essig und Aepfelsäure, Extractivstoff, Schleim und Zucker bestehende Substanz, welche vornehmlich dazu benutzt wird, um in anderen dazu fähigen Flüssigkeiten eine neue Gährung einzuleiten.

Abbildung 11   Über die Pfundhefen nach Marquard [54]

Sicher ist, dass die führenden Brauwissenschaftler dieser Zeit die Entdeckungen über die Natur der Hefe nicht nur zur Kenntnis nahmen, sondern sie auch durch eigene Untersuchungen stützten und verbreiteten.

Kaiser, seit 1834 Professor der Chemie an der polytechnischen Schule in München und später Professor der Technologie an der Universität München, publizierte die Arbeiten *Kützing's* und die von *R. Wagner* und vermittelte deren Erkenntnisse in seinen Vorlesungen den Brauerstudenten [55].

Er selbst beschäftigte sich intensiv mit den Vorgängen der Gärung, beschrieb die Unterschiede zwischen Obergärung und Untergärung und machte auf die Bedeutung der Hefe für die Bierqualität aufmerksam.

Bekannt waren damals schon das Aufziehen der Hefe, als auch die sorgfältige Temperaturführung der Gärung:

> „Deshalb ist eine Erkältung des Bieres während seines
> Gährungsverlaufs schädlich, weil die Hefe in ihrer Vegetation
> dadurch zurückgesetzt, gehindert wird".

Louis Pasteur (Abbildung 13), geboren am 27. Dezember 1822 in Arbois im französischen Jura in der Nähe von Dôle, begann seine wissenschaftliche Laufbahn als 26-jähriger Chemiker zunächst mit Arbeiten über die Kristallstruktur von Weinsäure. Erst Jahre später, gerade als Professor und Dekan an die Universität in Lille berufen, kam er zum ersten Mal in Kontakt mit mikrobiologischen Prozessen und entsprechenden Problemstellungen. Zuckerfabrikanten aus dem Departement Nord waren an den jungen Chemiker mit der Bitte herangetreten, ihnen bei der Beseitigung von Gärstörungen in ihren Brennereien zu helfen, nachdem es dort zu drastischen Ausbeuteverlusten gekommen war.

Unter dem Mikroskop, dass ihm bis zu diesem Zeitpunkt ausschließlich zur Betrachtung von Kristallen gedient hatte, entdeckte er bald den Unterschied zwischen den Gärfässern mit einer normalen und den mit einer „kranken" Gärung. In den „gesunden" Gärfässern fand er runde Kügelchen, Hefezellen; dagegen in den Fässern, in denen kein Alkohol entstanden war, keine Hefezellen, aber stattdessen nur Bakterien.

Zur geschichtlichen Entwicklung

Abbildung 12   Justus von Liebig
(1803 - 1873)

Abbildung 13   Louis Pasteur
(1822 - 1895)

Bis zu diesem Zeitpunkt hatte er noch keine Ahnung vom Leben der Mikroorganismen, auch kannte er die Arbeiten des Franzosen *Cagniard de la Tour* und der Deutschen *Schwann* und *Kützing* nicht, die, wie auch viele andere Gelehrte auf diesem Gebiet, bereits Jahrzehnte vor ihm die lebende Natur der Mikroorganismen entdeckt und nachgewiesen hatten.

Diese ersten in den Brennereien gewonnenen mikrobiologischen Erfahrungen waren für den jungen *Pasteur* Anlass, sich mit den Vorgängen der alkoholischen Gärung intensiv zu beschäftigen und sich schließlich diesem jungen Wissenschaftszweig der Mikrobiologie zuzuwenden. In seinen zahlreichen von 1857 bis 1860 veröffentlichten Mitteilungen [56] kommt er zu dem Schluss, „dass die Hefe infolge ihrer Lebenstätigkeit den Zucker in Alkohol und verschiedene Säuren spaltet, sowie einen Teil zu ihrer Organisation an sich ziehe".

Bekannt sind seine Sätze:

> „Keine Gärung ohne Organismen.
> Jede Gärung durch eine spezifische Art von Organismen".

Das Verdienst *Pasteurs*, im Zusammenhang mit der Aufklärung der Ursachen der Gärung, ist in erster Linie darin zu sehen, dass er mit seinen Arbeiten den Streit zwischen *Liebig* und den Anhängern der vitalistischen Gärungstheorie zu Gunsten der Letzteren entscheiden konnte.

Unverständlich ist jedoch, dass *Pasteur* die Leistungen von *Schwann*, *Cagniard de La Tour*, *Kützing* und *Turpin*, die zu einem Zeitpunkt entstanden und veröffentlicht worden waren, als er noch zur Schule ging, negierte und in ihrer Bedeutung zurückdrängte. Obwohl er deren Arbeiten sicher kannte, nahm *Pasteur* für sich selbst das Verdienst in Anspruch, den Nachweis über den Zusammenhang zwischen Gärung und Hefe erbracht zu haben, was nicht stimmt. Erst viele Jahre später hat *Pasteur* in einem Brief vom 15.06.1878 an *Schwann* dessen Priorität anerkannt.

Pasteur unterschied als erster auf der Grundlage seiner Studien über die Buttersäuregärung zwischen *aerobem* und *anaerobem* Leben. Seine in der „Études sur la bière" im Jahre 1876 dargelegte Gärungstheorie besagt:

> „die Gärung ist immer mit dem Leben der Hefezelle verbunden,
> allerdings ohne Sauerstoff".

Pasteur wies in der Brauindustrie auf die große Gefahr hin, die von säurebildenden Bakterien ausgeht. Die in der Veröffentlichung „Études sur la bière" empfohlene Methode der Säurewäsche zur Befreiung der Anstellhefe von Infektionsorganismen konnte sich jedoch nicht durchsetzen, da hierbei nur Bakterien geschädigt wurden.

Die Gefahr, die von Fremdhefen ausgeht, hatte er noch nicht erkannt, obwohl er im Rahmen seiner Studien über die Weingärung (1860) Hefezellen mit einer sehr langgestreckten Zellform entdeckte hatte, die sich später als eine der gefährlichsten Infektionshefen der Biergärung herausstellen sollte.

Rees, der 1870 ebenfalls im Wein diese Zellform beobachtet hatte [57], gab dieser Organismengruppe zu Ehren *Pasteurs* den Namen *Saccharomyces pastorianus*. Aber erst *Hansen* erkannte 1883 [58] diese Hefeart als gefährlichen Bierschädling und isolierte drei verschiedene Arten: *Sacch. past. I*, *Sacch. past. II (S. intermedius)* und *Sacch. pastorianus III (S. validus)*. Diese drei verschiedenen Rassen bzw. Arten unterschieden sich in der Form und im Grad ihrer Raffinosevergärung.

Diese Hefe war bis Anfang des 20. Jahrhunderts noch in vielen Betriebshefen nachweisbar und verursachte besonders im Verlauf der Nachgärung große Probleme. Die Durchsetzung der Hefereinzucht und die damit verbundene weitgehend aseptische Betriebsführung führte aber dazu, dass diese gefährliche Infektionshefe nur noch sehr selten in den Brauereien auftrat. *Siegfried Windisch* [59] untersuchte die in seiner Sammlung vorhandenen Stämme und konnte keinen physiologischen Unterschied zur *Sacch. carlsbergensis (S. uvarum)* feststellen. Er stellte 1961 deshalb die Berechtigung dieser Hefe als eigenständige Art in Frage.

Lietz konnte 1964 diese Hefe aus einem kontaminierten Tankbier neu isolieren und die Berechtigung der Art *S. pastorianus* unter Beweis stellen [60].

Diese Hefe stellte auch bei sorgfältigster Betriebsführung bei der bis in die 1970er Jahre vorherrschenden klassischen Gärführung oft eine sehr ernst zu nehmende Kontaminationsgefahr dar. Vor allem in den stationären Hefereinzuchtanlagen, in denen die Stämme oft über Monate geführt wurden, konnte sich bei nicht korrekter Arbeitsweise immer wieder die *Sacch. pastorianus* gegenüber der Kulturhefe durchsetzen.

Nachdem die biologische Natur der Gärung nachgewiesen worden war und sich auch gegen die bisherige Lehrmeinung der mechanischen Gärungstheorie durchgesetzt hatte (auch *Liebig* musste das 1870 anerkennen), interessierte man sich in der 2. Hälfte des 19. Jahrhunderts vor allem für die Aufklärung der eigentlichen Lebensvorgänge in den Zellen.

M. Traube vertrat als Erster 1858 die Auffassung, dass in den Hefezellen neben allen anderen Stoffen ein chemischer Stoff vorhanden sein müsse, der die Gärung bewirkt. Er vermutete weiter, dass es sich bei diesem Stoff um einen Eiweißkörper handeln müsse. Damit war die Enzymtheorie geboren. Im Jahr 1833 hatten *Payen* und *Persoz* aus Grünmalz Diastase gewonnen. *Döbbereiner* und *Mitscherlich* (Liebigs Annalen der Chemie 44, S. 200, 1842) waren die Ersten, die in der Hefe solche Körper - Enzyme - vermuteten. Die Bezeichnung „Enzym" geht auf *W. Kühn* zurück. Er hatte 1878 die Fällbarkeit verschiedener Enzyme (Diastase, Invertase) nachgewiesen.

Verschiedene Pflanzenphysiologen wie *Berthelot, Bernhard, Schönbein, Schaer* und *Hoppe-Seyler* waren der Ansicht, diesen Stoff, das Enzym, aus einem lebenden Stoff zu isolieren. Bereits 1846 hatte *Lüdersdorf* versucht, nasse Hefezellen auf einer mattgeschliffenen Glasplatte mit Hilfe eines gläsernen Läufers zu zerreiben, um nachzuweisen, dass die zerstörten Hefezellen nicht im Stande sind Gärung zu erzeugen. Da bei seinem Versuch nach der Zerstörung der Zellen keine Gärung mehr nachweisbar war, schloss er auf die Richtigkeit der vitalistischen Theorie (Poggendorfs Annalen 67, 1846, S.408). *Pasteur* vermutete ein spezielles Enzym, die Alkoholase, welches die Gärung bewirkt.

Naegeli und *Loew* versuchten bereits 1878, dieses Gärungsenzym aus Hefe zu isolieren. Im Ergebnis dieser Arbeiten kommen sie zu dem Schluss, dass die Gärwirkung niemals vom Protoplasma getrennt werden kann. Diese Schlussfolgerung bildete den Anstoß für den jungen *Eduard Buchner* der Frage nach zu gehen, „...Kommen denn dem Plasma der Hefezellen überhaupt besondere Wirkungen zu? Welche chemische Eigenschaften besitzt dasselbe?"

Buchner, geb. am 20. Mai 1860 in München, hatte sich als junger Chemiker bereits sehr früh, im Alter von 25 Jahren, am pflanzenphysiologischen Institut in München, bei *C. v. Naegeli*, mit gärungsphysiologischen Arbeiten beschäftigt. An dieser Einrichtung entstand auch seine erste Arbeit: „Über den Einfluß des Sauerstoffs auf Gärungen" in der er sich sehr kritisch mit der Theorie als auch mit den Versuchsanstellungen von *Pasteur* auseinander setzte. Dieser war 1861 als Resultat seiner Untersuchungen zu der Schlussfolgerung gekommen: *„Die gährfähigen Pilze vermögen den zu ihrem Leben nöthigen Sauerstoff leichter zersetzbaren Verbindungen zu entziehen und bringen dieselben dadurch zum Zerfall, jedoch nur bei Abwesenheit freien Sauerstoffs"*. Im Ergebnis seiner Untersuchungen und gestützt auf die anderer Autoren, wie *R. Pedersen* (Meddeleser fra Carlsberg Laboratoriet. Kopenhagen 1878) als auch *Nägeli* (Theorie der Gährung, München 1879), widersprach *Buchner* Pasteur, dass Sauerstoff gärungsfeindlich sei.

Hier in München entwickelten sich auch enge Freundschaften zu *Theodor Curtius* und *Freiherrn von Pechmann.* Letzterer holte *Buchner* 1896 als außerordentlichen Professor für Analytische und Pharmazeutische Chemie nach Tübingen, wo auch die erste Veröffentlichung über die „Alkoholische Gärung ohne Hefezellen" entstand.

Die Hefe in der Brauerei

Diese Arbeiten fanden ihre Fortführung in Berlin, wo er 1898 einer Berufung als ordentlicher Professor für Allgemeine Chemie an die Landwirtschaftliche Hochschule gefolgt war.

Angeregt durch die Arbeiten von *Lüdersdorf* aus dem Jahre 1846 kamen die Brüder *Hans* und *Eduard Buchner* zu der Überzeugung, dass durch mechanische Zertrümmerung der Zellmembran und der anhaftenden Plasmaschläuche das in der Bierhefe vorhandene Enzym zu gewinnen sein müsste.

Gemeinsam mit seinem Assistenten *M. Hahn* zerrieb *Buchner* trocken abgepresste Bierhefe mit Kieselgur und Quarzsand in einer großen Reibeschale und bearbeitete das staubtrockene Pulver „kräftig in der Reibeschale". Die erhaltene plastische Masse setzte er einem hohen Druck von „60 bis 90 kg auf 1 qcm" aus.

Die erhaltene klare, gelb bis braungelbe Flüssigkeit besaß die Fähigkeit, Kohlenhydrate in Gärung zu versetzen. Nach Zusatz von starker Rohrzuckerlösung begann schon nach einer viertel Stunde eine Kohlensäurebildung. Auch nach Zugabe verschiedener antiseptischer Mittel wie Chloroform, Toluol bzw. nach einer Sterilfiltration, um evtl. noch vorhandene Hefezellen auszuschließen, blieb die Kohlensäurebildung unbeeinflusst.

Mit dieser Versuchsanstellung hatte er als Erster nachgewiesen, dass es eine zellfreie Gärung gibt. Die umfangreichen Arbeiten zur Zymasegärung hatte er in München begonnen und in Berlin zu dem bekannten Abschluss gebracht. 1903 erschien unter dem Titel „Die Zymasegärung" [61] ein umfassender Bericht über die „Untersuchungen über den Inhalt der Hefezellen und die biologische Seite des Gärungsproblems" aus dem „Hygienischen Institut der Kgl. Universität München" seines Bruders, dem Bakteriologen *Hans Buchner*, und dem „Chemischen Laboratorium der Kgl. Landwirtschaftlichen Hochschule zu Berlin" von *Eduard Buchner* und *M. Hahn*.

Für diese epochalen Arbeiten wurde *Eduard Buchner* 1907 mit dem Nobelpreis für Chemie gewürdigt (Abbildung 14).

Abbildung 14   Eduard Buchner (1860 - 1917)

Zuvor war er im Jahr 1904 zum Präsidenten der Deutschen Chemischen Gesellschaft gewählt worden und erhielt 1905 die Goldene Liebig-Gedenkmünze des Vereins Deutscher Chemiker. Die menschliche Größe E. Buchners kommt vor allem auch in der Würdigung der Leistungen der Kollegen seiner Generation wie *F. Lafar, E. Fischer, P. Lindner, A. Mayer, M. Cremer* und vieler Anderer zum Ausdruck. „... die Zeit war reif für einen neuen Fortschritt auf dem Gebiet der Gärungschemie. ...Wollen wir aber etwa die Verdienste der jetzigen Generation bezüglich Aufklärung des Gärungsphänomens vergleichen mit dem unserer Vorfahren, so wird man, um gerecht zu sein, sich der Worte des Dichters erinnern müssen, dass der Zwerg auf den Schultern des Riesen weiter sieht als der Riese selbst". Eine Erkenntnis, die auch heute noch ihre Berechtigung hat.

Allerdings unterstützte *Buchner* mit seinen Ergebnissen der zellfreien Gärung auch im Nachhinein die Theorien von *Wöhler* und *Liebig*, die 50 Jahre vorher behauptet hatten, „dass die Gärung wie auch die Fäulnis und Verwesung als Form und Eigenschaftsveränderung anzusehen ist, die komplexe organische Materialien erleiden, wenn sie von den Organismen getrennt, bei Gegenwart von Wasser und einer gewissen Temperatur sich selbst überlassen bleiben", d.h. nichts mit einem lebenden Mikroorganismus zu tun haben. Sie reduzierten die Gärung auf rein chemische Prozesse. Heute wissen wir, dass die Stoffumwandlungsprozesse in den lebenden Zellen sich durch biochemische Reaktionen erklären lassen. Damit wird aber auch nicht der ursächlichen Natur der Gärung widersprochen, die an einen lebenden Organismus gebunden ist.

2.2 Die Entwicklung der verschiedenen Bierheferassen und ihre Reinzüchtung

Es ist davon auszugehen, dass unsere heutigen Bierheferassen (zugehörig zur Art *Saccharomyces cerevisiae*) aus Weinhefen hervorgegangen sind. Wie bereits in der vorchristlichen Zeit wurde auch in Europa bis Ausgang des Mittelalters Bier und Wein oft in denselben Fässern bzw. Gefäßen vergoren. Das „erste Bier" wurde sicher mit einer so genannten Weinhefe erzeugt. Ob sich allerdings die untergärige Bierhefe erst im 15. Jahrhundert in Europa mit der Einführung der kalten Untergärung herausbildete, oder bereits schon viel früher in vorchristlicher Zeit in den Brauereien Ägyptens oder Mesopotamiens entstanden war, kann man vermuten, ist aber nicht bewiesen.

Mit der Entwicklung des Getreideanbaus vor ca.10 bis 12.000 Jahren, wurden die eigentlichen Voraussetzungen für die Bereitung eines aus unserer heutigen Sicht bierähnlichen Getränks geschaffen.

Da man bereits im Mesolithicum das Korn vor dem Verzehr keimen ließ und es damit einer enzymatischen Hydrolyse unterzog, entstand so eine Art Grünmalz. Damit waren die ersten Schritte zur Malz- und Bierbereitung gegeben. Das aufbereitete Getreide, also eine Art Grünmalz, wurde von den ersten Ackerbauern vor dem Verzehr zerkleinert und mit Wasser, Früchten, Dattelsaft oder auch Dattelwein zu einem Brei vermengt, der in der Regel sofort verspeist wurde.

Mit der Zugabe von Früchten zum „Grünmalzbrei", besonders der Datteln, waren auch die Voraussetzungen für eine spontane Gärung gegeben. Wurde dieser Getreidebrei jedoch nicht sofort vollständig verzehrt und verblieb in dem Tongefäß, so setzte alsbald eine spontane Gärung ein. Die zugesetzten Früchte wie auch das gekeimte Getreide enthielten bekanntlich eine Fülle verschiedener Mikroorganismen, wie Hefen, Bakterien als auch Schimmelpilze. Von den Datteln wissen wir, dass auf deren Oberfläche neben Gärhefen auch sehr viele Schimmelpilze vorkommen, darunter *Aspergillus niger*. Dieser Pilz hat sicher mit seinen Amylasen den Verzuckerungsprozess der damaligen „Grünmalzmaische" noch unterstützt. Es ist davon auszugehen, dass die Zusammensetzung der Mikroflora dieser Maische den Charakter der Gärung bestimmte. Neben den verschiedenen Gärhefen hatten aber auch vor allem die säurebildenden Bakterien einen erheblichen Einfluss auf die Qualität des daraus bereiteten „Bieres".

Als man einmal den Wert dieses neuen „Nahrungsmittels" Bier entdeckt hatte, bereitete man diesen recht bald hoch geschätzten Trunk gezielt und stets in den gleichen Tongefäßen. Die Hefereste der vorherigen Gärung lösten die neue Gärung aus und konnten sich von Führung zu Führung in einer Art natürlicher Reinzucht anreichern. Da die spontane Gärung sowohl für die Erzeugung eines Weins als auch des Bieres stets bei relativ hohen Temperaturen (25…32 °C) verlief, kam es zu diesem Zeitpunkt noch nicht zu einer Differenzierung von Wärme liebenden und niedere Gärtemperaturen bevorzugenden Kaltgärhefen. Dieser Differenzierungsprozess vollzog sich sicher erst unter den klimatischen Bedingungen Europas. Das erste „Bier" wurde demnach mit einer dieser elliptischen Gärhefen erzeugt, die auf den damals bevorzugten Früchten, vornehmlich Datteln, angesiedelt waren und wahrscheinlich viel Ähnlichkeit mit unseren heute bekannten Weinhefen hatten.

Die Bilder der von *Grüß* [62] aus ägyptischen Bierkrügen als auch die von Tonscherben eines steinzeitlichen Dorfes (2800 v.Chr.) in Berlin-Britz isolierten Hefen deuten darauf hin, dass sich unsere heutigen Bierheferassen in einem über mehrere Jahrtausende verlaufenden Entwicklungsprozess der Bierherstellung entwickelt haben müssen. Über Handelswege aus dem Nahen Osten waren in vorchristlicher Zeit mit dem Getreideanbau auch das Know-how zur Bierbereitung und damit die im Vorderen Orient verwendeten Heferassen, die ihren Ausgangspunkt in der Hefepopulation der Früchte dieser Standorte hatten, nach Europa gelangt.

2.2.1 Die Mikroflora des Bieres

Unter den Voraussetzungen der klassischen ober- als auch untergärigen Bierherstellung, charakterisiert durch eine offene Kühlung, Gärung und Lagerung vornehmlich in Holzgebinden, waren früher bedeutend mehr unterschiedliche Mikroorganismenarten am Gär- und Reifungsprozess beteiligt, als unter den heutigen Bedingungen einer keimarmen Verfahrensführung in geschlossenen Systemen.

Der Erdboden stellt bekanntlich den natürlichen Standort der Mikroorganismen und damit auch den der Hefen dar, von dem diese z. B. durch den Wind, durch Vögel, aber auch oft mit Hilfe der Insekten verbreitet werden. Auf diesem Wege gelangten sie früher, zum großen Kummer der Brauer, besonders leicht über das Kühlschiff in die Würze und damit in den Gärprozess. *Lindner* von der Versuchs- und Lehranstalt für Brauerei in Berlin ist einer der ersten Mikrobiologen, der Ende des 19. Jahrhunderts systematisch die Mikroflora der Brauereien, angefangen vom Brauereihof über Pferdestall, Mälzerei, Schrotboden, Kühlschiff, Kühlhaus, Gär- und Lagerkeller erforscht, reingezüchtet und charakterisiert hat. Er gehörte zu den großen Förderern der Einführung der Reinzuchthefe sowie der aseptischen Betriebsweise in der Brauerei [63].

Die Einführung der Reinzuchthefen hat seit dem jedoch nicht nur zu einer deutlichen Qualitätsverbesserung der Biere geführt, sondern auch zu einer Reduzierung der Geschmacksvielfalt mitteleuropäischer Biere, die früher das große Sortenspektrum und die Wiedererkennbarkeit so mancher ländlicher Biere ausmachten. Davon zeugen auch die vielen in der Literatur des 17. und 18. Jahrhunderts beschriebenen Biere, wie Mumme, Broyhan, Gose, Berliner Weiße, Lambic, Gueuze und viele weitere bis Mitte des 19. Jahrhunderts bekannte Biersorten. Selbstverständlich machten nicht nur die aus heutiger Sicht „unreinen" Anstellhefen mit ihrer „Hauskontamination" den unterschiedlichen Geschmack und Geruch aus, sondern selbstverständlich auch die verwendeten Roh- und Zusatzstoffe, insbesondere die oft mit Kräutersäckchen in das fertige Bier beigegebenen unsterilen Früchte und Kräuter (Wermut, Holunderbäume, Tannenrinden, Benediktenwurzel, Birkenblätter usw.). Ein großer Teil der auf diesem Wege eingebrachten Mikroben waren unter den anaeroben Bedingungen der Gärung zwar nicht vermehrungsfähig, aber die auf diesem Wege eingetragenen Gärhefen als auch die Milchsäurebakterien und Essigsäurebildner trugen oft zum schnellen Verderben dieser Biere bei.

Jedoch nicht nur die unmittelbar am Gär- und Reifungsprozess beteiligten Hefen und Bakterien bestimmten mit ihren Stoffwechselprodukten den Geschmack und Geruch der erzeugten Biere, sondern auch viele aerobe Hefearten und Schimmelpilze im Verbund mit verschiedenen aeroben Bakterienarten hatten durch ihre Besiedlung der Geräte als auch der Wände, Decken und Fußböden der Gär- und Lagerkeller einen nicht zu unterschätzenden Einfluss auf die Qualität der Produkte. Auch bei noch so sorgfältiger Reinigung der Gefäße und Leitungen mit den damals üblichen Gerätschaften (Bürste, Schrubber, Gummiball) war es nicht möglich, die sich über die Zeit heraus gebildeten Biofilme einzuschränken oder gar zu beseitigen. Das führte oft dazu, dass die klassische Gärung in der Regel einem mehr oder weniger starken Kontaminationsdruck ausgesetzt war und darüber hinaus im geschlossenen Biofilmmilieu vielfältige Möglichkeiten des Gentransfers zwischen den dicht beieinanderliegenden Mikroben bestanden, die dadurch den Austausch von Resistenzgenen bis hin zur Herausbildung neuer Arten und Rassen ermöglichten. Wenn noch Mitte des 20. Jahrhunderts kaum eine Anstellhefe frei von Fremdhefen, in vielen Fällen auch von Milchsäure produzierenden Bakterien war, so dominiert heute die aseptische Produktionsweise, bei der Fremdorganismen, wie *Sacch. pastorianus*, *S. ellipsoideus*, *Lactobacillus,* bei korrekter Arbeitsweise und unter strenger mikrobiologischer Betriebskontrolle kaum noch eine Chance haben sich zu entwickeln. Wenn diese Mikroorganismen bei den damaligen Kontrollen noch regelmäßig nachgewiesen werden konnten, so haben sich die Verhältnisse in einer gut geführten Brauerei doch soweit grundlegend verbessert, dass den Mitarbeitern in den Laboratorien diese gefährlichen Mikroorganismen oft nur noch vom Studium her bzw. aus der Literatur bekannt sind.

An dieser Stelle einige Bemerkungen zu den seit dem Beginn des 19. Jahrhunderts in der Literatur verwendeten verschiedenen Namen für ein und dieselbe Hefe. Der heutige Name *Saccharomyces cerevisiae* geht (nach [9]) auf *J. Meyen* zurück.

Schwann hatte Mitte der dreißiger Jahre des 19. Jahrhunderts bei seinen Studien über die Natur der Weingärung den „Zuckerpilz" beschrieben und diese „Substanz" seinem Kollegen *J. Meyen* mit der Bitte überreicht, diese seine Beobachtungen zu kontrollieren. *Meyen* bestätigte *Schwann* und äußerte sich dahin,
„dass man nur zweifelhaft sein könnte, ob es mehr für eine
Alge oder für einen Fadenpilz zu halten sei, welches letztere
ihm wegen des Mangels an grünem Pigment richtiger sei".

Er gab diesem Pilz den Namen *Saccharomyces* (Zuckerpilz). Die Bierhefe nannte er *Saccharomyces cerevisiae* und die Weinhefe *Sacch. vini.* Zuvor hatte *F. T. Kützing* die

Hefe als *Cryptococcus* zu den Algen gestellt, während *Persoon* diese als *Mycoderma* bezeichnete.

Die von den verschiedenen Autoren jener Zeit beschriebenen Hefen lassen den Schluss zu, dass es sich bei ihren Studien über die Wein- bzw. Biergärung immer um Mischpopulationen von echten *Saccharomyceten* und verschiedenen Kahmhefen, zugehörig zu *Mycoderma, Pichia* oder *Hansenula*, gehandelt haben muss. Denn sowohl die Bierhefe als auch die Weinhefe bilden keine fadenförmigen Zellen, wie von diesen Autoren beschrieben.

Die Systematiker, sowohl in der Botanik als auch in der Zoologie, suchen stets nach gemeinsamen Merkmalen, um größere Organismengruppen zu einer Art zusammenzufassen. Aus dieser Sicht wäre eine einheitliche Bezeichnung *Saccharomyces cerevisiae* für die Bier-, Wein-, Back- und Brennereihefen noch verständlich.

Die untergärige Bierhefe hat im Verlauf der relativ kurzen Geschichte ihrer systematischen wissenschaftlichen Bearbeitung sehr viele Namen getragen.

Zu Beginn als *Saccharomyces cerevisiae* bezeichnet, erhielt sie von *Hansen* den Namen *Saccharomyces carlsbergensis*, der sich in der Industrie mit der Popularisierung der Reinzuchthefen fest einprägte. In der zweiten Hälfte des 20. Jahrhunderts wurde die Bierhefe von *J. Lodder* [12] und *V. I. Kudrjawzew* [11] zur *Saccharomyces uvarum* gestellt. Neuerdings wird die Kulturhefe sogar als Synonym von *Sacch. pastorianus*, einer allerdings gefährlichen Kontaminationshefe für untergärige Biere, geführt. *Günter Bärwald* [64] führt in der von ihm überarbeiteten Auflage des sehr anschaulichen Atlases über die wichtigsten Gärungsorganismen von *Glaubitz/Koch* [65] die von *Hansen* als *Sacch. pastorianus I* beschriebene Hefe nun als *Sacch. cerevisiae var. bayanus* und die vom gleichen Autor beschriebene *Sacch. pastorisanus III* ebenfalls zu *Sacch. cerevisiae* als *var. willianus*.

Für den technischen Mikrobiologen ist die Zuordnung, sowohl der in diesem Industriezweig technisch genutzten, als auch der potenziell schädlichen Hefen zu einer Art wenig hilfreich, zumal es zwischen diesen Hefen deutliche und auch leicht zu prüfende physiologische als auch morphologische Merkmale, wie z. B. den Grad der Raffinosevergärung, das Sprossbild usw., gibt, die seinerzeit zu den bekannten Artbezeichnungen, wie *Saccharomyces carlsbergensis* für die untergärige Bierhefe, *Saccharomyces cerevisiae* für die Back- und Brennereihefe, *Saccharomyces cerevisiae* var. *ellipsoideus* für die große Gruppe der Weinhefen, *Saccharomyces pastorianus* für eine gefährliche Kontaminationshefe usw., geführt haben.

Der mit der biologischen Betriebskontrolle beauftragte Mikrobiologe sucht in seinem Industriezweig hauptsächlich nach Merkmalen, mit denen er die Kulturhefe nicht nur sicher von Fremdhefen unterscheiden, sondern auch bei einer eingetretenen Kontamination, diese schnell und eindeutig schon in geringer Konzentration nachweisen kann. Dies ist eine wichtige Voraussetzung für eine störungsfreie Produktion.

Aus diesem Grunde ist es vertretbar, dass in der Industrie neben den in der wissenschaftlichen Literatur verwendeten systematischen Bezeichnungen wie *Sacch. bayanus, Sacch. pastorianus, Sacch. cerevisiae* für diese Hefegruppe auch die alten bekannten Artbezeichnungen geführt werden. Im Betrieb interessieren nicht die botanischen Gemeinsamkeiten, sondern andere objektiv vorhandene Merkmale, die das Vorhandensein von Hefen, die den Bierherstellungsprozess stören bzw. das Bier verderben, ausschließen.

Zu den im Bier am häufigsten gefundenen Fremdhefen, von denen einige gefährliche Kontaminationshefen darstellen, gehören Arten der Gattungen:

S. cerevisiae (bayanus, pastorianus, diastaticus, uvarum, chevalierie, exiguous);

Saccharomycodes;
Brettanomyces;
Candida;
Debaryomyces;
Hansenula;
Pichia;
Rhodotorula;
Torulopsis.

Sacch. cerevisiae Meyen ex Hansen (1883)

Die Herstellung untergäriger als auch obergäriger Biere auf der Basis von Gersten- bzw. Weizenmalz erfolgt heute ausschließlich mit Reinzuchthefen der Art *Saccharomyces cerevisiae* bzw. *S. carlsbergensis*. Für Spezialbiere, wie Berliner Weiße, Leipziger Gose, Porter, dem Belgischen Lambic etc. kommen auch andere Hefearten und Rassen zum Einsatz bzw. sind als gewünschte bzw. geduldete Kontaminationen an deren Gär- und Reifungsprozessen beteiligt. Zur Hefeart *Sacch. cerevisiae* gehören u.a. die unter folgenden Namen in der Literatur beschriebenen Hefen:

Sacch. carlsbergensis;
Sacch. bayanus;
Sacch. cerevisiae var. ellipsoideus;
Sacch. pastorianus;
Sacch. ellipsoideus,
Sacch. uvarum;
Sacch. turbidans;
Sacch. diastaticus
und viele andere mehr.

Bei der Kulturhefeform wird generell zwischen untergärigen und obergärigen Bierhefen unterschieden. Während sich die untergärigen Hefezellen gegen Ende der Gärung am Boden absetzen, bildet die obergärige Hefe nach der Hauptgärung eine klebrige Decke, die vor dem Schlauchen des Jungbieres mit einem flachen Löffel abgehoben werden kann. Die untergärige Hefe bildet in Abhängigkeit vom Flockungscharakter bei klassischer Verfahrensweise (offene Gärbottiche) am Bottichboden einen mehr oder weniger festen Bodensatz. Bei der Hefeernte im Gärbottich wird zwischen Unterzeug, Kernhefe und Oberzeug unterschieden. Das Unterzeug enthält, wenn die Anstellwürze nicht ausreichend vom Trub befreit wurde, neben toten Hefezellen noch sehr viele Trubpartikel, weshalb es meist verworfen wird. Zum Anstellen der weiteren Sude wird hauptsächlich die Kernhefe verwendet. In den modernen Brauereien mit einem geschlossenen zylindrokonischen Apparateequipment und vorgeschalteter Würzeaufbereitung sammelt sich die gesamte Hefe im konischen Auslauf der Gefäße und kann dort abgezogen werden (diese Aussage gilt auch für die obergärigen Hefen, die ebenfalls sedimentieren, wenn die Gärung beendet ist).

Die morphologischen und physiologischen Eigenschaften der *Saccharomyces cerevisiae* (Abbildung 15) können wie folgt zusammengefasst werden:

- Die Zellen sind oval, rundlich, teilweise auch eiförmig. Länge zwischen 4…12 µm, Breite zwischen 3…10 µm.
  Die Zellform der untergärigen *S. cerevisiae* unterscheidet sich von der obergärigen Form nicht. Unterschiede sind dagegen im Sprossbild zu

erkennen. Während in der Wachstumsphase bei der untergärigen Hefe maximal 3 Zellen zusammenbleiben, so bilden die obergärigen Bierhefen zusammenhängende, bis zu 12 Zellen umfassende Sprossverbände.
- Glucose, Saccharose, Maltose, Galactose werden vergoren, nicht dagegen Lactose.

Die obergärige Bierhefe unterscheidet sich von der untergärigen Form in der Fähigkeit Raffinose zu vergären. Während die untergärige Bierhefe, in der älteren Literatur auch bekannt unter dem Namen *Saccharomyces carlsbergensis*, das Trisaccharid Raffinose, das zu gleichen Teilen aus Fructose, Glucose und Galactose besteht, vollständig vergärt, spaltet die obergärige Form Raffinose nur zu 1/3.

Die untergärige Bierhefe verfügt im Gegensatz zur obergärigen Bierhefe neben der Invertase, sie spaltet im ersten Schritt Raffinose in Fructose und Melibiose, auch noch über das Enzym Melibiase, das die Bindung Glucose und Galactose aufspaltet. Da die obergärige Bierhefe diese Melibiase nicht besitzt, kommt es nur zu einer 1/3-Vergärung.

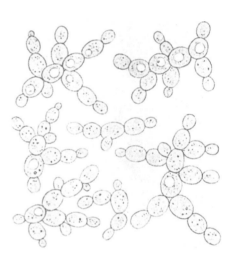

Abbildung 15   Saccharomyces cerevisiae in der Tröpfchenkultur (nach Glaubitz/Koch [63])

Untergärige Bierhefe

Der Prozess der Selektion leistungsfähiger Heferassen vollzog sich in Europa seit Ausgang des Mittelalters in den verschiedenen Brauereien an den unterschiedlichsten Standorten gleichzeitig. Je länger eine solche Hefe an einem Standort durch stete Fortführung unter denselben betrieblichen Bedingungen geführt wurde, desto deutlicher bildeten sich spezifische Merkmale heraus, die letzthin das Bild einer eigenständigen Heferasse manifestierten. Im Nachhinein ist es nicht mehr möglich, den Weg der Entstehung der vielen Heferassen sicher nachzuvollziehen.

Es ist davon auszugehen, dass es im 19. Jahrhundert unserer Zeitrechnung bereits fast so viele Bierheferassen bzw. Varietäten gab wie Brauereien, wobei jeder Braumeister auf seine Hefe schwor, auch wenn aus heutiger Kenntnis dieser „Zeug" keine homogene Hefe darstellte.

Bis gegen Ende des 19. Jahrhunderts stellte der Zeug, d.h. die Anstellhefe, immer eine Mischpopulation dar, bei der die Kulturhefe mehr oder weniger die Oberhand behielt. Der jeweilige Hefestamm hatte sich unter den spezifischen Betriebsbedingungen

(Temperaturregime, Wasserqualität, Würzezusammensetzung, Behälterkonfiguration usw.) entwickelt und bei entsprechender Gärführung seine optimale Leistungsfähigkeit erreicht. Aber in keiner Brauerei konnte man zu diesem Zeitpunkt von einer reinen Gärung sprechen. Es fand eine natürliche und spontane Selektion der Hefen und die Herausbildung der brauereispezifischen Hefestämme statt.

Erst mit der Reinzüchtung der Hefe und deren Einführung in den Betrieb, zum ersten Mal am 12.11.1883 durch *Emil Christian Hansen* vorgenommen, wurden die Voraussetzungen für eine „reine Gärung" geschaffen [86] (s.a. [66]). *Hansen* postulierte, dass das Geheimnis in der Erzeugung geschmacklich einwandfreier Biere in den Hefezellen selbst liegen müsse und dass diese scheinbar gleichartigen Zellen doch möglicherweise verschiedenen Arten angehören könnten.

Pasteur hatte bereits 1876 in seiner Abhandlung „Etudes sur la biere" auf die Bedeutung der Mikroorganismen für die Bierqualität hingewiesen. Er beschrieb die Bierkrankheiten, die von Bakterien ausgehen können, empfahl den „fleißigen Gebrauch des Mikroskops" und gab Hinweise zur Gärführung und zur Vermeidung der Entwicklung von Bakterien. *Hansen* dagegen verwies als Erster darauf, dass viele Bierkrankheiten auch von Hefen ausgehen [56].

*Abbildung 16   Emil Christian Hansen
(1842 - 1909)*

Von *Hansen* wurden zunächst 2 Arten beschrieben, die Carlsberg Unterhefe Nr. 1 und wenig später die Carlsberg Unterhefe Nr. 2. Die Carlsberg Unterhefe 1 stellte die erste von ihm isolierte und reingezüchtete untergärige Bierhefe dar. Unter dem Pseudonym Carlsberg Unterhefe Nr. 2 sind dagegen alle weiteren Heferassen zusammengefasst, die nach und nach in Alt Carlsberg untersucht worden waren. *Hansen* beschrieb die von ihm reingezüchteten Bierhefe als „Hefeart", was nach heutigem Gesichtspunkt nicht mehr zutreffend ist. Es handelt sich bei den von ihm beschriebenen Hefen um Klone, die sich lediglich in für den Brauer relevanten Eigenschaften unterscheiden können.

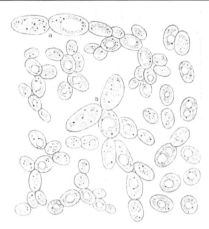
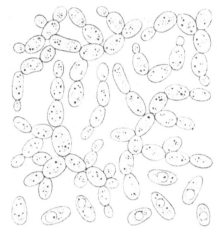

*Abbildung 17   Sacch. carlsbergensis *)*
Rasse Saaz (nach Glaubitz/Koch [63])

*) in der Tröpfchenkultur

*Abbildung 18   Sacch. carlsbergensis *)*
Rasse Frohberg (nach Glaubitz/Koch [63])

Die von *Hansen* reingezüchtete untergärige Hefe stammt offensichtlich aus Bayern, denn der damalige Besitzer von „Gamle Carlsberg", Kapitän *J. C. Jacobsen*, hatte diese Hefe 1845 aus der Münchener Brauerei „Zum Spaten" mitgebracht und in seinem Betrieb eingeführt. Seitdem wurden in den wissenschaftlichen und Betriebslaboratorien weltweit viele Heferassen der untergärigen Bierhefe *Sacch. cerevisiae* isoliert. Alle diese Heferassen (Klone) unterscheiden sich nicht von den nach *Lodder* und *Kreger van Rij* [12], [67] vorgegebenen morphologischen und physiologischen Merkmalen.

Innerhalb der Hefeart *Saccharomyces carlsbergensis* unterscheiden wir auf Grund ihrer Fähigkeit neben der Maltose auch das Trisaccharid Maltotriose zu vergären, zwischen einem Typ *Saaz* und dem Typ *Frohberg*. *Paul Lindner* hatte 1889 die beiden Heferassen aus Anstellhefen isoliert, die er aus einer Brauerei in Saaz und von einem Herrn Frohberg, Braumeister in Grimma/Sa., erhalten hatte. Die Hefe aus Saaz unterschied sich von der Hefe aus Grimma durch ein deutlich geringeres Gärvermögen, was auf das Unvermögen Maltotriose zu vergären zurückzuführen war [68].

Die von *Max Glaubitz*, einem früheren Assistenten von *Paul Lindner*, gezeichneten Hefetypen Saaz und Frohberg machen deutlich, dass es auch für einen geübten Mikrobiologen nicht möglich ist, allein an Hand des mikroskopischen Bildes, d.h. der Größe und Form der Hefezellen einschließlich des Sprossbildes, eine Artbestimmung bzw. Differenzierung vorzunehmen (Abbildung 17 und Abbildung 18).

In einer modernen Brauerei werden heute hautsächlich hochvergärende Heferassen vom Typ Frohberg eingesetzt.

Wichtige Auswahlkriterien für eine Bierhefe, die allerdings taxonomisch nicht berücksichtigt werden, stellen für den Brauer die Gärleistung, der Diacetylabbau, die den Geschmack des Bieres mitbestimmenden Gärungsnebenprodukte sowie die Flockungseigenschaften dar. In der Brauereipraxis wird zwischen stark flockenden, so genannten Bruchhefen, und weniger flockenden Hefen, den Staubhefen, unterschieden. Staubhefen erreichen, da sie sich erst spät am Ende der Gärung absetzen, einen höheren Vergärungsgrad als die Bruchhefen. Das Flockungsvermögen einer Hefe ist genetisch fixiert und bei Kreuzungen dominant jedoch nicht gleichermaßen ausgebildet. Es gibt Hefen, die sich bereits in einer frühen Gärphase zu großen Flocken verbinden und auf den Bottichboden sinken. Feinflockende Hefen verbleiben länger im Gärmedium und erreichen deshalb auch einen höheren Vergärungsgrad als die grobflockigen Bruchhefen. Dieses bei den Hefen unterschiedlich ausgebildete Flockungsvermögen wird durch die Bildung von adhäsionsvermittelnden Proteinen, so genannte GPI-CWP-Adhäsine (glycosylphosphatidylinositol-linked cellwall glycoproteins) erklärt, die über das Sekretionssystem an die Zelloberfläche transportiert werden und dort z. B. Ligandmoleküle anderer Zellen binden. Auf diesem Wege erfolgt auch die Bildung von Biofilmen, die zudem eine Art Schutzfunktion für die im Innern der Zellhaufen bzw. Biofilme angesiedelten Zellen, darstellen [69]. Da bei dieser Adhäsion es nicht nur zur Bindung von Zellen der gleichen Rasse und Art kommt, sondern auch andere Mikroorganismen eingebunden werden, kann es unter diesen Bedingungen auch zwischen den im Biofilm eng aneinander liegenden Organismen zu einem Gentransfer kommen. So ist auch das Entstehen der Artenvielfalt bei Hefen in der Vergangenheit zu erklären, da durch das Fehlen einer optimalen Reinigung und Desinfektion in der klassischen Bierherstellung (Tongefäße, Holzbottiche) beste Voraussetzungen für eine stabile Biofilmbildung bestanden und damit die Möglichkeiten der Entstehung von Hefemutanten sicher sehr hoch war. Diese These einer engen Verwandtschaft unserer Bierhefe *Saccharomyces cerevisiae,* z. B. mit *Sacch. bayanus, Sacch. eubayanus* und *Sacch. pastorianus,* belegen u.a. auch genetische Untersuchungen in Japan [70].

Untergärige Bierhefen sind im Gegensatz zu den obergärigen Heferassen in der Lage, auch bei Temperaturen von 7…10 °C zu gären. Diese „kalte Gärung" wurde in der klassischen Brauerei, bei der die Jungbiere noch bis zu 12 Wochen im Fass bzw. Lagertank lagerten, bevorzugt. Unter den Bedingungen der ZKT-Gärung mit Gär- und Reifungszeiten von <14 Tagen wird auch die untergärige Bierhefe bei Temperaturen von >10 °C geführt. Untergärige Hefen finden Verwendung bei der Erzeugung von Lagerbieren des Pilsner-Typs sowie bei Starkbieren, wie Bockbier etc.

Obergärige Bierhefen

Die obergärige Form der *Sacch. cerevisiae* findet ihre Verwendung sowohl in der Brauerei als auch in der Brennerei, sowie zur Herstellung von Backwaren als Backhefe. Obergärige Hefen bevorzugen Gärtemperaturen zwischen 18 und 25 °°C und werden vornehmlich für die Herstellung von obergärigen Weizen- und Spezialbieren verwendet. Da die Hefezellen sich während der Vermehrungsphase von den Mutterzellen kaum trennen, entstehen mehr oder weniger weit verzweigte Sprossgebilde. Diese Sprossverbände sind charakteristisch für die obergärige Bierhefe, jedoch ist dieses Merkmal nicht bei allen obergärigen Bierheferassen so deutlich ausgebildet. Dagegen zerfallen die Sprossverbände der untergärigen Bierheferassen schon nach 2, maximal 3 Sprosszellen. Erst gegen Ende der Gärung zerfallen die obergärigen Sprossverbände, steigen an die Oberfläche des Jungbieres und bilden dort eine klebrige Decke. Im Gegensatz zur Untergärung ist die Vermehrung der obergärigen Hefe etwas stärker, so dass mit einer fast doppelt so hohen Hefeernte gerechnet werden kann. Die Rassenvielfalt ist bei den obergärigen Hefen ebenso groß wie bei den untergärigen Hefeklonen. Zwischen der obergärigen Bierhefe, sowie der Backhefe und der Brennereihefe bestehen keine morphologischen und physiologischen Unterschiede. Von einer Brennereiheferasse erwartet man, dass sie Alkohol- und Säure resistent ist, um in der angesäuerten Getreidemaische möglichst hohe Alkoholmengen zu produzieren.

Brettanomyces bruxellensis

Brettanomyces bruxellensis (Abbildung 19) gehört wie die *S. cerevisiae* zu den Sporen bildenden Hefen (*Sporobolomyceae*). Sie wurde zum ersten Mal 1904 von *N. H. Claussen*, langjähriger Laborleiter von New Carlsberg Brewery in Dänemark, isoliert und beschrieben und für den eigenartigen Geschmack und Geruch der bei höheren Temperaturen gelagerten, vornehmlich englischen Biere, verantwortlich gemacht. Die Hefe zeichnet sich durch eine Formenvielfalt aus. Neben ovalen, länglich ovalen und elliptischen Zellen treten auch mycelartigen Zellen auf. Sie wird vornehmlich in englischen und belgischen Bieren gefunden und wird für die Herausbildung des typischen Stout-Geschmacks, bzw. des fruchtigen Lambic-Geschmacks verantwortlich gemacht. Der natürliche Standort der Hefe ist wie der vieler anderer Gärhefen die Oberfläche von Früchten und des Gartenbodens. Hauptsächlich wird *B. bruxellensis* auf *Brenberrys* in Belgien gefunden und ist deshalb an der spontanen Gärung Belgischer Biere wie Lambic, Flanderns red ales, Gueuze als auch Kriek, einem speziellen Lambic-Bier, beteiligt. *Brettanomyces bruxellensis* bevorzugt obergärige Fermentationsbedingungen, vergärt Glucose, Saccharose und Maltose als auch niedere Dextrine, die von der *Sacch. cerevisiae* nicht mehr vergoren werden können. Sie stellt deshalb eine typische Nachgärhefe dar, die heute auch vielfach bei der Herstellung des „Deutschen Porter" Verwendung findet. Dadurch, dass sie im Gegensatz zur Kulturhefe in der Lage ist niedere Dextrine zu vergären, kann sie während der Lagerung hohe Vergärungsgrade erreichen. Auf der anderen Seite stellt sie jedoch für obergärige Brauereien, die an einem „reinen" neutralen Biergeschmack interessiert sind, durch ihre teilweise kräftige Fruchtesterbildung eine gefährliche Kontaminationshefe dar. Verschiedene Autoren haben *Brettanomyces*-Hefen als Begleitflora in verschiedenen, vor allem obergärigen Bieren, so z. B. auch in Berliner Weiße verschiedener Betriebe, als auch im Wein, nachgewiesen. In der Vergangenheit wurde von einigen Brauereien dieser typische Estergeschmack der *Brettanomyces* für die Herstellung von Berliner Weiße gezielt genutzt.

Da bei *Brettanomyces* Anfang des 20. Jahrhunderts noch keine Sporenbildung beobachtet werden konnte, wurde sie zunächst in die Untergruppe der Torulahefen eingeordnet. *Van der Walt* und *A. E. van Kerken* wiesen 1960 Ascosporen nach und klassifizierten diese Hefe als *Brettanomyces bruxellensis*. Seit dem bildet sie mit weiteren *Brettanomyces*-Arten, wie *B. anomalus, claussenii, custersianus, custersii intermedius* und *lambicus,* eine eigene Gattung.

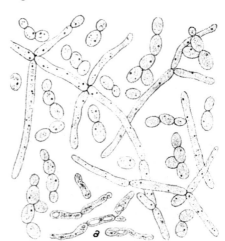

Abbildung 19   *Brettanomyces*
(nach Glaubitz/Koch [63])
a sehr alte Zellen

Bierschädliche Mikroorganismen

Bier kann durch verschiedene Fremdorganismen, in erster Linie durch so genannte „wilde Hefen", als auch Bakterien, verdorben werden. Bakterien gelangen, wie auch die bierschädlichen Hefen, bei nicht sorgsamer Arbeitsweise leicht über den Würzeweg, die Anstellhefe, als auch über die Umluft und das Reinigungswasser in das Bier und können sich bei einer ungenügenden Reinigung und Desinfektion bevorzugt in den Biofilmen der Behälter, Geräte als auch Armaturen ansiedeln.

Bei den von jeher in der untergärigen Bierherstellung gefürchteten bierschädlichen Bakterien handelt es sich in erster Linie um *Lactobacillen,* wobei die gleichen Mikroorganismen bei der Herstellung spezieller obergäriger Biere, wie z. B. der Berliner Weiße, als Kulturorganismus wirksam sind. Dies ist auch der Grund, weshalb man früher in Betrieben mit klassischer Apparatetechnik nie gleichzeitig untergärige und obergärige milchsaure Biere in ein und demselben Gärkeller vergor. Der heutige Stand der Apparatetechnik, verbunden mit einem effizienten Reinigungs- und Desinfektionssystem, erlaubt dagegen jetzt die parallele Vergärung untergäriger Biere auf der einen Seite und z. B. die Herstellung eines Weißbieres mit einer Mischkultur von *S. cerevisiae* und *Lactobacillus plantarum* in einer Produktionsstätte.

Lactobacillen sind grampositiv, Katalase negativ, unbeweglich und nicht in der Lage, Nitrat zu reduzieren. Sie bilden keine Sporen und sind unbeweglich. In der Regel sind sie mikroaerob, d.h. sie tolerieren geringe Mengen von Sauerstoff. Es wird zwischen stäbchenförmigen *Lactobacillen* und kokkenförmigen *Pediokokken* unterschieden [71] *Kitahara* und *Suzuki* haben 1963 allerdings auch eine sporenbildende Art von *Lactobacillen* beschrieben, die sehr hitzebeständig waren [72]. *Henneberg* unterschied außerdem in wärmeliebende Organismen (z. B. *Lb. pastorianus Delbrückii, B. lactis acidi, B.* bulgaris) und in solche, die niedrigere Temperaturen benötigen [73]. Dazu zählen: *B. lactis acidi, Saccharobacillus acidi, Saccharobac. Pastorianus var. Berolinensis, B. Lindneri*.

Ein wesentliches Unterscheidungsmerkmal zwischen den Milchsäurebakterien besteht in der Bildung verschiedener organischer Säuren. Die für die Bereitung obergäriger „Sauerbiere" interessanten *Lactobazillen* sind z. B. heterofermentativ, d.h., sie bilden neben Milchsäure auch andere organische Säuren. Hingegen sind die in der untergärigen Bierherstellung gefürchteten Milchsäurebakterien, zugehörig zu *Pediococcus cerevisiae* (in der Literatur auch unter der Bezeichnung *P. damnosus* bekannt), dagegen homofermentativ, d.h., sie bilden von den organischen Säuren einzig Milchsäure, aber dazu oft noch das Bieraroma schädigende Stoffwechselnebenprodukte, wie z. B. Diacetyl. Diese im untergärigen Bier vorkommenden gefürchteten Kontaminationsorganismen sind sowohl gegenüber Alkohol relativ resistent, als auch gegenüber antiseptischen Substanzen, wie z. B. den Hopfenbitterstoffen, unempfindlich. *Pediococcus viscosus* kann in obergärigem Weißbier die gefürchtete Schleimbildung verursachen. Eine Kontamination, die früher in der klassischen Weißbierbereitung meist in den Sommermonaten beobachtet wurde und epidemisch auftrat, in dem das Bier eine schleimige Beschaffenheit bei geringer Milchsäurebildung annahm, die sich aber bald wieder auflöste. Diese Biere zeichneten sich danach durch eine mäßige Säuerung, aber einen angenehmen Geschmack aus, weshalb solche Biere durchaus von Kennern bevorzugt wurden.

Die wichtigsten kokkenförmigen bierschädlichen Mikroorganismen gehören zur Gattung *Pediococcus Clausen* 1903. In der älteren Literatur finden sich diese Bierschädlinge auch unter folgenden Namen: *Micrococcus cerevisiae, M. freudenreichechii, M. liquefaciens, Pediococcus viscosus* u.a. mehr. Sie treten als Mono-, Diplo- und

Tetrakokken auf. Zur Gattung *Pediococcus* gehören entsprechend der gegenwärtig gültigen Systematik folgende Arten:
> *Pediococcus acidilactici Lindner;*
> *Ped. damnosus (früher Ped. cerevisiae);*
> *Ped. cellicola;*
> *Ped. ethanolidurans;*
> *Ped. inopinatus;*
> *Ped. pentosaceus.*

In der klassischen Brauerei mit offener Kühlung (Kühlschiff, Berieselungskühler) trat in der Vergangenheit am häufigsten *Ped. cerevisiae* auf, der durch seine intensive Diacetylbildung (bis zu 2 mg/L Bier) dem Bier neben einer Trübung einen honigartigen Geschmack und Geruch verleihen kann. Da die Mikrokokken sich vorzugsweise in der Gelägerhefe ansiedeln, kontaminierten sie bereits im Gärkeller leicht die Jungbiere und gehörten in der Vergangenheit deshalb zu den gefürchtetsten Bierschädlingen der klassischen Brauerei (*Sarcina*-Biere)

Die zweite Gruppe bierschädlicher Milchsäurebakterien in der untergärigen Bierherstellung sind die stäbchenförmigen *Lactobacillen*. Zu dieser Gattung gehören u.a. folgende Arten:
> *Lactobacillus delbrueckii;*
> *Lb. plantarum;*
> *Lb. brevis;*
> *Lb. pastorianus;*
> *Lb. buchneri;*
> *Lb. casei;*
> *Lb. lindneri.*

Die Arten dieser Gattung verursachen im filtrierten Bier schon nach wenigen Tagen neben einer deutlichen Trübung und Bodensatzbildung eine intensive Säuerung und die damit verbundene Geschmacksbeeinträchtigung. Da *Lactobacillen* mikroaerophil sind, reichen schon Spuren von Sauerstoff im Bier aus, um im Zusammenhang mit den im Bier vorhandenen Aminosäuren und Restkohlenhydraten ein Wachstum zu befördern. Sie siedeln sich auch leicht in Biofilmen von Bierleitungen, Pumpen, Armaturen als auch Abfüllanlagen an.

Essigsäurebakterien (*Acetobacteriaceae*) spielen auf Grund der bei der Bierherstellung vorherrschenden anaeroben Bedingungen während des Herstellungsprozesses kaum eine Rolle.

Neben diesen bierschädlichen Bakterien können in der Anstellwürze sogenannte Termobakterien auftreten. Das in der Würze für den Selleriegeruch verantwortliche Würzebakterium *Termobacterium lutescens* wurde zum ersten Mal von *P. Lindner* beschrieben. Termobakterien stellen keine eigene systematische Gruppe dar, gehören zu den *Enterobacteriaceae* und stehen den Gattungen *Escherichia* und *Acetobacter* nahe. Es konnten auch Vertreter der Gattung *Klepsiella*, einem ebenfalls gramnegativen, aber wenig beweglichen Bakterium, von *Bärwald* in der Würze nachgewiesen werden [62]. Die ca. 1…3 μm langen stäbchenförmigen Zellen sind beweglich und kommen paarweise, als auch in kurzen Ketten vor. Wird die abgekühlte Bierwürze mehrere Stunden nicht mit Hefe angestellt, so kann es zu einer deutlichen Vermehrung von Termobakterien kommen, die der Würze einen typischen sellerieartigen Geruch und Geschmack verleihen. Neben einer Trübung kann sich außerdem die Würzefarbe in Richtung Fuchsinglanz verändern. Da die Termobakterien auf Grund ihrer hohen

Wachstumsgeschwindigkeit der Würze wichtige Wuchsstoffe entziehen, kann es anschließend zu erheblichen Gärstörungen kommen.

Die ebenfalls zur Gruppe der *Enterobacteriaceae* gehörenden echten Darmbewohner *Escherichia coli* wurden hin und wieder auch im Bier nachgewiesen. In der Regel war durch Vögel z. B. mit Taubenkot kontaminiertes Rohwasser, das als Reinigungswasser nicht ausreichend aufbereitet zum Einsatz kam, Ursache für eine solche Kontamination. *E. coli* kann sich im Normalbier auf Grund der für sie ungünstigen pH-Wert-Bedingungen und des für diese Bakteriengruppe hohen Alkoholgehaltes von > 2 % nicht vermehren. Allerdings bleiben *E. coli*-Keime, sind sie erst einmal in das Bier gelangt, bis zu 3 Wochen lebensfähig.

Neben diesen bierschädlichen Mikroben existieren noch bierfremde Mikroorganismen, die den Herstellungsprozess nicht direkt beeinflussen können, aber Bier als auch Abfallprodukte der Bierherstellung bevorzugt besiedeln. Hier sind es vor allem aerob wachsende Hefen, als auch verschiedene Schimmelpilze.

Jopenbier, eine Spezialität mit einer besonderen Mikroflora
In Danzig des 19. Jahrhunderts wurde in noch über 30 Produktionsstätten eine Bierspezialität, das sogenannte *Jopenbier* produziert, das sich durch einen besonderen, Portwein ähnelndem Geschmack, einen hohen Extraktgehalt von bis zu ca. 50 %, viskoser Konsistenz und einem Alkoholgehalt zwischen 3 und 8 % auszeichnete. Die besondere Art der Würzebereitung trug wesentlich zur Ausbildung dieses Geschmacks bei, der deutlich von dem klassischer Biere abwich [74]. Die Würzebereitung unterschied sich zu unserer normalen Bierherstellung dahingehend, dass eine hochkonzentrierte Würze durch langes Kochen (8 bis 9 Stunden) und anschließende Nachkonzentrierung auf dem Kühlschiff entstand. Zu den Kühlschiffen, auf denen die Würze bis zu 24 Stunden gehalten wurde und so der Primärkontamination aus der Luft ausgesetzt war, ist noch zu bemerken, dass diese einen doppelten Boden besaßen, damit durch Zuführung von Dampf eine weitere Aufkonzentrierung der Würze erreicht werden konnte [75]. Die Jopenbiergärung vollzog sich in einer spontanen Gärung, d.h., die in aufwendiger Prozedur gefertigte hochprozentige Würze wurde nicht wie üblich mit einer Hefe angestellt, sondern man überließ, wie bei der Lambic-Bereitung, die in die speziellen Gärbottiche abgelassene gekühlte Würze der Mikrobenflora, die zum einen über die Luft der Hofebene in die Würze gelangt war, bzw. den Mikroorganismen, die in den Holzgefäßen in den Biofilmen aus vorangegangenen Fermentationen verblieben waren.

Die in diesen Brauereien für die Lagerung der Jopenbiere verwendeten Fässer stammten aus vorangegangenen Weinimporten von Danziger Weinhändlern und damit aus aller Herren Länder. D.h., mit den nach Danzig importierten Weinen gelangten auch sehr unterschiedliche Weinheferassen (z. B. *Sacch. Bailii*) in die Fermentations- und Lagerräume der Jopenbierbrauer und begründeten damit die spezifischen Unterschiede. *Glimm* [76] beschäftigte sich Anfang des 20. Jahrhunderts mit der Mikrobenflora des Jopenbieres. Er machte, ähnlich wie *Lindner*, einen Pilz zugehörig zu *Penicillium* für die Einleitung der komplizierten Gärung und den Übergang in die dünnflüssige Phase des Jopenbieres verantwortlich. Dadurch war es möglich, dass spezielle Hefen zum Zuge kamen. Zu diesen Hefen zählten die von *Lindner* isolierten *Sach. Bailii* und *Sacch. farinosus* (Abbildung 20 u.   Abbildung 21). Das erklärt, weshalb sich in den verschiedenen von *Glimm* untersuchten Jopenbieren und ihrer Mikrobenflora viele Weinhefen bzw. Mikroorganismen der Weinmikrobenflora aber auch eine Bierhefe befanden. Leider hat *Glimm* seine umfangreichen mikrobiologischen Untersuchungen, einschließlich der vielen biochemischen Tests an verschiedenen

Die Hefe in der Brauerei

Jopenbieren nicht mit Einzellkulturen aus den entnommenen Bierproben durchgeführt. Er ging nur von Kolonien aus, die er aus Verdünnungsreihen gewonnen hat. Mit dieser Methode kann man aber nicht ausschließen, dass sich auch Spuren von weiteren Hefen bzw. anderen Mikroorganismen sich in den Proben befinden, die das Endresultat stören können.

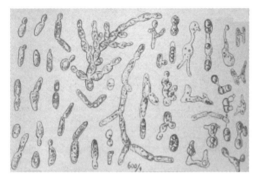

Abbildung 20   Jopenbiergärhefe
            Sacch. bailii (nach Lindner [73])

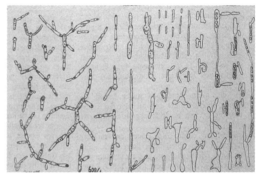

Abbildung 21   Kahmhefe
            (Sacch. farinosus) aus Jopenbier
            (nach Lindner [73], [77])

Eine weitere Besonderheit machte die Danziger Jopenbierbrauerei aus: Die Wände und Decken der Gärräume waren mit einer dichten Schimmelpilzmikroflora bedeckt, und jeder Jopenbierbrauer hütete sich durch unbedachtes Reinigen, einschließlich Weißen, diesen Mikrobenrasen zu beschädigen. Wenn gereinigt wurde, so dann nur die eine Seite des Raumes, damit die Mikrobenpopulation im Gärraum erhalten blieb. Sicher ist, dass die Produktionsräume sich in Höhe der Höfe einschließlich der dort vorhandenen Stallungen befanden und so relativ leicht mit virulenten Mikroorganismen aus diesen Bereichen kontaminiert wurden. Dazu gehörten, neben Schimmelpilzen auch Bakterien. Die überlieferten Beschreibungen des Gärverlaufs bezeugen, dass die Fermentation in der ersten Phase von verschiedenen Schimmelpilzen eingeleitet wurden. *P. Lindner* von der VLB erwähnt sowohl Pilze der Gattung *Penicillium* als auch *Mucor*, beides Organismen, die man regelmäßig in feuchten Braukellern findet. Man kann aber bei dieser durch die Jopenbierbrauer sehr großzügig praktizierten Arbeitsweise hinsichtlich der Reinigung sowie Einhaltung hygienischer Grundsätze bei der Bereitung von Nahrungsgütern davon ausgehen, dass auch andere Schimmelpilzarten sich neben den einfachen Pilzen, wie Kahmhefen und verschiedene Bakterienspezies, sich in der Jopenbierwürze ansiedeln konnten. Im Gegensatz zu den Hefen und Bakterien, die für ihr Wachstum einen höheren Wasserwert des Nährsubstrats benötigen als die Pilze, kamen die Schimmelpilze in dieser konzentrierten Würze als erste zum Zuge und waren deshalb in der Lage, bald eine geschlossene Pilzdecke auf der Jopenbierwürze zu bilden. *Lindner* beschrieb diesen Pilzrasen als schwarzbraune Masse, in der sich stellenweise Partien mit jungen weißen Lufthyphen befanden. Außerdem Hefezellen, die einer *Torulahefe* ähnlich sahen, sowie stäbchenförmige Milchsäurebakterien. Es muss in dieser Phase viel Kohlensäure, aber relativ wenig Alkohol entstanden sein, denn oft trat das gärende Jopenbier über den Bottichrand in bereit stehende Behältnisse und wurde anschließend zurückgegeben. Mit der aeroben Umsetzung der Würze durch die Pilze entstand zwangsläufig neben Wärme auch Wasser, das auf der darunter befindlichen Würze zu einer Erhöhung des Wasserwertes führte. Davon profitierten wahrscheinlich zunächst die osmophilen Hefen, die in der Lage sind, sich in hochkonzentrierten Zuckerlösungen wie Honig als auch Zuckersirp zu vermehren und eine schaumige Gärung unter Bildung von Alkohol und damit eine anaerobe Fermentation einzuleiten. Diese Theorie wird gestützt durch den Nachweis von *Saccharomyces bailii* sowie der Kahmhefe *Pichia farinosa* (Syn. *Saccharomyces farinosus Lindner*) im Jopenbier. Zu den bekanntesten Vertretern der bei Honig beobachteten und durch osmophile Hefen ausgelösten Schaumgärung gehören auch *Sacch. rouxii* und *Sacch. bisporus*. Diese Hefen bilden zwar auch Alkohol, aber den nur im geringen Umfang. Der nachgewiesene Alkoholgehalt von 3,5 bis 4 Vol.-% in manchen Jopenbieren ist sicher auf das Mitwirken von klassischen Hefen, zugehörig zu *Sacch. cerevisiae,* zurückzuführen. *Glimm* kommt auf der Grundlage seiner umfangreichen Versuche mit Reinkulturen von aus Jopenbieren isolierten Hefen und Schimmelpilzen zu der Einschätzung, dass in erster Linie die Fruchtester bildenden Kahmhefe als auch im gewissen Umfang die Schimmelpilze der Gattung *Penicillium* für die Ausbildung des typischen Jopenbieraromas verantwortlich sind. An der vorangegangenen alkoholischen Gärung waren sicher auch Vertreter der S. cerevisiae beteiligt.

Während sich die Würzebereitung auf die Monate November bis März konzentrierte, setzte die Gärung erst gewöhnlich Anfang Juni ein und war nach 6 Wochen beendet. Ab Mitte September, d.h. 3 Monaten später, begann der Versand.

In der Regel wies das Jopenbier einen Alkoholgehalt zwischen 3,5 % bis 4 % auf. Aber auch Spezialitäten mit 6 bis 8 Vol.-% Alkohol sind bekannt.
Glimm hat mit den von ihm isolierten und reingezüchteten (allerdings ohne Anlegung von Einzellkulturen) Mikroorganismen aus verschiedenen Jopenbierbrauereien im Vergleich zu den Betrieben mit deren Würzen Probegärungen mit unterschiedlichem Erfolg durchgeführt. Entscheidend für das Erreichen eines annähernd typischen Jopengeschmacks war das Wirken der Fruchtesterhefen im Zusammenspiel mit *Penicillium*.

100 Jahre nach Einstellung der klassischen Jopenbierproduktion erscheint es unwahrscheinlich, in einer modernen Brauerei unter heutigen hygienischen Gesichtspunkten dieses einzigartige Produkt wieder zu produzieren. Mit dem Abriss der unzähligen alten Betriebe, die vor über 100 Jahren ihre Produktion eingestellt haben, sind auch die damaligen sicher funktionierende „Jopenbiermikroben WG's", ähnlich wie die Weißbierkulturen alter Weißbierbrauereien, verschwunden [78].

Bedeutende bierschädliche Hefen
Im technologischen Prozess der Bierherstellung ist die abgekühlte, mit Sauerstoff angereicherte Anstellwürze gegenüber Kontaminationen besonders gefährdet. Vor allem gärbeständige Fremdorganismen mit einer kürzeren Generationszeit als die Kulturhefe können leicht einen Wachstumsvorteil erlangen und bei mehrmaliger Hefeführung die nachfolgenden Sude kontaminieren. Um eine möglichst hohe Verfahrenssicherheit zu erreichen, sollte deshalb bei der biologischen Betriebskontrolle ein besonderes Augenmerk auf Anstellwürze, Hefereinzucht und Anstellhefe gelegt werden.

Einige der wichtigsten bierschädlichen Hefen sollen nachfolgend behandelt werden.

Sacch. pastorianus Hansen
Zu den gefährlichsten Kontaminationen in der untergärigen Bierbrauerei zählt die *S. pastorianus*. *Sacch. pastorianus* wurde von *Hansen* als gefährlicher Bierschädling

erkannt. Die von ihm isolierten Arten: *Sacch. past. I, Sacch. past. II (S. intermedius)* und *Sacch. pastorianus III (S. validus)* stellen heute Unterarten der *Sacch. cerevisiae* dar, obwohl sie sich in der Sprossverbandsform, als auch in der Raffinosevergärung unterscheiden.

Die morphologischen und physiologischen Eigenschaften können wie folgt beschrieben werden:
- *S. pastorianus* bildet in der 24-h-Tröpfchenkultur elliptische bis länglich ovale Hefezellen, die etwas kleiner sind als die der untergärigen Bierhefe.
  - Breite: 2,5...5,0 µm
  - Länge: 4,9...13,6 µm.
- Es werden in der Regel 4 Sporen im Askus gebildet.
- Charakteristisch ist ihr Sprossbild. Die länglichen Sprosszellen stehen im Winkel von ca. 150° zur Mutterzelle. Man bezeichnet diese Sprossform auch als Wegweisersprossung. Pseudomycel wurde bisher nicht beobachtet, dagegen im Geläger von infiziertem Bier deutlich verlängerte Zellen.
- Glucose, Maltose, Saccharose werden vollständig, Raffinose nur zu 2/3 vergoren. Galactose und Lactose werden nicht vergoren.
  Glucose, Maltose, Saccharose und Lactose als auch Ethanol werden assimiliert.

Allerdings ist die *S. pastorianus* bei geringer Kontamination während der Hauptgärung schwer auszumachen, da manche Kulturheferassen zu diesem Zeitpunkt oft auch ähnliche längliche, ovale Sprossformen bilden können, die jedoch im Gegensatz zur Kontaminationshefe in einem Winkel von 90...120° zur Mutterzelle wachsen (Abbildung 22). Während der Hauptgärung kann sich *S. pastorianus* in der Regel noch nicht gegen die Kulturhefe durchsetzen. Erst während der Reifungsphase vermehrt sie sich auch bei niederen Temperaturen (um 0 °C) und macht das Bier durch einen typischen, streng bitteren, unangenehmen Geschmack sowie bierfremden Geruch, verbunden mit einer starken Hefetrübung, ungenießbar. Diese Geschmacksabweichung ist unter anderem auf die verstärkte Bildung von Isobuttersäure und Isovaleriansäure zurückzuführen [79]. Dadurch kommt es zu einer verstärkten Esterbildung, die den oft lösungsmittelartigen Geruch und Geschmack auslöst. Gleichzeitig kann es zu einer verstärkten Ausschüttung von höheren Alkoholen kommen.

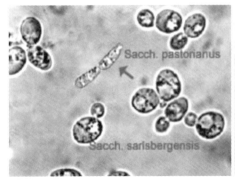 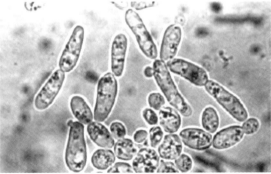

Abbildung 22   Sacch. pastorianus (nach [80]) Rechts: Mit Sacch. pastorianus aus kontaminiertem Gelägerbier

Die weitere Gefahr besteht darin, dass die *S. pastorianus* sich leicht im Biofilm der Gefäße und Bierschläuche ansiedelt und über diesen Weg beim Schlauchen weitere, bisher unbelastete Jungbiere kontaminieren kann. Diese Gefahr ist auch in modernen geschlossenen Fermentationssystemen (Armaturen, Dichtungen, Messfühler, Probenahmevorrichtungen) nicht zu unterschätzen. Mit *Sacch. pastorianus* kontaminierte Biere sind nicht mehr verkehrsfähig. Nach einer Kontamination mit einer solchen Fremdhefe müssen die Fermentationsanlagen einschließlich aller Leitungssysteme einer mehrmaligen Reinigung und Desinfektion, vorzugsweise unter Verwendung von gesättigtem Dampf, unterzogen werden. Diese Hefe war bis Anfang des 20. Jahrhunderts noch in vielen Betriebshefen nachweisbar und verursachte besonders im Verlauf der Nachgärung große Probleme.

Die Durchsetzung der Hefereinzucht und die damit verbundene weitgehend aseptische Betriebsführung führte aber dazu, dass diese gefährliche Kontaminationshefe nur noch sehr selten in den Brauereien auftrat. *Siegfried Windisch* [81] untersuchte die in seiner Sammlung vorhandenen Stämme und konnte keinen physiologischen Unterschied zur *Sacch. carlsbergensis* (*S. uvarum*) feststellen. Er stellte 1961 deshalb die Berechtigung dieser Hefe als eigenständige Art in Frage.

P. Lietz konnte 1964 diese Hefe aus einem kontaminierten Tankbier neu isolieren und die Berechtigung der Art *S. pastorianus* unter Beweis stellen [58].
Diese Hefe stellte auch bei sorgfältigster Betriebsführung bei der bis in die 1970er Jahre vorherrschenden klassischen Gärführung oft eine sehr ernst zu nehmende Kontaminationsgefahr dar. Vor allem in den stationären Hefereinzuchtanlagen, in denen die Stämme oft über Monate geführt wurden, konnte sich bei nicht korrekter Arbeitsweise immer wieder die *S. pastorianus* gegenüber der Kulturhefe durchsetzen.

Sacch. cerevisiae var. *ellipsoideus* (Hansen) Stelling-Decker

Sacch. cerevisiae var. *ellipsoideus* stellt ebenso wie die *S. pastorianus* eine gefährliche Kontamination bei der Bierherstellung dar (Abbildung 23). Sie verursacht im fertigen, ausgereiften Bier durch ihren Staubhefecharakter in erster Linie Trübungen, bei besonders starker Kontamination im Lagerkellerbereich führt sie auch zu bierfremden Geschmacksabweichungen. Die physiologischen Eigenschaften entsprechen denen der Kulturhefe. Galactose wird in der Regel nicht oder nur schwach vergoren. Der natürliche Standort dieser Hefe in der Natur sind die Früchte der Wein- und Obstgärten. In der Würzekultur bildet die Hefe elliptische und ovale Zellen mit ovalen und elliptischen Sprosszellen, die in der Längsachse wachsen und charakteristische Sprossverbände bilden. Die Zellgröße ist deutlich kleiner als die der obergärigen Bierhefe. Eine verwandte Art der elliptischen Hefe stellt die von Hansen ebenfalls zum ersten Mal beschriebene *S. turbidans* dar, die sich von der *S. ellipsoideus* dahingehend unterscheidet, dass sie ähnlich wie die Bierhefe ovale und runde Zellen bildet und Maltotriose vergärt.

Sacch. cerevisiae var. diastaticus

Eine Varietät der *Sacch. cerevisiae* stellt die *Sacch. diastaticus* dar. Die Hefezellen sind elliptisch bis oval, teilweise auch länglich ähnlich der *S. pastorianus*. Die Sprosszellen wachsen wie bei der *S. ellipsoideus* in der Längsachse. Die physiologischen Eigenschaften sind ähnlich der der *Sacch. cerevisiae*. Der gravierende Unterschied besteht im Vermögen, Dextrine und sogar Stärke zu verwerten. Dadurch kann es im bereits endvergorenen Bier zu einer Vermehrung und damit zu einer Hefetrübung kommen. Darüber hinaus bildet S. diastaticus, wie bereits *Harrison* 1961 sowie *Niefind* und *Späth* 1971 [82] nachweisen konnten, bedeutend mehr höhere Alkohole und Ester als die normale Kulturhefe.

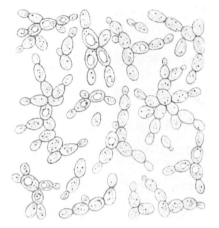

Abbildung 23   Sacch.cerevisiae var. ellipsoideus (nach Glaubitz/Koch [63])

Saccharomycodes ludwigii

Saccharomycodes ludwigii stellt eine Zwischenform zwischen den Spross- und Spalthefen dar (Abbildung 24). Die Sprosszellen schnüren sich durch eine Trennwand erst nach dem vollständigen Auswachsen von der Mutterzelle ab. *S. ludwigii* vergärt Glucose, Saccharose, Raffinose zu 1/3, dagegen nicht Galactose, Maltose und Lactose. Dieses Unvermögen, den Malzzucker in der Würze zu vergären, wurde in der Vergangenheit zur Herstellung alkoholarmer Malzbiere genutzt. Durch die Zugabe von Rohrzucker kann der Alkoholgehalt in jeder gewünschten Höhe leicht reguliert werden.

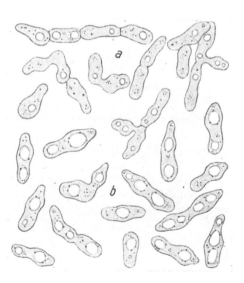

Abbildung 24   Saccharomycodes ludwigii (nach Glaubitz/Koch [63])

Schizosacch. pombe

Im Gegensatz zu den Sprosspilzen vermehrt sich diese Hefe durch Querteilung der Zellen ähnlich wie bei den Bakterien.

Schizosaccharomyces pombe wurde aus dem Hirsebier „Pombe" Ostafrikas isoliert und vergärt vorzugsweise bei Temperaturen zwischen 30 und 37 °C neben Glucose, Maltose und Saccharose Raffinose zu 1/3. Nicht vergoren werden Lactose, Mannose und Galactose. Die Fähigkeit, neben Maltose auch Dextrine zu vergären, konnte nicht eindeutig geklärt werden (Abbildung 25).

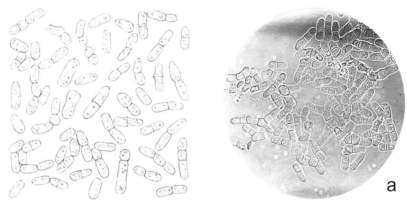

*Abbildung 25   Schizosacch. pombe (nach Glaubitz/Koch [63]; Foto **a** nach [78])*

Aerobe „Wilde Hefen" als Begleitflora

Neben den wilden gärenden Hefen sind in der Natur die sogenannten luftliebenden, meist nur schwach gärenden Kahmhefen weit verbreitet und gelangen über die Luft als auch das Getreide leicht in die Brauereien und Mälzereien. Sie besiedeln relativ schnell Gefäße und Gerätschaften (Bottiche, Tanks, Leitungen) als auch Kellerwände. Sie konnten deshalb in der klassischen Brauerei mit ihrer offenen Kühlung und Klärung regelmäßig nicht nur bei den Luftuntersuchungen, sondern auch im Bier nachgewiesen werden [92], [66].

Kahmhefe ist ein Sammelname für verschiedene Sporen bildende als auch nicht Sporen bildende Hefearten, zugehörig zu verschiedenen Gattungen, die Luft liebend sind und auf Flüssigkeiten eine Haut bilden, die Kahmhaut. Da diese Hefen für ihre Vermehrung unbedingt Sauerstoff benötigen, haben sie unter den anaeroben Fermentationsbedingungen in Konkurrenz zur Kulturhefe kaum eine Chance sich im Bier direkt zu vermehren. Dagegen siedeln sie sich leicht auf nicht ordnungsgemäß gereinigten Oberflächen an, da viele von ihnen in der Lage sind, Ethanol als auch weitere Stoffwechselprodukte der Gärung bis hin zur Essigsäure als Kohlenstoffquelle zu verwerten. Weiterhin werden die in der Würze reichlich vorhandenen Aminosäuren assimiliert.

Kahmhefen können deshalb, da sie sich auch bei niederen Temperaturen schnell vermehren können, als sichtbares Indiz für nicht ausreichende Reinigung und Desinfektion angesehen werden. Die Haut der Kahmhefen kann in Abhängigkeit vom Substrat, auf dem sie wachsen, weiß, mattglänzend, grau aber auch gelblich-weiß, glatt aber auch faltig erscheinen. In geschlossenen modernen Fermentationssystemen spielen die Kahmhefen heute kaum noch eine Rolle, dagegen findet man sie öfter noch

Die Hefe in der Brauerei

in kleineren Brauereien mit klassischem Fermentationsequipment, als auch in Ausschankanlagen. Einige bekannte, vor allem in Brauereien und Mälzereien vorkommende Kahmhefenvertreter sollen hier vorgestellt werden. Weitere ausführliche Beschreibungen finden sich z. B. bei *P. Lindner* [92], *W. Henneberg* [83], *M. Glaubitz* u. *R. Koch* [63] und *J. Lodder* [12].

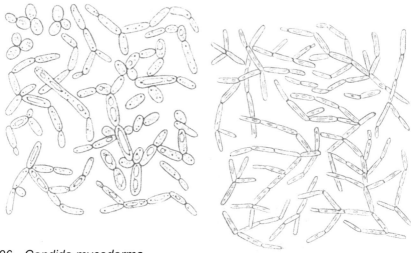

*Abbildung 26   Candida mycoderma
(nach Glaubitz/Koch [63])*

*Abbildung 27   Pichia farinosa
(nach Glaubitz/Koch [63])*

Candida mycoderma (Rees) Lodder et Kreger van Rij

Diese Hefe ist der klassischen Vertreter der in der Brauerei, in Weinbetrieben und in der Hefefabrikation auftretenden Kahmhefen. *C. mycoderma* ist eine nichtgärende Hefe die keine Sporen bildet. Diese Hefe weist im mikroskopischen Bild meist lang gestreckte, teilweise auch ovale Zellformen auf (Abbildung 26). Die ovalen Zellen sind kleiner als die der Kulturhefe. *C. mycoderma* besitzt kein Gärvermögen, assimiliert aber Zucker, Ethanol und organische Säuren, weshalb sie bei Anwesenheit von Sauerstoff auf Bier, Wein, Back- oder Futterhefe sowie Sauergemüse sehr schnell einen weißen Belag bildet.

Pichia farinosa (Lindner) Hansen

Pichia farinosa wurde von *P. Lindner* aus dem Danziger Jopenbier isoliert (Abbildung 27). Da diese Hefe in der Kahmhaut sehr schnell Sporen bildet und Glucose als auch Galactose vergärt, wurde sie von ihm zunächst als *Sacch. farinosa* beschrieben. *P. farinosa* bildet in der Würzekultur und in der Kahmhaut lange, dünne Zellen in zusammen hängenden Sprossverbänden.

Pichia membranaefaciens

Diese Kahmhefe, die auf Bierwürze eine elastische graue Haut bildet, wurde zum ersten Mal von *Hansen* aus dem Schleimfluss von Ulmenwurzeln isoliert und beschrieben (Abbildung 28). Die Zellen sind langgestreckt bis länglich oval. Alkohol sowie die organischen Säuren Äpfel-, Essig- und Bernsteinsäure werden assimiliert. Die Hefe bildet in der Kahmhaut leicht kugelige bis halbkugelförmige Sporen. Die Hefe zerstört das Weinbukett und bildet wenig angenehme Geschmacks- und Geruchsstoffe.

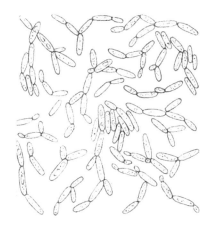

Abbildung 28 Pichia membranaefaciens (nach Glaubitz/Koch [63])

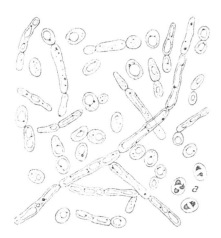

Abbildung 29 Hansenula anomala (nach Glaubitz/Koch [63])

Hansenula anomala (Hansen) H. et P.Sydow

Hansenula anomala wurde von *Hansen* aus Bier isoliert und von ihm zunächst zur Gattung *Saccharomyces* gestellt (Abbildung 29). Diese Kahmhefe bildet wie *Pichia* sehr leicht Sporen (hutförmig) und zeichnet sich durch eine starke Essigesterbildung aus. Dieser Tatsache verdankt sie auch die Bezeichnung „Fruchtesterhefe". Sie vergärt Glucose, Saccharose, Raffinose zu 1/3. Maltose und Galactose werden nur schwach vergoren. Die Zellform ist sehr unterschiedlich, neben kleinen ovalen bis elliptischen Zellen treten langgestreckte, fadenförmige Zellen auf. Fruchtesterhefen finden sich oft auf Grünmalz, Milchprodukten, Presshefe sowie Sauergemüse.

2.2.2 Die Geschichte der Hefereinzucht

Im Zusammenhang mit dem Auftreten von Gärschwierigkeiten in der Carlsberg-Brauerei als auch in der Tuborg-Brauerei, hatte *Hansen* aus deren Stellhefe vier verschiedene Hefen, darunter die von ihm zum ersten Mal näher beschriebenen gefährlichen Kontaminationshefen *Saccharomyces pastorianus* und *Saccharomyces ellipsoideus* isoliert. Er kam zu der Überzeugung, dass die Stellhefe eines Betriebes nur aus einer einzigen „Hefeart", nach unserer heutigen Bezeichnung: aus einer Heferasse, bestehen darf, nämlich aus der für die betreffende Brauerei Günstigsten. Außerdem muss die in einem Betrieb verwendete Stellhefe aus einer einzigen Hefezelle hervorgegangen sein, um eine Kontamination durch eine Fremdhefe oder durch Bakterien auszuschließen. Die Bestrebungen *Hansen's*, die Anstellhefe aus einer einzigen Zelle zu züchten, stießen bei seinem Chef, dem Stifter des Laboratoriums der Carlsberg-Brauerei, dem Kapitän *J. C. Jacobsen*, zunächst auf Widerstand.

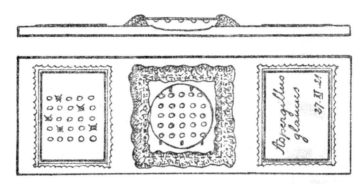

Abbildung 30 Tröpfchenkultur nach Lindner (nach [91])

Hansen hatte seine bekannten Hefen „Carlsberg I" und Carlsberg II" aus dem Unterzeug der Brauerei Gamle Carlsberg isoliert. Zur Erzeugung einer Reinkultur vermischte Hansen 1881 Hefe mit soviel Würze, dass in einem Tropfen Würze jeweils nur eine Hefezelle vorhanden war. Die Tropfen wurden nun in jeweils ein Fläschchen mit frischer Würze gegeben.

Dort, wo sich auf dem Boden des Fläschchens nur eine Kolonie gebildet hatte, ging er davon aus, dass diese Kolonie nur aus einer Zelle entstanden war. Eine mikroskopische Kontrolle und damit die Sicherheit, dass sich in einem Tropfen tatsächlich nur eine Zelle vorher befunden hatte, gab es noch nicht.

In Anlehnung an die von *Robert Koch* (Abbildung 31) entwickelte Plattenkultur [84] zur Vereinzelung von Mikroorganismen vermischte *Hansen* später mit der Hefe verdünnte Würzegelatine auf einem Deckglas und prüfte anschließend die Verteilung von Hefezellen auf dem erstarrten Nährboden unter dem Mikroskop. Einzeln liegende Hefezellen wurden markiert und nach einem drei bis viertägigen Wachstum mit einer sterilen Platinnadel abgeimpft und in ein frisches Würzefläschchen überführt. Damit war das Prinzip der Reinzüchtung der Hefe erfunden.

Abbildung 31   Robert Koch (1843 - 1910)
Nobelpreis für Medizin 1905

Paul Lindner (Abbildung 32) hat diese Methode 1893 [85] weiterentwickelt und sie als Tröpfchen- bzw. Federstrichkultur bekannt gemacht. Diese Methode hat sich bis heute zur Reinzüchtung von Hefen für wissenschaftliche Untersuchungen als auch für die praktische Tätigkeit im Betriebslaboratorium bewährt (s.a. Abbildung 30).

Abbildung 32   Paul Lindner (1861 - 1945)

Abbildung 33   Max Delbrück (1850 - 1919)

Jacobsen betrachtete die Bestrebungen *Hansen's* zunächst als verfehlt. Erst später erkannte er jedoch deren Nutzen und setzte sich für deren Umsetzung ein.

Aber auch bekannte Wissenschaftler, wie *Delbrück*, *Pasteur*, *Duclaux*, *Velten* und andere, waren zunächst gegen diese neue Methode. Es kam in deren Folge zu einem sehr lebhaft geführten Gedankenaustausch zwischen *Jacobsen* und *Hansen* auf der einen und den deutschen Wissenschaftlern und Praktikern auf der anderen Seite, den man in den damaligen Fachzeitschriften mit einigem Schmunzeln verfolgen kann [86], [87] und [88].

Insbesondere *Max Delbrück* (Abbildung 33) behandelte in dieser Zeit auch das Thema der Reinhaltung der Hefe, setzte sich kritisch mit den Lösungswegen Pasteurs und Hansens auseinander und entwickelte sein Prinzip der natürlichen Reinzucht zur Gestaltung einer reinen Gärung im Betriebsmaßstab, vornehmlich für Brennereimaischen.

Er postulierte: „dass die Rasse in ihrer Abkunft (Herkunft) von einer Zelle doch nichts Unabänderliches darstellt und dass die Eigenschaften, abgesehen von den Rasseneigentümlichkeiten, auch von dem physiologischen Zustand der Reinhefe abhängen" [89]. Er stellte die Lebensbedingungen der Hefe, die sie befähigt, eine Bierwürze oder Getreidemaische optimal zu vergären, in den Mittelpunkt seiner Überlegungen. Das von ihm propagierte System der „natürlichen Reinzucht" basiert auf der Tatsache, dass sich, bedingt durch die unterschiedlichen Vegetationsgeschwindigkeiten in einer Mischkultur, diejenigen Keime durchsetzen, die unter den gegebenen Kultivierungsbedingungen eine kürzere Vegetationszeit besitzen. Das trifft generell für Mischkulturen von Milchsäurebakterien mit Hefepilzen zu, in denen die Bakterien auf Grund ihrer kürzeren Vegetationszeit einen Wachstumsvorteil haben.

In diesem Fall erkannte *Delbrück* von Anfang an die Vorteile der *Hansen*'schen Methode gegenüber der von ihm propagierten „natürlichen Reinzucht". In einer reinen Hefekultur ohne Bakterienkonkurrenz haben nach seiner Vorstellung allerdings die Hefen bzw. Heferassen einen Wachstumsvorteil, die unter den gegeben Bedingungen kräftiger wachsen und sich damit gegenüber ihren Konkurrenten durchsetzen können. Das kann so weit gehen, dass die unterlegene Species vollständig verschwindet.

Gerade in Brennereimaischen konnte *Delbrück* nachweisen, dass in dem von ihm propagierten Kunsthefeverfahren die konkurrierenden Kahmhefen, Schimmelpilze und Bakterien durch die vorangestellte Milchsäuregärung in der Maische vor dem Anstellen mit Backhefe derartig geschwächt werden, dass die Kulturhefe sich leicht durchsetzen kann. Unterstützt wird die natürliche Reinzucht in diesem Fall durch eine hohe, für die Brennereihefe optimale Temperatur und die Neuanstellung der nächsten Hefecharge bei einem Alkoholgehalt von ca. 3,5 %. Unter solchen Bedingungen setzt sich natürlich die Kulturhefe *Sacch. cerevisiae* gegenüber anderen Luft liebenden Hefen, z. B. Kahmhefen als auch Essigsäurebakterien, durch [90].

Unter den Bedingungen der Biergärung ist ein solcher Differenzierungsprozess zu Gunsten der Kulturhefe nicht zu erwarten und das Risiko zu groß, dass Kontaminationen sich vor allem während der Reifungsphase durchsetzen. Das erkannte auch *Max Delbrück*. Er revidierte sich nicht nur, sondern wurde schließlich ein großer Förderer der *Hansen*'schen Reinzuchtmethode und überreichte *E. Chr. Hansen* 1889 für dessen bedeutende Arbeit ein Diplom als Ehrenmitglied des Vereins der Versuchs- und Lehranstalt für Brauerei in Berlin. *Delbrück* gilt als Vater der natürlichen Reinzucht in der Backhefe- und Spiritusindustrie.

Mit der Einführung der Reinzuchthefe in die tägliche Praxis kam es aber auch in vielen Betrieben zu einer deutlichen Veränderung des Biergeschmacks und nicht jeder Kunde reagierte euphorisch auf den neuen „reinen" Geschmack, der nun frei war von den sowohl von den Braumeistern als auch der Kundschaft gewohnten Geschmackskomponenten, meist verursacht durch Milchsäurebakterien und wilde Hefen.

Die Ursache lag auch zuweilen in der Tatsache begründet, dass man sich die Hefen „Carlsberg 1" und „Carlsberg 2" [85] von *Hansen* schicken ließ und in den Betrieb einführte, immer noch in der irrigen Ansicht, dass Hefe gleich Hefe ist. Dies konnte nicht gut gehen, da es sich bei der aus Kopenhagen bezogenen Hefe in den meisten Fällen um eine andere Heferasse handelte, die darüber hinaus nicht an die spezifischen Bedingungen des neuen Betriebes angepasst war.

Hansen hatte schon frühzeitig erkannt, dass es neben seinen beiden reingezüchteten Heferassen „Carlsberg 1 und 2" noch viele weitere Heferassen in den Brauereien geben müsste. Neben den offensichtlichen Vorteilen, die der Übergang von der bisherigen Mischgärung zur Reinzuchtführung ergab, wurde von ihm auch auf einige Vorbehalte hingewiesen [91].
Er postulierte:
- Die Hefe, auch die reingezüchtete Hefe, kann nicht alles machen;
- Die Rohstoffqualität sowie die Sorgfalt bei der Malz- und Bierbereitung haben entscheidenden Anteil;
- Eine Reinzuchthefe bleibt, einmal in den Betrieb eingeführt, nicht ewig rein;

◻ Die verschiedenen Kontaminationsmöglichkeiten führen zwangsläufig früher oder später zu einer Verunreinigung der Hefe mit den bekannten Konsequenzen;
◻ Der Übergang von der Mischkultur zur Reinzucht mit einer einzigen Hefe führt in den meisten Fällen zu einer Veränderung des Geschmacks und Geruchs.

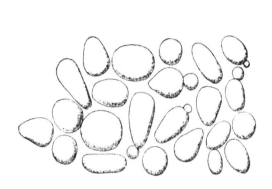 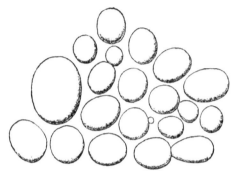

Carlsberg Unterhefe No. 1 HANSEN.
Zellen aus der Bodensatzhefe zu Ende der Hauptgärung. — Vergr. 1000.
Nach HANSEN.

Carlsberg Unterhefe No. 2 HANSEN.
Zellen aus der Bodensatzhefe zu Ende der Hauptgärung. — Vergr. 1000.
Nach HANSEN.

Abbildung 34   Die von E. Chr. Hansen reingezüchteten Hefen „Carlsberg I" und „Carlsberg II" (aus [92])

Deshalb wurde von ihm empfohlen, die Reinzucht schrittweise in einen Betrieb einzuführen, um die Kundschaft nicht zu „verschrecken".

Erst nachdem mit der *Hansen*'schen Methode die eigenen Bierhefen reingezüchtet wurden, verzeichnete man die ersten Erfolge, auch wenn danach die Kundschaft in manch einem Fall den vorher bekannten „Sarzinengeschmack" vermisste.

Zur Bereitstellung ausreichenden Mengen Reinzuchthefe entwickelten *Hansen* und der Betriebsleiter der Brauerei Alt-Carlsberg, *Kühle*, 1885 den ersten Hefereinzuchtapparat, der von dem Kupferschmied *Jensen* aus Kopenhagen gefertigt wurde.

Er bestand aus: „I. Luftpumpe mit Luftbehälter, II. Würzecylinder, III. Gährungszylinder". Der Luftbehälter wurde mit Luft (3…4 atm) gefüllt, der Würzebehälter mit gespanntem Dampf sterilisiert und anschließend mit der Druckluft, die über einen Baumwollfilter „sterilisiert" wurde, vorgespannt.

Der Würzezylinder wurde mit ca. 220 L kochend heißer Ausschlagwürze vom Sudhaus befüllt. Der Gärzylinder, der mit einem einfachen Rührapparat ausgestattet war, wurde wie der Würzezylinder mit Dampf sterilisiert.

Nach dem Abkühlen der Würze wurde diese mit Druckluft in den Gärzylinder überführt, der dann mit der Hefe aus dem Labor beimpft wurde. Nach 10 Tagen wurde das Bier abgelassen und die Hefe zum Anstellen frischer Würze entnommen. Diese erste Reinzuchtanlage lieferte Stellhefe für ca. 24 hL Würze/Monat.

Neben dieser klassischen Reinzuchtanlage, die in der Regel einmal im Jahr neu beimpft wurde, entwickelten sich viele neue Systeme, die vor allem eine deutlich verbesserte Weiterentwicklung der Apparate- und Armaturentechnik darstellten.

Zu nennen sind hier der „Große" Reinzuchtapparat nach *Lindner* (Abbildung 36), der mit einem kombinierten Würze- und Gärzylinder arbeitete, der einen konischen Boden besaß. Über einen Schlauch war das Gärgefäß mit einem *Carlsberg*-Kolben verbunden, in dem sich der Hefestamm befand.

Eine Weiterentwicklung des *Lindner*'schen Apparates stellte der von *Jörgensen-Bergh* dar (Abbildung 37), bei dem sich das Hefegefäß über dem Gärgefäß befand und durch starre Leitungen mit ihm verbunden war.

In der Praxis stellte sich alsbald heraus, dass es, neben einer sorgfältigen sterilen Arbeitsweise im eigentlichen Reinzuchtapparat, darauf ankommt, die Übergangsphase von der Reinzuchthefeentnahme in den Betrieb so optimal wie möglich zu gestalten, um Kontaminationen in dieser Phase auf ein Minimum zu reduzieren. Günstig erwies sich eine Technologie, bei der die Reinzuchthefe im Kräusenstadium in den nichtsterilen Bereich überführt wurde und in der logarithmischen Wachstumsphase das Herführen im Verhältnis Hefe zu Würze wie 1 : 3 erfolgte.

Unter diesem Gesichtspunkt ist auch der Reinzuchtapparat von *Greiner* zu bewerten, der seine Hefereinzuchtanlage durch ein Vorgärgefäß ergänzte, um eine möglichst große Menge unter aseptischen Bedingungen geführte Hefe zu gewinnen.

Für kleinere und mittlere Betriebe entwickelten *Stockhausen* und *Coblitz* ein einfaches, aus zwei unterschiedlich großen Gefäßen bestehendes System. Die Gefäße waren mit einem so genannten Aufziehapparat und einem einfach übergreifenden Kupferdeckel ausgerüstet. Es handelte sich hierbei um nicht hermetisch verschlossene Gefäße, die bei einer sorgfältigen Arbeitsweise eine quasi kontaminationsarme Hefeherführung gestatteten. Die Hefe im Herführapparat nach *Stockhausen-Coblitz* wurde in kürzeren Abständen durch eine neue Reinzucht aus dem Labor ersetzt, sodass bei korrekter Arbeitsweise Kontaminationen fast ausgeschlossen werden konnten. Zu weiteren Hinweisen zur historischen Apparatetechnik der Reinzuchtanlagen muss auf die Literatur verwiesen werden [92].

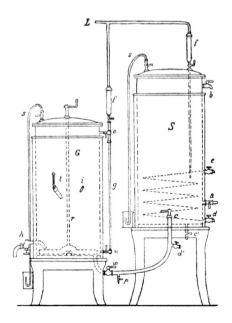

Abbildung 35 Erster Hefereinzuchtapparat von Hansen-Kühle (aus [93])
G Gärzylinder **S** Steriliergefäß
L Druckluft

Die Entwicklung der Biotechnologie hat in den Jahren ab etwa 1970 dazu geführt, dass auf dem Gebiet der Steriltechnik, vor allem im Bereich der Armaturen, Rohrleitungen, Werkstoffe und Belüftungssysteme, ein Stand erreicht werden konnte, der bei sorgfältiger Arbeitsweise eine durch Systemfehler verursachte Kontamination nahezu ausschließt.

Auf der Grundlage der von Hansen propagierten Erkenntnis, dass Hefe nicht gleich Hefe ist und jeder Betrieb seine spezielle Hefe benötigt, wurde in der Folge damit begonnen, die bewährten Anstellhefen rein zu züchten, systematisch zu untersuchen und für die spezifischen Betriebsbedingungen unter Berücksichtigung der Würzequalität der apparatetechnischen Voraussetzungen und der gewünschten Bierqualität auszuwählen.

Hier sind besonders *Lindner*, *Irmisch* und *Reinke* zu nennen, neben den vielen Mikrobiologen bzw. Chemikern in den Betriebslaboratorien der Brauereien. Man erkannte bald, dass die von *Hansen* empfohlene Auswahl von für den jeweiligen Betrieb geeigneten speziellen Heferassen ihre Berechtigung hatte.

Wie bereits oben ausgeführt, hatten sich im Verlauf der Jahrhunderte in den Brauereien eine Vielzahl untergäriger Heferassen herausgebildet, die sich neben den morphologischen Eigenschaften vor allem in den Flockungseigenschaften und im Gärverhalten unterschieden.

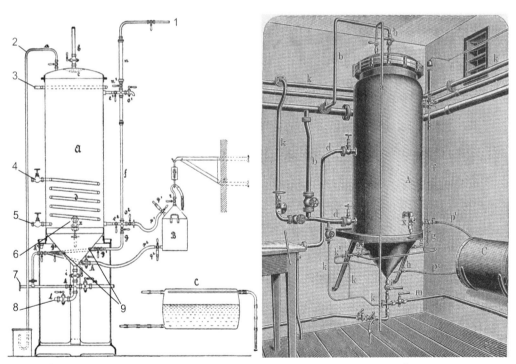

Abbildung 36 „Großer Lindnerscher Hefereinzuchtapparat" (aus [94])
A Gärzylinder **B** *Carlsberg*-Kolben (an einer Federwaage hängend)
C kleiner, liegender Gärzylinder vom „kleinen" Reinzuchtapparat
1 Sterilluft **2** CO_2-Ableitung **3** Berieselungsring für Kühlwasser **4** Dampf **5** Kondensat
6 Armatur für Reinzuchtentnahme **7** Dampfanschluss **8** Entleerung **9** tangentiale Düsen für die Sterillufteinleitung und Mischung durch Rotation des Behälterinhaltes

Zu den Faktoren, die vom technologischen Standpunkt aus von ausschlaggebender Bedeutung sind, zählen folgende Hefeeigenschaften:
- Länge der logarithmischen Wachstumsphase,
- Gärleistung während der Hauptgärung unter Berücksichtigung der spezifischen Bedingungen des jeweiligen Brauereibetriebes insbesondere einer kalten Gärführung (Behälterkonfiguration, Würzezusammensetzung, Wasserqualität),
- Flockungscharakter,
- Nachgärleistung,
- Bildung und teilweiser Abbau sekundärer Stoffwechselprodukte, die den Geschmack und Geruch des Bieres mit bestimmen.

Weitere Merkmale, die zur Unterscheidung einer Rasse mit beitragen, sind:
- Größe und Form der Mutter- und Tochterzellen,
- Sprossbild,
- Koloniemorphologie auf Würzeagar,
- Wuchsstoffbedarf,
- Vergärung von Maltotriose [97].

Diese Eigenschaften sind jedoch keinesfalls ausreichend, um einen Stamm eindeutig zu identifizieren und in einem Hefe-Gemisch wieder zu erkennen. Aus dem Sprossbild einer Hefe lassen sich z. B. keine Rückschlüsse auf das Gärvermögen oder den Flockungscharakter ableiten. Lediglich die Bildung zusammenhängender Sprossverbände gibt einen Hinweis auf eine stark flockende Hefe.

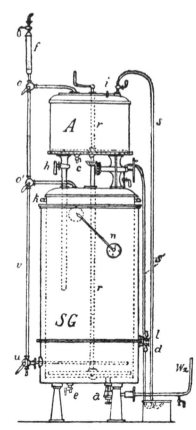

Abbildung 37   Hefeeinzuchtapparat System Jörgensen-Bergh (aus [91])

Seit den neunziger Jahren des 20. Jahrhunderts wurde von verschiedenen Autoren versucht, z. B. mit Hilfe molekularbiologischer und biophysikalischer Methoden, weitere Merkmale zu finden [95], [96] und [97], um einen Hefestamm sicherer gegenüber anderen zu unterscheiden und um evtl. aufgrund dieser gewonnenen Daten sein Verhalten im Betriebsmaßstab vorherzusagen. Mit Hilfe des so genannten DNA-Fingerprinting konnte bei der Identifizierung von Hefearten eine neue Qualität erreicht werden. Dagegen stellte *A. Wiest* [98] in seiner Dissertation fest, dass die von ihm genutzten Methoden der DNA-Analytik für die Unterscheidung einzelner Brauereihefestämme im Vergleich zu anderen Arten der Gattung *Saccharomyces* innerhalb einer Art „unterschiedlich tauglich" sind.

Mit Hilfe der genetischen Untersuchungen konnten die verwandtschaftlichen Verhältnisse, z. B. der *Saccharomyceten,* aufgeklärt werden. *Tamai, Y.* und Mitarbeiter [68] konnten 1998 z. B. nachweisen, dass eine von ihnen als *Sacch. pastorianus* identifizierte untergärige Hefe sowohl Chromosomen von *Sacch. cerevisiae* als auch *Sacch. bayanus* enthält und somit eine Hybrid beider darstellt. Offensichtlich handelt es sich bei dem von ihnen untersuchten Stamm jedoch nicht um die gefährliche Kontaminationshefe, sondern um eine untergärige Bierhefe, nach klassischer Terminologie: *Sacch. carlsbergensis*, die entsprechend neuerer Taxonomie als Synonym der *Sacch. pastorianus* geführt wird. Diese wertvollen Untersuchungen weisen im Zusammenhang mit den neueren Erkenntnissen über die Rolle von Biofilmen beim Austausch von genetischen Informationen zwischen den in einem solchen Verbund lebenden Mikroorganismen, in unserem Fall z. B. verschiedener *Saccharomyceten*, auf den Oberflächen der Gärbottiche und Lagertanks, als auch der verschiedenen Gerätschaften, darauf hin, wie in der Vergangenheit die Arten- und Rassenvielfalt entstanden sein könnte. Auf der anderen Seite muss jedoch nochmals hervorgehoben werden, dass in der Brauindustrie der eingebürgerte, technologisch begründete Name *Sacch. carlsbergensis* für unsere untergärige Bierhefe weiterhin geführt werden sollte.

Eine komplexe technologische Bewertung einer Heferasse kann durch eine Chromosomenanalyse nicht ersetzt werden. Die Bestimmung des Ploidiegrades kann eventuell darüber Aufschluss geben, ob der Betriebsstamm mit dem Ausgangsstamm noch identisch ist, mehr aber auch nicht.

Die Bewertung der technologischen Eigenschaften einer Bierheferasse und deren Auswirkung auf den Geruch und Geschmack des fertigen Bieres, können nur auf der Grundlage von Gärversuchen erfolgen.

Da bis Mitte des 20. Jahrhunderts klassische Gärverfahren mit einer Gär- und Reifungszeit von teilweise bis zu 10 Wochen üblich und die Brauer auf eine gute natürliche Klärung während der Lagerung angewiesen waren, überwog auch die Verwendung von mehr oder weniger stark flockenden Heferassen.

Die Hauptgärung vollzog sich bis Mitte der 1960er Jahre in den deutschen Brauereien fast ausschließlich in offenen Gärbehältern mit einem Flüssigkeitsstand von nicht höher als 2000 mm. Die sich entbindende Kohlensäure war die einzige Kraft, welche die Hefe in der Schwebe hielt. Ein ausreichendes Flockungsvermögen war deshalb bei der klassischen kalten Gärführung neben den geschmacklichen Eigenschaften und der Gärleistung ein vom Braumeister hoch bewerteter Faktor.

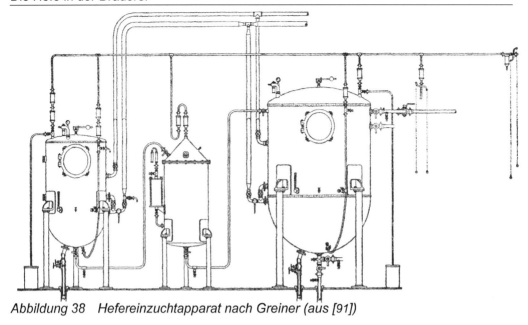

Abbildung 38   Hefereinzuchtapparat nach Greiner (aus [91])

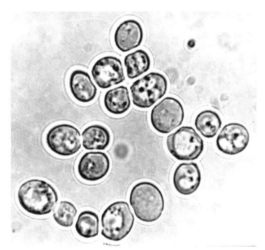

*Abbildung 39   Bierhefe Stamm 27;
stark flockende Bierhefe Typ Frohberg [97]*

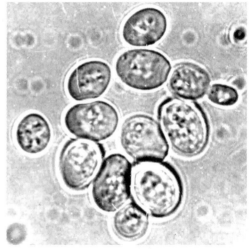

*Abbildung 40   Bierhefe Stamm 24;
mäßig flockende Bierhefe ohne zusammenhängende Sprossverbände [97]*

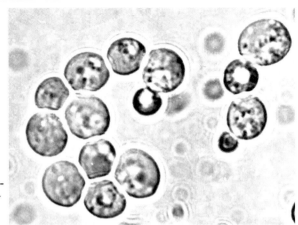

Abbildung 41   Bierhefe Stamm 28; stark flockende Hefe mit zusammenhängenden Sprossverbänden in der Tröpfchenkultur [97]

Die meisten Brauereien arbeiteten in der Regel mit zwei oder auch drei verschiedenen Heferassen, die in der Reinzucht und im Gärkeller getrennt geführt und erst beim Schlauchen verschnitten wurden. Hier wurden zur Verbesserung der Nachgärung oft Staubhefen eingesetzt.

Mit der Entwicklung der die Gär- und Reifungszeit verkürzenden Verfahren und insbesondere mit dem Einsatz von zylindrokonischen Tanks, der Vorklärung/Hefeabtrennung mittels Separatoren und der anschließenden effektiven Anschwemmfiltration war man auf eine natürliche Klärung unter Mitwirkung stark flockender Bruchhefen nicht mehr angewiesen. Damit konnten auch hochvergärende, feinflockige Heferassen genutzt werden.

Die Auswahl der für den Betrieb optimal geeigneten Bierhefe war bis Mitte des 20. Jahrhunderts immer ein sehr aufwendiges Verfahren, da bis dato noch keine verlässlichen Methoden existierten, um die oben genannten technologisch relevanten Eigenschaften im Labormaßstab unter Berücksichtigung der betriebseigenen Würze zu bestimmen. Aufwendige Probegärungen im Betriebsmaßstab, mit all den bekannten Risiken, waren bis dahin die einzige Möglichkeit, um eine neue Heferasse zu testen.

Die Ergebnisse einer derartigen Auswahl lagen oft erst nach mehreren Monaten vor. Der gleichzeitigen parallelen Testung mehrerer Heferassen im Betriebsmaßstab waren verständlicherweise ebenfalls enge Grenzen gesetzt.

Ab den 1930er Jahren bemühte man sich verstärkt um die Entwicklung von Labormethoden zur Bestimmung der betriebsspezifischen Eigenschaften der Bierhefen. In diesem Zusammenhang sind die Arbeiten von *Paul Lindner*, *Richard Koch*, *Szilvinyi*, *Glaubitz*, *Atkin*, *Eschenbecher*, *F. Weinfurtner*, *S. Windisch*, *U. Hoffman*, *Thorne*, *F. Hlaváček* und *Kahler*, *W. Rockita*, *Wullinger*, *Piendl*, *Stockhausen*, *Silbereisen*, *Yasuo Umeda* und *Taguchi*, *Yatsushiro* und *Lietz* zu nennen [99]. Man konzentrierte sich zunächst auf die getrennte Bestimmung der Eigenschaften wie Flockungsvermögen, morphologische Eigenschaften, Gärleistung, Säurebildung usw. Man stellte jedoch bald fest, dass die von der Betriebswürze getrennt bestimmten Eigenschaften keine Aussagekraft besitzen.

Die Durchführung von Gärversuchen in den klassischen Laborgefäßen, wie *Erlenmeyer*-Kolben und Gärflaschen, führte zu keinen brauchbaren Ergebnissen, da sich die Hefe sehr schnell absetzte und die Verteilung der Hefezellen mittels

Laborrührer zu keinen betriebsidentischen Ergebnissen führte, vor allem unter den damaligen noch betont klassischen Prozessbedingungen.

Hier setzte in den 1950er Jahren die verstärkte Suche nach einem geeigneten Gärgefäß ein, das in der Lage war, die Gärbedingung in einem Gärbottich ohne technische Rührhilfe zu simulieren.

Entsprechende Modelle wurden von *Yatsushiro* [100], *Weinfurtner* et al. [101] und *Lietz* [97] entwickelt. Sie alle benutzen zylindrokonische Gefäße, bei denen die ausflockende Hefe durch die sich entbindende Kohlensäure am schnellen Absetzen gehindert wird. Mit dem Gärgefäß nach *Lietz* konnte eine identische Gärung im Vergleich zur klassischen Bottichgärung nachgewiesen werden (Abbildung 42). Dieser Gärgefäßtyp kann neben der Hefeauswahl auch zur Bestimmung des Vergärungsgrades im laufenden Betrieb eingesetzt werden.

Die Ende der 1950er Jahre einsetzende Entwicklung zur Verbesserung der Prozessstufe Gärung und Reifung, initiiert vor allem aus betriebswirtschaftlichen Gründen, führte zu gärzeitverkürzenden Verfahren und zur konstruktiven Veränderung der Gefäße.

Die technologische Entwicklung nutzte vor allem in Kombination die Parameter Temperatur und Druck sowie die Selektion von für diese Zwecke vorteilhaften Hefestämmen. Dabei wurden die Kenntnisse zur Nebenproduktbildung (Ester, höhere Alkohole) und deren Beeinflussung beträchtlich erweitert (z. B. [102], [103], [104], [105]).

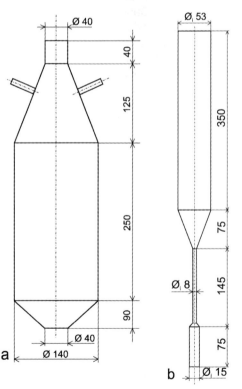

Abbildung 42 Gärgefäße nach P. Lietz nach [97]

a Hefereinzuchtgefäß V_{brutto} ca. 5000 mL (das HRZ wird mit ca. 4000 mL 8 %iger Würze befüllt, mit einem sterilen „Anker" bestückt, autoklaviert und anschließend nach dem Beimpfen mit Reinzuchthefe aus der Vorkultur (ca. 450…500 mL) auf einem Magnetrührer kultiviert)

b Gärgefäß V_{brutto} ca. 750 mL, V_{netto} ca. 600 mL (die Hefekammer wird unten mit einem Gummistopfen verschlossen)

Ende der 1920er Jahre experimentierte *Fritz Windisch* von der VLB mit abgedeckten Gärbottichen, um den Einfluss eines geringen Überdrucks auf die Tätigkeit der Hefe zu untersuchen. Gleichzeitig dienten diese Versuche der Gewinnung der kostbaren Gärungskohlensäure. Die bis dahin in der Praxis verbreitete Meinung, dass sich die

Kohlensäure hemmend auf die Gärleistung und eine Zellvergiftung auswirken würde, konnte von ihm dabei eindeutig widerlegt werden [106], [107].

In vergleichenden Gärungen mit einem Überdruck von 0,3 bar in klassischen abgedeckten Gärbottichen konnte Windisch nachweisen, dass die Gärungskohlensäure keinen schädigenden Einfluss auf die Vitalität der Hefe ausübt. Im Gegenteil, der Anteil der Totzellen reduzierte sich und die spezifische Gärleistung nahm zu. Die unter Druck vergorenen Biere wurden hinsichtlich Geruch, Geschmack und Schaumhaltigkeit durchweg positiv beurteilt. Es konnten keine gravierenden Unterschiede zwischen dem „Druckgärbier" und dem normal vergorenen Bier festgestellt werden. Im Gegenteil, die unter einem geringen Überdruck vergorenen Biere wurden von den Verkostern wegen ihrer besseren Rezenz hervorgehoben.

Die Kenntnisse über die Dämpfung der Nebenproduktbildung durch die Anwendung von Druck als Steuerungsinstrument führte zu den so genannten Druckgärverfahren, beispielsweise von *Lietz* [108] und *Wellhoener* [109], [110] und schließlich zu den gärzeitverkürzenden Verfahren der Gegenwart. Wichtige Etappen auf diesem Wege werden u.a. beschrieben von [111], [112], [113] und [114].

Die ersten Versuche zur Optimierung der Gärung und Reifung von Bier wurden bereits Anfang des 20. Jahrhunderts von *Leopold Nathan* vorgenommen [115], [116], [117]. *Nathan* arbeitete auch zum Problem des Sauerstoffeinflusses auf die Hefevermehrung [118]. Er fand u.a., dass

„**1**. Die reichliche Sauerstoffzufuhr übt keinen erweislich günstigen Einfluß auf die Gärtätigkeit aus, sondern regt bloß die Sprosstätigkeit an.

2. Geringe Sauerstoffzufuhr regt die Hefe in sauerstofffreier Nährlösung zu neuer Gärtätigkeit an, ohne daß Sprossung beobachtet werden konnte.

3. Gleichmäßige zweckentsprechende Bewegung beschleunigt die Gärung durch Erzeugung großer Kontaktflächen zwischen Würze und Hefe und erzeugt eine vermehrte Menge gut genährter kräftiger Hefe.

4. Das von einer Nährlösung absorbierte Sauerstoffquantum ist ein Vielfaches des zur Vergärung benötigten Menge.

5. Es kann durch Verminderung der Lüftung bzw. Sauerstoffabgabe der Nährflüssigkeit die durch die Bewegung stärkere Vermehrung paralysiert werden und auf der Normale erhalten werden. Die Vergärung geht dann in kurzer Zeit ohne großen Extraktverlust an die Hefe vor sich.

6. Die bei der Gärung entstehende Kohlensäure ist imstande, die Sprosstätigkeit um ein geringes zu vermindern, dagegen hat sie keinen Einfluß auf die Gärtätigkeit der Zellen bei genügender Ernährung derselben.

7. Die Hefe stellt bei einer über eine Grenze hinausgehenden dauernden Erschütterung ihre Gär- und Sprosstätigkeit ein und stirbt" (ref. auch durch [119]).

Nathan setzte erstmalig stehende „Großbehälter" ein, die Apparate wurde zu Ehren Hansens „Hansena"-Apparate genannt. Das *Nathan*-Verfahren in verschiedenen Ausführungsvarianten wurde in Deutschland nur vereinzelt eingesetzt (z. B. in der Brauerei Freiberg/Sa.), im Ausland war es erfolgreicher.

Erwähnt werden soll auch, dass sich bereits Ende des 19. Jahrhunderts *Delbrück* und die Mitarbeiter der VLB mit dem Problem der Produkthemmung beim Hefestoffwechsel beschäftigten und sich beispielsweise mit der Vakuumgärung befassten.

In den 1960er Jahren wurden in den USA und in Japan stehende zylindrische Behälter mit schrägem Boden und drucklosem Betrieb erprobt. Die technologischen und technischen Grenzen dieser Bauart wurden relativ schnell sichtbar. Folgerichtig entstanden als Alternative dazu Behälter in zylindrokonischer Bauform (Zylindrokonischer Tank, ZKT), die heute die Prozessstufe Gärung/Reifung dominieren.

Ein Großteil dieser ZKT wurde in Freibauweise errichtet. Einen Überblick zu dieser Entwicklung enthält beispielsweise [1] und [120].

Die Realisierung einer kontinuierlichen Verfahrensführung wurde verschiedentlich versucht, konnte sich aber bisher nicht durchsetzen (einen Literaturüberblick dazu geben [121] und [122]).

Bis in die 1980er Jahre wurde Bierhefe während der Reinzuchtphase kalt als auch anaerob hergeführt, wobei nur die Würze belüftet wurde und im anschließenden Produktionsprozess mehrmals, d.h. mindestens 5- bis 6-mal verwendet, bevor sie verworfen wurde. Bei jedem Anstellen vermehrte sich dabei die Hefe um das 3-…4-fache der Ausgangskonzentration. Der Anstieg toter Hefezellen im Verlauf der Führungen, als auch die Gefahr einer Kontamination während der eigentlichen Biergärung und Reifung und des Hefemanagements wurden dabei in Kauf genommen. Der jetzige hohe Stand der Apparatetechnik, der eine sterile bzw. weitgehend keimarme Verfahrensführung sichert, als auch das hohe Niveau des Reinigungs- und Desinfektionsmanagements halten das Kontaminationsrisiko gering und beherrschbar. Bei den früher üblichen längeren Gär- und Lagerzeiten haben sich die aus den toten Bierhefezellen ausgetretenen Inhaltsstoffe, in der Regel kolloidaler Struktur, mit auf den Charakter und damit die Qualität des Bieres ausgewirkt. Mit der Einführung der computergestützten Gärführung in geschlossenen, eine Kontamination weitgehend ausschließenden Apparatesystemen wird heute bevorzugt auf ein Anstellen mit stets frischer, oft auch aerob hergeführter Reinzuchthefe orientiert, die einmal bis maximal 5-mal wiederverwendet wird, um Rekontaminationen im Verlauf des Gär- und Reifungsprozesses auszuschließen. Bei dieser heutigen, hauptsächlich in modernen Produktionsstätten geübten Verfahrensweise ist lediglich die Stoffwechselleistung der Hefe in Bezug auf Ethanol und die bekannten Stoffwechselnebenprodukte gefragt. Das noch in der klassischen Brauerei hoch bewertete Flockungsmerkmal hat deshalb bei den modernen Bierproduktionsverfahren seine Bedeutung verloren, da effektive Trennsysteme verfügbar sind. Jedoch hat dieses genetisch fixierte Merkmal vornehmlich in kleinen Brauereien als auch Gasthausbrauereien mit traditionellem Apparateequipment und klassischer Gärführung nach wie vor seine Bedeutung. Hier wird im Interesse der Erhaltung eines stabilen Schaums und abgerundeten Geschmacks auf die die Gärung beschleunigenden Umpumpeinrichtungen als auch Trennapparate verzichtet, um nach einer schonenden, kalten Gärung die so wichtigen kolloidalen Inhaltsstoffe zu erhalten.

3. Die Notwendigkeit zur Regenerierung des Hefesatzes und die Anforderungen an die Anstellhefe in der Brauerei

Die in den letzten Jahrzehnten gesteigerte Produktivität im Bierherstellungsprozess, insbesondere in den Prozessstufen Gärung und Reifung, sowie die wesentlich erhöhten Qualitätsanforderungen an das Endprodukt Bier erfordern auch höhere Anforderungen an die Anstellhefe. Sie leistet den entscheidenden Beitrag für die Produktivität des Gär- und Reifungsverfahrens als auch für die Gewährleistung und Erhaltung der gewünschten Bierqualität im zu garantierenden Verbrauchszeitraum.

In der Literatur wird seit geraumer Zeit die Frage nach der Anzahl der möglichen Führungen eines Hefesatzes diskutiert. Während zahlreiche Betriebe den Hefesatz nur ein- oder zweimal, teilweise bis zu sechsmal, führen und ihn dann aussondern und durch eine neue Herführung ersetzen, gibt es auch Betriebe, die die Hefe wesentlich länger führen und sie erst beim Nachlassen der Vitalität und Gärleistung austauschen (10…12-fache Führungen, in Ausnahmefällen sind sogar 100fache Führungen bekannt).

Zweifellos ist die von der Hefe verlangte „Arbeitsleistung" bei klassischer Prozessführung der Gärung und Reifung geringer als bei den zeitlich optimierten ZKT-Verfahren. Gerade bei diesen wird häufig beobachtet, dass die Hefe in ihrer Aktivität relativ schnell nachlässt und deshalb nach wenigen Führungen ausgewechselt werden muss. Man bezeichnete diese Veränderungen der Eigenschaften eines Hefesatzes in den früheren Jahrzehnten als Degeneration.

3.1 Anzeichen für die Degeneration eines Hefesatzes

Folgende Anzeichen für eine Degeneration eines Hefesatzes sind u.a. bekannt:
- Der Hefesatz wird von Führung zu Führung flockiger.
- Die Vergärung wird langsamer und erfolgt immer weniger vollständig.
- Die im Labor ermittelbare Gärintensität der Ernte-/Anstellhefen wird nach wenigen Führungen deutlich schlechter.
- Der Reifungsgrad der Biere verschlechtert sich von Führung zu Führung, bzw. die Ausreifung der Bierchargen erfordert immer längere Prozesszeiten.
- Das Konzentrationsverhältnis der höheren Alkohole zu den Estern nimmt von Führung zu Führung zu Gunsten der höheren Alkohole zu, sensorisch ergeben sich immer weniger aromatische und immer mehr trocknere Biere.
- Die Schaumhaltbarkeit der Fertigbiere verschlechtert sich.
- Die Vitalität der Erntehefen nimmt ab und der Totzellenanteil im Hefesatz steigt an, die Gefahr eines hefigen und im schlimmsten Fall eines Autolysegeschmackes im Fertigbier nimmt zu.
- Die Verwertung des freien α-Aminostickstoffs (FAN) der Anstellwürze nimmt ab, dies bedeutet, der FAN-Gehalt und der pH-Wert im Fertigbier steigen an. Normal nimmt bei einer „gesunden Hefe" der FAN-Gehalt von der Würze zum Bier um 10…14 mg/100 mL ab.
- Das Reduktionsvermögen des Hefesatzes während der Gärung nimmt ab und die Geschmacksstabilität des Bieres kann sich verschlechtern.

3.2 Mögliche Ursachen für eine Degeneration des Hefesatzes

Folgende Punkte werden als mögliche Ursachen für eine Degeneration eines Hefesatzes angesehen:

- Eine unsachgemäße Aufbewahrung des Hefesatzes vor dem Wiederanstellen, z. B. längere Lagerzeiten (ab 5 Stunden bei Temperaturen > 4 °C, längere Lagerzeiten >24 Stunden unter Wasser bzw. im endvergorenem Bier) führen zu einem Verlust an Wuchs- und Nährstoffen in den Hefezellen, zu einem Verlust der Fähigkeit, Maltose beim Wiederanstellen sofort zu verstoffwechseln, und damit insgesamt zur Verlängerung der Adaptionszeit an den Hauptgärzucker und zur Verlängerung der „Lagphase" (s.a. Abbildung 44). Wie sich die verlängerte Lagphase auf die Entwicklung der Hefekonzentration in einem ZKG auswirken kann, zeigt Abbildung 43.
- Jede Verlängerung der Lagphase eines Hefesatzes erhöht die Gefahr der kurzzeitigen Entwicklung raschwüchsiger Würzebakterien aus den in Würzen normal enthaltenen Sporen oder durch Rekontamination im Würzekühl- und -klärprozess (insbesondere bei pH-Werten > 5,0 und bei Anstelltemperaturen > 6°C) und damit verbunden einem Entzug an Wuchsstoffen und Spurenelementen aus der Würze.
Dieser Nährstoffverlust für die Hefe verschlechtert wiederum die Vitalität und Lebensbedingungen für den betreffenden Hefesatz.
- Die Entwicklung von Würzebakterien in Würzen und im angestellten Bier (pH-Wert > 5,0) verursacht weiterhin meist auch eine Reduzierung der in der Würze bzw. im Bier enthaltenen Nitrate zu Nitrite, die als starke Zellgifte die Hefezellen schwer schädigen (Anstieg des Totzellengehaltes). Besonders kritisch sind längere Würzestandzeiten bei Anstelltemperaturen ohne Hefe in warmen, unisolierten Rohrleitungssystemen zwischen Würzekühler und Gärtank.
- Jeder Mangel an Nährstoffen in der Würze, insbesondere von FAN, Spurenelementen, besonders Zink, Vitaminen, Wuchsstoffen und unter Umständen auch Sauerstoff fördert eine schnelle Entartung des Hefesatzes.
- Technologische Maßnahmen, die eine normale drei- bis vierfache Hefevermehrung mehrmals verhindern (zu hoher Überdruck von $p_ü \geq 0,3$ bar und Temperaturschocks von $\Delta\vartheta$ >1 K in der Angär- und Vermehrungsphase; unzureichende Würzekonditionierung mit Sauerstoff) führen zur Überalterung und Degeneration des Hefesatzes.
- Bei beschleunigten ZKT-Gärungen verursacht eine Führung des gesamten Hefesatzes bis zur Endvergärung und bis zum Ende der anschließenden Ausreifung (Diacetylabbau bis < 0,1 mg/L) dazu, dass die Hefe nach dem Verbrauch des vergärbaren Extraktes ihre Adaption an die Maltoseverwertung verliert (siehe Ergebnisse in Abbildung 44) und bei einem sofortigen Wiederanstellen diese erst in der Angärphase neu ausbilden muss.
Eine längere Lagerphase würde den Hefesatz auch durch den Mangel an Reservekohlenhydraten weiter schädigen.

Die Veränderungen von Stammeigenschaften eines Hefesatzes sind Mutationen, die durch einen spontanen oder durch eine äußere Einwirkung erzielten Verlust eines Gens, durch ein Crossing over (= Störungen bei der Replikation der Chromosomen während der vegetativen Zellvermehrung) oder durch Plasmidübertragungen und andere Vorgänge verursacht werden.

3.3 Stressfaktoren

Fasst man das vorstehend Genannte zusammen, so lösen die Umweltfaktoren, wie Nährstoffmangel, Hitze, Kälte, Wasserentzug, osmotischer Stress und toxische Substanzen, eine zelluläre Reaktion der Hefe aus, die man als Stressantwort der Hefezelle bezeichnen kann. Diese Stressantwort äußert sich in einer Veränderung der physiologischen Leistung der Hefezelle und auch in der Veränderung ihrer chemischen Zusammensetzung und Zellform.

So haben *Eigenfeld* et al. [123] mittels elektronenmikroskopischer Aufnahmen bei untergäriger Brauereihefe unter osmotischem Stress und bei Nährstoffentzug eine deutliche Schwächung ihrer Zellwand verbunden mit Einstülpungen und Veränderungen der Zelloberfläche festgestellt.

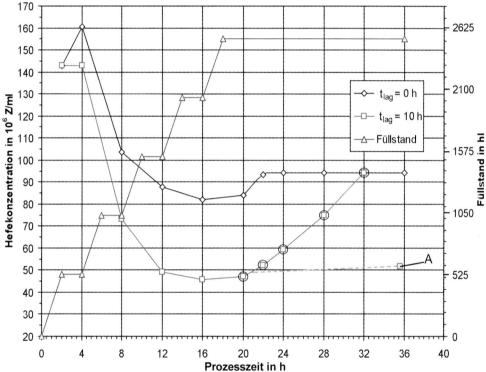

Abbildung 43 Einfluss der Dauer der Lagphase eines Hefesatzes auf die Entwicklung der Hefekonzentration in der Anstell- und Befüllphase eines ZKG bei einer angenommenen logarithmischen Wachstumsphase von t_{log} = 20 h
Befüllung mit 5 Suden à 500 hL ; Sudfolge 4 h; Zulaufdauer der Anstellwürze 2 h/Sud; Temperatur des Tankinhaltes ϑ = 12 °C;
Einmalige Hefegabe von 25 hL dickbreiiger Satzhefe mit einer Anstellhefekonzentration von $30 \cdot 10^6$ Zellen/mL mit dem ersten Sud, bezogen auf den gefüllten ZKG;
Generationsdauer der Hefe bei der angegebenen Temperatur des Tankinhaltes t_G = 12 h (nach [124]).
◯ Bereiche, in dem eine durch Wuchsstoffmangel geschädigte Hefe die Vermehrung einstellen kann;   **A** wahrscheinlicher Kurvenverlauf

Hefen reagieren auf Stress mit einer Induktion von so genannten Stressgenen (allgemein als Hitzeschockgene bezeichnet), die die Synthese von speziellen Zellschutzstoffen (Zellprotektoren) induzieren, wie die „Hitzeschockproteine" oder auch Trehalose. Die Hitzeschockgene oder Hitzeschockproteine werden auch als Marker für einzelne Stressfaktoren angesehen und differenziert bestimmt. Bei der Veränderung der chemischen Zusammensetzung der Hefezelle wurden in Verbindung mit zellulärem Stress besonders die Hefeinhaltsstoffe Trehalose (s.a. Kapitel 4.1.2.3) und Glycerin (s.a. Kapitel 4.5.3) untersucht. Eine Übersicht über mögliche Stressfaktoren für die Bierhefe im Prozess der Bierherstellung gibt Tabelle 8 (ausführlichere Darstellungen siehe auch [125], [126], [127], [128] und [129]).

Tabelle 8 Mögliche Stressfaktoren für die Bierhefe im Bierherstellungsprozess

Stressfaktor	Verfahrensführung in der Technologie
Supraoptimale Temperaturen und Temperaturschocks	Warmgärung und Warmreifungsphasen für untergärige Hefestämme mit $\vartheta > 15$ °C; Temperaturschock beim Anstellen eines bei 4 °C gelagerten Hefesatzes in Würzen mit $\vartheta > 10$ °C
Suboptimale Temperaturen und Kälteschocks	Abkühlung der Hefe von Warmreifungstemperaturen auf eine Kaltlagertemperatur von $\vartheta < 2$ °C mit $\Delta\vartheta > 5$ K
Hypo- und hyperosmotischer Druck	Wechsel der Hefelagerung unter Wasser und Anstellen in Starkbierwürzen bzw. Hefeernte aus Starkbierwürzen mit Ethanolgehalten > 5 Vol.-% und Wiederanstellen in normalen Vollbierwürzen
Oxidativer Stress	Intensive aerobe Gärung, Überbelüftung, Radikalbildung durch die Induktion radikalbildender Enzyme; H_2O_2
Nährstoffmangel	Mangelwürzen für die Hefevermehrung bei Verwendung schlecht gelöster Malze, Rohfrucht oder Zucker in der Schüttung; Nährstoffverluste (insbesondere Wuchsstoffe) durch Würzeinfektionen oder zu intensiver Würzesterilisation (bei Biotin und Pantothensäure sind Verluste zwischen 10…30 % bekannt); Zinkmangel, andere Spurenelementverluste durch überzogene Eiweißausfällung beim Sterilisieren der Reinzuchtwürzen; längere Aufbewahrung unter Wasser oder in endvergorenen Bieren
Hohe pH-Wert-Änderungen	Säuerung der Satzhefen mit H_3PO_4 oder H_2SO_4 auf pH-Werte pH < 2,0
Einwirkung toxischer Stoffe	Ethanolgehalte > 5 Vol.-%; Desinfektionsmittelreste; Konservierungsmittelzusätze; Nitrat und Nitrit, z. B. durch hohe Nitratgehalte im Brauwasser (>25 mg/L), verbunden mit bakterieller Nitritbildung
Wasserentzug und Rehydration	Hefekonzentrierung bei der Press- und Trockenhefeherstellung zur Konservierung und Versendung von Reinzuchthefesätzen aus Stammsammlungen sowie bei der Rehydration im Einsatzbetrieb

Untersuchungen von *Hatanaka* et al. [130] unter Anwendung eines Mikroarray-Analyseverfahrens bestätigen, dass durch eine zu hohe Belüftungsrate bei der Kultivierung der untergärigen Hefen Mutationen in dem Hefesatz gefördert werden. Die Ursachen sehen *Nakao* et al. [131] darin, dass die untergärigen Lagerbierhefen natürliche Hybriden (*Sacch. cerevisiae* und *Sacch. bayanus*) sind, deren Subgenome sehr unterschiedlich auf Sauerstoffstress reagieren. Dies äußert sich vor allem in den Genexpressionen, die die SO_2-Bildung steuern und bei einer aeroben Fermentation zur deutlichen Reduktion der SO_2-Bildung führen. Diese Ergebnisse bestätigen auch *Thiele* und *Back* [132], die bei einer Steigerung der Würzebelüftung von 4 mg O_2/L auf 8 mg O_2/L und bei einer Anstellhefekonzentration von $23 \cdot 10^6$ Zellen/mL eine Reduktion der SO_2-Bildung von 15 mg SO_2/L auf 4 mg SO_2/L feststellen mussten (zur Bedeutung des SO_2-Gehaltes im Bier siehe auch Kapitel 4.5.4.2).

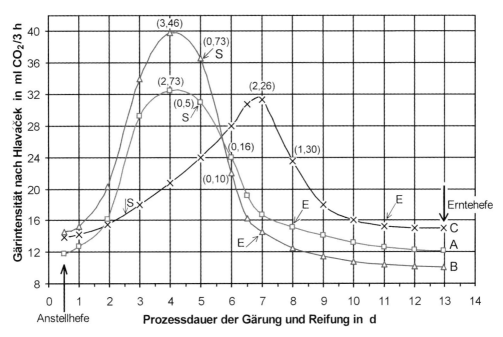

Abbildung 44   Veränderung der Gärintensität (nach Hlaváček [132])
entspricht der in drei Stunden in einer 10 %igen Maltoselösung bei 20 °C gebildeten CO_2-Menge in Millilitern, gemessen an Hefen aus der Gärung und Reifung im ZKG (Messergebnisse nach [112])
Klammerwerte sind ΔE_s-Werte zum Zeitpunkt der Probenahme;
S = Zeitpunkt des Spundens des Tankinhaltes mit $p_{ü}$ = 0,9 bar (bei Versuch **A** und **B** am 5. und bei Versuch **C** am 2. Prozesstag);
E = Endvergärung ist erreicht

3.4 Zur Notwendigkeit des Hefewechsels

Aus den o.g. Gründen ergibt sich die Notwendigkeit, dass die Hefestammkulturen nicht nur sachgemäß gelagert sondern auch ständig gepflegt werden müssen. Dies bedeutet, dass aus diesen Stammkulturen regelmäßig eine Neuisolierung von Hefezellen mit den gewünschten Stammeigenschaften erfolgen muss, die dann als neue Stammkultur für die Hefereinzucht und weitere Hefepropagation zur Verfügung steht. Aus den gleichen Gründen sind die Hefesätze in den Brauereien aus diesen Stammkulturen regelmäßig neu heranzuziehen, da die Betriebstechnologie mit ihren natürlichen Schwankungen und die Schwankungen in der betrieblichen Würzequalität auch die Vitalität und Qualitätseigenschaften eines Hefesatzes verändern.

Um diese durch äußere Einflüsse verursachten Veränderungen und auch um die spontanen natürlichen Veränderungen einer Hefepopulation in technologisch akzeptablen Grenzen zu halten, ist eine regelmäßige Erneuerung von der Stammkultur bis zu dem zum Anstellen vorgesehen Hefesatz erforderlich. Der Erneuerungsrhythmus ist für die einzelnen Prozessstufen nicht einheitlich. Während die Stammkulturen je nach Konservierungsart in 1…2 Jahren einmal zu erneuern sind, sollte bei beschleunigten Gär- und Reifungsverfahren in ZKT die Neuherführung eines Hefesatzes so erfolgen, dass die vorhandenen Hefesätze nicht länger als 3- bis 6-mal geführt werden, bzw. so lange, wie keine Beeinträchtigung der Stoffwechselleistung und Bierqualität festgestellt wird.

Untersuchungen zum Einfluss der mehrfachen Wiederverwendung von untergärigen Hefesätzen in Bierwürzen mit Biomarker auf die organelle Integrität und des Hefezustandes ergaben nach [133] u.a. folgende Veränderungen:

- Eine Zunahme des intrazellulären Trehalosegehaltes von Propagationshefen(G_0) bis zur 6. Führung als Betriebshefe (G_6), dies wird als ein Zeichen dafür angesehen, dass der Trehalose-Synthasekomplex durch Stressfaktoren während des Wiederanstellens induziert wurde.
- Als ein erstes Zeichen von Mutation wird die geringfügige Zunahme des Anteils an atmungsdefekten Hefezellen ab der 5. Führung gewertet.
- Auch die Propagationshefen waren einem oxidativen Stress ausgesetzt, der eine Lipidperoxydation verursacht. Dadurch wird vermutlich die Zellmembran in Mitleidenschaft gezogen und die Aufnahme an vicinalen Diketonen war bei der G_0-Generation deutlich niedriger als bei den Betriebshefen $G_1…G_6$.
- Die Oberflächenladung und die Flockulationsfähigkeit der Hefen nahm von der G_0-Generation zu den wiederangestellten Betriebshefen deutlich zu.
  Zwischen der G_1- bis G_6-Generation gab es dagegen keine Unterschiede.
- Bei der Methylenviolettfärbung und im Sprossindex gab es dagegen keine Unterschiede zwischen der Propagations- und den Betriebshefen G_1 bis G_6.

Die Summe der positiven wie negativen Veränderungen belegt, dass zu mindestens die bis zu 6fache Wiederverwendung einer infektionsfreien Satzhefe technologisch sinnvoll ist.

Ein in der logarithmischen Wachstumsphase am Ende der Hefepropagation zum Anstellen verwendeter Hefesatz ist voll an Maltose adaptiert und hat normalerweise keine technologisch feststellbare Lagphase. Die o.g. Risiken werden dadurch deutlich reduziert. Die Anstellhefe hat trotz einer längeren Generationszeit als die natürlichen Würzebakterien eine deutlich bessere Startposition für die Nährstoffausnutzung als bei einer feststellbaren Lagphase.

Weiterhin sind aus der Propagationsphase entnommene Hefesätze kleinzelliger, haben noch keine oder keine großen Vakuolen (siehe auch Kapitel 4.3.5) und sind damit gegen Druckschwankungen und osmotische Druckveränderungen weniger empfindlich als gelagerte Erntehefen (besonders wichtig für hochkonzentrierte Biere und bei einem High-Gravity-Verfahren). Die Gefahr der Ausscheidung von hydrolytischen, insbesondere proteolytischen Enzymen und die dadurch verursachte Schädigung des Bierschaums und der Bierstabilität sind geringer als bei älteren, großzelligeren Hefen.

Obwohl prozentual die Verteilung der Hefezellen nach ihrem Alter, gemessen nach ihrer Sprossnarbenverteilung (siehe Kapitel 4.4.1), konstant ist, d.h., dass eine sich ständig schnell oder langsam vermehrende Hefepopulation nicht altert, dürfte in einem frisch propagierten Hefesatz die absolute Anzahl der Zellen mit einem hohen Sprossnarbenanteil geringer sein als in einer gelagerten Erntehefe.

Da eine Sprossnarbe ca. 2 % der Zelloberfläche entspricht und diese Fläche für den normalen Stoffaustausch aufgrund ihrer veränderten Zusammensetzung (siehe auch Kapitel 4.3.2) kaum noch zur Verfügung steht, sinkt die Stoffwechselleistung einer Hefezelle mit zunehmendem Vermehrungsalter. Es wurden Hefezellen mit bis zu 25 Sprossnarben festgestellt ($\hat{=}$ 50 % der Zelloberfläche).

Zur Abhilfe wird deshalb versucht, regelmäßig eine neue Reinzucht oder Herführung in den betrieblichen Anstellrhythmus einzuführen, also die Hefe nach einem mehr oder weniger festen Schema auszutauschen. Weiterhin ist es zur Erhaltung der Leistungsfähigkeit der Betriebshefesätze wichtig, die in Tabelle 8 ausgewiesenen Stressfaktoren zu vermeiden und den laufenden Betriebshefesatz im normalen Gärverfahren durch eine 3…4-fache Vermehrung regelmäßig zu verjüngen.

3.5 Vorteile eines in einer Propagationsanlage hergestellten Hefesatzes

Im Prinzip stehen der Hefe auch in einer Hefereinzucht-Anlage bzw. Herführanlage in Brauereien, die im Bereich des Deutschen Reinheitsgebotes von 1516 arbeiten, immer nur die üblichen, normal zusammengesetzten Betriebswürzen zur Verfügung.

Als wesentlicher Unterschied erfolgt die Hefevermehrung in der Propagationsanlage im Vergleich zur betrieblichen Führung der Hefe weitgehend ohne die Einwirkung der o.g. Stressfaktoren. So sind beispielsweise gewährleistet:
- eine ausreichende Verfügbarkeit der erforderlichen Sauerstoffkonzentration (siehe Kapitel 4.7),
- eine Temperaturführung ohne Temperaturschocks,
- ein niedriger CO_2-Partialdruck,
- niedrige Ethanolgehalte mit dem Ziel < 0,7 Vol.-% Ethanol in der Propagationsphase,
- eine immer ausreichend vorhandene vergärbare Zuckerkonzentration mit dem Ziel: scheinbarer Extraktgehalt bei Vollbierwürzen E_s > 9 %; keine Verweilzeit in endvergorenen Bieren, keine Autolysegefahr, Aufbau von genügend Reservekohlenhydraten,
- ein deutlich geringerer Kontaminationsgrad der verwendeten Würzen (keine Wuchsstoffverluste) und
- eine kontaminationsfreie, durch Lagerphasen nicht geschädigte, vitale, reine Satzhefe schon beim Start der Propagation.

3.6 Anforderungen an eine Anstellhefe

In Tabelle 9 sind die bekannten Anforderungen an eine Anstellhefe für die Bierherstellung zusammengestellt.

Tabelle 9 Anforderungen an die Anstellhefe

Anforderungen	Richtwerte
Abstammung von einer Reinkultur	1...5 Führungen
gute Vitalität (gute Gärkraft)	zum Beispiel: ☐ gemessen durch die CO_2-Bildung einer 10 %igen Maltoselösung bei 20 °C in 3 h nach *Hlaváček* [134]: 25...28 mL CO_2; ☐ Vergärung von mind. ca. 1 % E_s in den ersten 24 Stunden nach dem Anstellen; ☐ Zügige Vergärung in 4...5 Tagen bis zu einem vergärbaren Restextrakt von $\Delta E_s \leq 0{,}1...0{,}3$ %
Infektionsfreiheit	frei von Fremdhefen und bierschädlichen Mikroorganismen
geringer Trubgehalt	visuell: Helle Farbe, ohne erkennbare Trubbestandteile
niedriger Totzellengehalt (Viability)	$\leq$ 5 %, optimal < 2 %
dickbreiige Konsistenz	ca. $3 \cdot 10^9$ Zellen/mL
verleiht dem Bier in der geplanten Gär- und Reifungszeit ein dem Typ entsprechendes, ausgereiftes Gärungsbukett	Bukettstoffverhältnis bei untergärigen hellen Bieren: Höhere Alkohole : Ester = 3,4...3,8 : 1 Gesamtdiacetylgehalt: $\leq$ 0,10 mg/L
gewährleistet eine dem Bier- und Brauwassertyp entsprechende pH-Wert-Abnahme und den pH-Endwert (Säuerungsvermögen)	pH-Wert-Abnahme in den ersten 24 Stunden: 0,3...0,4 pH-Einheiten; Bier-pH-Wert (untergäriges helles Bier) = 4,1...4,4
Gute Sedimentationseigenschaften und befriedigendes Klärvermögen	Hefegehalt im Filtereinlaufbier: $\leq 2 \cdot 10^6$ Zellen /mL Bier
Ein für den Biertyp und die Anforderungen des Betriebes entsprechender sensorisch bestgeeigneter Hefestamm	Auswahlverfahren des betrieblichen Hefestammes unter Berücksichtigung der betrieblichen Erfahrungen und Gegebenheiten sowie den Markterfordernissen in praxisnahen Kleinversuchen
Gutes Redoxvermögen zur Erhaltung der Bierfrische	z. B. durch eine SO_2-Bildung im untergärigen Bier zwischen > 4...< 10 mg SO_2/L
Keine Schädigung der Schaumhaltbarkeit in der Reifungs- und Abkühlphase (keine Proteaseexkretion)	Positive Veränderung der Schaumhaltbarkeit von der Reifungsphase bis zum filtrierten Bier

Die Infektionsfreiheit der Anstell- und Reinzuchthefen ist mit den von *Back* [237] beschriebenen Methoden überprüfbar.

Einen Überblick über die Differenzierung und Charakterisierung von Betriebshefestämmen mittels neuer physiologischer und genetischer Methoden gibt *Schöneborn*

[161]. Nach seinen Ergebnissen eignet sich besonders die AFLP-Methode (Amplified Fragment Length Polimorphism) für die Hefetypisierung. Durch die Kombination mit der PCR-Analyse (Polymerase Chain Reaktion) ist diese Methode sehr gut für die Reinheitskontrolle einer Hefekultur und zum Fremdhefenachweis geeignet.

Zur Differenzierung von verderbenden und nichtverderbenden Organismen bei der Bierherstellung wurden auf PCR basierende Schnellnachweismethoden für die mikrobiologische Qualitätskontrolle entwickelt [135]. Dabei werden die Proben zuerst anhand gruppenspezifischer Tests überprüft. Für zahlreiche Hefe- und Bakterienspezies gibt es bereits speziesspezifische Nachweistests. Die PCR-Analysen können als PCR-ELISA, Realtime- oder Endpunkt-PCR ausgeführt werden.

Die Beurteilung des Lebend-Tot-Anteils in einer Hefeprobe (Hefeviabilität) wird am einfachsten mit der klassischen Methylenblaufärbung (bzw. als Alternative mit Methylenviolett) und mittels Lichtmikroskop kontrolliert. Die Fehlerquote liegt bei allen, auch bei teureren Färbemethoden bei 10...15 %.

Bei der Methylenblau- bzw. Methylenviolettfärbung werden allerdings durch Pasteurisation abgetötete Hefezellen nicht eindeutig dunkelblau gefärbt und ca. 5 % dieser Zellen überhaupt nicht gefärbt [209], [355].

Zur Einschätzung und Bewertung der Vitalität und des physiologischen Zustandes von Propagations- und Anstellhefen mit neueren Methoden, insbesondere Schnellmethoden, wurden u.a. folgende Vorschläge erarbeitet:

- Die Aktivitätsbestimmung ausgewählter Hefeenzyme mittels Spektralphotometrie (z. B. Maltase- + Maltosepermeasekomplex, Pyruvatdehydrogenasekomplex, Ethanoldehydrogenase, Pyruvatdecarboxylase) [136], [137];
- Die Bestimmung des Lebend-Totverhältnisses, der zellmembrangebundenen Neutrallipide sowie des Glycogen- und Trehalosegehaltes mittels fluoreszenzoptischer Methoden [138], in Verbindung damit gibt es Vorschläge zur Erfassung und Modellierung des Hefewachstums und der Hefephysiologie [139];
- Eine einfache titrimetrische Methode, die sog. „Vitaltitration", zur Vorhersage des Gärverhaltens, bei der die Zeit gemessen wird, die die Hefe benötigt, um den auf den pH-Wert = 10,0 angehobenen Hefebrei bis auf pH-Wert = 6,5 abzusenken [140];
- Messung des intrazellulären pH-Wertes (siehe auch Kapitel 4.4.5.7.3) mit der sog. ICP-Methode (die ausführliche Darstellung siehe [141]);
- Bestimmung der Reduktionsgeschwindigkeit für die vicinalen Diketone [142].
- Molekularmikrobiologische Methoden zur Erfassung der Gesamtgenexpression, z. B. mit Hilfe der Mikroarray-Technologie (einen Überblick hierzu gibt u.a. [143]).

4. Wichtige mikrobiologische und biochemische Grundlagen der Bierhefevermehrung und ihre Bedeutung für die Hefereinzucht und Hefepropagation

Für die Bilanzierung des Stoffwechsels, für die Ermittlung des Nährstoffbedarfes, für die Kalkulation der Hefeausbeute und für die Anlagenplanung und Auslegung sind besonders die nachfolgend aufgeführten mikrobiologischen und biochemischen Grundlagen zu beachten.

Die nachfolgenden Ausführungen können und sollen die Spezialliteratur zur Thematik „Hefe" nicht ersetzen. Insbesondere wird neben den aufgeführten Quellen auf das Standardwerk „The Yeasts" verwiesen [144].

4.1 Die chemische Zusammensetzung der Hefe

4.1.1 Der Zusammenhang zwischen Wassergehalt und Hefetrockensubstanzgehalt

Der echte Wassergehalt der Hefezelle liegt bei 65…67 %, d.h. in der Hefezelle sind nur 33…35 % Hefetrockensubstanz, d.h. auch gepresste Hefe besteht zum überwiegenden Teil aus Wasser (siehe Tabelle 10). Während das intrazelluläre Wasser in engeren Grenzen festgelegt ist, kann das extrazelluläre Wasser in weitem Bereich schwanken. Der Zusammenhang zum Hefetrockensubstanzgehalt wird in Abbildung 45 dargestellt. Die Wasserverteilung in einer gepressten Hefe ist abhängig vom Hefetrockensubstanzgehalt, dem Hefestamm und der durch die Züchtungsbedingungen festgelegten chemischen Zusammensetzung.

Das extrazelluläre Wasser ist filmartig zwischen den Zellen verteilt. Dieser Wasserfilm bestimmt durch seine elektrostatischen Kräfte (Oberflächenspannung) die Plastizität der gepressten Hefe. Bei Wasserentzug wird der Film immer dünner und bricht dann, es kommt auch zum Zusammenbruch der Oberflächenspannung und die Hefe zerbröselt. In der Backhefeindustrie wird durch den Zusatz von Emulgatoren beim Abfiltrieren der Hefe oder beim „Pfunden" eine hohe Oberflächenspannung garantiert, die auch bei extrem hohen HTS-Gehalten und sehr dünnen Wasserfilmen ein Zerbröseln der Presshefe verhindert.

Der Wassergehalt der stoffwechselaktiven Hefezellen in wässrigen Kulturlösungen liegt bezogen auf die Zellmasse zwischen 70…75 %. Dieser hohe Wassergehalt ist für die Stoffwechselfunktionen der Zellen notwendig: „Ohne Wasser gibt es kein Leben". Dieser hohe Wassergehalt bewirkt u.a., dass die Zellproteine und zellulären Strukturelemente im Quellungszustand erhalten werden.

Die wichtigsten Einflussfaktoren auf den Wassergehalt von gepresster Hefe sind:
- Der Rohproteingehalt und Ernährungszustand der Hefe:
  eiweißreichere Zellen binden in der Zelle mehr Wasser, intensiv vermehrte Reinzuchthefe, z. B. mit 50 % Rohproteingehalt bezogen auf den Trockensubstanzgehalt, lässt sich nur bis auf 25 % HTS abpressen.
  Erntehefen mit 40 % Rohproteingehalt (bezogen auf HTS) sind bis auf 32 % HTS abpressbar.
  Bei einem HTS-Gehalt von 28 % hat die gepresste Hefe 72 % Gesamtwasser, davon 52 % als Intrazellular- und 20 % als Extrazellularwasser.

Grundlagen der Hefevermehrung

- Der osmotische Druck des Extrazellularwassers:
  er wird beeinflusst durch die Extraktkonzentration und besonders den Alkoholgehalt im Bier.
- Die Eigenschaften des Hefestammes.
- Die Züchtungsbedingungen wie Temperatur, Zucker- bzw. Extraktkonzentration: eine Erhöhung der Züchtungstemperatur und eine Erhöhung der Extraktkonzentration in der Fermentationslösung erhöht den Hefetrockensubstanzgehalt in der Zelle.

Bei Trockenhefen darf ein Restwassergehalt von 4…6 % nicht unterschritten werden, um die Lebensfähigkeit dieser so konservierten Reinzuchthefen zu erhalten.

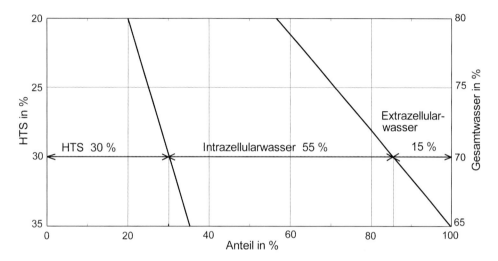

Abbildung 45   Der Zusammenhang zwischen dem Hefetrockensubstanzgehalt und den intrazellulären und extrazellulären Wassergehalten der dickbreiigen oder gepressten Hefe

Tabelle 10   Mögliche Schwankungsbereiche der Wassergehalte in Abhängigkeit vom Hefestamm und den Züchtungsbedingungen von dickbreiiger oder gepresster Hefe

Hefestamm	% HTS	% Intrazellularwasser	% Extrazellularwasser	% Gesamtwasser
A	20 ↓ 35	37 ↓ 65	43 ↓ 0	80 ↓ 65
B	20 ↓ 32	43 ↓ 68	37 ↓ 0	80 ↓ 68

4.1.2 Die chemische Zusammensetzung der Hefetrockensubstanz
4.1.2.1 Molformel und Makroelemente der Hefe

Die chemische Zusammensetzung der Hefe kann in Abhängigkeit von den Züchtungsbedingungen, von der Intensität der Vermehrung, vom Zellalter und vom Ernährungszustand und damit vom physiologischen Zustand des Hefesatzes in weiten Grenzen schwanken. Die chemische Zusammensetzung sagt etwas über die Nährstoffanforderungen der Hefe im Prozess der Hefevermehrung aus. Für Backhefen wurden so genannte „Molformeln der Hefe" ermittelt, die die für die Hefevermehrung erforderlichen „Makroelemente" im Verhältnis zueinander wiedergeben. Diese Angaben sind auch auf zu propagierende Brauereihefen übertragbar. Tabelle 11 gibt einen Überblick über aus der Literatur bekannte Modelle. Sie zeigt, dass die „Molformel" für die aschefreie Hefetrockensubstanz annähernd im gleichen Redox-Zustand wie Glucose vorliegt.

Die aufgeführten „Makroelemente" sind Bestandteile einer Vielzahl von Stoffgruppen, die wiederum aus einer Vielzahl von Einzelstoffen bestehen. Tabelle 12 gibt dazu einen groben Überblick. Die für die zwei Vermehrungsstufen der Backhefe differenziert ausgewiesenen Bestandteile der Hefetrockensubstanz sind äquivalent auch auf die Brauereireinzuchthefen und Erntehefen zu übertragen.

Außerdem enthalten die Hefezellen noch zahllose Stoffe in sehr geringen Mengen, die den aufgeführten Stoffgruppen nicht zuzuordnen sind, z. B. zahlreiche Zwischenprodukte des Zellstoffwechsels.

Eine in sehr geringer Menge in der Hefezelle vorkommende Stoffgruppe sind die Vitamine, die sehr wichtig sind im Zusammenhang mit dem Nähr- und Wuchsstoffbedarf der Hefezelle bzw. als Quelle für die Vitamingewinnung.

Auf einige dieser Stoffgruppen wird nachfolgend aus der Sicht der Hefevermehrung besonders eingegangen.

4.1.2.2 Rohproteingehalt

Die Bestimmung erfolgt normalerweise mittels *Kjeldahl*-Analyse, die nicht nur den Proteinstickstoff erfasst, sondern auch Aminosäuren, Nucleinsäuren, Nucleotide und andere stickstoffhaltige Substanzen der Hefe. Der Umrechnungsfaktor von Stickstoff in Rohprotein beträgt bei Hefen 6,25.

Der Reinproteingehalt (überwiegend Enzymprotein) macht normal 64…76 % (maximal 80 %) des Rohproteins aus. Typische Eiweiße, die durch Extraktion aus der Hefezelle und anschließende Ausfällung gewonnen werden, sind Zymocasein (ein Phosphorproteid ähnlich dem Casein) und Cerevisin, ein reines Albumin.

Der Rohproteingehalt ist abhängig vom Stamm und den Züchtungsbedingungen. Je größer der Proteingehalt der Hefe ist, umso größer ist die spezifische Wachstumsrate. Bei Brauereihefen kann er durchschnittlich zwischen 51…58 % Rohprotein (bezogen auf HTS) schwanken.

Etwa 10…20 % der gesamten Aminosäurenmenge der Hefezelle liegen als freie Aminosäuren oder niedere Peptide vor. Fast alle essentiellen Aminosäuren sind in den Brau- und Backhefen nachgewiesen worden.

Grundsätzlich ist zu beachten, dass eine proteinreichere Hefe enzymstärker und stoffwechselaktiver ist. In der Lagerphase ist allerdings ein derartiger Hefesatz ohne Nährstoffzufuhr deutlich schlechter haltbar und neigt schnell zur Autolyse (Selbstverdauung). In der Backhefeindustrie wird bei der länger haltbaren Presshefe ein Rohproteingehalt von rund 47 % und bei stoffwechselaktiven Schnelltriebhefen ein

Rohproteingehalt von > 50 % (bezogen auf HTS) durch eine differenzierte Nährstoffzufuhr eingestellt.

Tabelle 11   Zusammensetzung der Hefetrockensubstanz - die bekanntesten „Molformeln" für die Hefe

	C	H	O	N	P	S	
„Molformel" nach *Oura* l.c. [145]	C_6 $= (C_1)$	$H_{9,68}$ $(H_{1,61})$	$O_{3,15}$ $(O_{0,525})$	$N_{0,91}$ $(N_{0,15})$	$P_{0,06}$ $(P_{0,01})$	$S_{0,006}$ $(S_{0,001})$	+ 6,05 g Asche
= g/„Mol" Hefe	6 · 12,011 = 72,07	9,68 · 1 = 9,68	3,15 · 15,9994 = 50,4	0,91 · 14,0067 = 12,75	0,06 · 30,97376 = 1,86	0,006 · 32,0655 = 0,19	+ 6,05 → Σ = **153 g**
in % HTS	47,1	6,3	32,9	8,3	1,2	0,2	+ 4,0 % → Σ = **100,0 %**
„Molformel" nach *Roels* [146]	C_1	$H_{1,79}$	$O_{0,57}$	$N_{0,15}$	$P_{0,01}$	$S_{0,005}$	+ $K_{0,02}$ + $Mg_{0,002}$ + $Ca_{0,0008}$ + $Na_{0,0005}$ + Spuren
in % HTS	46,9	6,4	32,9	8,4	1,2	0,6	+ 2,2 K + 0,3 Mg + 0,1 Ca + 0,05 Na + 0,05 Si + 0,005 Fe → Σ = **> 99,1%** + Spuren
„Molformel" nach *Bronn* [147]	C_6	H_7	O_3	NH_2			bezogen auf aschefreie HTS
in % HTS	44...50 Ø 47,0	6...8,5 Ø 6,0	31...36 Ø 32,0	6,5...9,5 Ø 7,7	1,0...2,5 Ø 1,2	0,2...1,2 Ø 1,0	K: 1,20...3,50 Ø 2,0 Mg: 0,06...0,40 Ø 0,2 Na: 0,03...0,15 Ø 0,1 Si: 0,01...0,10 Ø 0,04 Ca: 0,004...0,14 Ø 0,035 Cl: 0,004...0,10 Ø 0,020 Fe: 0,003...0,10 Ø 0,005
„Molformel" l.c. *Ullmann* [148]	C_1	$H_{1,64}$	$O_{0,52}$	$N_{0,16}$			
in % HTS nach *Rehm* u. *Reed* [149]	47,0	6,0	32,5	8,5			+ 6 % Asche

Tabelle 12 Zusammensetzung der Trockensubstanz von Saccharomyces-Hefen

Grobbestandteile	Untergruppen	Reinzuchtbackhefe % HTS	Verkaufshefe % HTS	Anteile
Rohprotein 45...60 %	Gesamtrohprotein Proteine+ Aminosäuren	50...58 ca. 50	40...54 38...48	
	Albumine Globuline Phosphorproteide Nucleinsäuren Nucleotide Peptone	ca. 8 ca. 6	ca. 4 ca. 4	wasserunlöslich 80...90 % DNS: 0,06...0,2 % RNS: 3,0...7,5 % der HTS
	Polypeptide Aminosäuren			löslich: 10...20 %
Kohlenhydrate 15...39 %	Gesamtgehalt Glycogen Hefemannan Hefeglucan Trehalose	ca. 29 ca. 6 ca. 10 ca. 6 ca. 7	ca. 39 ca. 12 ca. 10 ca. 5 ca. 12	
Rohfett 2...12 %	Gesamtfette Neutralfette Phosphatide Lipoidsymplexe	ca. 4 ca. 3 ca. 0,3	ca. 7 ca. 4 ca. 2	verseifbar
	Sterine Cerebrine (Carotinoide) (Squalen)	ca. 0,2	ca. 0,5	unverseifbar
Asche 6...12 %	Gesamtgehalt: P_2O_5 K_2O MgO CaO Na_2O SiO_2 Fe_2O_3 SO_4 Cl^-	6...10 2,3...5,8 1,5...4,4 Mg: 0,06...0,4		in % der Aschebestandteile: 35...65 26...48 3...8,1 0,4...11,3 0,5...2,5 0,0...1,8 0,02...15,6 0,09...7,2 0,03...1,0

Glutathion

Glutathion gehört zu den N-haltigen Komponenten der Hefe, es ist ein Tripeptid aus den Aminosäuren Glutaminsäure, Cystein und Glycin (siehe Abbildung 46).

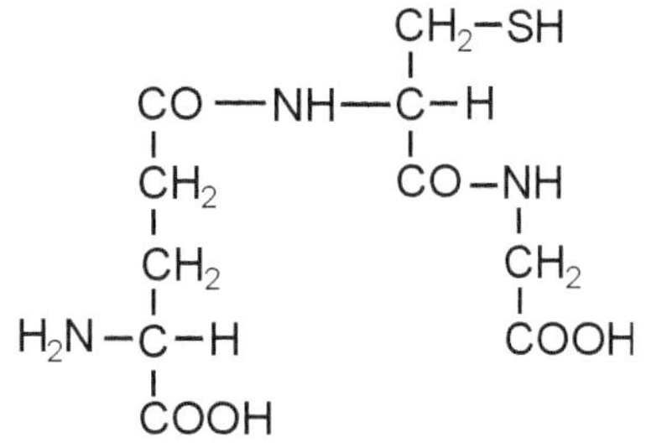

Abbildung 46   Aufbau des Tripeptids Glutathion

```
            CH₂-SH
            |
CO—NH—C-H
|           |
CH₂         CO-NH
|           |
CH₂         CH₂
|           |
H₂N-C-H     COOH
|
COOH
```

Die Konzentration des Glutathions liegt in Brauereihefen bei 0,6...1,0 % der HTS. Das Glutathion stellt in der Hefezelle ein Redoxsystem dar. Durch die reversible Bildung einer Disulfidbrücke wird in Abhängigkeit vom pH-Wert reduzierender Wasserstoff freigesetzt (siehe Abbildung 47). Durch die auf diese Weise erfolgende Beeinflussung des Redoxpotenzials der Zelle spielt das Glutathion eine Rolle bei der Steuerung verschiedener Enzymaktivitäten, insbesondere im Atmungsstoffwechsel.

Abbildung 47   Das Glutathion als Redoxsystem
Gl. = Glutathion

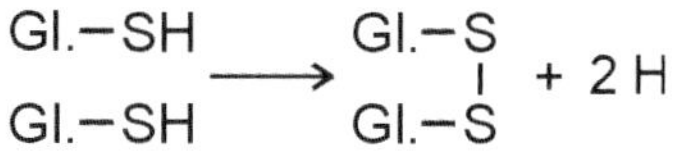

$$Gl.-SH \atop Gl.-SH \longrightarrow {Gl.-S \atop Gl.-S} + 2H$$

4.1.2.3 Gesamtkohlenhydrate

Die höhermolekularen Kohlenhydrate sind bei Brauereihefen in der äußeren Zellwand als Glucane (ca. 8 % der HTS) und Mannane (ca. 2,5...10 % der HTS) und im Zellplasma in Form des Hauptreservekohlenhydrates Glycogen (10...40 % der HTS) vorhanden. Bei Stress, z. B. bei der Hefetrocknung, bildet die Hefe verstärkt das saccharid Trehalose.

Glycogen

Steigt der Glycogengehalt, sinkt prozentual der Rohproteingehalt und umgekehrt, d.h., ein steigender Glycogengehalt fördert die Haltbarkeit in der Lagerphase eines Flüssighefesatzes oder einer Presshefe (Glycogen-Eiweiß-Regel).

Welchem Schwankungsverlauf der Glycogengehalt und damit auch der Rohproteingehalt der Hefe im Fermentationsprozess unterliegt, zeigt schematisch Abbildung 48. Die chemische Zusammensetzung und der Aufbau des Glycogens ist dem Amylopektin der Stärke (α-1,4- und α-1,6-Bindung) vergleichbar. Glycogen ist deshalb mit Jod anfärbbar. Im Abstand von 3 Glucoseresten sind an der α-1,4-Hauptkette α-1,6-Seitenketten angebaut, die Länge der Seitenketten beträgt 6...7 Glucoseeinheiten (siehe Abbildung 49).
Eine maximale Glycogenbildung wird erreicht bei:
- hohen Zuckerkonzentrationen (hohen Stammwürzen, hohen Endvergärungsgraden),
- niedrigeren Gärtemperaturen und
- bei allen Maßnahmen, die eine Hefevermehrung reduzieren.

Die Hefe in der Brauerei

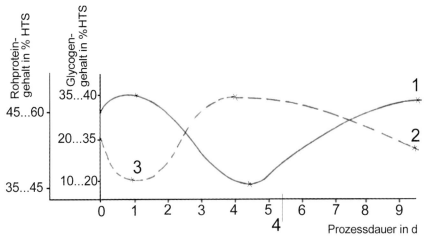

Abbildung 48 Schematische Darstellung der Hefezusammensetzung im Verlauf der Biergärung
1 Rohprotein 2 Glycogen 3 Glycogenverzehr in der Angärphase
4 $\Delta E_s = 0{,}5\ldots2\,\%$

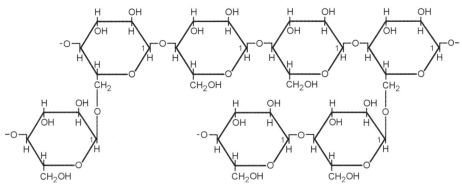

Abbildung 49 Chemische Struktur des Glycogens (α-1,4- und α-1,6-Glucan)

Bei einer intensiven Hefevermehrung mit starker Belüftung haben die Hefezellen „keine Zeit" Glycogen zu synthetisieren. Brauereihefen besitzen mehr an Glycogen als Backhefen. Die Abnahme des Glycogengehaltes bei lagernder Hefe ist ein Hinweis für die Belastung des Inoculums (= Hefesatzes) durch Nährstoffmangel (Hunger).

Eine eindeutige Beziehung zwischen Rohproteingehalt bzw. Glycogengehalt einerseits und der Gärkraft und Gärintensität des Hefesatzes anderseits wurde vielfach vermutet und untersucht, aber nicht vollauf bewiesen.

Ein großer Vorrat an Glycogen in der Erntehefe weist darauf hin, dass dieser Hefe in der letzten Gärphase noch verwertbare Nährstoffe (Zucker) und Energiequellen zur Verfügung standen. Bei evtl. sofortigem Wiedereinsatz halten die Hefezellneubildung und evtl. auch eine weitergehende Gärung länger an, aber allein für Gärhefen ist dies nicht aussagekräftig!

Mannane und Glucane

Sie sind überwiegend als Strukturkohlenhydrate Bausteine der äußeren Hefezellwand, sie beeinflussen das Flockungsvermögen bei Brauhefen.

Der Mannangehalt kann in Brauereihefen zwischen 4...6 % der HTS schwanken, in anderen Hefearten zwischen 4...14 % der HTS.

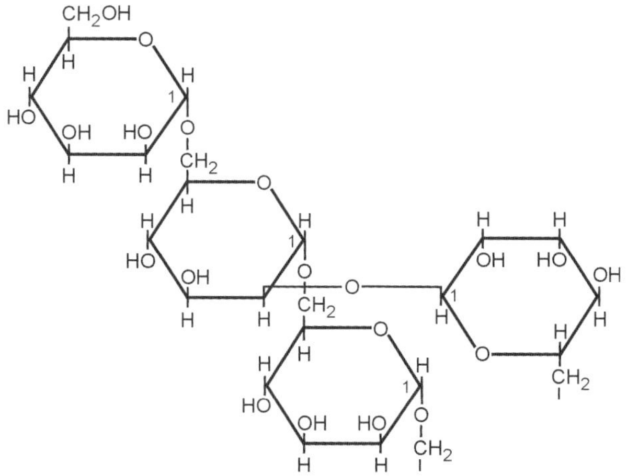

Abbildung 50   Teil eines Hefemannanmoleküls (α-1,6-Mannosekette mit α-1,2-Abzweigung)

Hefemannane (früher als Hefegummi bezeichnet) bestehen quantitativ aus Mannosegliedern, die durch α-1,6-, α-1,2- und α-1,3-Bindungen miteinander verknüpft sind (verzweigte Struktur wie Glycogen, siehe auch Abbildung 50). Hefemannan kann leicht mit heißer, verdünnter oder konzentrierter Kalilauge aus der Hefe extrahiert werden. In den Seitenketten einiger Mannanmoleküle sind je 2 Mannosereste nicht direkt, sondern über eine Phosphordiesterbrücke miteinander verbunden. Auf die Phosphordiesterbindung der Mannanseitenketten, die an oder nahe der Oberfläche der Zellwand liegen, wird vor allem die negative Ladung der Hefezellen zurückgeführt und die Intensität der Bruchbildung eines Hefestammes.

Die Hefezellwand besteht zu 85 % aus Glucan und Mannan mit in etwa gleichen Anteilen.

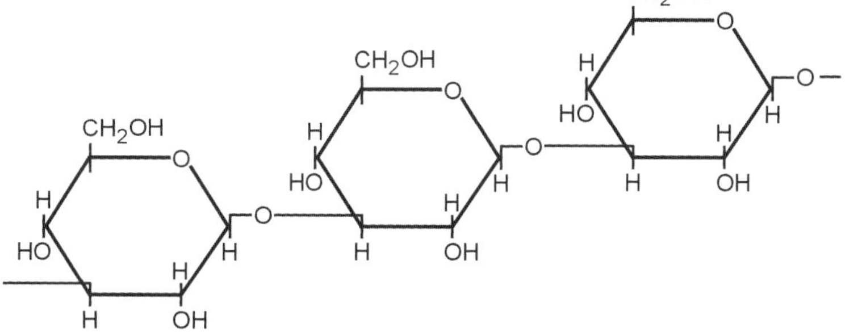

Abbildung 51   Teil eines Hefeglucanmoleküls (β-1,3-Glucan)

Die Hefe in der Brauerei

Es existieren mindestens zwei voneinander trennbare, verzweigte Hefeglucane unterschiedlicher Struktur:
- 85 % des Gesamtglucans besitzt überwiegend eine β-1,3-Bindung und nur einige β-1,6-Bindungen (Molekülgröße 240.000 Dalton, siehe auch Abbildung 51);
- Der Rest ist fast ausschließlich aus β-1,6-Bindungen und nur mit wenigen β-1,3-Bindungen aufgebaut.
- In der Weinindustrie ist man beim Weinlagerprozess bestrebt, diese Stoffgruppe aus dem äußeren Zellwandbereich der Weinhefen herauszulösen. Dadurch wird die Vollmundigkeit und durch die Schutzkolloidwirkung dieser Stoffgruppe die kolloidale Stabilität der Weine verbessert.
Um diesen Prozess zu beschleunigen, wird von der Fa. DSM für die Weinindustrie das Enzympräparat Rapidase®-Filtration (ein Gemisch von Pektinasen und β-1,6-Glucanasen) angeboten, das den Mannoproteingehalt im Wein deutlich erhöht [150].

Zusätzlich zu den Glucanen konnten aus Hefezellwänden geringe Konzentrationen an N-Acetylglucosamin (siehe Glucosaminmolekül in Abbildung 52) isoliert werden, das z.T. in der Zellwand zu Chitin (siehe Abbildung 53) polymerisiert und bevorzugt in den Sprossnarben der Zelle vorkommt.

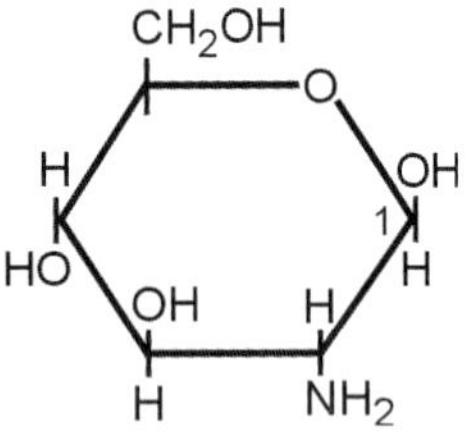

Abbildung 52 Glucosamin

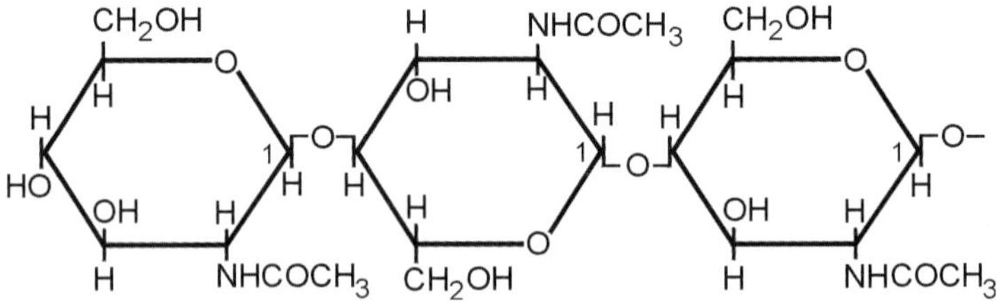

Abbildung 53 Chitin

Trehalose
Der Trehalosegehalt von Presshefe kann etwa zwischen 0,5...15 % der HTS liegen. Brauereihefen haben weniger als Backhefen. Der Trehalosegehalt steigt in nährstoffreichen Würzen und sinkt bei Nährstoffmangel. Trehalose ist kein reines Reserve-Kohlenhydrat, Trehalose hat eine Beziehung zum Hefestress, von obergärigen Hefen kann es z.T. in beträchtlichen Mengen gespeichert werden. Es spielt eine Rolle im Stressmetabolismus, insbesondere bei der Thermotoleranz und der Trockenresistenz. Trehalose ist ein süßschmeckendes, nichtreduzierendes Disaccharid aus 2 Glucoseeinheiten in α-1-1-glycosidischer Bindung (siehe Abbildung 54).

Trehalose wird in Zellen akkumuliert, wenn Glucose im Medium erschöpft ist und die Zellen in akuten Energiemangelzustand kommen. Die Trehalosekonzentration wird bei längeren Hungerperioden auch auf Kosten des Glycogenpools aufrechterhalten. Bei einer subletalen Temperaturerhöhung (= Hitzeschock) von z. B. 27 auf 40 °C werden innerhalb von 20...60 Minuten die Gene für die Bildung trehalosesynthetisierender Enzyme aktiviert und in den Zellen große Mengen Trehalose aus aktivierter Glucose und Glucose-6-Phosphat über Trehalose-6-Phosphat synthetisiert. Hefen mit hohen

Trehalosegehalten überstehen dann einen 2. letalen Hitzeschock viel besser als Hefen ohne Trehalose. Die Trockenresistenz und der Trehalosegehalt korrelieren miteinander. Der Abbau der Trehalose erfolgt in wenigen Minuten beim Erreichen normaler Wachstumsverhältnisse. In Teilung befindliche Zellen haben keine Trehalose.

Trehalose wird auch bei anderen Stressfaktoren, wie z. B. bei der Einwirkung giftiger Chemikalien (Ethanol, Kupfersulfat) und bei einem oxidativen Stress (H_2O_2) verstärkt gebildet [151].

Weiterhin synthetisiert die Hefe bei höheren Stammwürzen (> 12 %) verstärkt Trehalose [152], vermutlich um den erhöhten osmotischen Druck der Fermentationslösung im Zellinnern auszugleichen, den Verlust an zellulärem Wasser zu reduzieren und die Zellmembran zu stabilisieren.

Die Verbesserung der Stressresistenz durch die Erhöhung des Trehalosegehaltes wird u.a. darauf zurückgeführt, dass Trehalose die polaren, hydratisierten Kopfgruppen der Membranen (siehe Kapitel 4.3.2) bei Wasserverlust schützt und die Membranen in der sog. Flüssigkristallphase erhält. Weiterhin erhöht Trehalose die Proteinstabilität zellulärer Proteine bei Temperaturerhöhungen und verhindert ihre Denaturierung (weitere Informationen siehe auch [149]).

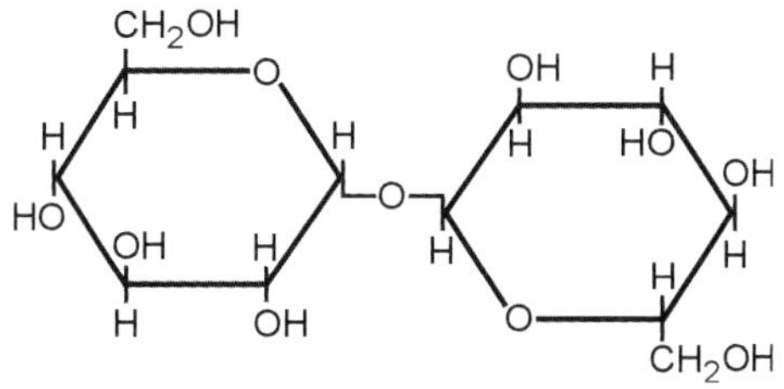

Abbildung 54   Trehalose (α-1,1-Bindung von zwei Glucosemolekülen)

4.1.2.4 Nucleinsäuren und Nucleotide

Der Gehalt an Desoxyribonucleinsäuren liegt in Hefen bei 0,06…0,2 % und an Ribonucleinsäuren bei 3,0…7,5 %, bezogen auf die Hefetrockensubstanz.

Die Desoxyribonucleinsäuren (DNA) bestehen aus den Nucleotidbasen Guanin, Adenin, Cytosin und Thymin sowie dem Zucker Desoxyribose und Phosphatresten. Sie können bis zu 30.000 Basen enthalten und liegen im Zellkern als Doppelstruktur (Doppelhelix) vor, zwei Nucleotidstränge sind durch Wasserstoffbrücken miteinander verbunden. Sie sind die Träger der Erbanlagen eines Organismus.

Die Ribonucleinsäuren (RNA) bestehen aus den Nucleotidbasen Guanin, Adenin, Cytosin und Uracil, sowie dem Zucker Ribose und Phosphatresten. Die RNA-Moleküle sind kürzer als DNA-Moleküle, sie bilden keine Doppelstränge. Sie übertragen den genetischen Code des Zellkerns auf die Proteinsynthesezentren der Zelle, die Ribosomen im Cytoplasma.

Weitere Informationen zum Aufbau werden im Kapitel 4.4.2 dargestellt.

4.1.2.5 Lipide (Rohfette)

Lipide (= Rohfette) sind mit Lipidextraktionsmitteln (Chloroform, Ether, Methylenchlorid) aus der Hefezelle extrahierbar. Sie sind in gewissen Grenzen umgekehrt proportional dem Proteingehalt der Hefezelle. Es gibt eine verseifbare (Neutralfette, Phosphatide, Lipoidsymplexe) und eine unverseifbare Fraktion (Sterine, Carotinoide, Zerebrine, Squalen). Der Lipidgehalt kann in breiten Grenzen zwischen 2…12 % der Hefetrockensubstanz schwanken.

Als Strukturbausteine und Reservestoffe sind sie von großer Bedeutung für die Vitalität der Hefezelle. Nach *Ohno* und *Takahashi* [254] sind die in Tabelle 13 ausgewiesenen Minimalgehalte an Fettsubstanzen für ein Maximum an Aktivität der Hefezelle notwendig. Sie stellten fest, dass der Gesamtlipidgehalt in der Hefezelle nur bis zur 9. Stunde der Belüftung des Fermenters anstieg und dann konstant blieb.

Tabelle 13 Erforderliche Minimalwerte an Fettsubstanzen in der Hefezelle für eine hochaktive Hefe (nach [254])

Lipidkonzentrationen	mg/g HTS
Gesamtfette	65...70
Ungesättigte Fettsäuren	22...24
Gesamtergosterol	6,0...7,5
Triacylglyceride	ca. 10

Neutralfette

Neutralfette sind Glycerin-Fettsäureester mit den gesättigten Fettsäuren Palmitinsäure und Stearinsäure und der ungesättigten Fettsäure Ölsäure. Sie dienen der Hefezelle z.T. als Reservenährstoff von hohem Energiegehalt, diese sind als Fetttröpfchen im Cytoplasma verteilt. Neutralfette sind zusammen mit den Sterinen und Phosphatiden auch wichtige Strukturelemente der Zelle, sie sind ein wesentlicher Bestandteil der Zellmembranen.

Phosphatide und Glycerophospholipide

Sie sind wichtigste Bestandteile der Zellmembranen. Phosphatide können u.U. den gleichen Anteil an der Hefetrockensubstanz erreichen wie die echten Fette. Die Hefephosphatide stellen vor allem ein Gemisch aus Lecithinen und Kephalinen dar. Lecithine (siehe Abbildung 55) sind aus Glycerin, Fettsäuren, Phosphorsäure und Cholin zusammengesetzt. Kephaline (siehe Abbildung 56) bestehen aus Glycerin, Fettsäuren, Phosphorsäure und Kolamin (= Aminoethanol = Ethanolamin).

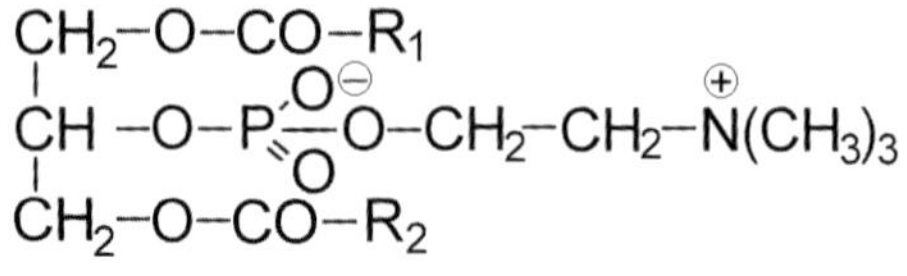

Abbildung 55 β-Lecithin

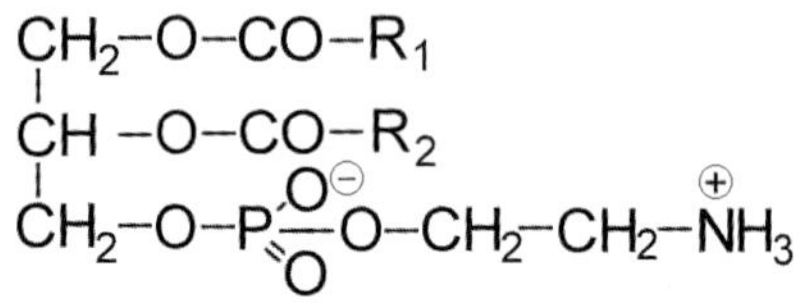

$$CH_2-O-CO-R_1$$
$$CH-O-P(O^-)(=O)-O-CH_2-CH_2-N^+(CH_3)_3$$
$$CH_2-O-CO-R_2$$

Abbildung 56 α-Kephalin

$$CH_2-O-CO-R_1$$
$$CH-O-CO-R_2$$
$$CH_2-O-P(O^-)(=O)-O-CH_2-CH_2-N^+H_3$$

Die Plasmamembran von *Saccharomyces cerevisiae* enthält 2 Hauptgruppen von Lipiden, die Glycerophospholipide und die Sterine, zusätzlich sind Triglyceride und Sterinester eingebaut.

In der Plasmamembran werden vor allem bei den Glycerophospholipiden Fettsäureester von Phosphatidylethanolamin (siehe Abbildung 57), von Phosphatidylinosit (siehe Abbildung 58) und von Phosphatidylcholin (siehe Abbildung 59) gefunden.

Entsprechend ihrem chemischen Aufbau sind Phospholipide als Tenside aufzufassen, sie besitzen eine hydrophile und 2 hydrophobe Gruppen. Am C_1- und C_2-Atom vom Glycerin sind 2 langkettige Fettsäuren als hydrophobe Gruppen verestert, hydrophil ist die jeweilige Phosphorsäuregruppe. Das Mengenverhältnis von Phospholipiden zu Sterinen beträgt in der Plasmamembran etwa 5 : 1.

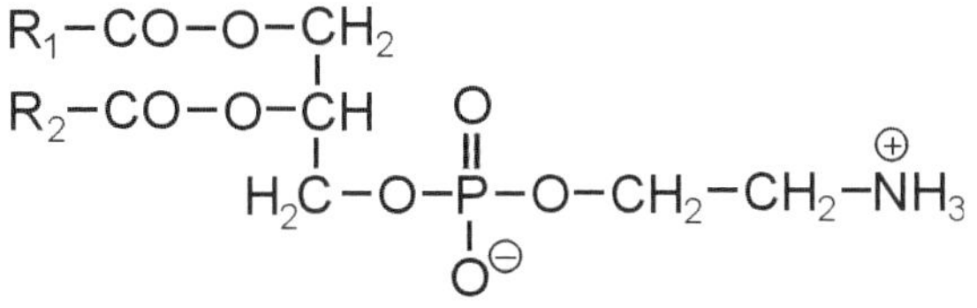

Abbildung 57   Phosphatidylethanolamin

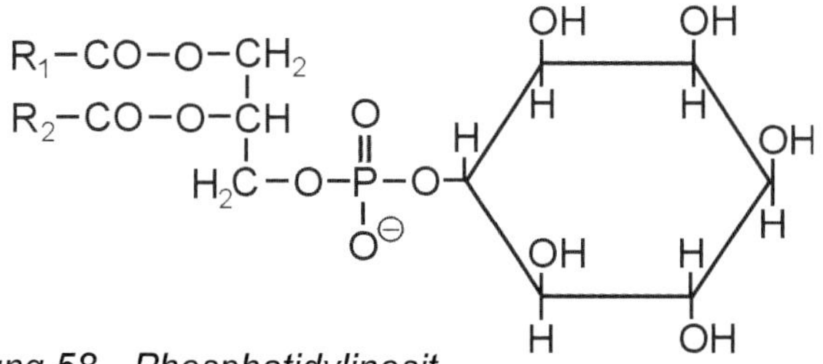

Abbildung 58   Phosphatidylinosit

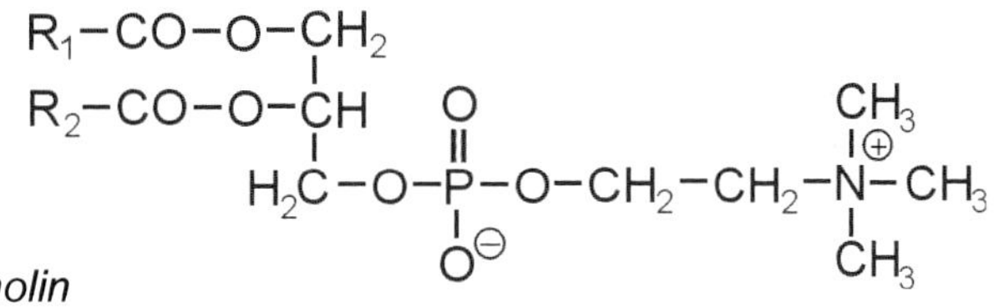

Abbildung 59   Phosphatidylcholin

Sterine

Wichtigstes Hefesterin ist das Ergosterin (siehe Abbildung 60), eine Vorstufe des Vitamin D. Es wird durch UV-Bestrahlung in Vitamin D umgewandelt. Weitere Sterine der Hefe sind Ceresterine, Askosterine, Lanosterin (Vorstufe des Ergosterins), Neosterine, Zymosterine, sie kommen nur in geringen Mengen vor.

Die Konzentration der Sterine in der Hefe liegt zwischen 0,1...2,5 % der Hefetrockensubstanz.

In Lipidmembranen haben Sterine zwischen den Phospholipiden einen strukturerhaltenden, ordnenden Effekt, der sich auf die Viskosität, Festigkeit und Permeabilität der Membranen auswirkt. Auch die Aktivität membrangebundener Enzyme wird durch sie beeinflusst.

Die Synthese der Sterine erfolgt in drei Schritten: Bildung der Mevalonsäure aus drei Molekülen Acetyl-Coenzym A, Überführung der Mevalonsäure in Squalen, Zyklisierung des Squalenmoleküls unter Aufnahme von einem Mol Sauerstoff zu Lanosterin und Umwandlung dieser Vorstufe zu Ergosterin.

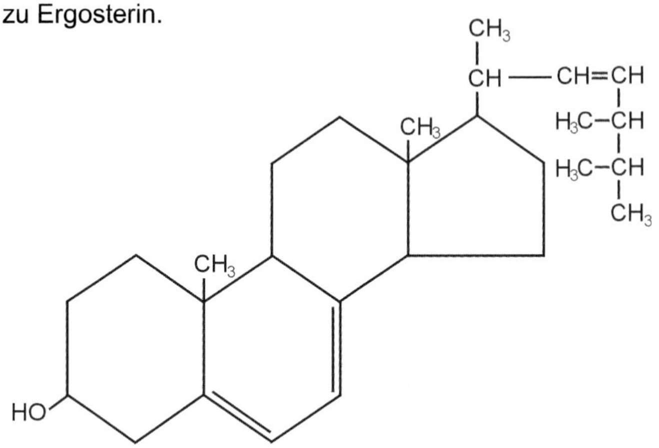

Abbildung 60   Ergosterin

Lipoidsymplexe
Lipoidsymplexe sind an Eiweißverbindungen oder Kohlenhydraten fixierte Lipoide, ihr Anteil schwankt beträchtlich in Abhängigkeit von den zur Extraktion der Hefe verwendeten Lösungsmitteln (saure Vorhydrolyse erforderlich).

Squalen
Im unverseifbaren Anteil der Hefelipide ist oft das ölige Squalen enthalten, es kann in Brauereihefen 5…15 % der Hefelipide ausmachen. Squalen (siehe Abbildung 61) ist chemisch den Carotinoiden weitgehend ähnlich.

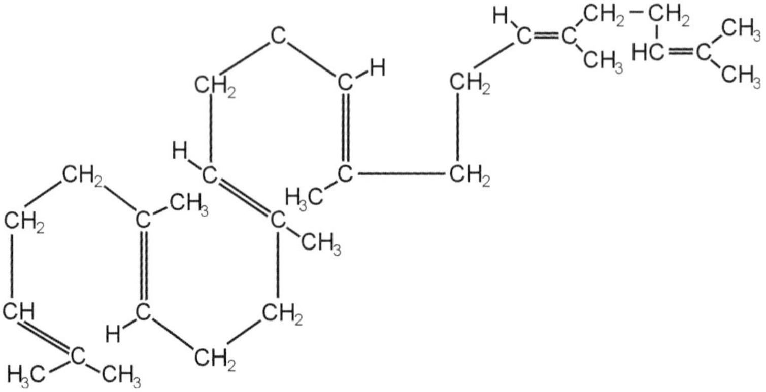

Abbildung 61   Squalen

Cerebrine
Cerebrine, insbesondere das Hefecerebrin (siehe Abbildung 62), werden als Begleitsubstanzen des Ergosterins aufgefasst. Da sich das Cerebrin aus Hefe nur schwer in Ether löst, kann es leicht von Ergosterin abgetrennt werden. Das Cerebrin aus Hefen ist eine Verbindung zwischen einer Oxysäure und einer langkettigen Base.

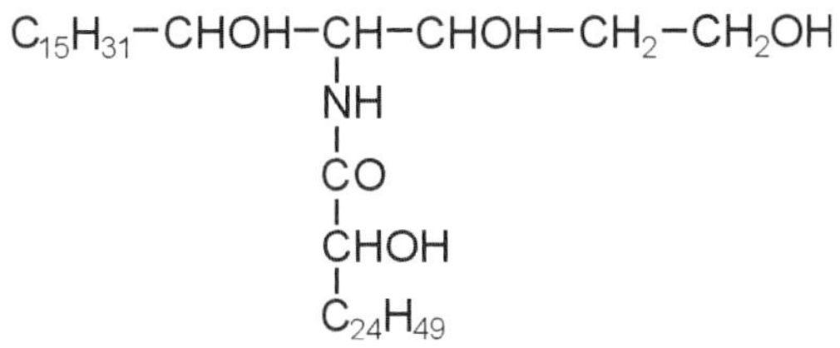
C15H31–CHOH–CH–CHOH–CH2–CH2OH
NH
CO
CHOH
C24H49

Abbildung 62 Hefecerebrin

4.1.2.6 Porphyrine

In Bierhefen konnten als Porphyrine Hämin, Protoporphyrin und Coproporphyrin nachgewiesen werden. Porphyrine sind wichtige, relativ komplizierte chemische Verbindungen, die sich vom Grundkörper Porphin ableiten. Das wichtigste Porphyrin ist das Protoporphyrin (siehe Abbildung 63), das nach Einbau von Eisen auch als Hämin bezeichnet wird.

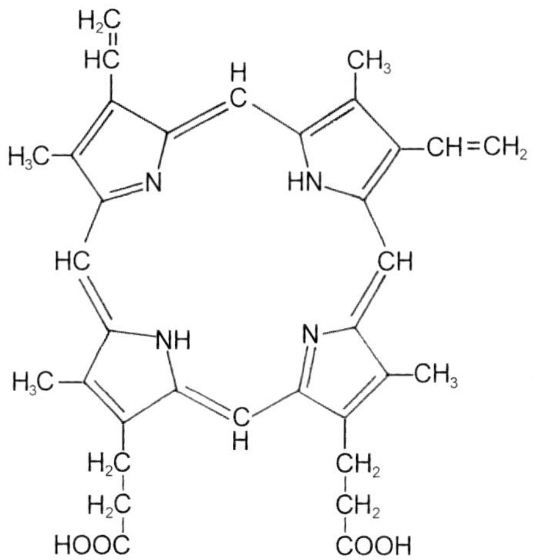
H2C
HC
CH3
H3C
CH=CH2
N
HN
HC
CH
NH
N
CH3
H3C
H2C
H2C
HOOC
CH2
CH2
COOH

Abbildung 63 Protoporphyrin

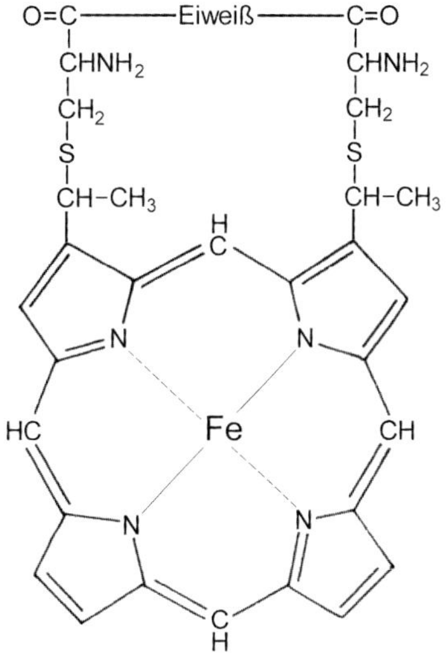
O=C
Eiweiß
C=O
CHNH2
CHNH2
CH2
CH2
S
S
CH-CH3
CH-CH3
N
N
HC
Fe
CH
N
N

Abbildung 64 Cytochrom c

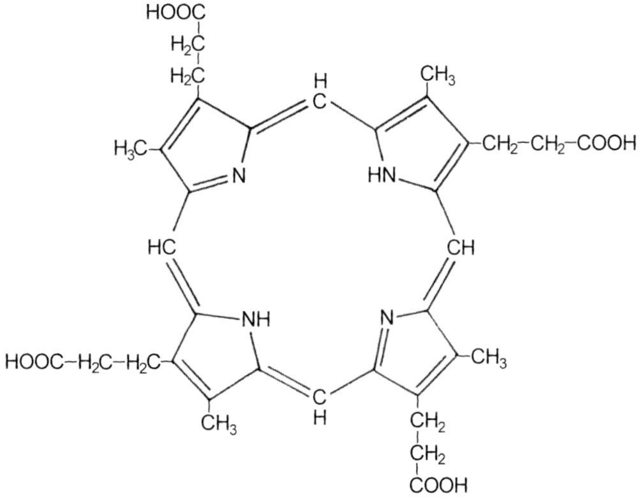
HOOC
H2C
H2C
CH3
H3C
CH2-CH2-COOH
N
HN
HC
CH
NH
N
HOOC-H2C-H2C
CH3
CH3
CH2
CH2
COOH

Abbildung 65 Coproporphyrin

Die Hämine der Zelle (Abkömmlinge des Hämins) wirken als Cofaktoren wichtiger Atmungsenzyme, wie bei den Cytochromen a, b und c (siehe Abbildung 64). Auch in den Cofermenten der verschiedenen Peroxidasen sowie in Katalase sind Zellhämine enthalten. Auch das Vitamin B_{12} enthält ein Porphyrinskelett. Weniger ist über die Funktion des Koproporphyrins (siehe Abbildung 65) bekannt. Bierhefe enthält davon 10…12 mg/10 kg Hefe, der Gehalt kann noch durch geeignete Hefen und Züchtungsverfahren gesteigert werden. Man nimmt an, dass Koproporphyrin das Oxidationsprodukt spezieller Porphyrine der Hefezelle ist.

4.1.2.7 Vitamine und Wuchsstoffe der Hefe

Die in den Kulturhefen ermittelten Vitamin- und Wuchsstoffkonzentrationen sind in Tabelle 14 und die Bedeutung dieser Stoffe für den Hefestoffwechsel ist in Tabelle 15 zusammengefasst.

Vitamine sind Stoffe, die zum Leben von tierischen und pflanzlichen Organismen unbedingt benötigt werden, sie beeinflussen als Coenzym oder als Teil des Coenzyms vor allem den Stoffwechsel. Die Vitaminbedürftigkeit ist bei verschiedenen Hefearten und Stämmen unterschiedlich. Candidahefen können alle lebensnotwendigen Vitamine selbst synthetisieren. *Saccharomyces*-Hefen benötigen zum Wachstum und Vermehrung eine größere Anzahl von Vitaminen oder deren Vorstufen im Nährsubstrat (siehe Fußnote zu Tabelle 14). Weiterhin benötigt die Hefe einige Wuchsstoffe, die streng genommen nicht zu den klassischen Vitaminen gehören, aber für das Hefewachstum wie Vitamine von Bedeutung sind. Die im Nährsubstrat Malzwürze vorhandenen Vitamine und Hefewuchsstoffe werden zum Vergleich auch in Tabelle 14 ausgewiesen (siehe weiter dazu in Kapitel 4.6.9 und 4.6.10).

Der Gehalt der verschiedenen Hefearten an Vitaminen und Wuchsstoffen kann sich in Abhängigkeit von den Wachstums- und Fermentationsbedingungen deutlich quantitativ unterscheiden (aerobe Backhefe - anaerobe Gärhefe).

Fettlösliche Vitamine (Vitamin A, D, E und K) können normalerweise in Hefe nicht nachgewiesen werden, lediglich die Vorstufe des Vitamin D, Ergosterin, und bei gefärbten Hefen, gelbliche bis rote Carotinoide als Vorstufen von Vitamin A, sind in Hefen vorhanden.

Die wasserlöslichen Vitamine und Hefewuchsstoffe B1, B2, Nicotinsäure, B6, Pantothensäure, Folsäure, Biotin, meso-Inosit, p-Aminobenzoesäure und Cholin sind in der Hefe deutlich vorhanden. Sie werden für pharmazeutische Zwecke aus Hefe gewonnen. Vitamin B12 (Kobalmin) und C (Ascorbinsäure) fehlen in Hefen.

4.1.2.8 Aschebestandteile

Der Aschegehalt wird vor allem durch die verwendeten Rohstoffe bestimmt. Normal gibt es keine signifikanten Unterschiede im Aschegehalt von Reinzucht- und Erntehefen. Der Schwankungsbereich des Mineralstoffgehaltes der Hefen wird in der Tabelle 11 und in der Tabelle 12 ausgewiesen (Mineralstoffbedarf der Hefezelle siehe Kapitel 4.6.8).

Hauptmineralstoffe (P, K, S, Mg)

Phosphor ist in Form von Phosphatverbindungen außerordentlich wichtig für den Energiestoffwechsel aller Zellen (ATP u.a. energiereiche Phosphatbindungen). Es ist mengenmäßig am meisten vorwiegend als Kaliumphosphat organisch gebunden.

Kalium ist wichtig als osmotisch wirkendes Ion im Plasma und anderen Zellorganellen. Es spielt eine wichtige Rolle beim Übergang von Stoffen durch Zellmembranen, insbesondere Mitochondrien-Membranen. Es ist essentiell für den Quellzustand des Cytoplasmas verantwortlich.

Tabelle 14   Die Vitamin- und Hefewuchsstoffkonzentrationen in der Kulturhefe Saccharomyces cerevisiae und im Vergleich zur Malzwürze

Vitamin bzw. Wuchsstoff	synonyme Bezeichnung	Backhefe (*Bronn* [145]) in mg/kg HTS	Backhefe (*Reiff* et al. [153]) in mg/kg HTS	Bierhefe, frisch (*Reiff* et al. [151]) in mg/kg HTS	Malzwürze [154] in mg/L
Thiamin	Vitamin B1 (Aneurin)	20…60	20…89	70…250	0,6
Riboflavin	Vitamin B2 (Lactoflavin)	20…80	25…85	17…56	0,33…0,46
Pantothen-säure *)	Ca-Pantothenat	100…300	69…260	10…202	0,45…0,65
Nicotinsäure	Nicotinsäure-amid, Niacin	200…800	200…700	300…630	10…12
Pyridoxin, Pyridoxal u. Pyridoxamin	Vitamin B6	10…50	16…56	23…100	0,85
Biotin *)	(Vitamin H, Bios II)	0,1…0,5	0,6…1,8	0,8…1,1	0,0065
m-Inosit *)	meso-Inosit, (Bios I)	1000…3500	4320	2700…5000	55
Folsäure	Folat-Komplex	10…35	19…80	19…59	
p-Amino-benzoesäure	(Hefewuchs-stoff H')		16…175	15…102	
Cholin			2100…5100	2500…5000	

*) Essentielle Wuchsstoffe der Hefe: zelleigene Biosynthese ist bei *Saccharomyces cerevisiae* gestört! (Die in Klammern gesetzten Namen sind veraltet)

Schwefel ist ein wichtiger Elementbestandteil von essentiellen Aminosäuren und des Tripeptids Glutathion (siehe Abbildung 46). Durch den oxidativen Übergang von SH-Gruppen in S-S-Gruppen und umgekehrt ist der Schwefel eine wichtige Komponente zahlreicher Redox-Systeme (siehe Abbildung 47) und beteiligt sich an der Bildung und Aufspaltung von Bindungen zwischen verschiedenen Molekülen oder zwischen Teilen von Polymerketten (z. B. bei der Tertiärstruktur von Proteinen).

Magnesium ist ein Aktivator vieler Enzyme und hat gewissermaßen Coenzym-charakter, es ist besonders wichtig für die Carboxylase bzw. Decarboxylase.

Eisen und andere Spurenelemente

Diese Metalle, wie Fe, Cu, Zn, Co, Mo, Cr, As, Se u.a., sind für den Zellstoffwechsel von großer Bedeutung, sie haben oft wie Mg Coenzym-Charakter. Ihr quantitativer Bedarf ist nur partiell aufgeklärt, die Veränderung ihrer Konzentration kann dabei sehr unterschiedliche Wirkungen für das Hefewachstum bewirken, wie die Abbildung 66 schematisch zeigt. Folgende essentielle Wirkungen sind u.a. bekannt:

- Eisen ist ein integraler Bestandteil der Cytochrome und anderer Hämine.
- Kupfer ist u.a. ein Bestandteil der Cytochromoxidase und Phenolase.
- Zink ist in über 70 Enzymen enthalten, darunter in der Alkoholdehydrogenase. Bei der Reinzucht und Hefepropagation in der Brauerei spielt die Sicherung des Zinkbedarfes der Brauereihefe eine besondere Rolle, da die reinen Malzbierwürzen oft einen Mangel an Zink aufweisen.
- Selen ist ein Bestandteil des Selenproteins P und einiger Enzyme, wie den Glutathionperoxidasen. Im Gegensatz zu anderen Metallen ist Selen nur in reduzierter Form aktiv, es kann in dieser Form reduzierten Schwefel in den essentiellen Aminosäuren Cystein und Methionin ersetzen und mit diesen Aminosäuren das Selenprotein bilden (l.c. [155]).

Tabelle 15   Bekannte Aufgaben und Wirkungen der Hefevitamine und -wuchsstoffe im Hefestoffwechsel

Vitamin bzw. Wuchsstoff	Bedeutung im Hefestoffwechsel
B1	An Phosphorsäure als Thiamin-Pyrophosphat gebunden, Coenzym der Carboxylase, z. B. bei Oxosäurendecarboxylierung
B2	Als Flavinnucleotide/Flavinenzyme Bestandteil der Atmungsfermente und verantwortlich für Atmung, Wasserstoffübertragung, Redoxvorgänge
Pantothensäure	Bestandteil des Coenzym A, zahlreiche Einflüsse auf Kohlenhydrat- und Fettstoffmetabolismus
Nicotinsäure	Coenzymbestandteil für die Dehydrogenasen (NAD, NADP), Übertragung von Wasserstoff im Fett- und KH-Stoffwechsel
B6	Coenzym für Transaminierung, Decarboxylierung und Racemesierung, wichtig für Aminosäurestoffwechsel
Biotin	Coenzym R, Coenzym bei Carboxylierung und Desaminierungsreaktionen, wirkt auf Synthese von zuckerabbauenden Enzymen, starke Wirkung auf Hefewachstum
m-Inosit	Baustein biologisch aktiver Metabolite, liegt als Phosphorsäureester vor (Phytin); beeinflusst Synthese von Polysacchariden und Zellteilung
Folsäure	Kommt nicht in freier Form in der Hefe vor, gebunden u.a. peptidartig am Glutaminsäure; evtl. Einfluss auf die Synthese von Purin- und Pyrimidinverbindungen
p-Amino-benzoesäure	Liegt in der Hefe in freier Form oder an Folsäure gebunden vor, evtl. an der Synthese von Methionin und Histidin beteiligt
Cholin	Ist ein substituierter Aminoethylalkohol, Bestandteil der Hefelecithine; beeinflusst Transmethylierungsreaktionen

Elemente Pb, Hg, Cd u.a. nichtessentielle Schwermetalle
Sie sind für die Hefe keine essentiellen Schwermetalle, beim Überschreiten eines bestimmten Schwellenwertes haben sie nur negative Auswirkungen.

Elemente Na, Si und Cl
Sie sind für die Hefezelle relativ unwichtig, eine spezifische Rolle im Zellstoffwechsel ist nicht bekannt. Silicium soll in der Hefezellwand verestert sein. Die Aufnahme durch die Hefezelle ist offenbar durch das Angebot in den Substraten bedingt.

Alle Schwermetalle reagieren mit SH-haltigen Verbindungen (Cysteinyl-SH-Gruppen), die Schwermetalle komplexieren und haben damit eine Entgiftungsfunktion [153].

Interessant sind die Versuche, essentielle Schwermetalle, wie z. B. Chrom und Selen, in Hefen („Chromhefe", „Selenhefe") anzureichern und diese Spezialhefen für die Tierernährung einzusetzen (siehe z. B. [156]).

Weitere Ausführungen über den Mineralstoff- und Wuchsstoffbedarf erfolgen in Kapitel 4.6.8 und 4.6.9.

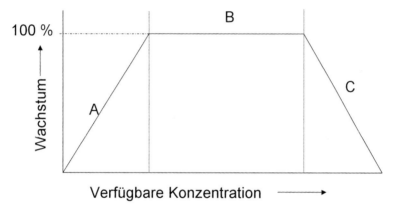

Abbildung 66 Die Wirkung der essentiellen Spurenelemente auf das Hefewachstum
  A = essentiell wirkende Konzentrationszunahme;
  B = tolerante Konzentrationszunahme;
  C = toxisch wirkende Konzentrationszunahme

4.2 Einige für die verfahrenstechnische Auslegung von Hefebehandlungsanlagen und für technologische Berechnungen ermittelte physikalische Stoffkennwerte der Hefezellen und Hefesuspensionen

Folgende physikalischen Kennwerte von Hefezellen und Hefesuspensionen sind für die verfahrenstechnische Auslegung von Hefebehandlungsanlagen und für technologische Berechnungen zu beachten.

In Tabelle 17 sind die für die Bilanzierung wichtigsten aus der Literatur [145], [151], [157], [158] bekannten physikalischen Hefekennwerte zusammengestellt. Sie werden durch eigene Messungen [159], [160] ergänzt.

4.2.1 Größe einer Hefezelle, Zellzahl und Biomassekonzentration

Die Zellgröße ist variabel. Es besteht eine Abhängigkeit vom Stamm, vom Alter, von den Züchtungsbedingungen und dem osmotischen Druck.

Eine Steigerung des osmotischen Druckes im Nährmedium um 2 MPa führt zur Volumenabnahme der Hefezelle um bis zu 50 %!

Lüers [169] ermittelte den Einfluss des osmotischen Druckes unterschiedlicher Zuckerkonzentrationen auf die Zellgröße. Wenn man das in Tabelle 17 ausgewiesene spezifische Zellvolumen, das mit in Wasser suspendierten Hefezellen bestimmt wurde, gleich 100 % setzt, so ergeben sich die in Tabelle 16 ausgewiesenen Veränderungen der durchschnittlichen Zellvolumina.

Eine 12 %ige Bierwürze verursacht danach einen solchen osmotischen Druck, dass das Endvolumen der Hefezelle bei 87 % liegt.

Für die Berechnung des Zellvolumens einer Hefezelle V_H wurde die folgende für ein Rotationsellipsoid geltende Gleichung 1 verwendet:

$$V_H = \frac{4}{3}\pi \cdot \left(\frac{b}{2}\right)^2 \cdot \frac{a}{2} \qquad \text{Gleichung 1}$$

V_H = Volumen einer Hefezelle in m³
a = lange Achse der Hefezelle in m
b = kurze Achse der Hefezelle in m

Der Biomassezuwachs setzt sich zusammen aus der Zunahme der Zellzahlen und der Zellgröße. Ein intensives Propagationsverfahren mit einer großen Zellzahlvermehrung (bei intensiver Durchmischung, Temperaturen von ϑ > 12 °C und ausreichendem Sauerstoffangebot) kann viele relativ kleinzellige Hefezellen erzeugen. Mit einer einseitigen Zellzahlmessung wird unter diesen Bedingungen eine erreichte Biomasseproduktion vorgetäuscht, die durch eine Hefetrockensubstanzbestimmung nicht bestätigt werden kann. Eine Biomasseertragsbilanzierung, bezogen auf die eingesetzten Nährstoffe, erfordert eine summarische Bestimmung der Gesamtbiomasse. Dies ist am sichersten mit einer Hefetrockensubstanzbestimmung zu realisieren. Eine Zellzahlbestimmung könnte diese Aussagen nur in Kombination mit einer Zellgrößenbestimmung inclusive Zellgrößenverteilung liefern.

In der Phase der Hefevermehrung ist auf Grund der unterschiedlichen Zellgröße von Mutter- und Tochterzelle die Konzentration der Hefezellzahlen nicht der Biomassekonzentration proportional. Der Biomassezuwachs gibt deshalb die Vermehrungsleistung einer Zellpopulation immer korrekter wieder als die Veränderung der Hefezellzahlen.

In einer gelagerten oder in einer am Ende des Gärprozesses geernteten Hefe liegt eine weitgehend gleichmäßige Zellgröße vor, so dass hier die Zellzahlbestimmungen mit den Biomassewerten korrelieren (Richtwerte siehe in Tabelle 17 und auch unter Kapitel 4.2.4). In der Brauindustrie rechnet man bei der Satzhefe im Anstellverfahren aus Tradition mit Hefezellzahlen.

Bei Modelluntersuchungen mit Brauereihefen ermittelte *Kurz* [161] eine spezifische Hefetrockenmasse von $(0{,}4\ldots0{,}45)\cdot 10^{-13}$ kg HTS/Zelle im Propagationsprozess und durchschnittlich $(0{,}5\ldots0{,}6)\cdot 10^{-13}$ kg HTS/Zelle in der Erntehefe bzw. bei kalt gelagerter Hefe.

Allerdings liefern auch die Bestimmung der volumenbezogenen Zellzahlkonzentration und ihre Zellgrößenverteilung in den einzelnen Prozessstufen wichtige Aussagen, z. B. bei einer Bestimmung in der Vermehrungsphase über die zu erwartende gäraktive Biomassekonzentration in der Gärphase oder bei einer Bestimmung am Ende der Gärphase über die Sedimentations- und Kläreigenschaften des betreffenden Hefesatzes.

Ein Beispiel für die Veränderung der Zellgrößenverteilung in den unterschiedlichen Prozessstufen zeigen die in Tabelle 18 ausgewiesenen Messwerte über die Zellvolumina und Zellvoluminaverteilungen von untergärigen Hefesätzen. Die Messwerte wurden von *Kunte* [162] für die Auswertung zur Verfügung gestellt.

Folgende technologischen Zusammenhänge sind bei den Messreihen in Tabelle 18 erkennbar, die im Wesentlichen auch die Modellberechnungen zur Hefesedimentation im Kapitel 4.2.10 bestätigen:

- In den Proben 1 und 2 dominieren die Zellgrößen mit einem Zellvolumen von < 200 µm³, da durch die Fermentationstemperatur von 20 °C im *Carlsberg*-Kolben und im Hefereinzuchttank eine schnelle Zellzahlvermehrung erreicht wird, die ein Auswachsen der Einzelzelle verzögert.
- In den nachfolgenden Prozessstufen (Propagationstank und normale Gärung und Reifung im ZKT) wird die Fermentationstemperatur auf Werte von 15…16 °C abgesenkt, die Hefevermehrung verlangsamt sich und das durchschnittliche Zellvolumen steigt auf Werte > 200 µm³.
- Im Propagationstank erfolgt die Belüftung in der Umpumpleitung, wobei der Tankinhalt vom Tankkonus abgezogen und kurz unterhalb der Flüssigkeitsoberfläche (765 hL) tangential wieder eingepumpt wird.
  Die Zwickelproben werden aus der Umpumpleitung entnommen. In der Befüll- und Anfangsphase der Propagation repräsentieren die Hefeproben Nr. 3 und 4 vor allem die Hefeverteilung im Konus.
  Diese Hefezellen weisen durchschnittlich ein größeres Zellvolumen auf, da sie auf Grund der noch fehlenden Turbulenz im Fermenter schneller als kleinere Zellen sedimentieren (siehe auch Kapitel 4.2.10).
- Bei Probe 5 wird durch die intensive Angärung ($V_s \approx 20\ \%$) eine sehr gute Hefeverteilung im Propagationstank erreicht und die Probe aus dem Zwickel der Umpumpleitung repräsentiert die durchschnittliche Verteilung der Hefevolumina im Propagationstank.
- Bei Probe 6 ist der Propagationstankinhalt abgegoren ($E_s \approx E_{send}$), der Tank wurde gespundet, die Hefezellen sedimentieren verstärkt, der Tankinhalt ist ausgereift und wird abgekühlt. In der Zwickelprobe dominieren wieder verstärkt die großzelligen Hefezellen.
- Die Abkühlung des Tankinhaltes erfolgte bei laufendem Umpumpen, sodass die Probe 7 am Auslauf Konus bei der 1. Hefeernte (23 hL) wieder die durchschnittliche Verteilung der Hefegrößen im Tank repräsentiert.

- Der mit der 1. Hefeernte aus dem Propagationstank angestellte normale ZKT mit externer Kühlung (Umpumpleitung mit PWÜ) wurde zur Verstärkung des Drauflasseffektes verzögert befüllt. Am Tag der Probenahme von Nr. 8 war das Vollbier mit E_s = 9,8 % deutlich angegoren und die Probe repräsentiert wieder die normale für eine Fermentationstemperatur von 15...16 °C typische Zellgrößenverteilung.
- Die unmittelbar nach der Beendigung der Reifung ($V_s \approx V_{send}$) und vor der Beendigung des Umpumpprozesses (Zulauf aus dem Ziehstutzen oberhalb des Konus) genommenen Parallelproben 9 und 10 weisen unterschiedliche Ergebnisse aus (> 40 bzw. > 70 % der Zellen sind < 300 µm³), die auf eine deutliche Sedimentation mit Agglomeratbildung hinweisen, die diese Inhomogenitäten verursacht.
- Die Probe 11 aus dem 1. Hefesediment im Konus enthält > 80 % Zellen mit einem Zellvolumen von > 300 µm³. Ein deutlicher Hinweis auf eine durch die unterschiedliche, größenabhängige Sedimentationsgeschwindigkeit verursachte Schichtung im Hefesediment.
- Die Proben 12...14 zeigen die möglichen Schwankungen in der Größenverteilung von Anstellhefen, wobei die Durchschnittswerte zwischen 250...300 µm³ den Fermentationstemperaturen von 15...16 °C entsprechen und Durchschnittswerte > 350 µm³ vermutlich nur die erste Sedimentationsphase repräsentieren.

Zu ähnlichen Werten kam *Schöneborn* [163], der am Anfang einer Fermentation in der stationären Phase bei zwei untergärigen Hefestämmen ein mittleres Zellvolumen von 154 µm³ feststellte. Das Zellvolumen nahm zu Beginn der exponentiellen Wachstumsphase innerhalb von 14 Stunden stark zu und erreichte Werte von 210 µm³. Danach sank das Zellvolumen fast ebenso schnell wieder innerhalb 18 Stunden ab und erreichte dann einen weitgehend stabilen Wert von 136 µm³.

Um die Änderungen der Hefezellgröße während der Propagation, der Gärung und Lagerung zu detektieren, wurde eine Bildanalysentechnik entwickelt, kombiniert mit einer Zellfärbetechnik [164]. Damit konnte auch der Glycogengehalt bestimmt werden. Dies ermöglichte eine nahezu Echtzeitinformation über die Bierhefequalität und die Hefephysiologie.

Tabelle 16   Einfluss der Zuckerkonzentration auf das Endvolumen der Hefezelle (nach [169])

Zuckerkonzentration in %	Endvolumen der Hefezelle in %
0	100
5	94
10	88
15	82
20	75
25	64

Tabelle 17 Kennwerte einer Hefezelle (nach [145], [155], [156])

lfd. Nr.	Kennwerte [1]	ME	Größenbereich [2]	Modellhefezelle [7]	Modellhefezelle [3]	Backhefe [4]	
1	Zellgröße	µm	$(5,5...7) \cdot (8...10)$		-	$(2...8) \cdot (4...12)$	Ø 5 · 8
2	Durchmesser	µm	6...10		9,26 ($d_{äq}$ =8,2)	-	-
3	Oberfläche	m²/Zelle	$(172...200) \cdot 10^{-12}$	$180 \cdot 10^{-12}$	$211 \cdot 10^{-12}$	-	-
4	Oberfläche	m²/g H_{27} [6]	-	-	-	-	Ø 2,4
5	Volumen	m³/Zelle	$(202...224) \cdot 10^{-18}$	$180 \cdot 10^{-18}$	$289 \cdot 10^{-18}$	$(80...200) \cdot 10^{-18}$	Ø $100 \cdot 10^{-18}$
6	Dichte (nach *Stokes*)	kg/m³	1050...1189		1088	-	-
7	Dichte (20/4)	kg/m³	1121,8	1106	-	-	-
8	Masse	kg/Zelle	$(0,24...1,92) \cdot 10^{-13}$		$1,843 \cdot 10^{-13}$	-	-
9	Zelltrocken-Masse	kg/Zelle	-	$2,5 \cdot 10^{-14}$	-	$(2...4) \cdot 10^{-14}$	Ø $3 \cdot 10^{-14}$
10	Ø - Masse	kg/Zelle	$7,9 \cdot 10^{-14}$	-	-	-	-
11	Zellzahl	Zellen/g HTS	-	$4 \cdot 10^{10}$	-	$(3...5) \cdot 10^{10}$	Ø $3,7 \cdot 10^{10}$
12	Zellzahl	Zellen/g H_{27} [6]	-		-	$(0,8...1,4) \cdot 10^{10}$	Ø 10^{10}
13	Dichte (20/4) dickbreiige Bierhefe mit 17,22 % HTS	kg/m³	1056,6		-	nach [5]: 2,5 % HTS: 1009 5,0 % HTS: 1016...1018 10 % HTS: 1030...1034 15 % HTS: 1045...1049 20 % HTS: 1061...1067 25 % HTS: 1075...1084	
	Hefe mit 20 % HTS			1080			
14	Dichte (20/4) abgepresste Hefe mit 23,71 % HTS	kg/m³	1082,1		-		

[1]) Die Angaben Pos.1 bis 12 beziehen sich auf eine Hefezelle
[2]) *Reiff* et al.[151]
[3]) nach *Wolf* und *Kubelka* [155]
[4]) *Bronn* [145]
[5]) *Fischer* [156]
[6]) H_{27} = Presshefe mit 27 % HTS
[7]) für die nachfolgenden Berechnungen verwendete Durchschnittswerte Kennwerte

Tabelle 18 Zellvolumina und Zellvoluminaverteilungen von untergärigen Hefesätzen in unterschiedlichen Prozessstufen

Probe-Nr.	Hefezellvolumina [1]			Größenverteilung der Einzelwerte der Zellvolumina in %					
	$\bar{x}$ in µm³	s in µm³	V in %	< 100 µm³	100…199 µm³	200…299 µm³	300…399 µm³	400…499 µm³	≥ 500 µm³
Hefereinzuchtführung A:									
1	162,3	99,04	61,0	33,3	36,8	23,3	3,3	3,3	-
2	151,7	59,07	38,9	13,3	66,7	20,0	-	-	-
3	347,6	124,80	35,9	-	20,0	6,7	40,0	26,6	6,7
4	334,3	116,75	34,9	-	23,3	10,0	30,0	36,7	-
5	237,2	99,98	42,2	10,0	26,7	36,7	20,0	6,6	-
6	317,5	98,44	31,0	-	6,7	46,6	26,7	13,3	6,7
7	269,0	113,01	42,0	-	23,3	43,4	23,3	6,7	3,3
8	266,4	135,82	51,0	3,3	33,3	30,0	20,0	6,7	6,7
9	314,0	64,99	20,7	-	-	43,8	50,0	6,2	-
10	258,0	90,57	35,1	-	28,6	42,9	21,4	7,1	-
11	417,4	168,75	40,4	-	3,3	10,0	50,0	10,0	26,7
Anstellhefen B, C und D: 4. … 6. Führung									
12	257,3	120,97	47,0	3,3	30,0	36,7	20,0	6,7	3,3
13	408,2	121,91	29,9	-	3,3	23,4	13,3	43,3	16,7
14	290,0	99,47	34,3	-	23,3	33,3	26,7	16,7	-

[1]) berechnet mit den Einzelwerten der Länge und Breite der ausgemessenen Hefezellen mittels Gleichung 1 (die Messwerte der Hefezellen wurden von *Kunte* [160] zur Verfügung gestellt; Stichprobenumfang 15…30 Messwerte)

Legende zu Tabelle 18:

Proben-Nr.	Datum der Probenahme	Ort der Probenahme	$\vartheta_{Fermenter}$ in °C	Technologische Angaben
Hefereinzucht A: Untergärige Bierhefe				
1	16.08.04	Carlsberg-Kolben	20	Vor Beimpfung des Reinzuchttanks
2	17.08.04	Hefereinzuchttank	20	65 hL, Belüftung 12 m³/h
3	18.08.04	Propagationstank Zwickel Umpumpleitung	16	6.00 h: 65 hL + 400 hL Würze
4	18.08.04		15	16.00 h: 465 hL + 300 hL Würze, Belüftung 2 m³/h
5	19.08.04	Auslauf Konus	14,8	E_s = 9,4 %, pH-Wert = 4,55
6	23.08.04		16,6	E_s ≈ E_{end}, $p_Ü$ = 0,9 bar
7	25.08.04		< 5	1. Hefeernte, 23 hL
8	27.08.04	ZKT Zwickel	15	Angestellt am 25.08. mit 1. Hefeernte, Tank voll am 26.08.: 2200 hL, E_s = 9,8 %,

9	30.08.04	Umpumpleitung	16,5	bevor Pumpe aus zur
10	30.08.04		16,5	Hefeernte, $V_s \approx V_{send}$
11	31.08.04	Auslauf Konus	16,5	1. Hefeernte 62 hL
Anstellhefen **B**, **C** und **D**: 4. ... 6. Führung				
12	16.08.04	Auslauf Hefetank	< 5	
13	30.08.04		< 5	
14	07.09.04		< 5	

Die in Tabelle 19 aufgeführten Kontrollverfahren erfassen in Hefevermehrungsanlagen die Konzentration der Hefezellen oder nur die Biomassekonzentration. Für die Bilanzierung des Vermehrungsergebnisses sind deshalb die Messergebnisse der beiden verschiedenen Kontrollverfahren unterschiedlich zu bewerten.

Tabelle 19 Kontrollverfahren für den Hefe- bzw. Biomassezuwachs

Bestimmung der Zellkonzentration mittels	Bestimmung der Biomasse mittels
Thoma-Kammer	Hefetrockensubstanzbestimmung
Zellcounter	optischer Dichte/Trübungssensor Hefemonitor (s. Kapitel 6.3.1.2)

Zur Modellierung der Sedimentationsgeschwindigkeit der Hefe (siehe auch Kapitel 4.2.9) ermittelte Kurz [159] am Ende der Vermehrungsphase im ZKT die in Tabelle 20 ausgewiesene, in zehn Klassen unterteilte Größenverteilung der Zellen bzw. Zellagglomerate eines Hefesatzes des bekannten untergärigen Hefestammes W 34/70. Die Werte erfassten 97 % der im ZKT verteilten Biomasse. Zellen bzw. Zellagglomerate mit einem Durchmesser zwischen 7...17 µm bestimmten 72 % der Zellmasse.

Tabelle 20   Beispiel für eine Größenverteilung der Hefezellen am Ende der Vermehrungsphase im ZKT nach [159]

Klasse	Mittlerer Durchmesser in µm	Anteil der Zellmasse in %
1	25	12
2	23	7
3	21	6
4	19	7
5	17	8
6	15	8
7	13	9
8	11	21
9	9	15
10	7	4

4.2.2 Oberfläche der Hefezelle

Die Oberfläche der Hefezelle ist die für den Stoffaustausch wirksame Oberfläche. Die wirksame Oberfläche beeinflusst den Stoffaustausch, die Stoffwechselintensität und damit die Geschwindigkeit der Hefevermehrung!

Sie ist abhängig von der Verteilung der Hefezellen in der Fermentationslösung, die wiederum beeinflusst wird vom Alter und von der Vermehrungsphase der Hefezelle, von den Spross-, Flockungs- und Sedimentationseigenschaften des Hefestammes, der Turbulenz im Fermenter und vom Stadium der Fermentation.

Die folgenden Berechnungen der wirksamen Stoffaustauschfläche A nach den Werten von Tabelle 17 sollen dies verdeutlichen:

> Bei einer durchschnittlichen Stoffaustauschfläche von $180 \cdot 10^{-12}$ m²/Zelle ergibt dies theoretisch bei einer Hefekonzentration von $10 \cdot 10^6$ Zellen/mL eine innere Oberfläche von A = 1800 m²/m³ Fermentationslösung.
> Nach *Just* (loc. cit. durch [169]) hat:
> 1 g dickbreiige Hefe mit 15 % HTS = $2,92 \cdot 10^9$ Zellen; bei einer spezifischen Oberfläche von $2 \cdot 10^{-6}$ cm²/Zelle (siehe auch Tabelle 17) besitzt 1 g Hefe dieser Konsistenz bei gleichmäßiger Verteilung eine Oberfläche von A = 0,584 m².
> Daraus wurden die in Tabelle 21 ausgewiesenen spezifischen Oberflächen bei unterschiedlicher Hefegabe berechnet.

Tabelle 21 Hefegabe und spezifische Oberfläche der Hefe in der angestellten Würze bei gleichmäßiger Verteilung der Hefe (nach [151])

Hefegabe pro 1 hL Würze		spezifische Oberfläche der Hefe
in L/hL	in kg/hL	in m²/hL Würze
0,30	ca. 0,33	193
0,50	ca. 0,55	321
0,70	ca. 0,77	450

Die Berechnung erfolgte mit der Gleichung 2 für die Oberfläche eines Rotationsellipsoides.

$$A = \pi \cdot a \left(\frac{b}{2} + \frac{a^2}{4} \cdot \frac{\arcsin \frac{\sqrt{(0,5 \cdot a)^2 - (0,5 \cdot b)^2}}{0,5 \cdot a}}{\sqrt{(0,5 \cdot a)^2 - (0,5 \cdot b)^2}} \right) \quad \text{Gleichung 2}$$

Eine Näherungslösung ergibt auch Gleichung 3:

$$A = b \, (2,225 \cdot a + 0,915 \cdot b) \quad \text{Gleichung 3}$$

A = Oberfläche der Hefezelle in m² (bzw. µm²)
a = lange Achse der Hefezelle in m (bzw. µm)
b = kurze Achse der Hefezelle in m (bzw. µm)

4.2.3 Dichte der Hefezelle

Die Dichte der Hefezellen bei 5 °C schwankte nach eigenen Messungen [157] zwischen den einzelnen Hefeproben nach sehr unterschiedlicher Lagerdauer im Hefetank zwischen 1,07…1,14 g/mL (siehe Abbildung 67).

Eine Abhängigkeit zum Hefetrockensubstanzgehalt HTS ($\widehat{=}$ Biomassetrockensubstanz = BMTS-Konzentration) der Hefeprobe bestand nicht. Eigene Messungen ergaben die Durchschnittswerte nach Tabelle 22.

Tabelle 22   Ermittelte Durchschnittswerte für eine Brauereierntehefezelle bei 5 °C (nach [157])

	Mittelwert	Standardabweichung [1]	Variationskoeffizient [1]
Dichte	1,106 g/mL	0,0257 g/mL	2,33 %
relativer HTS-Gehalt	0,221 g/g	0,0029 g/g	1,30 %
HTS-Gehalt	0,245 g/mL	0,0026 g/mL	1,07 %

[1]) Standardabweichung und Variationskoeffizient beziehen sich auf die Streuung zwischen den Mittelwerten der in Abbildung 67 ausgewiesenen Hefeproben.

Die Ergebnisse bestätigen den in Tabelle 17 ausgewiesenen Größenbereich. Die Dichte der Hefezelle mit einem Wert von $\rho_{20/4} > 1,050$ g/mL ist immer größer als die Dichte der normalen Fermentationslösungen, wie z. B. die in Tabelle 23 aufgeführten Zucker- bzw. wirklichen Extraktkonzentrationen zeigen:

Tabelle 23   Extraktkonzentrationen und die zugehörigen Werte für die Dichte (20 °C)

Zuckerkonzentration in %	2,5	3,0	10,0	12,0
Dichte in g/mL	1,008	1,010	1,038	1,047

Die Kulturhefe sedimentiert aus physikalischen Gründen immer in den klassischen Fermentationslösungen. Deshalb ist die Verteilung der Hefezellen in der Fermentationslösung mit Hilfe von Gasen (Druckluft bei der Hefepropagation oder CO_2 in der Gärphase) bzw. und/oder mechanisch bei der Biomasseproduktion erforderlich. Die homogene Verteilung der Hefe beim Beimpfen oder Anstellen verkürzt auch die Lagphase!

4.2.4 Dichte und Trockensubstanzwerte von Hefesuspensionen und Hefeprodukten

In Abbildung 68 ist der Einfluss des Biomassetrockensubstanzgehaltes ($\widehat{=}$ HTS-Gehalt) in der Hefesuspension auf die Dichte der Hefesuspension, gemessen bei 5 °C, von mehreren Messreihen dargestellt. Die verwendeten drei Proben der normalen Anstellhefe einer Großbrauerei hatten die in Tabelle 24 ausgewiesenen Konsistenzwerte. Der in Tabelle 22 dargestellte Schwankungsbereich liegt im Bereich der in Tabelle 17 ausgewiesenen Literaturwerte. Die Messwerte sind abhängig vom Hefestamm, vom physiologischen Zustand des Hefesatzes und sicher auch von der Lagerdauer der Hefecharge.

Die Hefe in der Brauerei

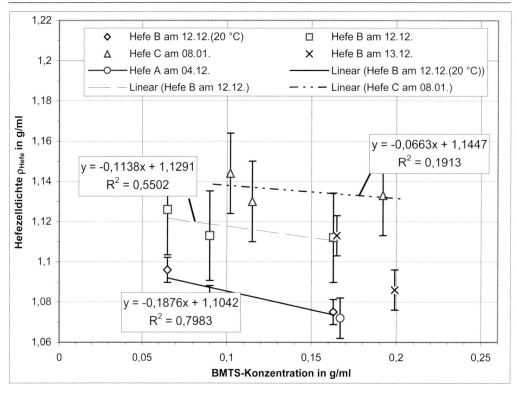

Abbildung 67 Ermittelte Dichte der Hefezelle bei 5 °C von drei verschiedenen Brauereierntehefen (nach [157]))
(Zeitpunkt der Probenahme aus dem Hefetank nach einer Lagerdauer des Hefesatzes bei **A** = 4 Tage; Hefe **B** = 1 Tag; Hefe **C** = 11 Tage)

Tabelle 24 Konsistenzangaben von Hefesuspensionen, bestimmt bei 5 °C, von drei verschiedenen Brauereihefesätzen (Anstellhefen) [157]

Hefesatz	ME	A	B	C	Mittelwert	s [1])	V [2])
Lagerdauer im Hefetank	Tage	4	1	11	-	-	-
Dichte der Hefesuspension	g/mL	1,0495	1,0724	1,0990	1,0736	0,0202	1,88 %
HTS-Gehalt	g HTS/mL	0,1664	0,1636	0,1909	0,1736	0,0123	7,06 %
rel. HTS-Gehalt	g HTS/g	0,1586	0,1526	0,1737	0,1616	0,0089	5,51 %
rel. Hefegehalt	g Hefe/g	0,6864	0,6478	0,7560	0,6968	0,0448	6,43 %
rel. Hefevolumen	mL Hefe/mL	0,6721	0,6239	0,7330	0,6763	0,0446	6,60 %

[1]) s = Standardabweichung und
[2]) V = Variationskoeffizient beziehen sich auf die Streuung zwischen den Mittelwerten der in Abbildung 68 ausgewiesenen Hefeproben.

Grundlagen der Hefevermehrung

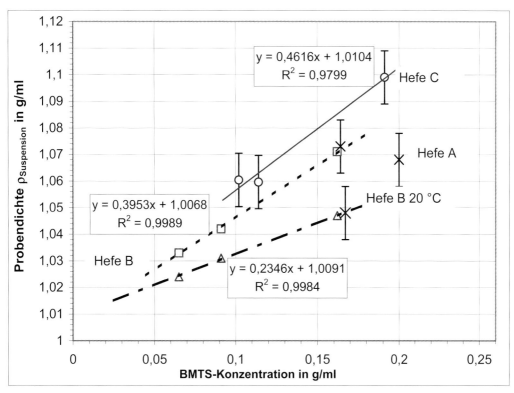

Abbildung 68 Einfluss der Biomassetrockensubstanzkonzentration auf die Dichte der Hefesuspension bei 5 °C (nach [157]); Hefe B zum Vergleich bei 20 °C (Zeitpunkt der Probenahme aus dem Hefetank nach einer Lagerdauer des Hefesatzes bei Hefe **A** = 4 Tage; Hefe **B** = 1 Tag; Hefe **C** = 11 Tage)

Die Veränderung des Volumens einer Hefesuspension bei Erwärmung auf 20 °C wird in Abbildung 69 am Beispiel des Hefesatzes B in Abhängigkeit vom Hefevolumenanteil der Hefesuspension dargestellt.

Unterschiedliche Hefetrockensubstanzgehalte in der Anstellhefe verursachen bei einer reinen Volumendosage der Anstell- bzw. Stellhefe in der Reinzucht ohne eine reproduzierbare Biomassekonzentrationsbestimmung (siehe Dosagevorschläge unter Kapitel 6.) eine schwankende Hefekonzentration in der Fermentation !

Folgende Richtwerte für eine dickbreiige Hefe können angenommen werden:

> Eine dickbreiige, sedimentierte Hefe hat eine durchschnittliche Hefekonzentration von $c_H \approx 3 \cdot 10^9$ Zellen/mL.
> 1 L Hefe $\hat{=}$ 1 L · 1,0566 kg/L · 0,15 kg HTS/kg = 0,1585 kg HTS/L
> (Schwankungsbereich: 127...180 g HTS/L).

Für die Umrechnung der Hefezellmenge zu Vergleichszwecken in die Standard-Backhefekonzentration H_{27} sind nach Tabelle 17 folgende Werte anzunehmen:

> 1 kg Backhefe H_{27} mit 270 g HTS/kg H_{27} enthält $1 \cdot 10^{13}$ Zellen/kg, dies entspricht der Hefemenge von 1 hL Propagationshefe mit einer Zellkonzentration von $100 \cdot 10^6$ Zellen/mL.

Weitere Richtwerte für Hefetrockensubstanzgehalte unterschiedlicher Hefeprodukte sind in Tabelle 25 zusammengefasst.

Tabelle 25 Hefetrockensubstanzgehalte (HTS)

Hefeprodukt	Hefekonzentration
Gärhefe ($c_H = 30...90 \cdot 10^6$ Z/mL)	1,6...4,8 g HTS/L
Separiertes Hefekonzentrat	180...220 g HTS/L
Presshefe	27...28 % HTS
Presshefegranulat	30...33 % HTS
Trockenhefe	92...94 % HTS

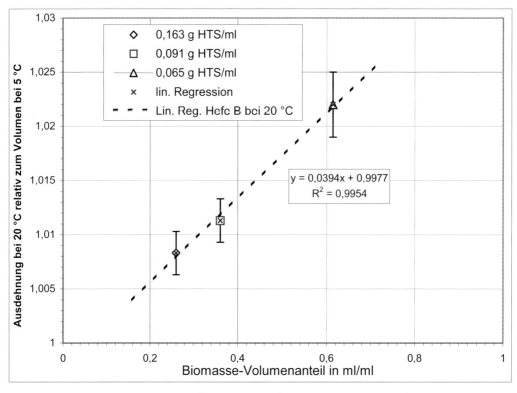

Abbildung 69   Ausdehnungskoeffizient der Hefesuspension bei 20 °C bezogen auf das Volumen bei 5 °C in Abhängigkeit vom Hefevolumenanteil der Suspension [157]

4.2.5 Rheologische Parameter von Hefesuspensionen

In umfangreichen eigenen Versuchen (Theorie, Versuchsanstellungen, Problemdiskussion und spezielles Literaturverzeichnis siehe [158]) wurde das rheologische Verhalten von Hefesuspensionen mit einem Hefetrockensubstanzgehalt zwischen 6 g HTS/100 mL und 25 g HTS/100 mL und in einem Temperaturbereich zwischen 5 °C und 20 °C untersucht. Es wurde eine offene und partiell eine Druckmesszelle (DMZ) eingesetzt. Folgende Werte wurden ermittelt:

Verdünnungskonzentration der Hefe B.06 ≙ (6,5 g ± 0,05 g) HTS/100 mL

Die ermittelten Fließkurven weisen einen physikalisch sinnvollen Trend auf. Lediglich die Messung bei 20 °C weicht vom heuristischen Trend ab. Wahrscheinlich tritt bei dieser Messtemperatur verstärkt CO_2-Entbindung auf und verfälscht die Messergebnisse in Richtung zu großer Reibungswerte.

Vorgeschlagen wird die Nutzung des *Ostwald*-Modells zur Beschreibung des Fließverhaltens im gesamten Konzentrationsbereich. Die nach dem *Casson*-Modell ermittelten Fließgrenzen liegen im Bereich des Messfehlers. Auch visuell konnte die Existenz einer Fließgrenze nicht festgestellt werden. In Abbildung 70 sind temperaturabhängig die Fließkurven sowie die scheinbare Viskosität enthalten.
Die ermittelten rheologischen Korrelationen sind in Tabelle 26 zusammengefasst.

Logisches Messergebnis ist die Reduzierung der nicht-Newtonschen Abweichung bei Temperaturerhöhung (geringer Anstieg des Fließindexes) sowie die Abnahme des Konsistenzfaktors. Die nicht-Newtonsche Abweichung in Form von Strukturviskosität wird durch die Wechselwirkungen der suspendierten Hefezellen untereinander und zum Substrat hervorgerufen. Es handelt sich um ein nicht-Newtonsches viskoses Verhalten, beschreibbar mit dem Schubspannungsansatz der Gleichung 6.

Tabelle 26 Rheologische Parameter der Verdünnungsstufe Hefe B.06 (offene Messzelle)

Temperatur ϑ in °C	Konsistenz-faktor K in kg/(m·s^{2-n})	Fließindex n	Korrelations-koeffizient r	Standard-abweichung s in Pa
5	0,043	0,72	0,994	0,07
10	0,039	0,74	0,991	0,07
15	0,031	0,76	0,988	0,07
20	0,023	0,77	0,990	0,06

Regressionsbereich: $50 \leq \dot{\gamma} \leq 250$ s^{-1}

Verdünnungskonzentration der Hefe C.11 ≙ (11,3 g ± 0,19 g) HTS/100 mL

Die Konzentrationserhöhung von 6 auf 11 g/100 mL Hefetrockensubstanz bewirkt im untersuchten Temperaturbereich einen Umschlag des Deformationssystems. Im Temperaturintervall von 5 bis 20 °C kann durchgehend plastisches Fließverhalten ermittelt werden. Die größten Messfehler treten bei der Messtemperatur 20 °C auf. Die Regressionsdaten der partiellen Regression sind in Tabelle 27 enthalten.

In Abbildung 71 sind die Fließkurven am Beispiel der Versuchskonzentration C.11 temperaturabhängig enthalten.

Aufgrund der höheren statistischen Absicherung wird dem *Casson*-Ansatz (Plastizität/ Strukturviskosität) der Vorzug vor dem Potenzansatz von *Ostwald* und *de Waele* (Strukturviskosität) eingeräumt.

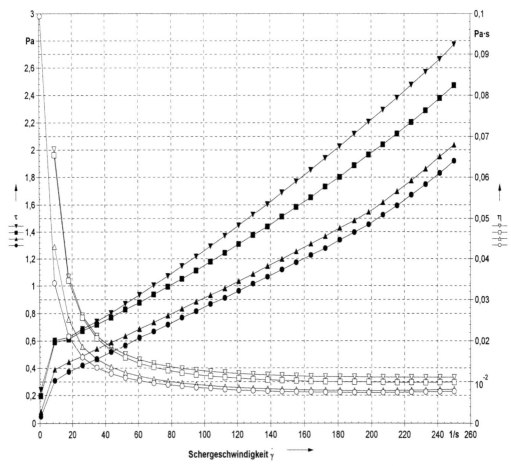

Abbildung 70   Fließkurven für Versuchsserie Hefe B.06 mit 6 g HTS/100 mL (Messabschnitt 5)

Tabelle 27 Rheologische Parameter der Verdünnungsstufe Hefe C.11 (DMZ)

Temperatur ϑ in °C	Fließgrenze τ_0 in Pa	Casson-Viskosität η_{CA} in Pa·s	Korrelations-koeffizient r	Standard-abweichung s in Pa
5	2,25	0,0044	0,964	0,231
10	2,21	0,0021	0,939	0,177
15	1,642	0,0013	0,914	0,149
20	0,609	0,0027	0,887	0,199

Regressionsbereich: $50 \leq \dot{\gamma} \leq 250\ s^{-1}$

Grundlagen der Hefevermehrung

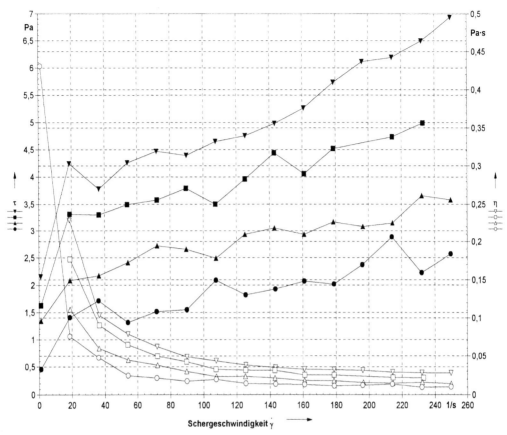

Abbildung 71   Fließkurven für Versuchsserie Hefe C.11 mit 11 g HTS/100 mL (Messabschnitt 5)

Erntekonzentration der Hefe C.19 ≙ (19,1 g ± 0,29 g) HTS/100 mL

Orientierend wurde an der ausgewählten Konzentration C.19 die Auswertung vorgenommen. Die Ergebnisse der Regressionsrechnung liegen in Tabelle 28 vor. In Abbildung 72 sind die Originalfließkurven mit eingetragener rechnerisch ermittelter effektiver Viskosität in Abhängigkeit von der Temperatur und Schergeschwindigkeit enthalten.

Mit zunehmender Hefetrockensubstanzkonzentration nehmen die strukturierenden Wechselwirkungskräfte im dispersen System zu und bewirken ein schwach ausgeprägtes „Festkörperverhalten". Die Messergebnisse stellen mit Ausnahme der *Casson*-Viskosität bei 20 °C physikalisch sinnvolle Trends dar.

Tabelle 28 enthält bezüglich der Fließgrenze und der *Casson*-Viskosität tendenziell logische Ergebnisse. Als sinnvoll für die Auswertung erwies sich die Anwendung des Standard-Modells von *Casson* für plastisches (strukturviskoses) Fließverhalten.

Es stellte sich heraus, dass eine Vielzahl anderer in die Regression einbezogener Modelle vom Korrelationskoeffizient her niedriger lagen, z. B. *Herschel-Bulkley*, *Casson* allgemein, *Reiner-Philipoff*.

Die Hefe in der Brauerei

Tabelle 28 Rheologische Parameter der Verdünnungsstufe Hefe C.19 (DMZ)

Temperatur ϑ in °C	Fließgrenze τ_0 in Pa	Casson-Viskosität η_{CA} in Pa·s	Korrelations-koeffizient r	Standardabweichung s in Pa
5	19,836	0,00887	0,833	3,666
10	16,405	0,00115	0,662	1,315
15	14,836	0,00134	0,734	1,085
20	11,312	0,000919	0,807	1,643

Regressionsbereich: $1 \le \dot\gamma \le 250$ s^{-1}

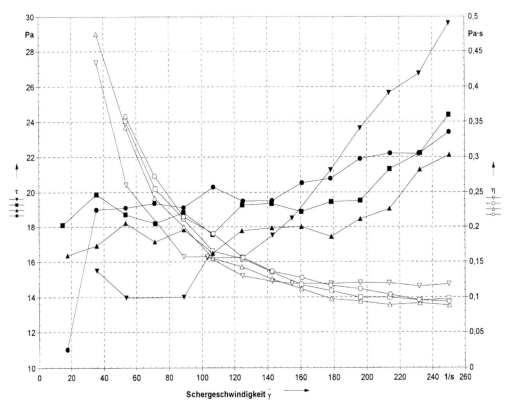

Abbildung 72   Fließkurven für Versuchsserie Hefe C.19 mit 19 g HTS/100 mL (Messabschnitt 5)

Offensichtlich findet innerhalb des untersuchten Temperaturbereiches kein Umschlag des Deformationssystems statt. Bei den Temperaturen 5 bis 20 °C wird ein sich mit steigender Temperatur abschwächendes plastisches Fließverhalten nachgewiesen. Auch visuell konnte das Messergebnis und das Vorhandensein einer Fließgrenze im untersuchten Temperaturbereich bis 20 °C bestätigt werden. Diese Aussagen können auf den gesamten Konzentrationsbereich $9{,}1 \le c \le 21{,}8$ g HTS/100 mL der untersuchten Hefecharge erweitert werden.

Grundlagen der Hefevermehrung

Die strukturierenden Kräfte sind infolge Wechselwirkungen zwischen den Hefezellenagglomeraten immer stärker ausgeprägt. Im Ruhezustand ($\dot{\gamma} \to 0$) liegt „Festkörperverhalten" in einer ausgeprägten Ruhestruktur infolge Verhakungen bzw. direkten Kontaktes der Hefeagglomerate vor.

Konzentrierte Hefe B.20 ≙ (19,9 g ± 0,16 g) HTS/100 mL

Die gewonnenen Messergebnisse weisen ein sich verstärkendes plastisches Fließverhalten auf. Für den gesamten untersuchten Temperaturbereich bietet das *Casson*-Regressionsmodell die höchste statistische Absicherung. Am Beispiel der Thixotropiefläche und der in Tabelle 29 aufgeführten Regressionsparameter werden physikalisch sinnvolle und tendenziell logische Ergebnisse ermittelt.

In Abbildung 73 sind die Fließkurven und die effektive Viskosität am Beispiel der Versuchsserie dargestellt. Bezüglich der Fließgrenze ergeben sich wieder tendenziell logische Aussagen.

Obwohl zwischen beiden Messkonzentrationen C.19 und B.20 nur 1 % Unterschied im HTS-Gehalt besteht, muss die Relativität dieser Messreihe beachtet werden. Aufgrund der offenen Messzelle werden im Vergleich zur Messung C.19 höhere Fließgrenzen und *Casson*-Viskositäten bestimmt, die durch Messwertverfälschung infolge CO_2-Entbindung herrühren. Für die technologische Projektierung sind die Stoffkennwerte der Versuchsreihe C.19 bei ähnlicher Konzentration vorzuziehen.

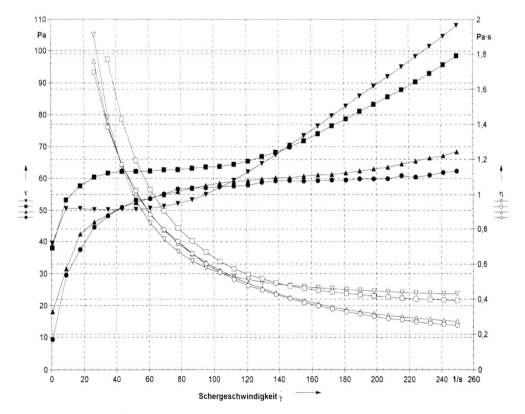

Abbildung 73   Fließkurven für Versuchsserie Hefe B.20 mit 20 g HTS/100 mL (Messabschnitt 5)

Die Hefe in der Brauerei

Tabelle 29   Rheologische Parameter der Hefe B.20 (offene Messzelle)

Temperatur ϑ in °C	Fließgrenze τ_0 in Pa	Casson-Viskosität η_{CA} in Pa·s	Korrelations-koeffizient r	Standardabweichung s in Pa
5	31,524	0,0595	0,909	8,045
10	40,912	0,0351	0,929	4,965
15	25,546	0,0513	0,854	5,431
20	16,089	0,0912	0,437	9,812

Regressionsbereich: $50 \leq \dot{\gamma} \leq 250 \text{ s}^{-1}$

Hefesuspension nach dem Zentrifugieren der Hefe
A.25 $\widehat{=}$ (24,7 g ± 0,05 g) HTS/100 mL

Bei Einsatz des Zylindermesssystems Z4 DIN und einer auf eine maximale Schergeschwindigkeit von 25 s^{-1} reduzierten Beanspruchung werden im gesamten Temperaturbereich die höchsten statistischen Absicherungen bei Anwendung des *Casson*-Modells gefunden.

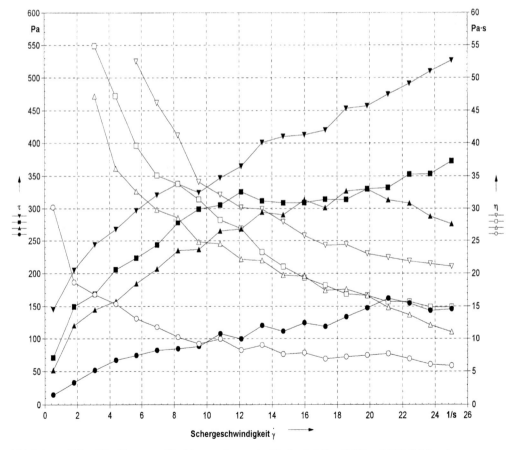

Abbildung 74   Fließkurven für Versuchsserie Hefe A.25 mit 25 g HTS/100 mL (Messabschnitt 2)

Abbildung 74 enthält die Fließkurven in Abhängigkeit von der Temperatur, dazu die effektive Viskosität. Die vorliegende Messprobe erscheint visuell als Feststoff. Diese Konzentration hat nur noch bedingte Fließeigenschaften. Im Vergleich zu den anderen Konzentrationen beeinflussen CO_2-Entbindungen das Messergebnis nicht mehr. Die gescherte Hefe weist bei höherer Belastung eine krümelige Struktur auf.

Die ermittelten rheologischen Parameter sind in Tabelle 30 zusammengefasst. Es liegt ein „quasi-Festkörper" mit geringen Fließeigenschaften vor.

Tabelle 30 Rheologische Parameter der Konzentration Hefe A.25 (offene Messzelle)

Temperatur ϑ in °C	Fließgrenze τ_0 in Pa	Casson-Viskosität η_{CA} in Pa·s	Korrelations-koeffizient r	Standardabweichung s in Pa
5	113,864	6,503	0,970	30,856
10	60,691	7,063	0,901	51,354
15	47,135	6,163	0,886	42,066
20	9,714	3,849	0,959	11,992

Regressionsbereich: $0{,}1 \leq \dot\gamma \leq 25 \text{ s}^{-1}$

Ermittlung der Thixotropiefläche

Thixotropie ist die Eigenschaft eines Mediums, das Verhältnis von Schubspannung zu Schergeschwindigkeit zeitabhängig zu erniedrigen und bedeutet zusätzlich zur nicht-Newtonschen Abweichung eine weitere rheologische Anomalie.

Aus diesem Grund werden die Messergebnisse durch die Bestimmung der Thixotropiefläche erweitert. Bestimmt wird die zwischen der Hinlaufkurve und der Rücklaufkurve sich aufspannende Fläche im Rheogramm nach der in [158] beschriebenen Messmethodik. Aufgrund der ermittelten Thixotropieflächen kann von einem eindeutig konzentrationsabhängigen thixotropen Verhalten der Bierhefesuspension gesprochen werden. Die Strukturierung der Partikel ist nicht nur schergeschwindigkeitsabhängig sondern auch zeitabhängig. Offensichtlich finden starke zeitabhängige Partikelwechselwirkungen (Agglomerationen, insbesondere im Sediment) zwischen den Hefezellen statt.

Die Zusammenstellung der ermittelten Thixotropieflächen erfolgt in Tabelle 31. Die thixotropen Eigenschaften nehmen mit sinkender Konzentration und steigender Temperatur ab.

Die oben aufgeführten Regressionsparameter entsprechen den Daten der Rücklaufkurven, also nach zeitabhängiger Scherung.

Tabelle 31 Ermittlung der Thixotropieflächen

Versuchsserie	Thixotropiefläche in Pa·cm³/s bei			
	5 °C	10 °C	15 °C	20 °C
B.20	1521	1101	460	211
B.17b	1400	1240	595	264
B.13	661	413	293	210
B.09	313	106	99	122 *)
B.06	91	105 *)	82	61

die mit *) gekennzeichneten Berechnungswerte sind stark fehlerbehaftet

Ermittlung der Viskositätsfunktionen

Aus den ermittelten Schubspannungsansätzen bzw. Deformationsmodellen kann in Abhängigkeit von den im technologischen Prozess wirkenden Schergeschwindigkeiten, z. B. einer Rohrströmung (Gleichung 4) oder der Strömung in einem Rührbehälter (Gleichung 5) die auftretende Viskosität in Form der scheinbaren oder Differentialviskosität strukturviskoser nicht-Newtonscher Flüssigkeiten bzw. der effektiven Viskosität plastischer Medien in die konventionellen Gleichungen der Prozessverfahrenstechnik eingehen.

$$\dot{\gamma} = \frac{4 \cdot \dot{V}}{\pi \cdot r^3}$$
Gleichung 4

$\dot{\gamma}$ = Schergeschwindigkeit in 1/s
$\dot{V}$ = Volumenstrom in m³/s
r = Radius in m

$$\dot{\gamma} = B \cdot m$$
Gleichung 5

$\dot{\gamma}$ = Schergeschwindigkeit in 1/s
B = Rührerkonstante (bauart- und geometrieabhängig)
m = Rührerdrehzahl in 1/s

Die interessierende Viskositätsfunktion kann für beliebige Schergeschwindigkeiten nach den Fließgesetzen von *Ostwald/de Waele*:

$$\tau = K \cdot \dot{\gamma}^n$$
Gleichung 6

τ = Schubspannung in Pa
n = Fließindex
K = Konsistenzfaktor in kg/(m·s^{2-n})
  (Definitionsbereich: c < 10 g HTS/100 mL)

bzw. *Casson*:

$$\sqrt{\tau} = \sqrt{\tau_0} + \sqrt{\eta_{CA} \cdot \dot{\gamma}}$$
Gleichung 7

τ = Schubspannung in Pa
  (Definitionsbereich: c ≥ 10 g HTS/100 mL)

über die in Tabelle 26 bis Tabelle 30 aufgeführten Korrelationen durch Einsetzen bzw. Extrapolation über den Messbereich hinaus ermittelt werden.

Für die Viskositätsfunktionen im Definitionsbereich c < 10 g HTS/100 mL gilt die Gleichung 8 (für die angegebene Viskosität in Abbildung 70 bis Abbildung 74 allgemeingültig):

$$\eta_S = \frac{\tau_i}{\dot{\gamma}_i}$$
Gleichung 8

η_S = scheinbare Viskosität in Pa·s
τ_i = Schubspannung in Pa
$\dot{\gamma}_i$ = Schergeschwindigkeit in 1/s

Für strukturviskose Flüssigkeiten vom *Ostwald/de Waele*-Typ ist in der Technologie die Anwendung der Differentialviskosität nach Gleichung 9 üblich:

Grundlagen der Hefevermehrung

$$\eta_d = \frac{d\tau}{d\dot{\gamma}} = n \cdot K \cdot \dot{\gamma}^{n-1} \qquad \text{Gleichung 9}$$

η_d = Differentialviskosität in Pa·s
n = Fließindex
K = Konsistenzfaktor in kg/(m·s^{2-n})
$\dot{\gamma}^{n-1}$ = Schergeschwindigkeit in 1/s

Für plastische Medien im Definitionsbereich c ≥ 10 g HTS/100 mL gilt Gleichung 8 oder besser Gleichung 10:

$$\eta_{eff} = \frac{\tau_0}{\dot{\gamma}} + \eta_{CA} + 2\sqrt{\frac{\eta_{CA} \cdot \tau_0}{\dot{\gamma}}} \qquad \text{Gleichung 10}$$

η_{eff} = effektive Viskosität plastischer Medien in Pa·s
τ_0 = Fließgrenze in Pa
η_{CA} = Casson-Viskosität in Pa·s
$\dot{\gamma}$ = Schergeschwindigkeit in 1/s

Zusammenfassung

Die Untersuchungen ergaben, dass Hefesuspensionen im untersuchten Konzentrations- und Temperaturbereich nicht-Newtonsches Verhalten aufweisen. In der recherchierten Literatur konnten keinerlei Hinweise auf bereits rheologisch untersuchte Hefesuspensionen mit Angabe der Fließgesetze gefunden werden. Wie die Messungen zeigen, können mit dem verwendeten Messsystem „Druckmesszelle" im technologisch relevanten Bereich aufgrund der Probeneigenschaften praxisrelevante Ergebnisse ermittelt werden.

Die durchgeführten ersten Messungen weisen den Schwierigkeitsgrad des Versuchsstoffes auf. Die vorliegenden Ergebnisse sollten deshalb auch nur als orientierende Messungen angesehen werden. Zusätzlich zum Schwierigkeitsgrad des nicht-Newtonschen Verhaltens tritt konzentrationsabhängig eine starke zeitliche Abhängigkeit in Form von Thixotropie auf.

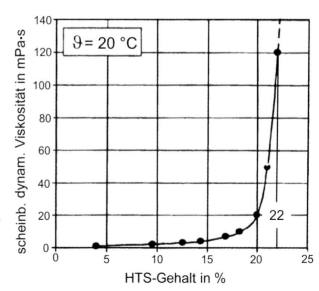

Abbildung 75 Die scheinbare dynamische Viskosität von Backhefesuspensionen in Abhängigkeit vom Hefetrockensubstanzgehalt nach Horst [165] unter Verwendung der Ergebnisse der Westfalia Separator Laboratories

Weitere rheologische Messungen von Hefeprodukten und technologische Konsequenzen

Die scheinbare dynamische Viskosität von Hefesuspensionen hat eine entscheidende Bedeutung für die erreichbare Aufkonzentrierung von Hefesuspensionen mittels Zentrifugalseparatoren. Die mit den neuesten Separatorgenerationen erreichbaren Hefekonzentrationen ohne Verstopfungsgefahr liegen im Bereich von 20...22 % HTS. Wie die Ergebnisse von [163] in Abbildung 75 zeigen, liegen die Ursachen im steilen Anstieg der scheinbaren Viskosität der Hefesuspensionen bei Hefekonzentrationen über 20 % HTS.

Tabelle 32 Die scheinbare dynamische Viskosität von Hefesuspensionen in Abhängigkeit vom Hefetrockensubstanzgehalt bei 5 °C nach Fischer [156]

HTS-Gehalt in g/L	100	125	150	175	200
Scheinbare dynam. Viskosität nach Suspendierung in Wasser in mPa·s	ca. 2	ca. 4	ca. 9	ca. 20	ca. 75
Scheinbare dynam. Viskosität nach Suspendierung in Würze in mPa·s	ca. 5	ca. 9	ca. 17	ca. 37	ca. 99

Zu ähnlichen Ergebnissen kommt auch *Fischer* [156], wie die in Tabelle 32 zusammengestellten Werte zeigen.

Um dickbreiige, gelagerte Bierhefe für die Hefepropagation zu bewegen und in der Anstellwürze zu verteilen sind die Hefepumpen so auszulegen, dass sie durch eine entsprechende Erhöhung der Schergeschwindigkeit in die Lage versetzt werden, die scheinbare Viskosität dieser hochviskosen Hefesuspension zu erniedrigen. Abbildung 76 zeigt nach Ergebnissen von *Lenoël* [164], welchen Einfluss die Schergeschwindigkeit auf die scheinbare dynamische Viskosität einer bei 0 °C gelagerten Bierhefe hat. Es ist dabei aber der mögliche negative Einfluss eines erhöhten „Scherstresses" auf die einzelne Hefezelle zu beachten und ein solcher Pumpprozess mit hohen Schergeschwindigkeiten zeitlich zu limitieren.

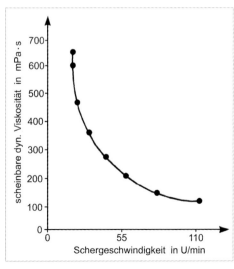

Abbildung 76 Die Veränderung der scheinbaren dynamischen Viskosität eines bei 0 °C gelagerten, dickbreiigen Bierhefesedimentes in Abhängigkeit von der angewendeten Schergeschwindigkeit, ausgedrückt als Drehzahl pro Minute in einem Rheometer nach Untersuchungen von Lenoël [166] (ref. durch [167])

Grundlagen der Hefevermehrung

Eine intensive, zeitlich ausgedehnte Scherbelastung (8…24 Stunden) bei unter- und obergäriger Hefe in einem Rührtank mit Rührerdrehzahlen von n = 500 bzw. 900 U/min und einer Schergeschwindigkeit (siehe Gleichung 6) von $\dot{\gamma}$ = 97 bzw. 174 s^{-1} führte nach Ergebnissen von [168] zu:
- einem Anstieg des pH-Wertes im Bier,
- einem Anstieg der Proteasekonzentration im Bier,
- einer Zunahme der Trübung im Bier,
- einer Verschlechterung der Zellaktivität,
- einer Verschlechterung der Gärleistung nach dem Wiederanstellen und
- einer Verminderung der Qualität des damit hergestellten Bieres.

4.2.6 Druckverlustberechnung für Hefesuspensionen in Rohrleitungen

Bei einem *Casson*-Medium muss ein spezieller Lösungsansatz für die Ermittlung des Druckverlustes benutzt werden. Die Durchsatzgleichung wird nach [169] als Reihenentwicklung $\dot{V}$ (Δp/L) formuliert:

$$\dot{V}(\Delta p) = \frac{\pi R^3 \tau_0}{3 \eta_{Ca}} + \frac{\pi R^4}{8 \eta_{Ca}} \left(\frac{\Delta p}{l}\right)^1 - \frac{2 \pi R^3 \sqrt{2 R \tau_0}}{7 \eta_{Ca}} \left(\frac{\Delta p}{l}\right)^{0,5} - \frac{2 \pi \tau_0^4}{21 \eta_{Ca}} \left(\frac{\Delta p}{l}\right)^{-3} \qquad \text{Gleichung 11}$$

$\dot{V}$ (Δp/L) = Volumenstrom als Funktion von Δp/L in m³/s
τ_0 = Fließgrenze in Pa
η_{Ca} = *Casson*-Viskosität in Pa s
R = Radius in m
(Δp/L) = spezifischer Druckverlust in Pa/m

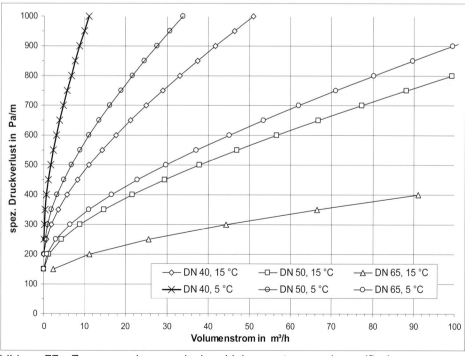

Abbildung 77   Zusammenhang zwischen Volumenstrom und spezifischem Druckverlust für die Hefesuspension C.11

Die Hefe in der Brauerei

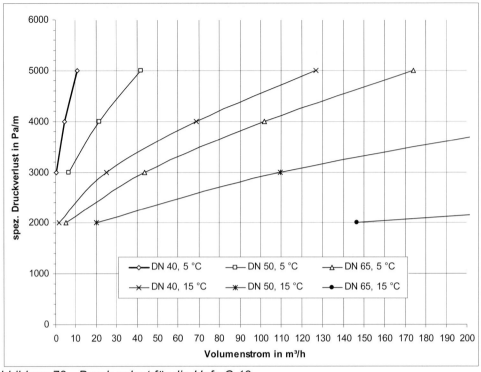

Abbildung 78   Druckverlust für die Hefe C.19

Für die Hefe C.19 sind die Ergebnisse mit den Werten aus Tabelle 28 aus Abbildung 78 ersichtlich.

Mit Gleichung 11 wird für den Bereich 0 Pa/m ≤ (Δp/L) ≤ 1000 Pa/m der Volumenstrom berechnet. Das Ergebnis für die Hefe C.11 mit den Werten τ_0 und η_{Ca} gemäß Tabelle 27 ist in Abbildung 77 dargestellt. Aus Abbildung 77 kann der für einen beliebigen Volumenstrom der Hefe C.11 resultierende Druckverlust der geraden Rohrleitung ermittelt werden. Wenn für die Druckverlustberechnung der Weg über die Ermittlung der Schergeschwindigkeit, der eff. Viskosität, der Re-Zahl und des λ-Wertes gewählt wird, ergeben sich daraus zum Teil erhebliche Abweichungen bei der Berechnung des Druckverlustes aufgrund des nicht-Newtonschen Verhaltens.
Aus den Werten des spezifischen Druckverlustes lässt sich bei einem vorgegebenen Volumenstrom und gegebener Förderhöhe der Pumpe die mögliche Leitungslänge ermitteln (ohne Beachtung der geodätischen Förderhöhe).

Beispiel: Förderdruck der Pumpe bekannt als Δp-$\dot{V}$-Relation lt. Kennlinie
Fördermedium: Hefe von 5 °C mit einer Konsistenz wie Hefe C.11
Volumenstrom 10 m³/h
DN 50
Spezif. Druckverlust bei den gegebenen Parametern: 570 Pa/m
Mögliche Leitungslänge:
je 1 bar Förderdruck der Pumpe $\hat{=}$ 100.000 Pa / 570 Pa/m = ≤ 175 m/bar

Beachtet werden muss, dass es bei auftretendem Unterdruck in der Saugleitung zur Entgasung der Hefesuspension kommen kann, es wird CO_2 freigesetzt. Kreiselpumpen sind deshalb für diese Förderaufgabe ungeeignet, da sie kein Gas fördern können.

Einsetzbar sind Verdrängerpumpen, die auch Gase fördern können, wie beispielsweise Kreiskolbenpumpen, Zahnradpumpen o.ä. Auf eine geeignete Zulaufhöhe zur Pumpe sollte deshalb ggf. geachtet werden.

4.2.7 Wärmephysikalische Kennwerte von Hefeprodukten

Nach *Tschubik und Maslow* [170] kann man für die spezifische Wärme c_p von Hefeprodukten die in Tabelle 33 ausgewiesenen Werte verwenden.

Bronn [145] ermittelte die in Tabelle 34 ausgewiesenen physikalischen Kenndaten für Preßhefe und Aktivtrockenhefe.

Hefe erzeugt in Abhängigkeit von ihrer Konzentration und ihrer mit Sauerstoff in Kontakt stehenden Oberfläche auch in zuckerfreien Medien durch die Verstoffwechselung ihrer eigenen Kohlenhydratreservestoffe Wärme, die bei wärmetechnischen Berechnungen nicht außer Acht gelassen werden dürfen. Bei Backhefe sind nach *Bronn* [145] die in Tabelle 35 genannten Stoffwechselwärmemengen zu berücksichtigen.

Tabelle 33   Spezifische Wärme c_p von Hefeprodukten (nach [168])

Hefeprodukt	c_p in J/(kg·K)
Preßhefe mit 25 % HTS	3149...3516
Flüssighefe mit 20 bis 6 % HTS	3642...4019

Tabelle 34   Wärmephysikalische Kennwerte für Preßhefe und Aktivtrockenhefe (nach Bronn [145])

Kennwert	Maßeinheit	Preßhefe	Aktivtrockenhefe
HTS-Gehalt	%	28	92...95
Dichte	kg/L	1,09	1,80
Schüttvolumen	L/kg	-	1,4...1,9
Wärmeleitfähigkeit λ	W/(m·K)	0,45	0,10
Spezifische Wärme c_p	J/(kg·K)	3500	2600
Temperaturleitfähigkeit $\alpha = \lambda / (\rho \cdot c_p)$	10^{-6} m²/s	0,12	0,03

Tabelle 35 Stoffwechselwärme von Hefeprodukten bei der Lagerung (nach Bronn [145])

Hefeprodukt	Lagertemperatur der Hefe in °C	Stoffwechselwärme in kJ/(h·kg H_{27})
Preßhefe	4...6	ca. 0,4
Preßhefe	10...12	ca. 2,5
Pelletierte Beutelhefe	8...10	42...210 [1]

[1]) Abhängig von der Pelletgröße

4.2.8 Oberflächenladung

Unter- und obergärige *Saccharomyces*-Hefen besitzen in den technologisch relevanten pH-Wert-Bereichen nach Untersuchungen von *Silbereisen* (loc.cit. durch *Lüers* [171]) eine negative Oberflächenladung. Bei sehr hohen Wasserstoffionenkonzentrationen in wässrigen Lösungen, d.h. bei pH-Werten unter 2,0 erfolgt eine Umladung, die Hefezellen werden dann positiv geladen. In nicht gärender Würze erfolgt die Umladung bei pH-Werten zwischen 3,38...2,95. Bei der Gärung in gehopfter und ungehopfter Würze findet keine Entladung bzw. Umladung der Hefezellen statt. Im Bierherstellungsprozess kann deshalb immer von einer negativen Oberflächenladung der Hefezellen ausgegangen werden. Dies hat einen positiven Einfluss auf die Bierklärung. Positiv geladene Trübungspartikel werden an der Oberfläche adsorbiert und während der Hefesedimentation im natürlichen Bierklärungsprozess mit entfernt.

4.2.9 Osmotischer Druck

Die löslichen Bestandteile des Cytoplasmas (Cytosol) bestimmen den osmotischen Druck der Zelle. Der Durchschnittswert des osmotischen Druckes im Cytoplasma beträgt 1,2 MPa. Der osmotische Druck in den Hefezellen ist sehr stark abhängig von der Zusammensetzung des Nährmediums, in dem die Hefezellen suspendiert sind bzw. gezüchtet werden.

Da Ethanol den doppelten osmotischen Effekt in der Zelle hat wie Extrakt, erhöht sich der osmotische Druck besonders bei der Gärung, wie das Beispiel in Tabelle 36 zeigt.

Tabelle 36 Veränderung des osmotischen Druckes von Brauereihefe

in einer 12 %igen Würze	0,8 MPa
in dem entsprechenden Bier St = 12 %; A ≈ 4 %	2,3 MPa
in einem Bier mit St = 16 %; A ≈ 5 %	3,1 MPa

(St = Stammwürze, A = Ethanolgehalt in Masseprozent)

Auch bei der aeroben Züchtung von Hefen beeinflusst die Zusammensetzung des Nährmediums den osmotischen Druck (siehe Ergebnisse in Tabelle 37).

Tabelle 37 Osmotischer Druck von Flüssigbackhefen (20 % HTS, 5 °C) nach [156]

	gezüchtet auf der C-Quelle	in Wasser suspendiert:
Melasse	1,12...2,20 MPa	0,5...1,65 MPa
Stärkehydrolysat	1,90...2,05 MPa	1,2...1,50 MPa

Folgende technologische Konsequenzen ergeben sich daraus für die Brauereihefe:

- Starkbiererntehefen sind zu verwerfen, da beim Wiederanstellen die Gefahr einer Schockexkretion besteht.
- Die Hefevermehrung sollte immer bei niedrigen Zuckerkonzentrationen durchgeführt werden, also mit Würzen, die eine Stammwürze im Vollbierbereich haben.

Grundlagen der Hefevermehrung

- Günstig wäre ein Zulaufverfahren, wie es bei der Backhefeproduktion durchgeführt wird. Das ist aber in der Brauerei auf Grund der Chargenproduktion nicht realisierbar

Bei der Vergärung von High-Gravity-Würzen wurden als weitere negative Einflüsse auf die Bier- und Hefequalität festgestellt [172]:
- eine unverhältnismäßig stärkere Estersynthese (insbesondere von Ethylacetat und Isoamylacetat),
- eine höhere Ausschüttung von Proteinase A mit einer dadurch verschlechterten Schaumstabilität des Bieres und
- trotz einer Verringerung des Zellvolumens der Hefezelle eine Vergrößerung der Zellvakuolen.

4.2.10 Sedimentationsgeschwindigkeit der Hefe

Wie bereits unter Kapitel 4.2.3 (vergleiche Tabelle 22 und Tabelle 23) hingewiesen wurde, ist die Dichte der Hefezellen immer größer als die Dichte der normalen Würzen und Biere, d.h. nach den physikalischen Sedimentationsgesetzen muss die Hefezelle durch die Wirkung der Schwerkraft in Würzen und Bieren immer sedimentieren. Technologisch entscheidend ist jedoch die Sedimentationsgeschwindigkeit für folgende drei Problemfälle:

Problemfälle der Hefesedimentation im Bierherstellungsprozess
Anstellphase:
In der Anstellphase muss die der Anstellwürze zugesetzte Hefemenge möglichst schnell und gleichmäßig in ihr verteilt werden. Angestrebt wird durch einen gäraktiven Hefesatz ein schneller Start des Hefestoffwechsels mit einer sehr kurzen Lagphase der zugesetzten Hefezellen. Dadurch wird die für den Stoffwechsel wirksame Hefeoberfläche nicht durch ein schnelles Absinken der Hefezellen und ein Verdichten in einem Hefesediment reduziert. Der einsetzende Stoffwechsel fördert durch die CO_2-Bildung (Mikroblasen an der Hefeoberfläche) und durch die Freisetzung des oberhalb der Lösungsgrenze befindlichen CO_2 als aufsteigende Gasblasen die natürliche Verteilung der Hefezellen im gärenden Bier. Technologisches Ziel ist, dass die Absetzzeit der Hefezellen, berechnet aus dem Quotient der vorhandenen Flüssigkeitssäule im Gärbehälter und der ermittelten Sinkgeschwindigkeit, deutlich größer ist als die für die Lagphase erforderliche Zeitdauer des Hefesatzes.
Technologisches Ziel in der Anstellphase:

$$t_{\text{Absetzzeit der Hefepartikel}} \gg t_{\text{Lagphase des Hefesatzes}}$$

Klär- und Lagerphase
In der Klär- und Lagerphase des endvergorenen Bieres sollen die Hefezellen nach Beendigung der Reifung und Abkühlung des Bieres auf die Temperatur der Kaltlagerphase möglichst schnell und weitgehend sedimentieren, um die Bierfiltration zu entlasten.

Technologisches Ziel in der Klär- und Lagerphase:

$$t_{\text{Absetzzeit der Hefepartikel}} < t_{\text{Kaltlagerphase des Bieres}} \leq 7 \text{ Tage}$$

Hefelagerphase
Während der Aufbewahrung eines Hefesatzes im Hefelagergefäß sollte diese Hefecharge möglichst ihre am Anfang vorhandene gleichmäßige Konsistenz erhalten, um vor der Wiederverwendung als Satzhefe ein technisch aufwendiges Homogenisieren zu vermeiden und beim Wiederanstellen eine gleichmäßige Hefedosage in mehrere Gärgefäße zu gewährleisten.

Technologisches Ziel in der Hefelagerphase:

$$t_{\text{Absetzzeit der Hefepartikel}} \gg t_{\text{Hefelagerdauer}}$$

Modellrechnungen
Nachfolgende Modellrechnungen sollen die Einflussgrößen auf die Sedimentationszeiten bei den o.g. drei unterschiedlichen Anwendungsfällen unter Verwendung verfahrenstechnischer Berechnungsmethoden deutlich machen, erste theoretisch ermittelte Sedimentationszeiten für die Kalkulation in der Betriebstechnologie liefern und einen Diskussionsbeitrag für die Interpretation der auftretenden Phänomene bei der Hefeklärung leisten. Die mäßige oder schlechte Hefesedimentation ist gerade auch ein oft festgestelltes Problem bei einer intensiven Hefepropagation.

Sedimentationsgesetze, Kennzahlen und angewendete Gleichungen aus der Sicht der Hefesedimentation
Die Absetzgeschwindigkeit von kugelförmigen Teilchen w_0 (= erreichte konstante, maximale Absetzgeschwindigkeit, auch als Gleichgewichts- oder Grenzgeschwindigkeit bezeichnet) kann allgemein nach Gleichung 12 berechnet werden.

Erfolgt die Sedimentation der Teilchen so langsam, dass keine turbulente Strömung entsteht (Richtwert: Re < 0,2), weiterhin die Teilchen eine Kugelform aufweisen, ihr Durchmesser bei > 0,5 µm liegt (damit keine Molekularbewegung nach *Brown*) und die Wechselwirkung zwischen den einzelnen sedimentierenden Partikeln keinen Einfluss auf die Viskosität der Gesamtflüssigkeit nehmen, erfolgt die Berechnung der Sedimentationsgeschwindigkeit nach dem Sedimentationsgesetz von *Stokes* mit Gleichung 13.

Zur Abschätzung der Turbulenz ist die Berechnung der *Reynolds*-Zahl nach Gleichung 14 erforderlich.

Da aber die Berechnung der *Reynolds*-Zahl die Bekanntheit der Absetzgeschwindigkeit des Teilchens w_0 voraussetzt (siehe Gleichung 12), muss zur Abschätzung der durch den Absetzvorgang des kugelförmigen Teilchens verursachten Turbulenz ein Umweg über die Berechnung der *Archimedes*-Zahl Ar erfolgen (Gleichung 15). Hier werden nur die vorher zu ermittelnden Stoffkennwerte der Suspension und der sedimentierenden Partikel benötigt.

$$w_0 = \frac{\eta \cdot \text{Re}}{\rho \cdot d} \qquad \text{Gleichung 12}$$

$$w_0 = \frac{d^2 \cdot (\rho_H - \rho)}{18 \cdot \eta} \cdot g \qquad \text{Gleichung 13}$$

$$\text{Re} = \frac{w_0 \cdot d \cdot \rho}{\eta} \qquad \text{Gleichung 14}$$

$$\text{Ar} = \frac{d^3 \cdot \rho \cdot (\rho_H - \rho)}{\eta^2} \cdot g \qquad \text{Gleichung 15}$$

Grundlagen der Hefevermehrung

w_0 = Absetzgeschwindigkeit in m/s
η = dynamische Viskosität der Suspension (Würze, Bier) in Pa·s
ρ = Dichte der Suspension (Würze, Bier) in kg/m³
ρ_H = Dichte der Hefezelle bzw. des Hefeagglomerates in kg/m³
d = Durchmesser des kugelförmigen, sedimentierenden Teilchens in m
g = Fallbeschleunigung im Schwerefeld der Erde in m/s²
Re = *Reynolds*-Zahl (dimensionslos) nach Gleichung 14
Ar = *Archimedes*-Zahl (dimensionslos) nach Gleichung 15

Die Bestimmung der *Reynolds*-Zahl erfolgt dann für den laminaren Bereich mit Ar < 3,6 nach Gleichung 16:

$$Re = \frac{Ar}{18} \qquad \text{Gleichung 16}$$

Bei Agglomeraten, wie zum Beispiel auch bei der Zusammenballung und der Sedimentation der Hefe, muss der Durchmesser des sedimentierenden, unregelmäßig geformten Partikels aus dem Volumen des Partikels als so genannter äquivalenter Durchmesser nach Gleichung 17 berechnet werden:

$$d_{äq} = \sqrt[3]{\frac{6}{\pi} \cdot V} \qquad \text{Gleichung 17}$$

$d_{äq}$ = äquivalenter Durchmesser des sedimentierenden Partikels in m
V = Volumen des Agglomerates im m³

Ein kugelförmiges Teilchen hat beim Fallen in einer Flüssigkeit immer einen gleich bleibenden Widerstand. Da ein unregelmäßig geformtes Teilchen dem Absetzen nicht den kleinstmöglichen Widerstand entgegensetzt, ist seine Absetzgeschwindigkeit geringer. In Praxisversuchen wurde zur Korrektur der Formfaktor φ bestimmt, wie ihn Tabelle 38 ausweist.
Die effektive Sedimentationsgeschwindigkeit w_{eff} ist dann:

$$w_{eff} = w_0 \cdot \varphi \qquad \text{Gleichung 18}$$

Die oben aufgeführten Gleichungen gelten im Bereich der unbehinderten Absetzzone der Partikel. Die zunehmende Konzentration von Sinkstoffen in dem unteren Bereich des Sedimentationsgefäßes führt zur Erhöhung der Zähigkeit η_S der stärker partikelhaltigen Suspension und damit zur weiteren Reduzierung der Sedimentationsgeschwindigkeit.

Tabelle 38   Formfaktor φ für sedimentierende Teilchen nach [173]

Form des Teilchens	φ [1])
kugelförmig	1,0
abgerundet	0,74…0,80
eckig	0,64…0,68
länglich	0,56…0,61
flach	0,39…0,45

[1]) Kleinere *Archimedes*-Zahlen ergeben die größeren φ-Werte

Bei einem Feststoffvolumenanteil von $\alpha < 0{,}1$ (Raumanteile des Feststoffes in der Suspension) kann die Zunahme der scheinbaren Viskosität der Suspension nach Gleichung 19 abgeschätzt werden:

$\eta_S = \eta \cdot (1 + 4{,}5 \cdot \alpha)$ \hfill Gleichung 19

η_S = scheinbare dynamische Viskosität der partikelhaltigen Suspension in Pa·s

α = Feststoffvolumenanteil der Suspension in m^3/m^3

η = dynamische Viskosität der normalen Suspension (Würze, Bier) in Pa·s

Für höhere Feststoffvolumenanteile wurde von *Schiller* (l.c. durch [174]) ein Korrekturfaktor c zur Grenzgeschwindigkeit nach *Stokes* in Abhängigkeit von dem Feststoffvolumenanteil α ermittelt (siehe Abbildung 79).
Die effektive Sedimentationsgeschwindigkeit errechnet sich dann analog zu Gleichung 18 durch Multiplikation von w_0 mit dem Korrekturfaktor c, die Gleichung lautet:

$w_{eff} = w_0 \cdot \varphi \cdot c$ \hfill Gleichung 20

Fischer [156] gibt als Orientierung für Backhefe („Flüssighefe") bei einem Hefetrockensubstanzgehalt von $\geq 10\ \%$ HTS einen Korrekturfaktor $c < 0{,}6$ an. Eine etwas genauere Unterteilung ergab ein Sedimentationsversuch mit Backhefe, deren wesentlichen Ergebnisse in Tabelle 39 zusammengefasst sind.

Tabelle 39   Korrekturfaktor c für Backhefe in Abhängigkeit vom Hefetrockensubstanzgehalt der Suspension (nach [156])

% HTS	Korrekturfaktor c
11...15	< 0,5
15...20	< 0,2
24...26	<<0,01

Eine Umrechnung der Hefetrockensubstanzwerte in Feststoffvolumenanteile (siehe Tabelle 47) wird im nächsten Kapitel an einem Beispiel vorgestellt. Weiterführende Literatur siehe auch [175] und [176].

Für die Modellrechnungen verwendete Stoffkennwerte für das System Bierwürze, Bier und Hefe

Da besonders die Größe der Hefezellen einen entscheidenden Einfluss auf die Sedimentationsgeschwindigkeit hat, wurden hier Modellberechnungen mit der möglichen gesamten Variationsbreite der Zellgröße durchgeführt. Der Äquivalenzdurchmesser $d_{äq}$ wurde nach Gleichung 17 berechnet. Es wurden Stoffkennwerte von zwei dominierenden Würze- und Bierqualitäten verwendet.

Grundlagen der Hefevermehrung

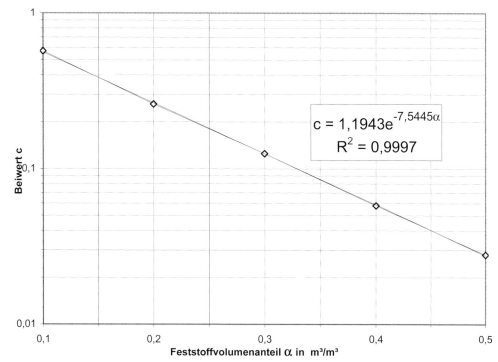

Abbildung 79   Korrekturfaktor c zur Grenzgeschwindigkeit w_0 nach Stokes in Abhängigkeit zum Feststoffvolumenanteil α, aufgestellt nach Werten von [172]

Tabelle 40   Bierwürze mit einer Anstelltemperatur von $\vartheta = 10°C$

Kenndaten	ME	St = 11,0 % nach [168]	St = 12,0 % nach [177]
Dichte ρ bei $\vartheta = 10°C$	kg/m³	1046,1	1049,9
Dynamische Viskosität η bei $\vartheta = 10°C$	Pa·s	0,00252	0,002919

Tabelle 41   Vergorenes Bier bei einer Lagertemperatur $\vartheta = 5\ °C$

Kenndaten	ME	Vollbier nach [165]	St = 12,0 % (eigene Werte)
Dichte ρ bei $\vartheta = 5°C$	kg/m³	1007	1014
Dynamische Viskosität η bei $\vartheta = 5°C$	Pa·s	0,00250	0,00275

Abschätzung der Turbulenz des Sedimentationsprozesses

Die Berechnung der *Reynolds*-Zahl erfolgt über die Berechnung der *Archimedes*-Zahl mit der Gleichung 15 und der Gleichung 16. Da hier der Durchmesser der sedimentierenden Partikel in der 3. Potenz in die Gleichung eingeht, ist ihr Einfluss besonders groß. Es ist deshalb notwendig, den technologisch möglichen Bereich bei der Sedimentation der Hefe abzuschätzen, um die Grenze der Anwendbarkeit des *Stokes*schen Gesetzes bei der Hefeklärung zu ermitteln. Je größer die Partikel sind, um so größer ist die *Reynolds*-Zahl bei der Sedimentation und um so größer ist die Absetzgeschwindigkeit.

Tabelle 42   Angaben zur Hefezelle

Literaturstelle	Dichte in kg/m³	$d_{äq}$ in m	Volumen in m³
nach [157]	1106		
nach [165]	1050	$8,0 \cdot 10^{-6}$ [1])	
nach Tabelle 17	1050…1189 [1])	$8,20 \cdot 10^{-6}$	$289 \cdot 10^{-18}$
nach Tabelle 17		$7,28 \cdot 10^{-6}$	$202 \cdot 10^{-18}$
berechnet nach Tabelle 17 [2])		$6,23 \cdot 10^{-6}$	$127 \cdot 10^{-18}$
nach [156]		$3,40 \cdot 10^{-6}$	$20,6 \cdot 10^{-18}$

[1]) Werte dienten nur zum Vergleich;
[2]) berechnet mit Gleichung 1 und den Hefeabmessungen:
   lange Achse der Hefezelle a = $8 \cdot 10^{-6}$ m und kurze Achse b = $5,5 \cdot 10^{-6}$ m;

Um den maximal möglichen Wert für die *Reynolds*-Zahl zu erfassen, wurde von dem für eine Hefezelle größten ermittelten Wert für $d_{äq}$ mit einem Hefezellvolumen von $V_H = 2,89 \cdot 10^{-16}$ m³ ausgegangen (siehe Tabelle 42). Weiterhin wurden die in der Tabelle 40 und die in der Tabelle 41 ausgewiesenen Werte für eine Würze bei 10 °C und für ein Bier bei 5 °C mit einer Stammwürze von St = 12 % verwendet.

Für die Variation der Größe der Hefezellagglomerate wurde das genannte Standardvolumen für eine Hefezelle mit der in Tabelle 43 ausgewiesenen Zellzahl pro Agglomerat multipliziert und daraus dann der Äquivalenzdurchmesser des agglomerierten Hefepartikels $d_{äq}$ nach Gleichung 17 berechnet.

$$Re = \left(\frac{Ar}{13,9}\right)^{\frac{1}{1,4}} \qquad \text{Gleichung 21}$$

Gültigkeitsbereich: 3,6 < Ar < 81200

Im berechneten Modell für Bier ist der obere Grenzwert für den laminaren Bereich (Ar = 3,6) bei einer Zellagglomeration von rund 54.000 Zellen pro Agglomerat erreicht.

Tabelle 43   Einfluss der Partikelgröße auf die Archimedes-Zahl und auf die Reynolds-Zahl in Würze und Bier

Zellen pro Zellagglomerat	Partikelvolumen V in m³	$d_{äq}$ in $\cdot 10^{-5}$ m	$Ar_{Würze}$	$Re_{Würze}$	Ar_{Bier}	Re_{Bier}
1	$2,890 \cdot 10^{-16}$	0,820	0,0000374	$2,07 \cdot 10^{-6}$	0,000067	$3,7 \cdot 10^{-6}$
10	$2,890 \cdot 10^{-15}$	1,768	0,000374	$2,08 \cdot 10^{-5}$	0,000669	$3,71 \cdot 10^{-5}$
100	$2,890 \cdot 10^{-14}$	3,808	0,003744	$2,08 \cdot 10^{-4}$	0,006687	$3,71 \cdot 10^{-4}$
1000	$2,890 \cdot 10^{-13}$	8,200	0,037389	$2,08 \cdot 10^{-3}$	0,066722	$3,71 \cdot 10^{-3}$
50.000	$1,445 \cdot 10^{-11}$	30,23	1,87338	0,1041	3,34305	0,18573
100.000	$2,890 \cdot 10^{-11}$	38,08	3,74457 [1])	3,9186 [1])	6,68221 [1])	0,59264 [1])

[1]) Da hier Ar > 3,6 ist, muss die Umrechnung in die *Reynolds*-Zahl mit der Gleichung des Übergangsbereiches erfolgen (siehe Gleichung 21)

Grundlagen der Hefevermehrung

Ein Beispiel für den Rechenansatz des Ar-Wertes von einer Zelle in Würze zeigt nachfolgendes Beispiel:

$$Ar_{Würze} = \frac{(8{,}2 \cdot 10^{-6})^3 \cdot 1049{,}9 \cdot (1106 - 1049{,}9) \cdot 9{,}81}{(0{,}002919)^2} = 3{,}736 \cdot 10^{-5}$$

Aus Tabelle 43 erkennt man, dass für die Berechnung der Absetzgeschwindigkeit der Hefe in Würze und Bier sowohl Gleichung 12 als auch Gleichung 13 nach *Stokes* verwendet werden kann. Beide Gleichungen liefern in diesem laminaren Bereich ($Ar \leq 3{,}6$; $Re \leq 0{,}2$) bei Zellagglomeraten bis zu 50.000 Hefezellen die gleichen Werte für die Absetzgeschwindigkeit.

Den grafischen Zusammenhang zwischen den Äquivalenzdurchmessern der Hefepartikel und der Anzahl der agglomerierten Hefezellen pro Partikel zeigt Abbildung 80.

Absetzgeschwindigkeit von Hefe in Anstellwürze bei 10 °C

Um die maximale Absetzgeschwindigkeit von Hefeagglomerate in der Anstellwürze abzuschätzen, erfolgte die Berechnung von w_0 mit dem oberen Wert für den Äquivalenzdurchmesser der Hefezellen. Die Absetzgeschwindigkeiten aus Tabelle 44 bestätigen die in der Brauereipraxis bekannten und angestrebten technologischen Forderungen, dass die Hefe möglichst feinverteilt in die Anstellwürze zu dosieren ist und die Lagphase der Anstellhefe nicht nur aus mikrobiologischen Gründen kleiner als 24 Stunden sein soll.

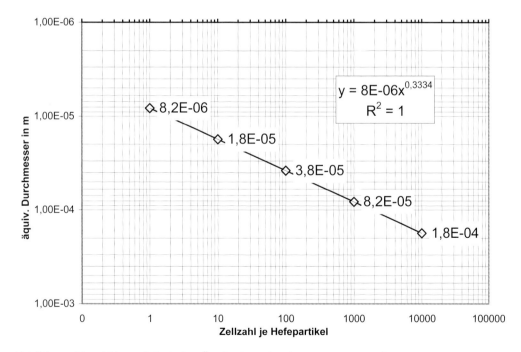

Abbildung 80 Abhängigkeit der Äquivalenzdurchmesser der Hefepartikel von der Anzahl der agglomerierten Zellen pro Partikel; Die Regressionsgleichung ist nur als Näherung zu verstehen (Rundungsfehler des Programms).

Absetzgeschwindigkeit der Hefe im Bier bei 5 °C

Um die maximale Absetzgeschwindigkeit von Hefeagglomerate im vergorenen und abgekühlten Bier zu erfassen (Ergebnisse siehe Tabelle 45), wurde nach Gleichung 12 und mit dem oberen Wert für den Äquivalenzdurchmesser für die Hefezelle gerechnet und die dazugehörigen in Tabelle 43 ausgewiesenen *Reynolds*-Zahlen mit den folgenden Stoffkennwerten für ein Vollbier bei 5 °C verwendet:

ρ_{Bier} = 1014 kg/m³
η_{Bier} = 2,75·10⁻³ Pa·s
ρ_{Hefe} = 1106 kg/m³

Die Absetzdauer der Hefepartikel in Würze und Bier ist bezogen auf ein konstantes Hefezellvolumen und in Abhängigkeit von der Zellzahl pro Partikel in Abbildung 81 grafisch dargestellt.

Da aber die Größe der Hefezellen in Abhängigkeit vom osmotischen Druck der Fermentationslösung und in Abhängigkeit vom Zellalter stark schwanken kann (besonders intensiv vermehrte Hefesätze sind in ihrer Zellgröße am Anfang „kleinwüchsiger", siehe auch Tabelle 18 und Tabelle 42), soll in Tabelle 46 der untere Bereich der möglichen Hefezellgrößen auch in Verbindung mit veränderten Stoffkennwerten für die Berechnung der Absetzgeschwindigkeit der Hefeagglomerate berücksichtigt werden.

Tabelle 44 Absetzgeschwindigkeit [1]) der Hefeagglomerate in Würze (10 °C, St = 12 %)

Zellen pro Zellagglomerat	$d_{äq}$ in 10^{-5} m	$Re_{Würze}$	w_0 in m/s	w_0 in m/d berechnet nach Gleichung 12	w_0 in m/d berechnet nach Gleichung 13	$t_{10 m}$ in d [2])
1	0,820	2,07·10⁻⁶	7,02·10⁻⁷	0,06	0,06	167
10	1,768	2,08·10⁻⁵	3,27·10⁻⁶	0,28	0,28	36
100	3,808	2,08·10⁻⁴	1,52·10⁻⁵	1,31	1,31	7,6
1000	8,200	2,077·10⁻³	7,04·10⁻⁵	6,08	6,08	1,6
10.000	17,68	0,0208	3,28·10⁻⁴	28,3	28,3	0,35
50.000	30,23	0,1041	9,57·10⁻⁴	(82,7)	(82,7)	0,12

[1]) Die Berechnung erfolgte mit
$\rho_{Würze}$ = 1049,9 kg/m³
$\eta_{Würze}$ = 2,919·10⁻³ Pa·s
ρ_{Hefe} = 1106 kg/m³
V_H = 2,89·10⁻¹⁶ m³

[2]) Absetzdauer der Hefeagglomerate in Tagen bei einer Würzeschichthöhe von 10 m

Die Berechnung der Absetzgeschwindigkeiten erfolgt nach *Stokes* mit Gleichung 13. Es wird für Vergleichszwecke konstant eine mittlere Zellagglomeration von 100 Zellen eingesetzt. In Abbildung 82 wird die Abhängigkeit der Hefeabsetzdauer von der Größe der Hefezellen bei 5 °C und bei einer 10 m hohen Biersäule grafisch dargestellt.

Grundlagen der Hefevermehrung

Tabelle 45   Absetzgeschwindigkeit [1]) der Hefeagglomerate in Bier (5 °C, St = 12 %) in Abhängigkeit von der Agglomeratgröße (bezogen auf $V_H = 2{,}89 \cdot 10^{-16}$ m³)

Zellen pro Zellagglomerat	$d_{äq}$ in 10^{-5} m	Re_{Bier}	w_0 in m/s	w_0 in m/d	$t_{10\,m}$ in d [1])
1	0,820	$3{,}7 \cdot 10^{-6}$	$1{,}23 \cdot 10^{-6}$	0,11	94,3
10	1,768	$3{,}71 \cdot 10^{-5}$	$5{,}68 \cdot 10^{-6}$	0,49	20,4
100	3,808	$3{,}715 \cdot 10^{-4}$	$2{,}64 \cdot 10^{-5}$	2,28	4,4
1000	8,200	$3{,}707 \cdot 10^{-3}$	$1{,}23 \cdot 10^{-4}$	10,59	0,94
10.000	17,68	0,0372	$5{,}71 \cdot 10^{-4}$	49,35	0,20
50.000	30,23	0,18573	$1{,}67 \cdot 10^{-3}$	(143,9)	(0,07)

[1]) Die Berechnung erfolgte mit ρ_{Bier} = 1014 kg/m³
η_{Bier} = $2{,}75 \cdot 10^{-3}$ Pa·s
ρ_{Hefe} = 1106 kg/m³
V_H = $2{,}89 \cdot 10^{-16}$ m³

[2]) Absetzdauer der Hefeagglomerate in Tagen bei einer Bierschichthöhe von 10 m

Folgende Schlussfolgerungen ergeben sich aus den dargestellten Modellrechnungen für die Hefeklärung im Bier:
- Erhöhte sich die Zellzahl im sedimentierenden Zellagglomerat um den Faktor 10, so reduzierte sich die erforderliche Klärdauer bei einer Bierschichthöhe von 10 m auf rund 1/5 gegenüber dem Ausgangswert (hier 21…22 %, siehe Tabelle 45).
- Eine mittlere Partikelgröße von rund 100 Hefezellen pro Agglomerat kann je nach Größe der Hefezellen und den möglichen Schwankungen in den Stoffkennwerten des Bieres und der Dichte der Hefezelle eine Klärdauer zwischen 4 Tagen bei einer großzelligen Erntehefe und 26 Tagen bei einer kleinzelligen Propagationshefe für eine Bierschichthöhe von 10 m erfordern (siehe Tabelle 46).
- Die im Manual of Good Practice ([165], S.159) ausgewiesene erforderliche Hefeklärdauer im Bier von über 6 Monaten bezieht sich lediglich auf eine einzelne Hefezelle und entspricht so nicht den technologischen Gegebenheiten.
- Die oben berechneten Absetzgeschwindigkeiten berücksichtigen bei der Berechnung der erforderlichen Absetzdauer der Hefeagglomerate für eine Bierschichthöhe von 10 m noch nicht den Formfaktor φ (siehe Tabelle 38). Da die Hefeagglomerate, bedingt durch die Struktur der Hefezellen, sicher stark abgerundet sind (trifft zu bei untergäriger Hefe sowie bei obergäriger Hefe im zylindrokonischen Gärtank) und die ermittelten Ar-Zahlen in dem vermutlich realistischen Bereich für die Größe der Zellagglomerate bis maximal 1000 Zellen sehr niedrig liegen (siehe Tabelle 43) kann der Formfaktor mit φ = 0,9 angesetzt werden. Die errechneten Werte für die Absetzzeit $t_{10\,m}$ sind deshalb zur Sicherheit um 10 % zu erhöhen.
- Auch die Stoffkennwerte Dichtedifferenz zwischen Hefe und Bier und die Bier- bzw. Suspensionsviskosität beeinflussen die Sedimentationsgeschwindigkeit. Aus Tabelle 46 ergeben sich folgende erste Hinweise: Eine Reduzierung der Dichtedifferenz um rund 50 % verlängert die Absetzdauer der Hefe bei einer 10 m hohen Biersäule um über 100 %.

Die Hefe in der Brauerei

Eine Erhöhung der Bierviskosität um rund 10 % führt zur Verlängerung der Hefeabsetzdauer bei einer 10 m hohen Biersäule um ebenfalls rund 10 %.

◻ Deshalb ist eine weitere Korrektur der errechneten Absetzgeschwindigkeiten zu Beginn der Klärphase erforderlich. Der Hefezuwachs während der Gärung erhöht die scheinbare Viskosität der Suspension, die nach Gleichung 19 berechnet und so zur genaueren Berechnung der Absetzgeschwindigkeit verwendet werden kann.

◻ Weiterhin überschreitet evtl. im unteren Sedimentationsbereich eines Gärtanks der Anteil des Feststoffvolumens am gesamten Suspensionsvolumen die 10 % Grenze und erfordert eine weitere Korrektur der Grenzgeschwindigkeit nach *Stokes* mit dem in Abbildung 79 ausgewiesenen Korrekturfaktor c.

Berechnung des Feststoffvolumenanteils α im Bier und dessen Einfluss auf die Absetzgeschwindigkeit

Ausgehend von dem in Tabelle 42 aufgeführten Bereich für die möglichen Hefezellvolumina wurden die in Tabelle 47 aufgeführten Feststoffvolumina für die technologisch relevanten Hefekonzentrationen bei der Biergärung und Bierklärung berechnet.

In der letzten Zeile von Tabelle 47 wird die Grenzkonzentration ausgewiesen, bei der in Abhängigkeit vom möglichen Hefezellvolumen der Feststoffvolumenanteil den Grenzwert von $\alpha = 0{,}1$ m³/m³ überschreitet und die Zone des freien und unbehinderten Absetzens der Hefepartikel beendet ist und die so genannte Kompressionszone beginnt.

Tabelle 46 Einfluss unterschiedlicher Zellgrößen und unterschiedlicher Stoffkennwerte bei einer konstanten Zellagglomeration von 100 Hefezellen auf die Absetzgeschwindigkeit der Hefeagglomerate im Bier (5 °C)

Bemerkungen	$d_{äq}$ [2]) in 10^{-5} m	ρ_{Hefe} in kg/m³	ρ_{Bier} in kg/m³	η_{Bier} in 10^{-3} Pa·s	w_0 in m/d	$t_{10\,m}$ in d [1])
s. Tabelle 45, $V_H = 289 \cdot 10^{-18}$ m³/Zelle	3,808	1106	1014	2,75	2,29	4,4
s. Tabelle 42, $V_H = 202 \cdot 10^{-18}$ m³/Zelle	3,379	1106	1014	2,75	1,80	5,6
s. Tabelle 42, $V_H = 127 \cdot 10^{-18}$ m³/Zelle	2,892	1106	1014	2,75	1,32	7,6
s. Tabelle 42, $V_H = 21 \cdot 10^{-18}$ m³/Zelle	1,578	1106	1014	2,75	0,39	25,5
s. Tabelle 42, $V_H = 127 \cdot 10^{-18}$ m³/Zelle	2,892	1106	1014	2,50	1,45	6,9
Stoffkennwerte von [165]	3,808	1050	1007	2,50	1,18	8,5
Veränderung von η_{Bier}	3,808	1106	1014	2,50	2,52	4,0
Veränderung von $\Delta\rho$	3,808	1050	1007	2,75	1,07	9,4

[1]) Absetzdauer der Hefeagglomerate in Tagen bei einer Bierschichthöhe von 10 m
[2]) Äquivalenzdurchmesser für ein Zellagglomerat von 100 Zellen

Mit Gleichung 19 kann ausgehend von der reinen Bierviskosität für die α-Werte < 0,1 die Viskosität der hefehaltigen Suspension für eine genauere Berechnung der Absetzgeschwindigkeit korrigiert werden.

Grundlagen der Hefevermehrung

Tabelle 47   Feststoffvolumenanteile (α-Werte) der Hefe im Bier bei der Biergärung und Bierklärung in Abhängigkeit von der Hefezellgröße V_H und Hefekonzentration c_H

V_H	$289 \cdot 10^{-18}$ m³	$202 \cdot 10^{-18}$ m³	$127 \cdot 10^{-18}$ m³	$21 \cdot 10^{-18}$ m³
$c_H = 30 \cdot 10^6$ Zellen/mL	0,0087	0,0061	0,0038	0,0006
$c_H = 60 \cdot 10^6$ Zellen/mL	0,017	0,012	0,0076	0,0012
$c_H = 90 \cdot 10^6$ Zellen/mL	0,026	0,018	0,0114	0,0018
$c_H = 1,0 \cdot 10^9$ Zellen/mL	0,289	0,202	0,127	0,021
$c_H = 2,0 \cdot 10^9$ Zellen/mL	0,578	0,404	0,253	0,041
$c_H = 3,0 \cdot 10^9$ Zellen/mL	0,867	0,606	0,380	0,062
Grenzkonzentration für $\alpha = 0,1$ m³/m³	$346 \cdot 10^6$ Z/mL	$495 \cdot 10^6$ Z/mL	$787 \cdot 10^6$ Z/mL	$4,76 \cdot 10^9$ Z/mL

Angaben in m³ Hefevolumen/m³ Bier (= α in m³/m³)

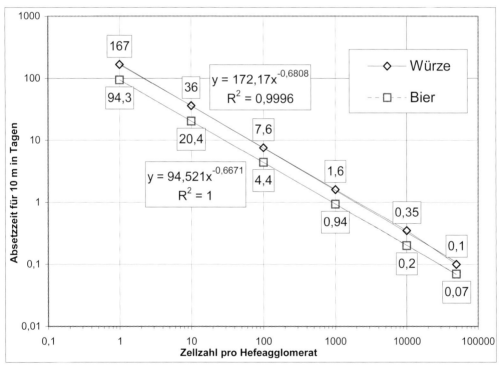

Abbildung 81   Absetzdauer in Tagen/10 m der Hefepartikel in Würze (10 °C) und Bier (5 °C) für eine Flüssigkeitshöhe von 10m in Abhängigkeit von der Zellzahl pro Partikel bei einem konstanten Hefezellvolumen von $V_H = 2,89 \cdot 10^{-16}$ m³ (berechnet mit den Werten in den Fußnoten von Tabelle 44 und Tabelle 45)
Die Regressionsgleichungen sind nur als Näherung zu verstehen (Rundungsfehler des Programms)

Die Hefe in der Brauerei

Nachfolgend werden in Tabelle 48 für zwei verschiedene Hefezellgrößen und zwei verschiedene Bierviskositäten und einer real möglichen maximalen Hefekonzentration im Bier am Ende der Gärung von $c_H = 90 \cdot 10^6$ Zellen/mL die veränderten Absetzgeschwindigkeiten berechnet.

Tabelle 48   Berechnung der Viskosität eines hefehaltigen Bieres η_{Susp} bei einer Hefekonzentration von $c_H = 90 \cdot 10^6$ Zellen/mL und der sich daraus veränderten Absetzgeschwindigkeit [1)] w_{eff} und Absetzzeit [1)] t_{10m} für ein Zellagglomerat aus 100 Hefezellen

V_H in m³	$d_{äq}$ für 100 Zellen in m	α-Wert s. Tabelle 47	η_{Bier} in Pa·s	η_{Susp} in Pa·s	w_{eff} in m/d	t_{10m} in d
$289 \cdot 10^{-18}$	$3,808 \cdot 10^{-5}$	0,026	0,00275	0,003072	2,05	4,9
$289 \cdot 10^{-18}$	$3,808 \cdot 10^{-5}$	0,026	0,00250	0,002793	2,25	4,4
$127 \cdot 10^{-18}$	$2,892 \cdot 10^{-5}$	0,0114	0,00275	0,002891	1,25	8,0
$127 \cdot 10^{-18}$	$2,892 \cdot 10^{-5}$	0,0114	0,00250	0,002628	1,38	7,3

[1)] Berechnet mit den Stoffkennwerten: $\rho_{Bier} = 1014$ kg/m³ ; $\rho_{Hefe} = 1106$ kg/m³

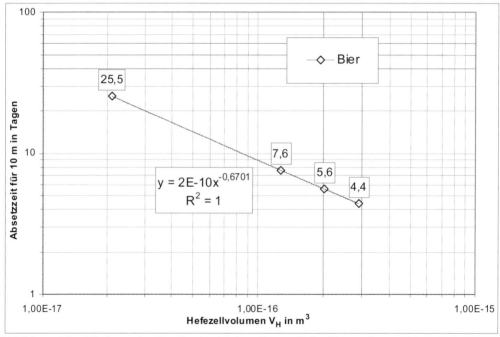

Abbildung 82   Einfluss der Größe der Hefezellen auf die Absetzdauer der aus 100 Hefezellen bestehenden Hefepartikel für den Wertebereich:
$\rho_{Bier} = 1014$ kg/m³
$\eta_{Bier} = (2,50...3,08) \cdot 10^{-3}$ Pa·s
$\rho_{Hefe} = 1106$ kg/m³
$V_H = (0,21...2,89) \cdot 10^{-16}$ m³
(Einzelergebnisse siehe Tabelle 46 und Tabelle 48)
Die Regressionsgleichung ist nur als Näherung zu verstehen (Rundungsfehler des Programms)

Grundlagen der Hefevermehrung

Vergleicht man die Absetzgeschwindigkeiten w_0 aus Tabelle 46 mit den korrigierten Absetzgeschwindigkeiten w_{eff} bzw. die in beiden Tabellen ausgewiesenen erforderlichen Absetzzeiten t_{10m} für eine 10 m hohe Bierschicht, so ergeben die korrigierten Werte mit den höheren η_{Susp}, dass sich bei dem größeren Zellvolumen die Absetzgeschwindigkeit um 10…11 % verlangsamt bzw. sich die Absetzzeit um 10…11 % verlängert. Bei der kleinzelligeren Hefe reduziert sich die Absetzgeschwindigkeit um 5…6 %, bzw. es verlängert sich t_{10m} um 5…6 %.

In der so genannten Zone des freien Absetzens, die bis zu einer erhöhten Hefekonzentration mit Feststoffvolumenanteilen von $\alpha \leq 0,1$ m³/m³ reichen kann (siehe Tabelle 47), ist nach diesen Modellrechnungen ein Korrektur der Viskosität der hefehaltigen Suspension sinnvoll, um eine genauere Abschätzung der erforderlichen Klärdauer zu erhalten.

Eine Zusammenstellung aller für Bier berechneten Werte für die Hefeabsetzdauer bei einer Biersäule von 10 m wird in Abbildung 83 grafisch dargestellt.

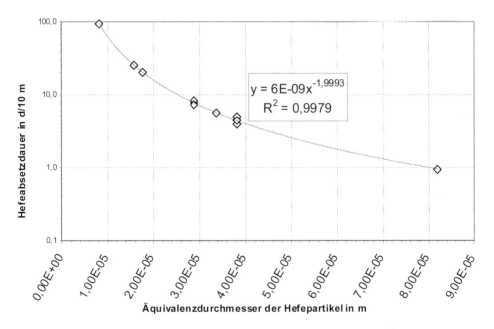

Abbildung 83   Hefeabsetzdauer im Bier (5 °C) in Abhängigkeit vom Äquivalenzdurchmesser der Hefepartikel, zusammengestellt aus den berechneten Werten der Tabelle 45, Tabelle 46 und Tabelle 48, gültig für den Bereich: $V_H = (0,21…2,89) \cdot 10^{-16}$ m³, Zellzahl pro Partikel: 1…1000 Zellen, $\Delta\rho = 92$ kg/m³ (const.) und $\eta_{Bier} = 2,63…3,07$ mPa·s
Die Regressionsgleichung ist nur als Näherung zu verstehen (Rundungsfehler des Programms)

Absetzgeschwindigkeiten und Absetzzeiten in der Kompressionszone

Aus den Angaben für die Grenzkonzentration von $\alpha = 0,1$ m³/m³ in Tabelle 47 erkennt man, dass der Beginn der Kompressionszone sehr stark von der Größe der Zellvolumina abgängig ist. Bei Bierhefen wird dieser Bereich bei Hefekonzentrationen zwischen 300...800·10⁶ Zellen/mL beginnen und je nach Größe der Hefezellvolumina zwischen 3...6·10⁹ Zellen/mL beendet sein. Höhere Hefekonzentrationen sind repräsentativ für ein festes Hefesediment (siehe auch in Tabelle 17 die Angaben für Hefezellzahlen bei der gepressten kleinzelligeren Backhefe H_{27}).

Bei der Biergärung liegen die Konzentrationen der Erntehefen aus zylindrokonischen Gärtanks normal zwischen 1...3·10⁹ Zellen/mL. Feste Hefesedimente sollen in dieser Phase im Interesse einer zügigen und möglichst vollständigen Hefeernte vermieden werden. Tabelle 47 weist die α-Werte für den technologisch möglichen Bereich aus.

Aus Abbildung 79 und der nachfolgend ausgewiesenen Regressionsfunktion für diesen in der Abbildung dargestellten Zusammenhang kann der Korrekturfaktor als Beiwert c zur Grenzgeschwindigkeit nach *Stokes* für die höheren Feststoffvolumenanteile abgelesen bzw. berechnet werden (Gleichung 22):

$c = 1{,}1943 \cdot e^{-7{,}5445 \cdot \alpha}$ (B = 0,9997)   Gleichung 22

c = Beiwert zur Korrektur der Grenzgeschwindigkeit nach *Stokes*
α = Feststoffvolumenanteil in m³/m³

Für eine normale dickbreiige Hefe mit einer Hefekonzentration von c_H = 3·10⁹ Zellen/mL wurden mit Gleichung 22 die in Tabelle 49 ausgewiesenen Beiwerte c und deren Auswirkungen auf die tatsächliche Absetzgeschwindigkeit w_{eff} und die voraussichtliche Zeit t_{1m} für die weitere Kompression um 1 m Schichthöhe berechnet.

Tabelle 49   Beiwert c für eine Hefekonzentration von c_H = 3·10⁹ Zellen/mL bei zwei verschiedenen Hefezellvolumina und der Einfluss auf die tatsächliche Absetzgeschwindigkeit w_{eff} und voraussichtliche Zeit t_{1m} für die weitere Kompression bei 1 m Schichthöhe

Hefezellvolumen V_H	m³	289·10⁻¹⁸	127·10⁻¹⁸
Feststoffvolumenanteil α	m³/m³	0,867	0,380
Beiwert c nach Gleichung 22	-	0,00172	0,068
Grenzgeschwindigkeit w_0 ¹⁾	m/d	10,6	6,1
Korrigierte Absetzgeschwindigkeit w_{eff}	m/d	0,018	0,415
Zeit t_{1m} für die Verdichtung um 1 m	d	55,6	2,4

¹⁾ berechnet für eine Partikelgröße von 1000 Zellen/Partikel

Die hier berechneten Absetzgeschwindigkeiten und -zeiten berücksichtigen nur den Grenzfall, bei dem alle sedimentierenden Hefepartikel das gleiche Volumen besitzen. Trotzdem lassen sich folgende allgemein gültigen Schlussfolgerungen daraus ziehen:
- Normal dickbreiige Erntehefesätze mit Feststoffvolumenanteilen von α > 0,8 m³/m³ sedimentieren in den technologisch relevanten Standzeiten kaum noch (deshalb auch keine effektive Heferestbiergewinnung durch Sedimentation, praktisch keine Entmischung im Hefeaufbewahrungsgefäß bei Standzeiten von 2...3 Tagen).
- Dünnbreiige Erntehefen mit Feststoffvolumenanteilen von α < 0,3 m³/m³ sedimentieren innerhalb von 1...3 Tagen Standzeit deutlich, sie entmischen sich und erfordern vor dem Wiederanstellen eine Homogenisierung.
- Bei Feststoffvolumenanteilen von 0,3 < α < 0,8 m³/m³ verursachen kurzfristige Standzeiten dieser Hefesätze von 1...2 Tagen keine technologisch relevanten Entmischungen.

Für genauere Berechnungen kann anstatt des Beiwertes c die Sedimentationsgeschwindigkeit einer Hefesuspension mit einem bekannten Hefetrockensubstanzgehalt unter Verwendung der unter Kapitel 4.2.5 differenziert ausgewiesenen Suspensionsviskositäten berechnet werden.

Schlussfolgerungen zur Sedimentationsgeschwindigkeit der Hefe

Die vorgestellten Berechnungen gehen nur von einzelnen Modellgrößen aus und nicht von den in der Realität natürlich vorhandenen Partikelgrößenverteilungen (siehe Beispiele in Tabelle 18 und Tabelle 20). Trotzdem zeigen die Berechnungen folgende Zusammenhänge, die für Partikelgrößenverteilungen übertragbar sind:

- Intensive Propagationen ergeben viele kleinzellige Hefezellen, die sehr vital und gäraktiv sind, sie verlängern entscheidend die erforderliche Sedimentationszeit bis zur Erreichung einer guten Hefeklärung mit dem Ziel, Hefekonzentrationen unter $2 \cdot 10^6$ Zellen/mL im Filtereinlaufbier ohne Separation zu erzielen.
- Die möglichen Ursachen für den hohen Anteil an kleinzelligen Hefezellen bei einer intensiven Vermehrung, z. B. bei Propagationstemperaturen über 12 °C, können Veränderungen in der äußeren Hefezellwand sein, die die Flockungsneigung verringern und vor allem, dass die Hefepopulation keine Zeit für das Auswachsen der Einzelzellen hatte.
- Alle Maßnahmen, die die Flockungseigenschaften der Hefe fördern, vergrößern die Partikel, erhöhen die Sedimentationsgeschwindigkeit und verkürzen die erforderliche Absetzdauer.
- Die Flockungseigenschaften sind bekannter Weise stammspezifische Eigenschaften, die auch durch technologische Maßnahmen gefördert werden können. Nach *Wackerbauer* und Mitarbeitern [178] kann die Bruchbildung durch eine niedrige Propagationstemperatur (10 °C) und durch einen Zusatz von Zink-Ionen (0,3 ppm) zur Propagationswürze gefördert werden, beide Maßnahmen dürften das Wachstum der Einzelzelle fördern und damit das Volumen der Hefezelle erhöhen.
- Bei der Untersuchung der Phänomene der Hefesedimentation sollte grundsätzlich auch die Hefezellgröße und die davon abhängige Partikelgrößenverteilung mit erfasst werden, um das Sedimentationsverhalten des jeweiligen Hefesatzes auch aus verfahrenstechnischer Sicht interpretieren zu können.
- Der Einsatz eines Klärseparators zur Hefeernte bzw. vor der Filtration ist eine sichere Möglichkeit, die Hefeklärung unabhängig von der Zell- und Partikelgröße zu gewährleisten, aber auch eine kostenintensive Lösung.
- Die Hefeernte mittels eines Jungbierseparators hat zusätzliche positive Effekte bezüglich der Vermeidung von Temperaturschocks der Hefe.

4.2.11 Berechnungsbeispiel für den Einfluss des Feststoffvolumenanteils der Erntehefe auf die mögliche Hefebiergewinnung

Bei modernen Dekantern und Hefeseparatoren sind bei der Rückgewinnung des Hefebieres in der so konzentrierten Hefe Hefetrockensubstanzgehalte über 20 % HTS erreichbar. Die Volumenausbeute der so wiedergewonnenen Biermenge ist u.a. abhängig von der Hefekonzentration der Ausgangssuspension. Die Hefebierausbeute kann nach

Die Hefe in der Brauerei

der Bestimmung des Trockensubstanzgehaltes der Ausgangssuspension (geerntetes Hefe-Bier-Gemisch) und der erreichbaren Endkonzentration im Hefekonzentrat nach dem Trennprozess unter Verwendung des Diagrammes in Abbildung 84 abgeschätzt werden.

Die Ergebnisse der nachfolgenden rechnerischen Beispielkalkulation der zurück gewinnbaren Biermenge aus einer Überschusshefe stimmen sehr gut mit den Werten in Abbildung 84 überein.

Berechnungsbeispiel:
Bei einer Überschussentehefe mit einer Hefekonzentration von 10 % HTS und einer Dichte dieser Suspension nach Abbildung 68 von ρ = 1046 kg/m³ beträgt der Hefevolumenanteil α:

$$\alpha = \frac{10\,\text{kg HTS}}{100\,\text{kg Bier}} \cdot \frac{1046\,\text{kg Bier}}{1\,\text{m}^3\,\text{Hefebier}} \cdot \frac{1\,\text{kg Hefe}}{0{,}32\,\text{kg HTS}} \cdot \frac{1\,\text{m}^3\,\text{Hefe}}{1106\,\text{kg Hefe}} = 0{,}296 \frac{\text{m}^3\,\text{Hefe}}{\text{m}^3\,\text{Hefebier}}$$

1 m³ Überschussentehefe mit einem HTS-Anteil von 10 % besteht damit aus 0,296 m³ Hefe und 0,704 m³ Bier.

Nach der Hefebiergewinnung beträgt im Hefekonzentrat:
 der erreichte Hefetrockensubstanzgehalt nach dem Trennprozess: 20 % HTS,
 die Dichte der Hefesuspension bei 20 % HTS nach Abbildung 68: 1080 kg/m³,
 die Dichte der Hefezellen: 1106 kg/m³ und
 der durchschnittliche HTS-Gehalt der Hefezellen (ohne Haftwasser): 32 %.

Der erreichte Hefevolumenanteil α beträgt nach dem Trennprozess im Hefekonzentrat:

$$\alpha = \frac{20\,\text{kg HTS}}{100\,\text{kg Bier}} \cdot \frac{1080\,\text{kg Bier}}{1\,\text{m}^3\,\text{Hefebier}} \cdot \frac{1\,\text{kg Hefe}}{0{,}32\,\text{kg HTS}} \cdot \frac{1\,\text{m}^3\,\text{Hefe}}{1106\,\text{kg Hefe}} = 0{,}61 \frac{\text{m}^3\,\text{Hefe}}{\text{m}^3\,\text{Hefebier}}$$

1 m³ Hefekonzentrat mit einem HTS-Anteil von 20 % besteht damit aus 0,61 m³ Hefe und 0,39 m³ Bier.

Die Berechnung der durch Separation gewinnbaren spezifischen Biermenge pro 1 m³ Ausgangssuspension kann nach folgendem Beispiel erfolgen:

 Konzentrierungsfaktor f_K = 0,61 / 0,296 = 2,06
 Hefekonzentratmenge V_K = 1,0 m³ / 2,06 = 0,485 m³
 Gewonnene Biermenge V_B = 1,0 - 0,485 = <u>0,515 m³</u>

Die gewinnbare Biermenge bei einer Konzentrierung von 10 % HTS auf 20 % HTS beträgt damit 0,515 m³ Bier pro 1 m³ Überschussentehefe. In Abbildung 84 werden bei dieser Konzentrierung ebenfalls rund 50 % Biergewinn, bezogen auf die Einsatzmenge, ausgewiesen.

Die im Hefekonzentrat befindliche Restbiermenge beträgt pro 1 m³ Überschussentehefe:
 V_{RB} = 0,485 · 0,39 = <u>0,19 m³</u>

Die Berechnung kann äquivalent auch für alle anderen Hefe- und Produktqualitäten sowie Konzentrierungsfaktoren durchgeführt werden.

Grundlagen der Hefevermehrung

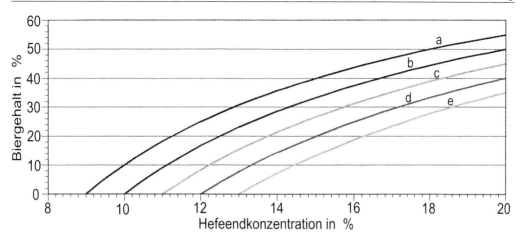

Abbildung 84   Nomogramm zur Ermittlung des Hefebiergehaltes bei bekanntem HTS-Gehalt der Hefesuspension und HTS-Konzentration im Konzentrat (nach Fa. Pall)
HTS-Gehalt der Hefesuspension zu Beginn: a = 9 %, b = 10 %, c = 11 %, d = 12 % und e =13 %

4.3 Aufbau der Hefezelle und die Funktionen ihrer Organellen

Die Hefen und damit auch die Bierhefen sind einzellige Mikroorganismen („Sprosspilze"), die sich in günstigen Nährmedien vegetativ durch Sprossung vermehren. Sie besitzen als Eukaryonten einen durch eine Membran vom Cytoplasma abgegrenzten Zellkern. Beide zusammen bilden das Protoplasma, das durch eine mehrschichtige Zellwand gegenüber der Umwelt abgegrenzt ist. Das Cytoplasma ist das wichtigste Zellkompartiment, in ihm sind eine Reihe von Zellorganellen eingelagert. Tabelle 50 gibt einen Überblick über die Funktionen der Hefezellbestandteile.

Tabelle 50   Zusammenstellung der wesentlichen Funktionen der Hefezellbestandteile

Zellbestandteil	Funktion
Zellkern	Replikation, RNA-Synthese, Kernteilung, Vererbungsanlagen
Cytoplasma	Stoffwechsel
Ribosomen	Proteinsynthese
Mitochondrien	Atmung, Energiestoffwechsel
Cytoplasmamembran	Stofftransport, Energiegewinnung, Zellteilung
Zellwand	Schutz- u. Stützfunktion, Kompensation des osmotischen Druckes des Protoplasten, Beeinflussung der Hefeflockung
Vakuolen	(Lysosome), hydrolytische Stoffaufspaltung, Aminosäure- und Phosphatpool

Der Aufbau der Hefezelle ist schematisch in Abbildung 85 dargestellt. Die für die Hefevermehrung wichtigsten Detailangaben werden nachfolgend aufgeführt.

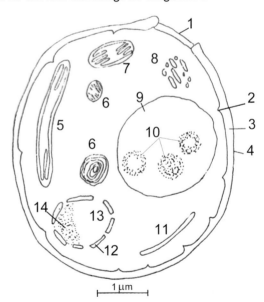

Abbildung 85   Aufbau der Hefezelle (nach [152])
1 Sprossnarbe **2** Plasmaeinbuchtung **3** Plasmamembran **4** Zellwand **5** fadenartiges Mitochondrion **6** Lipidgranula (Sphärosome) **7** Mitochondrion **8** Golgikomplexe **9** Vakuole **10** Polymetaphosphatgranula **11** endoplasmatisches Reticulum **12** nucleare Membran **13** Nucleus **14** Nucleolus

4.3.1 Das Cytoplasma (Zellplasma)

Das Cytoplasma bildet mehr als 50 % des Zellvolumens, es ist nur scheinbar (lichtmikroskopisch) eine homogene, strukturlose und durchsichtige Grundsubstanz mit Zellorganellen und Plasmagranula. Es ist gitter- und lamellenförmig strukturiert (nur sichtbar im Elektronenmikroskop). Dazwischen liegen zahlreiche Ribosomen (ca. 20 nm groß), die hauptsächlich aus Ribonucleinsäuren und Protein bestehen und verantwortlich für die Proteinsynthese sind.

Bestandteile des Cytoplasmas sind neben Wasser (> 65 %) vor allem Proteine und Stoffwechselprodukte, vor allem Makromoleküle aus mehreren Milliarden Proteinmolekülen von einer Größe von ca. 40 kDa, vor allem Enzyme, weiterhin Nucleinsäuren (RNA) und Polysaccharide. Daneben gibt es viele kleinere organische Moleküle mit einer Masse von 100…1000 Da, wie die Metabolite des Intermediär-Stoffwechsels, Saccharide, Aminosäuren und Nucleotide sowie Coenzyme und anorganische Ionen. Die löslichen Bestandteile bestimmen den osmotischen Druck der Zelle, der durchschnittliche Wert beträgt 1,2 MPa (siehe auch Kapitel 4.2.9). Es ist ein kompliziertes kolloidales System (= Cytosol), das sich ständig in Bewegung befindet.

Das Cytoplasma ist der zentrale Reaktionsraum der Zelle für den Abbau der Nahrungsstoffe und den Aufbau zelleigener Bausteine, fast für den gesamten Intermediärstoffwechsel, wie die Glycolyse, den Hexosemonophosphat-Weg, die Gluconeogenese, die Fettsäuresynthese, die Biosynthese von Proteinen u.a.

Das Cytoplasma ist ein dicht angefülltes Kompartiment, die Abstände zwischen den organischen Molekülen sind gering, nur wenige Wassermoleküle trennen und verbinden gleichzeitig die Organellen. Alle Moleküle sind in Bewegung. Die Proteine sind wegen ihrer Masse besonders langsam, in 2 ms legen sie einen Weg von durchschnittlich 10 nm zurück, dies entspricht ihrer eigenen Länge, damit erreichen sie in 6…10 Sekunden jeden Ort der Hefezelle.

Eine Vorstellung von der komplexen Zusammensetzung des Cytoplasmas gibt nachfolgend das weitgehend erforschte Beispiel des Bakteriums *Escherichia coli*:

Cytoplasma von Escherichia coli

Mit einem Durchschnittsvolumen von ca. 0,88 µm^3 (ca. 1/300 des Zellvolumens der Hefezelle) sind in 1/600 des Cytoplasmas enthalten:
- Mehrere hundert Makromoleküle für die Proteinsynthese, wie
  - 30 Ribosomen,
  - $\geq$ 100 Proteinfraktionen,
  - 30 Aminoacyl-t-RNA-Synthetasen,
  - 340 t-RNA-Moleküle,
  - 2…3 m-RNAs mit einer Länge von ca. 1 µm und
  - 6 Moleküle RNA-Polymerase,
- ca. 330 weitere Enzym-Moleküle, davon
  - 130 Glycolyse-Enzyme und
  - 100 Enzyme des Citrat-Cyclus,
- 30.000 kleine organische Moleküle mit einer Masse von 100…1000 Da,
- ca. 50.000 anorganische Ionen.

4.3.2 Zellwand mit Plasmamembran

Die Hefezellwand hat bei einer Schichtdicke von 100…300 nm einen mehrschichtigen, strukturierten Aufbau. Die Abgrenzung zum Cytoplasma bildet als wichtigste Umhüllungslamelle der Hefezelle die Plasmamembran (auch Plasmalemma) mit einer Schichtdicke von 6…30 nm.

Die Zellwand gehört stoffwechselphysiologisch zum extrazellulären Raum der Hefezelle. Sie macht 15…30 % der Hefetrockensubstanz aus. Bruchhefen erreichen einen höheren Zellwandanteil als Staubhefen. Der Aufbau der Zellwand ist schematisch in Abbildung 86 dargestellt.

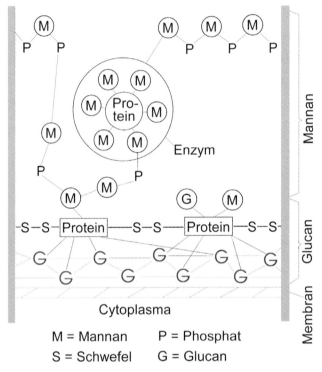

Abbildung 86   Aufbau und Struktur der Hefezellwand nach einem Modell von Lampen (l.c. [152])

4.3.2.1 Die äußere Zellwand

Sie besteht aus einer strukturierten Doppelschicht aus Polysacchariden. Der äußere Teil ist eine Phosphomannanschicht (sog. Hefegummi). Sie beeinflusst das Flockungsvermögen der Zellen. Durch eine Querbrückenbildung, die abhängig ist von der Konzentration an Phosphatgruppen im Mannan-Protein-Komplex, nimmt das Flockungsvermögen proportional mit den Phosphatgruppen zu. Der Mannan-Abbau in der Wachstumsphase der Hefe führt zeitweilig zu einem Verlust der Flockungseigenschaften und des Bruchbildungsvermögens (siehe auch nachfolgenden Flockungstest). Das Mannan soll Antigeneigenschaften besitzen.

Zwischen der äußeren Phosphomannanschicht und der inneren Glucanschicht sind Proteinmoleküle eingebettet, die über Disulfidbrücken die Verbindung zwischen der äußeren und der inneren Schicht sichern. Es sind hauptsächlich Struktur- und Enzymproteine. Die Enzymproteine in der äußeren Zellwand sind zum Teil auch mit ihrem Threonin- oder Serinrest an der Mannanschicht angebunden oder befinden sich im periplasmatischen Raum (zwischen äußerer Zellwand und Plasmamembran). Diese externen Enzyme von *Saccharomyces*-Hefen haben eine Reihe von wichtigen Stoffwechselfunktionen. Es sind unter anderem folgende Enzyme (Tabelle 51):

Tabelle 51   Externe Enzyme der Saccharomyces-Hefen

Invertase	hydrolysiert Saccharose in Glucose und Fructose, erleichtert die Diffusion dieses Zuckers durch die Zellmembran; eine Invertasegewinnung von der Hefezellwand ist für die Saccharoseinvertierung möglich, die Optima der Hefeinvertase liegen bei einem pH-Wert = 5,0 und bei ϑ = 55 °C
Melibiase	ist normal nur bei untergärigen Hefen vorhanden, es ist ein wichtiges Unterscheidungsmerkmal für ober- und untergärige Hefen, das Enzym ist für eine 100 %ige Raffinoseverwertung erforderlich
saure Phosphatase	
ATP-ase	hydrolysiert ATP und ist erforderlich für energieaufwändige Transportprozesse durch die Zellmembran
5'-Nucleotidase	
alkalische Pyrophosphatase	
β-1,3- und β-1,6-Glucanasen	wirken beim Aufbau der äußeren Hefezellwand mit
Acyl-β-glucosidase	
Aminopeptidase	
Katalase	
Phospholipase	
Mannase	wirken nur während der Sprossung und bauen das Mannan der äußeren Hefezellwand ab und beeinflussen damit die Bruchbildungseigenschaften; sprossende Zellen mit wenig Mannan neigen nicht zur Bruchbildung, stark flockende Hefestämme weisen höhere Schwankungen im Mannangehalt auf als Staubhefen
Proteindisulfid-reduktase	schwächt vermutlich während der Sprossung die Zellwand an der Sprossstelle

Die innere Hefeglucanschicht besteht hauptsächlich aus einem β-1,3-Glucan mit einigen β-1,6-glycosidischen Bindungen (siehe auch Kapitel 4.1.2.3). Auch dieses Polysaccharid der Hefe steht zunehmend im Blickpunkt neuer wissenschaftlicher und kommerzieller Interessen. Es wurde seine cholesterinsenkende sowie immunstimulierende Wirkung nachgewiesen. Letztere Wirkung beruht vor allem in der deutlichen Stimulierung der Aktivität der Makrophagen, der wichtigsten Zellen des komplexen Immunsystems [179, 180]. Großtechnisch werden β-Glucanextrakte mit β-Glucangehalten von mind. 70 % (für den Bereich Tiergesundheit) bzw. mind. 85 % (für den Bereich Food/Kosmetik) durch eine Hefeextraktion gewonnen [181]. Aus den oben genannten Gründen ändert sich die Zusammensetzung der Hefezellwand während der Fermentation, der Schwankungsbereich ist aus Tabelle 52 ersichtlich.

4.3.2.2 Hefeflockung und Flockungstheorien

Die Flockung der Hefe, d.h. das Zusammenballen einzelner Hefezellen zu größeren Agglomeraten, ist bei der Biergärung aus folgenden Gründen von großer technologischer Bedeutung:

- Vom Zeitpunkt des Zusammenballens an wird die wirksame Zelloberfläche für den Stoffaustausch der im Gärprozess befindlichen Einzelzellen reduziert (s.a. Kapitel 4.2.2).
- Die Größe der Hefeagglomerate entscheidet mit über die Sedimentationsgeschwindigkeit der im Gärprozess befindlichen Hefezellen (s.a. Kapitel 4.2.10).
- Eine zu frühzeitige Flockung kann zu einem frühzeitigen Abbruch der Gärung und Reifung führen mit den negativen Qualitätsfaktoren eines zu hohen vergärbaren Restextraktes und eines nicht ausgereiften Bieres.
- Eine zu langsame oder zu späte Flockung führt zu hohen Hefegehalten und damit zu Filtrationsproblemen im fertigen Lagerbier. Sie erfordert mehr Zeit für die Klärung oder einen zusätzlichen Aufwand für die künstliche Klärung des Lagerbieres, z. B. durch Separation.

Die Hefeflockung ist sehr stark von Veränderungen in der Zusammensetzung der äußeren Hefezellwand abhängig (s.o.). Im Normalfall beginnt die Flockung, wenn die in der Bierwürze enthaltenen Nährstoffe, vor allem die vergärbaren Zucker, weitgehend verbraucht sind. Weitere Einflüsse auf den Zeitpunkt und die Intensität der Hefeflockung haben:

- Die spezifischen Eigenschaften des Hefestammes (s. Kapitel 1, 2 und 6.2.2);
- Das Alter des Hefesatzes (je älter der Hefesatz, um so früher neigt die Hefe zur Flockung);
- Die Intensität der Hefepropagation, die bei höheren Propagationstemperaturen und erhöhten Zinkgehalten in der Würze zu kleinzelligeren Hefezellen führt und damit ihre Flockung und Sedimentation verzögert (s.a. Kapitel 4.2.1 und 4.2.10).
- Die Verfahrensführung im Prozess der Gärung und Reifung, insbesondere das Anstellverfahren (s.a. Kapitel 6.4), die Temperatur-Druck-Führung (s.a. Kapitel 6.5) und evtl. Temperaturschocks;
- Das Nährstoffangebot und die Zusammensetzung der zu fermentierenden Würze: Je nährstoffärmer die Würze ist,
    - um so geringer ist der Hefezuwachs und die Verjüngung des Hefesatzes,
    - um so größer ist die Gefahr einer frühzeitigen Flockung des Hefesatzes (s.a. Kapitel 4.6).

Weiterhin wird vermutet, dass Botenstoffe aus dem Malz eine frühzeitige Hefeflockung verursachen können (s.u. PYF-Faktor).

Es gibt eine Vielzahl von älteren Flockungstheorien. Nach neueren Erkenntnissen kann der komplizierte Prozess der Hefeflockung vereinfacht so dargestellt werden. Er wird von zwei Stoffgruppen in der äußeren Zellwand der Hefezelle verursacht.

- Die eine Stoffgruppe sind die in der äußeren Hefezellwand vorhandenen Mannanketten, deren Bildung durch die MNN-Gene der Hefezelle geregelt wird.

Grundlagen der Hefevermehrung

❐ Die andere Gruppe sind die lektinartigen Flocculine (zuckerbindende Proteine, mit der Eigenschaft Zellen zu agglutinieren), die von den FLO-Genen der Zelle nach der Erschöpfung der Nährstoffe gebildet werden.
Die Flocculine binden sich an die Mannanmoleküle der Nachbarzelle und bilden über weitere Kreuzverbindungen mit weiteren Hefezellen flockenartige Aggregate, die natürlich schneller sedimentieren als freie Einzelzellen (eine vereinfachte Darstellung siehe Abbildung 87).

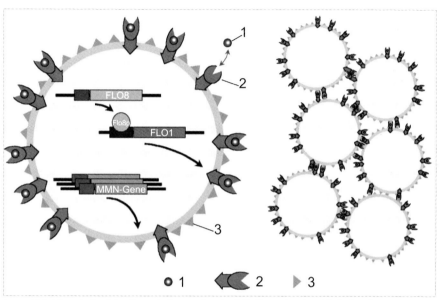

Abbildung 87 Vereinfachte Darstellung der Lektintheorie der Hefeflockung (nach [182], ref. durch [183])
1 Ca^{2+}-Ion   **2** Flocculin (Flo1p)   **3** Zellwand-Mannane

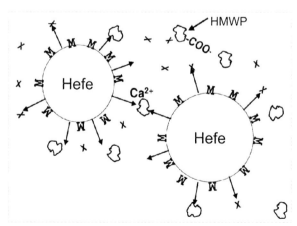

Abbildung 88 Schematische Darstellung des Einflusses von PYF-Faktoren auf die vorzeitige Hefeflockung nach van Nierop et al.(ref. durch [181])
M α-Mannan   ↑ lektinartiges Protein   **X** einfache Zucker
HMWP hochmolekulare Polysaccharide

Als eine weitere Ursache für eine vorzeitige Hefeflockung wird in verschiedenen neuen Literaturquellen ein induzierender Faktor vermutet, der aus dem Malz stammt und als PYF-Faktor (PYF = Premature Yeast Flocculation, vorzeitige Hefeflockung) bezeichnet wird (ref. durch [181]).

Van Nierop et al. (ref. durch [181]) nehmen an, dass im Malz eine pilzinduzierte Synthese der PYF-Faktoren aus der Gerstenspelze erfolgt. Es handelt sich um hochmolekulare Polysaccharide (HMWP), die in geringsten Konzentrationen und in Abhängigkeit von Ca^{2+}-Ionengehalt für eine induzierte Hefeflockung wirksam sind (siehe vereinfachte Darstellung in Abbildung 88).

Der PYF-Faktor aus einem Malz wurde wie folgt charakterisiert:
- Er ist ca. 100 kDa groß oder etwas größer;
- Er besteht nicht aus proteinischen Verbindungen;
- Er besitzt keine metabolische Komponente;
- Es könnte eine Verbindung von Ferulasäure und Arabinoxylankomplexen sein, die sich an die Hefezellwand binden können.

Voetz und *Woest* [181] haben eine Analysenmethode zur Bestimmung des PYF-Faktors vorgeschlagen.

4.3.2.3 Flockungstest

Zur Untersuchung des Flockungsvermögens von Hefestämmen und Hefesätzen wird u.a. der von *D'Hautcourt* und *Smart* modifizierte *Helm*-Test (siehe auch [184], ref. in [185]) angewendet. Hier wird nach mehreren Wasch-, Separations- und Verdünnungsstufen die Sedimentation der Hefezellen in zwei unterschiedlichen wässrigen Lösungen durch die Messung der optischen Dichte des Überstandes bei 600 nm in 1 mL Küvetten nach 20 Minuten Sedimentationszeit bestimmt. Die Differenz der optischen Dichte des Überstandes der Lösung A (mit EDTA-Zusatz) minus der des Überstandes der Lösung B (Zusätze: $CaSO_4$, Natriumacetat, Eisessig, Ethanol), bezogen auf die optische Dichte des Überstandes der Lösung A, ergibt das Flockungsvermögen in Prozent.

4.3.2.4 Sprossnarben

Bei der Sprossung wird die Zellwand an der Sprossstelle vermutlich durch eine Proteindisulfidreduktase geschwächt. Die Anzahl der Sprossnarben auf den Hefezellen in einer Hefepopulation entspricht einer statistischen Verteilung. Sie sagen etwas über das Alter der Einzelzelle, aber nichts über das Alter der Population aus! (s.a. Kapitel 4.4.1). Da eine Sprossnarbe ca. 2 % der Zelloberfläche einnimmt, sinkt mit zunehmender Zellteilung die Stoffwechselleistung einer Hefezelle. Die Sprossnarbe behindert auf Grund ihrer veränderten Zusammensetzung den Stoffaustausch. Es wurden Hefezellen mit bis zu 25 Sprossnarben ($\hat{=}$ etwa 50 % der Zelloberfläche) festgestellt.

4.3.2.5 Protoplasten

Protoplasten können durch das vollständige enzymatische Auf- und Ablösen der äußeren Zellwand von der Plasmamembran erzeugt werden (z. B. zum Zwecke der leichteren Zellfusion/Kreuzung). Bei Erhaltung der Plasmamembran sind Protoplasten voll lebensfähige Zellen, die ihre äußere Zellwand wieder regenerieren können.

Tabelle 52 Die chemische Zusammensetzung der Zellwand

Mannane	30…40 %	Außenschicht, gebunden an Protein u. Phosphat, hat Antigeneigenschaften
Glucane	30…40 %	β-1, 3- und β-1, 6-glycosidische Bindungen
Proteine	8…15 %	z.T. Struktur- und z.T. Enzymproteine
Lipide	3…8 %	
Hexosamine	2…4 %	
Chitin	1 %	lokalisiert in den Sprossnarben
Mineralstoffe	3…6 %	

4.3.2.6 Plasmamembran (Plasmalemma)

Sie ist eine lipidartige, fluide Doppelschicht, eingelagert sind zahlreiche Komplexe (Sterine und Mannan-Protein-Komplexe). Als wichtigste Umhüllungslamelle der Hefezelle bildet sie die eigentliche Grenzschicht zwischen dem Zellinneren und dem Außenmedium. Ihre Beschädigung oder ihr Aufplatzen führt zum Zelltod. Sie weist einen zum Cytoplasma unterschiedlichen Aufbau und eine andere Zusammensetzung auf.

Die Struktur der Zellmembran besteht aus einer Doppelschicht von Lipidmolekülen, deren polare Kopfgruppen von einander wegweisen. Sowohl die außen zum Nährsubstrat liegende als auch die innen zum Protoplasma liegende Grenzschicht sind hydrophil, die innerhalb der Plasmamembran liegende Grenzschicht ist hydrophob (s.a. Abbildung 89).

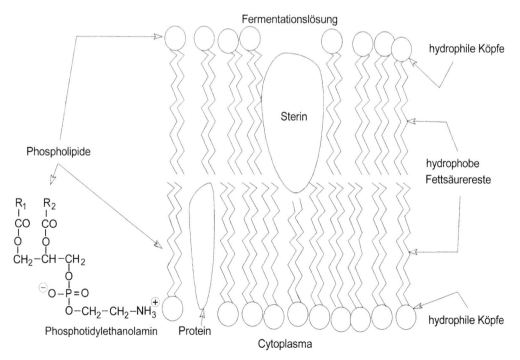

Abbildung 89   Modell der Plasmamembran (Mosaikmodell)

Die Plasmamembran ist verantwortlich für die Permeabilität der Zelle, die Aufnahme von Nährstoffen, die Ausscheidung von Abprodukten, die Osmoregulation und den aktiven Stofftransport (Permeasen), sie reguliert den osmotischen Druck, sie wirkt mit bei der Biosynthese und Zellatmung (Ort der oxidativen Phosphorylierung, Wandlung von ADP in ATP und ist damit auch ein Ort der Energieproduktion), sie ist mitbeteiligt an der Zellteilung und Sporenbildung. Sie ist für die meisten Nährstoffe und Stoffwechselprodukte nicht frei permeabel (siehe Kapitel 4.3.9).

Die Plasmamembran liegt durch den osmotischen Druck des Cytoplasmas eng an der Innenseite der äußeren Zellwand an.

Die Zellmembran besteht fast ausschließlich aus Proteinen (50…60 %) und Lipiden mit geringen Mengen an Kohlenhydraten.

Die Proteine der Zellmembran sind hauptsächlich Transportproteine (= Transportenzyme, „Permeasen"; große Proteinmoleküle können zur Gewährleistung der Transportfunktion beidseitig die Lipidschicht durchdringen), die die löslichen Nährstoffmoleküle durch die Membran bewegen, und Syntheseproteine (= Enzyme für den Zellwandaufbau) sowie Funktionsenzyme, die z.T. mit Zellorganellen verbunden sind wie die ATP-ase.

Die Lipide der Zellmembran gehören zu den 2 Hauptgruppen Glycerophospholipide und Sterine. Ihr Mengenverhältnis liegt bei Phospholipiden : Sterinen $\approx$ 5 : 1. Weiterhin sind Triglyceride und Sterinester enthalten.

Glycerophospholipide sind von Natur aus als Lipide aufzufassen, es sind besonders die Fettsäureester von Phosphatidylethanolamin, Phosphatidylinosit und Phosphatidylcholin mit einer hydrophilen Phosphorsäuregruppe, die innen und außen liegt, verestert mit der dritten OH-Gruppe des Glycerols. Diese hydrophilen Köpfe bilden eine gute Trennschicht zwischen den zwei hydrophilen Zonen, die an der Zellwand anliegen (Cytoplasma und Fermentationslösung). Die Köpfe sind mosaikartig angeordnet (= Mosaikmodell) und mit zwei hydrophoben langkettigen Fettsäuren (Wasser abstoßend, innenliegend) zu einem Molekül verbunden, die mit den OH-Gruppen des Glycerols am C1- und C2- Atom verestert sind (s.a. Kapitel 4.1.2.5).

Die wichtigsten Sterine der Hefe sind Ergosterin (Bedeutung als Provitamin D), Zymosterin und Dehydroergosterin. Die Sterine der Plasmamembran dienen zu ihrer Verfestigung.

4.3.3 Zellkern

Der Durchmesser des Zellkerns beträgt 0,5…1,7 µm, er besitzt eine eigene nucleare Grenzmembran zum Plasma und einen Nucleolos ($\varnothing$ = 0,4 µm), der im Phasenkontrastverfahren nach Anfärbung und im Elektronenmikroskop sichtbar wird.
Seine Membran weist zahlreiche Aus- und Einbuchtungen auf.

Der Zellkern ist der Sitz des genetischen Replikationsapparates der Zelle (Chromosomen, DNA, RNA). In haploiden Hefezellen von *Saccharomyces cerevisiae* wurden 16 Chromosomen und 6 Chromosomenfragmente festgestellt. Die Chromosomen sind im Zellkern eingebettet, sie enthalten als Träger der genetischen Informationen die Desoxyribonucleinsäureketten (DNA); (weitere Informationen siehe Kapitel 4.4.2).

4.3.4 Mitochondrien

Es wurden in aeroben Hefekulturen durchschnittlich 4…24 Mitochondrien pro Hefezelle festgestellt. Es sind runde, lang-oval oder fadenförmige Körperchen ($\varnothing$ 0,3…1,0 µm, Länge $\leq$ 3 µm), die freibeweglich im Cytoplasma sind. Eine anaerobe Hefe hat eine einfache Mitochondrien-Struktur (anaerob löst sich ihre Struktur auf zu Prämitochondrien).

Sie bestehen aus RNA, Protein, 25 % Lipiden, 12,8 % Phospholipiden, Sterinen und geringen Mengen DNA (autonomes, von der Kern-DNA unabhängiges Erbmaterial). Die Vermehrung erfolgt durch eine eigene Mitochondrien-DNA (ca. 20 % des Gesamt-DNA-Gehaltes). Die DNA der Mitochondrien ist zur Eigenreplikation fähig. Bei der Zellteilung teilen sich auch die Mitochondrien.

Sie besitzen eine Zweischichtmembran (Doppelmembran mit Einfaltungen = so genannte „Cristae"), die sie vom Plasma trennt. Sie enthält verschiedene Enzyme des Citratzyklus.
Die Mitochondrien sind der Sitz und der Wirkungsort der Atmungsenzyme der Zelle (= Kraftwerke der Zelle), die der ATP-Gewinnung und damit der Energiegewinnung in der Zelle dienen.

4.3.5 Vakuolen

Die Vakuolen einer Hefezelle haben abhängig vom Alter eine variable Größe. Ihr Durchmesser liegt zwischen 0,3…3 µm. Die Größe nimmt mit zunehmendem Alter zu und ist auch vom Ernährungszustand abhängig. Sie ist umgeben von einer Grenzmembran zur Abgrenzung vom Plasma. Die Vakuolen enthalten Polymetaphosphatgranula (Volutinkörperchen), den Aminosäurepool sowie zahlreiche hydrolytische Enzyme, wie Proteasen, Lipasen und Ribonucleasen.

Funktionell haben die Vakuolen die Aufgaben von „Lysosomen", die die Zellautolyse („Selbstverdauung") verursachen. Durch große mechanische und thermische Belastungen sowie bei Druckschwankungen (Flüssigkeitsdruck, osmotischer Druck) öffnet sich die Vakuolenmembran und die freigesetzten Hydrolasen (insbesondere die Proteasen) bauen die polymeren Zellbestandteile ab. Dies kann besonders schnell bei alten Hefezellen mit großen Vakuolen auftreten.

Proteinase A und ihre Bedeutung für die Bierschaumhaltbarkeit
Eine bereits aus der Sicht der Bierqualität besonders herausgestellte Protease, die sich auch in den Hefevakuolen befindet, ist die Proteinase A. Sie wird u.a. wie folgt beschrieben (siehe [186], [187]):
- Sie ist eine Endopeptidase mit einem ähnlichen Aufbau wie Pepsin und Renin;
- Sie beteiligt sich am intrazellulären Hefestoffwechsel in der Vakuole der Hefezelle und ist dort für die Aktivierung, Inaktivierung und Modifikation von Enzymen verantwortlich.
- Weiterhin spielt sie eine wichtige Rolle in der Proteolyse von vegetativen Zellproteinen in der Vakuole, wenn nicht genügend Stickstoffnährstoffe im Fermentationsmedium vorhanden sind und Aminosäuren benötigt werden;
- Sie wird von der lebenden Zelle unter Stressbedingungen (osmotischer Druck, hoher Alkoholgehalt, mechanischer Beanspruchung, Temperaturstress, fehlende oder mangelhafte Nährstoffversorgung) während der Gärung und Reifung ins Bier ausgeschieden;
- Bei High-Gravity-Würzen mit St = 20 % wird signifikant mehr Proteinase A von Bierhefen ins Bier ausgeschieden als in normalen Vollbierwürzen (St = 12 %);
- Die Höhe der Proteinase A-Ausscheidung ist auch von der genetischen Ausstattung des verwendeten Hefestammes abhängig;

- Es besteht eine enge positive Korrelation zwischen den bei einzelnen Hefestämmen unterschiedlich stark exprimierten Hefegen *PEP4* und der Konzentration von Proteinase A im Jungbier;
- Das *PEP4* Gen codiert die Proteinase A;
- Proteinase A wird in größeren Mengen besonders von toten und autolysierenden Hefezellen ins Bier abgegeben;
- Sie wird als inaktive Vorform mit einem Molekulargewicht von 48...52 kDa ins Bier ausgeschieden und wird dort über Autokatalyse oder durch eine Protease B in das aktive Protein mit einem Molekulargewicht von 41,5 kDa und ein Propeptid gespalten;
- Ihr pH-Wert-Optimum liegt im pH-Wert-Bereich von 4,0...4,5 (nach *Stamm* [184] bei pH-Wert 6,0; nach *Fukal* et al. [188] bei 20 °C bei pH-Wert 8,0);
- Sie ist thermolabil und stabil nur bis 45 °C, sie wird aber erst bei $\vartheta \geq 70$ °C zu 100 % inaktiviert [186];
- Bei ihrer thermischen Inaktivierung sollten mindestens 30 PE angestrebt werden;
- Sie baut im Bier definitiv die schaumpositiven Proteine zwischen 30...60 kDa (insbesondere das Lipid Transfer Protein LTP1 mit seinen hydrophoben Domänen) ab und schädigt den Bierschaum;
- Eine proteolytische Aktivität von unter 10 ppb im Fertigbier wird als unproblematisch angesehen.

Die schaumschädigende Wirkung der Proteinase A tritt besonders deutlich in Erscheinung:
- wenn keine Pasteurisation des Bieres erfolgt,
- bei Produktlagerung unter erhöhten Temperaturen,
- bei erhöhten Proteinase A-Konzentrationen im Bier durch Hefestämme mit erhöhter *PEP4* Genexpression,
- bei langen Kontaktzeiten zwischen Hefezellen und Jungbier,
- bei mangelhafter oder zu später Entfernung des Hefesedimentes nach der Gärung und Reifung und vor der Kaltlagerung,
- bei langsamer und langer Gärung,
- bei Fehlern im Hefemanagement (Temperaturschocks und andere Stressfaktoren),
- bei ständig erhöhter Hefegabe und
- bei High-Gravity-Würzen.

Diese Aussagen sind besonders bei der Hefelagerung, Hefebiergewinnung und dessen Weiterverarbeitung zu beachten (siehe Kapitel 6.8 und 7).

4.3.6 Endoplasmatische Membranen

Endoplasmatisches Reticulum (und Golgi-Körper) sind Zweischichtmembranen, die mit einer wässrigen Flüssigkeit gefüllt sind. Sie durchziehen vermutlich das ganze Cytoplasma schlauchförmig. Sie haben offenbar eine Verbindung sowohl mit der Grenzmembran des Zellkerns als auch mit der Plasmamembran und mit dem Dictyosom (entspricht dem Golgiapparat tierischer Zellen), das vermutlich der Syntheseort für das fluidartige endoplasmatische Reticulum ist bzw. wahrscheinlich auch die im endoplasmatischen Reticulum gebildeten polymeren Stoffe übernimmt, sie konzentriert und für eine dosierte Abgabe sorgt. Das endoplasmatische Reticulum ist vermutlich verantwortlich für den Stofftransport (Transport von Proteinen) und/oder der Erneuerung der zahlreichen Membransysteme. Es unterteilt das Cytoplasma in verschiedene Reaktionsräume, in denen gleichzeitig innerhalb der Zelle verschiedene Stoffwechselprozesse ablaufen. Es besteht aus Lipoproteiden und Proteinen.

4.3.7 Ribosomen

Ribosomen sind kleinste, submikroskopische Plasmapartikel, die frei im Cytoplasma liegen. Sie enthalten Protein- und RNA-Moleküle in einem Verhältnis von 1:1,04...1,12. Chemisch bestehen sie aus 65 % RNA und 35 % Proteinen. Es sind in ihnen ca. 80...85 % der Gesamt-RNA der Hefezelle enthalten. Als Spurenelement enthalten sie nachweisbar Magnesiumionen. Sie können sich zu Polysomen zusammenlagern, bei Eukarionten sind sie auch an das endoplasmatische Reticulum angelagert. Sie sind die Orte der Eiweißsynthese in der Zelle. Die Anzahl der Ribosomen in der Hefezelle kann erheblich schwanken und liegt zwischen 5.000...100.000. Das Maximum der Ribosomenanzahl wird in der exponentiellen Wachstumsphase erreicht.

4.3.8 Speicherstoffe der Zelle

Als Speicherstoffe sind im Cytoplasma der Hefe das Polysaccharid Glycogen, Lipide (Lipidkügelchen) und Polymetaphosphate (Volutingranula) eingelagert. Mit zunehmendem Zellalter nimmt auch die Menge der eingelagerten Speicherstoffe zu. Sie sind lichtmikroskopisch nach Anfärbung erkennbar.

Glycogen

Es ist ein aus Glucose aufgebautes α-1,4- und α-1,6 Polyglucan, das schollenförmige Einschlüsse im Cytoplasma bildet und wie Stärke mit Jod braun bis blau angefärbt werden kann. Es ist der Energiespeicher der Hefezelle und hat eine große positive Bedeutung für die Haltbarkeit einer Lager- und Preßhefe. Der Glycogengehalt steht im umgekehrten Verhältnis zum Rohproteingehalt der Hefe. Die Konzentration in der Hefezelle ist abhängig vom Ernährungszustand der Hefe und wird durch die Prozessführung bei der Hefevermehrung, -lagerung und Gärung beeinflusst (siehe auch Kapitel 4.1.2.3).

Lipidgranula

Sie haben einen Durchmesser von 0,6...1,0 µm und sind eine energiereiche Stoffreserve der Zelle.

Polymetaphosphate

Sie werden unter Energieaufwand aus anorganischem Phosphat aufgebaut und von der Zelle als kombinierte Energie- und Phosphatquelle genutzt.

4.3.9 Die Mechanismen des Stofftransportes durch die Hefezellwand

Der Stofftransport durch Membranen spielt eine wichtige Rolle als Stoffwechselregulationsmechanismus. Der Stoffwechsel in den Zellen wird „kompartimentiert". Es besteht durch die Zellmembran eine Trennung des Außenmediums vom Cytoplasma der Hefezelle und intrazellulär erfolgt eine Trennung des Cytoplasmas in verschiedene Reaktionsräume durch Organellenmembranen, wie durch Mitochondrien, das endoplasmatische Reticulum und Vakuolen.

Diese Membranen sind für die meisten Stoffe nicht frei permeabel. Nährstoffe und Stoffwechselprodukte werden (soweit bekannt) in der Regel unter Beteiligung spezifischer „Träger" („carrier") durch die lipidartigen Membranen hindurchgeschleust. Die Natur der stoffspezifischen Träger ist noch weitgehend ungeklärt. Der trägergebundene Stofftransport weist oft ein kinetisches Verhalten nach der Art der *Michaelis-Menten*-Kinetik auf. *Monod* hat für diese Träger den Begriff „Permeasen" geprägt. 1965/66 konnte erstmalig für den Lactosetransport bei *Escherichia coli* als Träger die mitbeteiligte Proteinkomponente isoliert werden.

Glucose u.a. Hexosen werden durch eine erleichterte Diffusion träger- (carrier-) gebunden, unabhängig von katabolischer Stoffwechselenergie, schneller als bei reiner Diffusion durch die Zellmembran transportiert. Die Transportgeschwindigkeit steigt mit höheren Außenkonzentrationen bis zu einem Grenzwert. Dieser trägergebundene Transport ist in *Saccharomyces cerevisiae* konstitutiv und weist eine *Michaelis-Menten*-Kinetik auf.

Der Nettotransport von außen nach innen ist ein Ergebnis der parallel laufenden „influx"- und „efflux"-Prozesse. Wenn im Zellinnern keine hexoseverbrauchenden Reaktionen ablaufen würden, käme es schließlich zu einem langsam sich einstellenden Konzentrationsausgleich der Glucose zwischen innen und außen und der Hexosetransport würde erliegen. Da jedoch beim Zellstoffwechsel Hexose verbraucht wird, ergibt sich ein Konzentrationsgefälle von außen nach innen mit entsprechend großem „influx". Glucose-6-Phosphat reguliert offenbar vom Zellinnern her den Transport der Hexosen. Glucose-6-Phosphat geht wahrscheinlich mit einem Teil des Membranträgersystems eine Bindung ein. Die Bindungskapazität für Glucose-6-Phosphat an Membranen ist doppelt so groß wie für Glucose. Dadurch wird sowohl die Trägerkapazität als auch die Trägeraffinität für Glucose vermindert. Somit würde bei einer Anhäufung von Glucose-6-Phosphat im Zellinnern der Glucosetransport von außen nach innen regulatorisch verringert (weitere Informationen zu Regulationsmechanismen im Hefestoffwechsel siehe Kapitel 4.5.3).

Abbildung 90 zeigt schematisch die vier wesentlichen bekannten Mechanismen des Stofftransportes durch die Hefezellwand.
Sie lassen sich wie folgt kurz charakterisieren:

Einfache Diffusion
Der Stofftransport gehorcht dem *Fick*'schen Gesetz. Die Diffusion ist unabhängig von einer katabolischen Stoffwechselenergie und nur abhängig vom Konzentrationsgefälle zwischen Außenmedium und Zellinnerem. Bei der Hefe trifft dies nur für den Sauerstofftransport in die Zelle und wahrscheinlich für den CO_2-Transport aus der Zelle zu.

Aktiver Ionen-Pumpentransport
Es handelt sich um den Gegentransport von zwei verschiedenen Ionen durch die Membran. Ein Transport gegen ein Konzentrationsgefälle ist möglich.
Die X-Träger sind für den Transport der K^+-Ionen und die Y-Träger für den Protonentransport (H^+) verantwortlich. In Kopplung mit katabolischer Stoffwechselenergie geht X in Y über und umgekehrt. Bei der Hefe trifft dies für die Kaliumaufnahme und die Protonenabgabe zu.

Träger (carrier)- gebundene erleichterte Diffusion

Der Transport folgt der *Michaelis-Menten*-Kinetik unabhängig von katabolischer Stoffwechselenergie. Die Sättigung der Transportgeschwindigkeit bei höheren Außenkonzentrationen ist substratspezifisch und kompetitiv hemmbar.

Die Transportgeschwindigkeit ist höher als bei reiner Diffusion. Bei der Hefe trifft dies für die Aufnahme von Glucose, Fructose und auch Saccharose zu (diese wird vorher in der äußeren Zellwand durch die zelleigene Invertase hydrolysiert).

Aktiver Transport

Der Stofftransport erfolgt auch gegen das Konzentrationsgefälle und erfordert katabolische Stoffwechselenergie. Die dazu erforderlichen Permeasen werden erst bei Bedarf (nach dem weitgehenden Verbrauch der Monosen) oder nach Adaption an das Substrat von der Zelle gebildet. Bei der Hefe trifft dies besonders für die Maltose- u. Maltotrioseaufnahme zu. Maltose und Maltotriose werden erst in der Zelle durch eine α-Glucosidase in Glucose zur weiteren Verstoffwechslung hydrolysiert (Regulationsmechanismus siehe Kapitel 4.5.3).

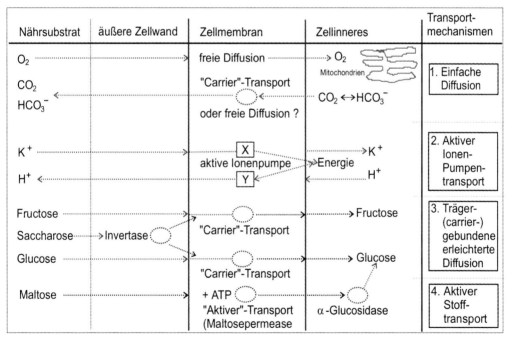

Abbildung 90   Mechanismen des Stofftransportes durch die Zellmembran

Die Hefe in der Brauerei

4.4 Grundlagen der Hefevermehrung und ihre Kinetik
4.4.1 Vegetative und geschlechtliche Vermehrung

Es dominiert die vegetative (= ungeschlechtliche) Vermehrung der Hefezelle durch multilaterale Zellsprossung mit Zellkernteilung und anschließender Abssprossung der Tochterzelle. Abbildung 91 zeigt elektronenmikroskopische Aufnahmen sprossender Hefezellen. Dabei werden die gleichen Erbanlagen der Mutterzelle auf die Tochterzelle übertragen (siehe Abbildung 92). Geht man bei einer infektionsfreien Reinzucht von einer Einzellkultur aus, so haben alle in einer störungsfreien Hefereinzucht entstandenen Zellen die gleichen Erbanlagen. Dies sind auch Ziel und Zweck der Hefereinzucht.

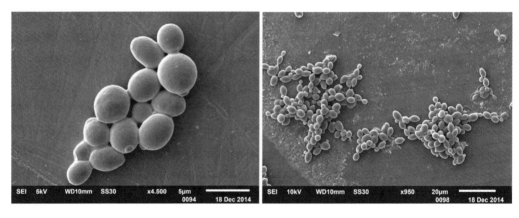

Abbildung 91   Elektronenmikroskopische Aufnahmen sprossender Hefezellen, die Sprossnarben sind gut zu erkennen (Saccharomyces cerevisiae) Bildquelle: VLB Berlin, BEAM, 2014

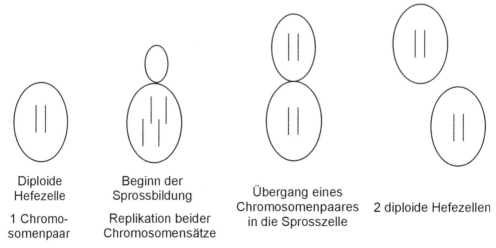

Abbildung 92 Vegetative Vermehrung von Saccharomyces cerevisiae durch Sprossung

Grundlagen der Hefevermehrung

Die Ausbildung von Sprossverbänden erfolgt bei untergärigen Hefestämmen nur in ruhenden Nährlösungen sowie bei obergärigen Hefen in Gärbehältern, die durch ihre relativ geringe Flüssigkeitshöhe (z. B. im klassischen Gärbottich) keine sehr große Flüssigkeitsturbulenz durch die aufsteigenden CO_2-Blasen aufweisen.

Nach der Sprossung bleiben an der Tochterzelle so genannte Geburtsnarben und an der Mutterzelle so genannte Sprossnarben zurück. Die Sprossnarben behindern den Stoffaustausch der Zelle mit dem Außenmedium. Jede Sprossnarbe nimmt ca. 2 % der Zelloberfläche ein. Mit zunehmender Zahl der Sprossungen wird die Narbenoberfläche bei den Mutterzellen relativ zur Zelloberfläche immer größer. Der Stoffwechsel verlangsamt sich. Die Einzelzelle altert! Bei den ältesten Hefezellen sind ca. 25 Sprossnarben beobachtet worden, d.h., ca. 50 % der Zelloberfläche sind vernarbt. Diese Zellen sind 25 Generationen alt, dies ist keine Angabe für das tatsächliche Alter. Die für 25 Generationen erforderliche Zeitdauer kann bei schneller fortlaufender Vermehrung (mit einer Generationszeit $t_G = 5h$) nur ca. 5 Tage betragen und bei langsamer Vermehrung auf Schrägagar im Kühlschrank mehrere Jahre dauern. Eine Hefepopulation, die sich immer im Zustand langsamer oder schneller Vermehrung befindet, besitzt nahezu immer die gleiche Altersverteilung (siehe Abbildung 93). Die Hefepopulation altert nicht!

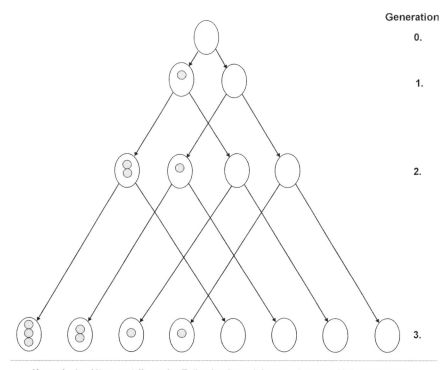

Numerische Altersverteilung der Zellen in einer sich vermehrenden Hefepopulation

Sprossnarben	0	1	2	3	4	5	6	7	8	9	10
% theoretisch	50	25	12,5	6,25	3,12	1,56	0,78	0,39	0,19	0,1	0,05
% praktisch	58	20	11	6	3						

◯ = Sprossnarbe der Zelle

Abbildung 93   Altersverteilung der Hefezellen in einer sich vermehrenden Hefepopulation (reale Messwerte aus der Praxis nach Bronn [145])

Die Hefe in der Brauerei

Die Zellen sind in der Regel diploid, d.h. sie enthalten im Zellkern einen doppelten Satz von Chromosomen (Gensatz). Dieser doppelte Satz teilt sich beim Sprossvorgang insgesamt. Somit enthält die sich vegetativ bildende Tochterzelle wieder einen doppelten Chromosomensatz, der mit dem der Mutterzelle identisch ist. Deshalb sind auch die genetisch bedingten Eigenschaften gleich.

Unter bestimmten Bedingungen (z. B. Acetat-Agarnährboden und anderen Mangelerscheinungen) bilden die Hefezellen so genannte haploide Ascosporen. Dies ist der erste Schritt der geschlechtlichen Zellvermehrung (Sexualzyklus), der prinzipiell mit einer Rekombination (= Neukombination) der Gene verbunden ist.

Die zumeist vier Ascosporen bilden sich innerhalb einer Zelle, die damit ihren ursprünglich vegetativen Charakter verliert und zum Ascus wird. Dabei bekommt jede Ascospore durch Replikation des ursprünglich doppelten Chromosomensatzes der Ascuszelle nur einen einfachen Chromosomensatz, d.h., die Ascosporen sind haploid.

Nach einer gewissen Zeit platzt der Ascus und die Ascosporen werden freigesetzt. Sie sind wasserarm und können lange Zeit auch unter Nährstoffmangel überleben.

Kommen die Ascosporen unter günstige Ernährungsbedingungen, so sprossen sie und vermehren sich vegetativ als haploide Hefezellen. War der Ausgangsstamm heterothallisch, dann kommt es zur Paarung von Haplonten von unterschiedlichem Paarungstyp (a- und α-Zellen). Dasselbe passiert, wenn Haplonten verschiedener Ausgangsstämme zusammenkommen. Sie verschmelzen zu einer diploiden Zygote, bei der durch die Kernverschmelzung zweier Haplonten eine Genrekombination erfolgt. Die Zygote sprosst wieder, wie eine normale diploide Zelle und die Nachkommenschaft stellt wieder eine diploide Hefekultur dar. Allerdings haben sich dabei die Eigenschaften der ursprünglichen diploiden Ausgangskultur oder der verschiedenen Ausgangskulturen nach Art der *Mendel*schen Gesetze aufgespalten. Auch andere Faktoren sind mitbestimmend für die Art der Aufspaltung. Durch künstliches Zusammenbringen von Haplonten unterschiedlicher Ausgangsstämme derselben Art mit verschiedenen genetischen Eigenschaften ist eine Kreuzung möglich. Die resultierenden neuen Stämme sind so genannte Hybriden. Eine vereinfachte Darstellung der sexuellen Hefevermehrung zeigt Abbildung 94.

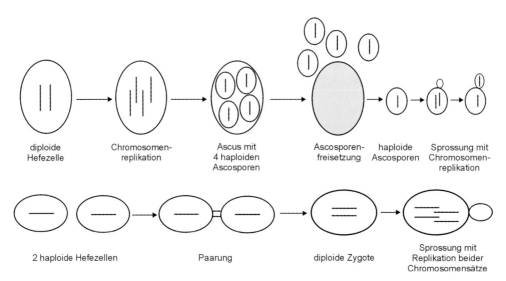

Abbildung 94   Sexuellen Vermehrung von Saccharomyces cerevisiae mit intermediärer haploider Vermehrungsphase

Die meisten Industriestämme der Kulturhefe *Saccharomyces cerevisiae* sind allerdings nicht rein diploid, sondern **polyploid**, d.h., sie enthalten nicht zwei, sondern drei (triploid), vier (tetraploid) oder mehr Chromosomensätze. Dadurch sind sie genetisch relativ stabil, sie bilden auch kaum Asci und Ascosporen.

Äußerlich, d.h. lichtmikroskopisch oder durch physiologische Merkmale, ist der Ploidiegrad von Hefen nicht ohne weiteres erkennbar. Haplonten unterscheiden sich in der Regel von Di- oder Polyplonten durch eine kleinere Zellgröße und etwas geringere Wachstumsraten.

Durch die Genrekombination im Zusammenhang mit dem geschlechtlichen Vermehrungszyklus tritt zwangsläufig eine Veränderung von Eigenschaften eines Hefestammes auf. Aber nur, wenn eine solche Veränderung auch einen Selektionsvorteil der einzelnen Hefezellen in einer Zellpopulation mit sich bringt, werden sich die neuen Eigenschaften in der Kultur durchsetzen, andernfalls bleiben sie latent vorhanden oder verschwinden gar aus der Population wieder.

Der Sexualzyklus ist folglich bei Stammkulturen, deren Eigenschaften ja gleichbleibend erhalten werden sollen, unerwünscht.

Aber eine Veränderung von Stammeigenschaften einer Hefe ist auch durch andere äußere Ereignisse möglich. Sie wurden früher als Degeneration oder Variation einer Kultur bezeichnet (siehe auch Kapitel 3).

4.4.2 Desoxyribonucleinsäuren und Ribonucleinsäuren - die Träger des genetischen Codes der Hefezelle

Wie unter Kapitel 4.1.2.4 gezeigt, liegt der Gehalt an Desoxyribonucleinsäuren (= DNS oder in englischer Sprache DNA) in Hefen bei 0,06...0,2 % und an Ribonucleinsäuren (= RNS oder RNA) bei 3.0...7,5 % bezogen auf die Hefetrockensubstanz.

Die Desoxyribonucleinsäuren (= DNS, DNA) bestehen aus dem Zucker Desoxyribose, den Nucleotidbasen Guanin, Adenin, Cytosin und Thymin sowie Phosphatresten (Bausteine siehe Abbildung 95). Sie können bis zu 30.000 Basen enthalten und liegen im Zellkern als Doppelstruktur (Doppelhelix) vor, zwei Nucleotidstränge sind durch Wasserstoffbrücken miteinander verbunden. Dabei paart sich jeweils Adenin mit Thymin und Guanin mit Cytosin. Die DNA-Stränge sind untereinander verdrillt. Das DNA-Molekül erhält dadurch mehr Kompaktheit und Stabilität (Länge der Windung: 3,4 nm, Durchmesser des DNA-Fadens: 2,0 nm). Sie sind die eigentlichen Träger der Erbanlagen eines Organismus. Ein Beispiel für einen DNA-Strangausschnitt zeigt Abbildung 96.

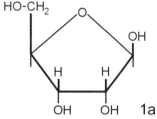 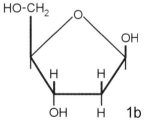

Abbildung 95   Aufbau der Nucleinsäuren
  1. Pentosen: **1 a** = β-D-Ribose, **1 b** = β-D-Desoxyribose;

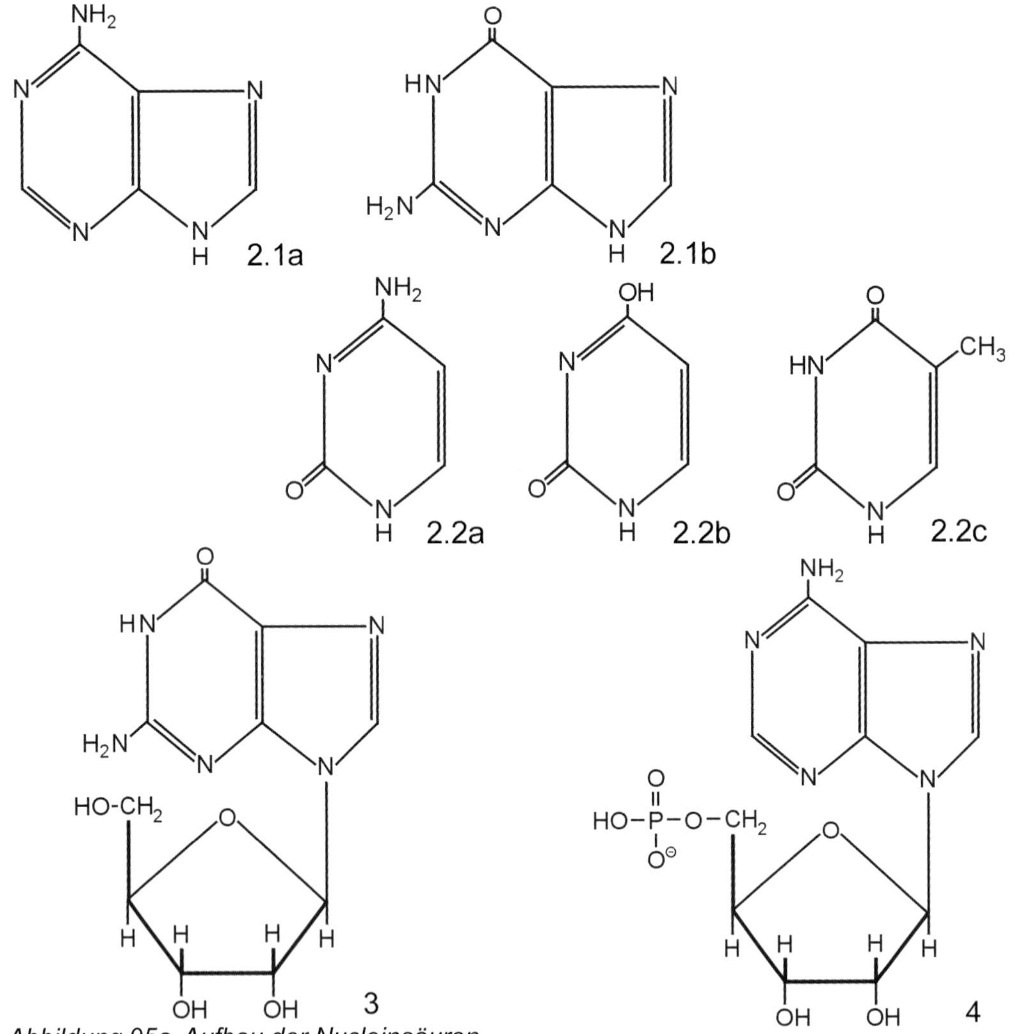

Die Hefe in der Brauerei

Abbildung 95a Aufbau der Nucleinsäuren
    2.1 Purinderivate: **2.1 a** = Adenin (A), **2.1 b** = Guanin (G);
    2.2 Pyrimidinderivate: **2.2 a** = Cytosin (C), **2.2 b** = Uracil (U), hier Keto-Enol-Form, **2.2 c** = Thymin (T);
    3. Nucleoside: Guanosin;
    4. Nucleotide: Adenosin-5-phoshat (Adenosinmonophosphat)

Die Ribonucleinsäuren (RNS, RNA) bestehen aus dem Zucker Ribose, den Nucleotidbasen Guanin, Adenin, Cytosin und Uracil sowie Phosphatresten (Bausteine siehe Abbildung 95). Die RNA-Moleküle sind kürzer als DNA-Moleküle, sie bilden keine Doppelstränge. Ein Beispiel für den Ausschnitt eines RNA-Stranges zeigt Abbildung 97. Die einzelnen, sehr langen DNA-Fäden werden in bestimmten Phasen des Zellzyklus im Zellkern zu einer Struktur „aufgewickelt" (sichtbar im Mikroskop), die als Chromosomen bezeichnet werden.

Die abwechselnde Folge der Zuckermoleküle (Desoxyribose) und der Phosphatmoleküle bilden das DNA-Rückgrat. An ein Zuckermolekül ist jeweils ein informativer

Grundlagen der Hefevermehrung

Baustein (= Base) gekoppelt. Die Basen werden mit ihren Anfangsbuchstaben A, G, C, und T gekennzeichnet. In der Abfolge der Basen ist die genetische Informationen gespeichert, wobei im DNA-Doppelstrang immer A mit T und G mit C ein Basenpaar bilden (siehe Abbildung 98).

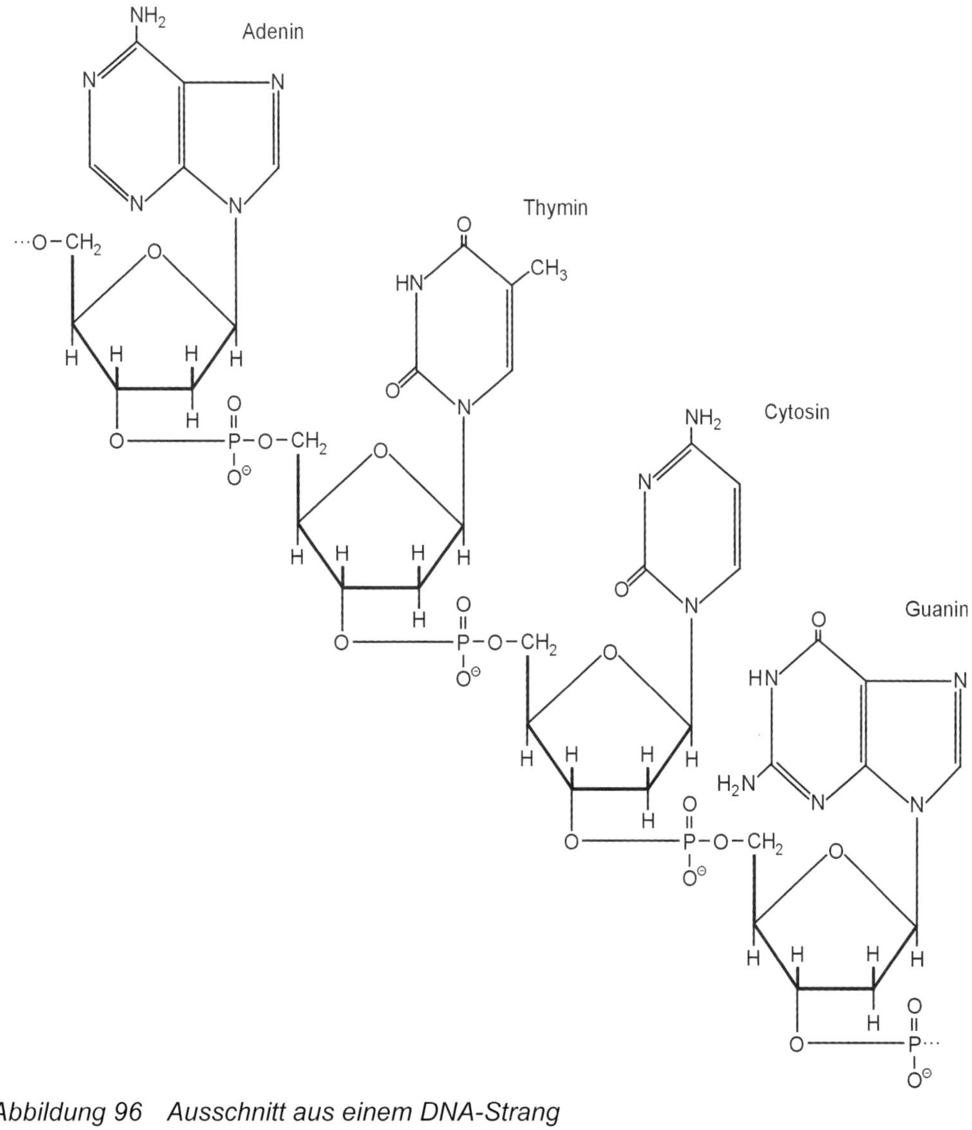

Abbildung 96   Ausschnitt aus einem DNA-Strang

Damit bei der Zellteilung beide Tochterzellen die gleichen Erbinformationen erhalten, entwindet sich der DNA-Doppelstrang und die Basenpaarung löst sich kurzfristig auf. Beide DNA-Einzelstränge bilden dann wieder die Vorlage für den komplementären DNA-Strang. Unter Mitwirkung eines komplizierten Systems zellulärer Enzyme (DNA-Polymerasen, Ligasen) wird der genetische Informationsspeicher der Zelle verdoppelt. Es entstehen zwei gleiche Kopien des DNA-Doppelstranges (siehe das Schema in Abbildung 99).

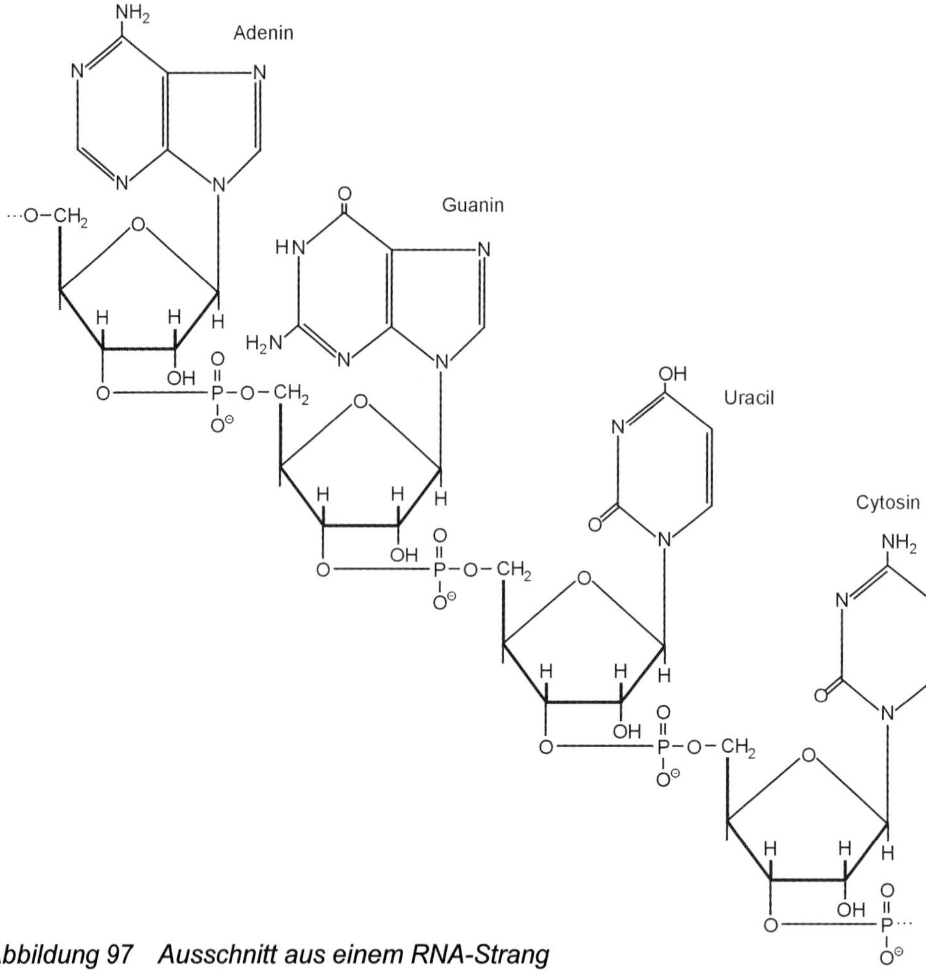

Die Hefe in der Brauerei

Abbildung 97   Ausschnitt aus einem RNA-Strang

Die RNA-Moleküle übertragen den genetischen Code des Zellkerns auf die Proteinsynthesezentren der Zelle, die Ribosomen im Cytoplasma. Dazu muss zur Umsetzung der genetischen Informationen des Zellkerns zuerst eine „Arbeitskopie" der Gene angefertigt werden, die so genannte „Transkription", die im Zellkern stattfindet. Die RNA-Polymerase ist von den vielen Enzymen, die an dem Vorgang beteiligt sind, das eigentliche „Kopierenzym". Es öffnet sich der DNA-Doppelstrang und von einem der beiden Einzelstränge der DNA, dem so genannten informativen oder codogenen Strang, wird die genetische Information in eine „Boten-RNA" umgeschrieben (siehe Schema in Abbildung 100).

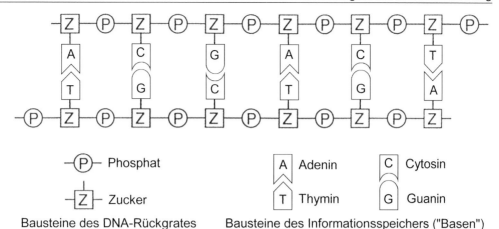

Abbildung 98   Schema des DNA-Doppelstranges

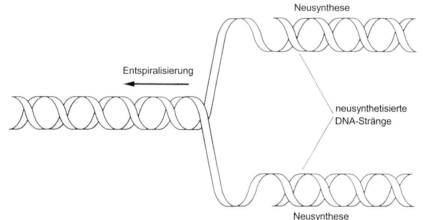

Abbildung 99   Verdopplung des DNA-Doppelstranges bei der Zellteilung

Dies erfolgt in vier Einzelschritten:
1. Damit der Transkriptionsort von der RNA-Polymerase gefunden wird, ist jedem Gen eine charakteristische Sequenz, die „Promoterregion" vorgeschaltet, die von ihr erkannt wird. Sie liegt etwa 35 Nucleotide vom Transkriptionsstartpunkt entfernt (die „35-Region"). Die RNA-Polymerase lagert sich an und wandert zum so genannten RNA-Polymerase-Bindungsort, der etwa 10 Basenpaare vom Transkriptionsstartpunkt („10-Region") entfernt liegt.
2. Das Polymerase-Holoenzym liest den DNA-Strang ab und beginnt mit der Bildung des RNA-Komplementärstranges („Initiation"), dabei wird in den RNA-Strang statt Thymin Uracil als komplementäre Base eingebaut.
3. Die Verlängerung („Elongation"), bzw. die Synthese des RNA-Stranges, erfolgt in $5´\rightarrow 3´$-Richtung und die Ablesung des DNA-Stranges in $3´\rightarrow 5´$-Richtung.
4. Die Beendigung („Termination") erfolgt durch eine Nucleotidfrequenz als Stoppsignal.

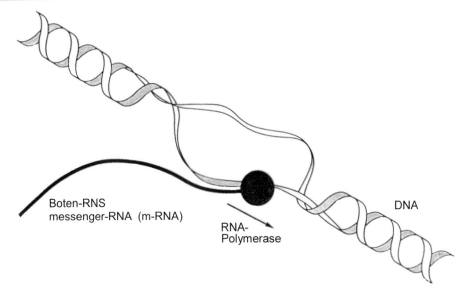

Abbildung 100 Transkription des genetischen Code der DNA (= DNS) auf die Boten-RNS (= messenger-RNA, m-RNA)

Der neu gebildete RNA-Strang wird nun als „Boten-RNS" (m-RNA) aus dem Zellkern in das Cytoplasma transportiert und dient dort als Vorlage für die Übersetzung in eine Proteinsequenz. Die RNA-Stränge werden während des Transkriptionsprozesses verschieden funktionalisiert. Man unterscheidet eine „Boten-RNS" (= messenger-RNA, m-RNA) mit der Botschaft zur Polypeptidsynthese, eine ribosomale RNA (= r-RNA) zum Aufbau von Ribosomen und eine Transfer-RNS (= t-RNS, Transfer-RNA, t-RNA) zur Bindung und Heranführung der spezifischen Aminosäuren bei der Proteinsynthese, wie es schematisch in Abbildung 101 dargestellt ist. Es kodieren drei aufeinander folgende Basen nach den Regeln des genetischen Codes eine Aminosäure als Proteinbaustein. Da es vier Basen gibt, bestehen $4^3 = 64$ Möglichkeiten. 61 der 64 Codone (= der Code aus drei Basen auf der Boten-RNS) codieren die 20 Aminosäuren, die drei verbleibenden Codone fungieren als Stoppsignale bei der Proteinsynthese.

Niedrigmolekulare Ribonucleinsäuren fungieren als so genannte Transfer-Ribonucleinsäuren (t-RNA), sie weisen durch eine innermolekulare Basenpaarung eine kleeblattartige Struktur auf (in Abbildung 101 in Form eines Kreuzes dargestellt). Die Bindung der durch ATP mit Hilfe spezieller Enzyme (Aminoacylsyntheasen) aktivierten Aminosäuren an die t-RNA erfolgt über die Carboxylgruppe der Aminosäure an die OH-Gruppe der endständigen Ribose. Die t-RNA besitzt an der Ausbuchtung der Kleeblattstruktur ein Basentriplett, das so genannte „Anticodon", das komplementär zum Code der m-RNA gebildet wurde und wieder für jede Aminosäure typisch ist.

Die Boten-RNS lagert sich an eine Reihe von Ribosomen an und der Aufbau der Polypeptidkette kann beginnen. Die für das gerade am Ribosom anliegende Codon äquivalente Aminosäure wird von der zugehörigen t-RNA herangeführt. Die m-RNA wandert am Ribosom vorbei, so dass sich eine t-RNA nach der anderen anlagern kann und die herangeführten Aminosäuren nach dem genetischen Code verbunden werden. Hat ein Gen 900 genetische Buchstaben, so ist das entsprechende Protein 300 Aminosäuren lang.

Grundlagen der Hefevermehrung

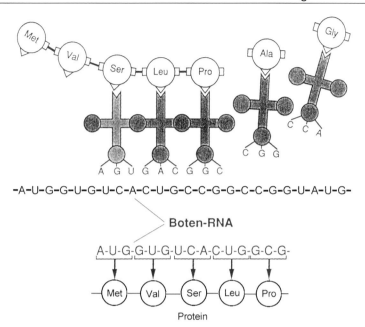

*Abbildung 101 Die Übersetzung („Translation") des genetischen Codes in eine Proteinsequenz (Nucleinsäuren mit den Basen: **A** = Adenin, **G** = Guanin, **U** = Uracil und **C** = Cytosin; Aminosäuren: Met = Methionin, Val = Valin, Ser = Serin, Leu = Leucin, Pro = Prolin, Ala = Alanin, Gly = Glycin)*

Die Sequenzierung des Hefegenoms war die erste Komplettsequenzierung eines eukaryontischen Organismus (1988-1996). Das Hefegenom (= alle Gene und die dazwischen liegende DNA-Abschnitte) hat über 12 Millionen Basen, die 6340 Gene codieren und auf 16 Chromosomen verteilt sind, mit Größen von 230 Kilobasen für das kleinste Chromosom II und 2200 Kilobasen für das größte Chromosom XII. Von 6200 Genen sind erst 1/3 in ihrer Funktion bekannt, 2000 sind in ihrer Funktion unbekannt und 1/3 lassen sich in ihrer Funktion durch Ähnlichkeiten mit anderen Organismen vermuten. Ständig wird an der weiteren Aufklärung der Genstrukturen der Hefen geforscht, neuere Ergebnisse sind u.a. von *Tanaka* und *Kobayashi* [189] bekannt (zitiert durch *Smart* [190]). Eine Kurzerklärung für ausgewählte Fachbegriffe der Hefegenetik gibt Tabelle 53.

Im Laufe des Gärprozesses bleibt das Genom der Hefe unverändert, aber die Aktivitäten der einzelnen Gene ändern sich. Dies drückt sich in einer zeitabhängigen Bildung unterschiedlicher Muster und Mengen an m-RNA-Molekülen aus. Der physiologische Zustand der Bierhefe im Propagations- und Gärprozess kann nur durch die Bestimmung der Gesamtgenexpression der Zelle erfasst werden. Als eine geeignete molekularbiologische Analysenmethode hierfür scheint sich die Mikroarray-Technologie zu entwickeln (einen Überblick hierzu gibt u.a. [141]).

Die Hefe in der Brauerei

Tabelle 53   Kurzerklärung von einigen Fachbegriffen der Genetik

Begriff	Kurzerklärung
Gen	DNA-Abschnitt eines Chromosoms im Zellkern, der die Erbinformation für die Synthese eines Struktur-, Regulations- oder Enzymproteins liefert.
Genom	Gesamtheit der genetischen Informationen, lokalisiert in der DNA
Transkription	Übertragung einzelner genetischer Informationen auf die m-RNA (Boten-RNA) im Zellkern
Translation	Übersetzung des genetischen Codes bei der Proteinsynthese an den Ribosomen in eine Proteinsequenz
Proteom	Gesamtheit der Proteine einer Zelle
Metabolom	Gesamtheit der Stoffwechselprodukte der Zelle
ORF	„open reading frames" = DNA-Abschnitte, die ein Gen repräsentieren
PCR	Polymerase-Chain-Reaction

4.4.3 Die Wachstumskurve von Hefepopulationen in einer Batchkultur und der Zellzyklus bei der vegetativen Vermehrung einer Einzelzelle

Der Verlauf des Hefewachstums in einer Batchkultur ist mit den typischen Phasen in der folgenden Abbildung 102 dargestellt.

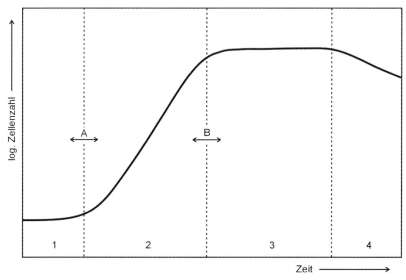

*Abbildung 102 Wachstumskurve der Brauereihefe in einer Batchkultur
(halblogarithmische Darstellung)*
1 Lagphase (Latenz- oder Induktionsphase) **2** Logphase (exponentielle oder logarithmische Wachstumsphase) **3** Stationäre Phase **4** Absterbephase
A Beschleunigungsphase **B** Verzögerungsphase

In der Induktionsphase (1) nehmen die im frischen Substrat eingeimpften Zellen Nährstoffe auf, der eigene Stoffwechsel wird zunächst durch das Substrat geschädigt. Die Zellzahl bleibt dabei annähernd konstant oder geht vorübergehend sogar etwas zurück. Die Zahl lebender Zellen nimmt in dieser Phase in allen Fällen ab. Die Zellmassenkonzentration nimmt durch die Nährstoffaufnahme zu. Je stärker die Anstellhefe in der vorhergehenden Lagerphase geschädigt wurde, umso länger dauert diese Lagphase.

In der Beschleunigungsphase (A), auch „Akzelerationsphase" genannt, stellt sich der Stoffwechsel der Zellen auf die vorherrschenden Kulturbedingungen ein. Die Stoffwechsel-Fließgleichgewichte regulieren sich zunehmend auf ein Optimum ein. Die Zellzahl nimmt mit steigender Rate zu.

In der exponentiellen Wachstumsphase (2) sind die Stoffwechsel-Fließgleichgewichte entsprechend den vorherrschenden Kulturbedingungen optimal. Die Zellmenge vermehrt sich exponentiell. Diese Phase wird bei einer kontinuierlichen Hefevermehrung durch die Einstellung günstiger Nährstoffbedingungen (z. B. bei der Backhefeproduktion in der Versandhefestufe für die Dauer des Zulaufverfahrens) für die Gesamtdauer der Hefevermehrung angestrebt. Bei diskontinuierlichen Batchkulturen, wie bei der Brauereihefevermehrung in Bierwürze, ist diese Phase für die Geschwindigkeit der Hefevermehrung und für den erreichbaren Hefeertrag entscheidend, aber auf Grund ungünstiger Nährstoffbedingungen (siehe Kapitel 4.6) nur von sehr kurzer Dauer. Die Logphase kann bei einer kontinuierlichen Hefevermehrung in eine lineare Zellvermehrung übergehen, wenn die für das exponentielle Wachstum erforderliche exponentielle Nährstoffzuführung limitiert ist (Hauptgrund: Der Sauerstoffeintrag kann nicht mehr gesteigert werden oder es fehlen Nährstoffe, der stündliche Zellzuwachs ist dann konstant).

In der Verzögerungsphase (B), auch „negative Akzeleration" genannt, nimmt infolge von Erschöpfung eines oder mehrerer Nährstoffe und/oder der toxisch wirkenden Anhäufung von Stoffwechselprodukten die Wachstumsrate, aber nicht die Zellmenge ab.

In der stationären Phase (3) sind Zellwachstum und Zellauflösung (Autolyse) in der Kultur annähernd gleich groß. Die Zellautolyse ist dabei eine Folge von Nährstoffmangel oder Intoxikation durch Stoffwechselprodukte. In manchen Kulturen ist die stationäre Phase nur sehr kurz.

In der Absterbephase (4) geht die Zellmenge infolge zunehmender Zellauflösung zurück.

Die stationäre (3) und die Absterbephase (4) sind keine Zellvermehrungsphasen im eigentlichen Sinne mehr. Sie scheiden deshalb bei der kinetischen Betrachtung einer Batchkultur aus. Fermentationstechnisch sind sie lediglich wegen der mitunter unter autolytischen Bedingungen auftretenden Bildung so genannter „sekundärer Stoffwechselprodukte" von Interesse. In der Hefevermehrung sind diese Phasen unerwünscht und der Prozess der Hefevermehrung sollte sowohl aus qualitativen als auch aus wirtschaftlichen Gründen vor deren Beginn abgebrochen werden.

Die von *Monod* [191] geprägte Gleichung zur Beschreibung der Zellvermehrung in der exponentiellen Phase reicht für die mathematische Formulierung des gesamten Verlaufs einer Chargenkultur nicht aus. Die in Gleichung 27 dargestellte Beziehung ist in den nichtlogarithmischen Vermehrungsphasen durch Koeffizienten zu korrigieren. Dieser Koeffizient beträgt in der Logphase $\varphi = 1$, in der Lagphase $\varphi = 0$ und in der Beschleunigungsphase verändert er sich von $\varphi = 0 \rightarrow 1$.

Die Hefe in der Brauerei

Der Zellzyklus der Hefezelle

In der Batchkultur durchläuft die Einzelzelle bei ihrer vegetativen Vermehrung mehrere Phasen eines Zellzyklus zu einem individuellen Zeitpunkt. Zwischen den Phasen bestehen unterschiedlich lange zeitliche Lücken (engl. gap = Lücke, Abkürzung G). In Abbildung 103 ist schematisch dieser Zellzyklus mit den folgenden Phasen dargestellt:

- G_0: Hefezelle in der Lager- oder Ruhephase; vital, aber wegen fehlender Nährstoffe und intrazellulärer Bausteine noch nicht vermehrungsfähig (= quieszente oder schlafende Zelle);

- A: Autolyse; bei einer zu langen oder unter ungünstigen Bedingungen ablaufenden Lagerphase sterben die Hefezellen ab, sie verlieren ihre Lebensfähigkeit, es kommt bei Temperaturen bis zu ca. 55 °C und pH-Werten zwischen 2...7 zur Selbstzersetzung (= Autolyse);

- G_1: In der G_1-Phase wächst die Sprosszelle (Tochterzelle) G_{1TZ} auf die Größe der Mutterzelle G_{1MZ}. In der G_1-Phase erfolgt von den vermehrungsfähigen Zellen ein großer Stoffumsatz, um die nötige Energie für die Synthese intrazellulärer Substanzen bereit zu stellen. Sie ist die längste Phase des Zellzyklus. Ihre Dauer ist abhängig von den Startbedingungen (Nährstoffangebot, Temperatur) und dem Vitalitätszustand der Hefezelle. Eine Hefezelle in der Lagphase benötigt mehr Zeit zur Regenerierung als eine Hefezelle, die sich bereits in der Logphase befindet.

- S: Synthesephase; es werden die genetischen Informationen mit der DNA-Synthese repliziert, Beginn des anabolischen Baustoffwechsels, kürzere Phase als die G_1-Phase;

- G_2: Beendigung der Replikation der Erbanlagen und Fortsetzung des anabolischen Baustoffwechsels von Zellbausteinen, Orientierung des Zellkerns mit dem doppelten DNA-Gehalt in Richtung der wachsenden Sprosszelle;

- M: Mitose; Zellteilung in die Mutterzelle G_{1MZ} und die Tochterzelle G_{1TZ};

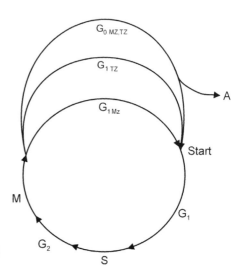

Abbildung 103 Zellzyklus der Hefezelle
(Erklärung der Zellzyklusphasen siehe oben)

Mit neuen fluoreszenz-optischen Methoden und den entwickelten Durchflusszytometern (siehe u.a. [192] und [193]) kann der Zellzyklus der Hefe und insbesondere die die Hefevitalität eines Hefesatzes charakterisierende G_2-Phase genauer, schneller und online zum Propagationsprozess erfasst werden. Es kann damit in einem Hefesatz der Anteil der Hefezellen mit einem doppelten DNA-Gehalt recht genau ermittelt werden. Ein Anteil vitaler Zellen von über 70...80 % in der G_2-/S-Phase ist ein Zeichen, dass sich die Hefekultur in der logarithmischen Wachstumsphase befindet. In dieser Phase bringt eine Verwendung dieses Hefesatzes zum Anstellen bzw. ein Drauflassen von frischer, konditionierter Würze die kürzesten Prozesszeiten für den gewünschten Hefezuwachs (siehe auch Fermentationsbeispiel in Abbildung 184, Kapitel 6.2.5.2).

Alternativ wird die Kontrolle des Maltosetransportproteins vorgeschlagen [194]. Die Konzentrationszunahme dieses Proteins korreliert mit der Zunahme der Maltoseverwertung. Damit könnte der optimale Zeitpunkt der Überführung der im Propagator vermehrten Hefesätze ins Gärgefäß genauer ermittelt werden.

4.4.4 Vermehrungskinetik der Hefe

Die Vermehrung der Hefezellen verläuft, solange sie nicht durch äußere Bedingungen (Nährstoffmangel, Stoffwechselproduktanhäufung, ungünstige physikalisch-chemische Bedingungen) behindert wird, exponentiell. Das bedeutet, dass in gleich bleibenden Zeitabständen eine Zellvermehrung der anderen folgt (= Generationsdauer oder Generationszeit t_G) und die Zellmenge nach einer geometrischen Funktion zunimmt.

Die Zellmenge wird dabei normalerweise als Zellmasse X in Trockensubstanz definiert. Die in der Brauereitechnologie üblicherweise verwendete Angabe der Zellzahl N in 10^6·Zellen/mL könnten äquivalent für X in die nachfolgenden Gleichungen eingesetzt werden. Obwohl X und N miteinander korrelieren, ist die Verwendung von N zur Charakterisierung des Biomassezuwachses durch die Fehler der bekannten Bestimmungsmethoden und durch die Veränderungen in der Zellgröße und -masse ungenauer.

Tabelle 54 Verwendete Symbole und Maßeinheiten für mathematische Beschreibung der Hefevermehrung

Symbole	Erklärung	Maßeinheit
X	Zellmenge, Zellkonzentration	kg HTS, g HTS/L
X_0	Zellmenge bzw. -konzentration des Impfmaterials bei t = 0	kg HTS, g HTS/L
X_t	Zellmenge zum Zeitpunkt t	kg HTS, g HTS/L
t	Prozesszeit	h
t_G	Generationszeit bis zur Verdopplung	h
n	Zahl der Generationen bis zum Zeitpunkt t	-
µ	spezifische Wachstumsrate	h^{-1}
H	Zuwachsfaktor, Zellmenge nach 1 h	h^{-1}
e^μ	Steilheit des Anstieges der Wachstumskurve	h^{-1}
N_0	Zellzahl bei Beginn des exponentiellen Wachstums	Zellen/mL
N_t	Zellzahl zur Prozesszeit t	Zellen/mL

Generationszeit t_G

Die Generationszeit t_G ergibt sich aus der Anzahl der Generationen n, die in der Phase der exponentiellen Zellverdopplung bei gleich bleibenden Zeitabständen in der Prozesszeit t wachsen.

$$t_G = \frac{t}{n} \qquad \text{Gleichung 23}$$

$$t_G = \frac{\ln 2}{\mu} \approx \frac{0{,}693}{\mu} \qquad \text{Gleichung 24}$$

Anzahl n der Generationen

$$n = \frac{t}{t_G} \qquad \text{Gleichung 25}$$

Spezifische Wachstumsrate μ

Die exponentielle Zellvermehrung wird jedoch in der Regel nicht durch die Generationszeit quantitativ definiert, sondern durch die mathematisch einfacher zu handhabende Größe der spezifischen Wachstumsrate μ. Die spezifische Wachstumsrate μ ist der momentan vorhandene Zellzuwachs dX/dt, bezogen auf die zum selben Zeitpunkt vorhandene Zellmenge X.
Es ergeben sich weiterhin die nachfolgenden Gleichungen:

Spezifische Wachstumsrate μ:

$$\mu = \frac{dX}{dt} \cdot \frac{1}{X} \qquad \text{Gleichung 26}$$

$$\frac{dX}{dt} = \mu \cdot X \qquad \text{Gleichung 27}$$

$$e^{\mu \cdot t} = \frac{X_t}{X_0} \qquad \text{Gleichung 28}$$

$$X_t = X_0 \cdot e^{\mu \cdot t} \qquad \text{Gleichung 29}$$

$$\mu = \frac{\ln 2}{t_G} \approx \frac{0{,}693}{t_G} \qquad \text{Gleichung 30}$$

Zellmenge X_t

Nach einem Zeitpunkt $t = n \cdot t_G$ der Vermehrung ergibt sich die Zellmenge X_t mit folgender Exponentialfunktion und Formelumstellungen:

$$X_t = X_0 \cdot 2^n = X_0 \cdot 2^{t/t_G} \qquad \text{Gleichung 31}$$
$$\ln X_t = t \cdot \mu + \ln X_0 \qquad \text{Gleichung 32}$$

$$\ln X_t = \ln X_0 + \frac{t}{t_G} \ln 2 \qquad \text{Gleichung 33}$$

$$t_x \cdot \mu = \ln X_t - \ln X_0 = \ln \frac{X_t}{X_0} \qquad \text{Gleichung 34}$$

Hier ist $t_x = t - t_0$

Grundlagen der Hefevermehrung

Durch die Integration von dX/X = µ dt in den Grenzen von t = 0 bis t = t mit dem Integral $\int_0^t \frac{dX}{X} = \ln X$ ist die Umrechnungen von µ und X_t wie folgt möglich:

$$X_t - X_0 = e^{\mu \cdot t} \qquad \text{Gleichung 35}$$

$$\ln X_t - \ln X_0 = \ln \frac{X_t}{X_0} = \mu(t - t_0) \qquad \text{Gleichung 36}$$

$$\mu = \frac{\ln X_t - \ln X_0}{t - t_0} \qquad \text{Gleichung 37}$$

Äquivalent sind bei einer Erfassung der genauen Zellzahlkonzentrationen die folgenden Gleichungen verwendbar:

$$\mu = \frac{\ln N_t - \ln N_0}{t - t_0} \qquad \text{Gleichung 38}$$

$$n = \frac{\ln N_t - \ln N_0}{\ln 2} \qquad \text{Gleichung 39}$$

$$N_t = N_0 \cdot 2^n \qquad \text{Gleichung 40}$$

$$t_G = \frac{\ln 2 (t - t_0)}{\ln N_t - \ln N_0} \qquad \text{Gleichung 41}$$

Zuwachsfaktor H

In der Hefeindustrie wird mit dem Zuwachsfaktor H (= Modul H) gerechnet, er drückt die Zellmenge aus, auf die sich eine vorhandene Zellmenge in einer Stunde vermehrt hat:

$$H = e^\mu = e^{\ln 2 / t_G} \qquad \text{Gleichung 42}$$

$$\mu = \ln H = \frac{\ln 2}{t_G} \qquad \text{Gleichung 43}$$

$$X_t = X_0 \cdot H^t \qquad \text{Gleichung 44}$$

$$t_G = \frac{\ln 2}{\mu} = \frac{\ln 2}{\ln H} \qquad \text{Gleichung 45}$$

Erforderliche Prozessdauer

Die erforderliche Prozesszeit der Hefevermehrung bis zu einem angestrebten Wert lässt sich nach Gleichung 46 und Gleichung 47 einfach berechnen:

$$t = \frac{t_G (\ln X_t - \ln X_0)}{\ln 2} \qquad \text{Gleichung 46}$$

$$t = \frac{t_G (\ln N_t - \ln N_0)}{\ln 2} \qquad \text{Gleichung 47}$$

4.4.5 Einflussfaktoren auf die Geschwindigkeit der Hefevermehrung und Richtwerte für die Generationsdauer in der logarithmischen Wachstumsphase

Die Generationszeit und die spezifische Wachstumsrate sind keine feststehenden Größen. Sie wird organismenspezifisch in starkem Maße beeinflusst von:
- den Fermentationsbedingungen, insbesondere durch die Fermentationstemperatur,
- ferner durch die Konzentration der Fermentationssubstrate und deren Nährstoffgehalte und
- die Konzentration der gebildeten externen Stoffwechselprodukte der Hefe.

4.4.5.1 Fermentationstemperatur

Die Temperatur hat auf alle Teile des Energie- und Baustoffwechsels der Hefe einen großen Einfluss. Nach [3] und [145] kann mit den in Tabelle 55 aufgeführten Kardinaltemperaturen bei *Saccharomyces cerevisiae* gerechnet werden.

Tabelle 55 Kardinaltemperaturen in °C für die Hefeart *Saccharomyces cerevisiae*

	Backhefe [145]	Brauereihefe [3]	
		untergärig	obergärig
Wachstumsminimum	≈ 2		
Wachstumsoptimum	≈ 33 [1])	26,8...30,4	30...35
Wachstumsmaximum	≈ 38 [1])	31,6...34,0	37,5...39,8
Gärungsoptimum	≈ 40		

[1]) aerobe Kultivierung

In Tabelle 58 sind die Literaturwerte der bei Versuchen ermittelten Generationszeiten t_g von *Saccharomyces cerevisiae*-Stämmen in Abhängigkeit von der jeweiligen Temperatur zusammengestellt.

Betrachtet man die Schwankungsbreiten der Generationszeiten bei den ausgewiesenen Temperaturen, so ist bei einzelnen Versuchsergebnissen der Mangel an Nährstoffen, Wuchsstoffen, Spurenelementen und eine durch Inhomogenitäten im Fermenter (z. B. durch eine verstärkte Hefesedimentation) verursachte nicht repräsentative Bestimmung der Hefekonzentration, insbesondere bei Betriebsversuchen, zu vermuten.

In Betriebsversuchen mit einer großtechnischen Hefeherführanlage wurden die in Tabelle 56 ausgewiesenen Variationskoeffizienten für die von den Temperaturen abhängigen Generationszeiten und spezifischen Biomassezuwächse ermittelt.

Die Anlage bestand aus zwei als Assimilationstanks bezeichneten Propagationstanks (1000 hL-Bruttoinhalt mit Mantelkühlung, Füllvolumen 700...765 hL, Belüftungskugel im Konus, Umpumpleitung vom Konus zur tangentialen Einströmöffnung am Tankmantel in der Höhe [bei einer ca. 70 %igen Befüllung] knapp unter der Flüssigkeitsoberfläche; kontinuierliche Umpumpmenge über eine frequenzgesteuerte Kreiselpumpe auf 65 hL/h konstant eingestellt; Belüftung mit Steriluft im Bereich von 2...30 m^3 i.N./h einstellbar).

Grundlagen der Hefevermehrung

Tabelle 56 Ergebnisse von Betriebsversuchen in einer Hefepropagationsanlage nach Messwerten von Klant [195] zusammengestellt und ausgewertet in [196]

ϑ in °C	Anzahl der Versuche	Generationszeit t_G			Spezifischer Biomassezuwachs		
		⌀ in h	s*) in h	V in %	⌀ in g HTS/(m³·h)	s*) in g HTS/(m³·h)	V in %
13	17	11,2	2,35	21,0	44,0	13,08	29,7
14	1	10,85	-	-	45,0	-	-
15	2	9,4	2,12	22,6	51,0	18,38	36,0
16	2	8,5	0,33	3,8	51,8	1,06	2,0
20	3	4,4	1,25	28,3	83,0	5,29	6,5

*) s = Standardabweichung

Die Ergebnisse bestätigen die in Tabelle 58 und Abbildung 104 zusammengefassten Ergebnisse.

In Abbildung 104 sind die von verschiedenen Autoren ermittelten Generationszeiten als Funktion der Temperatur für *Saccharomyces cerevisiae* var. dargestellt. Bei der Hefevermehrung in der Brauerei werden Fermentationstemperaturen im Bereich von 6…20 °C angewendet. Für die in Kapitel 4.4.6 vorgestellten Modellrechnungen wird eine sehr häufig eingesetzte Fermentationstemperatur von 15 °C zugrunde gelegt und eine dafür durchschnittlich erforderliche Generationszeit von t_g = 8 h (siehe Tabelle 58) angenommen.

4.4.5.2 Einfluss der Substratkonzentration

Die Wachstumsrate der Hefe ist sehr von der Konzentration der Substrate bis zum Erreichen eines oberen Sättigungswertes für die essentiellen Nährstoffe abhängig. Die Wachstumsrate folgt in gleicher Weise wie die Umsatzraten von Enzymen einer *Michaelis-Menten*-Kinetik. Dieses Verhalten ist damit erklärbar, dass die Wachstumsrate von Hefen, ebenso wie anderer Mikroorganismen, tatsächlich von der Aktivität eines einzelnen Schlüsselenzyms des Stoffwechsels bestimmt wird.

Von den meisten essentiellen Nährstoffen der Hefe, einschließlich der Spurenelemente, sind die spezifischen Größen der *Michaelis-Menten*-Kinetik μ_{max} und k_S-Wert (= *Michaelis-Menten*-Konstante; entspricht der Substratkonzentration, bei der die Wachstumsrate 1/2 μ_{max} ist) noch nicht exakt ermittelt worden. Lediglich für den Hauptnährstoff Glucose bzw. Saccharose sowie für Sauerstoff liegen aus Untersuchungen von *Bronn* [145] zuverlässige Daten vor, und zwar konnten für einen Backhefestamm unter Verwendung eines Glucose-Mineralsalz-Wuchsstoff-Substrates bei 30 °C und pH-Wert 4,0 die in Tabelle 57 ausgewiesenen Werte ermittelt werden.

Von großem praktischem und theoretischem Wert sind die Konstanten für die C-Quelle Glucose. Unter Zugrundelegung der o.g. Größen dieser Konstanten ergibt sich für Backhefe die in Tabelle 59 dargestellte Abhängigkeit der spezifischen Wachstumsrate µ bzw. des stündlichen Zuwachsfaktors H von der Zuckerkonzentration.

Tabelle 57 Kennwerte der Michaelis-Menten-Kinetik für einen Backhefestamm in einem Glucose-Mineralsalz-Wuchsstoffsubstrat bei 30 °C und einem pH-Wert = 4 (nach Bronn [145])

Für Glucose	μ_{max} = 0,37 h^{-1}	k_S = 3,6·10^{-4} mol (= 0,0648 g/L)
Für Sauerstoff	$Q_{O2\,max}$ = 110 mL O$_2$/(g HTS·h)	k_S = 1,1·10^{-6} mol (= 0,0246 mL/L)

Es ist zu beachten, dass sich der Hefestoffwechsel beim Überschreiten einer kritischen Substratkonzentration an Zuckern auch unter aeroben Bedingungen durch den einsetzenden *Crabtree*-Effekt (siehe auch Kapitel 4.5.3) ändert. Die aerob bei niedrigen Zuckerkonzentrationen vorliegende rein oxidative Zuckerassimilation, bei der nur Biomasse, CO_2 und H_2O als Stoffwechselprodukte auftreten (mit einem maximalen ökonomischen Ertragskoeffizient von ca. $Y_{X/S} \approx 0{,}5$, d.h., beim Einsatz von 100g Zucker erhält man eine Ausbeute von ca. 50 g Hefetrockensubstanz) geht bei höheren Zuckerkonzentrationen in einen Zustand der aeroben Gärung über, bei dem zusätzlich Ethanol als aerobes Stoffwechselprodukt gebildet wird. Der ökonomische Ertragskoeffizient für die Ausbeute an Biomasse, bezogen auf das eingesetzte Substrat, vermindert sich dementsprechend, aber auch die steigende Ethanolkonzentration führt als im Fermentationsmedium verbleibendes Stoffwechselprodukt zur Reduzierung des Stoffumsatzes und zur Reduzierung der spezifischen Wachstumsrate.

Da der *Crabtree*-Effekt bereits bei Zuckerkonzentrationen größer als 100...200 mg/L auftritt, wird diese Konzentration als „kritische Substratkonzentration" angesehen (bei Verwendung von Melasse beträgt S_{krit} = 100 mg Saccharose/L); ihr entspricht bei einer Fermentationstemperatur von 30 °C eine spezifische Wachstumsrate von $\mu = 0{,}2\ h^{-1}$ bzw. ein H-Wert von $1{,}22\ h^{-1}$ bei 30 °C.

Neben der Zuckerkonzentration haben auch die anderen, essentiell für die Hefevermehrung erforderlichen Nährstoffkonzentrationen im Fermentationssubstrat einen großen Einfluss auf die Vermehrungsgeschwindigkeit und die erreichbare Hefeausbeute (siehe Kapitel 4.6). Eine besondere Rolle spielt hier die von der Hefe assimilierbare Stickstoffkonzentration der Fermentationslösung.

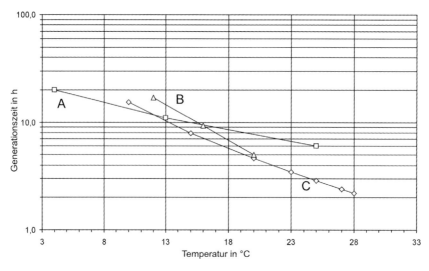

Abbildung 104 Ermittelte Generationszeiten verschiedener Autoren (nach [122])
    A = nach *Bergander* [198], **B** = nach *Manger* [195] und
    C = nach *Bronn* [145]

Grundlagen der Hefevermehrung

Tabelle 58 In Versuchen ermittelte Generationszeiten t_G in h von S. cerevisiae var. (zusammengestellt in [122] mit Messwerten von Petersen (zitiert durch [169]), Manger [197], Annemüller [194], [198], Lehmann [199], Bronn [145] und Bergander [200])

ϑ_F in °C	untergärige Brauereihefe in Bierwürze				Backhefe in Melasse + Nährstoffe		Orientierungsvorschlag für die Brauerei t_G in h
	Petersen (1913) t_G in h	Manger t_G in h	Annemüller et al. t_G in h	Lehmann t_G in h	Bronn t_G in h	Bergander t_G in h	
4	20						
5					35,6	20	
10				8,1…20 [1]	15,6		
12		18			11,8		12
13	10,5		11,2 (s = 2,35)	11,9 [4], 15,1 [5], 14,1…19,7 [7]		10,8	11
15			9,4 (s = 2,12)	9,4…10,5 [2], 11,3…12,1 [8], (5,6…17,9) [9], (7,6…28,6) [10]	7,9		8
16		9,2	8,5 (s = 0,33)	9,7 [4]			
18				7,9…9,7 [6]			
20		5,0	4,4 (s = 1,25)	4,3…6,6 [3]	4,6		5
23	6,5						
25					2,9	6,0	
28	5,8					5,6	

ϑ_F = Fermentationstemperatur; Berechnet aus den Werten von [199]: [1] Abb. 4-9, S. 58 für t = 20 h, [2] Abb. 4-10, S. 58 für t = 20 h, [3] Abb. 4-11, S. 59 für t = 10 h, [4] Abb. 4-24, S. 74 für t = 10 h, [5] Abb. 4-20, S. 72, für t = 20 h, [6] Abb. 4-22, S. 73 für t = 20 h, [7] Abb. 4-26, S. 76 für t = 20 h, [8] Abb. 4-28, S. 77 für t = 20 h, [9] Abb. Anhang 4-1, S. 220 für Mehrfachfermentationen zwischen 19,5…33,5 h und mit $ZnCl_2$-Zusatz, [10] Abb. Anhang 4-2, S. 221 für Mehrfachfermentationen zw. 21,5…48 h und ohne $ZnCl_2$-Zusatz

Tabelle 59 Abhängigkeit der Geschwindigkeit der Hefevermehrung sowie der Hefe- und Ethanolausbeute von der Zuckerkonzentration in einer aeroben Fermentationslösung bei 30 °C nach Werten von Bronn [145]

Aktuelle Zuckerkonz. S in g/L	stündl. Zuwachsfaktor H in h^{-1}	µ in h^{-1}	t_G in h	Ausbeuten bezogen auf Zucker	
				Hefe $Y_{X/S}$ in g HTS/g	Ethanol $Y_{P/S}$ in mL r.A./g
0,01	1,05	0,049	14,2	0,54	0
0,0648	1,20	0,182	3,80	0,54	0
0,1	1,25	0,223	3,11	0,54	0
0,5 *)	1,38	0,322	2,15	0,30	0,275
1,0 *)	1,41	0,344	2,02	0,22	0,375
5,0 *)	1,44	0,365	1,90	0,125	0,49
10,0 *)	1,45	0,372	1,86	0,11	0,51
50,0 *)	1,453	0,374	1,85	0,10	0,52

*) Bei konstant bleibender Zuckerkonzentration (z. B. durch ein Zulaufverfahren) nimmt hier der µ- und H-Wert mit zunehmender Ethanolanhäufung immer mehr ab und t_G zu.

4.4.5.3 Einfluss der Konzentration der extrazellulären Stoffwechselprodukte Ethanol und Kohlendioxid

Ethanol

Bei der rein oxidativen Zuckerassimilation durch Hefe häufen sich im Außenmedium keine Stoffwechselprodukte an. Dagegen tritt selbstverständlich bei der anaeroben Gärung und auch bei der aeroben Gärung Ethanol als extrazelluläres Stoffwechselprodukt auf. Grundsätzlich hemmen alle extrazellulären Stoffwechselprodukte der Hefen in Abhängigkeit von der Art und Konzentration dieser Produkte ihren Stoffwechsel mehr oder weniger stark.

Ethanol als das hauptsächlichste extrazelluläre Stoffwechselprodukt der Saccharomyces-Hefen bei der anaeroben und auch aeroben Gärung hat, wie Abbildung 105 zeigt, einen sehr deutlichen Einfluss auf die Wachstumsgeschwindigkeit und auch auf die Gärrate der Hefen.

In Betriebsversuchen [193] und [194] (siehe Abbildung 184 in Kapitel 6.2.5.2) wurde eine direkte Beziehung zwischen dem Anteil der in der G_2-/S-Phase befindlichen vermehrungsfähigen Zellen und dem Ethanolgehalt der Fermentationslösung gefunden. Der Anteil der in der G_2-/S-Phase befindlichen vermehrungsfähigen Zellen (Bestimmung über den DNA-Gehalt mit dem Durchflusszytometer PAS der Fa. Partec u.a. nach [201], [202] und [203], siehe auch Kapitel 4.4.3) betrug bei gleichmäßiger Belüftung zwischen 70…90 %, er sank unter 50 %, wenn der Ethanolgehalt trotz Belüftung auf Werte > 0,7 Vol.-% anstieg. Die Belüftung sollte im Interesse der Erhaltung der Bierqualität der Propagationsbiere zu diesem Zeitpunkt eingestellt werden.

Wirkungsvoll war das betriebsorganisatorisch zwar aufwendige Verfahren des Mehrfachdrauflassens von frisch belüfteter Würze (mit 6…8 mg O_2/L) und der damit erreichbare Ethanolverdünnungseffekt. Ein betriebssicherer Ethanolsensor kann deshalb sehr gut als Online-Sensor, wie bei der Backhefeindustrie, zur Regelung der Propagation eingesetzt werden.

Grundlagen der Hefevermehrung

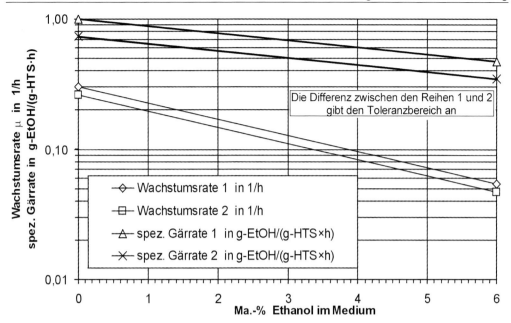

Abbildung 105 Einfluss der extrazellulären Ethanolkonzentration auf die spezifische Wachstumsrate µ und die spezifische Gärrate von Saccharomyces cerevisiae bei 30 °C (nach [145])

Obwohl eine steigende Zuckerkonzentration, wie Tabelle 59 zeigt, in der Fermentationslösung am Anfang der logarithmischen Wachstumsphase zur Erhöhung der spezifischen Wachstumsrate (und damit auch zur Erhöhung von H und zur Abnahme von t_G) führt, wird die Hefevermehrung bei Zuckerkonzentrationen über 100 mg/L durch die zunehmende Ethanolbildung abgebremst, die spezifische Ausbeute an Hefetrockensubstanz sinkt und die Ethanolausbeute steigt an.

Kohlendioxid

Auch das bei der Atmung und Gärung gebildete CO_2 würde in gleicher Weise die Vermehrung und auch die Gärung hemmen, wenn es durch einen entsprechenden Behälterdruck in der Fermentationslösung gelöst würde. Eine Fermentation mit nur geringem Überdruck und vor allem die ständige Überschuss-Belüftung des Fermentationsmediums führt zur Begrenzung dieses Gases (unter Beachtung der druckabhängigen Löslichkeit), so dass das CO_2 sowohl bei der Brauereihefepropagation als auch bei der Backhefeherstellung als Hemmstoff (so genannte Endprodukthemmung) unter diesen Bedingungen keine dominierende Rolle spielt.

Kohlendioxid wird in Abhängigkeit vom intrazellulären pH-Wert hauptsächlich als wässrig gelöstes Gas $CO_2(aq)$ oder als HCO_3^--Ion in der Hefezelle vorkommen, wie Tabelle 60 zeigt. Die Plasmamembran besitzt eine hohe Permeabilität für das unpolare Gas CO_2 (Permeabilitätskoeffizient c_P der Membran für CO_2 = 0,3...0,6 cm/s [204]), das polare Ion HCO_3^- ist dagegen nahezu inpermeabel (Permeabilitätskoeffizient c_P ca. $1 \cdot 10^{-8}...1 \cdot 10^{-7}$ cm/s [202]). In Abhängigkeit vom intra- und extrazellulären Kohlendioxidgehalt kann auch CO_2 sehr leicht wieder in die Zelle diffundieren und das Lösungsgleichgewicht beeinflussen.

Tabelle 60   Relative Konzentration von CO_2 (aq), H_2CO_3 und HCO_3^- in wässrigen Lösungen bei möglichen pH-Werten in der Hefezelle nach [205]

pH-Wert	CO_2(aq)	H_2CO_3	HCO_3^-
7,0	1	0,001	2,50
6,5	1	0,001	0,80
6,0	1	0,001	0,25
5,5	1	0,001	0,08

Eine wesentliche intrazelluläre Wirkung von Kohlendioxid ist die mögliche Bildung von Carbamaten. CO_2 reagiert mit freien Aminen, Peptiden und freien Aminogruppen von Proteinen sehr schnell gemäß Abbildung 106 zu Carbamaten.

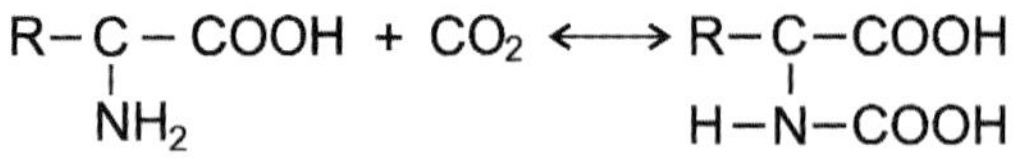

$$R-\underset{NH_2}{\overset{|}{C}}-COOH + CO_2 \longleftrightarrow R-\underset{H-N-COOH}{\overset{|}{C}}-COOH$$

Abbildung 106 Carbamatbildung

Diese Reaktion läuft begünstigt bei pH-Werten oberhalb des isoelektrischen Punktes der Proteine und Aminosäuren ab und stört nachhaltig den Aufbau der in der Zelle vorliegenden freien Proteine und der integralen und peripheren Proteine der Cytoplasmamembran. Weiterhin werden einzelne Enzyme in ihrer Aktivität gehemmt und auch die Fettsäuresynthese und die Zusammensetzung der Fettsäuren verändert. Dadurch wird auch die Membranstruktur verändert und die Zelle in ihrer Funktionalität geschädigt. HCO_3^- Ionen können sich an polare und geladene Gruppen der Membranmoleküle anlagern und den Stofftransport durch die Membran stören.

Weiterhin verursacht ein höherer CO_2-Partialdruck eine Reduzierung des Glycogengehaltes in den Erntehefen [206].

Diese Wirkungen des höheren intrazellulären CO_2-Gehaltes werden bei der technologischen Prozessführung durch die bekannten und gemeinsam angewendeten technologischen Steuergrößen Druck und Temperatur ausgenutzt. Höhere Fermentationstemperaturen führen zur Beschleunigung des Hefestoffwechsels und damit zur Beschleunigung der Gärung und Reifung. Durch den gleichzeitig angewendeten höheren Prozessdruck und damit höheren CO_2-Partialdruck im gärenden Bier wird trotz der höheren Fermentationstemperatur gleichzeitig eine Dämpfung der Hefevermehrung und der damit verbundenen Gärungsnebenproduktbildung erreicht. Ein höherer CO_2-Partialdruck beeinträchtigt in erster Linie den Baustoffwechsel und nicht den Energiestoffwechsel. Allerdings muss ein die ruhende Zelle schädigender hoher CO_2-Gehalt bei der Hefelagerung unbedingt vermieden werden.

Bei neueren Versuchen von *Swart* et al. [207] an Brauereihefezellen mittels Augerarchitectomics nanotechnology und Transmission-Elektronenmikroskopie wurde festgestellt, dass sich im Cytoplasma der Hefezellen große CO_2-Blasen bilden können, die sogar den Zellkern und andere Organellen (z. B. Golgi-Apparat und Mitochondrien) verformen können (siehe Abbildung 107). Welche spezifischen technologischen Auswirkungen sich daraus erklären lassen, müssen zukünftige Untersuchungen ergeben.

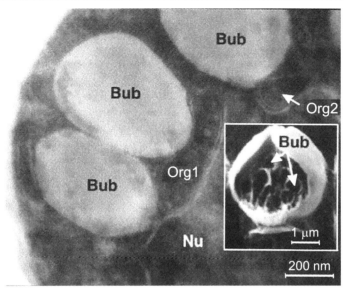

Abbildung 107 Intrazelluläre Gasblasen deformieren Organellen in gärenden Brauereihefen [205]
Bub Gasblasen **Org 1** und **Org 2** Organellen **Nu** Nucleus

4.4.5.4 Fermentationsverfahren

Den negativen Einfluss des *Crabtree*-Effektes auf die erreichbare Hefeausbeute kann man durch ein verändertes Fermentationsverfahren vermeiden.

Bei der Hefereinzucht und bei der Hefepropagation in der Brauerei wird bisher die Chargenkultur bzw. das Batchverfahren angewendet. Die komplette Nährlösung (Bierwürze) wird mit Anstellhefe beimpft und das Züchtungsende wird theoretisch durch den Verbrauch der für die Hefevermehrung erforderlichen essentiellen Nährstoffe bestimmt. Da die fermentierbaren Zuckerkonzentrationen in den Brauerei-Vollbierwürzen zwischen 50...100 g/L Bierwürze liegen, ist hier der *Crabtree*-Effekt nicht zu vermeiden, d.h., unter diesen Bedingungen findet auch bei intensiver Belüftung eine aerobe Gärung statt. Die dabei auftretende zunehmende Ethanolbildung hemmt die Biomassebildung und führt nach einer kurzen logarithmischen Wachstumsphase zum Ende der Hefevermehrung. Als Kriterium für den Abbruch der Propagation kann der Ethanolgehalt der Fermentationslösung sehr gut genommen werden (siehe Ergebnisse von [193] und [194] und Abbildung 184 in Kapitel 6.2.5.2).

Das vielfach bei der Hefereinzucht geübte chargenweise Auffüllen bzw. bei der Propagation die partielle Entnahme einer Teilcharge und das Wiederauffüllen mit frischer Würze verhindert nicht den *Crabtree*-Effekt, sondern führt zur Senkung des die Vermehrung hemmenden, schon gebildeten Ethanolgehaltes. Bei einer rechtzeitigen Verdünnung im niedrigen Ethanolkonzentrationsbereich kann die logarithmische Wachstumsphase verlängert werden, vorausgesetzt, es liegt keine Nährstofflimitierung vor.

Um diesen *Crabtree*-Effekt zu umgehen, wurde in der Backhefeindustrie das vom Institut für Gärungsgewerbe 1915 entwickelte „Zulaufverfahren" bzw. „Füllverfahren" eingeführt. Hierbei wird der mit einem Teil der essentiellen Nährstoffe versehenen Anstellhefesuspension im Fermenter die C-Quelle (und eventuell auch andere Nährstoffe) in Form eines dem gewünschten Hefezuwachs genau angepassten Zulaufs kontinuierlich zugesetzt. Das Züchtungsende wird in der Regel durch die Volumenbegrenzung des Fermenters bestimmt. Die durchschnittliche Zuckerkonzentration im Fermenter liegt unter 100 mg/L. Damit kein Nährstoffmangel auftritt, muss der Nährstoffzulauf an die sich ständig erhöhende Hefekonzentration im Fermenter angepasst werden. Für die Backhefeherstellung gibt es zur Erreichung einer hohen Raum-Zeit-Ausbeute genaue Dosierungsvorschriften. Dieses Verfahren ist für die Brauindustrie aus mehreren Gründen nicht sinnvoll anwendbar, z. B. durch den begrenzten Bedarf an frischer Anstellhefe, das „Deutsche Reinheitsgebot von 1516" und die diskontinuierliche Würzeproduktion.

Eine Weiterentwicklung des Zulaufverfahrens wäre eine kontinuierliche Hefezüchtung mit einem fortwährendem Zulauf der kompletten Nährlösung zum Fermenter und einem kontinuierlichen Ablauf des hefehaltigen Substrates aus dem Fermenter. Theoretisch existiert hier keine Begrenzung der Züchtungsdauer. Kontinuierliche Verfahren sind auf Grund der Risiken in der biologischen Stabilität des Prozesses jedoch nicht im großtechnischen Einsatz.

4.4.5.5 Die Vitalität der Satzhefe

Die Vitalität der Satzhefe beeinflusst den Zeitpunkt des Beginns der logarithmischen Wachstumsphase. Sie ist abhängig vom Ernährungszustand und der Altersstruktur des betreffenden Hefesatzes. Die Vitalität der Stellhefe wird bei modernen Verfahren der Hefevermehrung so gehalten, dass sich der Hefesatz in seinem Gesamtstoffwechsel nach der so genannten Lag- und der Anpassungsphase (charakterisiert durch eine intensive Nährstoffaufnahme und Vorproduktion von Bausteinen für den Baustoffwechsel; messbar über den Biomassezuwachs bei weitgehender Konstanz der Hefezellkonzentration) in der maximalen Hefevermehrungsphase, der so genannten logarithmischen oder exponentiellen Wachstumsphase, befindet. Diese Phase findet auch bei der Brauereihefevermehrung im Batch- bzw. bei einem Drauflassverfahren in einem begrenzten Zeitraum bis zum Beginn des Nährstoffmangels (siehe Kapitel 4.6) statt und kann zur verfahrenstechnischen Berechnung und Auslegung einer Hefereinzuchtanlage genutzt werden.

In Ergänzung zu den klassischen Methoden zur Charakterisierung der Vitalität einer Satzhefe (siehe auch Kapitel 3) werden u.a. folgende neuere Methoden empfohlen und zum Teil schon im Betriebsmaßstab angewendet:
- Die Flusszytometrie (z. T. gekoppelt mit einer Bildanalyse) als Onlinemethode (siehe u.a. [190], [191], [200] und [201]):
  – zur Zellzyklusanalyse, insbesondere zur Erfassung des aktuellen Wachstumszustandes (Anteil der Hefezellen in der G_2-Phase, siehe Kapitel 4.4.3),
  – zur Bestimmung des Lebend- und Totzellenanteils (Viability-Analysen), für Reservestoffanalysen der Hefe (Bestimmung des Glycogen- und Neutrallipidgehaltes zur Charakterisierung des zellphysiologischen Zustandes des Hefesatzes),
  – zur Erfassung der quieszenten Zellen (G_0-Zellen).
- Die Ermittlung von Stressfaktoren zur Charakterisierung des physiologischen Zustandes der Hefe durch die genomübergreifende Transkriptionsanalyse zur Erfassung z. B. durch unter Stress verstärkt gebildeter RNA-Hefereplikate als Indikatoren für den physiologischen Zustand der

❑ Die ^{31}P-NMR-Analyse zur differenzierten Bestimmung des Phosphatgehaltes der Hefezelle in vivo verbunden mit der pH-Wert-Bestimmung im Cytosol und in den Vakuolen ergab, dass die cytoplasmatischen pH-Werte ein guter Index für die Hefevitalität und die darauf folgende Gärung sind (je höher der pH-Wert, umso vitaler war der Hefesatz, s.a. Kapitel 4.4.5.7.3) [209].

Hefe [208] und durch die neue Technik der DNA-Microarray-Expression zur Erfassung des Bierhefeverhaltens unter Belastung [125].

4.4.5.6 Die Anstellkonzentration der Stellhefe

Die Hefekonzentration beim Anstellen beeinflusst nicht unmittelbar die spezifische Wachstumsrate. Das Hefe-Nährstoffverhältnis beeinflusst jedoch die Dauer der logarithmischen Wachstumsphase und den Zeitpunkt bis zur Erreichung der maximal möglichen Hefekonzentration. Bei einer konstanten spezifischen Wachstumsrate, d.h. bei konstanter Fermentationstemperatur, kann bei optimalen Sauerstoff- und Nährstoffbedingungen nur noch über die Variable der Stellhefekonzentrationen ein Einfluss auf die erforderliche Prozessdauer bis zur Erreichung der maximal möglichen Hefekonzentration genommen werden.

Je nach Hefevermehrungsverfahren werden in der Brauerei unterschiedliche Hefeanstellkonzentrationen angewendet, z. B.:
❑ bei der Hefereinzucht mit steriler Würze bis zu $< 1 \cdot 10^6$ Zellen/mL (s.a. Kapitel 4.6.11.3…4.6.11.5) und
❑ bei einem Herführverfahren mit keimfreier Würze, wie bei den bekannten großtechnischen Propagationsverfahren, $8…15 \cdot 10^6$ Zellen/mL (s.a. Kapitel 4.6.11.3…4.6.11.5).

4.4.5.7 Beeinflussung des Hefestoffwechsels durch weitere physikalisch-chemische Faktoren

Der Stoffwechsel der Hefezellen wird außer durch die Zusammensetzung der Nährsubstrate und durch deren Konzentrationen überwiegend auch durch physikalisch-chemische Umweltbedingungen bestimmt. Nur in gewissen Grenzen können Hefezellen überleben und nur innerhalb noch engerer Grenzbedingungen ist ein aktiver Hefestoffwechsel mit Zellproduktion möglich. Für die Brauereihefe-Technologie sind außer der Temperatur folgende physikalisch-chemische Faktoren für die Hefevermehrung wichtig:
❑ Verfügbares Wasser und osmotischer Druck
❑ Statischer Druck und Druckimpulse
❑ Wasserstoffionenkonzentration
❑ Redoxpotenzial
❑ Oberflächenspannung
❑ Sauerstoffkonzentration in der Lösung (siehe Kapitel 4.7)
❑ CO_2-Konzentration in der Lösung (siehe oben und siehe unter statischem Druck)

Die Faktoren Licht, elektrische Ströme und Felder sowie UV-, Röntgen- und Gammastrahlen haben für die Hefetechnologie keine Bedeutung.

4.4.5.7.1 Verfügbares Wasser und osmotischer Druck

Der Wassergehalt stoffwechselaktiver Hefezellen in wässriger Kulturlösung liegt bei 70...75 %, bezogen auf die Zellmasse. Dieser hohe Wassergehalt ist für die Stoffwechselfunktion der Zelle notwendig, um das Zellprotein und die zellulären Strukturelemente im „solvatisierten" Quellzustand zu erhalten. Durch die semipermeable Plasmamembran wird Wasser in Abhängigkeit von den osmotischen Druckverhältnissen im Zellinneren und im Außenmedium hin und her transportiert.

Der osmotische Druck beschreibt nicht genau die Verhältnisse in einer Lösung hinsichtlich des für Mikroorganismen verfügbaren Wassers, da er nicht genügend die variable Solvatisierung von Makromolekülen berücksichtigt.

Präziser ist der Ausdruck „Wasseraktivität" („verfügbares Wasser") bzw. der a_w-Wert (von *Scott* 1957 eingeführt). Er berechnet sich aus dem Verhältnis des Dampfdruckes der wässrigen Lösung zum Dampfdruck des reinen Wassers nach Gleichung 48:

$$a_w = p/p_o \qquad \text{Gleichung 48}$$

p = Dampfdruck der wässrigen Lösung
p_o = Dampfdruck des reinen Wassers

Der a_w-Wert ist damit numerisch gleich der korrespondierenden relativen Feuchtigkeit (ausgedrückt in Prozent von 100); a_w = 0,98 bedeutet eine relative Feuchte von 98 %. Bei allen niedrigmolekularen Stoffen besteht zwischen diesen Größen und dem osmotischen Druck eine streng lineare Beziehung.

Die Grenzbereiche der Wasseraktivität bzw. des osmotischen Druckes, innerhalb der eine Mikroorganismenvermehrung möglich ist, sind vor allem in Richtung geringer Wasseraktivität (= hohem osmotischen Druck) sehr unterschiedlich.

Saccharomyces cerevisiae vermehrt sich in Substraten mit einer Wasseraktivität von a_w = 0,999...0,970, dies entspricht einem osmotischen Druck von ca. 1...40 bar !

Bei zunehmend geringer werdender Wasseraktivität und dementsprechend zunehmendem osmotischen Druck im Außenmedium wird der Zelle immer mehr Wasser entzogen, der Quellzustand der polymeren Stoffe im Zellinnern und in den Organellen nimmt ab und dadurch nimmt die Stoffwechselaktivität ab bis die Plasmolyse einsetzt. Die Zellen sterben dabei zunächst nicht ab, nach Rückverbringung in Nährlösungen mit einem a_w-Wert > 0,970 regenerieren sich die Zellen rasch wieder und vermehren sich normal. Erst bei zusätzlichen ungünstigen Faktoren, z. B. erhöhter Temperatur, führt der Wasserentzug zu einer irreversiblen Zellschädigung.

Dieser Osmoseeffekt wird bei der Salzbehandlung vor der Filtration in der Backhefetechnologie zur Erhöhung des HTS-Gehaltes der Presshefe ausgenutzt.

Der HTS-Gehalt der Hefe (er hängt vom intrazellulären Wassergehalt ab) wird auch durch die extrazelluläre Wasseraktivität bei der Hefezüchtung im Fermenter bestimmt. Bei der Bierhefezüchtung in Vollbierwürzen kommt es zu keiner Begrenzung der Hefevermehrung durch den a_w-Wert, problematischer sind Starkbierwürzen (siehe auch Kapitel 4.2.9).

4.4.5.7.2 Statischer Druck und Druckimpuls

Die Hefen der Gattung *Saccharomyces cerevisiae* sind auf Grund ihrer im Vergleich zu Bakterien und Schimmelpilzen extrem stabilen und zugleich elastischen Zellwand sehr unempfindlich gegen hohe Drücke und insbesondere Druckimpulse.

Während der aeroben Hefezüchtung im Fermenter sind statische Drücke bis zu 10 bar unschädlich. Bei Drücken > 10 bar können durch den erhöhten CO_2-Partialdruck Atmungs- und Gärungshemmung auftreten.

Bei der anaeroben Biergärung führt eine Erhöhung des Spundungsdruckes in der Gärphase, insbesondere in der Angärphase schon ab 0,3 bar, zur Reduzierung des Hefezuwachses und zu einer reduzierten Bildung von höheren Alkoholen. Das ermöglicht die Anwendung höherer Gärtemperaturen ohne Qualitätsverluste (beschleunigte Gärverfahren/Druckgärverfahren). Auch hier liegt die tiefere Ursache in der Erhöhung des im Fermentationsmedium gelösten CO_2-Gehaltes und damit auch in der Zelle, es kommt zu einer Endprodukthemmung.

Preßhefe übersteht bei der Verformung im Extruder (Strangpresse) Drücke im Bereich von 8 bar, wenn eine Erwärmung durch Kühlung vermieden wird.

Druckimpulse bzw. Druckdifferenzen von $\Delta p = 1\ldots50$ bar mit Frequenzen im Bereich von Sekunden bis Zehntelsekunden führten bei einer wässrigen Suspension von Hefezellen nicht zu einer messbaren Zellzerstörung oder Stoffwechselinaktivierung (im Gegensatz zu vielen Bakterien und Schimmelpilzen). Eine ca. 50%ige Zellzerstörung von Hefezellen ist erst bei Druckdifferenzgeschwindigkeiten $\Delta p/t = 500\ldots1000$ bar/0,1 s erreichbar.

Derartige Druckdifferenzen entstehen z. B. bei den Kavitationserscheinungen unter Ultraschalleinfluss oder beim Fördern von Hefesuspensionen durch enge Spalten oder Bohrungen mit Hilfe von Hochdruckpressen (Zellhomogenisatoren). Hier treten jedoch zusätzlich besonders wirksame Schubspannungen auf.

4.4.5.7.3 Die extra- und intrazelluläre Wasserstoffionenkonzentration (pH-Wert) und ihre Veränderungen

Die Wasserstoffionenkonzentration hat eine direkte und indirekte Wirkung auf die Hefezelle. Direkt hat ein niedriger pH-Wert (hohe Wasserstoffionenkonzentration) eine toxische Wirkung auf die Hefezelle. Bei der indirekten Wirkung beeinflusst der pH-Wert den Dissoziationszustand der dissoziierbaren Nährstoffe und Stoffwechselprodukte und damit die Aufnahmerate der Nährstoffe und die Toxizität der gelösten Stoffe.

Der extrazelluläre pH-Wert wirkt nicht unmittelbar auf den intrazellulären pH-Wert der Zelle (Trennung beider Reaktionsräume durch Membransysteme), der pH-Wert des gesamten, nicht differenzierten Hefeplasmas, gemessen mit älteren kolorimetrischen Messmethoden, schwankt auch bei starken Änderungen des extrazellulären pH-Wertes nur in geringen Grenzen von pH 5,8…6,0 [125].

Mit neuesten Messverfahren konnte der reine cytosolische pH-Wert in einer Anstellhefe zwischen 6,6…6,9 und der Vakuolen-pH-Wert mit ca. 5,6 ermittelt werden. Hefesätze mit den höheren cytosolischen pH-Werten hatten eine höhere Aminosäureassimilation, eine größere Vermehrungsrate und höhere Gärrate. In den ersten 24 Stunden nach dem Anstellen sank der cytosolische pH-Wert auf einen Wert von 6,5 ab und stieg in der Hauptgärphase auf den angegebenen Maximalwert an. Nach der Vergärung der in der Würze enthaltenen Zucker sank der cytosolische pH-Wert wieder und erreichte bei einer Lagerdauer von 4 bis 5 Tagen im endvergorenen Bier den unteren Grenzwert von pH = 6,6 [207].

Die Regelung des intrazellulären pH-Wertes der Hefe erfolgt durch das Enzym der Plasma-Membran-ATPase. Sie bildet einen Protonengradienten, der eine treibende Kraft für den Nährstofftransport durch die Membran darstellt, insbesondere für den Ionentransport (siehe auch Abbildung 90).

Da der intrazelluläre pH-Wert entscheidend die Wirksamkeit der Enzyme der Glycolyse und Gluconeogenese beeinflusst und damit die Vitalität der Hefe bestimmt, wurde eine Methode zur intrazellulären pH-Wert-Messung (ICP-Messung) für die

Charakterisierung des physiologischen Zustandes und der Zellaktivität der Hefe entwickelt [210].

Vergleichende Untersuchungen von *Back* und Mitarbeitern [211], [355] bestätigen die Aussagekraft der noch aufwendigen ICP-Messung. Eine Optimierung zur Reduzierung des Methodenaufwandes wird angestrebt. Der physiologische Zustand einer Hefepopulation wurde mit den gemessenen ICP-Werten gemäß Tabelle 61 eingeschätzt:

Tabelle 61   ICP-Richtwerte der Hefe (nach [212])

ICP-Wert	Physiologischer Zustand
> 6,10	Sehr gut
≥ 5,70...≤ 6,10	Mittelmäßig
< 5,70	Schlecht

Erst bei extremen pH-Wert-Unterschieden zwischen Kulturlösung (ab pH-Wert < 1,3) und Zellinnerem werden die Membranschranken durchbrochen mit letalen Folgen für die Hefezelle.

In der Backhefeindustrie und in der Brauindustrie, die nicht dem Deutschen Reinheitsgebot verpflichtet ist, hat sich die Säurebehandlung bakteriell infizierter Hefesätze bzw. bei der Hefereinzucht bewährt. Bei eigenen Versuchen haben die Brauereihefesätze eine Phosphorsäurebehandlung (10 %ig) mit pH-Werten von 2,0 bis 2,2 und mit einer Einwirkungsdauer von 3 bis 6 Stunden ohne Vitalitätsverluste vertragen (siehe auch Punkt 6.7.5).

Das pH-Wert-Optimum für die Hefevermehrung und für die alkoholische Gärung bei den bei der Bierherstellung vorkommenden Ethanolgehalten liegt im weiten Bereich zwischen pH 4,0 bis pH 6,0. Das pH-Wert-Minimum für die Hefevermehrung liegt in Abhängigkeit von der Zusammensetzung des Nährmediums bei pH ≥ 2,5.

Bedingt sowohl durch den aeroben als auch durch den anaeroben Stoffwechsel der Hefe nimmt die Wasserstoffionenkonzentration im zuckerhaltigen Fermentationsmedium zu, d.h., in Abhängigkeit vom Pufferungsvermögen des Fermentationsmediums kommt es zu einer deutlichen pH-Wert-Abnahme (siehe z. B. Abbildung 184). Bei der Biergärung kann diese pH-Wert-Abnahme in Abhängigkeit von der Verfahrensführung zwischen 0,25...0,7 pH-Wert-Einheiten betragen (siehe auch Tabelle 126). Die Ursachen für diese pH-Wert-Abnahme sind:
- Verbrauch von in der Würze vorhandenen puffernden Phosphaten durch die Hefe (Pufferung zwischen pH-Wert 7,07 und 5,67),
- Verbrauch der in der Würze enthaltenen Ammoniumionen und Verbleib der dazu gehörenden sauer reagierenden Anionen im Bier,
- Die Aufnahme von Kalium und die Ausscheidung von Protonen (siehe auch Abbildung 90),
- Die Ausscheidung der Hefe von organischen Säuren als Gärungsnebenprodukte (z. B. Bersteinsäure, Milchsäure, Essigsäure),
- Die Ausscheidung von im sauren Bereich puffernden Proteinen (pH-Wert 5,7 bis 4,3),
- Die CO_2-Lösung im Gärsubstrat, inclusive der geringen Dissoziation der gebildeten Kohlensäure.

Am Ende eines Fermentationsprozesses kann es durch die Ausscheidung von Aminosäuren im Bier zu einem geringen pH-Wert-Anstieg (< 0,1 pH-Einheiten) kommen. Ein deutlicher pH-Wert-Anstieg von > 0,1 pH-Wert-Einheiten im Bier oder in der lagernden Hefe weisen auf Autolyseerscheinungen und eine Schädigung der Hefe hin.

4.4.5.7.4 Redoxpotenzial

Das Redoxpotenzial einer Lösung (= die reduzierende oder oxidierende Kapazität, gemessen gegen die Standard-Platin/Wasserstoff-Elektrode bei - 420 mV und pH-Wert = 7) ist in aeroben und anaeroben Hefekulturen hinsichtlich des in den Kulturlösungen messbaren Redoxpotenzials deutlich unterschiedlich. Obwohl der Gelöstsauerstoffgehalt den Messwert entscheidend mit beeinflusst, kann das Redoxpotenzial nicht als Messgröße für den O_2-Partialdruck genutzt werden. Auch die anderen Würzeinhaltsstoffe und Stoffwechselprodukte der Hefe und ihr Oxidationszustand (z. B. die SO_2-Bildung der Hefe) beeinflussen den Redoxwert (s.a. 4.6.11.3 und 4.5.4).

Im Interesse einer hohen Geschmacksstabilität des Endproduktes Bier sollte die durch die Belüftung der Anstellwürzen bzw. durch die bei der Propagation angewendete Belüftung nicht zu vermeidende Oxidation der Würzeinhaltsstoffe minimiert werden.

Bisher hat die Redoxpotenzialmessungen noch keine Bedeutung für die Technik der Hefezüchtung erlangt.

4.4.5.7.5 Oberflächenspannung

Die Oberflächenspannung der Nährlösung und der Hefesuspension hat eine technologische Bedeutung für die durch eine starke Belüftung verursachte Schaumbildung und bei dem Aufwand für die technischen Möglichkeiten bei der Schaumbekämpfung in einer intensiv belüfteten Hefereinzucht- oder Hefepropagationsanlage. Auch die Behälterausnutzung (zulässiger Füllungsgrad) bzw. die Raum-Zeit-Ausbeute werden dadurch beeinflusst. Jede Schaumbildung ist ein Verlust an auch für den Bierschaum positiven Substanzen und damit auch eine Verschlechterung der Oberflächenspannung.

Der Schwankungsbereich der Oberflächenspannung in Vollbierwürzen und -bieren liegt zwischen 40 bis 48 mN/m.

4.4.5.8 Schlussfolgerungen

Als Schlussfolgerung der Aufzählungen des Kapitels 4.4.5 ergibt sich, dass der Parameter „Temperatur" die bestimmende Einflussgröße für die Vermehrungsgeschwindigkeit der Hefe ist, auch unter Berücksichtigung des Sauerstoffeinflusses (s.a. Kapitel 4.7).

4.4.6 Berechnungsbeispiele für die Auslegung von Hefepropagationsanlagen unter Verwendung der aufgeführten Richtwerte und Gleichungen

Berechnungsbeispiel 1:
Berechnung der Hefezellmenge in einem Propagationstank von 150 hL Inhalt und das mögliche Auffüllvolumen beim Drauflassen:

Anstellhefemenge im Propagationstank	0,33 L dickbreiige Hefe/hL $\widehat{=}$ $10 \cdot 10^6$ Zellen/mL ≈ 0,25 g HTS/L (siehe Kapitel 4.2.)
Generationszeit in der logarithmischen Wachstumsphase	bei ϑ = 15 °C ist t_G ≈ 8 h (siehe Kapitel 4.4.5)
Spezifische Wachstumsrate µ (nach Gleichung 30)	$\mu = \ln 2/8 = 0{,}08664$ h^{-1}
Zuwachsfaktor H (nach Gleichung 42)	$H = e^{0{,}08664} = 1{,}0905$ h^{-1}
Zellmenge X_0 im Propagationstank mit V_0 = 150 hL beim Start:	X_0 = 0,25 g HTS/L · 15000 L = 3750 g HTS = 3,75 kg HTS
Zellmenge X_{12h} nach einer Propagationszeit von t = 12 h:	X_{12h} = 3,75 kg HTS · $1{,}0905^{12}$ = 3,75 · 2,8282 = 10,6 kg HTS
Zellkonzentration c_H nach 12 h (10 = Summe der Umrechnungsfaktoren)	$c_H = \dfrac{10{,}6 \text{ kg HTS}}{150 \text{ hL}} \cdot \dfrac{10 \cdot 10^6 \text{ Z/mL}}{0{,}25 \text{ g HTS}} \cdot 10$ $= 28{,}3 \cdot 10^6$ Z/mL
Endvolumen V_1 nach dem Drauflassen von konditionierter Würze mit einer Anstellhefekonzentration von $c_{H0} = 15 \cdot 10^6$ Z/mL	$V_1 = \dfrac{28{,}3 \cdot 10^6 \text{ Z/mL}}{15 \cdot 10^6 \text{ Z/mL}} \cdot 150 \text{ hL} = 283 \text{ hL}$

Der gesamte Propagationstankinhalt würde bei einer angestrebten Anstellhefekonzentration von $15 \cdot 10^6$ Zellen/mL durch Drauflassen von konditionierter Würze auf 280…290 hL auffüllbar sein.

Berechnungsbeispiel 2:
Einfluss der Generationszeit t_G in h und der Anstellhefekonzentration auf die erforderliche Prozesszeit bis zum Erreichen des maximal möglichen Biomassezuwachses:
   Für die Modellrechnung wird bei einer Propagationsanlage eine Anstellhefekonzentration von $8 \cdot 10^6$ Zellen/mL, $10 \cdot 10^6$ Zellen/mL und $15 \cdot 10^6$ Zellen/mL bei Fermentationstemperaturen von jeweils 12 und 15 °C in Ansatz gebracht. Die Ergebnisse werden in Tabelle 62 ausgewiesen (zur Begründung der Höhe des maximal möglichen Biomassezuwachses siehe Kapitel 4.6.10).
Die in Tabelle 62 berechneten Prozesszeiten für die logarithmische Wachstumsphase sind unter Brauereibedingungen nur realistisch, wenn sie bei dem angegebenen technologischen Regime (Temperatur, Anstellhefekonzentration, kein Drauflass- oder Verdünnungsverfahren) im Bereich zwischen 10 bis maximal 24 Stunden liegen. In dieser Zeit beendet der schnell steigende Ethanolgehalt bei ca. 0,7 Vol.-% die logarithmische Wachstumsphase (siehe auch Abbildung 184 in Kapitel 6.2.5.2). Damit ist auch der in dieser Phase erreichbare Hefe- bzw. Biomassezuwachs begrenzt.

Tabelle 62 Einfluss der Generationszeit t_G in h und der Anstellhefekonzentration in der Hefereinzuchtanlage c_{HRo} in 10^6 Zellen/mL auf die erforderliche Prozesszeit t in h bis zum Erreichen des theoretisch möglichen Biomassekonzentration

Maximal erreichbare Biomassekonzentration c_{HR}		c_{HRo} = 8·10^6 Zellen/mL = 0,2 g HTS/L	c_{HRo} = 10·10^6 Zellen/mL = 0,25 g HTS/L	c_{HRo} = 15·10^6 Zellen/mL = 0,375 g HTS/L
10^6 Zellen/mL	g HTS/L			
1. Fermentationstemperatur ϑ_F = 15 °C mit t_G = 8 h				
80	2,0	t = 26,6 h	t = 24,0 h	t = 19,3 h
70	1,75	t = 25,0 h	t = 22,5 h	t = 17,8 h
60	1,5	t = 23,3 h	t = 20,7 h	t = 16,0 h
2. Fermentationstemperatur ϑ_F = 12 °C mit t_G = 12 h				
80	2,0	t = 39,9 h	t = 36,0 h	t = 29,0 h
70	1,75	t = 37,6 h	t = 33,7 h	t = 26,7 h
60	1,5	t = 34,9 h	t = 31,0 h	t = 24,0 h

Berechnungsbeispiel 3:
Erforderliches Behältervolumen für eine Hefepropagationsanlage im einmaligen Chargenbetrieb.
Der Rechenansatz und die gewählte Beispielrechnung sind in Tabelle 64 zusammengestellt.

Berechnungsbeispiel 4:
Erforderliches Behältervolumen für eine Hefepropagationsanlage im längeren, mehrmaligen Chargenbetrieb.
Die Hefepropagationsanlage soll in ihrem erforderlichen Volumen für das Anstellen eines jeden Sudes mit Herführhefe/Reinzuchthefe in einer Großbrauerei ausgelegt werden. Die Betriebskenndaten nach Tabelle 63 sind zu beachten.

Gesucht werden:
V_{HRS} = erforderliches Hefereinzuchtvolumen in hL/Sud
V_N = erforderliches Netto-Behältervolumen der HRA in m^3 oder hL
V = erforderliches Brutto-Behältervolumen der HRA in m^3 oder hL
c_{HRA} = Hefekonzentration nach Entnahme der Anstellhefemenge und Auffüllen mit der gleichen Würzemenge in 10^6 Zellen/mL

Erforderliches Hefereinzuchtvolumen pro Sud:

$$V_{HRS} = \frac{V_{AW} \cdot c_{H0}}{c_{HR}} = \frac{600 \, hl/Sud \cdot 15 \cdot 10^6 \, Z/ml}{60 \cdot 10^6 \, Z/ml} = 150 \, hl/Sud \qquad \text{Gleichung 49}$$

Unter Verwendung von Gleichung 47 kann äquivalent für $N_t = c_{HR}$ und für $N_0 = c_{HRA}$ eingesetzt und diese Gleichung zur Berechnung von c_{HRA} umgestellt werden.

Der nach der Entnahme von 150 hL Reinzuchtvolumen und mit dem gleichen Volumen wiederaufgefüllte Propagationstank hat unmittelbar danach folgende Hefekonzentration (Gleichung 50):

$$\ln c_{HRA} = \frac{t_G \cdot \ln c_{HR} - t_{erf} \cdot \ln 2}{t_G} = \frac{12h \cdot \ln 60 \cdot 10^6 Z/ml - 2{,}4h \cdot \ln 2}{12h} = 17{,}77 \quad \text{Gleichung 50}$$

$$c_{HRA} = 52{,}2 \cdot 10^6 \text{ Z/mL}$$

Das erforderliche Netto-Behältervolumen ergibt sich aus der Verhältnisrechnung:

$$V_N = \frac{c_{HO} \cdot V_{AW}}{c_{HR} - c_{HRA}} = \frac{15 \cdot 10^6 Z/ml \cdot 600 hl}{60 \cdot 10^6 Z/ml - 52{,}2 \cdot 10^6 Z/ml} = 1154 \text{ hl} \quad \text{Gleichung 51}$$

Das Netto-Volumen der Hefeherführung muss 1154 hL betragen. Mit f = 0,4 (nach Tabelle 64 und Gleichung 56) beträgt das Brutto-Behältervolumen der HRA:

$$V = \frac{V_N}{f} = \frac{1154 \text{ hl}}{0{,}4} \approx 2885 \text{ hl}$$

Das Brutto-Volumen des Hefeherführgefäßes muss V ≥ 2885 hL betragen.

Aus der o.g. Modellrechnung für die Berechnung des erforderlichen Hefereinzuchtvolumens und des dafür benötigten Behältervolumens ergibt sich, dass der benötigte Steigraum (resultierend aus der CO_2-Entwicklung und der zugeführten Luftmenge) das erforderliche Volumen erheblich beeinflusst und nur durch eine Minimierung der Belüftungsmenge beeinflussbar ist. Ziel muss es deshalb sein, nur soviel Luft als nötig zuzuführen.

Für das ausschließliche Anstellen mit Hefe aus einer Hefevermehrungsanlage sind trotzdem beträchtliche Behältervolumina erforderlich. Diese lassen sich nur bedingt durch die Prozessparameter beeinflussen.

Tabelle 63   Festgelegte Betriebsdaten

V_{AW}	Anstellwürzevolumen in hL/Sud	600 hL/Sud
t_S	Sudzyklus (10 Sude/24 h)	2,4 h
c_{HO}	gewünschte Anstellkonzentration in 10^6 Z/mL	$15 \cdot 10^6$ Zellen/mL
c_{HR}	Hefekonzentration bei Entnahme der Anstellhefemenge in 10^6 Zellen/mL	$60 \cdot 10^6$ Zellen/mL
t_G	angenommene Generationszeit bei ϑ = 12 °C	12 h

Grundlagen der Hefevermehrung

Tabelle 64 Berechnung des erforderlichen Behältervolumens für eine Hefepropagationsanlage im Chargenbetrieb (mit Gleichung 52, Gleichung 53, Gleichung 54, Gleichung 55 und Gleichung 56)

		1. Würzeproduktion und Anstellkonzentration	Beispiel
V_{AW}	hL/d	Volumen der mit frischer Reinzuchthefe pro Produktionstag anzustellenden Anstellwürze	$V_{AW} = 3000$ hL/d
c_{HO}	10^6 Z/mL	gewünschte Anstellkonzentration der Anstellwürze	$c_{H0} = 15 \cdot 10^6$ Z/mL
		2. Erforderliche Produktivität der Hefereinzuchtanlage (HRA), s.a. Tabelle 58	
ϑ	°C	Fermentationstemperatur der HRA	$\vartheta = 15$ °C
t_G	h	durchschnittliche Generationszeit der Hefe	$t_G = 8$ h
c_{HR0}	10^6 Z/mL	ständig zu gewährleistende Hefekonzentration beim Neustart der HRA	$c_{HR0} = 15 \cdot 10^6$ Z/mL
c_{HRZ}	10^6 Z/mL	bei der vorliegenden Würzequalität sicher zu erzielender Hefezuwachs (siehe Kapitel 4.6.10)	$c_{HRZ} = 60 \cdot 10^6$ Z/mL
c_{HR}	10^6 Z/mL	Hefekonzentration am Ende der Hefevermehrung	$c_{HR} = 75 \cdot 10^6$ Z/mL
t_{erf}	h	erforderliche Prozessdauer für den gewünschten Hefezuwachs (siehe Tabelle 62)	$t_{erf} = 18{,}6$ h
		3. Erforderliches Volumen an homogener Hefereinzuchtsuspension V_{HR}	
V_{HR1}	hL/d	erforderliches Hefereinzuchtvolumen zum Anstellen von V_{AW}: $V_{HR1} = \dfrac{V_{AW} \cdot c_{H0}}{c_{HR}}$ (Gleichung 52)	$V_{HR1} = \dfrac{3000 \text{ hl/d} \cdot 15 \cdot 10^6 \text{ Z/ml}}{75 \cdot 10^6 \text{ Z/ml}} \approx$ __600 hL/d__
V_{HR2}	hL/d	erforderliches Hefereinzuchtvolumen zum Wiederanstellen der Hefereinzucht: $V_{HR2} = \dfrac{V_{HR1} \cdot c_{H0}}{c_{HR}}$ (Gleichung 53)	$V_{HR2} = \dfrac{600 \text{ hl/d} \cdot 15 \cdot 10^6 \text{ Z/ml}}{75 \cdot 10^6 \text{ Z/ml}} = 120 \text{ hl/d}$
V_{HR}	hL/d	erforderliches Hefereinzuchtvolumen zum Anstellen von V_{AW}: $V_{HR} = V_{HR1} + V_{HR2}$ (Gleichung 54)	$V_{HR} = 600$ hL/d $+ 120$ hL/d $=$ __720 hL/d__
		4. Berechnung des erforderlichen Behältervolumens V für die HRA	
SR	%	prozentualer Steigraum, bezogen auf V	SR = 60 %
f		Faktor für die Berechnung des Bruttobehältervolumens: $f = 1 - \dfrac{SR}{100}$ (Gleichung 55)	$f = 1 - \dfrac{60}{100} = 0{,}4$
V	hL/d	erforderliches Bruttobehältervolumen $V = \dfrac{V_{HR}}{f}$ (Gleichung 56)	$V = \dfrac{720 \text{ hl/d}}{0{,}4} = 1800 \text{ hl/d}$

4.5 Stoffwechselwege der Hefe und Regulationsmechanismen

Biologische Zellen benötigen zu ihrer Vermehrung, d.h. zur Biosynthese neuer Zellsubstanz, neben den essentiellen Nährstoffen und geeigneten physikalisch-chemischen Bedingungen auch Energie in für sie nutzbarer Form. Die Hefen können als heterotrophe Mikroorganismen nur die Bindungsenergie der assimilierbaren organischen Kohlenstoffverbindungen als Energiequelle nutzen. Diese assimilierbaren organischen Stoffe liefern gleichzeitig auch den zur Biosynthese neuer Zellsubstanz essentiellen Kohlenstoff; sie dienen als kombinierte Kohlenstoff- und Energiequellen.

Den Zusammenhang zwischen Energie- und Baustoffwechsel und die dazugehörigen Begriffe zeigt nachfolgendes Schema.

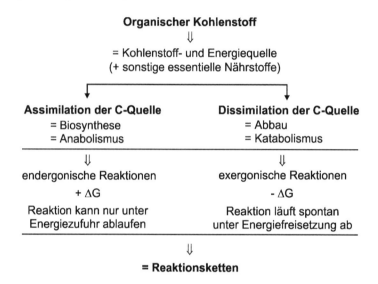

Abbildung 108 Begriffe und Zusammenhänge zwischen Energie- und Baustoffwechsel

Die Stoffwechselreaktionen laufen als gekoppelte Reaktionen in Reaktionsketten ab, das Produkt einer ersten Reaktion ist gleich das Substrat der nachfolgenden Reaktion. Weiterhin sind immer exergonische und endergonische Reaktionen gekoppelt. Die Triebkraft einer Reaktion ist die Änderung der freien Enthalpie ΔG (= Beitrag an Energie, der maximal in Arbeit überführt werden kann bzw. als Wärme frei wird, gekennzeichnet durch ein negatives Vorzeichen; Energieaufwand ist gekennzeichnet mit + ΔG). Die gesamte Reaktionskette läuft spontan ab, wenn die Gesamtreaktion exergon ist.

Die Ermittlung von ΔG erfolgt unter Standardbedingungen (25 °C, 1 bar, 1 molare Aktivität der Reaktanden) und wird bei G_o' auf pH = 7,0 umgerechnet.

4.5.1 Energie- und Baustoffwechsel

Nur ein Teil der in den Bindungen der assimilierten Kohlenstoff- und Energiequelle fixierten freien Energie wird als Wärme frei, der restliche Energieanteil findet sich in der Bindungsenergie der zahlreichen neu gebildeten Zellinhaltsstoffe und der extrazellulären Stoffwechselprodukte wieder. Bei katabolischen Reaktionen werden neben Wärme auch extrazelluläre und zelluläre Stoffwechselprodukte gebildet.

Die Übertragung eines Teils der katabolisch freiwerdenden Energie auf endergonische (energiebenötigende) anabolische Biosyntheseprozesse erfolgt mit der in biologischen Systemen vorkommenden „energiereichen Bindung". Es handelt sich dabei um sehr leicht anlagerbare und hydrolytisch wieder lösbare Bindungen mit einem hohen Energiegehalt von ca. 25 bis 50 kJ/Mol.

Adenosintriphosphat (ATP)

Die im Hefestoffwechsel wichtigste energiereiche Bindung ist die Phosphatbindung und hier das Adenosintriphosphat (ATP). Es wird als die Energiewährung der Zelle angesehen (siehe Abbildung 109).

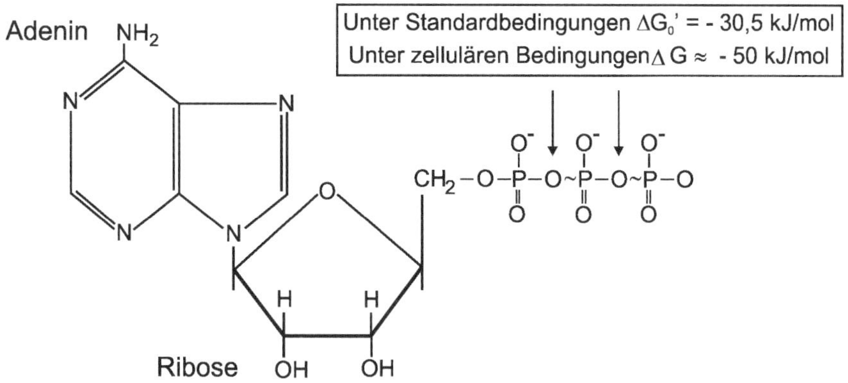

Abbildung 109 Adenosintriphosphat (ATP) – Aufbau und energiereiche Bindungen

Unter den Bedingungen des Zellmilieus tragen die Phosphatreste eine negative Ladung. Der Energiegehalt dieser Bindung liegt unter zellulären pH-Verhältnissen bei ΔG = -50 kJ/Mol. Durch die Ladungsabstoßung von drei benachbarten Phosphatgruppen verhält sich das ATP-Molekül wie eine gespannte Feder. Bei der Abspaltung der ersten (es entsteht Adenosindiphosphat, ADP) und der zweiten Phosphatgruppe (es entsteht Adenosinmonophosphat, AMP) wird Energie frei, die mit dem Phosphation auf die anderen Reaktionspartner übertragen wird. Je nach Art des Bindungspartners ist die Energie der Bindung verschieden groß.

Beim Abbau (Katabolismus) einer Kohlenstoff- und Energiequelle durch Hefe ist die Energiefreisetzung abhängig von der freien Energie der C- und Energiequelle und der freien Energie der Summe aller katabolischer Endprodukte. Je nach dem spezifischen Stoffwechsel der Hefe werden die C- und Energiequellen mehr oder weniger weit abgebaut.

ATP diffundiert passiv zum Ort des Bedarfs. Auf Grund der kleinen Diffusionsstrecken (ca. 1 µm) erfolgt eine schnelle Energieübertragung in einem Bereich von < 1 Millisekunde.

ATP-Messung in Brauereihefezellen

In großtechnischen Gärversuchen wurden von *Annemüller et al.* [213] beim Anstellen und Befüllen von ZKT der ATP-Gehalt der Hefezellen mit Hilfe des Luziferin/Luziferase-Systems (mit einem sicheren Probeentnahme- und Konditionierungsverfahren für die ATP-Messung; Messgerät von der Fa. Perstorp Analytical GmbH) gemessen. Mit diesen Untersuchungen sollte geprüft werden, ob die ATP-Messung geeignet ist, in der Gärphase schnelle Aussagen über die Biomassekonzentration in der angestellten Würze und über die physiologische Leistungsfähigkeit der zum Anstellen verwendeten Hefe zu liefern.

Obwohl sich die spezifischen ATP-Gehalte der Hefezellen bei den beiden geprüften Betriebshefestämmen unmittelbar nach dem Anstellen unterschieden (Hefestamm A: $(4,30 \pm 0,36)$ μmol ATP/g HTS; Hefestamm B: $(2,77 \pm 0,44)$ μmol ATP/g HTS), waren daraus Unterschiede in der physiologischen Leistungsfähigkeit allein durch die ATP-Bestimmung nicht ableitbar. Auch eine Quantifizierung der angestellten Biomasse ist durch die Schwankungsbreite in der ATP-Anfangskonzentration nicht möglich. Im Zeitraum von 6...24 h nach dem Anstellen enthielten dann beide Hefestämme ohne Unterschiede $(2,06 \pm 0,41)$ μmol ATP/g HTS.

Das durch die Atmung (bestimmt durch den gemessenen O_2-Verbrauch; berechnet mit: 6 ATP-Moleküle/1 O_2-Molekül) und durch die Gärung (bestimmt durch die gemessene Ethanolbildung; berechnet mit: 1 ATP-Molekül/1 Ethanolmolekül) gebildete ATP wird als Energiezwischenspeicher im Zellstoffwechsel sofort verbraucht. Es erfolgt ein vollständiger zellinterner ATP-Umschlag („turnover") innerhalb von 3...5 Sekunden. Durch die Aufrechterhaltung dieses Fließgleichgewichtes zwischen ATP-Bildung und ATP-Verbrauch in der Hefezelle reicht die ATP-Bestimmung allein zur Abschätzung der biologischen Leistungsfähigkeit des Hefesatzes nicht aus.

Einige Durchschnittswerte der Konzentration von Adenosinphosphaten in Backhefe zeigt die Tabelle 65, sie bestätigen die in Brauereihefen gefundenen Konzentrationen.

Tabelle 65 Konzentration von Adenosinphosphaten in Backhefe [145]

	AMP	ADP	ATP
μmol/g HTS	0,29	2,8	3,5
g/100g HTS	0,01	0,116	0,175

Energiespeichermöglichkeiten der Hefezellen

Wie die ATP-Konzentrationen in Brau- und Backhefe zeigen, ist die Konzentration in der Hefezelle sehr niedrig. ATP dient nicht als Energiespeicher; seine Menge in der Hefezelle ist außerordentlich klein. Die Menge und das gegenseitige Verhältnis der Adenosinphosphate in der Hefe sind stark abhängig von den Züchtungsbedingungen, insbesondere von der spezifischen Wachstumsrate der Zellen.

Von *Atkinson* [l.c. 214] wurde eine Kennzahl für die Energieladung („energy charge") der Zelle vorgeschlagen (siehe Gleichung 57). Er konnte nachweisen, dass ATP erzeugende Stoffwechselwege durch eine hohe Energieladung gehemmt, ATP verbrauchende dagegen angeregt werden. Diese Kennzahl, berechnet aus den in den Zellen vorhandenem gegenseitigen Verhältnis der Adenosinphosphate (die Werte in den eckigen Klammern sind molare Konzentrationen), konnte sich in der Hefetechnologie bisher noch nicht durchsetzen.

$$\text{Energieladung} = \frac{[\text{ATP}] + 0,5 [\text{ADP}]}{[\text{ATP}] + [\text{ADP}] + [\text{AMP}]} \qquad \text{Gleichung 57}$$

Die geringe Speichermöglichkeit der Adenosinphosphate für die Energie macht auch folgender Vergleich deutlich: Die in 2,06 μmol ATP/g HTS enthaltene energiereiche Bindung hat ein $\Delta G_0'$ von ca. 0,103 J. Dies entspricht der freien Energie $\Delta G_0'$ von:

0,070 mg Glucose bei der Vergärung bzw.
0,006 mg Glucose bei der Veratmung.

Als Energiespeicher in Hefe dienen hauptsächlich zwei Stoffgruppen:
- Polymetaphosphate und
- Reservekohlenhydrate

Polymetaphosphate
Sie werden unter Energieaufwand aus anorganischem Phosphat durch Polymerisation aufgebaut und enthalten zahlreiche energiereiche Bindungen. Im Bedarfsfall werden sie von den Zellen als kombinierte Energie- und Phosphatquelle genutzt.

Reservekohlenhydrate
Glycogen und Trehalose werden im Bedarfsfall als kombinierte Energie- und C-Quellen genutzt (siehe auch Kapitel 4.1.2.3). Insgesamt ist aber die durch diese Stoffgruppen gegebene Speichermöglichkeit für Energie nicht groß. Dieses Energiereservoir dient vornehmlich der Aufrechterhaltung eines Erhaltungsstoffwechsels bei Mangel an extrazellulärem Substrat. Technologisch ist dies für die Lagerfähigkeit einer Bierhefe von Bedeutung, z. B. in der Braupause, und für die Haltbarkeit einer Presshefe.
Weiterhin können von der Hefezelle auch Fette und Proteine als polymere Energiespeichersubstanzen gebildet und genutzt werden.

Die wichtigsten Abbaureaktionen der Hefe und ihre Energie-, Biomasse- und Produktbilanzen
Die wichtigsten Abbaureaktionen aus der Sicht der Hefetechnologie sind:
- der anaerobe Abbau von Zuckern zu Ethanol und CO_2 (alkoholische Gärung) und
- der aerobe (oxidative) Abbau von Zuckern (Atmung).

Unter reinen oxidativen Bedingungen und nach dem Verbrauch aller assimilierbaren Zucker können die *Saccharomyces*-Hefen nach einer Adaptionsphase auch das gebildete Ethanol oxidativ zu CO_2 und H_2O (Atmung) abbauen. Dieser Stoffwechselweg (die so genannte Gluconeogenese) ist auch bei der Backhefeherstellung von technologischer Bedeutung, kann aber bei der Bierhefepropagation und Bierherstellung normal nicht vorkommen (siehe Tabelle 66).
Die theoretische Energie- und Stoffbilanz bei der bei der Bierherstellung dominierenden Gärung ist in Tabelle 67 zusammengestellt. Der Energiegehalt pro C-Atom des Ethanols steigt während der Gärung (= Disproportionierung). Der bei der Gärung nur erreichbare geringe Energiegewinn im Vergleich zur Atmung liegt daran, dass die starken, oxidativ spaltbaren Bindungen des Glucosemoleküls bzw. die daraus entstehenden Triosen, mit ihren entsprechend großen Bindungsenergien anaerob nicht frei werden können. Lediglich die schwächeren, durch Disproportionierung spaltbaren Bindungen werden gelöst und ihre Bindungsenergie freigesetzt. Beim anaeroben katabolischen Glucoseabbau (Gärung) ändert sich der Redox-Zustand des Systems nicht. Die in Tabelle 66 und Tabelle 67 ausgewiesenen Energie- und Produktausbeuten berücksichtigen noch nicht die für die Biomasseproduktion verwendeten C-Quellenanteile des eingesetzten Nährsubstrates.

Tabelle 66 Mögliche Reaktionen und theoretische Energiefreisetzungen der Hefe pro Mol C-Quelle

Stoffwechselweg	Reaktion	$\Delta G_0'$	ATP-Gewinn für die Hefezelle	
Gärung	$C_6H_{12}O_6 \rightarrow 2\ C_2H_5OH + 2\ CO_2$	- 260 kJ	2 Mol	100 kJ
Atmung	$C_6H_{12}O_6 + 6\ O_2 \rightarrow 6\ CO_2 + 6\ H_2O$	- 2880 kJ	38 Mol	1900 kJ
Atmung	$C_2H_5OH + 3\ O_2 \rightarrow 2\ CO_2 + 3\ H_2O$	- 1310 kJ	17 Mol	850 kJ

Tabelle 67 Theoretische Energie- und Produktbilanz bei der Gärung

Gärungsgleichung nach *Gay Lussac*	$C_6H_{12}O_6\ \rightarrow$	$2\ C_2H_5OH$	$+\ 2\ CO_2$	$+\ \Delta G_0'$
Molmassen	180 g	2 · 46 = 92 g	+ 2 · 44 = 88 g	-
bezogen auf 100 g	100 g	51,1 g	48,9 g	-
$\Delta G_0'$ bez. auf 1Mol	2880 kJ	2·1310 = 2620 kJ	+ 0 kJ	+(-260 kJ)
$\Delta G_0'$ in %	100 %	91 %	0 %	9 %
Energiegehalt pro C-Atom	480 kJ	655 kJ	-	-
ATP-Gewinn/Mol Glucose		2 Mol ATP	$\Delta G_0'$ = 2 · 30,5 = 61 kJ	
			ΔG = 2 · 50 = 100 kJ	
Wärmemenge/Mol Glucose		bez. auf $\Delta G_0'$	260 – 61 = 199 kJ	
		bez. auf ΔG	260 – 100 = 160 kJ	
Wärmemenge/100 g Glucose		bez. auf $\Delta G_0'$	110 kJ	
		bez. auf ΔG	89 kJ	
theor. nutzbarer Energiegehalt in % von $\Delta G_0'$		bez. auf $\Delta G_0'$	(61/260)100 = 23,5 %	
		bez. auf ΔG	(100/260)100 = 38,5 %	

In Tabelle 68 sind die praktisch erreichbaren Produktausbeuten bei einer ausreichenden Versorgung mit assimilierbarem Stickstoff, Wuchs- und Mineralstoffen pro 100 g Glucose zusammengestellt.

Die relevanten Daten für den katabolischen Stoffwechsel unter Verwendung der wichtigsten C-Quellen sind in Tabelle 70 aufgeführt.

Der Energiegewinn beim aeroben katabolischen Glucoseabbau (Atmung) wird bestimmt durch den völlig oxidierten Endzustand (CO_2 und H_2O) der organischen C-Quelle. Es werden alle C-H-Bindungen des ursprünglichen Glucosemoleküls gelöst und mit ihnen auch die entsprechenden Bindungsenergien freigesetzt. Während bei der Gärung der bei den Dehydrierungen abgespaltene Wasserstoff auf organische Intermediärstoffe des Glucoseabbaus übertragen wird und diese hydriert (reduziert) werden, wird bei der Atmung der abgespaltene Wasserstoff dagegen auf den Luftsauerstoff (Bildung von Wasser) übertragen.

Abzuführende Reaktionswärme bei der Gärung des Bieres

Die in der Tabelle 68 ausgewiesene messbare Wärmemenge bei der Gärung bezieht sich auf die reine Glucosevergärung. Bei der Biergärung sind jedoch die vorhandenen vergärbaren Zucker ein Mischsubstrat aus Monosen, Di- und Trisacchariden, wobei das

Disaccharid Maltose bei reinen Malzwürzen mit einem durchschnittlichen Anteil am vergärbaren Extrakt von 65 % dominiert. Da in der Hefezelle nach der Aufnahme und Hydrolyse der Maltose (Faktor: 1,034) und Maltotriose (Faktor: 1,07) 100 g vergärbarer Malzwürzeextrakt mehr sind als 100 g Glucose, ergibt sich auch bei der Verwertung von 100 g Würzeextrakt durch die Hefezelle eine höhere Reaktionswärme als die in Tabelle 68 für Glucose gemessene Wärmemenge.

Tabelle 68 Praktisch erreichbare Biomasse-, Produkt- und Energieausbeute der Hefe unter verschiedenen Assimilationsbedingungen pro 100 g C-Quelle und ausreichender Nährstoffversorgung (assimilierbarer Stickstoff, Wuchs- und Mineralstoffe)

Assimilations-bedingungen	C-Quelle und Sauerstoffbedarf	praktische Hefe-ausbeute in g HTS	Endprodukte	mess-bare Wärme-menge in kJ
anaerob von Glucose	100 g $C_6H_{12}O_6 \rightarrow$	7,5	+ 47 g Ethanol + 45 g CO_2	50
oxidativ von Glucose	100 g $C_6H_{12}O_6$ + 40 g $O_2 \rightarrow$	54	+ 55 g CO_2 + 22,5 g H_2O	657
oxidativ von Ethanol	100 g C_2H_5OH + 104,5 g $O_2 \rightarrow$	84	+ 48 g CO_2 + 88 g H_2O	712

Weiterhin werden im Normalfall von der Bierhefe nach dem Anstellen nur ca. 2 % der Zucker veratmet und der große Rest (98 %) vergoren. Die abzuführende Reaktionswärme bei der Biergärung wird, bedingt durch die nicht konstanten Verhältnisse zwischen dem aeroben und anaeroben Bau- und Betriebsstoffwechsel, in der Literatur sehr unterschiedlich angegeben, wie die in Tabelle 69 ausgewiesenen Messwerte zeigen.

Für die Dimensionierung der Wärmeübertragerflächen von zylindrokonischen Gärtanks kann ein Wert von 587 kJ/kg wirklich vergorenem Extrakt mit Erfolg in der Praxis angewendet werden [118]. Bei der Dimensionierung der Kühlflächen von Hefereinzucht- und Propagationstanks bei der Bierherstellung ist dieser Richtwert ebenfalls verwendbar. Hier sind allerdings auch die erhöhten Energieeinträge durch den erhöhten Homogenisierungsaufwand (Pumpen, Rührer) und die erhöhte Belüftungsrate mit zu berücksichtigen.

Tabelle 69 Abzuführende Reaktionswärme bei der Gärung des Bieres

Literaturstelle	Reaktionswärme, bezogen auf den wirklich vergorenen Extrakt in kJ/kg
Lüers [169]	587
De Clerck [215]	587
Dyr [216]	746…754
Lejsek [217]	567,7 ± 5,9
Narziss [218]	746

Tabelle 70   Die wichtigsten Daten des katabolischen Energiestoffwechsels der Hefe

exergonische katabolische Prozesse	technisch wichtige Energiequellen	katabolische Endprodukte	freie Enthalpie($\Delta G_0'$)		theoretisch nutzbarer Energieanteil (% von $\Delta G_0'$)
			kJ/Mol C-Quelle	kJ/100 g C-Quelle	
Gärung	Glucose	Ethanol + CO_2	- 260	- 144	38,5
	Fructose		- 260	- 144	38,5
	Saccharose		- 494	- 144	38,5
	Maltose		- 494	- 144	38,5
Atmung	Glucose	H_2O + CO_2	- 2880	- 1600	66
	Fructose		- 2880	- 1600	66
	Saccharose		- 5472	- 1600	66
	Maltose		- 5472	- 1600	66
	Ethanol		- 1310	- 2848	65

NAD und NADH+H$^+$

Die Übertragung von (dehydrierend) freiwerdendem Wasserstoff auf organische Katabolite oder auf Luftsauerstoff spielt im Hefestoffwechsel nach der Energieübertragung durch ADP/ATP die nächstwichtigste Rolle. Als Wasserstoffüberträger fungieren überwiegend die Pyridinnucleotide NAD (Nicotinamid-Adenin-Dinucleotid) (siehe Abbildung 110) und NADP (Nicotinamid-Adenin-Dinucleotid-Phosphat) nach dem Schema:

$$NAD + 2[H] \leftrightarrow NADH+H^+$$

Beim Katabolismus spielt NAD die wichtigere Rolle; NADP ist bevorzugt bei anabolischen Reaktionen beteiligt.

Bei der reversiblen Aufnahme von Wasserstoff wird bei beiden Pyridinnucleotiden der Pyridinring des Nicotinamids reduziert, so dass er nur noch zwei Doppelbindungen enthält, und der Kernstickstoff verliert seine positive Ladung (siehe Abbildung 111).

Jeder Dehydrierungsschritt ist mit einem Energiegewinn verbunden, d.h., es wird ein Teil der Bindungsenergie der dehydrierten NADH+H$^+$-Stoffe freigesetzt. Diese Energie kann entweder direkt auf organische Katabolite übertragen werden (z. B. durch Phosphorylierung auf Substratebene) oder die Energie wird als energiereiche Bindung durch Phosphorylierung von ADP auf ATP übertragen. Bei der Atmung dominiert der Energiegewinn durch die oxidative Phosphorylierung in der Atmungskette.

Oxidative Phosphorylierung in der Atmungskette

Der aus der Substratdehydrierung stammende Wasserstoff wird von dem reduzierten NAD angeliefert und in der Atmungskette mit Luftsauerstoff zu Wasser oxidiert.
Gleichzeitig wird dadurch ein Teil der freiwerdenden Energie in Form von ATP-Bildung nutzbar gemacht.

4.5.2 Stoffwechselwege der Hefezelle

Der Erhaltungs- und Energiestoffwechsel und der Baustoffwechsel erfordern einen komplexen, ineinander greifenden Reaktionsmechanismus von katabolischen, anabolischen und sog. anaplerotischen Reaktionen. Letztere sind wichtig als Auffüllmechanismen von Zwischenprodukten des Stoffwechsels, um Reaktionsketten im Fließgleichgewicht zu halten, wenn deren Zwischenprodukte als Metabolite für den Baustoffwechsel ausgeschleust wurden. Einen groben Überblick über die wichtigsten Stoffwechselwege und ihr Zusammenspiel zeigt Abbildung 112.

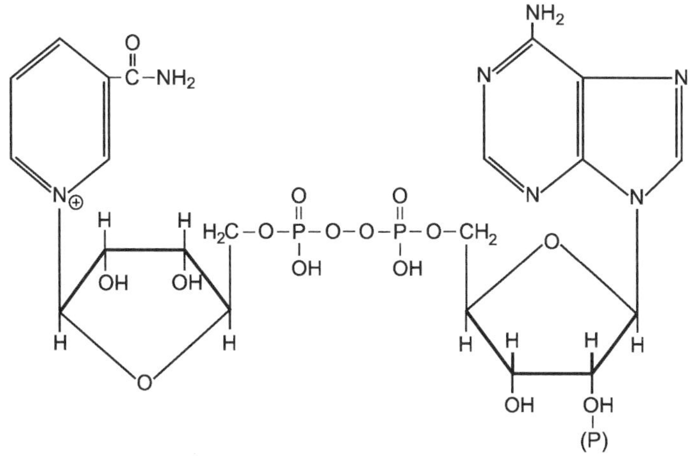

Abbildung 110 Aufbau des NAD (bzw. NADP)

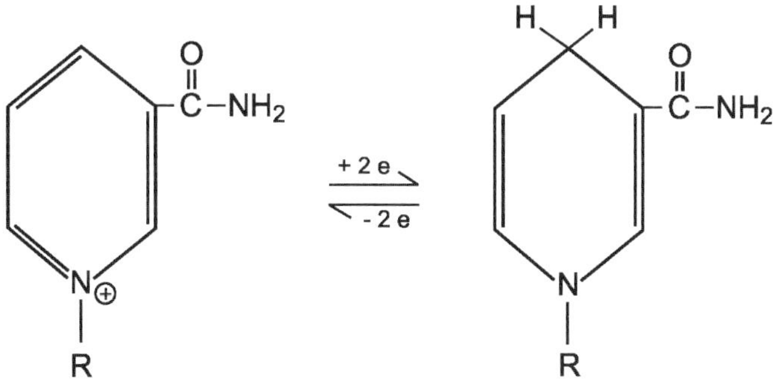

Abbildung 111 Redoxreaktion des NAD/NADH+H$^+$

Die Hefe in der Brauerei

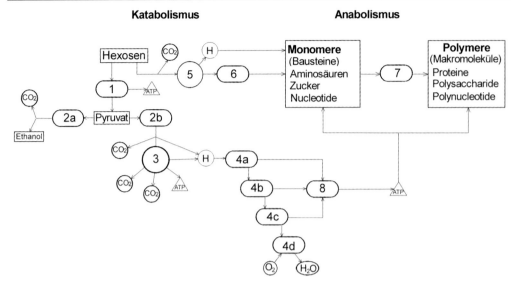

Abbildung 112 Hauptabschnitte der Stoffwechselwege in der Hefezelle
1 Fructose-1,6-diphosphat-Weg **2a** Alkoholische Gärung **2b** Oxidation von Pyruvat zu Acetyl-CoA **3** Tricarbonsäure-Zyklus (Citronensäure-Zyklus) **4a...4d** Atmungskette **5** Pentosephosphat-Weg **6** Monomeren-Synthese **7** Polymeren-Synthese **8** Atmungskettenphosphorylierung
ATP ATP-Bildung **H** Wasserstoffionenübertragung durch NADH+H^+ (NADPH+H^+)

Fructose-1,6-diphosphat-Weg (FDP-Weg, Emden–Meyerhof–Parnas–Weg, Glycolyse)

Der FDP-Weg ist der Hauptstoffwechselweg für den Zuckerabbau, der aerob und anaerob bis zur zentralen Zwischenstufe Pyruvat (Brenztraubensäure) in gleicher Weise verläuft. Der schematische Ablauf ist in der Abbildung 113 (Teil 1 und 2) und die Kurzbeschreibung der Gärungsenzyme in Tabelle 71 dargestellt.
Dabei werden folgende wesentlichen Abbaustufen durchlaufen:

- Glucose und Fructose werden durch die Phosphorylierung mit Hilfe des Enzyms Hexokinase und den Verbrauch von 1 Mol ATP pro Mol Hexose aktiviert. Auch andere Hexosen und C_6-Verbindungen werden phosphoryliert.
- Die phosphorylierte Glucose wird durch die Phosphohexoseisomerase in Fructose-6-phosphat isomerisiert.
- Es erfolgt eine 2. Phosphorylierung durch das Enzym Phosphofructokinase unter Verbrauch von 1 Mol ATP pro Mol Fructose-6-phosphat und dessen Überführung in Fructose-1,6-diphosphat. Dieses Enzym ist ein wichtiges Stellglied für die Regulierung des Stoffwechsels (siehe Kapitel 4.5.3).
- Durch eine Aldolase wird das Fructose-1,6-diphosphat in zwei isomere Triosephosphate gespalten und dadurch eine Verdopplung des Durchsatzes erreicht. Bei einer ungestörten Glycolyse läuft der Abbau über das Glycerinaldehyd-3-phosphat weiter. Die Isomerase hält beide Triosephosphate im Gleichgewicht. Das angefallene Dihydroxyacetonphosphat wird laufend bis auf einen kleinen Rest in Glycerinaldehyd-3-phosphat umgesetzt.

Grundlagen der Hefevermehrung

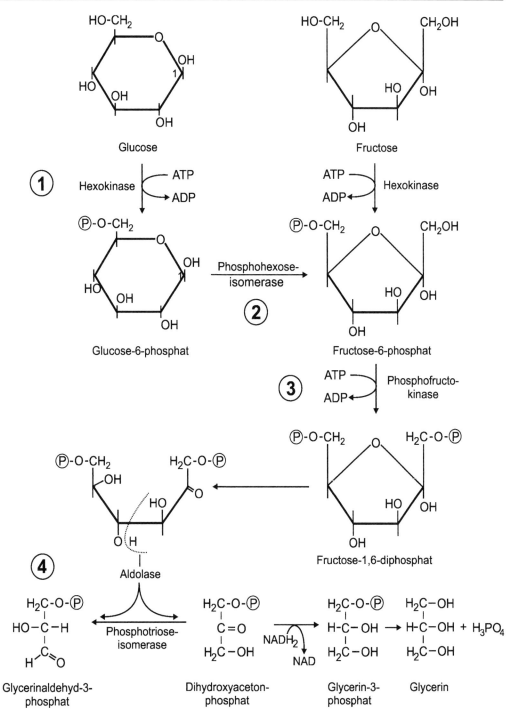

Abbildung 113 Fructose-1,6-diphosphat-Weg (FDP-Weg; Emden-Meyerhof-Parnas-Weg) Teil 1
1 Phosphorylierung **2** Isomerisierung **3** Phosphorylierung **4** Spaltung in zwei isomere Triosephosphate

Die Hefe in der Brauerei

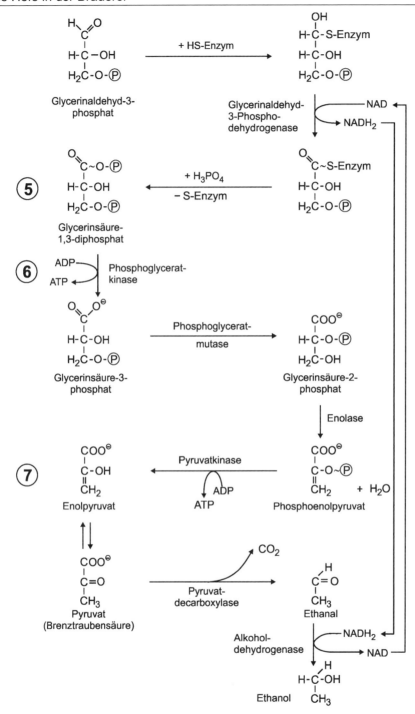

Abbildung 113 Fructose-1,6-diphosphat-Weg (FDP-Weg; Emden-Meyerhof-Parnas-Weg) Teil 2
5 Substratkettenphosphorylierung mit freiem Phosphat unter Nutzung von Redox-Energie **6** Erste ATP-Bildung **7** Zweite ATP-Bildung **8** Decarboxylierung des Pyruvats **9** Reduktion des Acetaldehyds zu Ethanol

Tabelle 71   Die Gärungsenzyme von Sacch. cerevisiae und ihre Eigenschaften nach Sols, Gancedo und DelaFuente (l.c. [219])

Enzym	Enzym-Nr. E.C.	Katalysierte Reaktion	ΔG_0 kJ/Mol	Km-Wert Substanz	Km-Wert mMol	Co-faktoren	Mol-masse	Molekulare Aktivität in Mol/min
Hexokinase	2.7.1.1	Glucose + ATP→Glucose-6-P	-21,3	Glucose ATP	0,1 0,2	Mg^{+2}	96.000	13.000
Glucosephosphat-Isomerase	5.3.1.9	Glucose-6-P↔Fructose-6-P	+2,1				145.000	97.000
Phospho-fructokinase	2.7.1.11	Fructose-6-P + ATP↔Fructose-1,6-diP + ADP	-17,6	Fructose-6-P ATP	0,15 0,02	Mg^{+2}	580.000	67.000
Aldolase	4.1.2.13	Fructose-1,6-diP↔Glycerin-aldehyd-3-P + Dihydroxyaceton-P	+23,1	Fructose-1,6-diP Glycerinaldehyd-3-P Dihydroxyaceton-P	0,3 2 2	(Zn^{+2})	70.000	12.000
Phosphotriose-isomerase	5.3.1.1	Dihydroxyaceton-P↔Gycerinaldehyd-3-P	+7,7					
Glycerinaldehyd-3-phosphat-Dehydrogenase	1.2.1.12	Gycerinaldehyd-3-P + P_i + NAD↔1,3-diP-Glycerat + $NADH+H^+$	+6,3				120.000	3.000
Phosphoglycerat-Kinase	2.7.2.3	1,3-diP-Glycerat + ADP↔3-P-Glycerat + ATP	-19,9	1,3-diP-Glycerat ADP 3-P-Glycerat ATP	0,002 0,2 0,2 0,1	Mg^{+2}	34.000	110.000
Phosphoglycerat-Mutase	2.7.5.3	3-P-Glycerat ↔2-P-Glycerat	+4,4	2-P-Glycerat	0,1	2,3-di-P.	112.000	80.000
Enolase	4.2.1.11	2-P-Glycerat↔P-Enolpyruvat + H_2O	-2,7	2-P-Glycerat	0,2	Mg^{+2}	67.000	5.700
Pyruvat-Kinase	2.7.1.40	P-Enolpyruvat + ADP→Pyruvat + ATP	-25,5	P-Enolpyruvat ADP	2 0,5		150.000	30.000
Pyruvat-decarboxylase	4.1.1.1	Pyruvat→Acetaldehyd + CO_2	-21,3	Pyruvat	1,0	TPP Mg^{+2}	175.000	9.000
Alkohol-dehydrogenase	1.1.1.1	Acetaldehyd + $NADH+H^+$↔Ethanol + NAD	-22,6	Acetaldehyd $NADH+H^+$	0,01 0,78	(Zn^{+2})	150.000	37.000

- Über mehrere kovalent an Enzyme gebundene Zwischenstufen wird das Glycerinaldehyd-3-phosphat zur Glycerinsäure oxidiert. Unter Nutzung dieser Redox-Energie wird das Coenzym NAD zu NADH+H$^+$ reduziert und unter Verwendung des im Substrat vorhandenen freien Phosphates durch eine Substratkettenphosphorylierung die sehr energiereiche Verbindung Glycerinsäure-1,3-diphosphat gebildet. Die Redoxreaktion erfolgt mit Hilfe der Glycerinaldehyd-3-phosphodehydrogenase in Verbindung mit dem dazu erforderlichen Coenzym NAD.
- Die Energie, die in dem 1,3-Diphosphoglycerat gespeichert ist, wird in den nachfolgenden Schritten auf ADP unter ATP-Bildung übertragen. In der ersten Stufe entstehen durch die Wirkung des Enzyms Phosphoglyceratkinase Glycerinsäure-3-phosphat und pro Mol Hexose 2 Mol ATP.
- In der zweiten Stufe wird durch die Pyruvatkinase das für mehrere Stoffwechselwege wichtige Zwischenprodukt Pyruvat (Brenztraubensäure) gebildet und wieder die energiereiche Phosphatbindung auf das ADP unter ATP-Bildung übertragen.
  In der Bilanz werden wieder 2 Mol ATP pro Mol Hexose gebildet.
  In der Gesamtbilanz ergibt dieser Stoffwechselweg bis zum Pyruvat einen Gewinn von 2 Mol ATP und zwei Mol NADH+H$^+$ für die Zelle.
- Unter anaeroben Bedingungen kann das gebildete Reduktionspotenzial NADH+H$^+$ nicht in der Atmungskette unter der Bildung energiereicher Verbindungen und von Wasser oxidiert werden.
  Um den Erhaltungsstoffwechsel der Zelle aufrecht zu erhalten, wird im Gärungsstoffwechsel der Hefen das Pyruvat zu CO_2 und Acetaldehyd durch das Enzym Pyruvat-Decarboxylase mit dem Coenzym Thiaminpyrophosphat (TPP) decarboxyliert (siehe Abbildung 114 und Abbildung 115).
- Der gebildete Acetaldehyd wird zur Sicherung des Stoffkreislaufes durch das Enzym Alkoholdehydrogenase (ADH) und den Cofaktor NADH+H$^+$ zu Ethanol reduziert.
  NADH+H$^+$ wird zu NAD oxidiert und steht für den Kreislauf wieder zur Verfügung. Die ADH liegt in der Hefe in hoher Konzentration vor. Die Reduktion des Aldehyds zu Ethanol erfolgt nur im schwach sauren pH-Bereich (pH-Werte $\leq 7{,}0$). Im alkalischen Bereich werden Alkohole (Ethanol, Glycerin u.a. Alkohole) durch die ADH zu ihren äquivalenten Aldehyden oxidiert.

Die oxidative Decarboxylierung von Pyruvat zu Acetyl-Coenzym A

Die oxidative Decarboxylierung von Pyruvat zu Acetyl-Coenzym A (Acetyl-CoA) ist die erste Stufe des unter rein aeroben Bedingungen weiterführenden oxidativen Zuckerabbaues. Dieser mehrstufige enzymatische Prozess wird durch den Pyruvat-Dehydrogenase-Komplex katalysiert. Die Nettoreaktion der von diesem Komplex katalysierten Reaktion lautet:

$$\text{Pyruvat} + \text{CoA} + \text{NAD} \rightarrow \text{Acetyl-CoA} + CO_2 + \text{NADH+H}^+$$

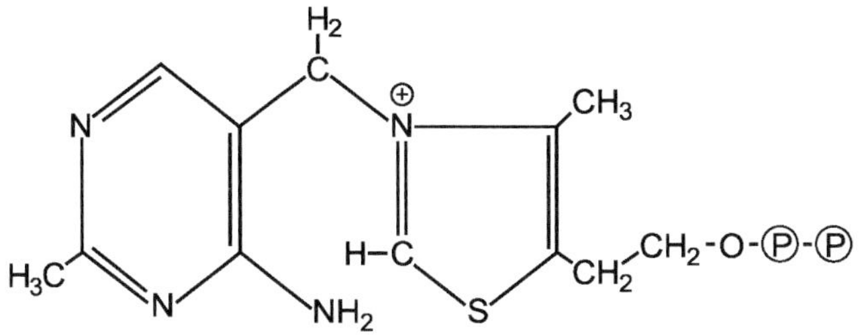

Abbildung 114 Thiaminpyrophosphat (TPP) – das Coenzym der Pyruvatdecarboxylase mit dem wirksamen Zentrum –N⁺=CH–

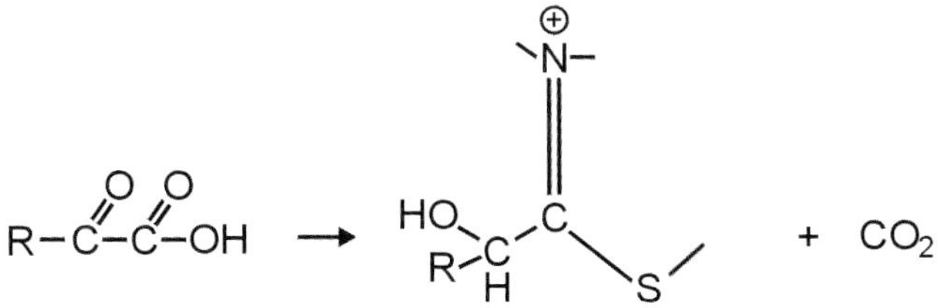

Abbildung 115 Reaktion des TPP mit dem Pyruvat zum Acetaldehyd-TPP-Komplex und CO$_2$

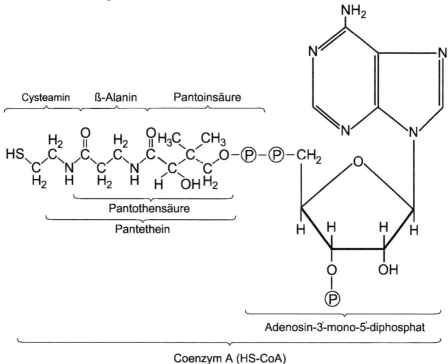

Abbildung 116 Aufbau des Coenzym A (mit den Bausteinen Adenin, Ribose-3-phosphat, Pyrophosphatbrücke und Pantethein)

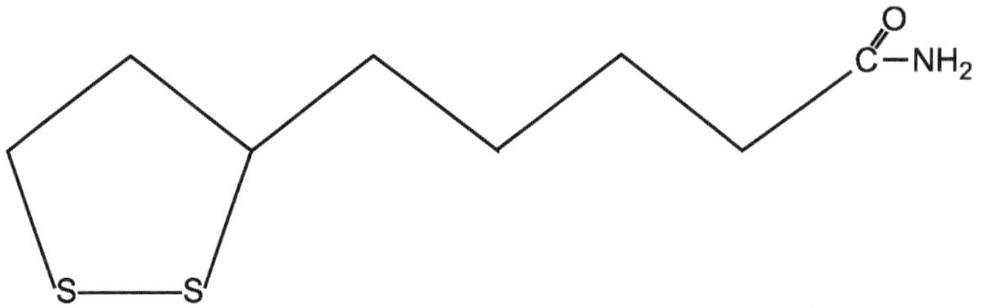

Die Hefe in der Brauerei

Abbildung 117 Liponsäureamid (mit der reaktiven Disulfidbindung)

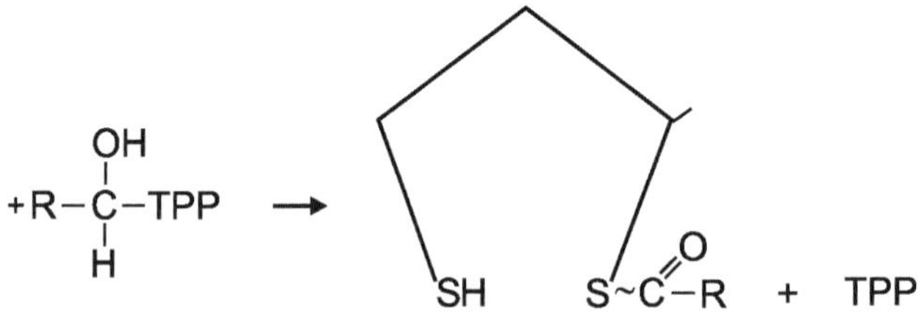

Abbildung 118 Übergabe der Acetylgruppe vom TPP auf das Liponsäureamid durch Aufspaltung der Disulfidbindung und unter Freisetzung von TPP

Neben den stöchiometrischen Cofaktoren CoA (siehe Abbildung 116 und Abbildung 119) und NAD (siehe Abbildung 110 und Abbildung 111) dienen Thiaminpyrophosphat (TPP; siehe Abbildung 114), Liponsäureamid und Flavinadenindinucleotid (FAD) als katalytische Cofaktoren bei diesem Reaktionsmechanismus (siehe Abbildung 117 bis Abbildung 121).

Die Decarboxylierung erfolgt mit Hilfe des Coenzyms TPP (siehe Abbildung 114 und Abbildung 115), in der 2. Stufe wird die Acetylgruppe an das Liponsäureamid (siehe Abbildung 117 unter Freisetzung von TPP (siehe Abbildung 118) für den weiteren Kreisprozess übergeben.

In der dritten Stufe wird die Acetylgruppe des Acetylliponsäureamids auf das Coenzym A übertragen (siehe Abbildung 119).

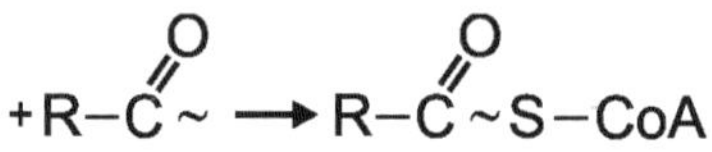

Abbildung 119 Bindung der Acetylgruppe an der reaktiven SH-Gruppe des CoA

In der vierten Stufe wird die oxidierte Form des Liponsäureamids durch eine Dehydrogenase regeneriert und ein Hydridion auf die prosthetische FAD-Gruppe (siehe Abbildung 120 und Abbildung 121) des Enzyms und anschließend auf NAD übertragen.

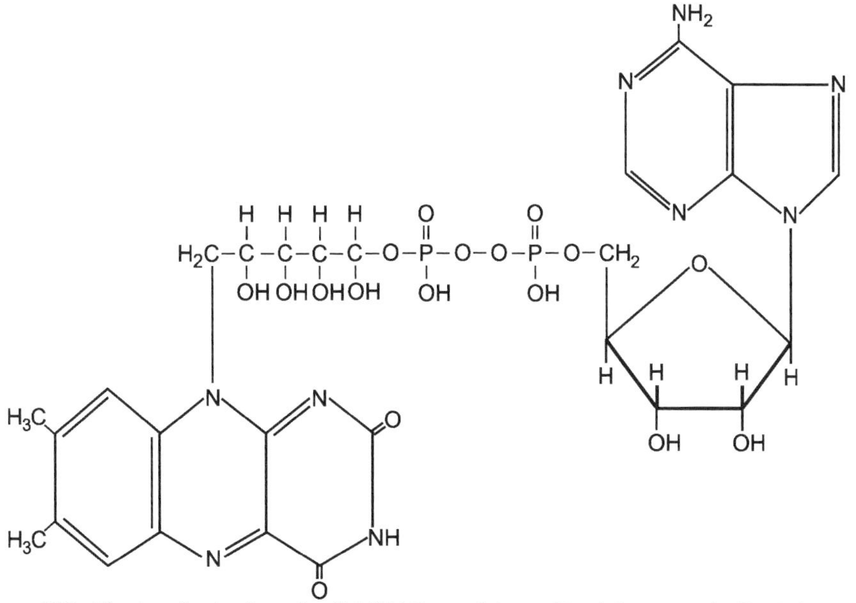

Grundlagen der Hefevermehrung

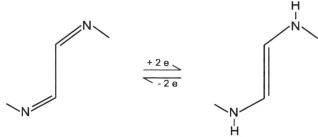

Abbildung 120 Flavinadenindinucleotid (FAD; es ist zur Funktion an ein Protein gebunden; mit der reaktiven Bindung: – N = C - C = N –)

Abbildung 121 Redoxreaktion der wirksamen Gruppe des FAD
(oxidierter ↔ reduzierter Zustand)

Der Citratzyklus

Der Citratzyklus (synonym: *Krebs*-Zyklus, Tricarbonsäure-Zyklus) ist der abschließende gemeinsame Stoffwechselweg bei der Oxidation der Nahrungsstoffe. Er dient weiterhin für die Bereitstellung von Bausteinen für die Biosynthese, insbesondere für die Aminosäuresynthese. Die oxidative Decarboxylierung von Pyruvat und der Citratzyklus laufen in den Mitochondrien ab, während die Glycolyse im Cytosol stattfindet.

Der Zyklus beginnt mit der Kondensation von Oxalacetat (C_4) und Acetyl-CoA (C_2) unter Bildung von Citrat (C_6), das dann zu Isocitrat isomerisiert wird. Die erste oxidative Decarboxylierung dieses Zwischenproduktes ergibt α-Ketoglutarat (C_5). In der nächsten Reaktionsstufe wird α-Ketoglutarat oxidativ zu Succinyl-CoA (C_4) decarboxyliert und das zweite CO_2-Molekül gebildet. Diese Thioesterverbindung im Succinyl-CoA wird bei Verwendung von Substratphosphat unter Bildung von Succinat gespalten und gleichzeitig entsteht dabei eine energiereiche Phosphatbindung in Form von Guanosintriphosphat (GTP). GTP kann leicht seine energiereiche Phosphorylgruppe auf ADP

Die Hefe in der Brauerei

unter Bildung von ATP übertragen, es ist im Energiegehalt dem ATP als äquivalent zu bewerten. Im Citratzyklus wird das gebildete Succinat in der nächsten Reaktionsstufe zu Fumarat (C_4) oxidiert, das dann zu Malat (C_4) hydratisiert wird. Das Malat wird schließlich oxidiert, um Oxalacetat (C_4) zu regenerieren (die genauen Reaktionsabläufe sind in der biochemischen Literatur ausführlich beschrieben, siehe u.a. [212]). Ein vereinfachtes Schema zeigt Abbildung 122.

Es treten zwei C-Atome aus dem Acetyl-CoA in den Citratzyklus ein und zwei C-Atome verlassen ihn als CO_2. In vier Oxidations-Reduktions-Reaktionen des Zyklus werden drei Elektronenpaare auf NAD unter Bildung von $NADH+H^+$ und ein Elektronenpaar auf FAD unter Bildung von $FADH_2$ übertragen. Diese Reduktionspotenziale werden anschließend in der Atmungskette unter Bildung von elf Molekülen ATP (je Mol $NADH+H^+$ = 3 Mol ATP; je Mol $FADH_2$ = 2 Mol ATP) oxidiert.

Unter Berücksichtigung der im Citratzyklus direkt gebildeten energiereichen Phospatbindung entstehen bei einer vollständigen Oxidation von je zwei C_2-Einheiten zu H_2O und CO_2 12 Mol ATP. Die stöchiometrische Nettogleichung des Citratzyklus lautet damit:

$$\text{Acetyl-CoA} + 3\,\text{NAD} + 1\,\text{FAD} + 1\,\text{GDP} + P_i + 2\,H_2O \rightarrow$$
$$2\,CO_2 + 3\,NADH+H^+ + 1\,FADH_2 + 1\,\text{GTP} + 2\,H^+ + \text{CoA}$$

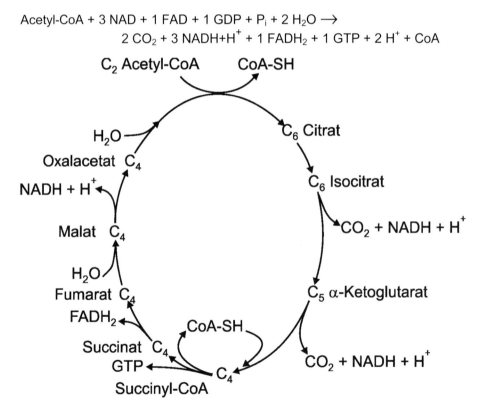

Abbildung 122 Vereinfachtes Schema des Citratzyklus

Pentosephosphat-Weg (Horecker-Weg, PP-Weg)

Für den Intermediärstoffwechsel von Hefen ist neben der Glycolyse und dem Citrat-Zyklus der Pentosephosphat-Weg (*Horecker*-Weg) wichtig. Letzterer spielt bei der Hefe keine entscheidende Rolle als Energiebeschaffungsprozess. Der Pentosephosphat-

Weg dient bei Hefe bevorzugt der Bildung von Pentosen, insbesondere Ribose (als wichtigem Baustein der Nucleotide und Nucleinsäuren). Neben der Gewinnung von Pentosephosphaten ist dabei die Bildung von $NADPH_2$ wichtig für die Fettsäuresynthese.

Unter aeroben Bedingungen verläuft dieser Weg von Glucose-6-P ausgehend oxidativ über Gluconsäure-6-Phosphat unter CO_2-Abspaltung zu den Pentosen. Der erste oxidative Schritt ist irreversibel; die von den Pentosen zu Fructose-6-P und Glycerinaldehyd-P führenden enzymatischen Reaktionen sind dagegen reversibel und erlauben auch unter anaeroben Bedingungen (rückwärts) die Bildung von Pentosen.

Anaerobe Zuckerassimilation zur Realisierung anabolischer Synthesereaktionen

Zur Realisierung anabolischer Synthesereaktionen bei der anaeroben Zuckerassimilation der Hefe sind folgende Änderungen in Teilprozessen des Katabolismus bekannt:

- Der Pentosephosphat-Weg verläuft nicht zyklisch rückwärts bis zur Pentosenstufe, ein normaler oxidativer Ablauf ist mangels O_2 nicht möglich.
- Der oxidative Citratzyklus kann nicht ablaufen, verschiedene Intermediärstoffe des Zyklus müssen jedoch gebildet werden, um eine Biosynthese der essentiellen Grundaminosäuren Glutaminsäure und Asparaginsäure zu ermöglichen.
  Der Weg wird deshalb nichtzyklisch in beiden Richtungen (oxidativ und reduktiv ausgeglichen) beschritten. Es erfolgt eine Pyruvatcarboxylierung zu Oxalacetat (oder P-Enolpyruvatcarboxylierung).

Die wichtigsten Änderungen sind in der Abbildung 123 sehr vereinfacht schematisch dargestellt. Die gestrichelten Pfeile in diesen Abbildungen weisen auf den Entzug von katabolischen Intermediärstoffen (in Form einiger Beispiele) zur Zellsubstanzbildung hin. Die praktisch erreichbaren Produkt- und Biomassenausbeuten sind in Tabelle 68 zusammengefasst.

Zu weiteren vertiefenden Einzelheiten über den Verlauf der anabolisch zu Nucleinsäuren, Proteinen, Zellkohlenhydraten usw. führenden enzymatischen Reaktionsketten wird auf die neuere biochemische Fachliteratur verwiesen (siehe u.a. [212]).

Anaplerotische Reaktionen bei der oxidative Zuckerassimilation

Bei der oxidativen Zuckerassimilation verlaufen die Glycolyse, der Pentosephosphatweg und der Citratzyklus in der für den Katabolismus typischen Weise einheitlich. Durch den ständigen Abzug von Intermediärstoffen werden die beiden erstgenannten katabolischen Wege nicht entscheidend beeinflusst.

Der Citratzyklus könnte jedoch nicht für längere Zeit ablaufen, wenn nicht durch eine simultan verlaufende Carboxylierung von Pyruvat das für die Kopplung mit Acetyl-CoA notwendige Oxalacetat entsprechend dem Abzug von Intermediärstoffen des Citratzyklus für Biosynthesen nachgeliefert würde. Derartige Auffüllreaktionen werden als anaplerotische Reaktionen bezeichnet.

Die Hefe in der Brauerei

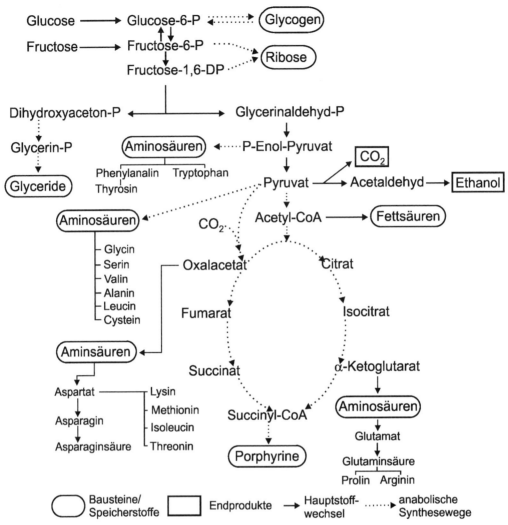

Abbildung 123 Schema der katabolischen und anabolischen Reaktionen bei der anaeroben Zuckerassimilation der Hefe zur Beschaffung von Intermediärbausteinen für die Biosynthese

4.5.3 Regulationsmechanismen im Hefestoffwechsel

Im Verlauf einer normalen chargenweisen Hefekultur verändern sich die Umweltbedingungen für die Hefezelle ganz erheblich und zwar sowohl einige physikalischchemische Bedingungen als auch die Art und Konzentration der Stoffe in der wässrigen Fermentationslösung. Für den in einer Vollbierwürze angestellten Hefesatz sind in Abbildung 124 die wesentlichen Veränderungen ausgewiesen. Sie zeigen, dass sich das Fließgleichgewicht zwischen der Konzentration der Stoffe im Substrat, den in der Hefezelle aufgenommenen Substanzen und den ausgeschiedenen Reaktionsprodukten ständig ändert.

Der komplizierte, ineinander greifende Ablauf der katabolischen, anabolischen und anaplerotischen Reaktionsmechanismen im Hefezellstoffwechsel erfordert eine dem

Ziel des Stoffwechsels entsprechende Koordinierung bzw. eine sinnvolle Regulation. Diese Regulation ist darauf gerichtet, den zur Lebenserhaltung und Zellvermehrung erforderlichen Stoffwechsel an wechselnde Umweltbedingungen anzupassen und ihn jeweils möglichst ökonomisch für die Zelle zu gestalten.

Eine der wichtigsten Regulationsmöglichkeiten der Hefezelle für den Stoffumsatz beruht auf dem kinetischen Verhalten der einzelnen Enzyme, d.h. auf dem jeweiligen Gleichgewicht zwischen Enzymsubstrat und -produkt. Die meisten Enzyme zeigen *Michaelis-Menten*-Verhalten, wonach die Reaktionsgeschwindigkeit eine Funktion der Substratkonzentration ist. Die Sättigungskonzentration, bei der ein Enzym eine annähernd maximale Umsatzrate zeigt, bzw. die Konzentration K_m (siehe Beispiele in Tabelle 71), bei der die exakter messbare halbmaximale Umsatzrate vorliegt, sind von Enzym zu Enzym und für ein Enzym von Substrat zu Substrat unterschiedlich. Somit besteht für die Hefezelle über die Abhängigkeit der Umsatzraten von der jeweiligen Substratkonzentration eine substratabhängige Regulationsmöglichkeit.

Durch so genannte Schrittmacher-Enzyme erfolgt die Stoffwechsel-Regulation innerhalb einer Reaktionskette praktisch so, dass bei einem Rückstau sich die Reaktionsrichtung nicht einfach umkehrt, sondern nur die Geschwindigkeit verlangsamt wird bzw. es zu einem zeitweiligen Stillstand kommt.

Weiterhin spielt bei der Regulation des Hefestoffwechsels eine wichtige Rolle, dass aktivierend wirkende Effektoren (enzymspezifische Substrate und Coenzyme) den Stoffwechsel fördern bzw. hemmend wirkende Inhibitoren (Stoffe, die mit dem Enzym anstelle des Enzym-Substrat-Komplexes einen Enzym-Inhibitor-Komplex bilden) die Enzymaktivität vermindern.

Man unterscheidet kompetitive Hemmung (Substratbindungsstelle am Enzym durch einen Inhibitor besetzt), nichtkompetitive Hemmung und speziell hier die allosterische Hemmung (bei allosterischen Enzymen, die in mindestens zwei unterschiedlichen Konformationszuständen vorliegen; allosterische Inhibitoren sind in vielen Fällen die Endprodukte einer Reaktionskette, wobei meist ein Enzym gehemmt wird, das mehrere Schritte vor dem Endprodukt der Kette liegt). Die genetische Regulierung der Enzymsynthese bzw. ihre Blockierung ist für die einzelnen Enzyme in der neueren biochemischen Literatur ausführlich dargelegt, siehe u.a. [212].

Die Veränderungen der Umweltbedingungen eines Hefesatzes in Fermentationslösungen lösen zelluläre Reaktionen aus, die auch als Stressantwort der Hefezelle bezeichnet werden (siehe auch Kapitel 3, Zusammenstellung der Stressfaktoren in Tabelle 8).

Eine sehr wichtige Rolle als Stoffwechsel-Regulationsmechanismus spielt schließlich noch die Kompartimentierung des Stoffwechsels in den Zellen (Trennung vom Außenmedium durch Zellmembran; intrazelluläre Trennung in verschiedene Reaktionsräume durch Organellenmembranen, wie z. B. Mitochondrien, Vakuolen) und die damit verbundene Notwendigkeit, den Stofftransports durch die Membranen zu regulieren, da diese Membranen für die meisten Stoffe nicht frei permeabel sind (siehe auch Kapitel 4.3.9).

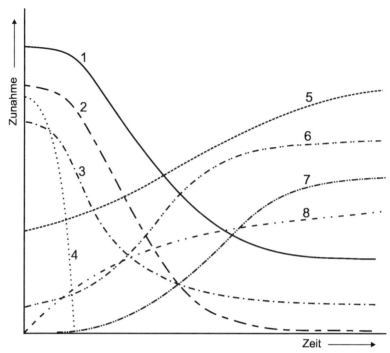

Abbildung 124 Veränderungen bei der Fermentation in einer Vollbierwürze
1 Gesamtextrakt/Dichte: $E_w = 12\ \% \rightarrow E_s = 1{,}8\ldots2{,}5\ \% \mathrel{\hat=} 1{,}046$ g/mL $\rightarrow$ 1,005…1,008 g/mL
2 Zuckerkonzentration: $c_{Zucker} = 8\ldots10$ Ma.-% $\rightarrow 0\ldots0{,}5$ Ma.-%
3 pH-Wert: 5,2…5,6 $\rightarrow$ 4,1…4,5
4 Sauerstoff, gelöst: $c_{O2} = 8\ldots9$ mg O_2/L $\rightarrow 0$ mg O_2/L
5 osmotischer Druck: 0,8 MPa $\rightarrow$ 2,3 MPa
6 Hefekonzentration: $c_H = 15\ldots30 \cdot 10^6$ Z/mL $\rightarrow 50\ldots90 \cdot 10^6$ Z/mL
7 Ethanolkonzentration: $c_E = 0 \rightarrow 4\ldots5$ Ma.-%
8 CO_2-Konzentration bei konstantem Systemdruck: $c_{CO2} = 0$ g/L $\rightarrow 3\ldots6$ g/L

Folgende Regulationsmechanismen sind aus der Sicht der Hefetechnologie unter brauereitechnologischen Bedingungen von besonderer Bedeutung:

- **Induktion und Repression der Maltosepermease und der α-Glucosidase (Maltase)**:
  Das Maltose-Transportsystem („Maltosepermease") und das Enzym Maltase (= α-Glucosidase; beide Enzyme werden häufig zusammengefasst unter dem Begriff „Maltozymase", siehe auch Kapitel 4.3.9) werden von den meisten Brauereihefen erst nach Adaption an Maltose (trifft auch zu für Maltotriose) gebildet und erst dann können sie diese Zucker vergären bzw. assimilieren.
  Die beiden Enzyme sind in den meisten Brauereihefen nicht konstitutiv vorhanden. Ihre Bildung wird erst durch die im Nährsubstrat vorhandene Maltose und Maltotriose nach einer Adaptionsphase induziert.
  Eine hohe Glucosekonzentration hemmt die Synthese der Maltopermease und α-Glucosidase durch eine so genannte Katabolitrepression.

Neuere Untersuchungen zeigen, dass die Maltoseverwertungsrate der
Hefe von der Maltoseaufnahme- und -transportrate abhängig ist. Höhere
spezifische Gärleistungen erfordern auch höhere Maltosetransport-
leistungen [220].
Es ist bei der Substitution von Malz durch Saccharose (wirkt wie Glucose)
bekannt, dass bei einem Glucose- und Saccharoseanteil bei den vergärbaren Zuckern in der Fermentationslösung von über 50 % die Maltose-
und Maltotrioseverwertung teilweise oder fast gänzlich unterdrückt wird.
Auch bei einer längeren Lagerung eines Hefesatzes im endvergorenem
Bier geht den Brauereihefen ihre Fähigkeit der Maltoseverwertung wieder
verloren. Nach einem Wiederanstellen eines solchen Hefesatzes in Bierwürze benötigen sie dann eine längere Adaptionsphase für die Maltoseverwertung.

- **Der *Pasteur*-Effekt**:
Bei einer Sauerstoffzufuhr in Würzen mit gärenden Hefezellen werden
die Atmungsenzyme induziert (*Pasteur*-Effekt). *Pasteur* (1861) hatte ursprünglich
diesen Effekt definiert als eine Verminderung der Gärung
der Hefen bei Zutritt von Luftsauerstoff zugunsten der einsetzenden
Zellatmung.
Meyerhof und andere Bearbeiter haben diesen Effekt später konkreter
definiert und quantitativ erfasst. Demnach lautet die Definition:
Bei anaerober Gärung ist die Glucoseverbrauchsrate größer als bei
der nach Luftsauerstoffzufuhr einsetzenden, mit Teilatmung verbundenen
aeroben Gärung oder bei Vollatmung der Hefezellen.
Eine Zufuhr von Luftsauerstoff zum gärenden Bier reduziert durch diesen
Effekt die Vergärungsgeschwindigkeit, da der Energiegewinn der Zelle
dadurch schlagartig steigt und der dafür erforderliche Zuckerbedarf sinkt.

- **Der *Crabtree*-Effekt:**
Der reine Atmungsstoffwechsel der Hefe wird bei einer höheren
Zuckerkonzentration im Nährsubstrat von > 0,1 g/L auch bei einer ausreichenden Sauerstoffkonzentration zugunsten einer aeroben Gärung
gehemmt (*Crabtree*-Effekt).
Es handelt sich hierbei um den wohl wichtigsten Regulationsmechanismus
der Hefezelle mit technologischen Konsequenzen, insbesondere für eine
effektive Hefebiomasseproduktion.
Der *Crabtree*-Effekt - als besondere Form einer Katabolit-Repression - ist
der Grund dafür, dass in der Brauindustrie durch die Vorlage einer Vollbier-würze
bei der Hefereinzucht und Hefepropagation trotz ausreichender
Belüftung die Hefeausbeute relativ klein ist und dass grundsätzlich dabei
auch Ethanol gebildet wird (siehe auch Tabelle 59 in Kapitel 4.4.5 und
Tabelle 78 in Kapitel 4.6.1).
Der Zucker hemmt in der Atmungskette die Cytochromoxidase und verhindert in der letzten Stufe der Atmungskette die Oxidation des Wasser-
stoffs zu Wasser.
Die Definition des *Crabtree*-Effekts lautet: Partielle Atmungshemmung
durch einsetzende Glycolyse bei Zuckerüberschuss im Substrat.
Als Konsequenz kann eine maximale Hefeausbeute bei der Backhefeproduktion nur mit Hilfe des so genannten Zulauf-Verfahrens erreicht

werden, wobei die Zuckerkonzentration in der Hefewürze stets ≤ 0,1 g/L gehalten werden muss.

Bei limitiertem Zuckerangebot durch das sog. „Zulauf-Verfahren" liegt in den Hefezellen ein rein oxidativer Katabolismus vor, bei dem die Atmungsenzyme voll aktiv sind.

Auf Grund der hohen Zuckerkonzentration der Vollbierwürzen von über 60 g/L und der zurzeit technologisch nur sinnvoll realisierbaren Fermentation im Batchverfahren (Deutsches Reinheitsgebot) ist bei der Hefereinzucht und Hefepropagation bei der Bierherstellung der *Crabtree*-Effekt immer vorhanden und es handelt sich hier immer um eine so genannte aerobe Gärung, d.h., Gärung und Atmung laufen parallel.

Bei steigender Zuckerkonzentration wird die Atmung immer mehr gehemmt. Bei normaler Biergärung beträgt der aerobe Zuckerumsatz nur ca. 2 % vom Gesamtzuckerumsatz.

- **Das ATP-ADP-AMP-Verhältnis in der Hefezelle und die Intensität der Glycolyse**:
  Das Verhältnis von ATP, ADP und AMP in der Zelle reguliert die Intensität des Glycolyse-Stoffwechsels, indem bei einer ausreichen hohen ATP-Konzentration die Phosphofructokinase gehemmt wird. ATP verringert allosterisch die Affinität des Substrates (hier: Fructose-6-phosphat, siehe auch Abbildung 113, Teil 1 und 2) für das Enzym und damit die Reaktionsgeschwindigkeit der Phosphofructokinase. Bei einem kleinen ATP-AMP-Verhältnis bleibt die Phosphofructokinase aktiv.

- **Die Pyruvat- und Citratkonzentration in der Zelle und die Intensität der Glycolyse**:
  Werden wenige C_2- und C_3-Verbindungen aus der Glycolyse als Bausteine für die Biosynthesen abgezogen, so kommt es zu einer Anreicherung von Pyruvat und beim Atmungsstoffwechsel auch von Citrat in der Zellflüssigkeit. Dies führt ebenfalls zu einer verstärkten allosterischen ATP-Hemmung der Phosphofructokinase. Die Aktivität der Phosphofructokinase ist nur bei einem Bedarf der Zelle für ATP und Synthesebausteinen maximal.

- **Die Glycogenspeicherung der Hefezelle**:
  Durch eine Hemmung der Phosphofructokinase wird Fructose-6-phosphat und das damit im Gleichgewicht stehende Glucose-6-phosphat in der Zelle angehäuft. Die Hefezelle hat die Möglichkeit bei dieser günstigen Versorgungslage durch die Synthese von Speichermolekülen (hier Glycogen), die akkumulierten Zuckerphosphate (Glucose-6-phosphat, G-6-P) abzuziehen. Auch hier gibt das ATP-AMP-Verhältnis das Signal für die Umstellung des Stoffwechsels von Energieerzeugung auf Energiespeicherung. Bei der späteren Nutzung des Energiespeichers werden wieder phosphorylierte Glucosemoleküle gebildet.
  Die Speicherung ist sehr effizient.
  Die Energieverluste bei den Reaktionen G-6-P → Glycogen → G-6-P betragen nur ca. 3 %, d.h., fast 97 % der gespeicherten Energie stehen wieder zur Verfügung. Weitere Informationen zur technologischen Bedeutung des Glycogens siehe auch Kapitel 4.1.2.3.

◻ **Glycerinbildung:**
Ausgehend von dem im Gleichgewicht stehenden beiden isomeren phosphorylierten Triosen Glycerinaldehyd-3-phosphat und Dihydroxyaceton-phosphat werden bei einem normalen anaeroben Gärungsstoffwechsel der Bierhefen 3...5 % (bei der Weingärung 8...10 %) der vergorenen Zucker in Glycerin umgewandelt (siehe Abbildung 113, 4. Stufe: Reduktion des Dihydroxyacetonphosphats zu Glycerin-3-phosphat).
Der Glyceringehalt der Biere liegt normal zwischen 1200...2000 mg/L und beeinflusst in diesem Bereich mit steigender Konzentration die Biergüte positiv. Wird jedoch der durch Decarboxylierung des Pyruvats gebildete Acetaldehyd durch den Zusatz von z. B. Natriumhydrogensulfit ($NaHSO_3$) irreversibel in Acetaldehydhydroxysulfonat überführt (eine Maßnahme in der Weinindustrie zur Beschleunigung der Weinreifung durch Schwefeln des Jungweines), kann kein $NADH+H^+$ für die Reduktion des Acetaldehyds zu Ethanol verbraucht werden und die Hefezelle muss zur Aufrechterhaltung des Erhaltungsstoffwechsels und der erforderlichen NAD-Bildung das Gleichgewicht in der 4. Stufe zu Gunsten einer verstärkten Glycerinbildung verschieben.
Unter optimalen Bedingungen können auf diesem Wege 30 % der eingesetzten Zucker in Glycerin umgewandelt werden (Verfahren zur gärungstechnologischen Glycerinerzeugung).
Glycerin wird von der Hefe auch unter Wasserstress produziert und in der Zelle akkumuliert, um die intrazelluläre Osmolarität zu erhöhen.
Es ist eine Schutzfunktion der Hefezelle bei hohen Salz- und Zuckerkonzentrationen im Nährsubstrat, um zelluläre Wasserverluste zu vermeiden. Auch bei einer Hefelagerung bei tiefen Temperaturen hat der Glyceringehalt eine Schutzfunktion (Schutzantwort der Hefezelle bei Kältestress) [221].

4.5.4 Die Gärungsnebenprodukte im Stoffwechsel der Bierhefe

Während der Hefevermehrung und der alkoholischen Gärung werden durch die Bierhefen eine Vielzahl von Nebenprodukten gebildet, die als Zwischenprodukte der Gärung, wie der Acetaldehyd (siehe Abbildung 113), oder als Zwischen- oder Abprodukte des Baustoffwechsels bei der Synthese (z. B. der Zellbausteine Aminosäuren, Pentosen und Fettsäuren, s.a. Abbildung 122 und Abbildung 123) entstehen und in das Bier zeitweise als Jungbierbukettstoffe oder für immer als Bukettstoffe ausgeschieden werden. Sie prägen und bestimmen mit ihrer Konzentration und Zusammensetzung die sensorischen Qualitätseigenschaften der unterschiedlichen Biersorten. Ihre Bildung und Ausscheidung in das gärende Bier sind sehr eng von der Intensität der Gärung und der Höhe der Hefevermehrung abhängig.
Mit der Prozessführung bei der Biergärung und -reifung (siehe Kapitel 6.4 und 6.5) und durch die Wahl des Hefestammes ist ihre Konzentration und Zusammensetzung beeinflussbar. Sie werden durch die angewandten Biergär- und -reifungsverfahren festgelegt (Eine ausführliche Darstellung der Bildung der Gärungsnebenprodukte und der technologischen Möglichkeiten zu ihrer Konzentrationsbeeinflussung im Prozess der Biergärung und -reifung siehe in [1]), Kapitel 4).
Bei der Hefepropagation ist aus der Sicht der Erhaltung der Qualität der Propagationsbiere der Schwefelstoffwechsel allerdings besonders zu beachten (siehe Kapitel 4.5.4.2).

4.5.4.1 Bukett- und Jungbukettstoffe des Bieres

Einen schematischen Überblick über die Konzentrationsentwicklung der Bukett- und Jungbukettstoffe bei der Biergärung und -reifung zeigt Abbildung 125.

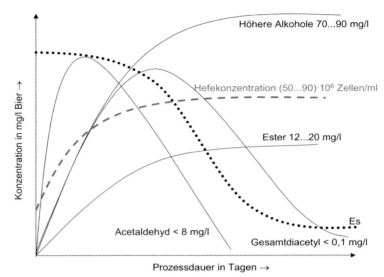

Abbildung 125 Konzentrationsverlauf von Gärungsnebenprodukten der Biergärung in Beziehung zur Hefevermehrung und Extraktvergärung (E_s) Anstellhefekonzentration $(10…30) \cdot 10^6$ Zellen/mL

Während die wichtigsten Bukettstoffgruppen Ester und höhere Alkohole in ihrer Konzentrationshöhe nur in ihrer Bildungsphase durch die Prozessführung und die Hefestammauswahl erhöht oder gedämpft werden können, werden die Jungbierbukettstoffe durch die Prozessführung mit Hilfe des Gärungsstoffwechsels der Hefe auf biochemischen Wege wieder aus dem Bier entfernt. Im Interesse eines reinen Geschmackes werden im Bier ein für die Biersorte spezifisches Verhältnis an Bukettstoffen (insbesondere höhere Alkohole und Ester) und möglichst eine niedrige Konzentrationen an Jungbierbukettstoffen angestrebt. Die Konzentration ausgewählter Jungbierbukettstoffe, wie der Gesamtdiacetyl- und Acetaldehydgehalt, dienen als Kriterien für den Reifungsgrad eines Bieres.

Tabelle 72 gibt eine Zusammenfassung der wichtigsten Gärungsnebenproduktgruppen (außer den schwefelhaltigen Jungbukettstoffen, hierzu siehe Kapitel 4.5.4.2).

4.5.4.2 Der Schwefelstoffwechsel der Hefe und sein Einfluss auf die Bierqualität

Aus der Sicht der Bierqualität spielt der Schwefelstoffwechsel eine besondere Rolle. Viele biochemische Prozesse im Stoffwechsel der Hefe sind an schwefelhaltige Substanzen gebunden (siehe auch Kapitel 4.1 und 4.5). Von der Hefe werden sowohl organische (schwefelhaltige Aminosäuren) als auch anorganische Schwefelverbindungen (überwiegend SO_4^{-2}-Ionen) als Nährstoffquelle verwertet und vorwiegend während der Hefevermehrungsphase zur Synthese zelleigener schwefelhaltiger Aminosäuren verwendet. Dabei entsteht eine Reihe von Nebenprodukten, die als sensorisch unedle Jungbierbukettstoffe im Bier auftreten und im Rahmen der Bierreifung wieder mit Hilfe der Hefe abgebaut bzw. ausgeschieden werden (z. B. über die Gärgase; Richtwerte siehe Tabelle 73).

Tabelle 72 Ausgewählte Gärungsnebenprodukte der Biergärung und ihre Richtwerte für untergärige Vollbiere (nach [222], [223])

	Richtwert in ppm	Geschmacks-schwellenwert in ppm	Bildungswege
Bukettstoffe			
2-Methylbutanol-1	10...15	15	1. *Ehrlich*-Weg mit den Stufen: ○ Desaminierung der Aminosäure, ○ Decarboxylierung der α-Ketosäure u. Reduktion des gebildeten Aldehyds zum höheren Alkohol 2. Anabolischer Weg vom Pyruvat über α-Acetolactat
3-Methylbutanol-1	30...50	60...65	
Isobutanol	5...10	10...100	
n-Propanol	2...10	2...50	
Σ höhere aliphatische Alkohole	70...90		
Aromatischer Alkohol: β-Phenylethanol	6...44	100	
Ethylacetat	10...25	25...30	Energiestoffwechsel der Hefe unter Mitwirkung von Acetyl-Coenzym A
3-Methylbutylacetat	0,5...1,5	1,0...1,6	
Ethylformiat	1...12	50	
β-Phenylethylacetat	1...5	5	
Σ Ester	15...30		
Organische Säuren: Milchsäure	30...530	400	Biologische Säuerung u. Gärungsstoffwechsel der Hefe
Niedere Fettsäuren mit 4...10 C-Atomen	10...18		Bau- und Gärungsstoffwechsel der Hefe
Höhere Fettsäuren mit 12...18 C-Atomen	0...0,5		
Jungbukettstoffe			
Acetaldehyd	< 8	25	Gärungsstoffwechsel der Hefe
Butan-2,3-dion	< 0,05	0,10...0,20	Bei der Aminosäurensynthese Bildung der Acetohydroxysäuren und deren oxidative Decarboxylierung zu vicinalen Diketonen
Pentan-2,3-dion	< 0,02	0,5...0,6	
Σ Gesamtdiacetyl = vicinale Diketone + Vorstufen (Aceto-hydroxysäuren)	< 0,10		

Im Interesse einer langen Geschmacksstabilität hat der SO_2-Gehalt im Bier jetzt an Bedeutung gewonnen und verdient bei der Verfahrensführung eine größere Beachtung. Eine zentrale Rolle für die Synthese schwefelhaltiger Aminosäuren spielt das über mehrere Reaktionsstufen gebildete Sulfid (H_2S), wie Abbildung 126 schematisch zeigt. Während der Schwefelwasserstoff und die Thiole (= Mercaptane) im Bierreifungs-prozess aus qualitativen Gründen weitgehend entfernt werden müssen (technologische Einflussfaktoren siehe Tabelle 74) und das Niveau des Dimethylsulfids (DMS) hauptsächlich durch die Qualität der Rohstoffe und die Intensität des Würzekoch- und Klärprozesses beeinflusst wird (thermische Umwandlung des Precursors S-Methylmethionin in DMS und Austreiben des DMS mit Wasserdampf), sollte aus qualitativen Gründen im Fertigbier eine SO_2-Konzentration zwischen 5...10 mg/L erhalten bleiben. Das Schwefeldioxid korreliert mit der antioxidativen Aktivität des Bieres und bildet reversible Verbindungen mit Carbonylen (maskierender Effekt), die bei der Fertigbierlagerung als Alterungskomponenten dadurch verzögert freigesetzt werden. Ein merklicher SO_2-Gehalt im Fertigbier verlängert damit die Geschmacksstabilität des Bieres [224], [350], [355].

Tabelle 73   Einige mögliche Schwefelverbindungen im Bier [225],[226]

Verbindung	Formel	Mittelwert im Bier je Liter	Geschmacksschwellenwert Angaben je Liter
Methanthiol	CH_3SH	1 µg	2 µg
Ethanthiol	CH_3CH_2SH	1 µg	5 µg
Schwefelwasserstoff	H_2S	Spuren	Gefahr bei >5 µg
Dimethylsulfid	CH_3-S-CH_3	75 µg	30 µg
Diethylsulfid	$C_2H_5-S-C_2H_5$	8 µg	30 µg
Dimethyldisulfid	$CH_3-S-S-CH_3$	1 µg	50 µg
Schwefeldioxid	SO_2	5...9 mg	ca. 10 mg

Sulfat der Würze
(SO_4^{-2}-Ionen)
↓ Permease
SO_4^{-2}-Ionen intrazellulär
↓ ATP-sulfurylase
Aktiviertes Sulfat in der Zelle
(Adenosylphosphosulfat APS)
↓ APS-Kinase
3'-Phosphoadenosylphosphosulfat
(PAPS)
↓ PAPS-Reduktase
Sulfit (SO_2) + Acetaldehyd → gebundenes SO_2 im Jungbier
↓ Sulfitreduktase
Sulfid (H_2S) → Homocystein
↓
Methionin und
andere S-haltige Aminosäuren

Abbildung 126 SO_2 und H_2S als Zwischenprodukte der Synthese schwefelhaltiger Aminosäuren

In Betriebsversuchen von *Link* [350] ergab eine Steigerung des SO_2-Gehaltes um ca. 5 mg/L (z. B. von 2 auf 7 mg/L) bei der Alterung eine zeitliche Verlängerung der Wahrnehmungsgrenze um ca. 2 Monate sowie eine Verlängerung der Ablehnungsgrenze um ca. 3 Monate. Nach den Erfahrungen dieses Betriebes hängt die Alterungsstabilität zu ca. 80 % vom SO_2-Gehalt des Fertigbieres ab.

Jede Reduzierung des Sauerstoffeintrages in allen Prozessstufen der Bierherstellung vom Sudhaus bis zur Abfüllung führte zur Erhöhung des SO_2-Gehaltes im Bier und zur Verbesserung der Geschmacksstabilität.

Tabelle 74   Technologische Einflussfaktoren auf den Gehalt an Schwefelverbindungen im Bier

Mögliche Veränderungen und technologische Einflussfaktoren	Auswirkungen auf den Gehalt an Schwefelverbindungen
Technologische Fehler, die zu höheren Wuchsstoffverlusten in der Würze und während der Anstellphase führen (z. B. Infektionen von Würzebakterien)	H_2S nimmt zu
Überhöhte Hefezuwachsraten	H_2S nimmt zu
Schärfere Trubentfernung	alle flüchtigen Schwefelverbindungen nehmen ab
Zunehmende Würzebelüftung	H_2S nimmt zu
Höhere Gärtemperaturen	H_2S nimmt ab (schneller und hoher Anstieg in der Angärphase, aber auch anschließend schnellere Verminderung)
Zunehmende Hefeautolyse	Sulfide, Thiole nehmen zu
Zunehmende Bewegung	H_2S, Thiole nehmen zu
Steigender CO_2-Druck	H_2S, Thiole nehmen ab
Sauerstoffeintrag beim Schlauchen	H_2S nimmt zu

Man unterscheidet nach [355] drei Synthesephasen der Hefe, die den SO_2-Gehalt im Bier beeinflussen:
- Beginn des Hefezellwachstums, es besteht ein großer Bedarf an S-haltigen Aminosäuren, die durch eigene Vorräte und Würzeaminosäuren gedeckt werden, es gibt keine SO_2-Ausscheidung.
- Weiterhin hoher Bedarf an S-haltigen Aminosäuren: Die organischen Schwefelquellen sind weitgehend aufgebraucht, die Sulfatassimilation aus der Würze wird aktiviert, das gebildete Sulfit wird zum größten Teil durch die Zelle verbraucht, es gibt nur eine geringe Sulfitausscheidung.
- Durch Sauerstoff- und Nährstoffmangel werden das Hefewachstum und die Aminosäuresynthese gehemmt, die Sulfatassimilation läuft weiter und das überschüssige Sulfit wird von der Hefezelle ausgeschieden, die SO_2-Konzentration im Bier nimmt vom 2. bis 5. Gärtag zu.

Versuche zur Optimierung des SO_2-Gehaltes im Bier ergaben bisher nach [350], [355] und [130] folgende Erkenntnisse:

- Es besteht eine deutliche Abhängigkeit des SO_2-Gehaltes im Bier von den Eigenschaften des verwendeten Hefestammes, Unterschiede zwischen 2…10 mg SO_2/L im Fertigbier bei gleicher Würze und Verfahrensführung sind möglich.
- Es besteht eine deutliche Abhängigkeit von der Vitalität des Hefesatzes, hochvitale Hefen aus der Propagationsstufe bilden kaum SO_2, da das Wachstum nicht durch einen Mangel einer optimalen Lipidausstattung der Zellen eingeschränkt wird.
- Bei intensiv propagierten Reinzuchthefen steigt das SO_2-Bildungsvermögen erst ab der 2. Führung deutlich an.
- Eine geringere Würzebelüftung führt beim Wiedereinsatz von Erntehefen zu deutlich höheren SO_2-Gehalten, es erhöht sich dabei die Gefahr einer Gärzeitverlängerung, wenn nicht der fehlende Hefezuwachs durch eine höhere Hefegabe ausgeglichen wird.
  Einer Absenkung der Belüftungsrate von 10 L Luft pro hL Würze auf ca. 2 L Luft pro hL Würze verdoppelte den SO_2-Gehalt im Bier.
  Bei Belüftungsraten über 10 L Luft pro hL Würze sank der SO_2-Gehalt im Bier auf Werte unter 1 mg/L.
- Eine Erhöhung des vergärbaren Extraktes führt bei gleicher Anstellhefekonzentration zur Erhöhung des SO_2-Gehalt im Bier.
  Zum Beispiel ergab eine Erhöhung der Konzentration der Anstellwürze von 10 auf 16 % bei hoher Hefeaktivität eine Erhöhung der SO_2-Konzentration von ca. 7 auf ca. 22 mg SO_2/L.
- Der SO_2-Gehalt im Bier wird auch durch den Zeitpunkt des Drauflassens und die zeitliche Einteilung des Belüftungsregimes beeinflusst.
- Zur Gewährleistung einer ausreichenden Gärgeschwindigkeit und einem ausreichenden SO_2-Gehalt im Fertigbier wird der Mischeinsatz von Propagations- und schon geführter Erntehefe vorgeschlagen.
- Eine Erhöhung der Anstellhefekonzentration von $7 \cdot 10^6$ Zellen/mL auf $23 \cdot 10^6$ Zellen/mL ergab bei dem geprüften untergärigen Hefestamm und bei einem Sauerstoffgehalt von 8 mg O_2/L eine Reduktion des SO_2-Gehaltes von ca. 13 auf 4 mg SO_2/L.

Unter Beachtung dieser Ergebnisse sollte auch bei der Hefevermehrung und Hefepropagation die Belüftung nur auf das erforderliche Maß eingestellt werden (siehe auch in Kapitel 3.3 die Beeinflussung des SO_2-Gehaltes durch oxidativen Stress sowie die Vorschläge in Kapitel 4.7 und die Versuchsergebnisse in Kapitel 6.2.5).

4.6 Der Nährstoffbedarf der Hefe *Saccharomyces cerevisiae* für die Vermehrung

Wie bereits im Kapitel 4.5 ausgeführt wurde, sind *Saccharomyces*-Hefen heterotrophe Mikroorganismen, die nur die Bindungsenergie der assimilierbaren organischen Kohlenstoffverbindungen als Energiequelle und diese Kohlenstoffverbindungen als Lieferant der für die Biosynthese erforderlichen Bausteine nutzen können. Die weitere Grobbeschreibung der Ernährungsweise ist in Tabelle 75 zusammengefasst.

Tabelle 75 Schlagwortartige Beschreibung der Ernährungsweise und Zuordnung der Hefe

Quelle / Art	Varianten bei Organismen	Ernährungstyp	Sacch. cerevisiae
Energiequelle	Strahlung (Licht)	Phototroph	–
	Oxidation anorganischer oder organischer Verbindungen	Chemotroph	Chemotroph
Wasserstoff-Donator	Reduzierende anorgan. Verbindungen: NH_4^+, NO_2^-, S^{2-}, S, $S_2O_3^{2-}$, Fe^{2+}, CO, H_2	Lithotroph	werden von der Hefe z.T. verwertet, aber nicht als Wasserstoff-donator
	Organische Verbindungen	Organotroph	Organotroph
Kohlenstoffquelle	Kohlendioxid als Hauptkohlenstoffquelle	Autotroph	–
	Organische Verbindungen	Heterotroph	Heterotroph
Energiegewinnung durch:	Alleinige Substratketten-phosphorylierung	Fermentative Energie-gewinnung	bei reiner Gärung im anaeroben Medium
	Substratkettenphosphory-lierung + oxidative Phosphorylierung (= Elektronentransport-phosphorylierung)	Respiratorische Energie-gewinnung	bei reiner Atmung bzw. Atmung + Gärung im aeroben Medium
	Hydrolyse energiereicher Metabolite (z. B. Kreatinphosphat)	–	–
Sauerstoffbedarf	Vermehrung ohne Sauerstoff	Anaerob	fakultativ anaerob/aerob
	Vermehrung nur mit Sauerstoff	Aerob	

Für die Zellvermehrung sind folgende essentielle Nähr- und Wuchsstoffe für die Hefe *Saccharomyces cerevisiae* erforderlich:

Bei Anwesenheit von Luftsauerstoff:
- Eine assimilierbare organische Kohlenstoff- und Energiequelle;
- Eine assimilierbare Stickstoffverbindung;

- Die essentiellen Mineralstoffe PO_4^{-3}, K^+, SO_4^{-2}, Mg^{+2};
- Spurenelemente;
- Die Wuchsstoffe Biotin, Pantothensäure und m-Inosit (bei einzelnen Rassen ausnahmsweise auch Thiamin und/oder Pyridoxin).

Bei völligem Ausschluss von Luftsauerstoff:
- Zusätzlich Ergosterin und
- mindestens eine ungesättigte Fettsäure (z. B. Ölsäure)

4.6.1 Die erforderlichen Kohlenstoff- und Energiequellen

Saccharomyces cerevisiae kann verschiedene organische Verbindungen als C- und Energiequellen nutzen. Die Zellvermehrungsgeschwindigkeit, die Zellausbeute und der Katabolismus sind aber dabei jeweils unterschiedlich. Insbesondere sind manche C-Quellen von der Hefe oxidativ assimilierbar, aber nicht vergärbar!

In der Regel sind nur einige wenige Zucker vergärbar (siehe Tabelle 76). Diese Zucker sind grundsätzlich auch oxidativ assimilierbar.

Darüber hinaus gibt es aber auch weitere Zucker, bestimmte Polyole, einfache Alkohole und bestimmte organische Säuren, die oxidativ assimilierbar sind. Eine Übersicht gibt dazu Tabelle 77.

Tabelle 76   Zuckerverwertung der Hefen durch Gärung und Assimilation

Nr.	Zucker	untergärige Brauereihefe	Back-, Brennerei-, obergärige Brauereihefe
1	Glucose	+	+
2	Galactose	+	+/- +
3	Saccharose	+	+
4	Maltose	+	+
5	Lactose	-	-
6	Raffinose	3/3	1/3
7	Fructose	+	+
8	Mannose	+	+
9	Melibiose	+	-
10	Maltotriose	+/-	+/-
11	Cellobiose	-	-
12	Maltotetraose + höhermolekulare Stärkeabbauprodukte	-	-
13	Pentosen (Xylose, Arabinose, Ribose, Rhamnose)	-	-

+ = Verwertung;   - = keine Verwertung;   +/- = Verwertung stammspezifisch;
Nr. 1…6 entspricht der Zuckerreihe für die Hefediagnostik im *Einhorn-*Gärröhrchen

Im Prozess der Bierherstellung sind nur die in der Bierwürze vorhandenen Zucker Glucose, Fructose, Saccharose, Maltose und Maltotriose für die o.g. Hefen verwertbar, alle sind sowohl oxidativ assimilierbar als auch vergärbar. Von Bedeutung ist bei gelagerten Hefesätzen, die das Adaptionsvermögen an Maltose und Maltotriose verloren haben, der physiologische Zustand der Hefesätze, der die Dauer der Adaptionsphase beeinflusst (siehe auch die Kapitel 3, 4.3.9 und 4.5.3). Diese Hefesätze unterscheiden in der Reihenfolge ihrer Zuckerverwertung zwischen Angärzuckern (Glucose, Fructose, Saccharose), Hauptgärzucker (Maltose) und Nachgärzucker (Maltotriose), wie Abbildung 127 zeigt.

Tabelle 77 Weitere von Saccharomyces cerevisiae nutzbare kombinierte Kohlenstoff- und Energiequellen

C-Quelle	oxidativ assimilierbar	vergärbar
Sorbit	+/-	-
D-Erythrit	-	-
Mannit	+/-	-
Glycerin	+	-
Ethanol	+	-
Methanol	-	-
Gluconsäure	-	-
5-Ketogluconsäure	-	-
Milchsäure	+	-
Citronensäure	-	-
Bernsteinsäure	+/-	-
Essigsäure	+	-
Paraffine	-	-

4.6.2 Reihenfolge der Zuckerverwertung

Die Angärzucker Glucose, Fructose und Saccharose werden bei einer zwischengelagerten Anstellhefe sofort verwertet. Erst wenn diese weitgehend vergoren sind, schalten die Brauereihefen auf die Maltoseverwertung um. Die Adaption der Hefe an die Maltose- und Maltotrioseverwertung erfordert die Ausbildung der Maltosepermease und α-Glucosidase in der Hefezelle. Diese Adaption wird durch hohe Angärzuckerkonzentrationen verzögert oder sogar unterdrückt (siehe auch Abbildung 127).

Die Verwertung der Maltotriose beginnt bei hoch vergärenden untergärigen Hefestämmen, nachdem etwa über 50 % der Maltose verwertet wurden (siehe auch Abbildung 127). Maltotetraose und weiter höhere α-Dextrine werden von Brauereihefestämmen nicht verwertet. Dies ist besonders zu beachten bei der Aufkonzentrierung von Würze in der Würzpfanne mit kristalliner Saccharose oder reinen Glucosesirupen. Der summarische Gehalt an Angärzucker am gesamten vergärbaren Zuckergehalt sollte einen Anteil von 20…25 % in der Anstellwürze nicht übersteigen, um die Maltoseverwertung nicht zu verzögern. Dies könnte eine schleppende Hauptgärung und noch zu hohe vergärbare Restextrakte in der Reifungsphase verursachen. Bei gärenden Hefen in der Hauptgärphase und bei scheinbaren Vergärungsgraden von V_s > 25 % bis zu einem vergärbaren Restextrakt von ΔE_s > 1 % erfolgt im Normalfall die Verwertung aller Zucker weitgehend gleichzeitig.

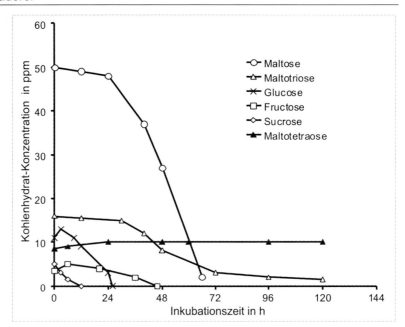

Abbildung 127
Reihenfolge der
Zuckerverwertung

4.6.3 Die Hefeausbeute in Abhängigkeit vom *Crabtree*-Effekt und aerober Gärung

Weiterhin hat die Zuckerkonzentration auch bei einer ausreichenden Konzentration an gelöstem Sauerstoff in der Nährlösung einen entscheidenden Einfluss auf den Umfang der oxidativ verwertbaren Zucker. Mit steigender Zuckerkonzentration im Nährsubstrat nehmen der Gärungsstoffwechsel und damit die Ethanolbildung zu Lasten der Biomassebildung pro verstoffwechselter Zuckermenge zu. Dieses als *Crabtree*-Effekt bekannte Regulationsphänomen (siehe unter Kapitel 4.5.3) wirkt immer bei der Hefevermehrung in Brauerei-Vollbierwürzen. Für die Backhefevermehrung wurden folgende in Abhängigkeit von der Zuckerkonzentration sehr eindeutige Zusammenhänge und Kennwerte ermittelt, die auch für die Bierhefevermehrung ohne Einschränkung gelten (Ergebnisse siehe Tabelle 78).

Aus den Ergebnissen erkennt man den *Crabtree*-Effekt, der trotz ausreichender Sauerstoffkonzentration in der Fermentationslösung bei Zuckerkonzentrationen über 0,1 g/L wirkt und die reine Biomasseproduktion zu Gunsten der Ethanolbildung einschränkt bzw. bei Zuckerkonzentrationen über 100 g/L gänzlich unterdrückt. Man bezeichnet diesen Hefestoffwechsel als „aerobe Gärung".

Im anaeroben Fermentationsmedium werden pro 100 g verstoffwechselter Glucose 7,5 g HTS ($\hat{=}$ 0,075 kg HTS/kg Zucker) als praktische Hefeausbeute kalkuliert (siehe Kapitel 4.5.1).

4.6.4 Der assimilierbare Stickstoffbedarf

Die Hefe benötigt Stickstoff hauptsächlich zum Aufbau von zelleigenem Protein, insbesondere für die Enzym- und Vitaminsynthese. Für die Hefevermehrung können die in Tabelle 79 positiv aufgeführten Stickstoffquellen für die Biomasseproduktion der Hefe verwendet werden. Aus wirtschaftlichen Gründen dominieren bei der Backhefeproduktion die leicht zu dosierenden Ammoniumsalze bzw. die Ammoniaklösung (Ammoniakwasser) als Stickstoffquelle.

Tabelle 78 Hefe- und Ethanolausbeute in Abhängigkeit von der Saccharosekonzentration der Fermentationslösung unter aeroben Bedingungen (nach Untersuchungen in der Backhefeindustrie von Bronn [145])

Zuckerkonzentration der Fermentationslösung in g/L	Hefeausbeute in kg HTS/kg Zucker	Ethanolausbeute in L r.A./kg Zucker
≤ 0,1	0,540	0
0,5	0,300	0,275
1,0	0,220	0,375
5,0	0,125	0,490
10,0	0,110	0,510
50,0	0,100	0,520
62,5	≈ 0,095	ca. 0,550
75,0	≈ 0,081	ca. 0,560
100,0	gegen 0	ca. 0,660

L r.A. = Liter reines Ethanol mit der Dichte ρ = 0,78924 g/mL

Tabelle 79 Von der Hefe assimilierbare Stickstoffquellen

N-Quelle		N-Assimilation
Anorganische Ionen	NH_4^+/NH_3	+
	NO_3^-	−
Organische Hydrolysate	Proteinhydrolysat	+
Einzelaminosäuren	Asparaginsäure	+
	Glutaminsäure	+
	alle anderen	(+) bis −
Amide	Asparagin	+
	Glutamin	+
Organische Verbindungen	Harnstoff	(+)
	Purine	+
	Pyrimidine	+
	niedere Peptide	(+) bis −

+ = sehr gute Assimilation, (+) = eingeschränkte Assimilation,
− = keine Assimilation

Bei der Bierhefevermehrung kann die Brauereihefe nur auf die in den Bierwürzen natürlich vorhandenen Aminosäuren und einfachen Peptide als Stickstoffquelle zurückgreifen. Die Hefe besitzt nicht die Fähigkeit, die Aminosäuren der Würze direkt zu zelleigenen Eiweißstoffen zusammenzubauen. Die Hefe synthetisiert die zum Aufbau der Proteine notwendigen Aminosäuren aus einfachen Verbindungen des

Intermediärstoffwechsels der Atmung und Gärung (z. B. den Ketosäuren, wie z. B. dem Pyruvat) durch Transaminierung der Aminogruppe der Aminosäuren der Würze auf die gebildete Ketosäure der Hefe (siehe auch Kapitel 4.5.2, Abbildung 123).

Tabelle 80 Einteilung der Aminosäuren nach der Reihenfolge ihrer Assimilation aus der Bierwürze (nach [227], [228])

Gruppe	Aminosäure(n)	Reihenfolge der Assimilation
1	Glutaminsäure, Asparaginsäure, Serin, Threonin, Lysin + [1])	Sofortige und vollständige Aufnahme
2	Valin, Methionin, Leucin, Isoleucin, Histidin	Langsame, aber kontinuierliche Aufnahme während der ganzen Gärzeit (nach und nach)
3	Glycin, Phenylalanin, Tyrosin, Alanin, Tryptophan + [2])	Aufnahme erfolgt erst, nachdem die Gruppe 1 völlig verschwunden ist, nach einer sog. Lag-Phase
4	Prolin	Wird von der Bierhefe in den ersten 60 h der Gärung und Hefevermehrung nicht verwertet [3])

[1]) Weiterhin gehören als Amino-Stickstoffquellen zur Gruppe 1:
Asparagin, Glutamin und Arginin
[2]) Weiterhin gehören zur Gruppe 3: Ammonium-Ionen
[3]) Die langsame Abnahme der Prolinkonzentration erst nach ca. 60 h Fermentation (d.h. nach Beendigung der normalen Hefevermehrung bei der Biergärung) wird vermutlich nicht durch eine Adsorption durch die Hefe verursacht, sondern kann durch die Reaktivität des Prolins mit Polyphenolen auch durch ein Ausscheiden als Trübungssubstanz begründet werden.

Im Gärungsstoffwechsel entstehen aus den desaminierten Würzeaminosäuren Gärungsnebenprodukte (höhere Alkohole, Diketone, Ester und organische Säuren), die als Bukettstoffe im Bier seine sensorische Qualität und die Bekömmlichkeit mit entscheidend beeinflussen.

Aus einem komplexen Gemisch, wie der Bierwürze, erfolgt die Aufnahme der Aminosäuren durch die Hefezelle über ein Permeasesystem in einer bestimmten Reihenfolge (siehe Tabelle 80).

4.6.5 Der freie α-Aminostickstoffgehalt (FAN) und seine Kontrolle

In Anbetracht der großen Transaminaseaktivität der Hefe ist die Erfassung der totalen Menge an assimilierbaren Stickstoffverbindungen in der Würze technologisch aussagekräftiger als die Kontrolle der einzelnen Aminosäuren, deren Einzelkonzentration durch technologische Maßnahmen bei der Bierwürzeherstellung sowieso nicht korrigiert werden kann. Die summarische Erfassung der Aminosäurekonzentration der Würzen erfolgt durch die kolorimetrische Bestimmung des freien α-Aminostickstoffgehaltes (= FAN-Gehalt) mit Ninhydrin (EBC-Standardmethode [229]).

Die Bestimmung ermöglicht eine gute Einschätzung dieses wichtigen Nährstoffes für die Hefe.

Die in der Literatur angegebenen zulässigen Mindestwerte für den FAN-Gehalt schwanken zwischen:

    150...200 mg FAN/L Würze.

Der obere Wert gilt für Würzen aus 100 % Malz, der untere Wert für Würzen, die anteilig unter Verwendung von Rohfrucht hergestellt wurden (Rohfruchtwürzen haben auch eine niedrigere Konzentration bei der Aminosäure Prolin).

Tabelle 81   Einfluss des durchschnittlichen α-Aminostickstoffgehaltes der Anstellwürzen auf den durchschnittlichen Hefezuwachs und die durchschnittliche Vergärung im zylindrokonischen Gärtank
(Messwerte von großtechnischen Betriebsversuchen nach [112])

FAN-Gehalt (EBC) der Anstellwürzen in mg/L	Hefezuwachs [1] in 10^6 Zellen/mL	Durchschnittliche Vergärung vom Anstellen bis zum 5. Gärtag in kg wirklicher Extrakt/(100 hL·24 h)
110	≈ 30	≈ 125
130	≈ 40	≈ 140
150	≈ 55	≈ 160

[1] bestimmt aus der Differenz zwischen der maximalen Hefekonzentration im homogenen Gärtank (ca. 2. bis 3. Gärtag) und der Hefekonzentration der frisch angestellten Würze

Tabelle 81 zeigt den Einfluss des FAN-Gehaltes von FAN-Mangelwürzen, die unter Verwendung von Gerstenrohfrucht hergestellt wurden, auf die normale Hefevermehrung und die Gärintensität im zylindrokonischen Gärtank (2500 hL Inhalt, durchschnittliche Gärtemperatur 12 °C, durchschnittliche Anstellhefekonzentration $30 \cdot 10^6$ Zellen/mL, durchschnittliche Sauerstoffkonzentration in der Anstellwürze 6...7 mg O_2/L)).

Die Kontrolle des FAN-Verbrauches (= Differenz zwischen dem FAN-Gehalt der Anstellwürze und dem FAN-Gehalt des endvergorenen Bieres) bei einer Hefepropagation und bei einer normalen Gärung und Reifung gibt einen sehr guten Hinweis auf einen technologisch störungsfreien Prozess und zu eventuellen Mangelerscheinungen. Bei einer normalen störungsfreien Hefevermehrung sollte der FAN-Verbrauch von der Anstellwürze bis zum endvergorenem Bier:

    ca. Δ FAN = 100...140 mg FAN/L betragen.

Ein Rest-FAN-Gehalt im Bier von 20...40 mg FAN/L ist ein Nachweis, dass die Hefe das vorhandene Potenzial an FAN in der Anstellwürze aufgebraucht hat, da dieser Restgehalt normalerweise von der Hefe nicht mehr verwertbar ist. Höhere Restgehalte und eine unbefriedigende Hefevermehrung sind ein deutliches Indiz für andere Nährstoffmängel (z. B. Wuchsstoffe, Spurenelemente, unzureichende Sauerstoffversorgung) oder schwerwiegende Technologiefehler (bakterielle Infektionen in der Anstellwürze).

Ein Anstieg des FAN-Gehaltes im hefehaltigen, lagernden Bier ist ein deutliches Zeichen für eine beginnende Degeneration bzw. Hefeautolyse der vorhandenen Satzhefe. Das Lagerbier ist schnell von dem Hefesediment zu trennen, um einen Autolysegeschmack im Bier zu vermeiden.

4.6.6 Die Vorteile der assimilierbaren N-Versorgung der Hefe durch Aminosäurengemische im Vergleich zur anorganischen Ammoniumionen-Dosage

Proteinhydrolysate und Aminosäuregemische oder einzelne Aminosäuren sind gegenüber einer Dosage von anorganischen Ammoniumionen eine zusätzliche C-Quelle im Nährsubstrat und beeinflussen damit die Hefeausbeute positiv. Aminosäuren wirken außerdem auch regulatorisch auf den Hefestoffwechsel, je nach Art der Aminosäure beschleunigend oder hemmend!

Die Deckung des N-Bedarfes durch Aminosäuregemische, wie in der Bierwürze, führt dazu, dass der Baustoffwechsel (Anabolismus) teilweise getrennt vom Betriebsstoffwechsel (Katabolismus) abläuft und anaplerotische Reaktionen (= stoffwechselauffüllende Reaktionen) nicht im üblichen Maß erforderlich sind. Dies führt zur allgemeinen Steigerung der Stoffwechselleistung der Zelle und zur Erhöhung der Wachstumsrate in der verhältnismäßig kurzen exponentiellen Wachstumsphase.

Allerdings ist die Verwendung von Aminosäuregemischen (= hohe Kosten) für die Backhefeherstellung im Gegensatz zur Bierhefevermehrung unter Verwendung der naturreinen Bierwürze kein wirtschaftlich vertretbarer Weg.

4.6.7 Die Dosage der N-Quelle und der Rohproteingehalt (RP) der Erntehefe

Die Stickstoffdosage bzw. der FAN-Gehalt der Fermentationslösung sowie die Züchtungsbedingungen entscheiden über den Rohproteingehalt der Erntehefen. Hefen mit einem hohen RP-Gehalt (> 50 % i. HTS) besitzen hohe Enzymaktivitäten und eine hohe Gärintensität, aber sie haben eine relativ schlechte Haltbarkeit bei der Lagerung und beim Transport (siehe auch Kapitel 4.1.2.2).

Enzymstarke Hefen sollten ohne längere Zwischenlagerung sofort zum Wiederanstellen verwendet werden. Reinzucht- und Stellhefen in der Backhefevermehrung sollen deshalb einen Rohproteingehalt von > 50 % i. HTS haben. Um dieses zu erreichen, ist eine Stickstoffdosage von ≥ 8 % assimilierbarer N, bezogen auf den HTS-Zuwachs, erforderlich. Es erfolgt dort eine genaue Berechnung der Stickstoffdosage unter Berücksichtigung des Stickstoffgehaltes der in der Vermehrungsstufe bereits vorhandenen Biomasse und des erreichbaren Biomassezuwachses und gewünschten Rohproteingehaltes in der vorgesehenen Fermentationszeit. Als Richtwert gilt:

> Zur Erzeugung enzymstarker Hefesätze in der Hefereinzucht und in der Stellhefestufe mit Rohproteingehalten von 56 bis 58 %, bezogen auf die Hefetrockensubstanz, ist eine Dosage von 92 bis 93 g assimilierbarem Stickstoff pro 1 kg Hefetrockensubstanzzuwachs erforderlich.

Da im Gegensatz zur Backhefeherstellung bei der Bierhefevermehrung die differenzierte N- und Zuckerdosage zur Einstellung eines gewünschten Rohproteingehaltes in der Erntehefe nicht realisierbar ist, ergibt sich der Rohproteingehalt aus dem in der Würze vorhandenen assimilierbaren Stickstoffgehalt und der Intensität und der Dauer der Züchtung. Hohe Wachstumsraten und ein ausreichendes Angebot an assimilierbarem Stickstoff erhöht den Rohproteingehalt der Erntehefe und damit ihre Gärkraft und Vitalität. Da normalerweise in der Brauindustrie die frisch propagierten Hefesätze nicht auf ihren Rohproteingehalt untersucht werden, sollten diese grundsätzlich ohne längere Zwischenlagerung sofort zum Anstellen eingesetzt werden.

4.6.8 Der Mineralstoffbedarf

Die in der Hefe enthaltenen Mineralstoffe haben trotz ihrer zum Teil geringen Konzentration eine große physiologische Bedeutung für den Zellaufbau und für den Stoffwechsel der Hefezelle (siehe auch Kapitel 4.1.2.8). Eine weitere Übersicht über den durchschnittlichen Mineralstoffgehalt der Hefe und ihre Bedeutung gibt Tabelle 82. Daraus ergibt sich die Notwendigkeit, bei einer Hefevermehrung auch den Mineralstoffbedarf der Hefezelle unter Berücksichtigung des Mineralstoffgehaltes des eingesetzten Nährsubstrates mit zu kalkulieren. Die erforderliche Dosage der einzelnen Elemente kann direkt aus der durchschnittlichen elementaren Zusammensetzung der Hefe (siehe Kapitel 4.1.2.8 und Tabelle 82) und dem geplanten Biomassezuwachs berechnet werden.

Der Phosphatbedarf

Mengenmäßig hat der Phosphatgehalt den größten Anteil an den erforderlichen Mineralstoffen. Er wird bei der Backhefevermehrung als Bestandteil des Nährsubstrates in Verbindung mit dem assimilierbaren Stickstoff dosiert. Die Phosphataufnahme der Hefe ist gleichsinnig mit der N-Aufnahme der Hefe gekoppelt. Das essentielle Element Phosphor wird von der Hefe nur in Form des Anions Phosphat (PO_4^{-3}) assimiliert. Phosphor in Bindungsformen mit anderer Wertigkeit wirkt in der Regel toxisch.
Die Aufnahme von P und N erfolgt in einem optimalen Verhältnis von:

$$P_2O_5 : N = 1 : 14 \ldots 1 : 16 \text{ bzw.}$$
$$P : N = 1 : 32 \ldots 1 : 36.$$

Bei Phosphatunterdosierung wird trotz eines eventuellen N-Überschusses nicht der gesamte verfügbare Stickstoff aufgenommen, dies führt zur Reduzierung des Rohproteingehaltes der Hefe!

Umgekehrt wird bei eventuellem N-Mangel trotz eines vorhandenen Phosphatüberschusses nicht alles verfügbare Phosphat assimiliert.

Der Kalium- und Magnesiumbedarf

Kalium und Magnesium werden grundsätzlich in Form ihrer Kationen K^+ und Mg^{+2} assimiliert. Das bei der Zubereitung der Fermentationslösung verwendete Betriebswasser beeinflusst den Gehalt dieser Ionen, z. B. in der Anstellwürze, entscheidend mit.

Der Schwefelbedarf

Das Element Schwefel liegt in der Hefe überwiegend in reduzierter 2-wertiger Form (S^{-2}) vor. Die günstigste Assimilationsform ist für Schwefel aber die oxidierte 6-wertige Form (SO_4^{-2}). Das Sulfat-Anion wird durch ein spezifisches Reduktasesystem der Hefe zur 2-wertigen Form reduziert. Die anderen Bindungsformen sind für die Hefe wenig geeignet. SO_2 wirkt z. B. antimikrobiell und blockiert Acetaldehyd, das Zwischenprodukt des Gärungsstoffwechsels (siehe auch weitere Ausführungen zum Schwefelstoffwechsel der Hefe im Kapitel 4.5.4).

Tabelle 82 Der Mineralstoff- und Spurenelementgehalt in Hefen im Vergleich zum durchschnittlichen Mineralstoffgehalt einer 12 %igen Malzwürze (Würzewerte nach [230]) Fortsetzung nächste Seite

Kationen/ Anionen	Konzentration in der Hefe % HTS	Einfluss auf den Stoffwechsel der Hefe	Konzentration in 12%iger Malzwürze mg/L
Kalium K^+	1,2…3,5 $\varnothing$ 2,0	Fördert alle Enzymreaktionen, der mit ATP und Nicotinamidadeninnucleotiden ablaufen; wichtig für den Energiestoffwechsel und die Zellwandpermeabilität (wichtig für den aktiven Stofftransport durch die Hefezellwandmembran)	550
Magnesium Mg^{+2}	0,06…0,4 $\varnothing$ 0,26	Beeinflusst wesentlich alle Phosphorylierungsreaktionen, vor allem bei der Gärung, in seiner Funktion nicht ersetzbar; Coenzym-Charakter für Carboxylase / Decarboxylase	100
Natrium Na^+	0,03…0,30 $\varnothing$ 0,24	Aktiviert verschiedene Enzyme und spielt als sog. Natriumpumpe bei allen Vorgängen des aktiven Transportes durch die Zellmembran eine gewisse Rolle; ersetzbar durch K^+	30
Silicium Si^{+4}	0,01…0,1 $\varnothing$ 0,04	z.T. in die Hefezellwand eingebaut, sonst keine große Bedeutung	39…160
Calcium Ca^{+2}	0,004…0,30 $\varnothing$ 0,26	Kann durch Mg^{+2} und Mn^{7+} ersetzt werden, stimuliert die Zellvermehrung, verlangsamt eine Hefedegeneration, fördert Bruch-bildung, kann Einfluss auf enzymatische Prozesse nehmen	35
Eisen Fe^{+2}	0,003…0,10 $\varnothing$ 0,056	Wichtig für Enzyme des Atmungsstoffwechsels, Bedarf im Nährsubstrat ca. 0,2 mg Fe/L Substrat, beeinflusst positiv die Zellsprossung, gute Verträglichkeit der Hefe gegenüber Fe-Ionen	0,10
Kupfer Cu^{+2}	0,001…0,008 $\varnothing$ 0,0064	Hemmt bereits bei geringen Mengen im Gärsubstrat die Enzyme (z. B. Maltase), soll den Zellaufbau mit beeinflussen, ist selbst essentieller Bestandteil einiger Enzyme	0,10
Zink Zn^{+2}	0,004…0,07 $\varnothing$ 0,0092	Beeinflusst positiv die Eiweißsynthese, Zellvermehrung und Gärung, Bedarf in Brauereiwürzen liegt bei ca. 0,2 mg/L, bei ausreichender Zinkversorgung wird eine bessere Hefeflockung gesichert, Zinkmangel kann zu empfindlichen Gärstörungen führen	0,15
Mangan Mn^{+7}	0,00004…0,001	Kann bei Mangelerscheinungen Mg^{+2} und Fe^{+2} im Stoffwechsel der Hefe ersetzen; fördert die Zellvermehrung und den Zellaufbau der Hefezelle, besonders bei Zn-Mangel	0,15
Cobalt Co^{+2}	0,005…0,003	Soll Regulierungsfunktionen bei Stoffwechselprozessen der Hefe haben	

Blei Pb^{+2}	0,00006... 0,002		
Aluminium Al^{+3}	0,002... 0,007		
Arsen As^{+3}	≈ 0,004		
Schwefel S (SO_4^{-2}, SO_3^{-2}, S^{-2})	0,2...1,2 Ø 1,0	Bestandteil S-haltiger Aminosäuren, essentieller Baustein zelleigener Proteine, Enzyme und Nucleotide	90
Phosphor P (PO_4^{-3}, HPO_4^{-2}, $H_2PO_4^{-}$)	1,0...2,5 Ø 1,7	Wichtig zur Bildung energiereicher Substanzen (ATP), führt bei Mangel zur Verfettung und Verschlechterung des physiologischen Zustandes der Hefe, wichtig für Zellwandaufbau	187,6

Tabelle 83   Spurenelementbedarf der Hefe

Spurenelement	Erforderlicher Mindestgehalt in der Fermentationslösung
Fe	0,2 ppm
Cu	0,01 ppm
Zn	0,2 ppm

Spurenelementbedarf

Neben den Makroelementen Phosphat-, Kalium- und Schwefel-Ionen benötigt die Hefe zur Vermehrung mindestens die in Tabelle 83 ausgewiesenen essentiellen Spurenelemente (Mikronährstoffe) in der Nährlösung.

Richtwerte für den Mineralstoffbedarf

Bei der Vermehrung durch aerobe Gärung (z. B. Backhefe in den Prozessstufen Hefereinzucht und Stellhefezüchtung bzw. Brauereihefe in den Prozessstufen Hefereinzucht und in der Hefepropagation) werden die in Tabelle 84 ausgewiesenen Mineralstoffe für 1 kg Hefetrockensubstanzzuwachs benötigt.

Äquivalente Mengen an Mineralstoffen sind auch für die Züchtung von Hefen in synthetischen Nährmedien bei ausreichendem assimilierbaren Kohlenstoff-, Stickstoff- und Wuchsstoffangebot erforderlich.

Assimilationsrate und Überdosierung

Bei der Bedarfsdeckung ist zu berücksichtigen, dass die Hefe die angegebenen Elemente meist nicht restlos aus der Nährlösung aufnimmt. Folgende Assimilationsraten für die Hauptmineralien sind bekannt, sie erfordern eine entsprechende Überdosierung bzw. eine Berücksichtigung bei der möglichen Ausbeuteberechnung:

Phosphor: abhängig vom assimilierbaren N-Angebot
Kalium: 80 bis 90 %
Magnesium: 70 bis 80 %.

Weiterhin kann eine Überdosierung von Spurenelementen (einzeln oder im Gemisch) zur Vergiftung des Hefestoffwechsels führen. In komplexen Nährmedien, wie in der Bierwürze, ist die Hemmwirkung allerdings meist um mehr als eine Zehnerpotenz geringer als in synthetischen Nährlösungen. Die Würzeinhaltsstoffe haben eine komplexbildende, chelatisierende Wirkung auf die Mineralstoffe und damit eine Schutzfunktion für die Hefezelle.

Der negative Einfluss des Nitrat- und Nitritgehaltes der Bierwürze
Nitrit ist generell ein ausgesprochenes Zellgift, das auch als Hefegift den Stoffwechsel der Hefe negativ beeinträchtigt (geringere Vermehrung, schleppende Gärung). Die differenzierte Bestimmung von Nitrat und Nitrit in der Würze ist schwierig, da das durch Reduktion aus Nitrat gebildete Nitrit unmittelbar in der Würze gebunden wird. Da Nitrit auch durch Würzebakterien aus Nitrat gebildet wird, sollte regelmäßig das Brauwasser zur Abschätzung der Nitrat-/Nitritverhältnisse in den Würzen untersucht werden. Die Forderungen der Brauindustrie an das Brauwasser liegen gerade aus der Sicht einer störungsfreien Hefevermehrung deutlich über den Forderungen an das normale Trinkwasser gemäß Trinkwasserverordnung.

Brauwasser muss frei von Nitrit sein und einen Nitratgehalt möglichst unter 20 mg/L besitzen. Eine Bewertung des Nitratgehaltes des Brauwassers aus der Sicht der Hefevermehrung gibt Tabelle 85.

Tabelle 84 Mineralstoffbedarf bei aerober Gärung für einen Biomassezuwachs von 1kg Hefetrockensubstanz

Mineralstoff	Gramm Mineralstoff pro 1 kg HTS
P_2O_5 [1])	37,0
K	18,5
S	10,0
Mg	1,85
Ca	1,85
Na	0,93
Zn	0,19
Fe	0,09
Mn	0,019
Cu	0,007
Co	0,004

[1]) Der Phosphorbedarf der Hefe wird immer als P_2O_5 berechnet.

4.6.9 Der Wuchsstoff- bzw. Vitaminbedarf
Saccharomyces-Hefen und andere heterotrophe Mikroorganismen haben gewisse Defekte im Enzymsystem der Biosynthesereaktionen, sie können einzelne oder mehrere der für die Zellfunktion notwendigen organischen Stoffe nicht selbst

synthetisieren. Die Hefezellen sind auf die Zufuhr solcher Stoffe angewiesen. Diese Stoffe ergänzen die essentiellen Nährstoffe und werden als Wuchsstoffe bzw. Vitamine bezeichnet. Die meisten *Saccharomyces*-Stämme sind wuchsstoffheterotroph bei den drei Wuchsstoffen:
- D-Biotin,
- D-Pantothensäure und
- m-Inosit.

Tabelle 85 Anforderungen an den Nitratgehalt des Brauwassers zur Gewährleistung einer störungsfreien Hefevermehrung

Nitratgehalt mg NO_3^-/L	Bewertung als Brauwasser aus der Sicht der Hefevermehrung
< 10	positiv, sehr niedrig
< 20	anzustrebende Mindestforderung
25	für Brauzwecke noch geeignet
40	Würze kann bereits 4 bis 7 mg NO_2^-/L enthalten: deutliche negative Beeinträchtigung des Hefewachstums

Abbildung 128 bestätigt den Einfluss dieser drei Vitamine auf die Hefevermehrung auch bei untergäriger Bierhefe. Die Abbildung zeigt, dass bei Biotinmangel kaum eine Vermehrung stattfindet und bei Mangel an Pantothensäure und m-Inosit die Hefevermehrung deutlich verzögert wird. Einige Stämme beanspruchen zusätzlich auch Thiamin und/oder Pyridoxin. Pyridoxinbedürftig sind besonders hybride Backheferassen von *Saccharomyces cerevisiae* und *Saccharomyces carlsbergensis*.
In Kapitel 4.1.2.7 sind der Vitamingehalt der *Saccharomyces*-Hefen und ihre Bedeutung im Hefestoffwechsel beschrieben.

Der quantitative Wuchsstoffbedarf ist besonders bei der Backhefeproduktion für *Saccharomyces cerevisiae* ermittelt worden. Tabelle 86 gibt die in der Praxis erprobten Richtwerte für einen Biomassezuwachs von 100 g HTS wieder.

Tabelle 86 Der qualitative und quantitative Wuchsstoffbedarf von Saccharomyces cerevisiae nach [145]

Wuchsstoffe	mg/100 g HTS-Zuwachs
D-Biotin	0,03
D-Pantothensäure	15,0
m-Inosit	200,0

D-Biotin

Die Biosynthese von D-Biotin ist bei den *Saccharomyces*-Hefen durch Ausfall eines oder mehrerer Enzyme der Biosynthesekette unterbrochen. Die Wuchsstoffwirkung von Biotin wird bei *Saccharomyces cerevisiae* auch durch das synthetisch herstellbare und preiswertere Desthiobiotin voll entfaltet (Umwandlung in der Hefezelle siehe Abbildung 129).

Biotin ist optisch aktiv (D-Biotin, L-Biotin, DL-Biotin), in der Natur kommt lediglich die rechtsdrehende D-Form vor, L-Biotin ist als Wuchsstoff inaktiv, DL-Biotin zeigt 50 % Aktivität. Analog verhält es sich mit Desthiobiotin.

D-Biotin kann als Wuchsstoff bei der Backhefeproduktion teilweise ersetzt werden durch:
- hohe Dosen von Asparaginsäure (bei Deckung von ca. 50 % des N-Bedarfes durch diese Aminosäure) oder durch
- hohe Dosen von ungesättigten Fettsäuren (Ölsäure, Linolsäure, Linolensäure) in Form ihrer jeweiligen Glyceride (bei Zusatz von ca. 0,5...1,0 g/100 g HTS).

Eine Mischung von Asparaginsäure und Glycerylmonooleat kann den Biotinbedarf der Hefe fast vollwertig ersetzen.

Die Ursache liegt in der Funktion des Biotins im Hefestoffwechsel. Biotin ist als Coenzym bei allen Carboxylierungsreaktionen beteiligt, bei denen CO_2 bzw. HCO_3^- eingebaut wird, insbesondere bei der anaplerotischen Pyruvatcarboxylierung zu Oxalacetat (von hier führt der Weg unmittelbar zur Biosynthese von Asparaginsäure). Biotin ist vermutlich auch bei der Biosynthese von Plasmamembran-Lipiden beteiligt.

Biotinmangel führt u.a. zu einer Desorganisation der Plasmamembran und damit zu einer starken Erhöhung der Membranpermeabilität.

D-Pantothensäure

Sie ist ein struktureller Bestandteil des für den gesamten Intermediärstoffwechsel der Zellen wichtigen Coenzyms A (siehe Abbildung 116 in Kapitel 4.5.2). Bei den meisten *Saccharomyces cerevisiae*-Stämmen kann β-Alanin (Bestandteil der Pantothensäure) den Bedarf für die Pantothensäure ersetzen, d.h., dass bei diesen Hefen nur die Biosynthese des β-Alanins, nicht aber die der Pantoinsäure, blockiert ist.

Pantothensäure ist optisch aktiv (D-, L- und DL-Formen), in der Natur kommt nur die rechtsdrehende D-Form vor, nur sie hat Wuchsstoffcharakter. Synthetische DL-Pantothensäure weist deshalb nur 50 % Aktivität auf.

Pantothensäuremangel führt primär zu einem Mangel an Coenzym A. Dies führt sekundär bei Hefe besonders zu einem Rückgang der Atmungsaktivität, die Gärung wird davon relativ wenig beeinflusst.

Bei Pantothensäuremangel wird der oxidative Stoffwechsel stärker gehemmt als durch Katabolitrepression (*Crabtree*-Effekt) bei einer hohen Zuckerkonzentration.

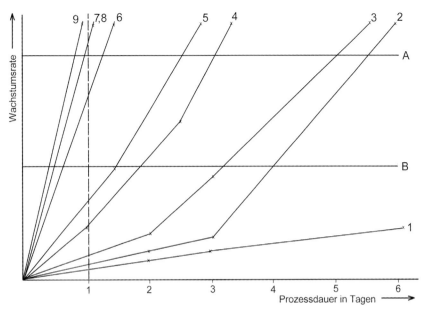

Abbildung 128 Einfluss einzelner Vitamine in einer synthetischen Nährlösung auf die Vermehrung untergäriger Brauereihefestämme nach [231]
A mäßige Vermehrungswerte **B** schlechte Vermehrungswerte
Mangel an : **1** Biotin **2** Pantothensäure **3** m-Inosit **4** Thiamin + Pyridoxin **5** Thiamin
6 Pyridoxin **7** Nicotinsäure **8** Para-Aminobenzoesäure **9** komplettes Medium

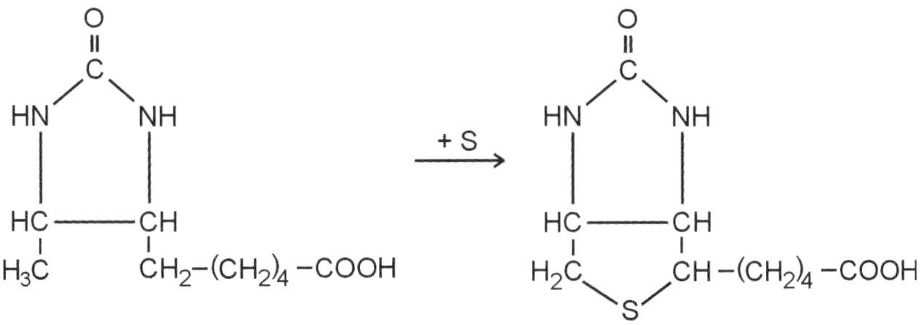

Abbildung 129 Umwandlung von Desthiobiotin in Biotin durch die Hefe.

m-Inosit (Mesoinosit, Myoinosit)
Inosit hat offenbar keine nachweisbare Coenzymfunktion wie die anderen Wuchsstoffe. m-Inosit ist ein unmittelbarer Bestandteil von Phospholipiden und damit ein Zellmembranbestandteil (siehe Abbildung 58 in Kapitel 4.1.2.5). Der quantitative Bedarf an m-Inosit ist deshalb auch viel höher als bei Wuchsstoffen. Die Biosynthese geht von Glucose aus.

In Brauereiwürzen aus 100 % Malz ist im Normalfall ein Überschuss von m-Inosit für die Brauereihefevermehrung vorhanden. m-Inosit wird beim Maischen im Temperaturbereich von 35…55 °C (optimal 50…55 °C) durch die Wirkung der Phosphatasen des Malzes aus der Phytinsäure (=Phytin) des Malzkorns durch die Hydrolyse der Phosphatreste freigesetzt (Abbildung 130).

m-Inosit ist optisch inaktiv, es existieren noch stereoisomere Formen (cis-Inosit = opt. inaktiv; D-Inosit und L-Inosit = Lavoinosit, optisch aktiv), diese Isomere können m-Inosit als Wuchsstoff nicht ersetzten!

m-Inosit-Mangel bewirkt eine verstärkte Durchlässigkeit der Plasmamembran und der Mitochondrienmembran, die Folge ist der Zelltod. Unter m-Inosit-Mangel enthält die Zellwand erhöhte Mengen an Glucan und Hexosamin, aber verminderte Mengen an Mannan, Protein und Phosphat.

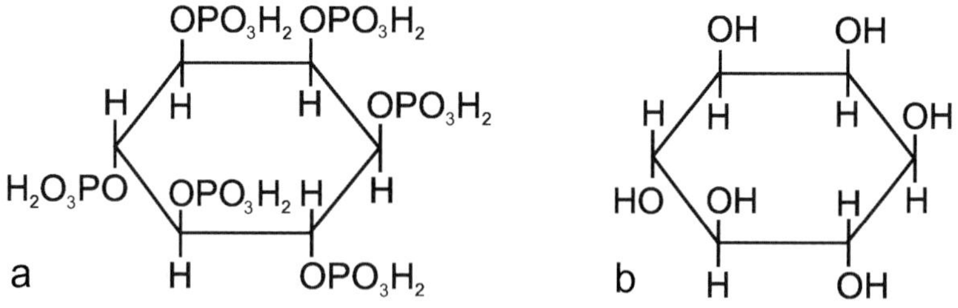

Abbildung 130 Phytinsäure (a) und m-Inosit (Mesoinosit, Myoinosit) (b)

Wuchsstoffbedarf unter absolut anaeroben Bedingungen

Bei strikt anaerober Hefezüchtung über mehrere Zellgenerationen besteht über den bisher betrachteten Wuchsstoffbedarf hinaus ein zusätzlicher Bedarf für bestimmte Stoffe. Es sind Stoffe, für deren Biosynthese ein spezifischer, nichtenergetischer Sauerstoffbedarf existiert. Dieser Sauerstoffmangel kann durch den Zusatz der in Tabelle 87 ausgewiesenen Substanzen ausgeglichen werden.

Wenn der Hefe jedoch schon geringe Spuren von Luftsauerstoff zur Verfügung stehen, können diese Stoffe ohne Schwierigkeiten im Stoffwechsel gebildet werden. Ergosterin und Ölsäure sind Stoffe, die an der Struktur verschiedener intrazellulärer Grenzmembranen beteiligt sind.

In der Praxis der Bierhefevermehrung unter den Bedingungen des Deutschen Reinheitsgebotes hat der Zusatzbedarf unter anaeroben Bedingungen keine Bedeutung.

Tabelle 87   Zusätzlicher Wuchsstoffbedarf für die Hefevermehrung unter strikt anaeroben Bedingungen

erforderlicher Zusatzstoff	g/100 g HTS-Zuwachs
Ergosterin	1,5
Ölsäure *)	2,0

*) Ölsäure kann auch in Form von Glycerinmonooleat oder Tween 80 (= Polyoxyethylensorbitanmonooleat) zugesetzt werden.

4.6.10 Kalkulation der mit normalen Brauereivollbierwürzen erreichbaren Hefevermehrung ohne Zufütterung von Nährstoffen

Da nach dem Deutschen Reinheitsgebot von 1516 ein Zusatz von malzfremden Nährstoffen nicht erlaubt ist, kann für die erreichbare Hefevermehrung in einer deutschen Brauerei allein der Nährstoffgehalt der aus Wasser, Malz und Hopfen hergestellten Bierwürze für eine Kalkulation zu Grunde gelegt werden (eine erste Kalkulation dazu siehe auch [232]).

Grundlagen der Hefevermehrung

Zur Abschätzung der erreichbaren Hefevermehrung in Brauereiwürzen soll nachfolgende Kalkulation aus der Sicht der vorhandenen Nährstoffe dienen.

Zuckerkonzentration in der Bierwürze und dessen Einfluss auf die erreichbare Hefevermehrung

In der Reinzucht- und Stellhefestufe der Backhefeindustrie wird wie in der Brauerei normalerweise mit Zuckerkonzentration zwischen 7...8 % bei gedrosselter Belüftung fermentiert und eine Ethanolbildung auf Grund des *Crabtree*-Effekts akzeptiert.

Der Biomasseertragskoeffizient beträgt bei einer Zuckerkonzentration in diesem Konzentrationsbereich unter Praxisbedingungen $Y_{x/s} = \approx 8{,}1$ kg HTS/100 kg Zucker (siehe Tabelle 78 in Kapitel 4.6.3). Darauf wird die Nährstoffdosage eingestellt.

Die in der Hefereinzucht und Hefepropagation in der Brauerei eingesetzten Vollbierwürzen mit einem Stammwürzegehalt von durchschnittlich 11,5 % ($\rho = 1{,}04437$ kg/L) und einem wirklichen Endvergärungsgrad von $V_{wend} = 65\ \% \ (= V_{send} \approx 80\ \%)$ enthalten rund 7,5 % vergärbare und assimilierbare Zucker bzw. 7,81 kg Zucker/hL Würze. Diese Zuckerkonzentration ermöglicht durch die nicht zu unterdrückende Ethanolbildung auch bei optimalem Nährstoff- und Sauerstoffangebot nur einen Hefezuwachs von etwa 81 g HTS/kg verstoffwechselte Zuckermenge.

Zum besseren Vergleich mit dem in der Backhefeindustrie in den Prozessstufen Reinzucht und Stellhefe ermittelten Nährstoffbedarf wird nachfolgend das Nährstoffangebot der Vollbierwürzen auf 100 kg Zucker bezogen.

100 kg Zucker sind in einer 11,5 %igen Brauereivollbierwürze mit dem o.g. vergärbaren/assimilierbaren Zuckergehalt in ca. 12,8 hL Würze enthalten. Alle weiteren summarischen Nährstoffangebote beziehen sich auf diese Würzemenge mit einem Zuckeräquivalent von 100 kg.

Eine Reduzierung des *Crabtree*-Effekts durch eine niedrigere Stammwürze würde gleichzeitig zu einer Reduzierung des übrigen essentiellen Nährstoffangebotes durch diese Würze führen und ist damit keine praktikable Lösung.

Aus diesem Grund ist für die Bilanz davon auszugehen, dass bei einer optimalen Versorgung mit den anderen essentiellen Nährstoffen auf Grund der Zuckerkonzentration in einer Vollbierwürze mit einer Biomasseausbeute von maximal:

> 8,1 kg HTS/100 kg verstoffwechselte Zuckermenge
> (= 8,1 kg HTS in 12,8 hL 11,5 %iger Würze)

gerechnet werden kann.

Der Gehalt an assimilierbaren Stickstoffverbindungen

In der Backhefeindustrie wird zur Erzeugung enzymstarker Hefesätze in der Hefereinzucht und in der Stellhefestufe ein Stickstoffgehalt von 9 % bzw. ein Rohproteingehalt von 56 bis 58 %, bezogen auf die Hefetrockensubstanz, eingestellt. Dazu ist eine Dosage von 92 bis 93 g assimilierbarem Stickstoff pro 1 kg Hefetrockensubstanzzuwachs erforderlich (siehe auch Kapitel 4.6.7).

Bei der Bierhefevermehrung besteht grundsätzlich die gleiche Zielstellung. Um hier den o.g. Biomassezuwachs von 8,1 kg HTS/100 kg verstoffwechselte Zuckermenge zu erreichen und gleichzeitig eine gärkräftige und enzymstarke Satzhefe zu erhalten, ist auch hier ein Stickstoffangebot erforderlich von:

> 92 bis 93 g assimilierbaren Stickstoff/kg HTS-Zuwachs
> (∅-Wert für die Berechnung: 92,5 g N/kg HTS-Zuwachs)
> bzw. 0,75 kg assimilierbarer Stickstoff für 8,1 kg HTS-Zuwachs.

Als hauptsächliche assimilierbare Stickstoffquelle in der Bierwürze ist der summarisch erfassbare freie α-Aminostickstoff (FAN) anzusehen (siehe Kapitel 4.6.5). Ein Minderangebot von FAN führt zur Reduzierung der Hefeausbeute bzw. und/oder zur Reduzierung des Rohproteingehaltes und damit zur Reduzierung der Gärkraft der Erntehefen. In Tabelle 89 wird der Einfluss des möglichen FAN-Verbrauches auf die erreichbare Hefezellkonzentration dargestellt.

Die in Tabelle 89 ausgewiesenen erreichbaren Zellzahlen wurden aus der erreichbaren Konzentration an Biomassetrockensubstanz am Ende der Hefefermentation mit folgenden Kennwerten berechnet (Tabelle 88):

Tabelle 88   Kennwerte für die Berechnung der Tabelle 89

Nach *Reiff* [151]: ∅ Masse einer Hefezelle:	$0{,}79 \cdot 10^{-13}$ kg/Zelle
Trockensubstanzgehalt (TS):	∅ 33 %
berechnete ∅ Zelltrockenmasse	$0{,}26 \cdot 10^{-10}$ g TS/Zelle
Umrechnungsfaktor: 1 g HTS/L =	$38{,}46 \cdot 10^6$ Zellen/mL
Nach *Bronn* [145]: Zelltrockenmasse:	∅-Wert $0{,}3 \cdot 10^{-10}$ g TS/Zelle $(0{,}2 \ldots 0{,}4) \cdot 10^{-13}$ kg TS/Zelle
Umrechnungsfaktor: 1 g HTS/L =	$25 \ldots 50 \cdot 10^6$ Zellen/mL (Schwankungsbereich)
∅-Wert für die Berechnung:	1 g HTS/L = $38{,}5 \cdot 10^6$ Zellen/mL

Die Hefevermehrung ist in der Bierwürze vermutlich hauptsächlich in ihrer erforderlichen Stickstoffversorgung limitiert.

Welche Steigerungsraten im Hefezuwachs durch eine Erhöhung des assimilierbaren Stickstoffanteiles erreichbar sind, zeigt die Tabelle 89.

Eine Erhöhung des assimilierbaren Stickstoffgehaltes in der für die Hefereinzucht verwendeten Würze von 200 auf 300 mg/L führt zu einer Erhöhung der Hefeausbeute um 50 % und damit zu einer Reduzierung des erforderlichen Hefeanstellvolumens um etwa 1/3 bei einer mittleren Anstellhefekonzentration von $20 \cdot 10^6$ Zellen/mL.

Im Normalfall jedoch stehen in der Bierwürze eines Vollbieres bei einem normalen FAN-Gehalt von 200 mg/L nur 150 mg assimilierbarer Stickstoff/L zur Verfügung, sodass der verfügbare assimilierbare Stickstoff einer „normalen" Würze den Hefezuwachs auf etwa:

> $60 \ldots 80 \cdot 10^6$ Zellen/mL begrenzt.

Der angegebene Schwankungsbereich für die erreichbare Hefezellkonzentration ist abhängig von der Ausnutzung des FAN-Angebotes, von der erreichten Zellgröße (siehe Schwankungen in Tabelle 18, Kapitel 4.2.1) und damit von der Trockenmasse der Zelle sowie vom erreichten N-Gehalt der Hefezelle. Kleinzellige Hefezellen werden im oberen Schwankungsbereich liegen.

Die in der Backhefeindustrie bei vergleichbaren Zuckerkonzentrationen erreichbaren Hefeausbeuten sind in der Brauindustrie allein schon vom begrenzten assimilierbaren N-Angebot der normalen Bierwürze her nicht erreichbar.

Tabelle 89   Hefezuwachs und erreichbare Hefezellkonzentration in der Hefereinzucht in Abhängigkeit vom assimilierbaren Stickstoffverbrauch aus der Bierwürze

FAN - Verbrauch in mg/L	Stickstoff- angebot in kg N/12,8 hL Würze	Erreichbarer Biomasse- zuwachs in g HTS/L	Hefezuwachs in kg HTS/100 kg Zucker	Erreichbare Hefe- konzentration am Fermentationsende in 10^6 Zellen/mL
586	0,750	6,33	8,10	≈ 243 (158...317)
400	0,512	4,32	5,53	≈ 166 (108...216)
300	0,384	3,24	4,14	≈ 125 (81...162)
200	0,256	2,16	2,76	≈ 83 (54...108)
150	0,192	1,62	2,07	≈ 62 (40...81)

Der Gehalt an essentiellen Mineralstoffen

Die in der Vollbierwürze enthaltenen Mineralstoffe, die für die Hefevermehrung ebenfalls wichtig sind (siehe Mineralstoffbedarf in Kapitel 4.6.8 und Tabelle 84), wurden für die Bilanzierung in Tabelle 90 zusammengestellt.

Die Bilanzierung in Tabelle 92 zeigt, dass die Hefevermehrung in der Bierwürze aus der Sicht der Mineralstoffe durch einen Mangel an Zink- und Eisen-Ionen begrenzt wird. Während der Mangel an Eisen-Ionen z.T. durch einen Überschuss an Mangan-Ionen ausgeglichen werden kann, dürften die Fehlmengen an assimilierbaren Zink-Ionen die für die Hefevermehrung begrenzenden Faktoren sein.

Tabelle 90   Durchschnittlicher Mineralstoffgehalt der Bierwürzen

Mineralstoffe	nach [233] in mg/L	nach [228] in mg/L (12%ige Würze)	angenommener ∅-Wert für die Berechnung in mg/L
Kalium	550	550	550
Natrium	30	30	30
Calcium	35	35	35
Magnesium	100	100	100
Eisen	0,10...0,27	0,10	0,10
Mangan	0,12...0,14	0,15	0,13
Zink	0,01...1,08	0,15	0,15
Kupfer	0,02...0,40	0,10	0,10
Phosphor (als P_2O_5)	430...> 1000	430	859
Chlorid	45...200	45	45
Schwefel		90	90

Die Hefe in der Brauerei

Der Gehalt an essentiellen Wuchsstoffen

Die in den Bierwürzen enthaltenen, für die Bierhefe essentiellen Wuchsstoffe sind in Tabelle 91 zusammengefasst. Im Vergleich zum Wuchsstoffbedarf (siehe Kapitel 4.6.9 und Tabelle 86) ergibt sich in der Bilanzierung (siehe Tabelle 92) ein Mangel an Pantothensäure.

Tabelle 91   Durchschnittlicher, für die Brauereihefe essentieller Vitamin- bzw. Wuchsstoffgehalt der Vollbierwürze (Angaben pro 1 L Vollbierwürze)

essentielle Vitamine/Wuchsstoffe	nach [152]	nach [231]	angenommener ∅-Wert für die Berechnung
Biotin	6,5 µg	5...18 µg	6,5 µg
Inosit	55 mg	1...44 mg	40 mg
Pantothensäure	450...650 µg	150...250 µg	250/500 µg

Gesamtbilanzierung und Schlussfolgerungen

In Tabelle 92 wird der Nährstoffbedarf für die maximal mögliche Vermehrung bei einer aeroben Gärung in einer Würze mit 7,5 % Zucker mit dem Nährstoffangebot einer normalen Vollbierwürze verglichen.

Die Ergebnisse des Vergleiches zwischen der optimalen Nährstoffdosage in der Reinzuchtstufe der Backhefe mit einem Hefezuwachs von 8,1 kg HTS/100 kg Saccharose und dem Nährstoffangebot von 12,8 hL Vollbierwürze mit einem äquivalenten fermentier- und assimilierbaren Zuckergehalt von 100 kg in Tabelle 92 zeigen, dass die Hefevermehrung in der Bierwürze vor allem begrenzt wird durch:
1. einen Mangel an assimilierbarem Stickstoff,
2. einen Mangel an Zink- und Eisen-Ionen und
3. einen Mangel an Wuchsstoffen (Pantothensäure).

Während der Mangel an Eisen-Ionen z.T. durch einen Überschuss an Mangan-Ionen ausgeglichen werden kann, dürften die Fehlmengen an assimilierbarem Stickstoff, Pantothensäure und Zink-Ionen die für die Hefevermehrung begrenzenden Faktoren sein. Die Zink-Ionen können in weiten Grenzen (siehe Tabelle 90) schwanken und sind bei einem Defizit insbesondere durch folgende Maßnahmen anzureichern:
- Biologische Säuerung der Maische und Pfannevollwürze;
- zinkhaltiges Betriebswasser.

Die ermittelte Obergrenze von 1 mg Zn/L Würze (nach [231]) würde nur noch ein Defizit von ca. 15 % (14,7 %) verursachen, das mit den vorgenannten Maßnahmen zum Teil ausgleichbar wäre.

Die Hefevermehrung ist vermutlich in der Bierwürze hauptsächlich in ihrer erforderlichen Stickstoffversorgung limitiert. Welche Steigerungsraten im Hefezuwachs durch eine Erhöhung des assimilierbaren Stickstoffanteiles erreichbar sind, zeigt Tabelle 89.

Die technologischen Maßnahmen zur Erhöhung des FAN-Gehaltes in Bierwürzen wurden vielfach bearbeitet und beschrieben (siehe u.a. *Narziss* [234]).

Tabelle 92 Bilanzierung des Nähr-, Wuchs- und Mineralstoffangebotes für die Bierhefevermehrung und Vergleich mit der maximal möglichen Ausbeute bei einer aeroben Gärung in einer kompletten Nährlösung mit 7,5 % Gesamtzucker

essentielle Nähr-, Wuchs- u. Mineralstoffe	erforderlich für den Backhefezuwachs von 8,1 kg HTS	⌀ Konzentration in einer Vollbierwürze	Nährstoffäquivalent von 12,8 hL Bierwürze	Überschuss (+) bzw. Defizit (-) in der Würze	Defizit der Würze für die maximale HTS-Bildung aus 100 kg Zucker bei aerober Gärung
Saccharose	≈ 100 kg	78,1 g/L	≈ 100 kg	+/- 0	
Assimilierbarer N	750 g	200 mg/L	256 g	-	rd. 66 %
Phosphat P$_2$O$_5$	300 g	859 mg/L	1100 g	+	
Kalium	150 g	550 mg/L	704 g	+	
Schwefel	82 g	90 mg/L	115 g	+	
Magnesium	15 g	100 mg/L	128 g	+	
Calcium	15 g	35 mg/L	44,8 g	+	
Natrium	7,5 g	30 mg/L	38,4 g	+	
Zink	1,5 g	0,15 mg/L	0,192 g	-	rd. 87 %
Eisen	0,75 g	0,10 mg/L	0,128 g	-	rd. 83 %
Mangan	0,15 g	0,13 mg/L	0,166 g	+	
Kupfer	0,06 g	0,10 mg/L	0,128 g	+	
Biotin	3 mg	6,5 µg/L	8,32 mg	+	
Pantothensäure	1215 mg	0,25/0,5 mg/L	320/640 mg	-	ca. 74/50 %
Inosit	16,2 g	40 mg/L	51,2 g	+	

4.6.11 Anforderungen an die für die Hefevermehrung eingesetzte Bierwürze
4.6.11.1 Grundsätzliche Zielstellungen

Aus den vorhergehenden Punkten ergibt sich für die Hefevermehrung, dass die für die Hefereinzucht und für die Hefepropagation eingesetzte Bierwürze im Vergleich zur normalen Anstellwürze einige zusätzliche Anforderungen erfüllen sollte, die für die Gewährleistung einer hohen Hefeausbeute anzustreben sind.

Tabelle 93 gibt einen Überblick über die höheren Anforderungen an die für die Hefevermehrung eingesetzten Bierwürzen. Diese erhöhten Anforderungen sollen einen Teil der in Kapitel 4.6.10 aufgeführten Fehlmengen an essentiellen Nährstoffen reduzieren.

Dabei sollten folgende Ziele angestrebt werden:
- Der mikrobiologische Status ist mit der geringsten thermischen Belastung der Würze zu realisieren, um vor allem größere Verluste an Wuchsstoffen und auch an den anderen Nährstoffen durch übermäßige Ausfällungen und Karamelisierungen zu vermeiden.

- Je extraktreicher eine Würze ist, umso nährstoffreicher dürfte sie für die Hefe sein.
  Aber je extrakt- und damit zuckerreicher eine Würze ist, umso deutlicher wird der *Crabtree*-Effekt wirken.
  Deshalb sollten keine High-Gravity-Würzen für die Hefereinzucht eingesetzt werden.
- Eine effektive biologische Säuerung der Maische kann zur Erhöhung des Zinkgehaltes und des Gehaltes an freiem α-Aminostickstoff beitragen.
- Eine heißtrubfreie Würze reduziert den Gärtrubgehalt der Reinzucht- und Propagationshefen.
- Um ein übermäßiges Schäumen des belüfteten Fermenters und damit auch Verluste an homogenisierter und vermehrungsaktiver Hefe zu vermeiden, sollten die Würzen niedrige Viskositäten und niedrige β-Glucangehalte besitzen.
- Alle anderen Qualitätsanforderungen sollten einer guten Anstellwürze entsprechen.

4.6.11.2 Konkrete Anforderungen an die Würzen

In Tabelle 93 sind die wichtigsten konkreten Anforderungen an die in der Hefereinzucht und Hefepropagation verwendeten Würzen zusammengestellt.

4.6.11.3 Zur Problematik der Belüftung und Sauerstoffanreicherung der Anstellwürze

Die Belüftung der Anstellwürze ist der einzige Prozessabschnitt bei der Bierherstellung, bei dem ein Sauerstoffeintrag zur Gewährleistung einer definierten Hefevermehrung notwendig ist (Begründung für den Sauerstoffbedarf der Hefe siehe Kapitel 4.7.2 bis 4.7.4). Ein Sauerstoffeintrag im Bierherstellungsprozess führt aber auch immer zur Reaktion des Gelöstsauerstoffs mit den Würze- und Bierinhaltsstoffen und damit zu Oxidationsprozessen, die eine beschleunigte Alterung des Endproduktes Bier fördern und vor allem die Geschmacksstabilität negativ beeinflussen (= Reduzierung der Alterungsstabilität durch die Oxidation von reduzierend wirkenden Inhaltsstoffen, wie z. B. den Polyphenolen und Anthocyanogenen sowie geringere Bildung der reduzierend wirkenden Sulfite durch die Hefe, s.a. Kapitel 4.5.4 und [350] und [355]).

Klein- und großtechnische Versuche zur Optimierung der normalen Würzebelüftung bei der Produktionshefevermehrung im Bierherstellungsprozess ergaben u.a. (nach [235], [236], [237]):
- Jede Reduzierung der Belüftung der Würze führt zur Verbesserung der Geschmacksstabilität und unter konstanten technologischen Bedingungen (Hefegabe, Hefevitalität, Temperaturführung) durch die reduzierte Hefevermehrung evtl. auch zur Verlängerung der erforderlichen Gärzeit.
- Bei einem Drauflassverfahren bzw. bei der Mehrchargenbefüllung von zylindrokonischen Großtanks verbessert eine Nichtbelüftung der letzten draufgelassenen Sude die Geschmacksstabilität ohne große Gärzeitverzögerung.
- Die Würzeflotation führt durch ihren erheblichen Sauerstoffüberschuss zur Verschlechterung der Geschmacksstabilität [238], ganz besonders bei einer Flotation der Würze ohne Hefe.
- Die Höhe des Sauerstoffeintrages in die Würze ist analytisch durch die Konzentrationsabnahme der Gesamtpolyphenole, der Anthocyanogene

und der reduzierenden Aktivität des Bieres nachweisbar (mit unterschiedlichen Methoden gemessen, siehe [233]).
- Empfohlen wird, die Hefebelüftung zu optimieren und auf die Belüftung der Anstellwürze ganz zu verzichten.

In Auswertung dieser Ergebnisse ist zu empfehlen,
- die Anstellhefe mit einer Teilmenge Würze aufzuziehen und zu belüften oder grundsätzlich
- die Belüftung der Anstellwürze unmittelbar mit der Dosage der Anstellhefe in die abgekühlte Würze zu koppeln.

Die Hefe benötigt je nach Anstelltemperatur und Vitalität unterschiedlich lange Zeiten zur Verwertung des angebotenen Gelöstsauerstoffs in der Würze, wie nachfolgende Berechnungsbeispiele zeigen:
- Nach Tabelle 99 beträgt die Sauerstoffaufnahmerate bei Brauereihefen:
  - maximal   13 mg O_2/(g HTS·h)
  - bei gelagerten Hefen: < 4 mg O_2/(g HTS·h).
- Setzt man eine Anstellwürze mit 8 mg O_2/L und eine Hefegabe von $20 \cdot 10^6$ Zellen/mL ($\approx$ 0,5 g HTS/L) voraus, so wird der angebotene Sauerstoff bei der vitalen Hefe in 1,2 Stunden, bei der gelagerten Hefe erst in > 4 Stunden verbraucht.

Dies ist eine ausreichende Zeit um auch langsam reagierende Reduktone zu oxidieren. Da bei den Hefereinzucht- und Propagationsverfahren meist mit einer konstanten Dauerbelüftung gearbeitet wird, führt dies in den Fermentationsmedien immer zu einem Sauerstoffüberschuss und bei den anfallenden Jungbieren aus der Hefereinzucht und Hefepropagation zu großen Qualitätsschäden.

Um Qualitätsschäden bei den damit angestellten Produktionsbieren zu vermeiden,
- ist eine Reduzierung des Propagationsaufwandes durch eine Mehrfachverwendung (2 bis 4fach) der erzeugten Reinzuchthefen (z. B. auch durch einen Verschnitt von Reinzucht- und Erntehefe, s.a. Kapitel 4.5.4) anzustreben sowie
- die Belüftung in der Hefereinzucht und Hefepropagation auf eine an die jeweilige Hefekonzentration angepasste Größe einzustellen (s.a. Berechnungsbeispiel im Kapitel 4.7.5.3).

4.6.11.4 Zum erforderlichen mikrobiologischen Status der verwendeten Würzen

Die verwendeten Würzen für die Hefereinzucht und für eine großtechnische Hefepropagation können sich in den Anforderungen an ihren erforderlichen mikrobiologischen Status unterscheiden.

Eine Hefereinzuchtanlage mit einer Anstellhefekonzentration unter $1 \cdot 10^6$ Zellen/mL (z. B. 50 L Laborreinzucht im *Carlsberg*-Kolben mit $60 \cdot 10^6$ Zellen/mL für 65 hL Würze im Reinzuchttank ergeben eine Anstellhefekonzentration von $0,4...0,5 \cdot 10^6$ Zellen/mL) erfordert eine unter Brauereibedingungen praktisch „sterile Würze".

Begründung:
- Die Hefevermehrung erfolgt in einer Reinzuchtanlage meist im Temperaturbereich von 12...20 °C, einem Temperaturbereich, der auch für die das normale Würzekochen überstehenden, sporenbildenden Würzebakterien

und die sekundären Würzekontaminanten, die so genannten Termobakterien, günstig ist.

Bei Generationszeiten dieser Bakterien von < 1…2 h kann nach dem Aus-keimen der Sporen in den ersten 24 Stunden bei pH-Werten > 5,0 eine intensive Bakterienvermehrung erfolgen. Die Zuwachsraten liegen um das 3…5fache höher als die der Brauereihefen in diesem Temperaturbereich (Beispiele siehe Tabelle 94). Es handelt sich bei den sporenbildenden Bakterien u.a. um die Gattungen *Bacillus* und *Clostridium* und um die Art *Sarcina maxima*. Bei den Termobakterien handelt es sich meist um ein Gemisch aus etwa 75 % *Enterobacteriaceen* (Oxidase-negativ, peritrich begeißelt) und etwa 25 % *Pseudomonadaceen* (Oxidase-positiv, polar begeißelt) [239]. In Tabelle 94 werden die von *Jährig* und *Schade* [238] ermittelten Vermehrungsraten relevanter Würzebakterien in Bierwürze wiedergegeben, die die beträchtlichen Vermehrungsraten dieser Würze-schadorganismen zeigen.

- Die Vermehrung dieser Würzebakterien wird größtenteils erst bei pH-Werten < 4,5 unterdrückt. Der Würze-pH-Wert von pH > 5,0 wird im Reinzuchtfermenter auf Grund der niedrigen Anstellhefekonzentration im Normalfall länger als 12 Stunden (siehe z. B. Abbildung 183 in Kapitel 6) erhalten bleiben und damit die Entwicklung dieser Bakterien fördern.
  Einige Keime dieses Artengemisches können auch bei pH-Werten < 4,5 überleben und sich in der Gelägerhefe anreichern. Sie besitzen dann dort günstigere Vermehrungsbedingungen.
  Der höhere pH-Wert im Hefegeläger (pH-Wert von ca. 6,0) und die Exkretionsstoffe der Hefe bieten exzellente Vermehrungsbedingungen.

- Diese Würzebakterien sind im endvergorenem Bier auf Grund des niedrigen pH-Wertes und des Hopfenbitterstoffgehaltes im Normalfall nicht lebensfähig und damit keine potenziellen Bierschädlinge. Aber in der nährstoffreichen Anstellwürze können sie sich trotz des Bitter-stoffgehaltes bei günstigen pH- und Temperaturbedingungen sehr intensiv vermehren und der langsamer wachsenden Brauereihefe wichtige essentielle Nährstoffe entziehen sowie giftige (einige Arten reduzieren Nitrat zu dem Zellgift Nitrit) und sensorisch unangenehme Stoffwechselprodukte („Selleriegeschmack") in das Fermentations-produkt einbringen.
  Sie schädigen damit die Hefe mehrfach, reduzieren ihre Vermehrungs-raten, reduzieren ihre Lebensfähigkeit (erhöhter Totzellenanteil) und sind deshalb auch als potenziell bierschädliche Bakterien einzustufen.

Grundlagen der Hefevermehrung

Tabelle 93   Anforderungen an die in der Hefereinzucht und in der Hefepropagation verwendeten Bierwürzen

Qualitätskriterium der Würze	ME	Für die Hefereinzucht	Für die Hefepropagation
Mikrobiologischer Status	-	Möglichst sterile Würze	Völlige Keimfreiheit (frei von allen vegetativen Keimen)
Extraktgehalt/Stammwürze	%	11...12	11...12
Scheinbarer Endvergärungsgrad	%	> 80	> 80
Freier α-Aminostickstoffgehalt	mg/L	> 220	> 220
Zink-Gehalt	mg/L	> 0,20	> 0,20
pH-Wert	-	5,2...5,45	5,2...5,45
Resttrubgehalt	mg/L	< 250	< 250
Koagulierbarer Stickstoffgehalt	mg/L	> 30...< 45	> 30...< 45
Sauerstoffgehalt	mg/L	Individuell eingestellt am Fermenter nach Beispielen in Kapitel 4.7	
β-Glucangehalt	mg/L	< 200	< 200
Viskosität	mPa·s	< 1,65	< 1,65

Tabelle 94   Wachstum verschiedener Würzebakterien in Bierwürze bei 20 °C [240]

Bakterienart	Zellzahl (x 10^4) nach Stunden				Verdopplungszeit in min
	0	3	6	9	
Hafnia alvei	2,4	12,0	64	250	75
Klebsiella aerogenes	1,3	7,4	49	230	75
Enterobacter clocae	7,5	16	43	90	120
Serratia sp.	2,1	8,6	40	150	90
Chromobacter sp.	5,0	9,6	20	39	180

Bei Anstellhefekonzentrationen > $10 \cdot 10^6$ Zellen/mL, die im Propagationstank anzustreben sind, genügt eine unter Brauereibedingungen „keimfreie Würze", d.h. eine Würze, die „frei von vegetativen Keimen" ist, wie sie unmittelbar nach dem Würzekochen vorliegt.

Die Keimfreiheit der Ausschlagwürze kann bis zum Anstellen im Propagationstank erhalten bleiben, wenn der technologische Prozess der Würzeklärung und -kühlung sowie des Anstellens innerhalb von 3...4 Stunden nach dem Ende des Würzekochprozesses abgeschlossen ist und eine Reinfektion der Anstellwürze mit potentiellen Bierschädlingen in diesen Prozessstufen ausgeschlossen werden kann.

Begründung:
- Eine ausreichend hohe Anstellhefekonzentration im Propagationstank (> $10 \cdot 10^6$ Zellen/mL) fördert eine intensive Hefevermehrung (siehe z. B. Abbildung 184 in Kapitel 6) und reduziert innerhalb von 24 Stunden den pH-Wert des Fermenterinhaltes auf Werte pH < 4,5. Es besteht dann bei einer keimfreien Anstellwürze keine Gefahr mehr, dass sich Würzebakterien aus Sporen entwickeln können.

Man bezeichnet dies als Selektionsdruck der Kulturhefe (bereits von *Delbrück,* siehe Kapitel 2, in der von ihm vorgeschlagenen natürlichen Reinzucht ausgenutzt). Die Propagationshefe ist biologisch rein.

- Deutliche Zeichen, dass eine mit Würzebakterien infizierte Anstellwürze vorlag, sind:
  - eine verringerte α-Aminostickstoffabnahme von der Würze bis zum Fertigbier von Δ FAN < 100…140 mg/L,
  - eine abnormale Zunahme des Totzellenanteils der Erntehefe auf Werte > 2…3 % und
  - höhere pH-Werte im Fertigbier (pH > 4,45) bei einem Würzeausgangs-pH-Wert von 5,2…5,45.

4.6.11.5 Einflussfaktoren auf den erforderliche Aufwand zur Erreichung der Sterilität

Aus den oben genannten Gründen sollten in Hefereinzuchtstufen praktisch sterile Würzen eingesetzt werden, die nach dem Würzekochen eine weitere thermische Behandlung erfahren haben.

Im Interesse der Erhaltung der Würzequalität sollte die zweite thermische Behandlung zur Erreichung der Sterilität nach dem Würzekochen mit der geringst möglichen thermischen Belastung der Würze erfolgen. Die erforderliche thermische Behandlung zur Erreichung der Sterilität eines Produktes hängt u.a. von folgenden Faktoren ab:

- von der erreichten Temperatur in der Anwärm- und in der Heißhaltephase,
- von der Einwirkungszeit der keimabtötenden Temperaturen,
- von der Art der vorhandenen Infektionsorganismen,
- von der Konzentration der vorhandenen Infektionsorganismen und
- von der chemischen Zusammensetzung des thermisch behandelten Produktes.

Der erforderliche Aufwand zur Erreichung der Sterilität hängt also entscheidend von der Zusammensetzung des zu behandelnden Produktes und von der Art der in diesem Produkt vorhandenen, vermehrungsfähigen Mikroorganismen ab.

Keime, die zwar in sehr geringer Konzentration vorhanden sein können, aber sich nicht vermehren, sind für die praktische Sterilität eines Produktes nicht bedeutend, vorausgesetzt, sie sind beim Verzehr dieses Produktes nicht gesundheitsschädigend. Da gesundheitsschädigende Keime und Viren im Bier bei der geforderten Betriebshygiene nicht vorhanden sind, muss das angewandte Temperaturregime bei Würzen und Bieren nur so ausgelegt werden, dass damit die produktschädigenden Keime (die potenziell vorhandenen sein können) inaktiviert werden können.

Von der Brauwissenschaft wurde als Schwerpunkt besonders die Haltbarmachung des Fertigbieres durch Pasteurisation oder Kurzzeiterhitzung (KZE) bearbeitet und die dafür erforderlichen Pasteurisiereinheiten ermittelt (siehe u.a. [241]).

Bei der Haltbarmachung von Würze muss der Aufwand für die thermische Behandlung gegenüber Bier aus folgenden Gründen deutlich gesteigert werden:

- Würze enthält noch alle für die Vermehrung der meisten Mikroorganismen erforderlichen Nährstoffe in hoher Konzentration (Zucker, Aminosäuren, Wuchsstoffe u.a.);

◻ Der pH-Wert der Würzen (pH = 5,2...5,6) liegt im Gegensatz zu Bier im Vermehrungsbereich auch der sporenbildenden Würzebakterien;
◻ Würzen enthalten noch kein Ethanol und kein CO_2, beide Stoffgruppen wirken im Bier gemeinsam mit den Hopfenbitterstoffen bakterizid und fungizid;
◻ Würzen enthalten je nach Behandlung Sauerstoffkonzentrationen von über 1 mg/L.

4.6.11.6 Über die Sterilisation der Würze

Der Begriff Sterilisation hat im Wandel der Zeiten öfter eine Abwandlung erfahren, wie nachfolgende Beispiele zeigen.

Definition des Begriffes „Sterilisation"

Nach DAB 7 (Pharmazie und Medizin, [242]) wird unter Sterilisation verstanden das: „Abtöten oder Entfernen aller Vegetativ- und Dauerformen von pathogenen und apathogenen Mikroorganismen in Stoffen, bei deren Zubereitung oder an Gegenständen".

Nach dem DIN-Normenausschuss Medizin [243] wird unter Sterilisation das: „Abtöten oder irreversible Inaktivieren aller vermehrungsfähigen Mikroorganismen im Sterilgut" verstanden, umfasst die erforderlichen Verfahrensschritte vor oder nach dem Sterilisieren, aber ohne eine eventuell erforderliche Vor- oder Nachbehandlung des Sterilgutes".

Nach *Bader* [244] sollte der Begriff Sterilisation in der Biotechnologie und technischen Mikrobiologie bedeuten: „Wahrscheinlicher Prozess der Zerstörung oder Entfernung aller lebensfähigen Formen von Mikroorganismen aus einem System durch einen kontinuierlichen oder diskontinuierlichen Prozess".

Nach *Wallhäußer* [245] wird unter Sterilisation ein „Absoluter Eliminierungsprozess aller Mikroorganismen und das Inaktivieren von Viren, die sich in oder an einem Produkt oder Gegenstand befinden" verstanden.

Gesetzmäßigkeiten der Abtötung von Mikroorganismen

Die Abtötung von Mikroorganismen bei Einwirkung letaler Temperaturen folgt in weiten Bereichen einer Reaktion 1. Ordnung und kann durch folgende mathematische Modelle und Kennwerte für die Auslegung von thermischen Behandlungsprozessen definiert werden:

D-Wert

Der D-Wert ist ein Kriterium für die Abtötungsempfindlichkeit einer definierten Mikroorganismenart, der nur unter definierten Bedingungen gültig ist. Je größer der D-Wert, desto unempfindlicher ist die Mikroorganismenart gegenüber der Hitzeeinwirkung. Der D-Wert ist ein Maß für die Hitzeresistenz des Mikroorganismus bei einer konstanten Temperatur. Er gibt die Zeit in Minuten an, die erforderlich ist, um die Anzahl der lebenden Keime einer Mikroorganismenpopulation bei der definierten Erhitzungstemperatur von 100 % auf 10 % zu reduzieren. Mit steigender Temperatur nimmt der D-Wert exponentiell ab. Der D-Wert kann nach folgender Gleichung berechnet werden:

$$D = \frac{t}{\log N_0 - \log N_t} \qquad \text{Gleichung 58}$$

D = Dezimalreduktionszeit in min (D-Wert)
t = Erhitzungsdauer in min
N_0 = Anfangskeimzahl pro 1 mL
N_t = Anzahl der überlebenden Keime pro 1 mL am Ende der thermischen Behandlung

In Abwandlung dieser Gleichung lässt sich die Anzahl der überlebenden Keime nach einer definierten thermischen Behandlung mit folgender Gleichung berechnen:

$$N_t = N_0 \cdot 10^{-t/D} \qquad \text{Gleichung 59}$$

z-Wert

Als Maß für die Temperaturabhängigkeit des D-Wertes wurde der z-Wert eingeführt. Der z-Wert gibt die Temperaturerhöhung in Kelvin an, die erforderlich ist, um die Abtötungszeit auf ein Zehntel zu verringern. Der z-Wert ist ein Maß für die Resistenzänderung einer Mikroorganismenpopulation in Abhängigkeit von der Erhitzungstemperatur.

Der z-Wert lässt sich nach folgender Gleichung berechnen:

$$z = \frac{\vartheta_1 - \vartheta_2}{\log D_2 - \log D_1} \qquad \text{Gleichung 60}$$

z = Temperaturerhöhung in K für die Reduktion der Abtötungszeit auf 10 %
D_1 = D-Wert zur Temperatur ϑ_1 in min
D_2 = D-Wert zur Temperatur ϑ_2 in min
ϑ_1 = Erhitzungstemperatur 1 in °C
ϑ_2 = Erhitzungstemperatur 2 in °C.

Ein hoher z-Wert lässt bei einer Temperaturerhöhung auf eine langsame Zunahme der Absterbegeschwindigkeit schließen.

Weitere wesentliche Kennwerte bei der Abtötung von Mikroorganismen sind die Aktivierungsenergie, die zur Einleitung des Absterbevorganges notwendig ist, und die Geschwindigkeit, mit der ein eingeleiteter Absterbevorgang in der untersuchten Zellpopulation abläuft, die so genannte Absterbegeschwindigkeit. Dabei wird die Absterbegeschwindigkeit durch die Absterbekonstante k bestimmt:

$$k = \ln\left(\frac{N_0}{N_t}\right) \cdot \frac{1}{t} \qquad \text{Gleichung 61}$$

k = Absterbekonstante in min^{-1}

Weitere Ausführungen zum Thema siehe u.a. [239].

Bekannte D- und z-Werte aus der Literatur

In Tabelle 96 sind einige aus der Literatur bekannte D- und z-Werte für in Bierwürze lebensfähige Mikroorganismen zusammengestellt.

4.6.11.7 Vorschläge für die Auslegung der thermischen Behandlung einer Brauereireinzuchtwürze

Die Angaben für die D- und z-Werte in Tabelle 96 zeigen in Abhängigkeit der Untersuchungsbedingungen und der bestimmten Mikroorganismenarten die mögliche Schwankungsbreite.

Für die Auslegung der thermischen Behandlung der Reinzuchtwürze werden folgende aufgeführten Mikroorganismen besonders berücksichtigt:

- Sporen der *Saccharomyces*-Wildhefe Stamm XY 66 im alkoholfreien Bier
  mit D_{60} = 23 min und z = 4,1 K
  Begründung: alkoholfreies Bier kommt dem Substrat Würze sehr nahe,
  Wildhefesporen sind in gekochter Würze nicht unmöglich;
- Heterofermentativer *Lactobacillus*, Stamm G, mit D_{60} = 4,4 min und z = 8,0 K
  Begründung: relativ temperaturstabiler *Lactobacillus*-Stamm,
  möglicher sekundärer Würzekontaminant;
- *Chlostridium sporogenes* als mesophiler Mikroorganismus im schwach sauren Bereich (pH > 4,6) mit $D_{121,1}$ = 0,1…0,15 min und z = 7,77…10,0 K
  (ein möglicher sporenbildender Infektionsorganismus aus der gekochten Würze, in Würze auskeimend).

Für die Abschätzung der erforderlichen Heißhaltezeit, z. B. bei der Kurzzeiterhitzung und zur Dimensionierung des Heißhalters eignet sich folgende Gleichung und ihre Umstellung nach t:

$$\log \frac{N_0}{N_t} = \frac{t}{D_1} \cdot 10^{(\vartheta_2 - \vartheta_1)/z} \qquad \text{Gleichung 62}$$

$$t = \log \frac{N_0}{N_t} \cdot \frac{D_1}{10^{(\vartheta_2 - \vartheta_1)/z}} \qquad \text{Gleichung 63}$$

Mit der Gleichung 63 und den Werten aus Tabelle 96 ergeben sich die in Tabelle 95 ausgewiesenen Berechnungsbeispiele für die erforderlichen Heißhaltezeiten bei einer definierten Mikroorganismenbelastung.

Tabelle 95   Berechnungsbeispiele für die erforderlichen Heißhaltezeiten bei einer definierten Mikroorganismenbelastung

Mikroorganismus	Wildhefesporen im alkoholfreiem Bier	Heterofermentativer *Lactobacillus* St. G	*Clostridium sporogenes*
D-Wert in min	D_{60} = 23	D_{60} = 4,4	$D_{121,1}$ = 0,15
z-Wert in K	4,1	8,0	7,8
Erforderliche Heißhaltezeit t in min für eine Keimzahlreduktion von 10^4 Keimen auf 1 Keim/mL bei der Heißhaltetemperatur ϑ:			
ϑ = 60 °C	92	17,6	-
ϑ = 70 °C	0,33	0,99	-
ϑ = 80 °C	0,00122	0,056	-
ϑ = 95 °C	$2,67 \cdot 10^{-7}$	0,00074	1331
ϑ = 105 °C	-	-	69,5
ϑ = 110 °C	-	-	15,9
ϑ = 121,1 °C	-	-	0,6

4.6.11.8 Schlussfolgerungen

Die vorgestellten Modellberechnungen sind nur als Überschlagsrechnungen anzusehen, da die verwendeten D- und z-Werte nicht direkt in Bierwürze ermittelt wurden.

- Bei einer Keimbelastung der Anstellwürze von < 10^4 Keimen/mL mit nicht sporenbildenden vegetativen Bakterien und Hefesporen reicht eine Heißhaltetemperatur zwischen 70...80 °C und eine Heißhaltezeit von ≤ 1 min.
- Beim Nachweis von sporenbildenden Würzebakterien sind zur Sicherheit bei zur Reinzucht bestimmten Würzen eine Heißhaltetemperatur von 121 °C mit einer Heißhaltezeit von mindestens 1 min anzuwenden.
- Auch beim Arbeiten mit einer mehrtägigen Würzebevorratung ist eine Heißsterilisation bei 121 °C aus Sicherheitsgründen erforderlich. Ersatzweise kann eine fraktionierte Sterilisation („Tyndallisierung") der zu bevorratenden Würze mit folgendem Regime in einem Gefäß durchgeführt werden:
30 bis 60 Minuten fraktioniertes Erhitzen auf > 60 bis 100 °C an drei aufeinanderfolgenden Tagen. In der dazwischenliegenden Zeit sollen bei Temperaturen um 15...30 °C die in der Würze wachsenden Sporen auskeimen, die dann bei der nachfolgenden Erhitzung als vegetative Mikroorganismen relativ leicht inaktiviert werden können.

In Verbindung mit zwei sterilen Würzebevorratungsgefäßen kann die fraktionierte Sterilisation energetisch rationeller und die Würze qualitativ schonender bei guter technologischer Sicherheit mit einer KZE-Anlage (s.a. Kapitel 5.6) durchgeführt werden. Hier sind im Normalfall nur Heißhaltetemperaturen von maximal 95 °C und Heißhaltezeiten von ≤ 1 Minute erforderlich.

4.6.12 Der Einfluss der Hefevermehrung auf den Extraktschwand

Die sich vermehrende Hefe verwertet Zucker und die anderen oben aufgeführten Nährstoffe, um:
- daraus ihre Biomasse zu produzieren und
- ihren Erhaltungsstoffwechsel bzw. Energiestoffwechsel zu realisieren.

Die so assimilierten Zucker des Nährsubstrates gehen beim Gärungsstoffwechsel für die Produktsynthese (Ethanolbildung) verloren, man kann sie über Extraktschwandberechnungen im Bierherstellungsprozess abschätzen. Das nachfolgende Beispiel zeigt einen möglichen Berechnungsweg.

Verwendete Richtwerte und Kennziffern:
- Durchschnittsmasse einer Zelle (s. Tabelle 17, Kapitel 4.2.1): $(0,24...1,92) \cdot 10^{-13}$ kg/Zelle; ⌀ $1,08 \cdot 10^{-13}$ kg/Zelle
- Intrazellularer Trockensubstanzgehalt der Hefezelle: 35 % HTS
- Berechnete Zelltrockenmasse: $1,08 \cdot 10^{-13}$ kg/Zelle$\cdot 0,35 = 0,378 \cdot 10^{-13}$ kg/Zelle
- Backheferichtwert für die Zelltrockenmasse (s. Tabelle 17, Kapitel 4.2.1): $0,3 \cdot 10^{-13}$ kg/Zelle
- Angenommener Mittelwert für die Zelltrockenmasse: $0,34 \cdot 10^{-13}$ kg/Zelle
- Dichte des 100 %igen Ethanols (= r.A.): 0,7892 g/mL
- Äquivalentwert für die Gärungsprodukte nach der Bilanzgleichung (s. Tabelle 67, Kapitel 4.5): 48,9 g CO_2 : 51,1 g Ethanol = 0,957

Grundlagen der Hefevermehrung

▫ Der Extraktgehalt einer Bierwürze mit St = 12 % entspricht einem Extraktgehalt von St = 12,56 g Extrakt/100 mL.

Tabelle 96   D- und z-Werte von Mikroorganismen

Mikroorganismus	$\vartheta_{Bestimmung}$ in °C	D-Wert in min	z-Wert in K	Referenz
Brauereihefe Stamm 64	58	0,03	18,4	[246]
	62	0,0182		
Brennereihefe Stamm 169	58	0,127	5,2	
	62	0,0213		
Weinhefe Stamm 182	58	0,1648	4,9	
	62	0,0248		
Backhefe Stamm 200	58	0,1297	4,8	
	62	0,019		
Brauereihefe	60	0,00038	4	[239]
Wildhefe		0,0060	4	
Sacch. cerevisiae var. ellipsoideus		0,00095	4	
Saccharomyces-Wildhefe Stamm XY 66	60			
Vegetative Zellen im Bier		0,24	8,0	
Vegetative Zellen im alkoholfreien Bier		0,53	5,5	
Sporen im Bier		2,9	6,9	
Sporen im alkoholfreien Bier		23	4,1	
Lactobacillus sp. und *Pediococcus sp.*	60			
Lactobacillus sp.		0,024	3	
Pediococcus sp.		0,00073	4	
Heteroferment. *Lactobacillus* Stamm		4,4	8,0	
Lactobacillus delbrueckii		0,091	12	
Thermophile Bakterien bei pH > 4,6:				[247]
Bacillus stearothermophilus	121,1	4,0-5,0	7,7-12,22	
Clostridium thermosaccharolyticum	121,1	3,0-4,0	8,88-12,22	
Mesophile Bakterien bei pH >4,6:				
Clostridium sporogenes	121,1	0,1-0,15	7,77-10,0	
Nichtsporenbildende Bakterien	65,5	0,5-3,0	4,44-6,66	
Thermophile Bakterien bei pH 4,0...4,6:				
Bacillus coagulans	121,1	0,01-0,07	7,77-10,0	
Mesophile Bakterien bei pH 4,0...4,6:				
Bacillus polymyxa *Bacillus macerans* *Clostridium pasteurianum*	100	0,10-0,50	6,66-8,88	
Mesophile Bakterien bei pH < 4,0:				
Nichtsporenbildende Bakterien: *Lactobacillus sp.* *Leuconostoc sp.*	65,5	0,51-1,00	4,44-5,55	

Bekannte Bilanzgleichungen:
Anaerobe Gärung (s. Tabelle 68, Kapitel 4.5.1):
  100 g Glucose → 7,5 g HTS + 47 g Ethanol + 45 g CO_2 + 50 kJ
  100 g Glucose → 99,5 g (HTS + Gärungsprodukte) + 0,5 g Substanzverlust (Δm)

Setzt man den Substanzverlust Δm = 0,5 g als Zuckerverbrauch der angestellten und zugewachsenen Biomasse für den Erhaltungs- und Energiestoffwechsel an, so werden insgesamt 8 % der eingesetzten Zuckermenge (hier Glucose) für die Biomasseproduktion verwendet. Diese Zuckermenge geht für die Produktsynthese verloren und ist damit Extraktschwand.

Ballingsche Stammwürzeformel (siehe u.a. [248])
  2,0665 g Extrakt → 1,0 g Ethanol + 0,9565 g CO_2 + 0,11 g HTS
  0,11 g HTS : 2,0665 g Extrakt = 0,053 g HTS/g Extrakt =
  5,3 g HTS/100 g Extrakt

Der Extraktschwand durch die Biomassebildung beträgt damit nach *Balling* bei der Biergärung durchschnittlich 5,3 %, bezogen auf den Gesamtextrakt.

Extraktbilanz bei der aeroben Backhefeproduktion bei einer Zuckerkonzentration (Saccharose) von c_Z = 75 g/L (s. Tabelle 78, Kapitel 4.6.3):
  100 g Zucker → 8,1 g HTS + 0,056 L r.A.

Umrechnung in Gramm Ethanol:
  100 g Zucker → 8,1 g HTS + 56 mL r.A. · 0,7892 g/mL
  100 g Zucker → 8,1 g HTS + 44,2 g Ethanol

Berücksichtigung der gebildeten CO_2-Menge:
  100 g Z. → 8,1 g HTS + 44,2 g Ethanol + 44,2 g Ethanol·0,957 g CO_2/g Ethanol
  100 g Z. → 8,1 g HTS + 44,2 g Ethanol + 42,3 g CO_2
  100 g Z. → 94,6 g (HTS + Gärungsprodukte) + 5,4 g Substanzverlust (Δm)

Die angegebene Zuckerkonzentration von c_Z = 75 g/L entspricht in etwa der Zuckerkonzentration einer Vollbierwürze von St = 12 %.

Die hier unter reproduzierbaren Versuchsbedingungen erreichten Produkt- und Biomasseausbeuten sind unter optimalen Sauerstoff- und Nährstoffbedingungen auch für die Extraktbilanzierung bei der Brauereihefevermehrung verwendbar. Auch hier kann man den Substanzverlust von Δm = 5,4 g als Zuckerverbrauch der angestellten und zugewachsenen Biomasse für den Erhaltungs- und Energiestoffwechsel ansetzen. Es ergeben deshalb:

  100 g Zucker → 86,5 g Gärungsprodukte + 13,5 g (Biomasse + Substanzverlust)

Die Bildung von 8,1 g HTS erfordern 13,5 g Extrakt für die Biomassebildung und für den Erhaltungs- und Energiestoffwechsel der vorhandenen und neugebildeten Hefe.

Berechnungsbeispiel für den Extraktverlust bei einem Hefezuwachs von $c_H = 60·10^6$ Zellen/mL
Umrechnung des Hefezuwachses von 10^6 Zellen/mL auf g HTS/hL Würze:
  $60·10^6$ Zellen/mL·10^5 mL/hL·$0,34·10^{-10}$ g HTS/Zelle = <u>204,0 g HTS/hL</u>

Umrechnung des Biomassezuwachses auf den dafür erforderlichen Extraktbedarf:

$$\frac{204 \text{ g HTS/hl} \cdot 13{,}5 \text{ g Extrakt}}{8{,}1 \text{ g HTS}} = 340 \text{ g Extrakt/hL} = \underline{0{,}340 \text{ g Extrakt/100 mL Würze}}$$

Der Extraktschwand für die Biomassebildung beträgt damit bei einer Vollbierwürze mit St = 12 % ($\hat{=}$ 12,56 g Extrakt/100 mL):

$$\frac{0{,}34 \text{ g Extrakt/100 ml}}{12{,}56 \text{ g Extrakt/100 ml}} \cdot 100 \approx \underline{2{,}71 \text{ \%}}$$

Der durchschnittliche Extraktschwand beträgt bei diesem Rechenbeispiel damit für einen Hefezuwachs von $10 \cdot 10^6$ Zellen/mL $\approx \underline{0{,}45 \text{ \%}}$.

4.6.13 Verbesserung des Nährstoffangebotes der Bierwürze durch Zusätze

Während in der Backhefeindustrie alle erforderlichen Nährstoffe für eine maximale Hefeausbeute in Ergänzung zur Melassewürze unter Berücksichtigung wirtschaftlicher Aspekte zugesetzt werden können, ist in der deutschen Brauindustrie eine Nährstoffanreicherung in der Bierwürze nur begrenzt und mit erhöhtem Aufwand unter Berücksichtigung des Deutschen Reinheitsgebots möglich.

Zur Nährstoffanreicherung in diesen Brauereiwürzen aus 100 % Malz könnten unter Einhaltung des Deutschen Reinheitsgebotes folgende brauerei- und mälzereieigene Nebenprodukte eingesetzt werden:
- Treberpresssaft;
- Weichwasser von der Malzherstellung;
- Hefeextrakte aus betriebseigenen Hefekulturen;
- Malzwurzelkeime.

Bei Versuchen von *Methner* [249] war nur der Zusatz von gemahlenen und autoklavierten Malzwurzelkeimen wirkungsvoll. Die Dosage von 50 bzw. 100 g behandelter Malzwurzelkeime pro 1 hL Würze ergab eine Erhöhung der homogenen Hefekonzentration.

Für die Kalkulation des zusätzlichen Nährstoffeintrages durch die Malzkeime werden die Untersuchungsergebnisse von *Reiff* et al. in Tabelle 97 zitiert.

Taidi et al. [250] haben im Labormaßstab mit Erfolg den Zusatz von Weichwasser bei der Hefefermentation getestet und eine Steigerung des Hefezuwachses um 50 % erreicht.

In Deutschland sind die aufgeführten Zusätze im großtechnischen Maßstab zurzeit noch nicht im Einsatz.

Tabelle 97   Konzentration einiger Inhaltsstoffe in Malzwurzelkeimen (l.c. [247])

Spurenelemente	Zink	15 mg/100 g
Vitamine	Thiamin	0,33 mg/100 g
	Riboflavin	0,86 mg/100 g
	Pyridoxin	3,7 mg/100 g
	Niacinamid	9,6 mg/100 g
	Pantothensäure	9,6 mg/100 g
Aminosäuren	gesamt	33,8 g/100 g

4.7 Die technologischen Grundlagen der Sauerstoffversorgung der Hefe

4.7.1 Vorbemerkungen

Für den Baustoffwechsel und damit für die Synthese von Zellbausteinen benötigt die Hefezelle eine bestimmte Menge an Sauerstoff, die für die Vermehrung in Bierwürze bisher noch nicht sehr genau bestimmt wurde.

Im modernen Hefemanagement wird viel Wert auf eine rationelle, keimfreie Hefevermehrung in Reinzuchtanlagen gelegt, um möglichst jeden Sud mit frischer Reinzuchthefe anstellen zu können. Es werden dafür Verfahren und Apparate angeboten, die deshalb in erster Linie auf eine maximale Belüftungsrate und damit auf einen maximalen Sauerstoffeintrag ausgerichtet sind [251], [252], [253], [254].

Dabei suggerieren die Produkt- und Verfahrensbeschreibungen wie „Assimilationsverfahren" oder „Assimilationshefe", dass die Hefevermehrung auch unter Brauereibedingungen durch einen reinen aeroben Energie- und Baustoffwechsel der Hefe erfolgt, bei dem die organische Kohlenstoffquelle, also die von der Hefe verwertbaren Zucker, vollkommen zu Biomasse, CO_2 und H_2O verstoffwechselt werden. Dies ist aber nicht der Fall!

Mit einer Auswertung von Literaturwerten und eigenen Modelluntersuchungen wurde in [255] eine Abschätzung des erforderlichen Sauerstoff- bzw. Luftbedarfes für eine optimale Hefevermehrung unter Brauereibedingungen durchgeführt.

4.7.2 Zu einigen biochemischen Zusammenhängen aus der Sicht des Sauerstoffbedarfes

Aus dem wissenschaftlich begründeten Erfahrungsschatz der Backhefehersteller bei der Hefevermehrung ist bekannt, dass bei einer optimalen Hefevermehrung ohne Nährstofflimitierung aus

100 g Glucose maximal 54 g Hefetrockensubstanz (HTS)

gebildet werden können (Biomasseertragskoeffizient: $Y_{X/S} = 0{,}54$).

Diese praktisch auch erreichbare, optimale Hefeausbeute ist aber nur realisierbar:
- Wenn keine Nährstofflimitierung vorliegt;

- Wenn keine Ethanolbildung erfolgt. Bei einer ausreichenden und nicht limitierten Sauerstoffversorgung und bei Zuckerkonzentrationen von < 0,1 g Zucker/L im Nährmedium, um den bekannten *Crabtree*-Effekt (= Blockierung der Atmungsenzyme in der Atmungskette bei höherer Zuckerkonzentration, insbesondere der Cytochromoxidase) zu vermeiden, beträgt der spezifische Sauerstoffbedarf unter diesen Bedingungen rund 0,74 kg O_2/kg HTS (siehe auch Ausführungen in Kapitel 4.6.3 und 4.5.3).

- Dies realisiert die Backhefeindustrie durch ein prozessgesteuertes, auf die sich ständig ändernden Bedingungen im Versandhefefermenter reagierendes und abgestimmtes Zulaufverfahren (keine Nährstofflimitierung, aber auch kein Zuckerüberschuss bei Mindestgelöstsauerstoffgehalten von > 0,3 mg/L).

▫ Mit steigender Zuckerkonzentration sinkt der Biomasseertragskoeffizient, steigt die Ethanolbildung und sinkt der spezifische Sauerstoffverbrauch (siehe auch Tabelle 78 in Kapitel 4.6.3).

▫ Die in der Brauereitechnologie wesentliche limitierende Bedingung für die Hefevermehrung (Chargenbetrieb, Vollbierwürzen) ist eine vorhandene Zuckerkonzentration, die mit rund 78 g Zucker/L (bei einer Vollbierwürze mit St = 11,5 %, V_{send} = 80 %) weit über dem Grenzwert für den *Crabtree-*Effekt liegt.

▫ Die Ethanolbildung ist nicht zu vermeiden und im Gegensatz zur Backhefeherstellung nicht unerwünscht.

▫ Die Hefevermehrung ist auch durch die in der Würze vorhandenen begrenzten Mengen an für die Hefezellen essentiellen Nährstoffen, insbesondere bei den erforderlichen assimilierbaren Stickstoffverbindungen, limitiert (siehe Berechnungen in Kapitel 4.6.10).

▫ Daraus ergibt sich, dass wir es bei der Brauereihefevermehrung nicht mit einer reinen Zuckerassimilation, sondern mit einem eindeutigen Gärungsstoffwechsel zu tun haben, der aber durch einen nur partiell aerob ablaufenden Stoffwechsel unterstützt werden muss.

▫ Es ist bekannt, dass die für die Zellmembranen erforderlichen ungesättigten und gesättigten Fettsäuren sowie Sterole eine oxidative Stufe benötigen, bei der sich bei Anwesenheit von Sauerstoff Wasser bildet [256], [257]. Allerdings ist der Sauerstoffbedarf dafür im Vergleich zum reinen Assimilationsstoffwechsel deutlich geringer und nimmt sogar Wuchsstoffcharakter an.
Allgemein bezeichnet man deshalb diesen Teil des Hefestoffwechsels auch als „aerobe Gärung".

4.7.3 Zum Stand des Wissens über die erforderliche O_2-Versorgung bei der Brauereihefevermehrung

Während bei der reinen Zuckerassimilation der Hefe unter den o.g. Bedingungen der erforderliche Sauerstoff sowohl theoretisch sehr gut begründet und praktisch sehr genau ermittelt wurde, sind bei der Hefevermehrung bei der aeroben Gärung die erforderlichen Kennwerte für den Sauerstoffverbrauch weniger genau bekannt, bzw. sie sind sehr stark von der Zuckerkonzentration abhängig.

In o.g. Brauereiverfahrenstechniken zur Hefevermehrung hat man vielfach sicherheitshalber nach dem Grundsatz gehandelt: „viel hilft viel". Die Folge davon ist:
▫ Eine überzogene Belüftungsrate mit der erforderlichen kostenintensiven Technik und unnötigem Energiebedarf;
▫ Eine sehr große Schaumentwicklung im Fermentationsgefäß, dadurch eine schlechte Raum-Zeitausbeute mit Behälterfüllungsgraden von maximal 50 %;
▫ Der übermäßige Verlust an wertvollen schaumpositiven Inhaltsstoffen in den fermentierten Reinzuchtwürzen;

- Eine übermäßige Oxidation von Würzeinhaltsstoffen mit einem deutlichen Verlust im Reduktionspotenzial der damit hergestellten Biere [233];
- Die Gefahr eines oxidativen Stresses für die Hefezelle bei „Überbelüftung", die zur Radikalbildung und Peroxidation der Lipide führen kann und damit zur Schädigung der Membranfunktionen in der Hefezelle [125], [258]. Der oxidative Stress ist in der Hefezelle auch durch speziell induzierte Gene, die auch mit Hilfe der genom-übergreifenden Transkriptionsanalyse identifizierbar sind, nachweisbar. Diese werden auch als genetische Marker für den industriellen Fermentationsprozess vorgeschlagen [259].
- Hohe Belüftungsraten bei der Hefekultivierung erhöhen die Gefahr der Hefemutation und einer veränderten Genexpression [128, 129] (siehe auch Kapitel 3.3).
- Eine Unterbrechung der Belüftung in der Hefepropagation, z. B. von 8 Stunden, führte nach Untersuchungen von *Schönenberg* und *Geiger* [260] zur gesteigerten Enzymbildung des anaeroben Gärungsstoffwechsels für die Biosynthese und Energiegewinnung (siehe auch Kapitel 4.5.2 und Abbildung 123).
Nachgewiesen wurde bei dieser Verfahrensführung eine höhere Konzentration von Acetyl-CoA-Synthetase und von Alkoholdehydrogenase sowie dadurch bedingt ein schnellerer Extraktabbau, der in der Propagationsphase bei 15 °C zu einer Verkürzung der erforderlichen Gärzeit um 20 Stunden führte. Gegenüber einer aeroben Propagation führte dies auch zu einer erhöhten kolloidalen und Geschmacksstabilität. Es wird für die Propagation ein „Drauflassverfahren" zur Minimierung der Würzebelüftung empfohlen.

Einzelne Verfahrensvorschläge und technische Umsetzungen begrenzen den Lufteintrag bei der Hefevermehrung in Reinzuchtfermentern und Propagationsgefäßen durch eine willkürlich gewählte oder durch Erfahrung gefundene Intervallbelüftung, wie z. B. die nachfolgende Zusammenstellung der aus der Literatur ermittelten Empfehlungen für die Belüftungsrate zeigen:
- 5 Minuten Belüften und 1 Minute Pause [255],
- 5 Minuten Belüften pro 30 Minuten [261],
- 1 Minute Belüften je 5 Minuten Fermentationszeit [262],
- Steuerung des O_2-Eintrages nach der Gewährleistung eines Mindestgelöstsauerstoffgehaltes im Hefefermenter, wie z. B. mindestens > 0,1 mg O_2/L [255],
- Aufrechterhaltung von 1…5 mg O_2/L [250] und
- Steuerung der Belüftung nach der Schaumbildung [252].
- Bei Technikums- und großtechnischen Propagationsversuchen [263] wurde bestätigt, dass sich bei einem minimalen, ständigen Gelöstsauerstoffangebot von < 0,1 mg O_2/L im Vergleich zu einem relativ hohen Gelöstsauerstoffgehalt von > 2 mg O_2/L weder die Generationszeiten noch die auf den Extraktverbrauch bezogen Hefeerträge signifikant unterscheiden.

Diese wenigen Angaben zeigen, dass bei den empfohlenen Belüftungsraten und der Sauerstoffversorgung bei der Brauereihefevermehrung die Empirie dominiert, weil:
- der genaue Sauerstoffbedarf für den erreichbaren Hefezuwachs unter Brauereiwürzebedingungen nicht bekannt ist bzw. nicht berücksichtigt wird,

❑ der technisch erreichbare Sauerstoffeintrag (Sauerstofftransportrate, k_La -Wert) des jeweiligen Belüftungssystems unter Brauereibedingungen nicht bekannt ist oder nicht berücksichtigt wird und

❑ mit der Maximalbelüftung versucht wird, die notwendige CO_2-Entgasung zu realisieren, um eine Beeinträchtigung der Hefevermehrung zu vermeiden, aber mit der Folge einer überhöhten Schaumbildung und niedrigen Raum-Zeit-Ausbeute bei den angebotenen Hefefermentersystemen.

Eine Belüftung, meist mit einem intensiven Umpumpregime gekoppelt, hat neben der Sauerstoffversorgung auch folgende Effekte, die sich insgesamt positiv auf die Hefevermehrung auswirken:

❑ eine gute Durchmischung, die Vermeidung von Sedimentbildung und damit

❑ die Erhaltung der wirksamen Hefezelloberfläche für den Stoffaustausch sowie

❑ eine mehr oder weniger wirksame CO_2-Entfernung. Die Hefevermehrung wird bereits ab CO_2-Konzentrationen von 1 g/L im Fermenter gehemmt. Da ständig CO_2 nachgebildet wird, bleibt die Würze allerdings in der Regel CO_2-gesättigt (die Löslichkeit ist von der Temperatur, dem Druck und der Extraktkonzentration abhängig).

Die Sicherung der Homogenität ist mit mechanischen Mitteln (Umpumpen, Rühren) einfacher zu erreichen als durch eine intensive Belüftung und vermeidet die Schaumentwicklung und die Oxidation der Würze/des Bieres weitestgehend.

Obwohl für die Punkte Sauerstoffeintrag, Durchmischung und CO_2-Entgasung technologische Lösungswege seit langem bekannt sind, wurde der Punkt Sauerstoffbedarf bisher hauptsächlich aus der Sicht der Backhefeproduktion unkritisch und nicht zutreffend für Brauereiverhältnisse übertragen.

4.7.4 Sauerstoffbedarf und Sauerstoffaufnahmerate von *Saccharomyces cerevisiae* bei höheren Zuckerkonzentrationen

Der essentiell notwendige Sauerstoffbedarf für die Neubildung von Hefebiomasse bei höheren Zuckerkonzentrationen wurde bisher nur im Zusammenhang mit der Backhefefermentation untersucht, wobei im großtechnischen Maßstab dies besonders für die Reinzuchtstufe der Backhefe mit Zuckerkonzentrationen von > 30 g Zucker/L Nähransatzlösung bewusst ausgenutzt wird. Tabelle 98 gibt eine Auswertung von Literaturwerten des auf die Hefeneubildung (als HTS) bezogenen spezifischen Sauerstoffbedarfes bei höheren Zuckerkonzentrationen in Melasse.

Während bei Zuckerkonzentrationen unterhalb der *Crabtree*-Grenze von < 0,1 g Zucker/L der spezifische Sauerstoffbedarf pro neu gebildeter Biomasse deutlich steigt (siehe Tabelle 98: Ergebnisse von *Rizzi* et al. [263]) und den theoretischen Sauerstoffverbrauch von 740 mg O_2/g HTS-Zuwachs bei reiner Atmung/Assimilation des Zuckers mit einem Biomasseertragskoeffizienten von $Y_{x/s}$ = 54 g HTS/100 g Zucker fast erreicht, sinkt der spezifische Sauerstoffbedarf pro Gramm HTS-Zuwachs bei Zuckerkonzentrationen > 0,1 g/L auf Werte zwischen 100…140 mg O_2/g HTS-Zuwachs (siehe Werte in Tabelle 98).

Tabelle 98   Richtwerte für den auf Hefezuwachs bezogenen Sauerstoffbedarf bei der Backhefevermehrung mit Richtwerten von Bergander [264], Rizzi et al. [265], Bronn [145] und Lippert [266]

Literaturstelle	Verfahren/ Prozessstufe	Zuckerkonzentration in der Fermentationslösung in g/L	Richtwerte für O_2-/Luftbedarf, bezogen auf neugebildete Hefetrockensubstanz		
			g O_2/g HTS	mL O_2/g HTS	L Luft/kg HTS
Allgemeiner Richtwert der Backhefeindustrie [262]	„Vorgäre" (Batchkultur)	30...60	0,1	70	334
Nach *Rizzi* et al. [263] (berechnet nach den in [145] angegebenen Werten)	kontinuierliche Backhefekultur	0,05 0,10 0,175	0,640 0,560 0,107	448 392 75	2140 1872 357
Nach *Bronn* [145] (berechnet mit einem Hefezuwachs von 6,2 g HTS/L in 24h bei 24°C bei einer Vermehrungsrate von 1:20)	großtechn. Hefereinzuchtstufe (Batchkultur)	ca. 60	0,111	77	368
Nach *Lippert* [264]	kontinuierliche Backhefekultur	1,55	0,137	96	458

Es wird angenommen, dass die in der Atmungskette terminal wirkende Cytochromoxidase durch steigende Zuckerkonzentrationen gehemmt wird und die Energiegewinnung der sich vermehrenden Hefen anteilig über den Gärungsstoffwechsel und damit der Vergärung von Zucker zu Ethanol und CO_2 erfolgt.

Der spezifische Sauerstoffbedarf sinkt dann zur Bildung essentieller Bausteine für die Biomasseproduktion auf Werte von durchschnittlich:

ca. 120 mg O_2/g HTS-Zuwachs.

Dieser Wert bezieht sich auf Melasse und synthetisch zusammengesetzte, zuckerhaltige Nährlösungen.

Bei komplex zusammengesetzten Nährmedien, wie den Brauereiwürzen, wird durch die Assimilation darin enthaltener essentieller Bausteine (z. B. Fettsäuren, Phospholipide u.a.) in der Anfangsphase der Fermentation noch weniger Gesamtsauerstoff essentiell für den Biomassezuwachs benötigt. Dies trifft besonders für die normale Hefevermehrung in der „Betriebsgärung" der Brauerei zu. Hier wird mit einer einmaligen Sauerstoffsättigung der betrieblichen Anstellwürze von durchschnittlich 8 mg O_2/L ($\hat{=}$ nur ca. 6,7 % des o.g. optimalen Richtwertes) normalerweise ein Hefezuwachs von $\Delta X = 40 \cdot 10^6$ Zellen/mL (= durchschnittlich 1 g HTS-Zuwachs/L) erreicht.

Grundlagen der Hefevermehrung

Tabelle 99 Maximale Sauerstoffaufnahmerate der Species Saccharomyces cerevisiae

Literatur-stelle	Fermentationsbedingungen	Fermentations-temperatur in °C	Sauerstoff-aufnahmerate mg O_2/(g HTS·h)
Bronn et al. [145]	Backhefezüchtung ohne Crabtree-Effekt	30	157
Dellweg [267]	Backhefezüchtung ohne Crabtree-Effekt	30	256
Daoud u. Searle [268]	luftgesättigte Vollbierwürzen: Durchschnittswert für ober- und untergärige Brauereihefen	20	12
	ein Ale-Hefestamm	20	13,2
		30	33
	ein Ale-Stamm, je nach Vitalität und Lagerdauer der Hefe	25	2,4…29,4
Ohno und Takahashi [254]	untergärige Brauereihefe nach Waschung u. Lagerung bei 1°C in kaltem Wasser	13	3,35…3,68
	unabhängig vom Sauerstoffgehalt der Würze: Schwankungsbereich untergäriger Hefe	13	2,81…11,48
Seemann [269]	untergärige Brauereihefe in 11,5%iger Vollbier-Würze bei einer Intervall-belüftung von 10 min/3 h Fermentation ergab in Abhängigkeit der Prozess-dauer einen variablen Sauerstoff-sättigungsbereich: 0…10 h: 90 % → >70 % O_2-Sättigung (> 5,5 mg O_2/L)	15	7,8
	10…20 h: 90 % → > 40 % O_2-Sättigung (>3,2 mg O_2/L)		≈ 9
	20…40 h: 90 % → ca. 0 % O_2-Sättigung (7,2 → 0 mg O_2/L)		13,2

Da Schwankungen der essentiellen Nährstoffzusammensetzung bis auf den FAN-Gehalt in der Standardbrauereianalytik nicht erfasst werden, verursachen sie trotz Sauerstoffsättigung der Anstellwürze meist völlig überraschend Schwankungen im Hefezuwachs, in der Hefevitalität und der Gärkraft eines Hefesatzes.

Für die Hefereinzuchtanlagen in der Brauerei ist jedoch aus Sicherheitsgründen der Richtwert von 120 mg O_2/g HTS-Zuwachs anzuwenden, da auch die Brauereiwürze nur ein begrenztes Potenzial an diesen, den spezifischen Sauerstoffbedarf substi-tuierenden Nährstoffen besitzt.

Ohno und Takahashi [254] haben ermittelt, dass zur Synthese eines essentiellen Fettsäureniveaus in der Hefezelle unter Brauereibedingungen ein Sauerstoffbedarf von > 30…35 mg O_2/g HTS-Zuwachs erforderlich ist.

Die Hefe in der Brauerei

Auch die spezifische Sauerstoffaufnahmerate wird durch die Zuckerkonzentration entscheidend beeinflusst, wie die ausgewiesene Literatur und die eigenen Messwerte in Tabelle 99 zeigen.

In der Brauereiwürze schwankt die spezifische Sauerstoffaufnahmerate in Abhängigkeit von der Fermentationstemperatur, vom physiologischen Zustand des Hefesatzes und von der Vitalität der Stellhefe zwischen 2...33 mg O_2/(g HTS·h). Bei unter Wasser gelagerter Hefe ist sie deutlich niedriger als bei einem Hefesatz nach einer 24-stündigen Fermentation.

Als Durchschnittswert für die weitere Modellberechnung wird bei 15...16 °C Fermentationstemperatur eine maximale spezifische Sauerstoffaufnahmerate angenommen von:

> 13 mg O_2/(g HTS·h)

Dieser Wert wurde im Rahmen eigener Laborversuche bei einer Intervallbelüftung von 10 min je 3 Stunden Fermentationszeit und einem Hefezuwachs von bis zu $100 \cdot 10^6$ Zellen/mL nach ca. 40 h Fermentationszeit ermittelt [267]. Dabei schwankte der Sauerstoffgehalt im Fermenter zwischen 7 → 0 mg O_2/L, d.h., es war keine konstante Sauerstoffkonzentration im Fermentationsmedium für den theoretisch auch bei einer normalen 11,5%igen Brauereiwürze erzielbaren Hefezuwachs notwendig (s.a. Berechnungen im Kapitel 4.6.10).

4.7.5 Berechnung des erforderlichen Sauerstoff- und Lufteintrages bei der Hefevermehrung (Hefeherführung, Hefereinzucht) in Bierwürze

Für die Berechnung wurden die in Tabelle 100, Tabelle 101 und Tabelle 102 aufgeführten Kennwerte und die in Abbildung 183, Kapitel 6.2.5.2, dargestellten großtechnischen Versuchsergebnisse (2. Reinzuchtstufe) verwendet. Weiterhin wurden die in den vorhergehenden Kapiteln ausgewiesenen Durchschnittswerte verwendet:
- für den spezifischen Gesamtsauerstoffverbrauch: 120 mg O_2/g HTS-Zuwachs und
- für die maximale spez. Sauerstoffaufnahme bei 15 °C: 13 mg O_2/(g HTS·h).

Voraussetzungen:
- Real bestimmter Hefezuwachs in einer Brauereiwürze bei einem FAN-Verbrauch von 100...140 mg/L (siehe Abbildung 183 in Kap. 6.2.5.2);
- 1 g Hefetrockensubstanz (HTS)/L = $25 \cdot 10^6$...$50 \cdot 10^6$ Zellen/mL;
- Mittlere Hefezellzahl bei 1 g HTS/L: ≈ $40 \cdot 10^6$ Hefezellen/mL;
- Tatsächliche spez. Belüftung 2,6 L Luft i.N./(hL·h) in der 41. bis 64. Stunde.

Basiswerte:
- 1 Mol Sauerstoff = 32,0 g ≈ 22,393 L unter Normbedingungen (0 °C, 1,01325 bar);
- 1 mL Sauerstoff ≙ 1,429 mg Sauerstoff;
- Volumenanteil des Sauerstoffs in der Luft: φ_{O2} = 0,2093;
- Sauerstoffpartialdruck bei Luftdruck
  p_{O2} = 0,2093 · 1,01325 bar = 0,212 bar;
- Löslichkeitskorrekturfaktor für 11,5 %ige Würze: f ≈ 0,87.

Dazu wurden die nachfolgenden Modellrechnungen durchgeführt (Kapitel 4.7.5.1 bis 4.7.5.3).

4.7.5.1 Modell 1: Berechnung des Gesamtsauerstoff- und Luftbedarfes, bezogen auf den erreichbaren Gesamthefezuwachs von 1,5 g HTS$_Z$/L$_{AW}$

Gesamtsauerstoffbedarf nach Gleichung 64:

$$1{,}5 \frac{gHTS_Z}{l_{AW}} \cdot 0{,}12 \frac{gO_2}{gHTS_Z} = 0{,}18 \frac{gO_2}{l_{AW}} = 18 \frac{gO_2}{hl_{AW}} \approx 12{,}6 \frac{lO_2}{hl_{AW}} \quad \text{Gleichung 64}$$

Gesamtluftbedarf nach Gleichung 65:

$$12{,}6 \frac{lO_2}{hl_{AW}} \cdot 1 \frac{l\,Luft}{0{,}2093\,l\,O_2} \approx 60\,l\,Luft\,/\,hl_{AW} \quad \text{Gleichung 65}$$

Dieser theoretische Gesamtsauerstoff- und Luftbedarf pro Hektoliter normaler Brauereiwürze bezieht sich auf den tatsächlich erreichten Gesamthefezuwachs, der bei einer Fermentationstemperatur von 16 °C in 37 h erreicht wurde. Da der Hefezuwachs jedoch nach den bekannten Wachstumsgesetzen nicht linear, sondern in den ersten ca. 30 h nach einer geometrischen Progression, d.h. exponentiell, erfolgt, bei der normalerweise noch keine deutliche Hemmung der Vermehrung durch eigene Stoffwechselprodukte (Ethanol und CO_2) und durch Mangel an Nährstoffen auftritt und auch noch nicht in den Zellkonzentrationen zu erkennen war, ist der Sauerstoffbedarf in dieser Fermentationszeit natürlich auch nicht gleichmäßig auf die 30 h zu verteilen.

Im Modell 2 wird deshalb der erforderliche Sauerstoffeintrag unter Berücksichtigung der maximal möglichen Sauerstoffaufnahme der tatsächlich vorhandenen Hefekonzentration geprüft.

4.7.5.2 Modell 2: Berechnung des Hefezuwachses für die Start- und Endphase und Ermittlung der in diesen Phasen maximalen Sauerstoffaufnahme der vorhanden Hefe

Die Hefekonzentration zur Fermentationszeit t ergibt sich nach Gleichung 29 (Kapitel 4.4.4):

$X_t = X_0 \cdot H^t$
X_t = Hefekonzentration zur Zeit t
X_0 = Ausgangs-Hefekonzentration
H_t = Zuwachsfaktor zur Zeit t
t = Zeit in h

Tabelle 100 Hefevermehrung in der logarithmischen Wachstumsphase und Gesamthefezuwachs (Einzelwerte siehe Abbildung 183, Kapitel 6.2.5.2)

Maßeinheit	Anstellkonzentration in der Hefereinzucht X_0	Logarithmischer Hefezuwachs von der 36. bis 66. Stunde	Gesamtzuwachs von der 36. bis 73. Stunde	Endkonzentration X_t
10^6 Zellen/mL	6	+ 46	+ 60	66
g HTS/L	0,15	+ 1,15	+ 1,5	1,65

Die Hefe in der Brauerei

Tabelle 101 Generationszeit t_G, spezifische Wachstumsrate µ und Zuwachsfaktor H für eine Bierhefe bei 16 °C (berechnet mit den Gleichungen in Kapitel 4.4.4 und den in Tabelle 100 ausgewiesenen Messwerten)

Generationszeit t_G	≈ 9,6 h
spezifische Wachstumsrate µ	0,072 h^{-1}
Zuwachsfaktor H = $e^µ$	1,075 h^{-1}

Tabelle 102 Löslichkeit von Sauerstoff in reinem Wasser und Würze bei 20 °C (s.a. Kapitel 5.4)

Gas	Sauerstoff	Luft	Luft
Druck	1 bar	1 bar	1 bar
Medium	Wasser	Wasser	Würze (11,5 %)
mmol O_2/L	1,38	0,288	0,251
mg O_2/L	44,2	9,2	8,0

Die Ergebnisse über die Entwicklung der Hefekonzentration in der Startphase (die ersten 10 Stunden der Fermentation) und in der Endphase (die letzten 10 Stunden der Fermentation) unter Berücksichtigung des in Tabelle 101 ausgewiesenen Zuwachsfaktors sind in Tabelle 103 dargestellt.

Der durchschnittliche Hefezuwachs in der Start- und Endphase der Hefevermehrung ist für je 10 h Fermentationszeit gerundet in Tabelle 104 dargestellt.

Tabelle 103 Hefekonzentration X in der Start- und Endphase in Abhängigkeit von der Fermentationszeit t

Hefekonzentration in Startphase		Hefekonzentration in der Endphase	
t [h]	X_t [g HTS/L]	t [h]	X_t [g HTS/L]
0	0,150	0	0,150
1	0,161	20	0,637
2	0,173	22	0,736
3	0,186	24	0,851
4	0,200	26	0,983
8	0,268	28	1,136
10	0,309	30	1,313
Δ (t_{10} - t_0)	≈ 0,159	Δ (t_{30} - t_{20})	≈ 0,676

Tabelle 104 Gerundeter Hefezuwachs in der Start und Endphase der Hefevermehrung

	Startphase Δ(t_{10} - t_0)	Endphase Δ(t_{30} - t_{20})
g HTS_Z/(L·10h)	0,159	0,676
g HTS_Z/(L·10h)	≈ 0,16	≈ 0,68

Für die weiteren Berechnungen wurden die in Tabelle 105 ausgewiesenen durchschnittlichen Hefekonzentrationen in g HTS/L angenommen.

Die Sauerstoffverbrauch in mg O_2/(L·h) bei der maximalen spezifischen Sauerstoffaufnahmerate von 13 mg O_2/(g HTS·h) wurde für die in Tabelle 105 angegebenen Hefekonzentrationen in den ausgewiesenen Stufen in Tabelle 106 berechnet.

Tabelle 105 Durchschnittlichen Hefekonzentrationen in g HTS/L in der Start- und in der Endphase der Hefevermehrung

	Startphase	Endphase
Anfang bei t = 0 h bzw. t = 20 h	0,15	0,64
Ende bei t = 10 h bzw. t = 30 h	0,31	1,31
Durchschnittswert in g HTS/L	ca. 0,23	ca. 0,98

Tabelle 106 Sauerstoffverbrauch für die ausgewiesenen Hefekonzentrationen gemäß Tabelle 105

	Maßeinheit	Startphase	Endphase
Anfang	mg O_2/(L·h)	1,95	8,32
Ende	mg O_2/(L·h)	4,03	17,03
Durchschnittswert	mg O_2/(L·h)	2,99	12,74
Durchschnittswert	mg O_2/(L·min)	0,050	0,212

Der maximale Gesamtsauerstoffbedarf für den in den beiden ausgewählten Phasen in 10 h erzielbaren Hefezuwachs ist unter Verwendung des Richtwertes für den spezifischen Sauerstoffbedarf von 120 mg O_2/g HTS_Z in Tabelle 107 zusammengefasst.

Tabelle 107 Der Bedarf an Gesamtsauerstoff pro 10 Stunden Fermentationszeit in der Start- und in der Endphase

	Startphase	Endphase
g HTS_Z/(L·10h)	0,16	0,68
mg O_2/(L·10h)	19,2	81,6
mL O_2/(L·10h)	13,4	57,1

Die erforderliche Zeit t für die Sauerstoffzehrung des erforderlichen Gesamtsauerstoffbedarfs für die beiden ausgewählten Phasen ergibt sich unter Verwendung des Durchschnittswertes für die maximale Sauerstoffaufnahmerate (siehe Tabelle 108).

Tabelle 108 Erforderliche Zeit für die Sauerstoffzehrung für den in Lösung gebrachten Gesamtsauerstoffbedarf

	Startphase 10 h	Endphase 10 h
t in h	6,4	6,4

Die Hefe in der Brauerei

Den für den jeweiligen Hefezuwachs erforderlichen Sauerstoff kann die *Saccharomyces*-Hefe in der Brauereiwürze und in den beiden ausgewählten Vermehrungsphasen in etwa der Hälfte der erforderlichen Prozesszeit aufnehmen.

Dabei kann man davon ausgehen, dass die Sauerstoffaufnahme im breiten Konzentrationsbereich unabhängig von der Konzentration des gelösten Sauerstoffs erfolgt. Der kritische Sauerstoffpartialdruck, unterhalb der die Zellatmung limitiert wird, ist auch von der Wachstumsrate abhängig. Er liegt bei der spezifischen Wachstumsrate von $\mu = 0{,}072\ h^{-1}$ (siehe Tabelle 101) bei $p_{O_2} \approx 0{,}0009$ bar ($\hat{=}$ 0,034 mg O_2/L, berechnet nach Werten von [145]).

Dieser Wert zeigt, dass der in Lösung gebrachte Sauerstoff von der Hefe unter den Gärbedingungen fast vollkommen verwertet wird.

Bei der Berechnung der Hefekonzentration wird davon ausgegangen, dass die zur Hefevermehrung eingesetzte Stellhefe vital ist und keine größere Lagphase benötigt. Dabei ist zu berücksichtigen, dass der Biomassezuwachs HTS_Z in den ersten Stunden (8...12 h) nicht als Zellzahlzuwachs, sondern als Zuwachs an Hefetrockensubstanz durch die Nährstoffaufnahme der vorhandenen Hefezellen und deren Synthese von Bausteinen innerhalb der Zelle für die vegetative Vermehrung erfolgt.

4.7.5.3 Modell 3: Abschätzung der erforderlichen Belüftungszeit von Hefefermentationen in Brauereiwürze

Für technisch umgesetzte Belüftungssysteme unter Verwendung von Druckluft in Fermentoren wurden u.a. folgende Sauerstofftransportraten n ermittelt:
- Blasensäulenfermentor mit Begasungsring:
  n = 6 g O_2/(L·h) = 100 mg O_2/(L·min);
- Umpumpvorrichtung mit statischem Mischer:
  n = 7,2 g O_2/(L·h) = 120 mg O_2/(L·min).

Geht man bei einer fiktiven Belüftungseinrichtung nur von einer mäßigen Sauerstofftransportrate, bezogen auf den gesamten Tankinhalt, von n = 120 mL O_2/(L·h) = 2,86 mg O_2/(L·min) aus, während beim Blasensäulenfermentor und bei Umpumpvorrichtungen mit eingebautem optimierten statischen Mischer eine O_2-Transportrate von 100...120 mg O_2/(L·min) angeben wird, ist für diese fiktive Belüftungseinrichtung folgendes Belüftungsregime erforderlich (Sättigungsgrenze der fermentierten Würze, s.a. Tabelle 102, = 8 mg O_2/L).

Die messbare Sauerstofftransportrate n in mg O_2/(L·min) unter Berücksichtigung der Sauerstoffzehrung der Hefe in der Begasungszeit ist in Tabelle 109 ausgewiesen.

Tabelle 109 Die messbare Sauerstofftransportrate n in mg O_2/(L · min) unter Berücksichtigung der Sauerstoffzehrung der Hefe in der Begasungszeit

	Startphase	Endphase
n (Messwert in Wasser)	2,86	2,86
Ø Sauerstoffzehrung der Hefe	0,05	0,212
n (Messwert mit Hefe)	2,81	2,648

Theoretisch erforderliche Begasungszeit bis zur Erreichung der Sättigungsgrenze:
- Startphase: 8 mg O_2/L: 2,81 mg O_2/(L·min) = 2,85 min → rund 3 min

- Endphase: 8 mg O_2/L: 2,648 mg O_2/(L·min)= 3,02 min → rund 4 min.

Die theoretisch erforderliche Anzahl der Begasungszyklen pro 10 h Fermentationszeit für den Eintrag des maximalen Sauerstoffbedarfs sind damit (siehe Tabelle 107):
- Startphase: 19,2 mg O_2/L: 8 mg O_2/L= 2,4 ≈ 3 Zyklen á 3 min/10 h
- Endphase: 81,6 mg O_2/L: 8 mg O_2/L= 10,2 ≈ 11 Zyklen á 4 min/10 h

Obwohl die während der Belüftung schon stattfindende Sauerstoffzehrung noch nicht berücksichtigt wurde, ergibt sich aus dieser Modellrechnung, dass wie folgt belüftet werden müsste:
- Startphase von 10 h nur 3 x 3 min ≙ einer Gesamtbelüftungszeit von 9 min/10 h Fermentation und in der
- Endphase von 10 h gleich 11 x 4 min ≙ einer Gesamtbelüftungszeit von 44 min/10 h Fermentation.

Schlussfolgerungen

Obwohl nur eine niedrige Sauerstofftransportrate für ein fiktives Belüftungssystem angenommen wurde, zeigt die Anzahl der berechneten Belüftungszyklen, die in der Start- und in der Endphase der Hefevermehrung in Brauereiwürzen erforderlich sind, dass eine deutliche Reduzierung der Belüftungsintensität im Vergleich zu den in der Literatur genannten Belüftungsvorschlägen möglich ist.

Die tatsächliche Belüftung im ausgewerteten Betriebsversuch (siehe Abbildung 183, Kapitel 6.2.5.2) war konstant auf 2,6 L Luft i.N./(hL·h) = 0,433 mL Luft/(L·min) ≙ 0,091 mL O_2/(L·min) ≙ 0,1295 mg O_2/(L·min) eingestellt.

Bei der konstanten Belüftung wurden maximal 77,7 mg O_2/L in 10 Stunden in Lösung gebracht. Der theoretische Sauerstoffbedarf (siehe Tabelle 107) wird damit in der Startphase (in den ersten 10 h) um rund das 4fache überschritten und in der Endphase durchschnittlich nur knapp abgedeckt. Die konstante Belüftung des Praxisversuches ist aus der Sicht der Absicherung des Sauerstoffbedarfes zwar eine einfache, aber nicht an den tatsächlichen Bedarf optimal angepasste Lösung.

Die Aufteilung und Einordnung der erforderlichen Belüftungszyklen in Abhängigkeit vom Biomassezuwachs ist im Vergleich zu einer konstanten Belüftung sicherer an den tatsächlichen Sauerstoffbedarf der vorhandenen Biomasse im Fermenter anzupassen und bietet Möglichkeiten zur weiteren Optimierung der Verfahrensführung.

Auch bei der normalen Betriebsgärung könnte eine Erhöhung bzw. Stabilisierung des Hefezuwachses durch eine definierte „Nachbelüftung" des angestellten Gärgefäßes 5...10 h nach „Tank voll" realisiert werden.

5. Maschinen, Apparate und Anlagen für die Hefereinzucht und Hefepropagation

5.1 Hefereinzucht und Hefeherführung als Verfahren

Der in der Brauerei verwendete Hefestamm muss (oder die Hefestämme müssen) als Reinzucht ständig verfügbar sein. Entweder wird die Reinkultur von einer Hefebank/ Stammsammlung oder geeigneten Brauerei bezogen oder sie wird im eigenen Labor betreut (s.a. Kapitel 6.2).
Die Vermehrung der Reinkultur erfolgt in zwei Stufen:
- unter Laboratoriumsbedingungen bis zum *Carlsberg*-Kolben und
- in der Herführanlage (Propagationsanlage) unter Betriebsbedingungen bis zum Betriebsmaßstab.

Hefereinzucht
Ausgehend von einer Hefezelle (beispielsweise mittels der Tröpfchenkultur nach *Lindner*, durch Quadrantenausstrich oder Mikromanipulator) wird diese stufenweise vermehrt (20…50 mL-Kultur). Davon wird dann eine für längere Zeit aufbewahrungsfähige Schrägagar-Kultur angelegt oder die Reinzuchthefe wird gefriergetrocknet. Von diesen Dauerkulturen aus wird bei Bedarf dann die weitere Herführung mit steriler, geklärter Würze in Vermehrungsstufen von 1 : 3 … 1 : 5 (Volumenverhältnisse der Gefäßinhalte) vorgenommen. Sie endet im Allgemeinen im *Carlsberg*-Kolben mit einem Bruttovolumen zwischen 5… ≤ 50 L (Abbildung 131).
Zu Einzelheiten der mikrobiologischen Laborarbeit muss auf die Fachliteratur verwiesen werden [237], [238], [270], [271].

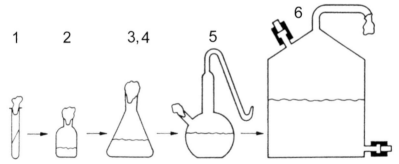

Abbildung 131 Konventionelle Vermehrung einer Hefereinzucht im Laboratorium
1 Schrägkultur **2** Würzefläschchen 20 mL (Füllung 5 mL) **3** *Erlenmeyer*-Kolben 50 mL (Füllung 25 mL) **4** *Erlenmeyer*-Kolben 250 mL (Füllung 125 mL) **5** *Pasteur*-Kolben 1000 mL (Füllung 625 mL) **6** *Carlsberg*-Kolben 5 L (Füllung 3 L)

Hefeherführung
Vom *Carlsberg*-Kolben aus wird dann die Hefe unter Produktionsbedingungen mit Anstellwürze, die teilweise nochmals sterilisiert wird, stufenweise weiter vermehrt (meist auch im Volumenverhältnis der Gefäßinhalte von 1 : 4 … 1 : 5).
Im klassischen Brauereibetrieb wurden für die Vermehrung der Laborreinzuchten spezielle Reinzucht-Anlagen genutzt, die sich durch die Anzahl der Gefäße und ihre

Ausrüstung unterscheiden, beispielsweise Anlagen nach dem System *Hansen-Kühle, Lindner, Greiner* u.a. (s.a. Kapitel 2). Ein einfacheres Vermehrungsverfahren kann mit dem Herführverfahren von *Stockhausen-Coblitz* (siehe auch Abbildung 181 in Kapitel 6.2.5.1) durchgeführt werden (die Verfahrensführung siehe in abgewandelter Form in Abbildung 133).

Zur weiteren Vermehrung wurden dann oft spezielle kleinere Gärbottiche eingesetzt. Offene Systeme sind prinzipiell aus mikrobiologischer Sicht im Nachteil, weil Luftkontaminationen und Kontaminationen durch das Personal nicht ausgeschaltet werden können.

Diese Anlagen gelten als veraltet, insbesondere aus Gründen des Werkstoffeinsatzes und der verwendeten Armaturen sowie des erheblichen manuellen Aufwandes beim sachgerechten Umgang, der ein solides Fachwissen voraussetzt.

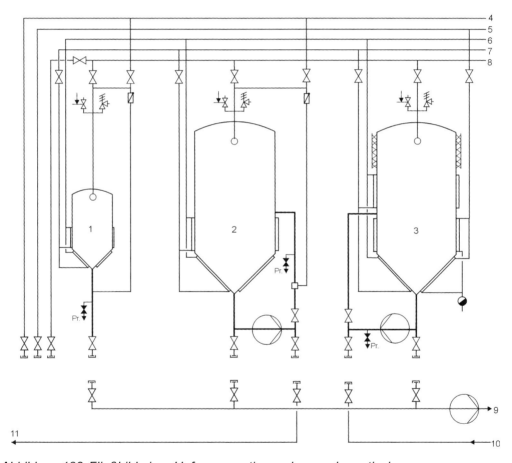

Abbildung 132 Fließbild einer Hefepropagationsanlage, schematisch
1 Reinzuchtbehälter 1 **2** Reinzuchtbehälter 2 **3** Würzesterilisator/-vorratstank **4** Sterilluft **5** Dampf **6** Kälteträger-Rücklauf **7** Kälteträger-Vorlauf **8** CIP-Vorlauf **9** CIP-Rücklauf **10** Würze **11** Würze/Hefe zum Gärkeller **Pr**. Probeentnahme/Impfstutzen

Aus diesen Anlagen wurden voll CIP-fähige, aus Edelstahl-Rostfrei® gefertigte Anlagen entwickelt, die teilweise SPS-gesteuert automatisch arbeiten. Die modernen Anlagen wurden folgerichtig zu quasikontinuierlichen Propagationsanlagen weiter entwickelt. (s.a. Kapitel 5.3 und 6.2.5.2).

Die Anlagen bestehen zum Teil nur noch aus einem oder zwei Propagationsbehältern für jeden benötigten Hefestamm und ggf. einem Würzevorratstank (Abbildung 132). Die „geschlossene" Herführung wird in 2 Varianten praktiziert:

- Der Herführbehälter wird nicht vollständig entleert, es verbleibt ein Rest von 10...20 % „Impfhefe", das so genannte Hefedepot, das mit Würze wieder aufgefüllt wird. Dieser Rhythmus kann relativ lange aufrecht erhalten werden, solange keine Kontaminanten auftreten;
- Der Herführbehälter wird vollständig entleert, danach erfolgt die CIP-Reinigung. Die nächste Würzecharge wird wieder mit einer Reinzucht (*Carlsberg*-Kolben) aus dem Labor angestellt.

Die zuletzt genannte Variante hat Vorteile bezüglich der Kontaminationsprophylaxe und gegen das Aufkommen von eventuellen Mutanten.

Nach dem gleichen Prinzip lässt sich auch erfolgreich Dosierhefe für die Hefeweizenbier-Abfüllung bereitstellen [250].

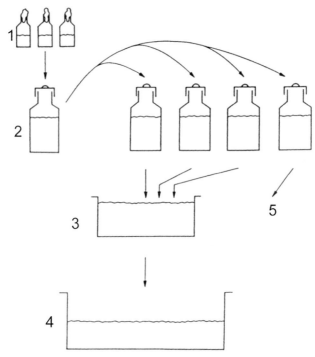

Abbildung 133 Hefeherführung, „Kannenverfahren" (nach [272])
1 *Carlsberg*-Kolben mit 8...9 L Impfgut **2** 40-L-(Milch-)Kanne mit je 25 L Würze
3 Hefewanne oder Bottich mit ca. 3 hL Würze **4** Bottich mit anfangs etwa 10 hL Würze, weiteres Füllen durch „Drauflassen" **5** für Beimpfung von 4 weiteren Kannen

In kleineren Brauereien wird die Vermehrung der Hefe vom *Carlsberg*-Kolben an in der so genannten „offenen" Herführung betrieben, z. B. stufenweise in Milchkannen oder anderen geeigneten Behältern, wie beispielsweise modifizierten Kegs oder Hefewannen (Abbildung 133, Abbildung 134).

Edelstahlausführungen haben neben der nicht vorhandenen Bruchgefahr den Vorteil, dass sie für Überdruck ausgelegt werden können. Damit sind sie mit Dampf sterilisierbar, wenn der Dampf über ein Überströmventil abgeleitet wird. Eine externe Wärmequelle (Gasbrenner, Heizplatte) bringt die Wasserfüllung zum Sieden. In gleicher Weise kann die eingefüllte Würze sterilisiert werden.

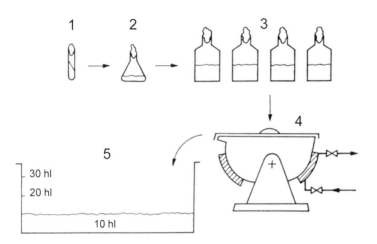

Abbildung 134 Offene Hefeherführung nach Weinfurtner [273]
1 Schrägkultur **2** *Erlenmeyer*-Kolben **3** Reinzuchtkolben (4 x 5 L) **4** Hefewanne mit temperierbarem Mantel und Deckel (2 hL Inhalt) **5** Reinzuchtbottich (am Anfang 10 hL Inhalt, weiteres Füllen durch mehrmaliges Drauflassen)

5.2 Ausrüstungen für die Hefereinzucht im Labor
Gefäße für die Hefereinzucht im Laboratorium
Als Gefäße für die Hefevermehrung bis zu einer Größe von etwa 1 L Inhalt werden in der Regel Glasgefäße aus Borsilicatglas (z. B. Jenaer Glas®, Rasothermglas®) bevorzugt. Diese sind bezüglich der Werkstoffeigenschaften (Oberflächenraugkeit, Korrosionsbeständigkeit) sehr gut geeignet und sie lassen sich leicht reinigen und sterilisieren (Dampftopf, Autoklav).

Als größere Gefäße sind neben solchen in Erlenmeyerform auch Steilbrustflaschen mit bis zu 2,5 L Inhalt im Gebrauch. Bei größeren Volumina steigt die Bruchgefahr bei der Handhabung.

Ab dem *Carlsberg*-Kolben werden im Allgemeinen Behälter aus Edelstahl, Rostfrei® benutzt. Der Nenninhalt kann 5…40 L betragen (Stufung 5 L), vereinzelt auch mehr. Das Bruttovolumen ist meist etwa 20 % größer festzulegen, um genügend Steigraum für die Kräusendecke zu haben (je höher die Vermehrungstemperatur, desto mehr Steigraum muss vorhanden sein). Beispiele für *Carlsberg*-Kolben zeigen Abbildung 135 und Abbildung 136.

Statt großer *Carlsberg*-Kolben mit mehr als 30 L Inhalt werden in vielen Betrieben erfolgreich Kegs mit modifizierten Zapfköpfen (Edelstahl, Rostfrei®) eingesetzt.

Als Schlauchmaterial eignet sich Silicongummi, der nicht nur weich ist und mit Schlauchklemmen eine einfach zu handhabende Absperrarmatur ergibt, sondern auch sterilisierbar ist, z. B. mit Dampf. Die offenen Schlauchenden sind in Desinfektionslösung zu stecken oder mit dieser anzufüllen, Verschluss mittels Glasstopfen.

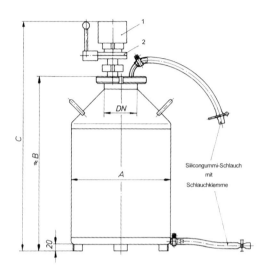

Volumen,netto	5 L	25 L
A in mm	180	300
B in mm	300	540
C in mm	465	705
DN	100	150

Abbildung 135 Carlsberg-Kolben, Beispiele
1 Sterilfilter **2** Absperrklappe

Abbildung 136 Beispiel für einen Carlsberg-Kolben
(Fa. Scandi-Brew/Alfa Laval, DK)

5.3 Ausrüstungen für die Hefevermehrung im Betriebsmaßstab
5.3.1 Allgemeiner Überblick
Eine kontaminationsfreie Vermehrung einer Reinzuchtkultur ist nur in geschlossenen Anlagensystemen möglich.

Zur Vermeidung von Fehlbedienungen sollte die Anlage einschließlich der Reinigung und Desinfektion automatisch mittels einer SPS betrieben werden, die in der Regel in größeren Betrieben im Bereich Gärung/Reifung ohnehin verfügbar ist. Das heißt nicht, dass mit qualifiziertem und gewissenhaftem Personal eine Anlage nicht auch manuell erfolgreich betrieben werden kann.

Die Anlage sollte fest verrohrt sein und ohne Schläuche auskommen. Die Verschaltung kann mit fix installierten Armaturen oder mittels Paneeltechnik (Schwenkbogen) erfolgen (s.a. Kapitel 5.5.3).

Die Anzahl der erforderlichen Vermehrungsstufen und die Größe der Propagationsbehälter sind von der bereitgestellten und von der angestrebten Hefemenge abhängig. Bei sterilen Arbeitsbedingungen kann die Vermehrung auch in größeren Verdünnungsstufen erfolgen, beispielsweise 1 : 10 bis 1 : 20, zum Teil bis zu 1 : 100.

Die „geschlossene" Vermehrung kann in zwei Varianten praktiziert werden (s.a. Kapitel 6.2.5.2).

Hefepropagationsanlagen werden zweckmäßigerweise als Batchprozess betrieben.

Unter Beachtung der in Kapitel 6.2.5.2 gemachten Ausführungen muss eine Anlage zur Hefevermehrung je Hefestamm immer einen Propagationsbehälter (Synonym: Gärzylinder) und einen Vorratsbehälter für sterile Würze umfassen. Der Vorratsbehälter kann auch als Sterilisator betrieben werden.

Wichtigste Steuergröße der Vermehrung ist die Temperatur. Deshalb werden die Behälter mit Kühlflächen ausgerüstet, die eine Temperaturführung nach einem vorgegebenen Temperatur-Zeit-Verlauf ermöglichen (z. B. mittels einer Zeitplansteuerung).

Der Aufstellungsraum der Anlage soll gekühlt sein, möglichst auf Vermehrungstemperatur oder nur geringfügig kälter, um Schwitzwasserbildung auszuschalten. Die Raumausstattung soll kontaminationsvermeidend und pflegeleicht sein:
- ausreichendes Fußbodengefälle,
- säurefester Fußboden: Fliesen,
- Wandverkleidung: Fliesen.

Die prinzipiell mögliche Reinraumtechnik wird zurzeit bei Hefereinzucht- und Hefevermehrungsanlagen nicht praktiziert.

5.3.2 Beispiel für eine Hefepropagationsanlage
In Abbildung 137 ist eine Hefepropagationsanlage mit zwei Vermehrungsstufen schematisch dargestellt. Aus der Abbildung sind die wesentlichen Ausrüstungselemente einer Propagationsanlage ersichtlich:
- Die Anlage für die Würzesterilisation und Bevorratung;
- Der/die Behälter für die Hefevermehrung;
- Pumpen für die Förderung von Würze und Hefesuspension;
- Die Belüftungsvorrichtung;
- Rohrleitungen und Armaturen;
- Sensoren.

Eine separate CIP-Station für die Reinigung und Desinfektion der Hefepropagationsanlage ist im Allgemeinen nicht erforderlich, wenn eine bereits vorhandene Anlage genutzt werden kann, die die geforderten technologischen Parameter erfüllt.

5.3.3 Propagationsgefäße

Propagationsgefäße werden in der Regel in zylindrokonischer Bauform mit 3…4 Standfüßen (Kalottenfüßen) ausgeführt.

Werkstoff ist Edelstahl, Rostrei® (z. B. die Werkstoffnummern 1.4301, 1.4307, 1.4435, 1.4436, 1.4404, 1.4541, 1.4571; nach DIN EN 10027-1 und 10027-2).
Werkstoffe und Oberflächen siehe Kapitel 5.5.1.
Behältergrößen:
- Vorstufen: netto   1…2,5 hL, brutto   1,5…3,3 hL
- Hauptstufen: netto   10…100 hL, brutto   13…130 hL
  und   netto   100…500 hL, brutto   130…650 hL

Die Behältergrößen müssen so festgelegt werden, dass mit der geernteten Hefemenge ein Sud bzw. ein Gärbehälter angestellt werden kann.

Werden noch größere Hefemengen benötigt, kann als nächste Stufe ein ZKG mit dem Inhalt des Propagationsgefäßes und dem 1. Sud angestellt werden, die weiteren Sude werden dann in Abhängigkeit von der erreichten Vermehrung „draufgelassen" (s.a. Kapitel 4.4.5.3 und 6.2.5).

Ausrüstung der Propagationsgefäße:
Mannloch:
In der Regel wird ein Mannloch außerhalb des Produktbereiches auf dem oberen Behälterboden installiert, soweit nicht bei größeren Behältern der Konus als Schwenkkonus ausgeführt wird (Ø ca. 400…450 mm). Wichtig ist die Gestaltung der Konus-Dichtung in Analogie zur Ausführung von Sterilverschraubungen nach DIN 11864-1 bzw. VDMA 11851.

Wärmeübertragerflächen (WÜ-Flächen):
Der Konus und die Zarge können mit einer WÜ-Fläche ausgerüstet werden. Die Größe richtet sich nach den Forderungen für die maximale Abkühlgeschwindigkeit des Behälterinhalts und der verfügbaren Kälteträgervorlauftemperatur.

Die Nutzung von Glykollösung ist praktisch einfacher zu handhaben als die direkte Verdampfung von Ammoniak. Bei der Entscheidung für direkte Verdampfung oder Glykol müssen außer energetischen vor allem Arbeitssicherheitsaspekte bzw. der Gesundheitsschutz berücksichtigt werden.
Behälter zur Würzesterilisation werden mit Dampf beheizt, das Kondensat wird zurückgewonnen. In diesen Fällen muss die Kühlfläche separat installiert und betrieben werden.

Es empfiehlt sich, auch am Hefepropagationsbehälter eine Heizfläche zu installieren, um bei Bedarf die kalte Anstellwürze anwärmen zu können. Die WÜ-Fläche kann bei einem vorhandenen Umpumpkreislauf vorteilhaft als Doppelrohr ausgeführt werden. In diesem Fall kann auch, unter Beachtung des Ausschlusses örtlicher Überhitzung, mit Dampf beheizt werden.

Maschinen, Apparate und Anlagen

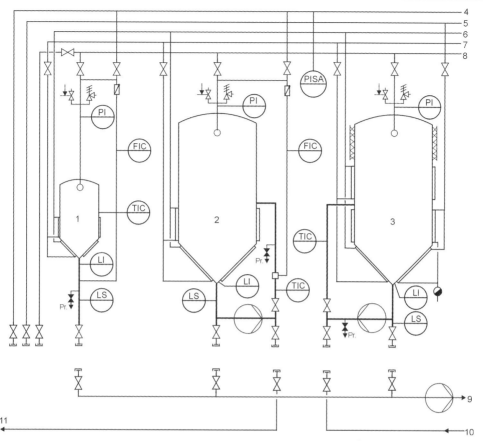

Abbildung 137 Hefepropagationsanlage, vereinfachtes Verfahrensfließbild
1 Reinzuchtbehälter 1 **2** Reinzuchtbehälter 2 **3** Würzesterilisator/-vorratstank **4** Sterilluft **5** Dampf **6** Kälteträger-Rücklauf **7** Kälteträger-Vorlauf **8** CIP-Vorlauf **9** CIP-Rücklauf **10** Würze **11** Würze/Hefe zum Gärkeller **Pr.** Probeentnahme/Impfstutzen

Als Richtwert für die benötigte WÜ-Fläche bzw. die kondensierbare Dampfmenge kann dienen:
Bei einer Heizfläche lassen sich etwa 27.000 kcal/(m²·h) $\triangleq$
31,3 kW/m² übertragen, das entspricht in etwa einer Sattdampfmenge
von 50 kg/(m²·h).
Das ergibt bei einem $\Delta T = 27$ K einen k-Wert = 1000 kcal/(m²·h·K)
bzw. 1,163 kW/(m²·K).

WÜ-Flächen für Glykol müssen so gestaltet werden, dass die Fließgeschwindigkeit im Interesse guter Wärmedurchgangskoeffizienten möglichst groß wird. Es kann mit k-Werten von 300...900 W/(m²·K) gerechnet werden.
 Bei Behältern mit einem Umpumpkreislauf kann der Rücklauf in den Behälter tangential erfolgen. Damit wird eine Rotation des Behälterinhalts erreicht, die den Wärmedurchgangskoeffizienten an der Behälterwand beträchtlich erhöht. Der Rücklauf

sollte in der Höhe so angeordnet sein, dass er möglichst immer mit Würze/Bier bedeckt ist, um unnötige Schaumentwicklung zu vermeiden.

Bei der heißen Behälterreinigung muss der Druck in den WÜ-Flächen auf den zulässigen Betriebsdruck begrenzt bleiben (beispielsweise bleibt der Rücklauf des Kälteträgers bzw. des Kältemittels stets geöffnet).

Reinigungsvorrichtung
Im Tankdom werden entweder eine Sprühkugel oder bei größeren Behältern Zielstrahlreiniger installiert. Die dafür erforderlichen Betriebsparameter bezüglich Druck und Volumenstrom müssen eingehalten werden.
Zu Fragen der Reinigung s.a. Kapitel 5.8.

Armaturen:
Armaturen für: Behälterauslauf, Probenahme-/Impfstutzen.
Wenn die Behälter mit einem Umpumpkreislauf ausgerüstet sind, kann der Probenahme-/Impfstutzen in der Umpumpleitung installiert werden.
Sicherheitsarmaturen: gegen Vakuum und gegen Überdruck.
Zum Teil werden Schaugläser mit Beleuchtung im Behälterdach eingebaut.
Armaturenauswahl: siehe Kapitel 5.5.3.

Umpumpkreislauf:
Der Kreislauf dient der Belüftung des Behälterinhaltes und seiner Durchmischung. Ggf. kann ein Teil der Rohrleitung als Doppelmantelrohr ausgeführt werden und der Beheizung oder Kühlung dienen (s.o.).

Der Volumenstrom sollte einstellbar sein (Antrieb des Pumpenmotors über einen Frequenzumrichter). Der Behälterinhalt sollte sich 6...10 mal pro Stunde umwälzen lassen.

Die Belüftung kann nach der Pumpe erfolgen (ein statischer Mischer ist dann zweckmäßig) oder, in Abhängigkeit von der Luftmenge, vor der Pumpe, die dann die Mischung unterstützt.

Der Umpumpkreislauf macht ein Rührwerk im Behälter entbehrlich, wenn in Abhängigkeit der Umpumprichtung die räumliche Anordnung des Vor- und Rücklaufes in den Behälter sowie der einstellbare Förderstrom eine ausreichende Durchmischung gewährleisten (s.u.).

Der Probenahme-/Impfstutzen lässt sich vorteilhaft in der Umpumpleitung installieren (s.o.), ebenso die Sensoren für die Erfassung der technologischen Daten.

Zu den Anforderungen an die Pumpengestaltung siehe Kapitel 5.4.5.4.
Ein Umpumpkreislauf ist in der Regel einem mechanischen Rührwerk vorzuziehen.

Rührwerk:
Rührwerke können zur Durchmischung/Homogenisierung des Behälterinhaltes und zur Verbesserung des Wärmedurchgangskoeffizienten eingesetzt werden. Die Alternative zum Rührwerk ist ein Umpumpkreislauf (s.o.).
Das Rührwerk wird entweder von oben angetrieben oder es wird als stopfbuchslose, magnetgekoppelte Variante ausgeführt.

Die Antriebswelle kann mit der Sprühkugel für die Behälterreinigung kombiniert sowie als Hohlwelle auch zur Belüftung genutzt werden [274].

5.3.4 Sensoren für Hefepropagationsanlagen
Hinweise zum Einbau von Sensoren siehe unter Kapitel 5.5.2, s.a. [275].

Füllstand:
Die Erfassung des Inhaltes wird in der Regel durch eine statische Druckmessung oder durch eine Wägezelle vorgenommen, die unter einem bzw. zwei Standfüßen angeordnet wird. Bedingung sind dafür natürlich flexible Behälteranschlüsse.

Auch die indirekte Inhaltsbestimmung durch Erfassung des ein- und auslaufenden Volumens mittels eines IDM ist eine brauchbare Variante.

Temperatur:
Einbau von Pt 100-Fühlern in die Zarge oder - falls vorhanden - in die Umpumpleitung. Für die mobile vor-Ort-Messung können Thermometer-Einstecktaschen installiert werden.

Druck:
Drucksensor auf dem Behälter.

Sensor zur Erfassung der Zellkonzentration:
Die „Messung" der Zellkonzentration durch Erfassung der Trübung ist nur eine angenäherte „Messung". Bedingung ist die Erfassung des Trübungswertes vor und nach der Beimpfung. Aus der Trübungszunahme kann nur ein Richtwert abgeschätzt werden, da durch die pH-Wert-Erniedrigung Trübstoffe ausgeschieden werden.

Messgeräte, die die Zellzahl direkt bestimmen und tote von lebenden Zellen unterscheiden können, sind zwar erhältlich, scheiden aber in der Regel durch zu hohe Kosten aus (s.a. Kapitel 6.3).

Die *Thoma*-Kammer bleibt immer noch die preiswerteste und zuverlässigste Variante für die Zellzahlbestimmung. Bei entsprechender Arbeitsplatzgestaltung ist die erforderliche Arbeitszeit für die Probenvorbereitung und Auszählung relativ gering. Zur Darstellung der Probleme der Bestimmung von Hefezellzahlen siehe Kapitel 6.3.

Sauerstoffmessung:
Die Erfassung des gelösten Sauerstoffes ist nur vor der Belüftungsstation sinnvoll. Geeignete Sensoren nach dem *Clark*-Prinzip oder membranlose Sensoren sind für die Onlinemessung verfügbar (s.a. [276]).

Die dosierte Sterilluftmenge bzw. Sauerstoffmenge kann mit einfachen Messgeräten erfasst werden (Schwebekörper-Messgeräte; „Rotameter").

Eine O_2-Konzentrationsmessung im Abgas erfolgt in der Regel nicht (ist aber für die Bilanzierung sinnvoll).

Dichte/scheinbarer Extrakt:
Die Veränderung der Dichte (sie korreliert mit dem Extraktabbau) während der Vermehrung kann mittels Biegeschwinger erfasst werden, diese Messung erfolgt aber in der Regel nicht online.

CO_2-Gehalt:
Die Bestimmung des CO_2-Gehaltes ist in Propagationsfermentern für die Prozessführung nicht sehr aussagekräftig.

Nach dem Anstellen stellt sich der maximale Gelöst-CO_2-Gehalt in Abhängigkeit von der Fermentationstemperatur, dem Behälterspundungs- und Flüssigkeitsdruck sowie der Extrakt- und Ethanolkonzentration sehr schnell auf einen konstanten Wert ein. Die korrekte Messung der Abgasmenge und -zusammensetzung (s.o.) kann dagegen den Fermentationsverlauf wesentlich besser widerspiegeln, diese Messung wird aber nicht eingesetzt.

Ethanolbestimmung:
Sinnvoll ist im Gegensatz zur Bestimmung des Gelöst-CO_2-Gehaltes die Onlinemessung des Ethanolgehaltes in der Fermentationslösung (siehe Kapitel 4.4.5).

Bei Betriebsversuchen (siehe Abbildung 183 und Abbildung 184 in Kapitel 6.2.5.2) wurde bei dem geprüften untergärigen Betriebshefestamm die Fähigkeit der Hefezellen zur Vermehrung ab Ethanolgehalten von > 0,7 Vol.-% zunehmend eingeschränkt [193, 194].

In Abhängigkeit von der Ethanolkonzentration kann die „Verdünnung" mit Würze gesteuert oder der Abbruch der Propagation vorgenommen werden.

Ethanolsensoren werden in der Fermentationspraxis bereits mit Erfolg eingesetzt. Diese Sensoren sind in der Regel Membransensoren, bei denen das Ethanol durch eine Membrane diffundiert, von einem konstanten Trägergasvolumenstrom gefördert und durch Absorptionsmessung erfasst wird [277].

pH-Wert:
Die pH-Wert-Messung ist in der Regel nur als offline-Messung im Einsatz.

5.3.5 Anlagen zur Sauerstoffzufuhr
Die Sauerstoffversorgung der Mikroorganismen kann mit Sterilluft oder mit reinem Sauerstoff vorgenommen werden.

Sauerstoff oder Sterilluft?
Folgende Vorteile und Nachteile sind bei der Verwendung von reinem Sauerstoff-Druckgas zu beachten:

Vorteile:
- Im Vergleich zum Lufteinsatz sind nur 1/5 des Gasvolumens und niedrigere Drücke bei einer reinen Sauerstoffbegasung erforderlich (siehe auch Tabelle 111 und Tabelle 112);
- Dadurch kann die Schaumbildung im Fermenter deutlich reduziert (keine überschüssigen, nicht nutzbaren Gasanteile, wie Stickstoff, in der Druckluft) und die Raum-Zeit-Ausbeute erhöht werden;
- Erfordert kleinere Nennweiten bei Rohrleitungen und Armaturen;
- Reinsauerstoff besitzt eine nahezu gesicherte Keimfreiheit;
- Der erforderliche Sauerstoffeintrag kann auch bei höheren Hefekonzentrationen sicher realisiert werden.

Nachteile:
- Die Verwendung von Sauerstoff-Druckgas ist ein zusätzlicher Kostenfaktor;
- Die Verwendung von reinem Sauerstoff erfordert unbedingt eine genaue Dosage nach dem physiologischen Sauerstoffbedarf und eine gute Verteilung in der Fermentationslösung, um eine „Überbelüftung", auch in den

Grenzflächen der Sauerstoffblasen, und damit einen oxidativen Stress (siehe auch Kapitel 4.7.3) für die Hefezellen zu vermeiden;
- Ein zusätzlicher Durchmischungs- und CO_2-Entgasungseffekt ist bei der Verwendung von reinem Sauerstoff im Gegensatz zur Druckluft durch die Gefahr der Überbelüftung nicht erzielbar.

Versuche von *Methner* [247] ergaben im Laborfermenter bei der gleichen Belüftungsrate beim Einsatz von reinem Sauerstoff im Vergleich zur Verwendung von Druckluft eine Reduzierung der erreichten maximalen Hefezellzahlen um ca. 50 %. Diese Angaben widersprechen eigenen Versuchsergebnissen, bei denen keine Beeinflussung durch reinen Sauerstoff bei Gelöstkonzentrationen von bis zu 5 mg O_2/L festgestellt wurde [278]. Diese Aussage wird auch durch Erfahrungen der Backhefeforschung bestätigt [279].

Die Kosten für Sauerstoff in Druckgasflaschen sind lieferantenabhängig und die Vor- und Nachteile der Applikation reinen Sauerstoffes müssen mit einer Wirtschaftlichkeitsrechnung geprüft werden. Dabei muss beachtet werden, dass die Sterilluftbereitstellung auch nicht unerhebliche Kosten verursacht (Investitions- und Betriebskosten).

Sterilluftversorgung
Auch die Sterilluftzuführung muss nach dem physiologischen Sauerstoffbedarf dosiert erfolgen. Bei konstanten Sterilluftparametern (Druck) kann auf eine Regelung der Gaszufuhr verzichtet und mit einer Zeitplansteuerung des Durchsatzes gearbeitet werden, beispielsweise in Intervallen getaktet.
Die Installation der Sterilluftzufuhr muss sichern, dass auch im Havariefall der Eintritt von Würze, Hefe oder Bier in das Luftsystem verhindert wird. In Abbildung 138 ist beispielhaft eine mustergültige Installation dargestellt, die die vorstehend genannte Bedingung erfüllt.

Das Sterilluftrohrleitungssystem muss CIP- und SIP-fähig gestaltet sein und regelmäßig behandelt werden. Sterilfilter sind regelmäßig aktenkundig zu warten bzw. zu wechseln.

Sterilfiltration von Gasen
Die Sterilluft wird aus ölfreier, trockener Druckluft bereitet. Dazu wird die Druckluft mittels Membranfilterkerzen entsprechender Porenweite ($\leq$ 0,2 µm) filtriert. Das Filter soll unmittelbar vor dem Verbraucher angeordnet werden. Membranfilter sind regelmäßig zu sterilisieren.

Das Druckluftleitungssystem muss für die CIP-Reinigung vorbereitet sein. Die Reinigung und Sterilisation des Druckluftsystems muss regelmäßig und aktenkundig erfolgen.

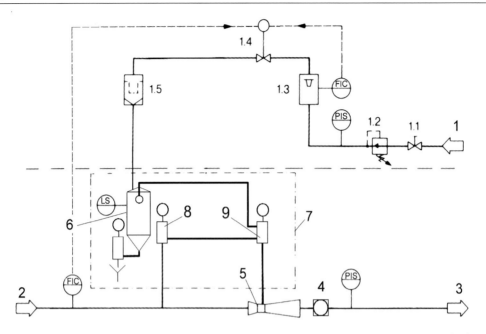

Abbildung 138 Beispiel einer Sterilluftversorgung. Der Eintritt von Produkt in das Luftsystem wird durch die Flüssigkeitsfalle und den Füllstandssensor ausgeschlossen (nach Fa. GEA-Tuchenhagen)
1 Ölfreie Druckluft/Dampf **1.1** Absperrarmatur **1.2** Druckminderventil **1.3** Durchflussmessgerät **1.4** Regelventil **1.5** Sterilfilter **2** Würze/Hefe/CIP **3** belüftete Würze/Hefe/CIP **4** Schauglas **5** Belüftungsvorrichtung **6** Flüssigkeitsfalle **7** Belüftungseinheit **8** Ventil **9** Umschaltventil

5.3.6 Anlagen für die Würzeentkeimung

Ausschlagwürze ist nicht steril. Ob eine Sterilisation der Würze erforderlich ist, hängt vom Gehalt an bierschädigenden Keimen ab. Diese Frage ist vor allem dann relevant, wenn Würze gestapelt wird oder wenn mit sehr geringen Anstellkonzentrationen ($< 10 \cdot 10^{-6}$ Zellen/mL) gearbeitet werden soll (s.a. Kapitel 4.6.11.3) und der Gehalt an Spurenelementen, Wuchsstoffen und Aminosäuren erhalten werden muss.
Die Möglichkeiten der thermischen Behandlung werden unter Kapitel 5.6 behandelt.

Eine weitere Möglichkeit besteht in der Sterilfiltration der Würze. Im Prinzip kommt für die Sterilfiltration von Würze nur eine Crossflow-Filtration infrage. Diese kann durch eine nachfolgende Membranfiltration (Porenweite $\leq 0{,}4$ µm) abgesichert werden.

Aus wirtschaftlichen Gründen dominiert die thermische Behandlung der für die Reinzucht verwendeten Würzen. Das ist auch aus der Sicht der Betriebssicherheit vorteilhaft.

5.3.7 Zubehör

Die zur Komplettierung der Hefepropagationsanlage benötigten Armaturen, Rohrleitungen, Sensoren und Pumpen werden in den nachfolgenden Gliederungspunkten behandelt (s.a. Kapitel 5.5 bis 5.9).

Maschinen, Apparate und Anlagen

5.3.8 Ausgeführte Anlagen

Nachfolgend werden einige Beispiele ausgeführter Propagationsanlagen gezeigt. Bedingt durch die große Bandbreite bei der Konfiguration der Anlagen ist es nicht möglich, auf die gegebene Ausführungsvielfalt einzugehen.

Der konkrete Bedarf des Ausrüstungsumfanges muss sich aus der Planung bzw. der Aufgabenstellung der Anlage ergeben.

Die Beispiele werden ohne Wertung vorgestellt.

Abbildung 139 Beispiel einer Propagationsanlage der Fa. Scandi Brew/Alfa Laval (Søborg, DK)

277

Die Hefe in der Brauerei

Abbildung 140 Propagationsanlage der Fa. MEURA (B)

Abbildung 141 Propagationsanlage der Fa. BECA (Neuwied)

Abbildung 142 Hefepropagationsanlage Flexiprop® der Fa. Esau & Hueber

5.4 Die verfahrenstechnischen Grundlagen der Sauerstoffversorgung der Hefe

Die nachfolgenden Ausführungen werden vor allem unter dem Aspekt der Lösung eines Gases in einer Flüssigkeit gesehen, unabhängig von der technologischen Notwendigkeit der O_2-Zufuhr aus der Sicht der Hefepropagation.

5.4.1 Gesetzmäßigkeiten der Löslichkeit von Gasen in Flüssigkeiten

Die Löslichkeit eines Gases in einer Flüssigkeit ist von folgenden Parametern abhängig:
- dem spezifischen Löslichkeitskoeffizienten,
- der Temperatur und
- dem Druck.

Der spezifische Löslichkeitskoeffizient

Er gibt die Gasmenge an, die sich bei einem bestimmten Druck und einer bestimmten Temperatur in einer bestimmten Flüssigkeitsmenge löst. Der Löslichkeitskoeffizient ist gasspezifisch, temperaturabhängig und wird im Allgemeinen für das Medium Wasser bei einem Druck von 1 bar angegeben. Werte für andere Medien sind zum Teil in der Literatur zu finden.

Bekannt sind verschiedene Löslichkeitskoeffizienten, zum Beispiel der *Bunsen*'sche Löslichkeitskoeffizient oder der Technische Löslichkeitskoeffizient, die sich durch ihre Bezugsgröße Volumen oder Masse unterscheiden. Zu detaillierten Hinweisen muss auf die Literatur verwiesen werden [280].

Der Technische Löslichkeitskoeffizient ist für einige Gase in der Tabelle 110 angegeben.

Tabelle 110 Technischer Löslichkeitskoeffizient λ (nach [278])

Gas	Molmasse in g	Technischer Löslichkeitskoeffizient λ in mL Gas/(1000 g Wasser · 1 bar) bei einer Temperatur in °C						
		0	5	10	15	20	25	30
Sauerstoff	32	48,4	42,3	37,5	33,6	30,6	28,0	26,0
Stickstoff	28	22,9	20,4	18,5	16,8	15,5	14,4	13,4
CO_2	44	1691	1405	1182	1006	868	753	659
Luft	28,96	28,6	25,5	22,4	20,4	18,3	16,3	15,3

Das Gasvolumen ist auf den Normzustand (0 °C und 1,013 bar) bezogen

Die Berechnung der gelösten Gasmenge

Die Berechnung der in einem Medium lösbaren Gasmenge m_{Gas} ist für beliebige Temperaturen und Drücke für jedes Gas bei Kenntnis des Löslichkeitskoeffizienten möglich, beispielsweise nach Gleichung 66:

$$m_{Gas} \leq \lambda \cdot f \cdot \rho \cdot p \qquad \text{Gleichung 66}$$

λ = Technischer Löslichkeitskoeffizient in mL Gas/(1 kg H_2O · 1 bar)
f = Korrekturfaktor: da der Koeffizient λ auf Wasser bezogen ist, muss bei extrakthaltigen Medien mit Korrekturfaktoren gerechnet werden.

Maschinen, Apparate und Anlagen

Zum Beispiel: Würze mit einer Stammwürze von 12 % enthält 88 % Wasser und 12 % Extrakt; Faktor f ≈ 0,88.

Diese vereinfachte Umrechnung gilt nur für Würze, bei Bier muss beachtet werden, dass auch fluide Gärungsprodukte (z. B. Ethanol) Gase lösen (teilweise sogar sehr gut: CO_2).

Korrekturfaktoren siehe auch Abbildung 143.

ρ = Dichte des Gases in g/mL, bezogen auf den Normzustand von 0 °C und 1,013 bar.
Sie ergibt sich als Quotient aus Molmasse in Gramm und 22400 mL

p = Druck in bar; beachtet werden muss, dass mit absoluten Drücken bzw. mit dem Partialdruck des Gases gerechnet werden muss.

Aus der Tabelle 111 sind die Löslichkeiten von Sauerstoff bei Verwendung von Luft und reinem Sauerstoff für verschiedene Drücke ersichtlich.

Tabelle 111 Löslichkeit von Sauerstoff in Würze bei einer Stammwürze von 12 % und einer Temperatur von 10 °C. Angaben in mg O_2/kg Würze, Begasung mittels Luft oder Sauerstoff

Druck $p_ü$ in bar	Begasung mit	
	Luft *)	Sauerstoff
0	9,86	47,1
1	19,7	94,3
2	29,6	141,4
3	39,5	188,6

*) Der Partialdruck des O_2 der Luft wurde mit 20,93 % bzw. 0,2093 bar angenommen

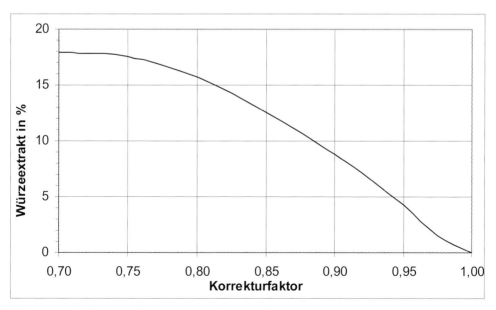

Abbildung 143 Korrekturfaktor für die Sauerstofflösung in Würze (nach [281])

In Tabelle 112 sind die berechneten erforderlichen Lösungsdrücke (Gleichgewichtsdrücke) für Sauerstoff und Luft für verschiedene Sauerstoffgehalte einer Würze aufgeführt.

Tabelle 112 Erforderlicher Gleichgewichtsdruck für eine gewünschte Sauerstofflöslichkeit in Würze (St = 12 %) bei Verwendung von Luft und Sauerstoff

δ in °C	O_2-Löslichkeit in mg/(kg·1 bar) Luft [1])	Sauerstofflöslichkeit m_{Gas} in mg/L				
		erforderlicher Gleichgewichtsdruck p_{abs} in bar				
		m_{Gas} = 20 mg O_2/L	m_{Gas} = 15 mg O_2/L	m_{Gas} = 10 mg O_2/L	m_{Gas} = 8 mg O_2/L	m_{Gas} = 6 mg O_2/L
0	12,7	1,57	1,18	0,79	0,63	0,47
5	11,1	1,80	1,35	0,90	0,72	0,54
10	9,86	2,03	1,52	1,01	0,81	0,61
15	8,83	2,26	1,70	1,13	0,91	0,68
20	8,05	2,48	1,86	1,24	0,99	0,74
	Sauerstoff	m_{Gas} = 40 mg O_2/L	m_{Gas} = 30 mg O_2/L	m_{Gas} = 20 mg O_2/L	m_{Gas} = 15 mg O_2/L	m_{Gas} = 10 mg O_2/L
0	60,8	0,66	0,49	0,33	0,25	0,16
5	53,2	0,75	0,56	0,38	0,28	0,19
10	47,1	0,85	0,64	0,42	0,32	0,21
15	42,2	0,95	0,71	0,47	0,35	0,24
20	38,5	0,96	0,78	0,52	0,39	0,26

[1]) Wert der Löslichkeit bei Luft wurde aus den Zahlenwerten für reinen Sauerstoff durch Multiplikation mit dem Faktor 0,2093 errechnet.

Bedingungen für die Sauerstoffversorgung der Hefe

Die Nutzung der positiv vom Sauerstoff beeinflussten Zusammenhänge setzt die Verfügbarkeit des Sauerstoffes für die Hefezelle voraus. Der Sauerstoff muss also in der Würze in gelöster Form vorliegen, denn eine Aufnahme des Sauerstoffes durch die Hefezelle ist nur durch einen Stoffübergang von der Würze an die Zellwand durch Diffusion des gelösten Gases möglich.

Der Stofftransport wird unter anderem von:
- dem Konzentrationsunterschied,
- der Temperatur,
- der Transportgeschwindigkeit und der Grenzschichtdicke,
- dem Diffusionsweg durch die Zellmembrane und
- der Diffusionsfläche (Oberfläche der Zelle) beeinflusst.

Die zuletzt genannten Parameter sind bei der Hefezelle im Wesentlichen festgelegt und nicht beeinflussbar. Die Transportgeschwindigkeit des gelösten Sauerstoffes und die Grenzschichtdicke an der Zellwand werden vor allem von den Strömungsbedingungen bestimmt, ebenso von der Temperatur und der Oberflächenspannung. Eine turbulente Strömung verbessert die Bedingungen des Gastransportes im Gegensatz zur laminaren Strömung durch eine Verkleinerung der Grenzschichtdicke. Deshalb wird der

Stofftransport durch Zufuhr mechanischer Energie (zum Beispiel Rühren, Umpumpen) prinzipiell verbessert. Der Konzentrationsunterschied wird vor allem von der gelösten Gasmenge bestimmt.

Zur Versorgung der Hefe reichen im Prinzip O_2-Konzentrationen von $\geq 0{,}1$ mg O_2/L (s.a. Kapitel 4.7.5). Wichtig ist es jedoch, dass die O_2-Konzentration in der gesamten Kultur diesen Wert in der erforderlichen Begasungsphase (kritischer Sauerstoffpartialdruck $p_{O2} = 0{,}0009$ bar = $0{,}034$ mg O_2/L) nicht unterschreitet (Kapitel 4.7.5). Deshalb müssen ggf. höhere Konzentrationen eingestellt werden, um die durch die Verdünnung, den Sauerstoffverbrauch und Homogenitätsprobleme bedingten Unterschiede ausgleichen und um die Hefe im erforderlichen Umfang versorgen zu können.

Bei Batchkulturen, bei denen nicht kontinuierlich belüftet wird bzw. bei denen nur die Würze einmalig belüftet wird (beispielsweise ein Gärbottich oder ZKG), muss ggf. die maximale Sauerstoff-Sättigung der Würze angestrebt werden.
Zur erforderlichen Sauerstoffversorgung siehe Kapitel 4.7.

5.4.2 Die Gaslösung beeinflussende Faktoren

Aus Gleichung 66 sind die Faktoren ersichtlich, die die maximal lösliche Gasmenge bestimmen. Diese maximal lösliche Gasmenge in einer Flüssigkeit als Funktion von Temperatur und Druck wird nur erreicht, wenn folgende Voraussetzungen gegeben sind:
- Eine ausreichende Zeit für die Lösung. In Abbildung 144 ist der Verlauf der Gaslösung schematisch dargestellt;
- Eine ausreichende Gasmenge (der Partialdruck des Gases darf sich durch die Lösung des Gases oder durch seinen Verbrauch nicht verringern);
- Eine möglichst große Gasdiffusionsfläche.

Die Gasdiffusionsfläche ist die Phasengrenzfläche zwischen Gas und Flüssigkeit. Sie wird im Wesentlichen durch die Summe der Gasblasenoberflächen bestimmt.

Daraus folgt, dass die Bedingungen für die Gasaufnahme bzw. Sättigung einer Flüssigkeit umso günstiger werden:
- je mehr Gasblasen vorhanden sind und
- je kleiner der Durchmesser der Blasen ist.

Beachtet werden muss auch, dass sich das gelöste Gas bei Sättigung gemäß seinem Partialdruck mit dem umgebenden Gas bzw. dem durchströmenden Gas einer Flüssigkeit im Gleichgewicht befindet. Wird in der Flüssigkeit ein Gas als Folge einer Reaktion gebildet, das entweicht, dann nimmt das entweichende Gas bis zum Gleichgewichtszustand das zu lösende Gas auf. Entsteht also CO_2 infolge des aeroben als auch anaeroben Stoffwechsels der Hefe, so wird durch das CO_2 ein Teil des zugeführten Sauerstoffes wieder ausgetragen. Daraus folgt, dass in Fällen, bei denen es auf konstante O_2-Gehalte ankommt, Luft oder Sauerstoff im angemessenen Überschuss zugeführt werden müssen.

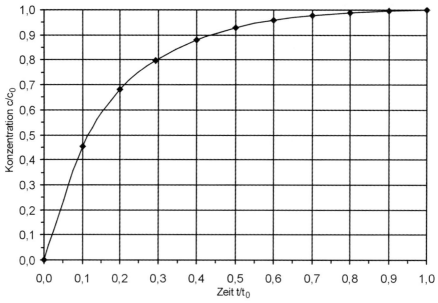

Abbildung 144 Schematischer Verlauf der Gaslösung in einer Flüssigkeit

Schlussfolgerungen für die Würzebelüftung

Unter Beachtung der vorstehend genannten Zusammenhänge lässt sich die in Würze gelöste Sauerstoffmenge wie folgt beeinflussen:
- Die maximal lösbare O_2-Menge ist von der Temperatur und dem O_2-Partialdruck abhängig;
- Die Sättigung wird in Abhängigkeit von Mischzeit und verfügbarer Phasengrenzfläche erreicht. Je länger die verfügbare Mischstrecke ist, desto mehr nähert sich die gelöste Gasmenge der Sättigungsgrenze an.
  Eine zu kurze Mischstrecke lässt sich durch Erhöhung des Partialdruckes zum Teil kompensieren, allerdings bei größerem Energieaufwand.
  Je größer die Blasenanzahl und je kleiner der Durchmesser der Bläschen ist, desto schneller wird die Sättigung sich einstellen.
- Die Verwendung von reinem Sauerstoff ermöglicht bei gleichem Lösungsdruck höhere Sättigungswerte gegenüber der Verwendung von Sterilluft. Die Schaumentwicklung ist durch den fehlenden Stickstoff wesentlich geringer, der Schaum zerfällt schneller als stickstoffhaltiger Schaum.

5.4.3 Technische Lösungen für die Belüftung

5.4.3.1 Gemeinsame Voraussetzungen

Vorrichtungen bzw. Anlagen für die Belüftung sollten folgende Voraussetzungen erfüllen:
- Eine CIP-gerechte Gestaltung (Werkstoffauswahl, Temperaturbeständigkeit, keine Spalten, vollständige Entleerbarkeit, vollständige Benetzbarkeit);
- Eine reproduzierbare O_2-Sättigung, auch bei veränderlichen Würzeparametern und Druckschwankungen;
- Die Einstellbarkeit eines gewünschten Sollwertes;

❐ Geringe Druckverluste;
❐ Zufuhr des Gases mit möglichst wenig Schaumbildung;
❐ Ein geringer energetischer Aufwand für die Gasdispergierung und -lösung;
❐ Geringe Investitionskosten.

Ein Teil der vorstehend genannten Forderungen schließt sich gegenseitig aus und erfordert Kompromisse.

5.4.3.2 Technische Möglichkeiten für die Verbesserung der Gaslösung
Bei konstanter Temperatur und Gas- bzw. Würzezusammensetzung lässt sich die Gaslösung nur durch den Druck, die Größe der Phasengrenzfläche und die Verweilzeit beeinflussen:
❐ **Druckerzeugung**:
 – mittels Pumpe,
 – durch Umwandlung von kinetischer Energie in Druck
  (Nutzung gemäß der *Bernoulli*'schen Gleichung (s.a. Abbildung 145).

❐ **Vergrößerung** der Phasengrenzfläche durch Bildung vieler, kleiner Blasen:
 – mittels Düsen oder Spalten,
 – mittels Sieben,
 – mittels porösen Werkstoffen (Sintermetalle, Sinterkeramik/Fritten),
 – mittels Turbulenz bzw. Scherkräften:
   - durch statische Mischer,
   - Zentrifugalmischer,
   - unstetige Querschnittserweiterung in einer Rohrleitung (s.u.),
 – oder durch Kombination der vorstehend genannten Möglichkeiten.

❐ **Verweilzeit**:
 durch ein entsprechendes Volumen des Mischers oder der Lösungsstrecke (Rohrlänge), in der der Lösungsdruck aufrecht erhalten wird, kann nahezu Sättigung erreicht werden.
 Eine möglichst große Entfernung zwischen Begasungsort und Propagationsbehältereinlauf ist anzustreben.

Im Allgemeinen werden Druckerzeugung und Phasengrenzflächenvergrößerung kombiniert zur Verbesserung der Lösungsmenge genutzt.
 Die Nutzung von Scherkräften bzw. der Turbulenz bedeutet in jedem Fall Energieaufwand infolge der resultierenden Druckverluste (s.a. Abbildung 145).
Günstig ist es grundsätzlich, das Gas bei niedrigem Flüssigkeitsdruck zuzuführen, da die Erzeugung von Druckgasen energetisch aufwendig ist, und erst danach die Phasengrenzflächenvergrößerung durchzuführen. Natürlich ist ein „Perpetuum mobile" nicht möglich.
 Die Erzeugung von Gasblasen kleinen Durchmessers ist physikalisch durch die Oberflächenspannung des Gases und der Flüssigkeit limitiert (auf $\geq 0,2$ mm), d.h., dass auch durch mechanische Energiezufuhr die Blasengröße nicht weiter reduziert werden kann. Kleine Bläschen bilden aber natürlich einen stabilen Schaum!
 Mit Düsen von ca. Ø 1 mm lassen sich nur Blasen von etwa Ø 3 mm erzeugen. Kleinere Bläschen erfordern nicht nur kleinere Bohrungen zu ihrer Erzeugung (Sintermetall, Fritten), sondern in der Regel zusätzlich Scherkräfte zur frühzeitigen Ablösung

der gebildeten kleinen Bläschen. Sehr kleine Bläschen lassen sich durch Druckreduzierung gasgesättigter Fluide erzeugen, realisiert beispielsweise bei der so genannten Entspannungsflotation .

Gasblasen sind in ihrem Durchmesser immer wesentlich größer als die sie hervorbringenden Bohrungen. Ursachen dafür sind die Oberflächenspannung von Gas und Fluid sowie die Expansion des Gases nach der Ablösung der Blase. Je kleiner die Bohrung, desto größer der erforderliche Gasdruck für die Blasenbildung!

Größere Blasen sind für die Gasdiffusion wenig effektiv:
- da sie zur Koaleszenz (Vereinigung von Blasen) neigen,
- eine geringe spezifische Oberfläche besitzen und
- einer relativ großen Aufstiegsgeschwindigkeit unterliegen.

Relativ gute Mischer sind Kreiselpumpen, denen auf der Saugseite das Gas zugeführt wird. Das geht natürlich nur bei kleinen Gasmengen, um das Abreißen der Strömung zu vermeiden.

Größere Gasmengen lassen sich mit einem Zentrifugalmischer gut mischen, wenn die Förderung von einer vorgeschalteten Pumpe übernommen wird.

Selbstansaugende Systeme (Venturi-Mischer nach dem Prinzip der Wasserstrahlpumpe) können Gas ansaugen. Eine intensive Vermischung, die Bildung kleiner Bläschen und die Lösung unter Druck sind bei diesen Systemen naturbedingt nur sehr begrenzt möglich.

Eine weitere Möglichkeit der intensiven Gas-/Flüssigkeitsmischung besteht in der Nutzung von Strahlmischern (Injektordüse, Strahldüse). Strahlmischer werden auch als Zweistoffdüsen bezeichnet. Verwendung finden sie beispielsweise bei der aeroben Abwasserbehandlung.

Statische Mischer nutzen turbulenzerzeugende Einbauten bzw. Scherkräfte im Fließweg mit vielen Querschnitts- und Richtungsänderungen, zum Beispiel Lochblenden, Metall-Lamellenpackungen (nach Fa. *Sulzer*) oder Wendeln (*Kenics*-Mixer) u.a.

Konstante Belüftungsergebnisse lassen sich nur bei konstanten Bedingungen realisieren. Das gilt insbesondere für die beteiligten Gas- und Flüssigkeitsvolumenströme sowie die Temperatur- und Druckverhältnisse. Diese Parameter müssen bei Bedarf gemessen und geregelt werden.

Eine messtechnische Kontrolle des erreichten O_2-Gehaltes muss berücksichtigen, dass eventuell noch vorhandene Gasblasen das Messergebnis verfälschen können. Die Kontrolle sollte am Gärbehältereinlauf oder aus dem Gärbehälter „blasenfrei" vorgenommen werden.

5.4.3.3 Begasungsvorrichtungen im Bereich der Backhefeindustrie und der Technischen Mikrobiologie

Für die Aerobverfahren der Backhefezüchtung, der Technischen Mikrobiologie und der aeroben Abwasseraufbereitung wurden spezielle Begasungsvorrichtungen entwickelt.

Ziel dieser Ausrüstungen ist es, möglichst viel Sauerstoff mit möglichst wenig Energieaufwand in das Nährsubstrat einzubringen.

Diese Vorrichtungen sind für die Brauindustrie in der Regel ohne Bedeutung, da der technische Aufwand dafür relativ groß ist und weil die Aufgabenstellungen zur Propagation von Bierhefen diesen nicht rechtfertigen.

Der zum Teil sehr große Sauerstoffbedarf, beispielsweise in der Backhefeindustrie, kann nur durch Zufuhr großer Luftmengen bei relativ großem Energieaufwand abgedeckt werden mit der Folge, dass mechanische Schaumzerstörer installiert werden müssen.

In diesen Industrien wird die Effizienz der Sauerstoffzufuhr mit den folgenden Parametern verglichen:

- $k_L \cdot a$-Wert: volumetrischer Stoffübergangskoeffizient mit
  dem Stoffübergangskoeffizient k_L in m/s und
  der spezifischen Phasengrenzfläche a in m^2/m^3
  a = Oberfläche der Phasengrenzfläche/Substratvolumen
  Der $k_L \cdot a$-Wert ist eine Funktion der Gaszusammensetzung,
  der Temperatur, des Druckes, der Substratzusammensetzung
  und des eventuellen Tensidgehaltes
- OTR-Wert: Sauerstoffeintragsvermögen (Oxigenation transportation rate; auch OCR-Wert: Oxigenation capacity rate) in kg $O_2/(m^3 \cdot h)$
- Energie-Effizienz: in kg O_2/kWh

Die Bestimmung dieser Parameter bei den in der Brauerei verwendeten Hefepropagationsanlagen würde auch hier zur Optimierung einer Intervallbelüftung mit dem Ziel der Reduzierung der Belüftungsintensität führen (s.a. Modellrechnung Kapitel 4.7.5.3). Diesbezügliche Untersuchungen wurden bisher noch nicht veröffentlicht.
In Tabelle 113 sind die Daten einiger Belüftungssysteme zusammengestellt.

5.4.3.4 Möglichkeiten der Schaumverminderung bei der Begasung

Bei den unter Kapitel 5.4.3.2 genannten Varianten zur Verbesserung der Gaszufuhr muss der Sauerstoff aus den Gasblasen mit großer spezifischer Oberfläche über die Grenzfläche Blase/Fluid in die flüssige Phase diffundieren.

Der nicht gelöste Gasanteil steigt in der flüssigen Phase, bedingt durch den Auftrieb, nach oben und bildet eine mehr oder weniger kompakte Schaumdecke. Je kleiner die Bläschen sind, desto fester der Schaum.
Die Verwendung von reinem Sauerstoff vermindert das Schaumproblem beträchtlich.

Eine weitere Variante der „schaumfreien" Begasung ist die Nutzung von gaspermeablen Membranen. Der Sauerstoff der Luft diffundiert durch die Membran direkt in das Fluid, maximal bis zur Löslichkeitsgrenze. Da der Sauerstoff in der Regel schnell verbraucht wird, bleibt ein für die Diffusion günstiges Konzentrationsgefälle erhalten. Da der Stickstoff nur gering löslich ist, stört er nicht. Diese Variante wird bei Anwendung reinen Sauerstoffes besonders attraktiv. Als Membranwerkstoff könnte beispielsweise Silicongummi eingesetzt werden. Die technische Umsetzung im Betriebsmaßstab scheitert zurzeit an den kaum realisierbaren erforderlichen Membranflächen.
Bei Nutzung von keramischen Membranen (wie sie bei der Crossflow-Filtration genutzt werden; s.a. Kapitel 7.5) lässt sich ein ähnlicher Effekt erzielen, der bei reiner Sauerstoffapplikation besonders günstig ist, s.a. Abbildung 150 und Abbildung 151. Diese Form der Sauerstoffzufuhr wird seit Ende der 1990er Jahre praktiziert.

Tabelle 113 Belüftungssysteme für biotechnologische Prozesse (nach [282] und [283])

Begasungssystem	OTR-Wert in kg O_2/($m^3 \cdot h$)	Energie-Effizienz in kg O_2/kWh
Strahlrohrbelüftung		2,5...3
Tauchbelüfter (Fa. *Frings*)		1,3...1,5
Friborator (Fa. *Frings*)		
Effigas-System (Fa. *chemap*/CH)		
Vogelbusch-Belüfter		
Vogelbusch-Dispergator VB-EB-4	≤ 2,3	2,0
Vogelbusch-Belüfter VB-IP-8	≤ 3,6	1,2
Multistage-Rührer (Fa. *chemap*)	5	2...2,8
Inferator (Fa. *Escher-Wyss*)		
Einstoff-Düsen		
Zweistoff-Düsen		3,2...3,8
Strahldüse nach *BASF* (Ejektordüse)		1,5...1,7
Strahldüse nach *Bayer* (Injektordüse)		≤ 3,8
Radialstromdüse nach *Hoechst*		≤ 3,8
Strahler (z. B. IZ-Tauchstrahler)	4,5	2...2,2
Oberflächenbelüfter (z. B. Kreiselbelüfter, Walzenbelüfter, Wasserstrahlbelüfter)		1,5...2,5 1,2...2,5 0,8...2,8

5.4.3.5 Der Einsatz der unstetigen bzw. stetigen Querschnittserweiterung zur Gasverteilung

In Abbildung 145 sind die für die unstetige Querschnittserweiterung erforderlichen Beziehungen zur Berechnung des Druckverlustes aufgeführt. Der bleibende Druckverlust Δp_v (der so genannte Stoßverlust) durch Wirbelbildung trägt zur Vermischung von Gas bei, dass vor der Querschnittserweiterung dosiert wurde. Die Verlustleistung wird in Wärme umgewandelt, sie ist vor allem von den Querschnittsverhältnissen A_1 und A_2 abhängig.

Ein Beispiel für verschiedene Durchmesserverhältnisse zeigt Abbildung 146. Bei großen Querschnittsänderungen resultieren zum Teil recht beträchtliche Druckverluste, die als Ergebnis der wirkenden Scherkräfte entstehen.

In Abbildung 147 wird alternativ der Druckverlauf bei einer stetigen Rohreinziehung und anschließender Rohrerweiterung (Diffusor) gezeigt. Dabei treten keine Verwirbelungen auf, sodass fast die gesamte kinetische Energiedifferenz zwischen Punkt 2 und 3 (Abbildung 147) in statischen Druck (bis auf die Rohrreibungsverluste) umgewandelt werden kann, der zur Lösung des bei oder vor Punkt 2 (Abbildung 147) zugesetzten Gases beiträgt. Der Öffnungswinkel α der Erweiterung darf aber nur wenige Grad (5...9°) betragen; er ist eine Funktion der Re-Zahl.

Bei einem stetig veränderlichen Querschnitt gemäß Abbildung 147 würden sich bei $\dot{V}$ = 30 m³/h die Resultate für DN 50 bzw. DN 25 gemäß Tabelle 114 ergeben.

Maschinen, Apparate und Anlagen

An dieser Stelle sei der Hinweis gestattet, dass der Stoßverlust an einer unstetigen Querschnittserweiterung auch die Hauptursache der relativ sehr hohen Druckverluste bei Doppelsitzventilen ist.

Bei ausgeführten Anlagen wird in der Regel der Aufwand für die Gaszufuhr und -lösung überbetont. Die Hefe benötigt nur relativ wenig Sauerstoff (s.a. Kapitel 4.7). Ein Überangebot kann sie, bedingt durch den *Crabtree*-Effekt, nicht nutzen.
Zu beachten ist auch, dass überschüssiger Sauerstoff zur Oxidation der Würze- bzw. Bierinhaltsstoffe führt mit den bekannten Auswirkungen auf die sensorischen Eigenschaften (siehe 4.6.11.3 und 4.5.4).

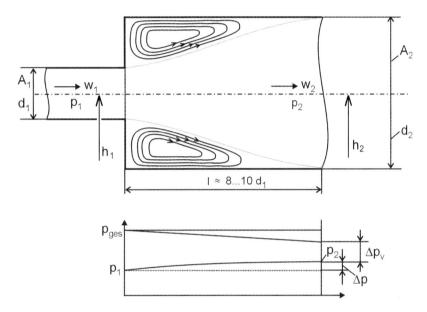

Abbildung 145 Unstetige Querschnittserweiterung einer Rohrleitung, schematisch
d_1, d_2 Durchmesser A_1, A_2 Querschnittsfläche w_1, w_2 Geschwindigkeit p_1, p_2 Druck
h_1, h_2 Höhe l Länge Δp Druckverlust durch Reibung Δp_v Druckverlust (Stoßverlust)

Für die unstetige Querschnittserweiterung nach Abbildung 145 lassen sich die folgenden Gleichungen anwenden:

1. Kontinuitätsgleichung:

$$\dot{m} = \rho \cdot \dot{V} = \rho \cdot w_1 \cdot A_1 = \rho \cdot w_2 \cdot A_2 \quad \text{Gleichung 67}$$

$$w_1 \cdot A_1 = w_2 \cdot A_2 \quad \text{Gleichung 68}$$

$$w_2 = \frac{w_1 \cdot A_1}{A_2} \quad \text{Gleichung 69}$$

2. Impulssatz:

$$\dot{m}(w_1 - w_2) + p_1 \cdot A_2 - p_2 \cdot A_2 = 0 \quad \text{Gleichung 70}$$

$$\Delta p = p_2 - p_1 = \rho \cdot w_2 (w_1 - w_2) \quad \text{Gleichung 71}$$

Die Hefe in der Brauerei

mit $h_1 = h_2$ folgt: $\dfrac{\rho \cdot w_1^2}{2} + p_1 = \dfrac{\rho \cdot w_2^2}{2} + p_2 + \Delta p_v$ Gleichung 73

$\Delta p_v = \dfrac{\rho \cdot w_1^2}{2}\left(1 - \dfrac{A_1}{A_2}\right)^2 = \dfrac{\rho}{2}(w_1 - w_2)^2$ Gleichung 74

$P_{verlust} = \Delta p_v \cdot \dot{V}$ Gleichung 75

Beispielwerte:
Volumenstrom 300 hL/h = 8,3 L/s
$\rho = 1048$ kg/m^3
$d_2 = 80$ mm
$w_2 = 1,66$ m/s

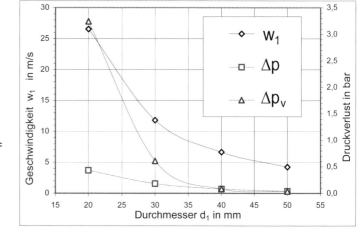

d_1	w_1 in m/s	Δp in bar	Δp_v in bar	$P_{verlust}$ in W
20	26,5	0,43	3,24	2700
30	11,8	0,18	0,54	449
40	6,6	0,08	0,11	108
50	4,2	0,04	0,035	29

Abbildung 146 Druckverluste einer Belüftungsdüse nach dem Prinzip „unstetige Querschnittsveränderung"
Beispiel gemäß dem Schema von Abbildung 145

Tabelle 114 Zusammenhang zwischen Fließgeschwindigkeit und Druck bei einer stetigen (idealen) Querschnittsveränderung gemäß Abbildung 147 und einem Volumenstrom von 30 m^3/h = 8300 mL/s (ohne Druckverlust)

	w_1 in m/s	p_1 in bar	w_2 in m/s	p_2 in bar	w_3 in m/s	p_3 in bar
DN 50	4,2	2,0			4,2	2,0
DN 25			16,9	0,59		

Maschinen, Apparate und Anlagen

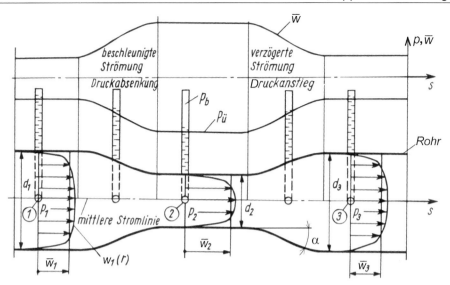

Abbildung 147 Geschwindigkeits- und Druckverteilung in einem Rohr mit stetig veränderlichem Querschnitt, Messpunkte 1, 2, 3

p = Druck **p_b** = barom. Druck **$p_ü$** Überdruck **s** = Weg **w** = Geschwindigkeit **$\bar{w}$** = Durchschnittsgeschwindigkeit **w(r)** = w als f (r) α = Öffnungswinkel **d** Durchmesser

5.4.3.6 Beispiele ausgeführter Begasungssysteme bzw. Komponenten

Die Abbildung 148 und Abbildung 149 zeigen ausgeführte Mischdüsen verschiedener Hersteller und Abbildung 150 ein keramisches Modul.

Das in Abbildung 151 dargestellte keramische Belüftungsmodul der Fa. *MEURA* aus gesintertem Aluminiumoxid (α Al_2O_3) besteht aus 19 Modulen mit je 19 Kanälen. Die Kanäle haben einen Durchmesser von je etwa 3,3 mm und eine Länge von etwa 900 mm. Damit ergibt sich für ein Modul eine Membranfläche von 1773 cm² = 0,177 m² und für das Belüftungsmodul eine Membranfläche von 3,36 m².
Die Anzahl der Module eines Belüftungsmoduls wird betriebsspezifisch festgelegt.
Die Porenweite des keramischen Moduls beträgt 0,05 μm (nach [284]).

Die Hefe in der Brauerei

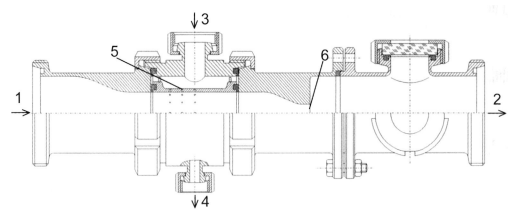

Abbildung 148 Belüftungsdüse nach Esau & Hueber
1 Fluid-Eintritt **2** Fluid-Austritt, belüftet **3** Sterilluft, CIP-Vorlauf **4** CIP-Rücklauf
5 Gaskanal **6** unstetige Querschnittsveränderung

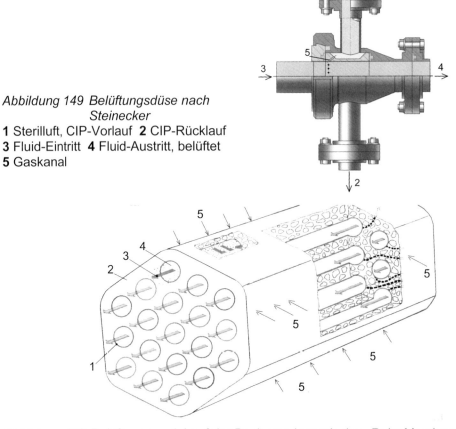

Abbildung 149 Belüftungsdüse nach Steinecker
1 Sterilluft, CIP-Vorlauf **2** CIP-Rücklauf
3 Fluid-Eintritt **4** Fluid-Austritt, belüftet
5 Gaskanal

Abbildung 150 Belüftungsmodul auf der Basis von keramischen Rohr-Membranen
1 Membran **2** keramisches Trägermaterial **3** begastes Fluid/Hefesuspension **4** Fließkanal **5** Sauerstoff bzw. Sterilluft

Abbildung 151 Hefepropagationssystem unter Verwendung einer keramischen Membran (nach MEURA [282])
1 Keramisches Modul **2** Modul geöffnet (Belüftungsmodul mit 19 Einzelmodulen zu je 19 Kanälen

5.4.3.7 Schlussfolgerungen

Das Problem Belüftung lässt sich auf relativ einfache verfahrenstechnische Zusammenhänge bzw. Gesetzmäßigkeiten zurückführen.

Eine intensive Gaslösung bis zur Sättigung erfordert einen bestimmten energetischen Aufwand, der nicht zu eliminieren ist. Die Verluste lassen sich aber minimieren. Apparativ einfache Lösungen sind im Allgemeinen relativ energieaufwändig.

Der Einsatz von keramischen Membranen bzw. Siliconmembranen ermöglicht neue verfahrenstechnische Lösungen für die Belüftung von Hefesuspensionen mit anlagentechnischen Vorteilen bezüglich Schaumvermeidung und mikrobiologischer Sicherheit.

Bei ausgeführten Anlagen wird die Belüftungstechnik für die Hefe in der Regel überdimensioniert.

Im Interesse einer kostengünstigen Betriebsweise sind viele Anlagen optimierungsfähig.

5.5 Anforderungen an die Ausrüstung
5.5.1 Werkstoffe und Oberflächen
Metallische Werkstoffe
Dominierender Werkstoff für technologische Ausrüstungen ist Edelstahl, Rostfrei[®]. Der Begriff *nichtrostende Stähle* wird auch für korrosionsbeständige, hitzebeständige und warmfeste Stähle benutzt. Als Synonyme können auch die Begriffe (austenitischer) CrNi-Stahl bzw. CrNiMo-Stahl verwendet werden, die sich von den wesentlichen Legierungselementen ableiten, s.a. Tabelle 115.

Die Bezeichnungen und Eigenschaften können aus den entsprechenden Normen ersehen werden (z. B. DIN EN 10027 [285] und DIN EN 10088 [284], s.a. unten). Herstellerspezifische Bezeichnungen für nichtrostende Stähle sollten nicht mehr benutzt werden (z. B. V2A, V4A, Nirosta[®] usw.).

Tabelle 115 Die Bedeutung der Werkstoffnummern bei Edelstahl Rostfrei

Werkstoffnummer	Bedeutung	Bemerkungen
1.40..	Cr-Stähle mit < 2,5 % Ni	**ohne** Mo, Nb oder Ti
1.41..	Cr-Stähle mit < 2,5 % Ni	**mit** Mo, **ohne** Nb oder Ti
1.43..	Cr-Stähle mit ≥ 2,5 % Ni	**ohne** Mo, Nb oder Ti
1.44..	Cr-Stähle mit ≥ 2,5 % Ni	**mit** Mo, **ohne** Nb oder Ti
1.45..	Cr-, CrNi- oder CrNiMo-Stähle	**mit** Sonderzusätzen wie Ti, Nb, Cu usw.
1.46..		

Charakteristisch ist für austenitische Stähle, dass sie nicht magnetisch sind. Durch diese Eigenschaft lassen sie sich von ferritischen oder martensitischen Stählen leicht unterscheiden.

Die Eigenschaften der nichtrostenden Edelstähle sind in der europäischen Norm EN 10088 „Nichtrostende Stähle" festgelegt. In der BR Deutschland gilt die DIN EN 10088, Teil 1 bis 3 [286]. Eine Einführung in die Thematik geben [287] und [286].

Im englischen Sprachraum ist die Kennzeichnung nach AISI üblich (American Iron and Steel Institute). Wichtige Stähle sind beispielsweise (Tabelle 116):

Tabelle 116 Vergleichstabelle für austenitische Werkstoffe (Beispiele)

Stahl AISI 304	Werkstoff 1.4301
Stahl AISI 304 L	Werkstoff 1.4307
Stahl AISI 304 Ti	Werkstoff 1.4541
Stahl AISI 316	Werkstoff 1.4401
Stahl AISI 316 L	Werkstoff 1.4404
Stahl AISI 316 Ti	Werkstoff 1.4571

Dabei steht das L für *low carbon*.

Ein Überblick zur Thematik Edelstahl Rostfrei[®] ist z. B. in [288] und [289] zu finden. Einen „Universalstahl" gibt es nicht. Die Auswahl des geeigneten Werkstoffes muss die geforderte Korrosionsbeständigkeit, die beteiligten Medien (Temperatur, pH-Wert, Gehalt an Halogenionen, insbesondere Chlorionen), die Ansprüche an die Festigkeit, die Montagebedingungen und die Kosten berücksichtigen. Relativ universell lassen sich die Werkstoffe 1.4404, 1.4571 und 1.4435 einsetzen, bedingt 1.4301 und 1.4307.

> Der jeweilige erforderliche Werkstoff muss immer anhand der gegebenen Einsatzkriterien individuell und sorgfältig ausgewählt werden.

Mit Korrosion muss bereits bei Temperaturen ≥ 25 °C, pH-Werten < 9 und Chlorionenkonzentrationen > 50 mg/L gerechnet werden. Kritische Stellen sind vor allem Phasengrenzflächen Gas/Flüssigkeit und Stellen, an denen es durch Verdunstung zu lokalen Konzentrationserhöhungen kommen kann.

Durch sachgerechte Werkstoffauswahl, die vor allem die Einsatzkriterien (pH-Wert-Bereich, die Temperatur, Halogengehalt, ggf. den Sulfat-Ionengehalt) berücksichtigt, und qualifiziertes Schweißen/Schweißnahtnachbehandlung lassen sich Korrosionsschäden vermeiden oder begrenzen. Weitere Hinweise zur Thematik Korrosion und Korrosionsschutz bei Edelstählen siehe [290].

Beim Einsatz von Gewinden ist zu beachten, das Edelstähle ein ungünstiges Reibverhalten zeigen. Sie neigen bei größerer Belastung zum *Kaltverschweißen* („Fressen") des Gewindes. Deshalb sollte ein Gewinde immer gut geschmiert werden („Lebensmittelfett", Molybdändisulfid MoS_2).

Hochbelastete Gewinde (z. B. Gewindespindeln an Plattenwärmeübertragern) sollten aus einer anderen Werkstoffpaarung gefertigt werden, die ggf. mit einem mechanischen Korrosionsschutz (Kapselung) ausgerüstet wird. Die Reibung zwischen großen Muttern und Unterlegscheiben kann durch Axiallager reduziert werden.

Aus dem gleichen Grunde sollten Verschraubungen an Rohrleitungen regelmäßig geschmiert werden und nur mäßig mit dem zugehörigen Hakenschlüssel **ohne** Verlängerung angezogen werden. Voraussetzung dafür sind parallele Dichtflächen und intakte Dichtungen.

Für weitere Hinweise zum Thema Werkstoffe wird auf [315] verwiesen.

Reinigung/Desinfektion und Pflege des Edelstahles

Rostfreier Edelstahl besitzt nur im passiven Zustand seine Korrosionsbeständigkeit. Wichtigste Voraussetzung für die Ausbildung der *Passivschicht* ist die metallisch *reine* Oberfläche (die Aussage „rost- und säurebeständig" gilt für Edelstahl Rostfrei *nur* unter bestimmten Voraussetzungen, zu denen u.a. die saubere Oberfläche gehört).

Nach der Montage müssen die Oberflächen einer *Grundreinigung* unterzogen werden. Dazu gehört die Entfettung und ggf. die Entfernung von Klebstoffresten der Schutzfolien mit geeigneten organischen Lösungsmitteln. Die Entfettung kann mit einer alkalischen CIP-Reinigung erfolgen, die Lauge sollte dann nur für diesen Zweck und nicht weiter verwendet werden.

Produktberührte Oberflächen werden üblicherweise nach dem CIP-Verfahren gereinigt und desinfiziert, vor allem in der Form der Niederdruck-Schwallreinigung bei Behältern. Dabei werden vor allem alkalische Medien auf der Basis von Natronlauge und saure Reinigungsmittel auf der Basis von HNO_3 und/oder H_3PO_4 verwendet. Bei der Anwendung von sauren Reinigungs- und Desinfektionsmitteln ist darauf zu achten, dass der Gehalt an Chlorid-Ionen (auch im Ansatzwasser) möglichst gering bleibt, um Lochkorrosion auszuschließen, ebenso sollten die Temperaturen niedrig bleiben.

In der Norm DIN 11483 [291] werden Einsatzkriterien für Reinigungs- und Desinfektionsmittel genannt.

Kunststoffe

Als Konstruktionswerkstoffe und für Messelektroden werden auch Glas und Kunststoffe verwendet.

Geeignet sind u.a. PTFE (Polytetrafluorethylen; Teflon®), PP (Polypropylen), PEEK (Poly-Ether-Ether-Keton), PVC (Polyvinylchlorid) und PES (Polyethersulfon).

Oberflächenzustand

Der Lieferzustand der rostfreien Edelstähle wird durch ein Kurzzeichen angegeben. Dieses ist nach DIN EN 10088 genormt [284]. Warmgewalzte Werkstoffe beginnen immer mit der Ziffer 1, kaltgewalzte mit der Ziffer 2, denen ein Großbuchstabe folgt (Beispiele siehe Tabelle 117).

Es empfiehlt sich, in Lieferverträge immer den geforderten arithmetische Mittenrauwert R_a für produktberührte Oberflächen mit aufzunehmen. Für Anlagen der Brau- und Getränkeindustrie sind Werte von $R_a \leq 1,6$ μm anzustreben. Die Messung der Rauheit R_a nach DIN EN ISO 4287 erfolgt gemäß DIN EN ISO 4288 [292].

Da der Preis der Werkstoffe und die Verarbeitungskosten vom Mittenrauwert abhängig sind, sollte gelten: „So gering wie nötig" (die Angabe der Rautiefe R_t oder der gemittelten Rautiefe R_z ist nicht sinnvoll).

Tabelle 117 Ausführungsart und Oberflächenbeschaffenheit von Edelstahl, Rostfrei®
(Auswahl der Beispiele nach DIN EN 10088-2)

Kurzzeichen *) nach DIN EN 10088-2	Ausführungsart	ehemalige Kurzzeichen nach DIN 17440
2 D	Kalt weiterverarbeitet, wärmebehandelt, gebeizt	h (III b)
2 B	Kaltgewalzt, wärmebehandelt, gebeizt, kalt nachgewalzt	n (IIIc)
2 R	Kaltgewalzt, blank geglüht	m (III d)
2 G	geschliffen	o (IV)
2 J	Gebürstet oder matt poliert	q
2 P	Poliert, blankpoliert	p (V)

*) **Ziffer 1**: warm gewalzt oder warm geformt,
 Ziffer 2: kalt gewalzt oder weiterverarbeitet

Beachtet werden sollte auch, dass zum Beispiel geschweißte Rohre (nach DIN 11850 [292]) nur mit folgenden Mittenrauwerten geliefert werden:

▫ Geschweißte Rohre mit $R_a \leq 1,6$ μm und $R_a \leq 0,8$ μm.

Rohre werden nach DIN 11866 [293] oder DIN 11850 [294] eingesetzt. Bei Rohren nach DIN 11866 (nahtlose und geschweißte Rohre) werden u.a. die Hygieneklassen H1 bis H5 unterschieden. Diese beziehen sich auf die Rautiefe der Rohrinnenfläche und des Schweißnahtbereiches (Tabelle 118). Bei der Auswahl der Rohre müssen natürlich die nicht unwesentlich höheren Kosten der Rohre und Formteile mit geringer Rauheit beachtet werden, ebenso die Verarbeitungskosten.

Tabelle 118 Hygieneklassen bei Rohren nach DIN 11866

Hygieneklasse	R_a Innenfläche	R_a Schweißnahtbereich
H 1	< 1,6 µm	< 3,2 µm
H 2	< 0,8 µm	< 1,6 µm
H 3	< 0,8 µm	< 0,8 µm
H 4	< 0,4 µm	< 0,4 µm
H 5	< 0,25 µm	< 0,25 µm

Es ergibt keinen Sinn, an einzelnen Stellen der Anlage geringere Mittenrauwerte mit höheren Kosten einzusetzen (Prinzip der Kette: das schwächste Glied bestimmt die Eigenschaften). Ebenso muss gesichert werden, dass an allen Stellen der Anlage nach der Montage die gleichen Mittenrauwerte erreicht werden.

Mittenrauwerte $R_a \leq 1,6$ µm lassen sich im Allgemeinen nur durch Elektropolitur erzielen. Die produktberührten Oberflächen von Armaturen oder Sensoren werden teilweise trotzdem mit einer Rautiefe $R_a \leq 0,4$ µm gefertigt.

Nach neueren Erkenntnissen verbessert sich die Reinigungsfähigkeit der Oberfläche bei R_a-Werten $\leq 0,8$ µm nicht mehr [295], im Gegenteil, die Reinigungsfähigkeit verschlechtert sich bei sehr kleinen R_a-Werten [296], [297].
Wichtige Hinweise geben auch die Publikationen der EHEDG [298].

Dichtungswerkstoffe
Beispiele sind in der Getränkeindustrie die in Tabelle 119 genannten Elastomere:

Tabelle 119 Dichtungswerkstoffe für die Getränkeindustrie

Abkürzung	Bezeichnung	Einsatzgrenzen	Handelsname
NBR	Acrylnitril-Butadien-Kautschuk	-30…100 °C	Perbunan, Nitril-Kautschuk
HNBR	Hydrierter NBR-Kautschuk	-20…140 °C	
VMQ	Polymethylsiloxan-Vinyl-Kautschuk	-40…110 °C	Silicone
EPDM	Ethylen-Propylen-Dien-Mischpolymerisat	-30…160 °C	
PTFE	Polytetrafluorethylen	-200…260 °C	z. B.: Teflon®
FKM (FPM)	Fluorelastomere; Fluorkautschuk	-15…160 °C	z. B.: Viton®,
FFKM	Perfluorkautschuk	-15…≥ 230 °C	z. B.: Kalrez®, CHEMRAZ® Simriz®

Die Elastomere sind eine Mischung aus dem eigentlichen Polymer bzw. den beteiligten Polymeren, Füllstoffen, Farbstoffen, Weichmachern, Aktivatoren und Vernetzern, Alterungsschutzmitteln und anderen Verarbeitungshilfsmitteln.
Die Dichtungswerkstoffe werden oft durch die Füllstoffe eingefärbt. Ein sehr wichtiger aktiver Füllstoff ist Ruß. Deshalb sind viele Dichtungen schwarz gefärbt. Anorganische

Füllstoffe verbessern die chemische Beständigkeit der Dichtungswerkstoffe im Allgemeinen nicht.

Die Dichtungswerkstoffe müssen die FDA-Zulassung (Food- and Drug-Administration, USA) besitzen. Teilweise werden weitere Zulassungen gefordert, z. B. nach dem 3A Sanitary-Standard (USA).

Diese Werkstoffe werden vor allem als O-Ring (gesprochen: Rundring) und als Profil-Dichtungen verarbeitet. Der Einbauort der Dichtung muss so gestaltet werden, dass der Dichtring nur definiert gepresst oder gespannt und nicht gequetscht werden kann (Prinzip der Sterildichtung in der Aseptikverschraubung nach DIN 11864). Weitere Hinweise siehe zum Beispiel [299].

Unterscheidungsmöglichkeiten für Elastomere

Eine eindeutige Zuordnung von Farben zu den einzelnen Dichtungswerkstoffen ist leider nicht möglich.

EPDM, HNBR, FKM und FFKM sind in der Regel schwarz gefärbt (Füllstoff Ruß), Silicon-Kautschuk VMQ kann rot gefärbt sein, NBR ist oft blau. Die Farben sind zurzeit nicht standardisiert und werden herstellerspezifisch festgelegt.

Der zum Teil blau gefärbte Dichtungswerkstoff NBR (Acrylnitril-Butadien-Kautschuk) ist für mit heißer Lauge gereinigte Anlagen unbrauchbar.
Für Heißwürze ist auch HNBR gut nutzbar.

Eine Unterscheidung ist zum Teil nach der Dichte oder anderen physikalisch messbaren Kriterien möglich, zum Beispiel können die IR-Spektren der Elastomere für die Unterscheidung genutzt werden [300]. Diese Bestimmungen sind im Allgemeinen nur durch die Hersteller möglich, die Dichtung wird dabei meistens zerstört.

Bei FKM kann die Dichte von etwa 2 g/cm^3 zur Unterscheidung von anderen Elastomeren benutzt werden. Viele Elastomere unterscheiden sich nur geringfügig in ihrer Dichte (EPDM, VMQ und NBR liegen bei einer Dichte von etwa 1,1 bis 1,2 g/cm^3.

Die Unterscheidung der Elastomere durch eine so genannte Brennprobe ist nur bedingt möglich. Die entstehenden Gase können zwar teilweise einem bestimmten Kunststoff zugeordnet werden, aber da dabei auch giftige Gase entstehen können, muss von dieser Unterscheidungsmöglichkeit dringend abgeraten werden.

> Die Lieferspezifikationen müssen im Lager den Dichtungen zur sicheren Unterscheidung deshalb dauerhaft zugeordnet bleiben.

Hinweise zur Beständigkeit der Dichtungswerkstoffe

Hinweise zur Beständigkeit von Elastomeren gegenüber R/D-Medien gibt die DIN 11483-2 [301].

5.5.2 Anforderungen an die Gestaltung von Rohrleitungen und Anlagen im Hinblick auf kontaminationsfreies Arbeiten

Das kontaminationsfreie Arbeiten einer Anlage und die Schaffung der maschinen- und apparatetechnischen Voraussetzungen dafür sind wichtige Zielstellungen, die bereits bei der Anlagenplanung berücksichtigt werden müssen und die bei der Auswahl und Beschaffung sowie Verarbeitung der Komponenten ihre konsequente Fortsetzung finden müssen. Hierzu s.a. [302].

Ein Teil der Anforderungen ist in der Norm DIN-EN 1672, Teil 1 und 2, allgemeingültig formuliert [303].

Sensoren und moderne Anschlusssysteme werden nach den Richtlinien der EHEDG (European Hygienic Equipment Design Group) gefertigt, sie entsprechen damit auch den Forderungen des US 3-A-Standards 74-00.

Die BG Nahrungsmittel und Gaststätten hat die „Grundsätze der hygienischen Lebensmittelherstellung" herausgegeben [304], die Gesellschaft für Öffentlichkeitsarbeit der Deutschen Brauwirtschaft den Leitfaden „Gute Hygienepraxis und HACCP" [305]. Von der Fachabteilung „Sterile Verfahrenstechnik" im VDMA wurde ein Prüfsystem für die Reinigungsfähigkeit von Anlagen-Komponenten entwickelt, das „Qualified Hygienic Design" (QHD) [306].

Beachtet werden müssen auch die Lebensmittel-Hygiene-Verordnung [307] und das Lebensmittel-, Bedarfsgegenstände- und Futtermittelgesetzbuch (LFGB) [308].

Wichtige Aspekte bei der Gestaltung von Rohrleitungen, Armaturen und Anlagenkomponenten für kontaminationsfreies Arbeiten sind:

- Die Werkstoffauswahl: Edelstähle mit entsprechender Korrosionsbeständigkeit im vorgesehenen Einsatzfall;
- Dichtungen: geeignete Dichtungswerkstoffe, statische Dichtungen mit definierter Vorspannung und minimaler Oberfläche zum Produkt, dynamische Dichtungen mit klarer Trennung Produkt/Umgebung;
- Die Werkstoffoberfläche: Mittenrauwert $R_a \leq 1,6$ µm für produktberührte Oberflächen;
- Die Verarbeitung der Werkstoffe: qualifiziertes Schutzgas-Schweißverfahren mit lückenloser Formierung, Passivierung der Werkstoffoberfläche nach dem Schweißen;
- Keine Spalten und Toträume, keine Gewinde mit Mediumkontakt;
- Vollständige Benetzbarkeit durch CIP-Medien;
- Zugänglichkeit aller Oberflächen für die Reinigung und Desinfektion, keine Ecken und Winkel, keine offenen Hohlprofile;
- Konsequente Trennung von Lagerung und Dichtung bei Wellen;
- Vollständige Entleerbarkeit, keine Produkt- oder CIP-Medien-Reste;
- Verhinderung des Kontaktes kontaminierter Oberflächen mit dem Produkt;
- Oberflächengestaltung so, dass alle Medien problemlos ablaufen können;
- Ausführung von Abdeckungen aller Art, Durchführungen und Maschinenverkleidungen in CIP-gerechter Form, schwall- und spritzwasserdicht;
- Vermeidung des Einziehens unsteriler Umgebungsluft bei CIP-Vorgängen oder Entleerungen von Behältern. Günstig ist die ständige Sicherung eines geringen Überdruckes in der Anlage.

Nur die ständige Prüfung auf Einhaltung der vorstehend genannten Kriterien und Bedingungen während der Planungs- und Montagephase und bei der Lieferantenauswahl bzw. Beschaffung sichert den Erfolg.

> **Kompromisse bezüglich der Einhaltung der vorstehend genannten Gestaltungsprämissen und der Qualitätssicherung sind nicht möglich!**

Toträume in Rohrleitungen

Grundsätzlich dürfen in Rohrleitungen für Produkt, CIP, Wasser etc. der Gärungs- und Getränkeindustrie keine Toträume vorhanden sein. Für alle anderen Ver- und Entsorgungsmedien wird ebenfalls Totraumfreiheit angestrebt.
Der Idealzustand ist die fortlaufende Rohrleitung ohne Abzweige, also nur ein Strang. Ähnlich wie in der Elektrotechnik werden deshalb Rohrleitungen bei Bedarf „durchgeschleift", um tote Rohrleitungsabschnitte zu vermeiden.
In den Fällen, die Abzweige erfordern, beispielsweise für den Anschluss eines Behälters an eine Produktleitung, wird der Abzweig mit einer Absperrarmatur abgeschlossen.
Wichtig ist es, die Armatur so nahe als technisch möglich an der Rohrleitung zu platzieren, um den entstehenden Totraum zu minimieren (s.a. Abbildung 153).

Als Armatur wird eine mit einem so genannten Anschweißende ausgewählt, die an einer Rohraushalsung oder einem kurzen T-Stück angeschweißt wird. Gegebenenfalls müssen die zu verschweißenden Enden eingekürzt werden. Das Orbital-Schweißverfahren ist in diesen Fällen in der Regel nicht einsetzbar.

Anzustreben ist, dass der maximale Abstand des Abzweig-Endes kleiner als der Rohrleitungsdurchmesser ist.

Auch bei der Verbindung von Rohrleitungskreisläufen mit CIP-Vor- und Rücklauf sollten die Anschlussstellen so dicht als möglich an die Absperrarmatur herangerückt werden.

Abzweige werden üblicherweise horizontal zur Rohrachse angeordnet. Damit werden Produktreste und Gasblasen vermieden.

Die Rohrleitungsabzweige werden zweckmäßigerweise mit einer Blindkappe verschlossen und die Absperrklappen geöffnet. Sie werden dadurch bei der Rohrleitungsreinigung nach dem CIP-Verfahren ständig mit gereinigt.

Einbau von Sensoren zur Onlinemessung von Prozessgrößen

Für die Onlinemessung der Prozessgrößen (Temperatur, Druck, pH-Wert, O_2-Gehalt, Trübung, Füllstand usw., s.a. Kapitel 5.5.3.) werden Einbauarmaturen gefertigt, die die firmenspezifischen Sensoren aufnehmen und die in standardisierte, aber firmenspezifische Anschlusssysteme (Synonym: Adapter) eingesetzt werden. Damit wird der Sensorwechsel vereinfacht.

Maschinen, Apparate und Anlagen

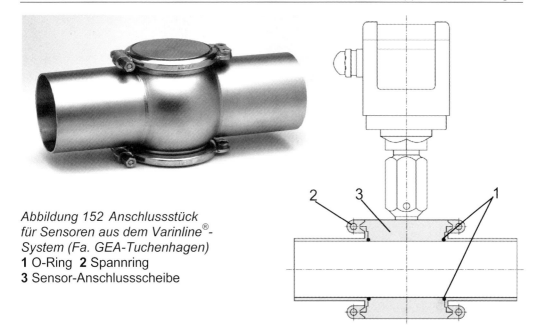

Abbildung 152 Anschlussstück für Sensoren aus dem Varinline®-System (Fa. GEA-Tuchenhagen)
1 O-Ring **2** Spannring
3 Sensor-Anschlussscheibe

Der Prozessanschluss kann zum Beispiel wahlweise sein:
- Eine Armatur für das Varinline®-Gehäusesystem der Fa. GEA-Tuchenhagen (s.a. Abbildung 152);
- Eine Armatur für das APV®-Gehäuse der Fa. APV/Invensys [309];
- Eine Armatur mit Tri-Clamp-Anschluss 1 1/2" oder 2" bzw. Spannringverbindung (DIN 11864-3);
- Ein Anschlusssystem BioConnect®/Biocontrol® [310];
- Ein Einschweißstutzen Ø 25 mm der Fa. Ingold/Mettler Toledo.

Teilweise werden die Prozessanschlüsse so gestaltet, dass die Messsonde während des Betriebes gewechselt oder gewartet werden kann.
 Sensoren und moderne Anschlusssysteme werden nach den Richtlinien der EHEDG (European Hygienic Equipment Design Group) gefertigt, sie entsprechen damit auch den Forderungen des US 3-A-Standards 74-00.

5.5.3 Hinweise zur Rohrleitungsverschaltung, zum Einsatz von Armaturen und zur Probeentnahme
5.5.3.1 Allgemeine Hinweise
Die Anzahl der verwendeten Armaturen sollte grundsätzlich minimiert werden, um Kosten zu sparen und mögliche Fehlerquellen auszuschalten, insbesondere bezüglich eventueller Kontaminationen.
 Es ist zwar prinzipiell möglich, Anlagen der Gärungs- und Getränkeindustrie mit den gleichen Maßstäben bzw. Standards zu errichten, wie sie in der Steriltechnik biotechnologischer Anlagen üblich sind. Das scheidet aber im Allgemeinen aus Kostengründen aus.
In der Gärungs- und Getränkeindustrie sind zwei Basis-Varianten der Verbindungstechnik für Rohrleitungen und Apparate oder Anlagen in Gebrauch:

- die manuelle Verbindung mittels Passstück oder Schwenkbogen und
- die Festverrohrung.

Zwischen diesen beiden Extremen sind natürlich alle Zwischenvarianten denkbar.

Die Entscheidung für eine der beiden Varianten oder eine gemischte Variante muss unter Beachtung der folgenden Kriterien getroffen werden:
- Kosten,
- Bedienbarkeit und Bedienungsaufwand,
- O_2-Aufnahme und
- Betriebssicherheit der Anlage.

Bei geforderter bzw. begründeter Automation der Anlage scheidet die manuelle Verbindungstechnik aus.
Die manuelle Verbindungstechnik bietet sich vor allem in den Fällen an,
- bei denen sich die Manipulations- oder Bedienungshäufigkeit gering ist und sich über längere Zeiträume erstrecken oder
- die terminlich flexibel gestaltet werden können und
- bei denen es auf geringe Installations- und Wartungskosten ankommt.

Beispielsweise bietet eine ZKT-Abteilung für die Gärung und Reifung relativ große Spielräume für Füllung, Entleerung, CIP. Gleiches gilt für Hefepropagationsanlagen. Ebenso lassen sich Verteiler für CIP-Vor- und Rückläufe kostengünstig in Paneeltechnik erstellen.

Bedingung ist bei der manuell gestalteten Verbindungstechnik, dass die Regeln der Kontaminationsverhinderung eingehalten werden (s.u.) und dass bei Bedarf der O_2-Eintrag durch Schwenkbögen oder andere Verbindungselemente verhindert wird (das gilt natürlich nicht für Hefepropagationsanlagen), beispielsweise durch Spülung der Verbindungselemente mit CO_2. Diese Aussage gilt natürlich in gleicher Weise für die Festverrohrung.

5.5.3.2 Die manuelle Verbindungstechnik

Die manuelle Verbindungstechnik und die manuelle Schaltung der Armaturen/Fließwege setzt eine qualifizierte, sorgfältige Arbeitsweise des Bedienungspersonals voraus. Die Anforderungen an das Personal für eine kontaminationsarme oder -freie Arbeitsweise sind erheblich, aber beherrschbar.

Große Aufmerksamkeit erfordert der Oberflächenzustand der zu verbindenden Elemente. Diese müssen kontaminationsfrei sein. Deshalb müssen sie:
- vor jedem Gebrauch gespült und dekontaminiert werden,
- nach jedem Gebrauch gespült und dekontaminiert werden oder
- sie werden in die CIP-Reinigung/Desinfektion lückenlos einbezogen und
- es muss der kontaminationsfreie Zustand aufrecht erhalten werden, beispielsweise durch aufgeschraubte Blindkappen, Aufbewahrung unter Desinfektionslösung bzw. Einsprühen/Einpinseln mit dieser.

Maschinen, Apparate und Anlagen

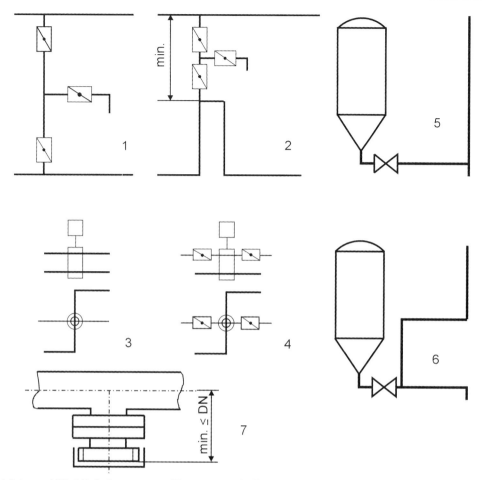

Abbildung 153 Minimierung von Toträumen in Rohrleitungen, Beispiele
1, 5 ungünstige Verlegung **2, 6** günstiger, Leitung durchgeschleift **3** günstige Verknüpfung mit Doppelsitzventil **4** wie Pos. 3, zusätzlich kann der obere Fließweg durch eine Armatur geschlossen werden **7** zwischen abzweigender Armatur und Rohrleitung muss ein minimaler Abstand angestrebt werden

Absperrklappen an Rohrleitungsabzweigen einer Rohrleitung werden zweckmäßigerweise mit einer Blindkappe verschlossen und verbleiben in geöffneter Stellung. Bei CIP-Prozeduren werden dadurch auch die Abzweige mit erfasst (s.o.).

Die Sicherung der Anlage gegen Fehlbedienung kann durch Sensoren an den Absperrarmaturen und den Verbindungselementen erfolgen, die eine bestimmte Stellung der Armaturen oder Verbindungselemente erfassen und deren Signale von einer Steuerung ausgewertet werden können. Diese kann auch die jeweils geschalteten Fließwege auf einem Display visualisieren.

Rohrverschraubungen und Clamp-Verbindungen können keine Achs- und Winkelabweichungen ausgleichen. Die zu verbindenden Teile müssen deshalb absolut parallel zueinander passen.

Für Schwenkbögen in Form des 180°-Bogens trifft diese Aussage auch vollinhaltlich zu. Schwenkbögen mit einem oder mehreren zusätzlichen Gelenken (Verschraubungen) können Achs- und Winkelabweichungen sowie Längenänderungen kompensieren.

Soll mit starren Schwenkbögen gearbeitet werden, müssen die zu verbindenden Rohrenden parallel zueinander und im definierten Abstand fixiert werden, beispielsweise mittels eines Blechpaneels. Zum Verschweißen sind Lehren zu verwenden, die Einflüsse von Schweißspannungen müssen kompensiert werden, ggf. muss nach dem Schweißen gerichtet werden.

Die Paneeltechnik mittels Schwenkbogenverbindung ist nur manuell bedienbar. Vorteilhaft sind aber:
- die geringen Kosten und
- die große Betriebssicherheit bzw. Eindeutigkeit der Verbindung.

Wenn an einer Rohrleitung mehrere Anschlussstellen geschaffen werden müssen, gibt es für die Paneeltechnik zwei Varianten, die sich in ihrem Armaturenaufwand unterscheiden, siehe Abbildung 154 (anzustreben ist Variante a).

Absperrarmaturen (Abbildung 154 b) an den Rohrenden am Paneel sind nicht in jedem Fall notwendig.

Die Schwenkbögen bzw. Schwenkbögen mit Gelenk können in ihrer Nennweite kleiner als die Rohrleitung ausgeführt werden, um die Handlichkeit zu verbessern. Die aus der kleineren Nennweite resultierenden Druckverluste können im Allgemeinen vernachlässigt werden.

5.5.3.3 Die Festverrohrung

Bei der Festverrohrung einer Anlage werden alle benötigten Fließwege realisiert. Die Aktivierung der Fließwege wird durch Armaturen vorgenommen, die manuell oder fernbetätigt geschaltet werden. Auch in diesem Falle werden die Stellungsmeldungen der Armaturen von einer Steuerung ausgewertet. Bei Fehlern werden diese signalisiert und die Anlage schaltet selbsttätig in einen definierten, festgelegten Zustand.

Festverrohrte Leitungssysteme bieten eine relativ große Sicherheit für den eindeutigen, transparenten und dokumentierten Betriebsablauf. Fehlschaltungen lassen sich bei gegebenem Sensor- und Steuerungsaufwand vermeiden.

Voraussetzungen für einen kompromisslosen Betriebsablauf sind dabei unter anderem:
- ein optimales Anlagen- und Rohrleitungs-Design,
- die Fließweg-Gestaltung ohne tote Zonen,
- die Verhinderung unbeabsichtigter Medienvermischung,
- funktionstüchtige, gewartete Armaturen und Rohrleitungsverbindungen, funktionsfähige Dichtungen,
- die automatische Leckageüberwachung der Armaturen,
- sachgerechte Ausführung der Rohrleitungs- und Armatureninstallation,
- regelmäßige CIP-Prozeduren,
- erprobte, betriebssichere Verfahrensabläufe sowie reproduzierbare Verfahrensparameter für alle Produktions- und Reinigungsphasen und
- ein funktionsfähiges Qualitätssicherungssystem.

Die Festverrohrung ist bei automatisierten Anlagen eine Notwendigkeit und sollte immer dann angestrebt werden, wenn:

Maschinen, Apparate und Anlagen

- eine große Sicherheit gegenüber Kontaminationen gefordert wird,
- eine große Sicherheit gegen Fehlbedienungen notwendig ist und wenn
- die Bedienungshäufigkeit groß ist.

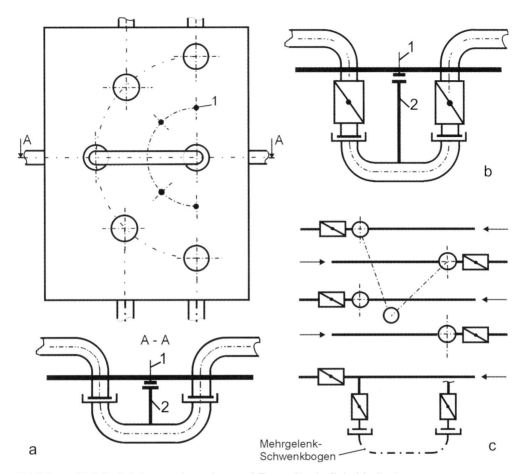

Abbildung 154 Rohrleitungsabzweige und Paneeltechnik in Varianten;
a Auftrennung der Rohrleitung ohne Armaturen b Auftrennung der Rohrleitung mit Armaturen c Abzweig von einer Rohrleitung mit Armaturen;
1 Sensor für Stellungsmeldung des Schwenkbogens
2 Sensorbetätigung des Schwenkbogens

Armaturen:
Doppelsitzventile in den verschiedenen Ausführungsvarianten besitzen insbesondere bei Gestaltung der Rohrverbindungen als Matrix in 2 Ebenen („Rohrleitungsknoten") erhebliche Vorteile. Die funktionsgerechte Festlegung der Ventilbauform ist dabei eminent wichtig. Für Produktleitungen (Würze, Bier, Hefe) kommen nur Ausführungen mit separater Ventilsitzanlüftung in Frage.
Die Betriebsstellung der Armaturen muss durch Sensoren erfasst werden. Anzustreben ist, dass beide Endstellungen („auf" und „zu") signalisiert und von der SPS ausgewertet werden.

Die Leckageräume der Armaturen müssen bei CIP-Vorgängen von jedem Medium beaufschlagt werden. Die Ansteuerung bzw. Medienzufuhr kann für mehrere Armaturen parallel erfolgen.

Diese raumsparende Anordnung der Armaturen besitzt die Vorteile des geringen erforderlichen Bauvolumens, die Möglichkeit der Vorfertigung und Funktionsprüfung der kompletten Armaturenkombination und damit eine vereinfachte und kurzfristige Baustellenmontage und Inbetriebnahme.

Wichtig ist natürlich die gute Zugänglichkeit der Armaturen zu Wartungs- und Reparaturzwecken.

Die Ventilgehäuse werden in der Regel zu einer Matrix verschweißt. Wichtig ist es dabei, die Ausdehnungsmöglichkeit bei temperaturbedingten Längenänderungen (zum Beispiel eine Leitung heiß, eine kalt) der Rohrleitungsstränge durch Einsatz von geeigneten Kompensatoren zu sichern. Diese Forderung begrenzt die Anzahl der in Reihe angeordneten Ventile eines Knotens.

Moderne Ausführungen der Doppelsitzventile ermöglichen durch integrierte Pilotventile und Busansteuerung erhebliche Reduzierungen des Montageaufwandes.

5.5.3.4 Armaturen für Rohrleitungen und Anlagenelemente

Armaturen für Rohrleitungen in der Gärungs- und Getränkeindustrie müssen insbesondere unter den folgenden Aspekten ausgewählt werden:
- Armaturenfunktion,
- Funktionssicherheit,
- Vermeidung von Kontaminationen,
- Aufwand,
- CIP-Fähigkeit.

Armaturen werden funktionell gestaltet als:
- Absperrarmaturen,
- Behälterauslaufarmaturen,
- Probeentnahmearmaturen,
- Mehrwegearmaturen (Zweiwegeventile/Umschaltventile, Ventile mit 2, 3 und 4 Gehäuseanschlüssen),
- Stell- oder Regelarmaturen (meist als Ventil gestaltet, seltener als Klappe oder Kugelhahn).

Geeignete Bauarten sind im Wesentlichen die Absperrklappe, das Ventil bzw. Doppelsitzventil und mit Einschränkungen der Kugelhahn.

Wenn Anlagen unter sterilen Bedingungen betrieben werden müssen, sind nur Armaturen in Sterilausführung ohne dynamische Dichtflächen einsetzbar.

Die Funktionssicherheit umfasst vor allem die Temperatur- und Korrosionsbeständigkeit bzw. die Chemikalienbeständigkeit der Werkstoffe und Dichtungsmaterialien, die Dichtheit innerhalb des Nenndruckbereiches und die Druckstoßsicherheit. Die Druckstoßsicherheit kann entweder konstruktiv oder durch die Einbaulage der Armatur gesichert werden.

Dazu gehört auch das definierte Verhalten der Armatur bei Ausfall der Hilfsenergie des Antriebes. Antriebe werden fast ausschließlich mit pneumatischer Hilfsenergie ($p_ü \geq 6$ bar) betrieben, vereinzelt auch hydraulisch und elektromechanisch. Der Kolben- bzw. Drehwinkel-Antrieb kann mit Druckluft geöffnet und mit Federkraft geschlossen werden oder umgekehrt. Auch die Variante Öffnen und Schließen mittels Druckluft ist möglich.

Die jeweilige Stellung der Armatur muss durch Sensoren der Steuerung gemeldet werden. Anzustreben ist das Signalisieren beider Endstellungen. Vielfach wird aus Gründen der Kostenersparnis nur der angesteuerte Zustand erfasst.

Die Armaturenbauform muss kontaminationsfreies oder zu mindest -armes Arbeiten ermöglichen. Spalten und Toträume sollen nicht vorhanden sein, statische und dynamische Dichtungen müssen funktionsgerecht gestaltet sein.

Der materielle Aufwand bzw. die Armaturenkosten werden erheblich von der benötigten Nennweite, dem Nenndruck, dem Werkstoff und der Bauart beeinflusst. Deshalb muss die Armaturenauswahl und Festlegung der Parameter sorgfältig getroffen werden.

Die CIP-Fähigkeit setzt geeignete Werkstoffe und entsprechende Oberflächengüte (Rauigkeit; Mittenrauwert R_a) sowie ein entsprechendes Design voraus.

Bei der Festlegung des Mittenrauwertes ($R_a \leq 1,6$ µm) nach DIN EN ISO 4287 und 4288 [290] als Mindestwert sollten bei der Armaturenauswahl keine übertriebenen Forderungen gestellt werden. Die angestrebten Mittenrauwerte der Armaturen, Rohrleitungen und Maschinen und Apparate sollten aufeinander abgestimmt sein. Die Bewertung der Oberflächenbeschaffenheit aller produktberührten Anlagenkomponenten muss nach einheitlichen Kriterien und Anforderungen vorgenommen werden (s.a. Kapitel 5.5.1).

In diesem Zusammenhang ist es relevant, die CIP-Parameter auf die vorhandenen Werkstoffoberflächen abzustimmen, die Heißreinigung ist für Hefereinzucht- und Hefepropagationsanlagen grundsätzlich anzustreben.

5.5.4 Probeentnahmearmaturen
5.5.4.1 Allgemeine Hinweise zu Armaturen für die Probeentnahme

Armaturen für die Probeentnahme (Probeentnahmearmaturen) an der richtigen Stelle sind für die Belange der Qualitätssicherung in der Gärungs- und Getränkeindustrie unverzichtbar. Dabei müssen unterschieden werden:
- Armaturen für die Entnahme einer Probe aus einer Rohrleitung oder einem Behälter für eine physikalisch- oder chemisch-analytische Untersuchung, bei der es im Prinzip nicht um mikrobiologische Belange geht;
- Armaturen für die Entnahme einer Probe aus einer Rohrleitung oder einem Behälter für eine mikrobiologische Untersuchung.

In den meisten Fällen lassen sich die vorstehend genannten Aufgaben nicht trennen. Die eingesetzten Armaturen müssen die Entnahme einer repräsentativen, unverfälschten Probemenge ermöglichen und dürfen nicht selbst zur Kontaminationsquelle werden. Daraus folgt, dass bei fast allen Probeentnahmen auch die mikrobiologischen Aspekte im Vordergrund stehen.

In vielen Fällen muss die schaumfreie Probeentnahme auch bei CO_2-haltigen Medien möglich sein.

Die Anforderungen an eine Probeentnahmearmatur sind:
- Die Entnahme der Probe unter aseptischen Bedingungen muss gewährleistet sein;

- In der Armatur dürfen keine Produktreste zurückbleiben; sie sollte spülbar sein. Die Belange und Anforderungen des Hygienic Designs müssen erfüllt werden;
- Die manuelle oder automatische Reinigung/Desinfektion/Sterilisation der Armatur vor und nach der Probeentnahme muss möglich sein;
- Die Armatur sollte CIP-fähig sein; manuell betätigte Armaturen laufen mit geringem Durchsatz während des CIP-Programms stetig mit und sollten in Intervallen geöffnet und gedrosselt werden. Armaturen mit Stellantrieb werden getaktet geöffnet bzw. geschlossen.

Probeentnahmearmaturen sind in der Regel sowohl für manuelle Bestätigung als auch für die pneumatische Betätigung ausrüstbar.

5.5.4.2 Armaturen für die manuelle und automatische Probeentnahme
5.5.4.2.1 Anforderungen an die Probeentnahme
Wichtige Zielstellung ist die Entnahme einer unverfälschten Probe und die Verhinderung einer Kontamination der Entnahmestelle nach der entnommenen Probe (s.o.). Hierzu kann es kommen, wenn sich auf den Resten der Probe Mikroorganismen ansiedeln können, die dann wiederum die nächste Probe kontaminieren und zu einem falschen Ergebnis führen.

Armaturen mit nur einem Ausgang
Armaturen mit nur einem Auslauf können nach der CIP-Prozedur und der ersten Probeentnahme nur gefüllt stehen bleiben. Der Auslauf wird nach dem Abspülen in einen mit Desinfektionslösung gefüllten Container gesteckt, so dass Kontaminationen ausgeschlossen werden können (s.a. Abbildung 155). Dafür geeignet sind auch Druckkompensationswendeln. Diese Variante der Probeentnahmearmatur-Nutzung ist zwar ein Kompromiss, aber bei funktionsgerechter Handhabung brauchbar.

Alternativ besteht oft die Möglichkeit der Spülung (z. B. mit einer Kanüle oder einem dünnen (Pneumatik-)Schlauch) und Desinfektion, das setzt aber eine qualifizierte, zum Teil unkonventionelle Arbeitsweise und die Bereitschaft zur gewissenhaften Arbeit voraus.

Armaturen mit zwei Ausgängen
Manuell betätigte Armaturen sollten grundsätzlich spülbar sein und sollten deshalb über zwei verschließbare Anschlüsse verfügen (Gewindestutzen, Schlauchtülle, Stopfen), s.a.. Nach der Probeentnahme wird gespült und mit einem Desinfektionsmittel aufgefüllt (Peressigsäure-Lösung, Ethanol-Lösung etc.). Günstig ist auch das Dämpfen mit einem mobilen Dampfgenerator (Abbildung 156).

Die Voraussetzungen für die Spülung nach der Probeentnahme müssen gegeben sein, zum Beispiel müssen Wasseranschlüsse in einer geeigneten Nennweite und keimfreies Wasser in der Nähe verfügbar sein.

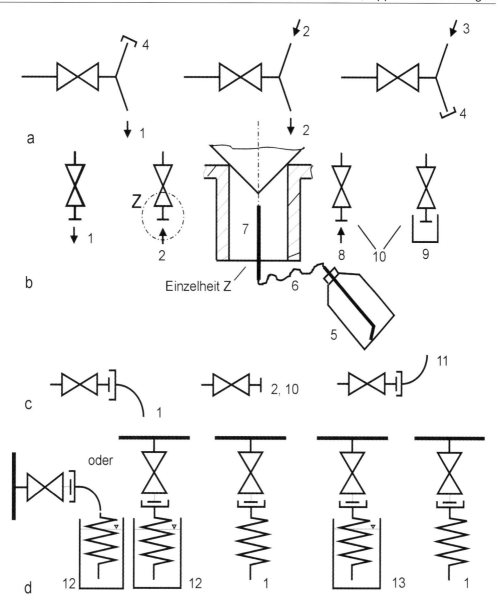

Abbildung 155 Sicherung der Probeentnahmearmatur gegen Kontaminationen
a spülbare Probeentnahmearmatur   **b** Probeentnahmeventil, Abgang nach unten
c Probeentnahmeventil, horizontaler Abgang   **d** Probeentnahmeventil, ständig verbunden mit Kompensationswendel
1 Abflambieren und Probeentnahme   **2** Spülung nach der Probeentnahme   **3** Auffüllen mit Desinfektionsmittel   **4** Blindstopfen   **5** Spritzflasche für Desinfektionsmittel   **6** Verbindungsschlauch   **7** Kanüle   **8** Spülen mit Desinfektionsmittel (mittels Pos. 5…7)   **9** Blindkappe mit Desinfektionsmittel   **10** Einsprühen der Armatur mittels eines Desinfektionsmittel-Zerstäubers   **11** Krümmer, gefüllt mit Desinfektionsmittel   **12** nach dem CIP-Vorgang Eintauchen in einen Desinfektionsmittelbehälter   **13** Spülen und Eintauchen in einen Desinfektionsmittelbehälter

Die Hefe in der Brauerei

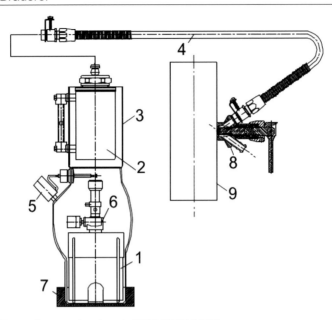

Abbildung 156 Dampfgenerator (nach KEOFITT / DK)
1 Gasbehälter („Kartusche") **2** Wasserkessel mit Standanzeige **3** Gehäuse
4 Dampfschlauch (Teflon) **5** Piezo-Zünder **6** Gasbrenner **7** Fuß **8** Probeentnahmearmatur **9** Rohrleitung oder Behälter

5.5.4.2.2 Armaturen für die manuelle Probeentnahme

Die Vorbereitung der Armatur für die Probeentnahme, die eigentliche Entnahme und die Nacharbeit der Probeentnahmestelle erfolgen manuell durch eine unterwiesene Fachkraft.

Die Armatur wird mittels Handrad, Hebel oder Spezialwerkzeug betätigt. In speziellen Fällen kann die Probeentnahmearmatur auch über einen pneumatischen Antrieb verfügen, der von der Bedienungskraft vor Ort geschaltet wird.

Die Funktionssicherheit einer Probeentnahme kann durch aseptische Probeentnahmesysteme verbessert werden. Ein Beispiel zeigt Abbildung 156 und Abbildung 157. Diesen Systemen stehen nur deren relativ hohe Kosten entgegen.

5.5.4.2.3 Armaturen für die automatische Probeentnahme

Armaturen für die automatische Probeentnahme werden im Allgemeinen von einer automatischen Steuerung nach einem vorgegebenen Programm betätigt. Die einzelnen Teilschritte der Probeentnahme einschließlich der CIP- oder SIP-Prozesse laufen nach einem Algorithmus ab. Voraussetzung sind natürlich fernbetätigbare Armaturen.

Die Bedienung beschränkt sich dann in der Regel auf den manuellen Wechsel des Probensammelbehälters. Der Wechsel des Sammelbehälters ist natürlich aus einem Magazin auch automatisch möglich.

Unterschieden werden können Einzel- und Sammelproben. Letztere können nach Zeitprogramm oder mengenproportional entnommen werden.

Ein automatisches Probeentnahmesystem ist im Prinzip, wie in Abbildung 157 dargestellt, aufgebaut. Wesentlicher Unterschied sind die dann pneumatisch betätigten Armaturen, die von einem Programm angesteuert werden.

Automatische Systeme sind in der Brau- und Getränkeindustrie bisher eher die Ausnahme bzw. auf wenige Stellen beschränkt (z. B. Würzekühlung und Filterauslauf).

5.5.4.2.4 Dekontamination der Probeentnahmearmaturen

Das übliche Flambieren der Probeentnahmearmatur zur Vorbereitung der Probeentnahme kann nur den Oberflächenzustand bezüglich des Kontaminantenbesatzes etwas verbessern. Ein thermischer Effekt ist bei produktbelegten Armaturen/Rohrleitungen aufgrund der Wärmeleitung illusorisch. Bei Kükenhähnen wird außerdem das Schmiermittel beseitigt!

Moderne Probeentnahmearmaturen verfügen über zwei Anschlüsse und lassen sich mittels eines mobilen Dampfgenerators dämpfen. Wenn der Dampf über ein Überströmventil abgeleitet wird, kann bei höheren Temperaturen sterilisiert werden ($p_{ü}$ = 1 bar $\hat{=}$ 121 °C), s.a. Abbildung 156 und Abbildung 157.

Bei so genannten aseptischen Probeentnahmesystemen wird auch der Probenahmeschlauch (Silicongummi) einschließlich des sterilen Probenahmebehälteranschlusses mit gedämpft (Abbildung 157). Mit Systemen dieser Art wird eine größtmögliche Sicherheit für unverfälschte Proben geboten.

Prophylaktisch sollten die Fließwege durch chemische Dekontamination von Kontaminanten freigehalten werden. Die Probeentnahme-Utensilien sind in Desinfektionsmittellösung aufzubewahren. Diese Verfahrensweise ist auch bei Nutzung der Dampfsterilisation zusätzlich zu empfehlen.

Die Hefe in der Brauerei

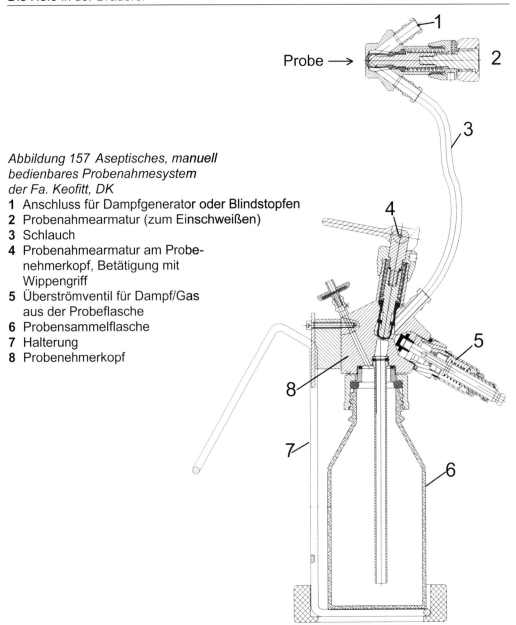

Abbildung 157 Aseptisches, manuell
bedienbares Probenahmesystem
der Fa. Keofitt, DK
1 Anschluss für Dampfgenerator oder Blindstopfen
2 Probenahmearmatur (zum Einschweißen)
3 Schlauch
4 Probenahmearmatur am Probenehmerkopf, Betätigung mit
  Wippengriff
5 Überströmventil für Dampf/Gas
  aus der Probeflasche
6 Probensammelflasche
7 Halterung
8 Probenehmerkopf

5.5.4.3 Gestaltung von Probeentnahmearmaturen
Probeentnahmearmaturen können konstruktiv gestaltet werden als:
- Membranventile;
- Doppelsitzventile;
- Nadelventile;
- Einfache Ventile;
- Probehahn.

Die Nennweite der Probeentnahmearmaturen liegt im Bereich von DN 4 bis etwa DN 10. Größere Nennweiten (DN ≤ 25) werden nur in Ausnahmefällen genutzt, beispielsweise bei ZKT.

5.5.4.3.1 Membranventile
Unter diesem Begriff werden verschiedene Bauformen zusammengefasst:
- Ventile mit einer flachen Membranplatte, die linear linienförmig abdichtet;
- Ventile mit einem Faltenbalg, der kreislinienförmig den Durchgang abschließt;
- Ventile mit einer Dichtung, die verformt wird und die kreislinienförmig abdichtet.

Membranventile besitzen keine dynamischen, produktberührten Dichtelemente. Sie sind deshalb prinzipiell auch für Sterilprozesse einsetzbar, soweit ihre Ausführung einschlägig geprüft wurde und den Regeln der EHEDG entspricht [311], [312].

Ventile mit einer flachen Membranplatte
In Abbildung 158 ist eine derartige Bauform ersichtlich. Eine flache Membranplatte aus einem Elastomer wird zwischen Ventiloberteil und Gehäuse eingespannt und kann durch eine Gewindespindel oder einen pneumatischen Antrieb auf die linienförmige Dichtfläche gepresst werden. Die Dichtung erfolgt also zwischen Metall und Elastomer. In der Regel wird der Ventilkörper aus austenitischem Feinguss gefertigt (Abbildung 158a).
Die gefertigten Nennweiten beginnen bei DN 4 und gehen über DN 6, 8, 10, 15 usw.

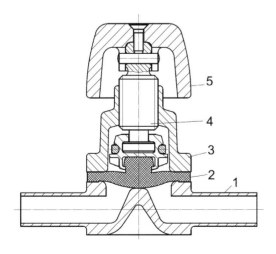 

Abbildung 158 Ventil mit einer Membranplatte als Dichtelement (nach Fa. GEMÜ)
1 Ventilgehäuse **2** Membran **3** Ventiloberteil **4** Ventilspindel mit Gewinde
5 Handrad

Abbildung 158a Ventilgehäuse eines Membranventils mit Clamp-Anschlüssen und Membran (nach Fa. GEMÜ)

Abbildung 158b   Membranventile, Varianten mit pneumatischem Antrieb (nach Fa. GEMÜ)

Ventile mit Faltenbalgdichtung
Ventile mit einem Faltenbalg werden in Sterilausführung gefertigt. Werkstoff für den Faltenbalg ist meistens PTFE. Bei größeren Nennweiten können auch Metall-Faltenbälge zum Einsatz kommen. Die bisher kleinste Nennweite ist DN 10 (der Faltenbalg setzt Grenzen für die Nennweite). Beispiele für Faltenbalg-Ventile zeigen Abbildung 159 und Abbildung 160.

Abbildung 161 zeigt ein universell einsetzbares Ventil mit Varinline®-Anschluss für DN 25 bis 150. Das Ventil dient der Entnahme von größeren Produktprobemengen. Der Ventilteller verschließt die Produktleitung von innen (Typ U) oder außen (Typ N). Die Probenahme erfolgt automatisch oder manuell über einen ein- oder zweiseitigen Prozessanschluss. Die Spindelabdichtung kann optional mit einem Metallfaltenbalg erfolgen. Zusätzlich ist eine Positionsrückmeldung möglich.

Eventuelle Schäden des Faltenbalges werden durch eine Leckagebohrung angezeigt.

Maschinen, Apparate und Anlagen

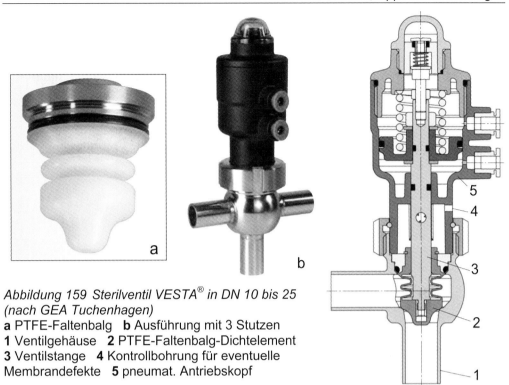

Abbildung 159 Sterilventil VESTA® in DN 10 bis 25 (nach GEA Tuchenhagen)
a PTFE-Faltenbalg b Ausführung mit 3 Stutzen
1 Ventilgehäuse 2 PTFE-Faltenbalg-Dichtelement
3 Ventilstange 4 Kontrollbohrung für eventuelle Membrandefekte 5 pneumat. Antriebskopf

1 Probeableitung in DN 10 oder 15
2 Pneumatik-Ansteuerung

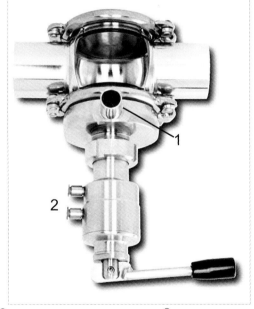

Abbildung 159a Probenahmeventil Vesta® in Ausführung mit Varinline®-Gehäuse mit einer PTFE-Faltenbalg-Abdichtung (nach GEA Tuchenhagen)
Das Ventil kann von Hand betätigt werden oder mittels Pneumatikzylinder.

Die Hefe in der Brauerei

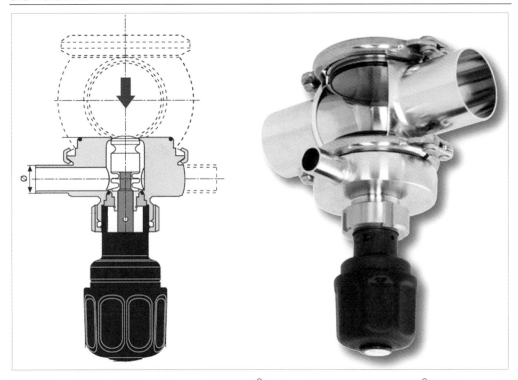

Abbildung 159b   Probenahmeventil Vesta® in Ausführung mit Varinline®-Gehäuse mit einer PTFE-Faltenbalg-Abdichtung, Handbetätigung (nach GEA Tuchenhagen)

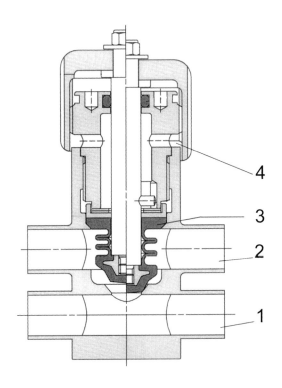

Abbildung 160 Probeentnahmearmatur, Beispiel Probeentnahmeventil, handbetätigt; Fa. SÜDMO (Bildseite links geöffnet, Bildseite rechts geschlossen)
1 Produktleitung **2** Probe DN 15
3 PTFE-Faltenbalg **4** Leckagebohrung

Maschinen, Apparate und Anlagen

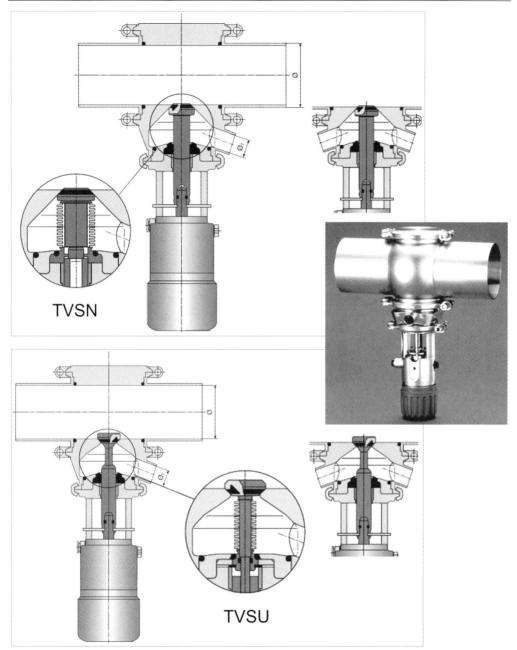

Abbildung 161 Entnahmeventil Typ TSVN bzw. TSVU für die Entnahme einer Probe aus Rohrleitungen oder Behältern mit Varinline®-Anschluss (nach GEA Tuchenhagen)

Ventile mit einer verformbaren Dichtung
Bei diesen Armaturen (sie werden zum Teil auch als Membranventile bezeichnet) wird ein elastisches Dichtelement verformt. In der Regel wird es mittels eines Stößels gedehnt und verschließt die Probeentnahmebohrung. Bei einer Probeentnahme wird

die Dehnung durch Rückführung des Stößels aufgehoben und die Probe kann strömen. Der Stößel kann durch Federkraft oder durch ein Gewinde in die geschlossene Stellung gebracht werden, das Öffnen erfolgt dann beispielsweise pneumatisch entgegen der Federkraft oder wieder durch ein Gewinde. Eine weitere Variante stellen Hebelsysteme zum Anlüften des Stößels dar.

Ein Beispiel für eine Armatur mit verformbarem Dichtelement zeigt Abbildung 162.

Die Membran bzw. das Dichtelement kann aus verschiedenen Werkstoffen gefertigt werden, beispielsweise aus PTFE, Silicongummi oder EPDM. Die Dichtelemente werden zum Teil so gefertigt, dass sie mit einer Kanüle mehrfach durchstochen werden können (z.B. für kleine Probemengen für mikrobiologische Untersuchungen).

Abbildung 163 zeigt Membranventile mit eingespannten, verformbaren Dichtelementen.

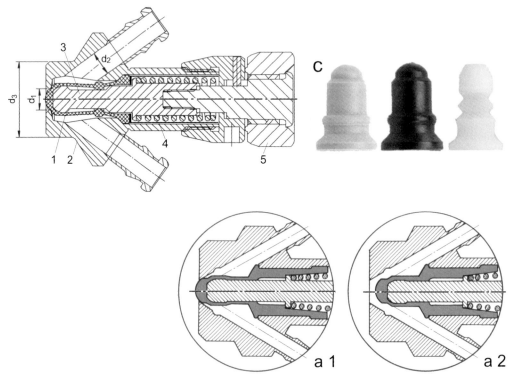

Abbildung 162 Probeentnahmearmatur, Beispiel Probeentnahmearmatur der Fa. KEOFITT (DK)

d_1 = 5 oder 8 mm, d_2 = 4 oder 9 mm, d_3 = 25 mm (der Ventilkörper ist zum Einschweißen vorgesehen). Andere Anschlussvarianten sind möglich.
a1 Einzelheit Pos. **1** geschlossen (Spülung oder Desinfektion)   **a2** Einzelheit Pos. **1** geöffnet (Probeentnahme)   **c** Dichtelemente (Membran) aus verschied. Werkstoffen
1 Dichtelement (Membran)   **2** Ventilkörper   **3** Ventilstößel   **4** Hülse zum Fixieren der Membran   **5** Handrad

Maschinen, Apparate und Anlagen

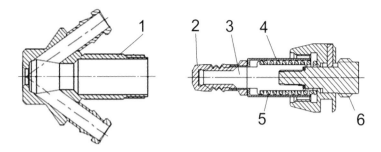

Abbildung 162a   KEOFITT-Armatur im Detail
1 Ventilgehäuse (zum Einschweißen)   **2** Membran   **3** Ventilstößel   **4** Buchse zur Fixierung der Membran   **5** Schließ-Feder   **6** Gewinde für Handrad

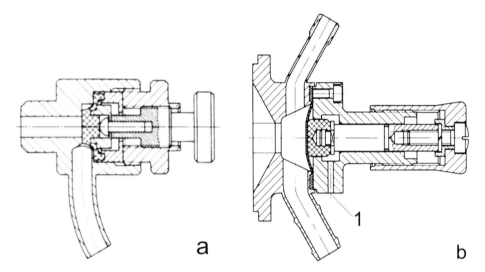

*Abbildung 163 Membranventile mit verformbaren Dichtelementen und Handbetätigung
              (nach Fa. Guth)*
a einfache Armatur in DN 6   **b** Armatur mit Spülmöglichkeit in DN 10
1 Leckageanzeige für Membranschaden

5.5.4.3.2 Doppelsitzventile

Der Aufbau entspricht im Prinzip einem Doppelsitzventil (Abbildung 164), wie in Kapitel 1.2.4 dargestellt. Die Funktion geht aus Abbildung 165 hervor.

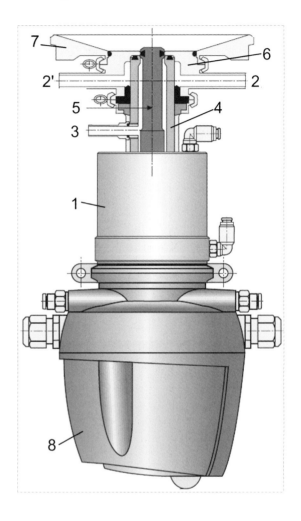

1 Pneumatischer Antrieb
2 Probenahmeleitung (DN 15)
3 Leckageablauf/R/D-Ablauf
4 Ventilteller 1
5 Ventilteller 2
6 Varivent®-Anschlussstück
7 Anschlussstück für Tankeinbau oder Rohrleitungseinbau im Varinline®-System
8 Anschlusskopf

Abbildung 164
Varivent®-Doppelsitz-Probenahme-ventil (nach GEA Tuchenhagen)

Maschinen, Apparate und Anlagen

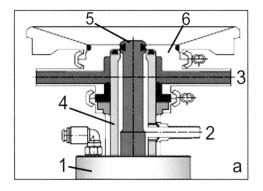
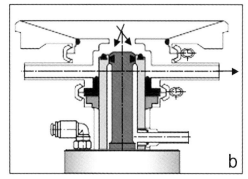
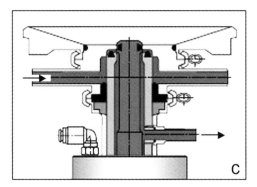
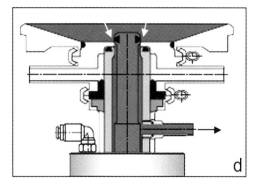

Abbildung 165 Funktion des Varivent®-Doppelsitz-Probenahmeventils (nach GEA Tuchenhagen)
a Vermischungssichere Stellung; Reinigung und Sterilisation der Probenahmeleitung während des Produktionsprozesses im Tank
b Ventil geöffnet; Probenahme aus dem Tank
c Anliften Ventilteller (4); Reinigen der Dichtung von (4) und des Leckageraumes
d Anliften Ventilteller (5); Reinigen der Dichtung von (5) und des Leckageraumes
1 Antrieb 2 Leckageablauf / CIP-Ablauf 3 Probenahme / CIP 4 Ventilteller 1
5 Ventilteller 2   6 Varivent®-Anschlussstück

5.5.4.3.3 Nadelventile

Nadelventile werden mit der Werkstoffpaarung Metall/Metall oder Metall/Elastomer gefertigt. Beispiele zeigen Abbildung 166 und Abbildung 167. Das Nadelventil besitzt im Allgemeinen eine dynamische Dichtung (O-Ringe, Buchsen o.ä.) der Ventilstange zum Gehäuse. Durch diese sind „Schmierkontaminationen" nicht auszuschließen. Deshalb sind diese Armaturen *nicht* für eine sterile Probeentnahme geeignet. Bei entsprechender Arbeitsweise lassen sich Kontaminationsrisiken wesentlich reduzieren (z. B. regelmäßige Dekontamination der Ventilstange/Dichtung).
Bei erhöhten Anforderungen bezüglich kontaminationsfreien Arbeitens müssen Sterilarmaturen mit Faltenbalgdichtung benutzt werden. Hierfür sind Armaturen mit Gleitflächen ungeeignet.
   Prinzipiell lassen sich die dynamischen Dichtungen durch einen Faltenbalg oder Plattenfeder ersetzen. Dann sind es aber bereits Ventile mit Faltenbalg-Dichtung.

Die Hefe in der Brauerei

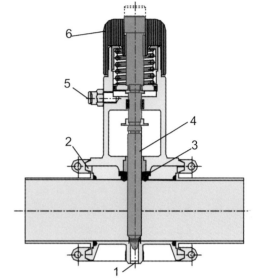

Abbildung 166 Probeentnahmearmatur, Beispiel Varivent®-Probeentnahmesystem, gefertigt für Rohre DN 10...125 (Fa. GEA Tuchenhagen)
Die Armaturen sind für Hand- und pneumatische Betätigung ausgerüstet;
1 Probenauslauf **2** Varivent®-Gehäuse **3** Dichtung **4** Ventilstange mit Dichtelement **5** Druckluftanschluss **6** Handrad

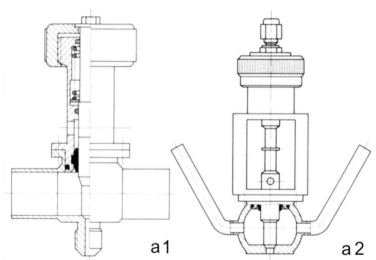

Abbildung 167 Probeentnahmearmatur, Beispiel Probeentnahmeventil DELTA PR, (Fa. APV)
a 1 Einbau in Rohrleitung, Handbetätigung **a 2** Einbau an Behälter, spülbar, pneumat. Betätigung; die Rohrenden sind beliebig mit Anschlüssen kombinierbar

5.5.4.3.4 Einfache Ventile und sonstige Probeentnahmevorrichtungen

Die einfachen Ventile in DN 4 bis DN 10 sind relativ weit verbreitet, da sie relativ kostengünstig sind (Abbildung 168). Eine qualifizierte Probeentnahme für mikrobiologische Kontrollen ist damit nicht realisierbar (ein eventueller Befund kann nicht der Probe selbst zugeordnet werden).

In vielen Fällen, wie in Abbildung 168 gezeigt, werden diese Ventile an der Probeentnahmestelle mittels eines Außengewindes in eine Muffe eingeschraubt. Die Dichtung erfolgt dann mit PTFE-Band („Teflon-Band"). Damit ist das Ventil zwar dicht eingesetzt, aber für den eigentlichen Zweck unbrauchbar installiert.

Armaturen dieser Ausführung sind nur für die Entnahme einer Probe ohne mikrobiologische Auswertung geeignet. In Würze-, Hefe- oder Bierleitungen dienen sie unter Umständen als Kontaminationsquelle.

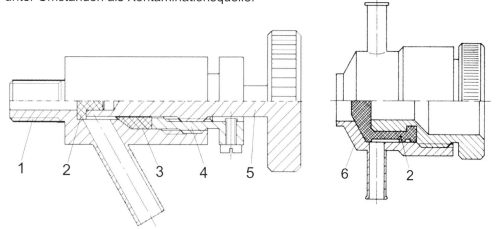

Abbildung 168 Einfache Probeentnahmeventile, schematisch; für biologische Probenahme nicht geeignet
1 Ventilgehäuse mit Außengewinde zum Einschrauben in eine Gewindemuffe   **2** Dichtscheibe aus einem Elastomer   **3** elastische Spindeldichtung   **4** Stopfbuchsschraube
5 Ventilspindel mit Handrad   **6** Ventilgehäuse zum Einschweißen

Probeentnahme mit Kanüle
Eine relativ einfache Variante für die kontaminationsarme Entnahme einer kleinen Probemenge mittels einer Kanüle und Spritze sind Silicongummistopfen, die in eine konische Muffe eingesetzt und mittels einer Mutter gespannt werden. Der Stopfen kann mehrfach durchstochen werden. Die Mutter wird nach der Entnahme gespannt und verschließt den Durchstich (Abbildung 168 a).
Diese Variante ist als Notbehelf einzuordnen.

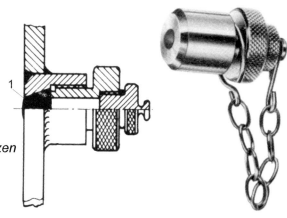

Abbildung 168 a   Probenahmestutzen für Kanülendurchstich (nach APH)
1 Gummistopfen

5.5.4.3.5 Probeentnahmehähnchen

Die in der Vergangenheit vielfach eingesetzten Probeentnahme-Kükenhähnchen sind aus mikrobiologischer Sicht grundsätzlich **ungeeignet** (siehe Abbildung 169 und Abbildung 169a). Damit wird nicht in Abrede gestellt, dass mit diesen Armaturen bei qualifiziertem Umgang gute Ergebnisse erzielt werden können.

Kükenhähnchen besitzen eine undefinierte Dichtfläche zwischen Küken und Gehäuse. Diese Dichtfläche muss mit „Hahnenfett" bzw. Siliconfett geschmiert werden. Der Schmierstoff sichert neben der Reibungsverminderung gleichzeitig die Dichtheit. Bei der heißen Reinigung wird dieser Dichtfilm entfernt und muss deshalb regelmäßig erneuert werden. Diese Prozedur und die Dekontamination sind zeitaufwendig und setzen Facharbeiterwissen voraus. Gleiches gilt für das Einschleifen des Kükens. Rotguss- oder Messing-Hähnchen sind korrosionsanfällig, CrNi-Stahl-Hähnchen neigen zum „Fressen" des Hahnkükens. Die Werkstoffpaarung CrNi-Stahl/PTFE ist mechanisch günstig, die Kontaminationsquelle bleibt aber erhalten.

Moderne Kükenhähne in spezieller Ausführung mit O-Ring-Dichtungen in DN 6 bis 12 sind für die nichtbiologische Probeentnahme gut einsetzbar (siehe Abbildung 169b).

Kugelhähnchen in DN 6 (R 1/4") oder 10 (R 3/8") sind zwar nicht die erste Wahl, aber preiswert, dicht und bei entsprechender Handhabung durchaus ein brauchbarer Kompromiss (vor allem für nicht-mikrobiologische Proben). Bei der grundsätzlich heißen CIP-Reinigung müssen diese Kugelhähne mehrfach betätigt werden und ständig gedrosselt laufen (verlorene Reinigung). Außerdem sollte ihr Gehäuse Spülanschlüsse erhalten. Der Auslauf sollte bereits vor der Sterilisation mit einer Druckkompensationswendel verbunden werden.

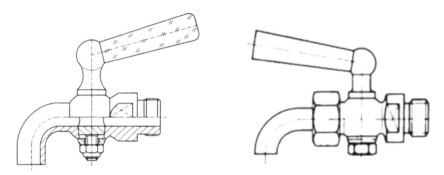

Abbildung 169 Beispiele für Probeentnahmehähnchen (Messing-Ausführungen)

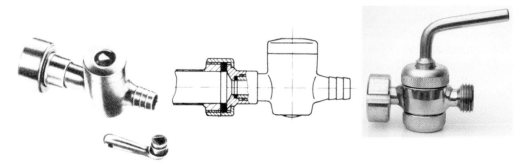

Abbildung 169 a   Probenahmekükenhahn, Beispiele (links nach APH)

Maschinen, Apparate und Anlagen

Abbildung 169 b   Probenahmekükenhahn mit O-Ring-Dichtungen (nach [313])
1 O-Ringe   **2** Küken (Edelstahl, mit PTFE beschichtet)   **3** Hahngehäuse (Edelstahl)
4 Sicherungsring

5.5.4.4 Betätigungsvarianten

Armaturen für die Probeentnahme werden manuell mittels Handrad und damit verbundener Gewindespindel geöffnet und geschlossen. Das Öffnen erfolgt oft gegen Federkraft. Die Ventilspindel kann auch durch einen „Wippengriff" (einen Hebel) angehoben werden, eine Feder schließt dann die Spindel (s.a. Abbildung 157).

Alternativ können die Armaturen pneumatisch betätigt werden. Dabei sind die Systeme „Feder öffnend" oder „Feder schließend" gebräuchlich. Die ausgeführten Antriebe sind in der Regel in ihrer Funktion umkehrbar. Abbildung 158 bis Abbildung 160 zeigen Beispiele für pneumatische Antriebe.

Ein Teil der Hersteller kombiniert den pneumatischen Antrieb mit dem manuellen Öffnen (Abbildung 166).

5.5.4.5 Einbau von Probeentnahmearmaturen

Die Probeentnahmearmaturen können sowohl lösbar als auch formschlüssig durch Schweißen mit den Rohrleitungen, Apparaten oder Behältern verbunden werden.

So genannte Schweißenden werden konstruktiv spezifisch für den Einbau in eine Rohrleitung oder eine Behälterwand ausgebildet. Grundsätzlich muss die Armatur so dicht wie möglich an der Rohrleitung oder dem Behälter platziert werden.

Lösbare Verbindungen sind durch das Einschrauben der Armatur in eine Gewindemuffe möglich.

Die Dichtung zwischen Muffe und Armatur muss dann aber nach den Prinzipien einer Sterilverschraubung nach DIN 11864-1 erfolgen: die Dichtung muss definiert gespannt werden, die thermisch bedingte Ausdehnung muss kompensiert werden. Der Spannweg wird formschlüssig begrenzt.

Alternativ bietet sich das Einschweißen der Armatur in eine Scheibe an, die Teil einer Sterilverbindung oder Prozessanschlussarmatur ist (s.a. Abbildung 166). Derartige

Bauelemente werden von verschiedenen Herstellern angeboten, u.a. für den Anschluss von MSR-Sensoren.

Die lösbare Verbindung hat den Vorteil, dass die Armatur ohne zu schweißen gewechselt werden kann.

Der Prozessanschluss kann beispielsweise sein (s.a. Kapitel 5.5.2):
- Eine Armatur für das Varinline®-Gehäusesystem der Fa. GEA-Tuchenhagen (s.a. Abbildung 152);
- Eine Armatur für das APV®-Gehäuse der Fa. APV/Invensys [307];
- Eine Armatur mit Tri-Clamp-Anschluss 1 1/2" oder 2";
- Ein Anschlusssystem BioConnect®/Biocontrol® [308];
- Ein Einschweißstutzen Ø 25 mm der Fa. Ingold/Mettler Toledo.

Die Probeentnahmearmaturen und Anschlusssysteme werden nach den Richtlinien der EHEDG (European Hygienic Equipment Design Group) [296] gefertigt, sie entsprechen damit auch den Forderungen des US 3-A-Standards 74-00.

Bei „einfachen" Probeentnahmearmaturen, wie Kükenhähnchen, Kugelhähnchen u.ä., werden die vorhandenen Gewindestutzen oft mit PTFE-Band (Teflon-Band) als Dichtmittel in eine Gewindemuffe eingeschraubt. Diese von Klempnern praktizierte Methode ergibt zwar dichte Verbindungen, ist aber für die Zwecke der Probeentnahme *gänzlich ungeeignet*. Ein Negativbeispiel zeigt Abbildung 170.

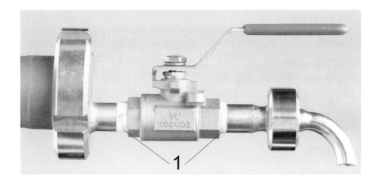

Abbildung 170 Negativbeispiel für die Armaturenmontage
  1 Teflon-Band

5.5.4.6 Automatische Probenahmesysteme

Die Probeentnahme aus Behältern oder Rohrleitungen kann automatisiert werden. Damit können sowohl Einzelproben als auch Sammelproben bzw. Durchschnittsproben gezogen werden. Der Zeitpunkt und die Art der Probenahme kann in der SPS hinterlegt werden.

Probeentnahmesystem nach GEA Brewery Systems

In Abbildung 171 wird ein automatisiertes Probenahmesystem gezeigt, bei dem aus einem Behälter (z. B. einem Drucktank) eine Probe entnommen werden kann. Das gesamte System in DN 10 kann einem CIP-Prozess unterworfen werden.

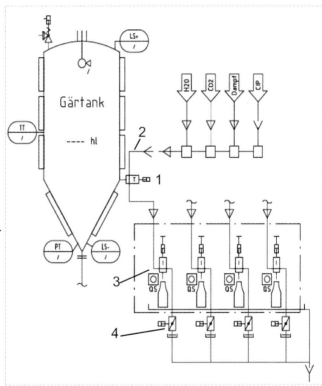

Abbildung 171 Probenahmesystem für Behälter (nach GEA Brewery Systems)
1 Probenahmeventil am Behälter (z. B. als Doppelsitzventil ausgeführt)
2 CIP-Anschluss
3 Probeausgabe-Ventil
4 Ablauf in den Kanal

Das Probenahmeprogramm läuft wie folgt ab [314]:
- Ausschub Wasser mit CO_2;
- Sterilisation der Probenahmeleitung mit Dampf;
- Bier vorschießen lassen;
- Probenahme manuell vor Ort. Die Probeentnahme ist erst nach einer Bereitschaftsmeldung möglich;
- Fertigmeldung der Probenahme;
- Ausschub Bier mit Wasser;
- Wasserspülung der Leitung.

Automatisiertes Probeentnahmesystem nach Pentair-Südmo

Von *Pentair-Südmo* wurden die automatisierten Probenentnahmesysteme *ContiPro* bzw. *AsepticPro* entwickelt [313]. Bei diesen Systemen wird die Reinigung/Sterilisation und die Entnahme der Probe von einer SPS gesteuert vorgenommen. Dabei wird der Füllstand in der Probenahmeflasche, der Temperaturverlauf und die Anwesenheit der Probenahmeflasche überwacht.

Die Temperaturerfassung erfolgt auch während des Abkühlens, da dadurch sichergestellt werden kann, dass die gezogene Probe nicht während der Beprobung sterilisiert wird und dadurch ein „falsch-negatives" Ergebnis liefert. Die Freigabe erfolgt erst nach Unterschreiten einer eingestellten Temperatur.

Das System wird als anschlussfertige Baueinheit geliefert und kann in Rohrleitungen und bei Bedarf an Behältern installiert werden (Abbildung 174 und Abbildung 175).

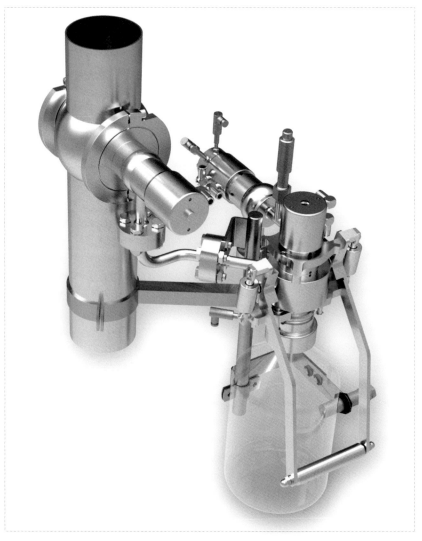

Abbildung 172 Probenahmestation ContiPro zur Entnahme der Probe mit aseptischem Ventileinsatz, Arretierung und mechanischer Sicherung der Flasche (Foto Pentair-Südmo)

Maschinen, Apparate und Anlagen

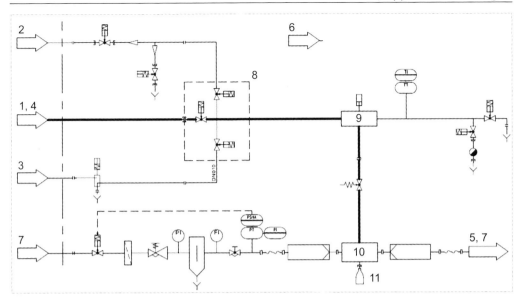

Abbildung 173 Verfahrensschema des automatischen Probenehmers AsepticPro mit CO_2-Überlagerung (nach Pentair-Südmo)
1 Produkt **2** Sattdampf **3** Spülwasser **4** CIP-Vorlauf **5** Luft **6** Steuerluft **7** CO_2
8 Multifunktionsblock **9** Aufnahmevorrichtung **10** Probenahmeflaschenverschluss
11 Probenahmeflasche

*Abbildung 174
Das Probenahmesystem ContiPro
(Foto Pentair-Südmo)*

Das System zeichnet sich u.a. durch folgende Parameter aus (nach [315]):
- Nennweite: DN 10;
- Anschluss: 2 Schweißenden nach DIN 11850 in DN 40…150;
- Systemdruck $p_{ü}$ ≤ 10 bar;
- Einbaulage: Vertikal und horizontal;
- Einsatz von aseptischen Probenahme-/Eckventilen;
- Werkstoff: 1.4404 (AISI 316L);
- Oberflächen: gebürstet (R_a < 0,8µm);
- Dichtungswerkstoffe sind FDA konform;
- Die Probenahme ist unter Inertgasatmosphäre möglich (z. B. CO_2);
- Es sind Einzelproben und Sammelproben möglich;
- Die Vorrichtung ist vollständig CIP-/SIP-fähig; die Ausführung erfolgt nach den Regeln des Hygienic Design;
- Das Probenahmesystem wird von einer SPS (Siemens S7) gesteuert. Bis zu 5 Rezepte sind hinterlegbar.

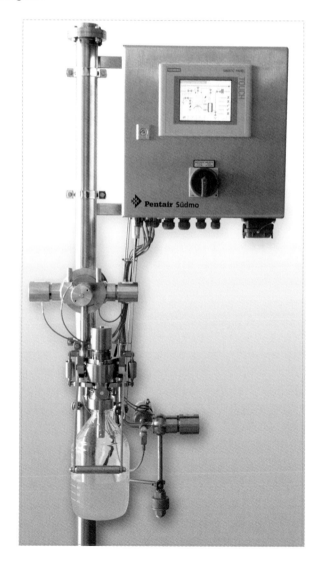

Abbildung 175
Das Probenahmesystem
AsepticPro
(Foto Pentair-Südmo)

Die Probenahmeflasche (V = 0,5 bis 2 Liter) wird zusammen mit dem Flaschenventil autoklaviert. Es werden Standardlaborflaschen mit GL45-Gewinde eingesetzt (Kunststoff oder Glas).

Die Probenahme läuft in folgenden Schritten ab (s.a. das Verfahrensschema in Abbildung 173):
- Autoklavieren der hermetisch abgeschlossenen Probenahmeflasche;
- Einsetzen der Flasche in das Probenahmesystem;
- SIP (je nach System über die Produktleitung oder externe Dampfquelle);
- Probenahme;
- Entnahme der Probeflasche;
- CIP (erfolgt über die Produktleitung und kann erst nach dem Einsetzen eines Reinigungsdummys gestartet werden).

5.5.4.7 Wartung der Armaturen

Die Dichtungen der Armaturen (Profildichtungen, O-Ringe) und Führungen bzw. Lagerbuchsen unterliegen einem Verschleiß und müssen deshalb bei Bedarf ersetzt werden.

Der Verschleiß ist abhängig von der Betätigungshäufigkeit. Der Verschleiß erhöht sich, wenn die Armaturen „trocken", also ohne Medium, betätigt werden (trockene Reibung).

Bei der Montage sollten die Gleitflächen mit einem Film eines Schmiermittels versehen werden. Das Schmiermittel muss natürlich für Lebensmittel geeignet und zugelassen sein, es darf in der Brauindustrie nicht Schaum beeinträchtigend sein (s.a. Kapitel 7.3.5).

Dichtungselemente werden in der Regel unter Verwendung von Montagehilfen montiert, um die Dichtflächen zu schonen bzw. um sie vor Beschädigungen zu bewahren.

5.5.5 Hinweise zum Einsatz von Pumpen

5.5.5.1 Allgemeine Hinweise

Grundsätzlich sollten Pumpen für ihren Einsatzfall optimal aus der Vielzahl der möglichen Pumpenbauformen ausgewählt werden, s.a. [300], [316].
Wichtige Kriterien für die Pumpenauslegung und -auswahl sind unter anderem:
- die Vermeidung von Kavitation,
- die Sicherung der Voraussetzungen für kontaminationsfreies Arbeiten,
- die Gewährleistung der CIP-Volumenströme.
- Der Wirkungsgrad (hydraulisch, elektrisch und mechanisch) sollte vor allem bei der Auswahl größerer Pumpen beachtet werden.

Die Anordnung von Absperr-Armaturen vor und nach einer Pumpe muss im Einzelfall geprüft werden, ebenso die Notwendigkeit einer installierten, ggf. selbsttätigen Entlüftungsarmatur auf der Druckseite einer Pumpe.

Auf der Saugseite sollten Pumpen über einen Trockenlaufschutz verfügen (z. B. eine Leermeldesonde). Die gleiche Signalisierung kann aber in vielen Fällen indirekt durch andere installierte Sensoren bereitgestellt werden, zum Beispiel von Durchflussmessgeräten, Drucksensoren, Füllstandssonden etc.

Bei der Festlegung der Nenndrehzahl einer Pumpe sollte der resultierende Lärmpegel mit in die Überlegungen einbezogen werden.

Die Auswahl der Gehäusebauform bzw. des zulässigen Nenndruckes muss auch extreme Betriebsbedingungen berücksichtigen: Pumpen mit einem verschraubten Gehäuse sind problemloser als solche mit Spannring-Verschluss.

5.5.5.2 Verdrängerpumpen

Verdrängerpumpen eignen sich je nach Bauform auch für höherviskose Medien oder für solche mit höheren Feststoffgehalten (zum Beispiel Hefesuspensionen, Chemikalienkonzentrate, Treber, Filterrückstände, Trub usw.).
Bei ihrem Einsatz muss beachtet werden, dass Flüssigkeiten inkompressibel sind. Unzulässige Drücke müssen deshalb verhindert werden, beispielsweise durch:
- Eine unverschließbare Druckleitung (freier Auslauf),
- Ein Druckbegrenzungsventil,
- Ein Überströmventil in einem Bypass zwischen Druck- und Saugseite.

Druckbegrenzungseinrichtungen sollten grundsätzlich ohne Hilfsenergie arbeiten! Geeignet sind deshalb kraftschlüssige Armaturen, die durch Feder- oder Massenkraft betätigt werden. Die Federkraft kann durch eine „pneumatische Feder" sehr feinfühlig realisiert werden (ggf. auch als Gegenkraft für eine Schließ-Feder).
Berstscheiben oder elektrische Druckschalter sind weniger geeignet.

Pneumatisch angetriebene Membranpumpen lassen sich gegebenenfalls durch Begrenzung des Luftdruckes überlastsicher betreiben.

Druckbegrenzungseinrichtungen müssen natürlich während der CIP-Prozesse angelüftet bzw. getaktet werden.
In den meistens Fällen ist es während der Reinigung erforderlich, die Verdrängerpumpe im Bypass zu betreiben, um den für die Rohrleitung erforderlichen Volumenstrom zu sichern (s.a. Abbildung 176).

Maschinen, Apparate und Anlagen

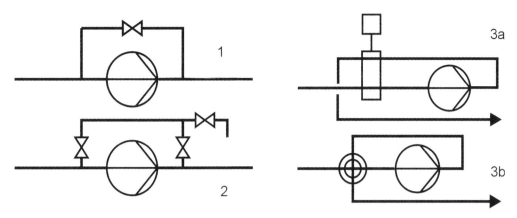

Abbildung 176 Verdrängerpumpe mit Bypass für die CIP-Reinigung, schematisch
1 einfacher Bypass   **2** Bypass mit Leckagearmatur   **3a, 3b** Bypass mit Doppelsitzventil (Darstellungsvarianten)

Verdrängerpumpen sind im Allgemeinen selbstansaugend. Beachtet werden muss bei gashaltigen Fluiden jedoch, dass der Partialdruck des betreffenden Gases (z. B. CO_2) in der Saugleitung nicht unterschritten wird, um Entgasung zu vermeiden (wichtig beispielsweise bei der Heforderung oder bei der Förderung von Filterhilfsmitteln, die in Bier suspendiert werden). Bei Bedarf muss das Fluid der Pumpe unter Druck zugeführt werden.

Die Druckseite der Pumpen sollte eine Entlüftungsarmatur (handbetätigt oder selbsttätig mit Stellantrieb) besitzen, da beim Ansaugen die Gasförderung bei Gegendruck nicht oder nur bedingt möglich ist bzw. erfordert die Entlüftung der Rohrleitung unnötig viel Zeit.

Ebenso muss an das Problem „Trockenlauf" der Pumpe gedacht werden.

Die Saug- und Druckleitungen der Pumpen sollten über Absperrarmaturen verfügen, um Wartungsarbeiten zu erleichtern. Diese Armaturen sind aber **gegen unbefugtes** Schließen zu sichern.

Verdrängerpumpen können durch Drehzahländerung (Kreiskolbenpumpen, Exzenterschneckenpumpen, Zahnradpumpen) an den Förderstrom angepasst werden. Bedingung für die Verwendung von rotierenden Verdrängerpumpen in mikrobiologischen Anlagen ist die Ausführung der Wellendichtung als Gleitringdichtung (GLRD), möglichst als doppelte GLRD mit integrierter CIP-Prozedur, die externe Lagerung der Welle(n) sowie die Trennung der Baugruppen Lagerung und Wellendichtung.

Die Mindestforderung ist die Ausführung der GLRD mit Quench. Der Quenchraum muss mit Sterilwasser oder mit Desinfektionsmittellösung gespült werden.

5.5.5.3 Zentrifugalpumpen

Im Wesentlichen zählen hierzu Kreiselpumpen und selbstansaugende Seitenkanal-Pumpen („Sternradpumpen").

Zentrifugalpumpen sollten vorzugsweise durch Drehzahlverstellung an die Förderaufgabe angepasst werden, die Drosselung sollte nur bei Kreiselpumpen für untergeordnete Aufgaben oder bei kleinen Pumpen praktiziert werden.

Die Anpassung der Pumpe an den erforderlichen Volumenstrom bzw. die benötigte Förderhöhe erfolgt zweckmäßigerweise und nahezu ohne Leistungsverluste durch Frequenzsteuerung.

Moderne Frequenzumrichter gestatten nicht nur die optimale Drehzahlanpassung, sie können auch für den Sanftanlauf und definiertes Abschalten sowie für die Überwachung der Stromaufnahme eingesetzt werden.

Bei Produktpumpen (Würze, Bier, Hefe) steht neben der eigentlichen Förderaufgabe das kontaminationsfreie oder -arme Arbeiten im Vordergrund. Pumpen für diese Aufgabe sollten mit doppelter Gleitringdichtung (GLRD) der Welle ausgerüstet sein. Der Raum zwischen den GLRD kann bei Bedarf mit geeigneten Desinfektionsmitteln aufgefüllt werden und er sollte in das CIP-System einbezogen werden. Alternativ kann die GLRD mit Sterilwasser oder Desinfektionsmittellösung gespült werden.

Die Mindestforderung ist die Ausführung der GLRD mit Quench. Der drucklose Quenchraum muss mit Sterilwasser oder Desinfektionsmittellösung gespült werden.

Die Saug- und Druckleitungen der Pumpen sollten über Absperrarmaturen verfügen, um Wartungsarbeiten zu erleichtern. Diese Armaturen sind aber **gegen unbefugtes** Schließen zu sichern.

Pumpen müssen gegen Trockenlauf gesichert werden.

Auch bei selbstansaugenden Pumpen ist es sinnvoll, die Saugleitung gasfrei zu halten (damit wird Zeit für die Entlüftung eingespart und unnötiger Trockenlauf vermieden). Leermeldesonden, an der richtigen Stelle positioniert, können dieses Problem lösen.

Bei der Anlagenplanung muss der kavitationsfreie Betrieb der Pumpen Priorität besitzen. Diese Problematik wird bei der Förderung von CO_2-haltigen oder heißen Fluiden oft unterschätzt.

Zur Lösung dieser Aufgabenstellung können beitragen:
- Berücksichtigung des NPSH-Wertes der Pumpe bei der Planung;
- Geringe Fließgeschwindigkeiten in der Saugleitung;
- Sicherung einer genügend großen Zulaufhöhe (bei Bedarf muss die Pumpe tiefer aufgestellt werden mit allen damit verbundenen Problemen) bzw. eines genügend großen Überdruckes in der Saugleitung.

Der NPSH-Wert (Net Positive Suction Head) bzw. der „Haltedruck" der Anlage muss größer als der der Pumpe sein (s.a. [300], [315]).

Es muss gesichert werden: $NPSH_{erf.} \leq NPSH_{vorh.}$.

Der NPSH-Wert der Pumpe ist konstruktiv festgelegt und kann nicht nachträglich verändert werden. Beachtet werden muss, dass der NPSH-Wert der Pumpe in der Regel eine Funktion des Volumenstromes bzw. der Drehzahl ist (wichtig beim Einsatz frequenzgesteuerter Pumpen).

Maschinen, Apparate und Anlagen

Der NPSH-Wert der Anlage kann wie folgt berechnet werden (Gleichung 76 bis Gleichung 78:

$$NPSH_{erf} = \frac{\Delta p_{Herf}}{g \cdot \rho} \qquad \text{Gleichung 76}$$

$$\Delta p_{Herf} = NPSH_{erf} \cdot g \cdot \rho \qquad \text{Gleichung 77}$$

$$NPSH_{vorh} = \frac{p - \Delta p_{Saug} - p_D}{\rho \cdot g} - H_{geoSmax} \qquad \text{Gleichung 78}$$

$NPSH_{erf}$ = erforderlicher Haltedruck in m
$NPSH_{vorh}$ = vorhandener Haltedruck der Anlage in m
Δp_{Herf} = erforderlicher Haltedruck in N/m²
p = Druck über der Förderflüssigkeit ≙ bei offenen Behältern dem Luftdruck in N/m² (1 bar ≙ 10^5 N/m²)
Δp_{Saug} = dynamischer Druckverlust in der Saugleitung in N/m²
p_D = Dampfdruck (absolut) des Fördermediums in N/m²
1 N/m² = 1 Pa:

Wasser			
13,0 °C	1,5 kPa	60,1 °C	20 kPa
21,1 °C	2,5 kPa	69,1 °C	30 kPa
31,0 °C	4,5 kPa	81,4 °C	50 kPa
41,5 °C	8,0 kPa	90,0 °C	70 kPa
54,0 °C	15,0 kPa	99,6 °C	100 kPa

$H_{geoSmax}$ = maximale geodätische Saughöhe in m
g = Fallbeschleunigung, g = 9,81 m/s²
ρ = Dichte des Fluides in kg/m³

Der erforderliche Mindestdruck über dem Flüssigkeitsspiegel bzw. in der Rohrleitung beträgt (Gleichung 79):

$$p \geq g \cdot \rho \cdot H_{geoS} + \Delta p_{Saug} + \Delta p_{Herf} + p_D \qquad \text{Gleichung 79}$$

Der Zusammenhang zwischen dem Druckverlust und der „Förderhöhe" besteht nach Gleichung 80:

$$\Delta p = H \cdot g \cdot \rho \qquad \text{Gleichung 80}$$

Δp = Druckverlust in N/m²
H = Förderhöhe in m
g = Fallbeschleunigung, g = 9,81 m/s²
ρ = Dichte in kg/m³

Ist der vorhandene Haltedruck kleiner als der erforderliche Mindestdruck, muss die Flüssigkeit der Pumpe zulaufen (negative H_{geoS}) oder die Flüssigkeit wird mit einem zusätzlichen Druck beaufschlagt.

Die Unterschreitung des erforderlichen Haltedruckes bzw. NPSH-Wertes oder des Mindestdruckes über der Flüssigkeit bedeutet Kavitation, die sich durch Schwingungen und Geräuschbildung bemerkbar macht und zur Erosion des Pumpenwerkstoffes

führen kann. Schwingungen können die Konstruktionsteile der Pumpe (Welle, GLRD) erheblich belasten mit der Folge von Schwingungsbrüchen.
Weiterhin wird der Flüssigkeitsstrom in der Saugleitung reduziert, es kann zum Abreißen der Strömung kommen.

Vor dem Saugstutzen der Pumpe sollte stets ein gerades Rohrstück (l = ≥ 5·d) zur Strömungsberuhigung eingesetzt werden.

Die theoretische Saughöhe beträgt ca. 10 m, praktisch kann nur mit etwa 7 m gerechnet werden, in Abhängigkeit von der Temperatur der Flüssigkeit und dem Druckverlust der Saugleitung.

Gashaltige Flüssigkeiten müssen in der Saugleitung zur Verhinderung des Ausgasens unter einem Druck gehalten werden, der über dem Partialdruck der gelösten Gase liegt. Aus Sicherheitsgründen sollte zur Vermeidung von Gasentbindung/Schäumen mindestens mit dem 1,5…2fachen Sättigungsdruck gerechnet werden.

5.6 Sterilisation der Würze

Für Herführanlagen wird in der Regel die Betriebswürze eingesetzt (Anforderungen an die Würze s. Kapitel 4.6.11).

Bei Reinzuchtanlagen muss die Würze in Abhängigkeit vom mikrobiologischen Zustand/Kontaminationsgrad vor der Dosierung sterilisiert werden (siehe Kapitel 4.6.11.3).

In vielen modernen Betrieben ist die Würze bei der mikrobiologischen Betriebskontrolle „ohne Befund". Aber auch hier gilt prophylaktisch: eine Sterilisation kann nicht schaden!

Die Sterilisation der Ausschlagwürze kann erfolgen:
- im Batchverfahren oder
- im Durchlaufverfahren.

Beim Batchverfahren wird der möglichst wärmegedämmte Würzebehälter mit heißer Würze befüllt. Die Aufheizung zum Kochen erfolgt mittels Wärmeträger, meist Dampf, der in der Heizfläche kondensiert. Das Abkühlen nach einer Heißhaltezeit von ≥ 30 min erfolgt mit einem Kälteträger, in der Regel Kaltwasser, zum Teil auch mit Glykollösung. Zur Verbesserung des Wärmedurchgangskoeffizienten muss der Behälterinhalt umgewälzt werden, beispielsweise mit einem magnetgekoppelten, stopfbuchslosen Rührwerk und/oder durch Einblasen von Sterilgas am Boden.

Als Richtwert für die benötigte WÜ-Fläche bzw. die kondensierbare Dampfmenge kann dienen:

Bei einer Mantelheizfläche lassen sich etwa 27.000 kcal/(m^2·h) $\hat{=}$ 31,3 kW/m^2 übertragen, das entspricht in etwa einer Sattdampfmenge von 50 kg/(m^2·h).
Das ergibt bei einem ΔT = 27K einen k-Wert = 1000 kcal/(m^2·h·K) bzw. 1,163 kW/(m^2·K).

Bei Behältern mit einem Umpumpkreislauf kann der Rücklauf tangential erfolgen. Damit wird eine Rotation des Behälterinhalts erreicht, die den Wärmedurchgangskoeffizienten beträchtlich erhöht.

Das Batchverfahren kann nach ca. 24 Stunden wiederholt werden (fraktionierte Sterilisation).

Der Abtötungseffekt kann durch Anwendung von Druck ($p_ü \approx 1{,}2\ldots1{,}22$ bar) und damit einer höheren Temperatur ($121\ldots\leq 125\ °C$) prinzipiell verbessert werden.

Die Durchlaufsterilisation mit einer Kurzzeiterhitzungsanlage (KZE-Anlage, s.a. Abbildung 177) ist apparativ aufwändiger, ermöglicht aber kurze Behandlungszeiten und die rekuperative Wärmerückgewinnung. Die Würze wird aus einem Vorratsgefäß abgepumpt, in einem Wärmeübertrager (RWÜ, PWÜ) rekuperativ vorgewärmt, mit Dampf oder Heißwasser auf Sterilisiertemperatur gebracht (dazu wird sie unter Überdruck gehalten), in einem Röhrenheißhälter der benötigten Verweilzeit unterzogen und anschließend abgekühlt und entspannt und in einen zweiten sterilen Behälter eingelagert. Bei der Abkühlung dient sie rekuperativ als Heizmedium für die Vorwärmung der nachfolgenden Würze.

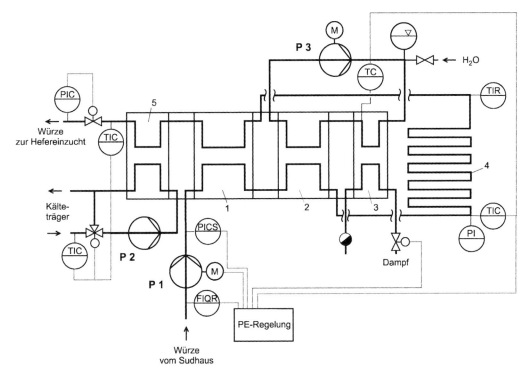

Abbildung 177 KZE-Anlage, schematisch
P1 Würzepumpe **P2** Kälteträgerpumpe **P3** Heißwasserkreislaufpumpe
1 Vorwärmung der Würze/Abkühlung der sterilisierten Würze **2** Erhitzung **3** Heißwasserbereitung **4** Heißhalter **5** Nachkühlung

Die Anlagentechnik entspricht den KZE-Anlagen für die Bierbehandlung. Unterschiedlich ist vor allem der maximal erforderliche Betriebsdruck, der sich nur nach der maximal erreichbaren Würzetemperatur richten muss.

Die Bildung von Dampfblasen auf der Produktseite muss unbedingt verhindert werden, da damit Inkrustationen infolge von Eiweißausscheidungen verbunden sind.

Die Beheizung erfolgt mit einem Heißwasserkreislauf, der bei Temperaturen über 95 °C unter Überdruck betrieben werden muss. Die Beheizung ist auch direkt mit Sattdampf möglich.

Wichtig ist, dass beim Füllen und Entleeren sowie beim Abkühlen die Behälter mit Sterilluft beaufschlagt werden. Das Einziehen atmosphärischer Luft muss ausgeschlossen werden.

Auch die Durchflusssterilisation kann fraktioniert erfolgen. Bedingung dafür sind zwei Behälter, die abwechseln betrieben werden.

Beachtet werden muss, dass eine Sterilisation der Würze nur dann sinnvoll ist, wenn auch die gesamte Anlagentechnik festverrohrt ist und ebenfalls sterilisiert werden kann. Bei Anlagen mit manueller Verbindung der Rohrleitungen und Behälter ist Sterilität nur mit sehr großem manuellem Aufwand erreichbar und setzt eine qualifizierte Arbeitsweise voraus.

Verbindungselemente müssen in Desinfektionsmittellösung gelagert werden bzw. sind vor Gebrauch zu dekontaminieren (s.a. Kapitel 5.5.3).

5.7 Anlagenplanung

Zum Komplex der Anlagenplanung muss auf die Literatur verwiesen werden. Eine Übersicht gibt [317]. Zu weiteren Hinweisen s.a. Kapitel 5.3 und 5.5.

Die Hersteller von Hefepropagationsanlagen verfügen über detaillierte Kenntnisse und sie sollten möglichst bald mit in die Planungsarbeiten einbezogen werden.

5.8 Reinigung und Desinfektion, Sterilisation

5.8.1 CIP-Verfahren

Die Reinigung und Desinfektion der gesamten Anlagentechnik des Würze- und Bierweges und der Hefestation wird nach dem CIP-Verfahren vorgenommen. Wichtige Voraussetzungen für eine effiziente R/D-Verfahrensführung sind:
- Chemikalienlösungen mit der festgelegten Konzentration und Temperatur;
- CO_2-freie Behälter bei der alkalischen Reinigung;
- Die Sicherung der erforderlichen Fließgeschwindigkeiten bei der Rohrreinigung und die Einhaltung des Volumenstromes bei der Behälterreinigung;
- Die Einhaltung der Mindesteinwirkzeiten der R/D-Medien;
- Die zuverlässige Verhinderung des Einziehens von ungefilterter atmosphärischer Luft bei der Behälterreinigung und in die CIP-Behälter;
- Die Trennung der Medien vom Spülwasser im Sinne minimaler Verluste;
- Korrosionsbeständige Werkstoffe;
- Beachtung der Einsatzkriterien der R/D-Mittel (s.a. Tabelle 120);
- Die Eignung der Anlagenelemente für das CIP-Verfahren, Beachtung der Regeln des hygienischen Designs.

Tabelle 120 Einsatzkriterien für Reinigungs- und Desinfektionsmittel bei Edelstahl, Rostfrei® und Dichtungswerkstoff EPDM (nach DIN 11483 [318])

Medium	Konzentration	Temperatur	pH-Wert	Einwirkzeit
Na-Hypochlorit + NaOH 1)	≤ 5%	≤ 70 °C	≥ 11	≤ 1 h
NaOH 2)	≤ 5%	≤ 140 °C	≥ 13	≤ 3 h
Na-Hypochlorit	≤ 300 mg akt.Cl/l	≤ 20 °C	≥ 9	≤ 2 h
Na-Hypochlorit	≤ 300 mg akt.Cl/l	≤ 60 °C	≥ 9	≤ 0,5 h
H_2SO_4	≤ 1,5 % 4)	≤ 60 °C		≤ 1 h
H_2SO_4	≤ 3,5 % 5)	≤ 60 °C		≤ 1 h
HNO_3 / H_3PO_4 6)	≤ 5%	≤ 90 °C		≤ 1 h
HNO_3 / H_3PO_4 7)	≤ 5%	≤ 140 °C		≤ 5 min.
Peressigsäure 3)	≤ 0,15%	≤ 20 °C		≤ 2 h
Peressigsäure 3)	≤ 0,0075%	≤ 90 °C		≤ 30 min.
Jodophore	≤ 50 mg Jod/l	≤ 30 °C		≤ 24 h
Werkstoff EPDM:				
HNO_3	≤ 2%	≤ 50 °C		≤ 0,5 h
HNO_3	≤ 1%	≤ 90 °C		≤ 0,5 h
H_3PO_4	≤ 2%	≤ 140 °C		≤ 1h
Peressigsäure	≤ 1%	≤ 90 °C		≤ 0,5 h
Peressigsäure	≤ 1%	≤ 20 °C		≤ 2 h
Jodophore	≤ 0,5%	≤ 30 °C		≤ 24 h
Heißwasser		≤ 140 °C		ohne Begrenzung

1) bei ≤ 300 mg Cl-Ionen/L im Ansatzwasser
2) bei ≤ 500 mg Cl-Ionen/L im Ansatzwasser
3) bis zu 300 mg Cl-Ionen/L, bei geringeren Gehalten ist eine Verlängerung der Einwirkzeit möglich
4) CrNi-Stahl bei < 150 mg Cl-Ionen/L im Ansatzwasser
5) CrNiMo-Stahl bei < 250 mg Cl-Ionen/L im Ansatzwasser
6) CrNi-Stahl bei < 200 mg Cl-Ionen/L im Ansatzwasser
7) CrNiMo-Stahl bei < 300 mg Cl-Ionen/L im Ansatzwasser

Die aus der Sicht der R/D problematischsten Zonen sind dynamische Dichtungen (Ventilspindeln, Ventilstangen, Zapfen von Absperrklappen, Gleitringdichtungen bei Pumpen, Probenahmearmaturen) und statische Dichtungen, beispielsweise Rohrverschraubungen, Flanschverbindungen, Dichtungen und Dichtungsspalten bei Plattenwärmeübertragern (PWÜ).

Diese Zonen werden durch die strömenden R/D-Mittel nicht oder nur bedingt erreicht. Die oft fehlende vollständige Benetzbarkeit (z. B. durch Gasblasen in Spalten bei PWÜ) und die Oberflächenspannung der Medien limitieren den Reinigungs- und Desinfektionseffekt zusätzlich, ebenso das Ausspülverhalten.

Die Konsequenz aus diesen Zusammenhängen kann nur die heiße Reinigung sein! Dabei werden Keime zumindest durch die Wärmeleitung erreicht und inaktiviert. Anzustreben ist die vollständige Vermeidung der o.g. Problemzonen.

Die CIP-Anlage für die Reinigung/Desinfektion der Hefepropagationsanlage kann im „Stapelverfahren" und „verloren" betrieben werden.

Die heiße Behälterreinigung sollte grundsätzlich bevorzugt werden. Voraussetzung dafür ist die entsprechend ausgelegte Anlagentechnik.

Ist nur eine „kalte" Reinigung möglich, ist die „verlorene Reinigung" statt der Stapelreinigung aus mikrobiologischen Gründen zu bevorzugen. Rohrleitungen sind immer heiß zu reinigen.

Auf kurze Leitungswege und optimale Nennweiten ist im Interesse geringer Verbrauchsmengen zu achten.

5.8.2 Sterilisation, das Dämpfen der Anlage

Die bereits im 19./20. Jahrhundert praktizierte Sterilisation mit strömendem Dampf ist grundsätzlich eine sehr effiziente Variante. Sie ist ohne Rückstandsproblematik anwendbar. Der Vorteil liegt auch insbesondere in der vollständigen Erfassung aller Oberflächen, vor allem durch Wärmeleitung.

Bedingungen sind aber für das erfolgreiche Dämpfen:
- Eine gründlich gereinigte Anlage. Foulingschichten müssen zuverlässig entfernt werden, um Inkrustationen zu verhindern;
- Dampf in Lebensmittelqualität, vor allem ölfrei;
- Die Anlagen müssen wärmegedämmt sein. Diese Forderung gilt vor allem für große Behälter; die gesamte produktberührte Oberfläche muss auf Sterilisationstemperatur gebracht werden können;
- Alle Teile der Anlage müssen beaufschlagt werden: Abgänge und Stutzen an Behältern müssen geöffnet sein („strömender" Dampf), ggf. gedrosselt;
- Oberflächen müssen einen Berührungsschutz erhalten (Gesundheitsschutz);
- Die Dichtungswerkstoffe müssen dampf- und temperaturbeständig sein;
- Die Behälter müssen eine ausreichend dimensionierte Vakuumsicherung haben;
- Das Nachströmen ungefilterter Luft bei der Abkühlung muss zuverlässig verhindert werden.

Da bei größeren Behältern diese Bedingungen nur sehr schwer einzuhalten sind, beschränkt sich das Dämpfen auf kleinere Behälter, Rohrleitungen, Wärmeübertrager und Armaturen.

Im Übrigen muss auf die Spezialliteratur zum Thema Reinigung und Desinfektion verwiesen werden [319], [320], [300]. Probleme der Rohrleitungsreinigung werden in [321] behandelt.

5.9 Mess- und Steuerungstechnik für Hefepropagationsanlagen
5.9.1 Messtechnik
Ausführungen zur erforderlichen Betriebsmesstechnik erfolgen unter Kapitel 5.3.4, s.a. [273].

5.9.2 Steuerungstechnik
Moderne Hefepropagationsanlagen lassen sich grundsätzlich automatisch betreiben. Voraussetzung dafür sind aber:
- Fest verrohrte Anlagenkomponenten;
- Doppelsitzventile mit Ventilsitzanlüftung, zweckmäßigerweise in Steriltechnik, und in druckstoßfester Ausführung;
- Armaturen und Pumpen in geeigneter Ausführung;
- Rohrleitungen in funktionsgerechter Ausführung;
- Eine sterile Würze und Bevorratung unter sterilen Bedingungen;
- Eine CIP-Station.

Die Sicherung dieser Voraussetzungen führt zu Anlagen mit einem beträchtlichen Investitionsvolumen im Bereich der Rohrleitungen und Armaturen. Der Aufwand für die SPS ist in der Regel relativ gering und kann von den meist ohnehin im Betrieb vorhandenen SPS mit übernommen werden. Die Nutzung der Feldbustechnik hilft dabei die Installationskosten zu reduzieren.

Aus Kostengründen werden in vielen Fällen Kompromisse bezüglich der Automation gemacht und die Anlagen nicht festverschaltet, sondern mittels Paneeltechnik verbunden und manuell bedient.

Die Konsequenz daraus ist dann aber die Forderung nach qualifizierter Bedienung der Anlage. Die Automation beschränkt sich dann auf:
- die Temperaturregelung der Fermentationsgefäße,
- die automatische Dosierung der Sterilluft,
- die Anlagensicherheit (Druck, Füllstand, Überfüllsicherung),
- die Überwachung der Verbindungstechnik bzw. des Armaturenschaltzustandes,
- die Leermeldung bei CIP und dem technologischen Ablauf und auf
- die CIP-Reinigung/ Desinfektion.

Technologische Größen, wie Temperatur, Druck, Zellzahl, O_2-Gehalt, ggf. pH-Wert, Ethanolgehalt u.a. können ebenfalls erfasst und protokolliert werden.

6. Hefemanagement in der Brauerei
6.1 Allgemeines und Begriffsbestimmung

Unter dem Begriff Hefemanagement werden alle Manipulationen zusammengefasst, die sich aus dem Umgang und der Handhabung der Betriebshefe ergeben (siehe auch Abbildung 1 in Kapitel 1).
Es sind dies im Einzelnen:
- Die Isolierung und Stammauswahl von Brauereihefestämmen;
- Die Herführung der Reinzuchthefen im Brauereilabor;
- Die Pflege, Aufbewahrung und Konservierung der Hefestammkulturen;
- Die Hefereinzucht und die Hefepropagation im Brauereibetrieb;
- Das Anstellen und die Gärführung;
- Die Hefeernte;
- Die Hefebehandlung;
- Die Hefelagerung;
- Die Gelägerbiergewinnung und Überschusshefeverwertung.

Die ersten vier Punkte können unter dem Punkt Reinzucht und Propagation der Brauereibetriebshefen zusammengefasst werden.

6.2 Die Reinzucht und Propagation der Brauereibetriebshefen

Die richtige Qualität der eingesetzten Betriebshefen gehört zu den wichtigsten Voraussetzungen für die Herstellung eines qualitativ hochwertigen Bieres. Die Hefequalität wird durch die speziellen Eigenschaften des betreffenden Betriebshefestammes bestimmt. Die allgemeinen Anforderungen an eine Brauereihefe sind in Tabelle 9 (Kapitel 3.6) zusammengefasst.

Die gewünschten Eigenschaften des Betriebshefestammes zu erhalten, erfordert eine ständige Pflege der Stammkulturen und eine regelmäßige Erneuerung der betrieblichen Hefesätze (Begründung für die Hefedegeneration und den Hefestress siehe Kapitel 3).

Dazu sind das Anlegen einer Hefereinzucht und die vorausgehende Isolierung eines einheitlichen Hefestammes erforderlich. Dies kann nur noch bei der klassischen Methode (ohne gentechnische Veränderungen) unter Verwendung vorhandener Brauereihefesätze bzw. bereits vorhandener Reinkulturen aus den Stammsammlungen erfolgen.

Die in der Brauerei verwendeten Kulturhefen wurden aus den in der Natur vorkommenden Hefen im Laufe der jahrhundertealten Bierbereitung durch natürliche Selektion gewonnen. Brauereihefen können im Gegensatz zu Weinhefen aus der freien Natur nicht mehr isoliert werden. Daher müssen zum Ausgangspunkt der Reinzüchtung von Brauereihefen immer Hefestämme genommen werden, die bereits erfolgreich zur Erzeugung der betreffenden Biersorten eingesetzt werden oder wurden.

Der entscheidende Qualitätssprung im Hefemanagement und damit bei der Bierbereitung wurde durch die Einführung der Hefereinkultur durch *Emil Christian Hansen* in den Brauereibetrieb im Jahre 1883 (siehe auch Kapitel 2) erreicht. So wurden in den folgenden Jahrzehnten schrittweise Betriebshefestämme erhalten, die sich jeweils von nur einer Zelle ableiten und die alle die Eigenschaften der jeweiligen

Ausgangszelle besitzen. Die Reinzüchtung der Hefezellen im Labor erfolgte aus den bis dahin verwendeten Mischpopulationen, die im Laufe der jahrhundertealten Bierbereitung aus der Natur durch eine natürliche Auslese selektiert wurden.

Ohne Zweifel können Klein- und Hausbrauereien auf eine eigene Hefereinzucht verzichten und ihre Anstellhefen aus einem geeigneten Fremdbetrieb beziehen. Bei dieser Arbeitsweise ist in einem solchen Betrieb bei einer neu eingeführten Hefe das Risiko zu beachten, dass die veränderten Umweltbedingungen auch bei einem erprobten Hefestamm zu unerwarteten Qualitätsveränderungen der Biere führen können. Außerdem ist die Gefahr recht groß, dass mit einem fremden, schon mehrmals geführten Betriebshefesatz auch gefährliche Kontaminationsorganismen in den eigenen Betrieb einschleppt werden. Als Alternative werden für diese Betriebsgrößen schon Reinzuchttrockenhefen und von den bekannten Brauereiinstituten auch geeignete Reinzuchtpräparate angeboten.

Eine eigene Hefereinzucht gewährleistet dagegen, in den erforderlichen Abständen durchgeführt, die Reinheit und Einheitlichkeit der gezüchteten Hefepopulation, die in vorhergehenden Betriebsversuchen ihre gewünschten Qualitätseigenschaften nachgewiesen hat.

6.2.1 Die Isolierung von Brauereihefestämmen

Die Isolierung der Hefestämme kann nach ausreichender Verdünnung der gärenden Hefeprobe mit Hilfe des bekannten Plattenverfahrens nach *Robert Koch* oder mit der Tröpfchenkultur nach *Paul Lindner* erfolgen. Ausführliche Beschreibungen der exakten mikrobiologischen Arbeitsweise befinden sich in allen studentischen Praktikumsanleitungen für Gärungstechnologen und in der mikrobiologischen Fachliteratur des vergangenen Jahrhunderts (siehe u.a. *Schnegg* [268], *Jährig/Schade* [238], Analytica Microbiologica EBC [269] und [322]).

Das Plattenverfahren nach *Koch* gewährleistet eine ausreichende Genauigkeit. Bei ordnungsgemäßer Arbeitsweise ist bei einer Belegungsdichte von 50 Kolonien je Platte (Plattendurchmesser: 10 cm) mit einer Wahrscheinlichkeit von 98,5 % damit zu rechnen, dass eine Kolonie auch wirklich nur aus einer einzigen Zelle hervorgegangen ist [323].

In den meisten Fällen wird jedoch dem Verfahren der Einzelisolierung mit Hilfe der Tröpfchenkultur nach *Lindner* der Vorzug gegeben. Auf Grund der mikroskopischen Kontrolle gibt dieses Verfahren die Gewissheit, dass aus einer einzigen Zelle eine reine und einheitliche Art des betreffenden Hefestammes erhalten wird.

Besondere Aufmerksamkeit ist der Vorbereitung des Hefesatzes zu widmen, aus der eine Einzellkultur angelegt werden soll. Es empfiehlt sich, eine Probe dieses Hefesatzes zunächst in 100 mL sterile Würze zu impfen. Aus der im Stadium der Hochkräusen befindlichen gärenden Würze (die Hefezellen sind im gärenden Medium vereinzelt) wird dann die Einzelisolierung vorgenommen. In diesem Stadium befinden sich im oberen Teil der gärenden Würze vorwiegend Hefezellen, die einen optimalen physiologischen Zustand aufweisen.

Das unter keimfreien Bedingungen bei der Tröpfchenkultur diagonal mit Tröpfchen beschriebene Deckgläschen wird auf einen keimfreien Hohlschliffobjektträger mit den Tropfen nach unten (hängende Tropfenkultur) gelegt und mittels Vaseline seitlich luftdicht verschlossen, so dass eine „feuchte Kammer" entsteht, die das Austrocknen verhindert (siehe Abbildung 178).

Die Hefe in der Brauerei

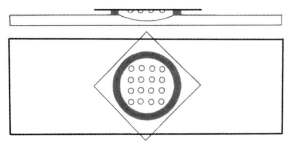

Abbildung 178 Tröpfchenkultur nach Paul Lindner

Nach der mikroskopischen Kontrolle werden die Tröpfchen mit je einer einzelnen Hefezelle markiert. Nach einer Bebrütung von 24…48 Stunden werden die aus Einzelzellen sich gut entwickelten Sprossverbände mit Hilfe kleiner steriler Filterpapierstreifen (ca. 2 cm²) aufgesaugt und diese Papierstreifen in je 5 mL frische, sterile Würze überführt. Die Einzelkulturen nach *Lindner* sollten bei untergärigen Hefestämmen bei 8…10 °C und die obergärigen Hefestämme bei 15…18 °C bebrütet werden.

Die so isolierten Hefesätze bzw. Hefestämme werden bei der vorgeschlagenen Bebrütungstemperatur schrittweise unter sterilen Bedingungen im Labor vermehrt, ihre technologischen und qualitativen Eigenschaften überprüft und zur Sicherheit eine Stammkonserve angelegt.

Weiterhin kann eine Einzelisolierung auch mit einem modernen Mikromanipulator aus Flüssigkeitskulturen oder von der Oberfläche fester Nährböden vorgenommen werden.

6.2.2 Zur Stammauswahl eines neuen Hefestammes

Ein Verfahren zur Stammauswahl ist immer bei der Einführung eines neuen Hefestammes in den Brauereibetrieb erforderlich, um das betriebliche Risiko zu minimieren, das immer bei der Einführung eines neuen Hefestammes vorhanden ist.

Betriebliche Untersuchungen zur Auswahl des jeweiligen bestgeeigneten Hefestammes für eine neue betriebliche Zielstellung können erforderlich sein, z. B. bei:
- der Einführung einer neuen ober- oder untergärigen Biersorte;
- der Einführung einer neuen Gär- und Reifungstechnik;
- der Einführung eines neuen, verbesserten Gärverfahrens;
- veränderten Rohstoffverhältnissen;
- einer veränderten Technologie der Würzeherstellung und vor allem
- bei unbefriedigenden technologischen und qualitativen Ergebnissen mit dem bisher eingesetzten Hefestamm.

Die Eignung und die Qualitäten eines Hefestammes können absolut sicher nur unter den spezifischen betrieblichen Verhältnissen des vorgesehenen Einsatzbetriebes geprüft werden.

Die parallele Überprüfung von mehreren Hefestämmen im Brauereibetrieb kann bei Gärverfahren mit offenen Gärgefäßen recht einfach und ohne Risiko z. B. mit Hilfe des EBC-Gärrohrs nach *Walkey* und *Kirsop* [324] (Abbildung 179) oder der von *Lietz* [97] vorgeschlagenen Gärgefäße (siehe auch Abbildung 42 in Kapitel 2) unter Verwendung der jeweiligen Betriebswürze erfolgen. Die Probegärgefäße werden in den normal geführten betrieblichen Gärbottich eingehängt bzw. es findet die Vermehrung unter definierten Laborbedingungen in anderen Gefäßen statt (z. B. modifizierten Kegs).

Folgende Qualitätskriterien sollten vergleichend zwischen den parallel geführten Hefestämmen überprüft und zur Auswahl bewertet werden:
- Die sensorischen Eigenschaften (Geruch und Geschmack der Biere, pH-Wert, Gärungsnebenproduktprofil);
- Die Alterungsbeständigkeit der Biere (z. B. auch die SO_2-Bildung);
- Die Gärgeschwindigkeit und der erreichbare Ausstoßvergärungsgrad;
- Die Sedimentationseigenschaften des jeweiligen Hefestammes;
- Die erforderliche Reifezeit (Verlauf des Diacetylabbaus);
- Klärung und Filtrierbarkeit des Bieres;
- Die Beeinflussung der Schaumhaltbarkeit.

Bei der Umstellung des Gär- und Reifungsverfahrens vom klassischen Verfahren auf die geschlossene Gärung und Reifung in zylindrokonischen Tanks (ZKT) ist die vergleichende Gärung der untersuchten Hefestämme in einem offenen Bottich normalerweise nicht mehr durchführbar. Für diese veränderte Verfahrenstechnik wurden auch Laborprüfverfahren entwickelt, bei denen die Gärung und Reifung unter Druck und bei Beachtung der betriebsspezifischen Bedingungen durchgeführt werden können (siehe u.a. [325]).

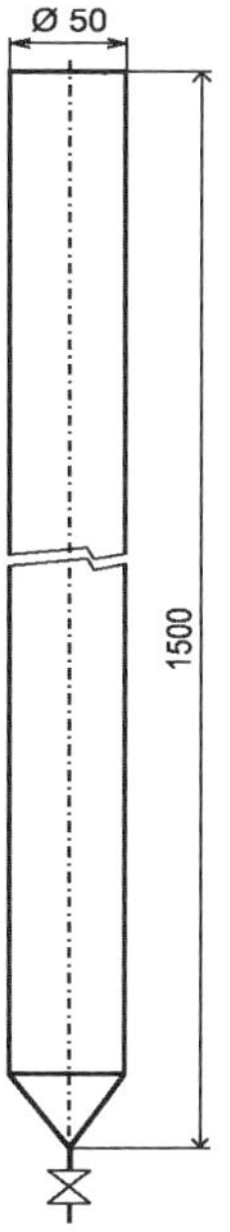

Abbildung 179 EBC-Gärrohr (nach [322])
Das Nutzvolumen beträgt etwa 2 L. Das Gärrohr kann bei Bedarf mit einer Mantelkühlung ausgerüstet werden.

Durch Praxisversuche wurde jedoch vielfach festgestellt, dass bei der Umstellung des Gär- und Reifungsverfahrens von einer drucklosen Bottichgärung auf eine beschleunigte Druckgärung bzw. auf eine ZKT-Technologie mit hoher Flüssigkeitssäule der Einsatz besonderer Hefestämme nicht erforderlich war (siehe u.a. [326], [327] und [112]). Gut eingeführte Betriebshefestämme konnten weiter verwendet werden. Die Stammauswahl unter besonderer Beachtung eines höheren Prozessdruckes ist deshalb nicht in erster Linie erforderlich. Dies vereinfacht mit einigen Einschränkungen in der Verfahrensführung das im Labormaßstab zu realisierende Prüfverfahren (z. B. keine Gärtemperaturen über 8…9 °C in drucklosen Probegärgefäßen). Eine generelle Umstellung des Gärverfahrens von druckloser Bottichgärung auf eine ZKT-Technologie führt in jedem Fall zu Veränderungen des betreffenden Biertyps. Diese Veränderungen lassen sich in Laborprüfverfahren jedoch nicht ohne weiteres vorherbestimmen.

Bei der Umstellung von der offenen Bottichgärung auf die ZKT-Technologie sollten bei der Stammauswahl an den auszuwählenden Betriebshefestamm folgende zwei besondere Anforderungen gestellt werden:

- Der auszuwählende Hefestamm sollte im Interesse einer kurzen Hefeklärdauer von 2...4 Tagen einen deutlichen Bruchhefecharakter besitzen. Hefestämme mit einem geringen Bruchbildungsvermögen, so genannte Staubhefen, erfordern eine wesentlich längere Klärdauer oder den Einsatz von Jungbierseparatoren, um eine Verlängerung der Prozessdauer zu vermeiden.
- Die Intensivgär- und -reifungsverfahren in ZKT erfordern Hefestämme mit einer geringen Kälteschockempfindlichkeit bzw. das angewandte Gär- und Reifungsverfahren muss die Temperaturschockempfindlichkeit des verwendeten Hefestammes berücksichtigen.

Tabelle 121 gibt einen zusammengefassten Überblick über die technologischen Eigenschaften und die zu empfehlenden Anwendungsfälle für die Stammauswahl im Vergleich von untergärigen Staub- und Bruchhefen.

Zur Quantifizierung des Flockulationvermögens eines Hefestammes eignet sich der Test nach *Helm* [328], der nach einer definierten Vorkultivierung, Gewinnung und Waschung der Hefeprobe die Sedimentmenge in einer definierten Pufferlösung misst, z. B. nach 10 und 120 Minuten. Neuere Vorschläge für Flockulationstests sind ähnlich aufgebaut [329]

Natürlich werden in den Brauereien nicht nur Reinzucht-Hefen angewandt, sondern auch Mischpopulationen. Ebenso wird versucht, die Hefen züchterisch zu bearbeiten [330]. Auch bei Reinkulturen können sich durch Mutation der Zellen die Eigenschaften ändern.

6.2.3 Die Herführung der Reinzuchthefen im Brauereilabor

Zur Herführung von Brauereihefen im Labor wird von der Hefeschrägagarkultur auf Würzeagar eine Impföse voll entnommen und in 5 mL steriler, geklärter Ausschlagwürze suspendiert. Wenn sich diese Kultur in kräftiger Gärung befindet, wird sie komplett in 25...40 mL sterile Würze übergeimpft. Die weitere Vermehrung erfolgt nach Abbildung 131 in Kapitel 5.1 über den *Pasteur*-Kolben bis zum *Carlsberg*-Kolben.

Der *Pasteur*-Kolben (Bruttoinhalt 1 L) ist ein Rundkolben aus Glas. Sein Hals bzw. sein Verschluss ist zu einem Röhrchen ausgezogen, dessen Öffnung mit einem Wattefilter verschlossen wird. Außerdem besitzt der Kolben einen seitlich angebrachten Impfstutzen, der ebenfalls mit Watte verschlossen wird.

Der *Carlsberg*-Kolben (technische Beschreibung siehe Kapitel 5.2 und Abbildung 135 und Abbildung 136), mit Nettoinhalten von 10 bis über 30 L, in der Größe abgestimmt auf die Größe des kleinsten Reinzuchtbehälters, wird für die großen Behältergrößen fahrbar ausgerüstet. Er besitzt neben dem Impf- und Entleerungsstutzen auch einen Filterstutzen. Während die ersten beiden Stutzen mit je einem aufgesetzten, sterilen Siliconschlauch verschlossen werden, die möglichst dicht schließende Glasstopfen tragen, ist der Filterstutzen mit einem Sterilfilter verbunden.

Die verwendeten Glasgefäße inclusive des *Pasteur*-Kolbens werden mit der entsprechenden Würzemenge im Autoklaven sterilisiert (121 °C, 60 Minuten) oder im drucklosen Dampftopf bei 100 °C in Abständen von 24 Stunden (in der Regel dreimal, jeweils 60...90 Minuten) fraktioniert keimfrei gemacht. Die *Carlsberg*-Kolben können im Autoklaven sterilisiert werden oder, falls das nicht möglich ist, dadurch, dass diese

Gefäße mit der erforderlichen Würzemenge gefüllt und auf einer offenen Flamme oder im Sandbad etwa 45 Minuten gekocht werden.

Das Verschließen der drei Öffnungen (Impfstutzen, Sterilfilteranschluss/Vakuumsicherung, Überströmarmatur) muss noch bei ausströmendem Dampf erfolgen. Sinnvoll ist es, das Sterilfilter vorher zu installieren und gedrosselt zu betreiben, ebenso den Impfstutzen, sowie eine Öffnung mit einer Überströmarmatur zu verschließen, die auf $p_{ü}$ = 1,1 bar ($\triangleq$ 121 °C) eingestellt ist. Das Sterilfilter fungiert gleichzeitig als Vakuumsicherung.

Falls die genannten Gefäße nicht vorhanden sind, können mehrere größere *Erlenmeyer*-Kolben, Steilbrustflaschen und ähnliche Gefäße verwendet werden.

Tabelle 121 Unterschiede zwischen untergärigen Staub- und Bruchhefestämmen und ihre möglichen Anwendungsfälle

1. Eigenschaften	Bruchhefe	Staubhefe
Frühzeitiges Zusammenballen und Sedimentation der Hefezellen	+	−
Gute Hefevermehrung und Hefeernte im Gärbottich	+	−
Weitgehende Vergärung, auch bei niedrigen Lagertemperaturen	−	+
Anpassungsvermögen an Würzequalitäten mit niedrigeren FAN- und Zinkgehalten (Mangelwürzen)	−	+
pH-Wert-Abfall während der Nachgärung	−	+
Glycogenspeicherung	+	−
Glycerinbildung	+	−
Bildung und Abbau der vicinalen Diketone	X	X
2. Anwendungsfälle		
Kalte, lange, klassische Nachgärung	−	+
Beschleunigte Gär- und Reifungsverfahren ohne spezielle Klärvorrichtungen	+	−
Bei Verwendung von Jungbierseparatoren	−	+
Gärbehälter mit hohen Flüssigkeitssäulen und ohne spezielle Klärapparaturen	+	−
Bewertungsmaßstab: + = größer, schneller, höher, besser − = weniger, langsamer, niedriger, schlechter X = keine Unterschiede bekannt		

Die Überführung des Impfgutes erfolgt bei allen Teilschritten im Hochkräusenstadium unter Wahrung strenger Sterilitätsprinzipien. Dabei beträgt das Verhältnis von Impfgut zu frischer, steriler Würze 1 plus 7 bis 1 plus 10, d. h., auf einen Teil Impfgut kommen 7 bis maximal 10 Teile sterile, geklärte Ausschlagwürze. Für die Vermehrung ab dem *Carlsberg*-Kolben kann sterile Ausschlagwürze statt steriler geklärter Ausschlagwürze verwendet werden. Im Ausland wird auch ein in Wasser auflösbarer, vorgeklärter, im Fachhandel angebotener Würzeextrakt eingesetzt, der in seiner Nährstoffzusammensetzung für die Hefevermehrung optimiert werden kann, z. B. durch den Zusatz von 0,2 % Hefeextrakt [331].

Die Temperatur für die Hefevermehrung im Labor sollte bei untergäriger Hefe normalerweise bei 8…10 °C und für obergärige Hefe bei 15…18 °C erfolgen. Eine

Temperaturerniedrigung der gärenden Hefecharge durch frische Würze muss vermieden werden (eine etwas höhere Temperatur der Würze ist nicht kritisch). Die Temperatur der zugesetzten Würze ist an das Temperaturniveau im Gärbehälter anzupassen, um einen Temperaturschock der sich vermehrenden Hefe zu vermeiden.

Die konventionelle Herführung einer Hefereinzucht im Labor bis zu einer Impfgutmenge von 3 L wird als Beispiel in Abbildung 131 (Kapitel 5.1) dargestellt.

Carlsberg-Kolben mit einem größeren Fassungsvermögen werden mit dem Inhalt von zwei oder mehreren *Pasteur*-Kolben beimpft.

Eine beschleunigte Vermehrung der Reinzuchthefe im Labor bei gleichzeitiger Erhöhung der volumenbezogenen Hefeausbeute ergaben sich bei folgender betrieblichen Arbeitsweise [332]:

- 3,5 L Kaltwürze in einem 5-Liter-Kolben mit Magnetrührer werden nach dem Zusatz von 8 g gemahlenem Malzkeimmehl und 1 mL Hopfenöl (beide Zusätze dämpfen die Schaumbildung und enthalten essentielle Hefenährstoffe) nach bekannten Verfahren autoklaviert.
- Vor der Beimpfung des abgekühlten 5-Liter-Kolbens erfolgt eine Belüftung des Inhaltes mit Hilfe einer Membranpumpe (Volumenstrom 1,5 L Luft pro Minute, Entkeimung der Luft über zwei Sartorius-Sterilfilter mit einer Porenweite von 0,45 µm).
- Zur Beeimpfung werden 50 mL Reinzucht aus einer vorher hergeführten 200 mL-Reinzuchtkultur (2 Impfösen Reinzuchthefe von der Schrägagarkultur in 200 mL autoklavierte Würze; 2 Tage bei Zimmertemperatur unter Rühren mit Magnetrührer kultiviert) mittels Spritze über ein Septum dem 5-Liter-Kolben zugegeben.
- Die Kultivierung des Inhaltes des 5-Liter-Kolbens erfolgt bei ständigem Rühren mittels Magnetrührer bei Zimmertemperatur und einer Intervallbelüftung mit der installierten Membranpumpe (7 s Belüftung + 23 s Pause).
- Nach 36 h werden Hefekonzentrationen zwischen $130\ldots160 \cdot 10^6$ Zellen/mL erreicht und damit die Beimpfung der nächsten Vermehrungsstufe (Vorpropagator) vorgenommen.

Nach der Herführung der Hefekultur im Labormaßstab erfolgt die Weitervermehrung im Brauereibetrieb in einer Hefereinzuchtanlage oder im Rahmen einer Herführung unter keimarmen Bedingungen in „offenen" Gefäßsystemen. Die Auswahl des weiteren Hefevermehrungsverfahrens hängt von den apparativen Voraussetzungen der Brauerei ab. Nachfolgend können nur die grundsätzlichen Arbeitsweisen dargestellt werden.

6.2.4 Die Pflege, Aufbewahrung und Konservierung der Hefestammkulturen im Labor

Nach der Isolierung und technologischen Eignungsprüfung des reingezüchteten Betriebshefestammes sind die Herstellung einer Stammkonserve und ihre sichere Aufbewahrung zur Erhaltung der Hefestammeigenschaften erforderlich. Es sind u.a. folgende Methoden bekannt:

Würzeschrägagarkulturen

Die klassische Konservierungsmethode ist das Anlegen von Würzeschrägagarkulturen in Reagenzgläsern. Es empfiehlt sich, von jedem Hefestamm mindestens zwei

Würzeschrägagarkulturen anzulegen. Eine Schrägagarkultur dient als Arbeitskultur. Von ihr wird bei Bedarf für eine neue Hefeherführung abgeimpft. Die zweite Kultur wird als Reserve- und Dauerkultur vorgesehen. Bei der zweiten Kultur kann die Hefe mit Paraffinöl überschichtet werden, das vorher durch Erhitzen auf 150 °C keimfrei gemacht wurde. Das Paraffinöl verhindert das Austrocknen des Nährbodens und verlängert die Haltbarkeit.

Die Dauerkulturen werden im Kühlschrank bei 5 °C aufbewahrt. Im Abstand von ca. 6 Monaten sind sie zu erneuern. Vor dem Anlegen der neuen Dauerkultur wird der betreffende Hefestamm in sterile Würze geimpft und zur Auffrischung über 2 bis 3 Würzepassagen geführt. Dies reduziert die Gefahr von Degenerationserscheinungen.

Dauerkulturen in 10 %iger Saccharoselösung

Dauerkulturen können auch in 10 %iger Saccharoselösung aufbewahrt werden. Bei dieser Methode kommt es darauf an, dass nur eine kleine Menge von Hefezellen in die sterile Saccharoselösung übergeimpft wird. Die Zellen finden auf Grund des Nährstoffmangels praktisch keine Vermehrungsmöglichkeit. Andererseits sind die osmotischen Verhältnisse für die eingeimpften Hefezellen so günstig, dass sie über einen relativ langen Zeitraum hinweg am Leben bleiben. Dauerkulturen von Hefen in 10 %iger Saccharoselösung sollten mit Siegellack luftdicht verschlossen und dunkel bei 8…10 °C im Kühlschrank aufbewahrt werden. Wie die Würzeschrägagarkulturen sind sie nach 6 Monaten zu revitalisieren.

Da die beiden aufgeführten Methoden für eine Dauerkonservierung von Hefestämmen relativ viel Aufwand erfordern und nicht ohne Risiko sind (Infektionsgefahr, Gefahr der genetischen Veränderung der Stammeigenschaften), wurden Methoden zur Langzeiterhaltung von Hefekulturen entwickelt.

Die in den großen Hefebanken und Stammsammlungen der gärungstechnologischen Institute (siehe Tabelle 4, Kapitel 1) jetzt am häufigsten angewendete Methode ist die mit höherem technischen und materiellen Aufwand verbundene Kryokonservierung. Sie gewährleistet eine Langzeitkonservierung der Hefestämme.

Kryokonservierung von Hefekulturen

Die Kryokonservierung ist eine Tieftemperatur-Konservierung, bei der der Zelle Wasser entzogen und der Zellinhalt stark konzentriert wird.

Die DSMZ Deutsche Sammlung von Mikroorganismen und Zellkulturen GmbH in Braunschweig verwendet die Methode zur Flüssigstickstoffkonservierung nach *Hoffmann* [333] gemäß dem Schema in Abbildung 180.

Zur Vermeidung einer Zellschädigung durch:
- hohe intrazelluläre Salz- bzw. Ionenkonzentrationen,
- den Entzug der Hydrathülle von Makromolekülen und Membranen (kann u.U. zu Brüchen der DNA und Induktion von Mutationen führen),
- den Verlust der Semipermeabilität der Membranen (verursacht bei der Reaktivierung der getrockneten Zellen das Auswaschen von Reservestoffen und eine stark verminderte Viabilität),
- das Entstehen von freien Radikalen, die durch ihre hohe Reaktivität stark zellschädigend wirken und
- die Gefahr der mechanischen Zerstörung durch die Bildung intrazellulärer Eiskristalle

ist vor der Tiefkühlung der Zusatz von Zellschutzmitteln und eine definierte Gefrierpunkterniedrigung erforderlich.

Diese Zellschutzmittel sind Substanzen, die eine große Wassermenge binden und auch bei tiefen Temperaturen verfügbar halten. Zu diesen Substanzen gehören u.a. Glycerin (Zusatz von 2 %), Trehalose, Saccharose, Aminosäuren und Makromoleküle, wie PVP oder Hydroxyethylstärke (HES). Letztere Substanz hat sich besonders für die Langzeitkonservierung von Hefen in Flüssigstickstoff bewährt.

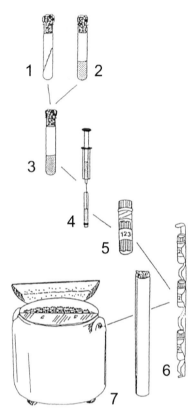

Abbildung 180 Schema der Flüssigstickstoffkonservierung nach Hoffmann [331]
1, 2 Anzucht auf Agar- oder Flüssigkultur **3** Suspension in Schutzmittel **4** Abfüllen in PVC-Röhrchen (unten versiegelt) **5** Einzelkryobehälter **6** Halterung für Kryobehälter **7** Flüssig-Stickstoff-Behälter

Bei der Kryokonservierung sollte nach dem Gefrieren des Suspensionsmediums die weitere Abkühlrate so gesteuert werden, dass gerade soviel Wasser aus der Zelle austritt, dass die ansteigende Salzkonzentration nicht schädigend wirkt und die damit verbundene Gefrierpunkterniedrigung des Zellinhaltes die Bildung von intrazellulären Eiskristallen verhindert. Es soll zu einer glasartigen Erstarrung der Zellen (Vitrifikation) führen. Die Vitrifikationstemperatur liegt bei etwa -135 °C. Die erfolgreiche Langzeitkonservierung erfordert eine Lagerung unter der Vitrifikationstemperatur bei -160 bis -196 °C in oder über flüssigem Stickstoff.

Zur Erreichung einer Überlebensrate von nahezu 100 % muss der betreffende Hefestamm einer angepassten Vorkultivierung unterzogen werden (der günstigste

Zeitpunkt kann in der stationären Phase der Hefevermehrung liegen) und sollte eine Zelldichte von 10^9 Zellen/mL besitzen.

Weitere Konservierungsmethoden von Hefestämmen
Weitere Konservierungsmethoden von Hefestämmen sind u.a.:
- Die normale Gefriertrocknung bzw. Lyophilisation mit relativ niedrigen Überlebensraten;
- Das Antrocknen an sterilem Filterpapier mit anschließender Kaltlagerung; bei Versuchen von *Beckmann* [334, 335] hat sich folgendes Verfahren bewährt:
Nach einer Vorkultur des Hefestammes in filtrierter, steriler Würzepulver-Würze wird die Hefe abzentrifugiert und in Kondensmilch (mit 10 % Fett in der Trockenmasse) resuspendiert. Davon wurden 0,2 mL der Hefe-Milch-Suspension mit einer Zelldichte von 10^8 Zellen auf ein sterilisiertes Filterpapierschnitzel gegeben. Das benetzte Filterpapierschnitzel wurde in eine mit Trockenmittel versetzte Petrischale gelegt. Nach erfolgter Antrocknung (Kontrolle über die Massekonstanz) wurde die Petrischale mit „Parafilm" abgedichtet und im Exsikkator bei 4 °C im Kühlschrank gelagert.

6.2.5 Die Vermehrung der Reinzuchthefen im Brauereibetrieb
Die als Starterkultur im Brauereilabor vermehrte betriebliche Reinzuchthefe muss im großtechnischen Maßstab in Abhängigkeit von den apparativen Einrichtungen der betreffenden Brauerei weiter so vermehrt werden, dass eine betriebliche Würzecharge damit angestellt werden kann. Grundsätzlich unterscheidet man zwischen offener und geschlossener Hefevermehrung.

6.2.5.1 Offene Systeme zur Heheführung im Brauereibetrieb
Die Vermehrung der betrieblichen Reinzuchthefe mit einer offenen Herführung ist oftmals nicht nur das einfachste, sondern auch das zweckmäßigste und wirtschaftlichste Verfahren zur Gewinnung einer ausreichend großen Menge reiner Anstellhefe. Bei dieser Verfahrensweise werden alle schwer zu sterilisierenden Leitungen und Armaturen vermieden. Wenn auch bei der offene Herführung die Gefahr von Kontaminationen durch die Raumluft größer sein kann als bei der geschlossenen Vermehrung, so zeigen die Erfahrungen in der Brauereipraxis, dass dieses System besonders für Klein- und Mittelbetriebe völlig ausreichend ist.

Das System der Heheführung in offenen Gefäßen muss und kann sehr gut den jeweiligen betrieblichen Bedingungen angepasst werden. Das gilt insbesondere für die Wahl und Behandlung der Herführgefäße sowie für die weiteren Verdünnungsstufen im Brauereibetrieb. Bei der betrieblichen Herführung sollte die Verdünnung bei der Neubeimpfung etwa 1 Teil Würze im Hochkräusenstadium zu 5...7 Teilen keimfreier Würze betragen.

Hefe-Herführverfahren nach Stockhausen-Coblitz
Die einfachsten Apparate zur Herführung genügend großer Mengen reiner Anstellhefe sind die nach *Stockhausen* und *Coblitz* [336], die erfolgreich im großtechnischen

Die Hefe in der Brauerei

Maßstab mit der von ihnen bereits 1913 vorgeschlagenen Verfahrensführung eingesetzt wurden bzw. in abgewandelter Form jetzt noch eingesetzt werden (Gefäße aus Edelstahl, Rostfrei®, andere Gefäßkombinationen).

Die Originalausführung dieser Apparate (siehe Abbildung 181) bestanden aus einem kleineren (ca. 40 L fassenden) und einem größeren (ca. 140 L fassenden) zylindrischen Standgefäß aus Kupfer oder Aluminium nebst 2 dazu passenden, von Hand zu bedienenden Aufziehern. Die Deckel der Gefäße sind so konstruiert, dass sie fest aufliegen und den Inhalt schützen, als auch durch eine seitlich perforierte Doppelwand dem Kohlendioxid freien Abzug und genügend Luftzirkulation gestatten. Beide Gefäße sind an den Seiten mit 4 Griffen versehen, die den innerbetrieblichen Transport und das Überkippen bzw. Entleeren ermöglichen. An in der Innenwand sind Füllstandsmarkierungslinien für die einzufüllenden Würzemengen angebracht.

Folgende grundsätzliche Arbeitsweise wurde dazu empfohlen [334, 335]:

1. Tag:
- Reinigung, Desinfektion und Befüllung des kleinen Apparates mit 40 L heißer Ausschlagwürze,
- Abkühlen auf eine Temperatur unter 25 °C (mit Kaltwasserberieselung über die Außenwand oder Lagerung im Kühlraum),
- Beimpfung des kleinen „*Coblitz*" mit Reinzuchthefe (1...2 Carlsberg-Kolben, ca. 8 L) und Aufziehen des Inhaltes.

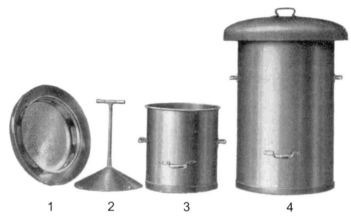

Abbildung 181 Hefe-Herführapparat nach Stockhausen-Coblitz [337]
1 Spezialdeckel 2 Aufzieher 3 kleines Standgefäß (40 L)
4 großes Standgefäß (140 L) mit Deckel

2. Tag:
- Reinigung, Desinfektion und Befüllung des großen Apparates mit 80 L heißer Ausschlagwürze,
- Abkühlen auf eine Temperatur unter 25 °C (wie oben),
- Überführen der in Hochkräusen stehenden Würze des kleinen Apparates in den großen Apparat und Aufziehen des Inhaltes.

3. Tag:
- Überführung des in Hochkräusen stehenden Inhaltes des großen Apparates in einen gereinigten und sehr gut desinfizierten Gärbottich und

Anstellen mit 10 hL frischer, propagierter Anstellwürze von 10...12 °C.

4. Tag und 5. Tag:
- Auffüllen des Bottichs bis 30 hL, bei größeren Bottichen mehrmaliges Draufschlauchen von frischer Würze, wenn der Bottichinhalt im Hochkräusenstadium steht.

Zwei Modifikationen des Herführverfahrens nach *Stockhausen-Coblitz* sind besonders zu erwähnen, auch wenn die Verdünnungsverhältnisse etwas abweichen:

Die offene Hefeherführung nach Weinfurtner [271]

Die von *Weinfurtner* verwendeten Gefäße und Mengenverhältnisse sind aus Abbildung 134 (Kapitel 5.1) ersichtlich. Mit 20 L Impfgut werden 200 L keimfreie, gekühlte Würze beimpft. Die zu beimpfende Würze wurde vorher durch Einleiten von Dampf in den Temperiermantel der Hefewanne keimfrei gemacht und dann mit Kühlmedium auf 8...10 °C abgekühlt. Auf das Einleiten von Dampf kann verzichtet werden, wenn die Würze über eine Extraleitung kochend heiß in die Hefewanne eingefüllt werden kann.

Die beimpfte Hefewanne wird 2...3 Tage bei einer Temperatur von 8...10 °C gehalten und dann schrittweise in einem Gärbottich mit je ca. 10 hL frischer Anstellwürze aufgefüllt. Es ist darauf zu achten, dass das Drauflassen im Hochkräusenstadium des Bottichinhaltes erfolgt und die Temperatur der draufzulassenden frischen Würze nicht unter der des Bottichinhaltes liegt.

Das Kannenverfahren nach Carriére [338]

Bei dem Kannenverfahren nach *Arnulf Carriére* können gewöhnliche Milchtransportkannen mit einem Fassungsvermögen von ca. 40 L verwendet werden, die mit einem übergreifenden Deckel und seitlichen Griffen versehen sind (s.a. Abbildung 133). Teilweise wurden die Kannen auch mit festen Ein- und Ausfüllstutzen und mit einem fest verschließbaren Deckel ausgerüstet.

Die erste gereinigte und desinfizierte (chemisch, Heißwasser oder Dampf) Kanne wird mit 20 L kochendheißer Ausschlagwürze gefüllt, auf 8...10 °C abgekühlt und mit 8 L im Hochkräusenstadium stehender Reinzucht beimpft. Es resultiert daraus ein Verhältnis von einem Teil Impfgut zu drei Teilen Würze. Wenn sich diese Kultur im Stadium der Hochkräusen befindet, wird sie auf 4 Kannen verteilt, die in gleicher Weise behandelt und gefüllt wurden. Im Hochkräusenstadium wird der Inhalt von drei Kannen zum Anstellen eines kleinen, keimfreien Reinzuchtbottichs verwendet, in den 3...4 hL konditionierte Anstellwürze draufgelassen werden. Die 4. Kanne kann zum Beimpfen von vier weiteren Milchkannen verwendet werden. Wenn sich der Reinzuchtbottich im Stadium der Hochkräusen befindet, wird er wieder im Verhältnis 1 plus 3 zum Anstellen des nächst größeren Gärgefäßes eingesetzt.

Die Herführung in großen, geschlossenen Gärbehältersystemen

Die oben beschriebenen drei Beispiele der offenen Hefeherführung sind auf Grund der verwendeten Gefäßgrößen in dieser Form nur für Klein- und Mittelbetriebe anwendbar. Die betriebliche Vermehrung von größeren Laborhefereinzuchtmengen sollte aus biologischen Gründen in größeren, geschlossenen Behältersystemen mit keimfreier Würze erfolgen. Die weitere Propagation der fertigen Betriebsreinzuchten in geschlossenen zylindrokonischen Gärtanks kann dann in gleicher Weise durch Drauflassen von normal belüfteter Anstellwürze in dem für kleine, offene Bottiche angegebenen Mengenverhältnissen erfolgen. Dieses auf große, geschlossene Gärbehältersysteme übertragbare Drauflassverfahren und Anstellen mit Kräusen erfolgt bei entsprechender Behälterreinigung in keimfreien Systemen, aber nur mit „normal" geklärten und belüfteten Anstellwürzen. Bei entsprechendem Nährstoffgehalt (siehe Anforderungen in Tabelle 93 des Kapitels 4.6.11.2) und bei sicherer Abwesenheit von vitalen Fremdkeimen in der Anstellwürze reicht dieses Verfahren vielen Großbetrieben für die regelmäßige Vermehrung eines neuen, reinen Hefesatzes. Dieses Verfahren erfordert allerdings auf die Sudgröße und Sudfolge abgestimmte Behältervolumina bzw. Reserven in der Gärbehälterkapazität des Betriebes. Positiv hat sich für ein derartiges Drauflassverfahren die mechanische Bewegung des Tankinhaltes, z. B. in Verbindung mit dem Umpumpkreislauf bei einer externen Kühlung, bewährt.

In Tabelle 122 werden die eigenen Ergebnisse eines großtechnischen Drauflassverfahren bei einem 2500 hL ZKG mit externer Kühlung und unter Verwendung von „Mangelwürzen" (nur 50 % Malzanteil in der Schüttung; durchschnittlicher FAN-Gehalt 136 mg/L) vorgestellt.

Tabelle 122 Drauflassverfahren im ZKG mit 2500 hL Nenninhalt (nach Ergebnissen in [112])

Zeitfolge in h	Befüllungsregime	V_N in hL	ϑ_B in °C	E_s in %	Hefekonzentration in Zellen/mL	Biomasse in kg HTS/ZKG
0	265 hL Kräusen	265	8,4	11,96	$25{,}8 \cdot 10^6$	17,1
3	+ 270 hL Würze	535	8,5			
20	–	535	9,2	11,86	$30{,}4 \cdot 10^6$	40,7
24	+ 330 hL Würze	865	8,7			
27	–	865	9,0	12,03	$21{,}4 \cdot 10^6$	46,3
28	+ 280 hL Würze	1145	9,2			
43	–	1145	9,2	11,78	$33{,}9 \cdot 10^6$	97,0
44	+ 260 hL Würze	1405	9,1			
48	+ 284 hL Würze	1689	9,3			
52	+ 274 hL Würze	1963	9,2			
56	+ 315 hL Würze	2278	9,2			
60	+ 230 hL Würze	2508	9,1			
67	–	2508	9,1	11,80	$38{,}7 \cdot 10^6$	242,6
91	–	2508	9,2	10,60	$51{,}1 \cdot 10^6$	320,4

V_N = Tankinhalt, ϑ_B = Temperatur des Tankinhaltes, ZKG = Zylindrokonischer Gärtank

Versuchsbeschreibung und -auswertung:
- **Belüftung**: Der Sauerstoffgehalt der Anstellwürzen der Sude 1 bis zur 1. Hälfte des 7. Sudes betrug 4…5,5 mg O_2/L, die 2. Sudhälfte der Sude 7 und 8 wurde nicht belüftet, um ein Überschäumen zu vermeiden. Der durchschnittliche Sauerstoffgehalt der 8 Sude betrug am ZKG-Einlauf 4,5 mg O_2/L, dies entsprach einem Gesamtsauerstoffeintrag von 1,01 kg O_2/ZKG.

Dieser Wert entsprach 3…4 % des theoretischen Sauerstoffbedarfs und lag damit weit unter dem aus der Literatur (siehe Kapitel 4.7.4) bekannten Richtwert für Backhefefermentationen von 100…120 mg O_2/g HTS-Zuwachs bei höheren Zuckerkonzentrationen. Die Ergebnisse bestätigen auch grundsätzlich die in diesem Kapitel gemachten Aussagen, dass in komplexen Nährlösungen mit höheren Zuckerkonzentrationen (aerobe Gärung) der Sauerstoffbedarf, bezogen auf den Biomassezuwachs, noch weiter sinkt.

- **Hefevermehrung**: Die angegebenen Hefekonzentrationen sind Durchschnittswerte von 8 Probenahmestellen (bei vollem Tank) im Abstand von 3 m am Tankmantel. Der Tankinhalt war in den ersten 5 Gärtagen in der Hefekonzentration homogen. Unter Berücksichtigung des Volumenzuwachses vermehrte sich die Anstellhefe um rund das 19fache.

- Unter Berücksichtigung des zum Zeitpunkt der Hefekonzentrationsmessung vorliegenden Füllvolumens V_N ergibt sich der Biomassezuwachs für den gesamten ZKG. Es wurde dabei gemäß Tabelle 17 in Kapitel 4.2.1 eine durchschnittliche Zelltrockenmasse von 0,25 g HTS/L für $10 \cdot 10^6$ Zellen/mL zu Grunde gelegt.
Bezogen auf V_N = 2508 hL ergibt sich von t_0 = 3 h bis t = 67 h ein durchschnittlicher Biomassezuwachs von 14,05 g HTS/(m³·h). Ab diesem Zeitpunkt geht die Vermehrung der Hefe in die Verzögerungsphase über. Der durchschnittliche stündliche Hefezuwachs beträgt in der Zeit von t = 67 h bis t = 91 h nur noch 12,9 g HTS/(m³·h).

- Aus dem Zuwachs der Biomasse pro ZKG beträgt für t_0 = 3 h bis t = 67 h die spezifische Wachstumsrate (nach Gleichung 37, Kapitel 4.4.4) μ = 0,0414 h^{-1} und die Generationszeit (nach Gleichung 23, Kapitel 4.4.4) t_G = 16,7 h.
Diese Durchschnittswerte entsprechen dem in Tabelle 58 und Abbildung 104 in Kapitel 4.4.5 angegebenen Bereich für $\vartheta \approx 9$ °C.
Für die Zeit von t = 67 h bis t = 91 h kommt es mit t_G = 20,8 h zu einer deutlichen Verzögerung der Vermehrung. Ab der 91. Stunde blieb die Hefekonzentration konstant, die Hefevermehrung war unter den vorhandenen Nährstoffbedingungen zu diesem Zeitpunkt beendet.

- Am 6. Gärtag betrug der FAN-Gehalt des Tankinhaltes 45 mg/L (entsprach auch dem FAN-Gehalt des filtrierten Fertigbieres), die Abnahme des FAN-Gehaltes betrug damit 91 mg/L bei dem Durchschnittswert der Würze von 136 mg FAN/L. Der für die Hefe verfügbare Aminostickstoff ist normalerweise bei einem FAN-Gehalt von unter 40…50 mg/L im Bier verbraucht. Die Abnahme von 91 mg FAN/L ergibt, bezogen auf den gesamten ZKG-Inhalt, eine Abnahme der Aminostickstoffmenge von 22,8 kg FAN/ZKG und, umgerechnet auf den Rohproteingehalt (Faktor: 6,25), von 142,6 kg Rohprotein pro ZKG.

- Der Rohproteingehalt der am 15. Gärtag bei ϑ = 3 °C gezogenen Hefe betrug 48,1 %, bezogen auf die Hefetrockensubstanz. Dieser Wert liegt auf Grund der Würzezusammensetzung im unteren Bereich für Brauereihefen (siehe Kapitel 4.1.2.2). Berechnet man damit den Rohproteingehalt des Biomassezuwachses bis zum Ende der Hefevermehrung (Zuwachs: 320,4 - 17,1 = 303,3 kg HTS/ZKG), so ergibt dies eine Rohproteinmenge für den ZKG von 145,9 kg Rohprotein, bezogen auf den Hefezuwachs. Dieser Wert stimmt unter großtechnischen Versuchsbedingungen recht genau mit dem von der Hefe assimiliertem Stickstoff überein und bestätigt

die Grenzen der Hefevermehrung aus der Sicht des verfügbaren Nährstoffangebotes der verwendeten Bierwürzen.
- Der Totzellenanteil der Erntehefe lag unter 2,5 %.
- Das Fertigbier entsprach in allen Qualitätsmerkmalen einem guten Durchschnittsbier dieser Qualitätsklasse (pH-Wert = 4,36; Summe der höheren Alkohole: 70 mg/L; Summe der Ester: 17,1 mg/L; Sensorik nach gewichteten Punkten = 16,3: „gut").

6.2.5.2 Geschlossene Hefevermehrung im Brauereibetrieb

Geschlossene Systeme zur Hefeherführung sind Hefereinzuchtapparate, die in größeren Volumina reingezüchtete Hefe in steriler Würze unter keimfreien Bedingungen vermehren können. Die Größe dieser Apparate wird aus betrieblicher Sicht so gewählt, dass mit der dort vermehrten Reinzuchthefemenge entweder ein betrieblicher Gärbehälter direkt angestellt werden kann oder damit über eine weitere Vermehrungsstufe in einem Propagationsbehälter auch große Gärgefäße mit reiner Anstellhefe in ausreichender Menge und in dem geforderten Umfang versorgt werden können.

Bei sterilen Arbeitsbedingungen kann die Vermehrung in größeren Verdünnungsstufen erfolgen, beispielsweise 1 : 10 bis 1 : 20, zum Teil bis zu 1 : 100.

Die „geschlossene" Vermehrung wird in zwei Varianten praktiziert:
- Der Propagationsbehälter wird nach Abschluss der Vermehrung der Hefe nicht vollständig entleert, es verbleibt ein Rest von 10...15 % „Impfhefe", das so genannte Hefedepot, das dann mit Würze wieder aufgefüllt wird. Dieser Rhythmus kann relativ lange aufrechterhalten werden, solange keine Fremdkeime und keine Degenerationserscheinungen des betreffenden Hefesatzes auftreten.
- Der Propagationsbehälter wird vollständig entleert, danach erfolgt eine CIP-Reinigung. Die nächste Würzecharge wird wieder mit einer Reinzucht (*Carlsberg*-Kolben) aus dem Labor angestellt.

Die zuletzt genannte Variante hat Vorteile bezüglich der Kontaminationsprophylaxe und gegen das Aufkommen von eventuellen Mutanten.

Man war lange Zeit bestrebt, die Vermehrung quasikontinuierlich zu gestalten, indem versucht wurde, die Hefe immer in der logarithmischen Wachstumsphase zu halten, eine Teilmenge zu entnehmen und mit Würze wieder aufzufüllen. Durch die Limitierung der verfügbaren Nähr- und Wuchsstoffe bei Würzen nach dem Deutschen Reinheitsgebot und den *Crabtree*-Effekt ist das jedoch nicht über längere Zeiträume möglich. Die Parallelität von aerobem und anaerobem Stoffwechsel führt zur Absenkung des pH-Wertes und die Ethanolkonzentration steigt. Deshalb muss die Vermehrung regelmäßig beendet und neu begonnen werden.

Die „kontinuierliche" Hefevermehrung ist also in der Brauerei nicht möglich. Ebenso gibt es auch keine kontinuierlich arbeitenden Hefepropagationsanlagen.

Die großtechnische Hefereinzucht und Hefepropagationsanlagen können nur als Batchprozess betrieben werden.

Hefemanagement in der Brauerei

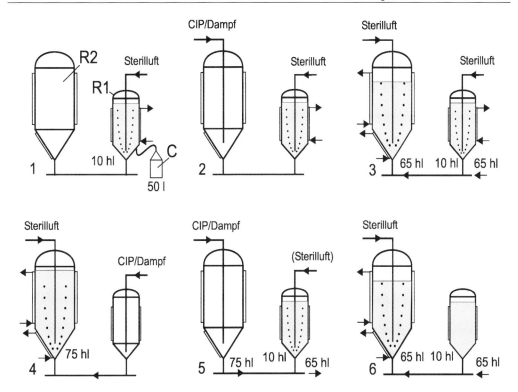

Abbildung 182 Schematischer Ablauf für eine Zwei-Behältertechnologie bei einer Hefereinzuchtanlage
R1 *Reinzuchtbehälters 1* **R2** *Reinzuchtbehälter 2* **C** *Carlsberg-Kolben*
1 Füllen von R1 mit Würze, Sterilisation der Würze, Abkühlung und Beimpfung von R1 mit dem Inhalt eines *Carlsberg*-Kolbens **2** Propagation in R1 und Sterilisation von R2 **3** Füllen von R2 mit Würze, Sterilisation der Würze, Abkühlung, Belüftung und Beimpfung von R2 mit dem Inhalt von R1 **4** Propagation in R2, Reinigung und Sterilisation von R1 **5** Entleerung von R2, davon 10 hL in R1 und 65 hL zum Anstellen; Reinigung und Sterilisation von R2 **6** Befüllung von R2 mit Würze, Sterilisation der Würze, Abkühlung und Belüftung der Würze und Beimpfung mit dem Inhalt von R1; Reinigung und Sterilisation von R1.

Der Aufbau der modernen Hefereinzuchtanlagen und Hefepropagationsanlagen ist grundsätzlich ähnlich (Beschreibung siehe Kapitel 5.3), sie unterscheiden sich im Wesentlichen in ihren Füllvolumina und in dem Einsatz von unter brautechnischen Bedingungen steriler Würze oder von Anstellwürze, die frei von vegetativen Keimen ist. Für Hefereinzuchtanlagen, die mit einem über längere Zeiträume wiederverwendetem Hefedepot bzw. mit einer sehr niedrigen Anstellhefekonzentration arbeiten, sollten grundsätzlich sterile Würzen eingesetzt werden.

Hefepropagationsanlagen, die mit einer Charge Hefereinzucht als Starterkultur beginnen und ständig mit Anstellhefekonzentrationen über $10 \cdot 10^6$ Zellen/mL arbeiten, können keimfreie Anstellwürzen verwenden (siehe Anforderungen an die Würzen in Tabelle 93 in Kapitel 4.6.11.2).

Die folgenden Praxisbeispiele sollen einige Variationsmöglichkeiten zeigen.

Die Hefe in der Brauerei

Beispiele für eine sterile Zweibehälter-Technologie von Hefereinzuchtanlagen
Beispiel für eine mittlere Brauereigröße:
Die Anlage besteht aus zwei unterschiedlich großen Zuchtgefäßen, wie z. B. aus
- Reinzuchtbehälter 1 (R1) mit 10 hL Nettovolumen und
- Reinzuchtbehälter 2 (R2) mit 75 hL Nettovolumen.

Der technologische Ablauf lässt sich in folgenden Stufen charakterisieren (siehe auch Abbildung 182):
- Beide Reinzuchtbehälter werden über die angeschlossene CIP-Anlage gereinigt und mit Dampf sterilisiert.
- R1 wird mit 10 hL keimfreier Anstellwürze befüllt und die Würze im Gefäß unter Druck auf eine Temperatur von >105 °C für 30 Minuten erhitzt, anschließend auf 15...20 °C (vorzugsweise 16 °C) abgekühlt, mit steriler Luft bis zu einem Sauerstoffgehalt von ca. 9 mg/L belüftet und danach mit dem Inhalt eines (oder mehrerer) *Carlsberg*-Kolbens von 50 L Laborreinzucht mit einer Hefekonzentration von mindestens $50 \cdot 10^6$ Zellen/mL unter sterilen Bedingungen beimpft (Anstellhefekonzentration > $2 \cdot 10^6$ Zellen/mL). Nach einer Fermentation bei kontinuierlich schwacher Belüftung von z. B. ca. 36 Stunden bei 16 °C ($t_G \approx 7{,}5$ h) sollte die Hefekonzentration in R1 etwa $60 \cdot 10^6$ Zellen/mL betragen.
- R2 wird mit 65 hL Anstellwürze befüllt und die Würze ebenfalls wie bei R1 sterilisiert, auf ca. 15...20 °C abgekühlt und belüftet. Zur Beimpfung wird der Inhalt von R1 über eine sterile Leitung in R2 umgedrückt (Anstellhefekonzentration in 75 hL: ca. $8 \cdot 10^6$ Zellen/mL).
- Nach einer Fermentation unter periodischer oder kontinuierlich schwacher Belüftung (Einstellung der Belüftungsrate siehe Beispiele in Kapitel 4.7.5) von z. B. ca. 24 Stunden bei 16 °C sollte hier die Hefekonzentration in R2 $65...70 \cdot 10^6$ Zellen/mL betragen.
- Nachdem R1 wieder gereinigt und sterilisiert wurde, werden am Ende der Fermentation von R2 10 hL möglichst homogener Fermenterinhalt in R1 zum Wiederanstellen von R2 umgepumpt. Mit den restlichen 65 hL Fermenterinhalt von R2 sind u.a. folgende weitere Vermehrungs- oder Anstellvarianten möglich:
  – Anstellen von ca. 240 hL normaler Betriebswürze in einem kleinen Fermenter mit einer Anstellhefekonzentration von ca. $15 \cdot 10^6$ Zellen/mL für insgesamt 300 hL Tankinhalt,
  – Weitere Propagation der Reinzucht im mehrtägigen Drauflassverfahren mit normaler Betriebswürze (siehe Beispiel in Tabelle 122) zum Anstellen eines großen ZKG mit zum Beispiel 2500 hL Tankinhalt,
  – Vermehrung in einer Hefepropagationsanlage gemäß dem Beispiel in Abbildung 184 mit einer Mehrfachentnahme von Kräusen und einer Wiederauffüllung mit einer in der Hochkurzzeiterhitzungsanlage sterilisierten oder einer keimfreien Betriebswürze.
- Nach der Reinigung und Sterilisation von R2 erfolgen die Wiederbefüllung mit Anstellwürze und ihre Sterilisation, wie vorher beschrieben, sowie das Wiederanstellen mit dem Inhalt von R1.

Die Sterilisation der in den Reinzuchtbehältern R1 und R2 eingesetzten Würze kann in Abhängigkeit von den Betriebsbedingungen u.a. nach folgenden Varianten erfolgen:
- Die erforderliche keimfreie kalte Anstellwürze wird über einen KZE extern sterilisiert und direkt in den betreffenden sterilen Reinzuchtbehälter gepumpt.
- Die sterilen Reinzuchtbehälter werden mit der erforderlichen Menge an keimfreier kalter Anstellwürze befüllt und die Würze wird mittels der Mantelheizfläche dieser Behälter auf eine Temperatur von $\vartheta \geq 105\ °C$ unter Überdruck für 30 Minuten erhitzt.
- Die Reinzuchtbehälter werden mit heißer Ausschlagwürze befüllt und die Würze wird unter Druck weiter auf $\vartheta \geq 105\ °C$ für 30 Minuten erhitzt.

Wenn aus dem Sudhaus Würze verfügbar ist, die im Würzekochprozess auf Temperaturen von $\vartheta \geq 105\ °C$ erhitzt und in die Reinzuchtgefäße R1 und R2 ohne Rekontamination als keimfreie kalte Würze eingefüllt wurde, erübrigt sich bei einem sicheren Hygienestandard eine weitere Sterilisation.

Beispiel für eine Zweibehältertechnologie in einer Großbrauerei

Die in Abbildung 183 dargestellten großtechnischen Versuchsergebnisse von [193] und [194] sind ein Beispiel für eine sterile Zweibehältertechnologie von zwei zylindrokonischen Reinzuchttanks (der größere Tank mit Umpumpvorrichtung) in einer Großbrauerei.

Versuchsbeschreibung und -auswertung

- Beide zylindrokonischen Reinzuchttanks werden nach der CIP-Reinigung mit Dampf sterilisiert und im Abstand von rund 24 Stunden wird der erste Tank mit 65 hL bzw. der zweite Tank mit 700 hL Würze (aus 100 % Malzschüttung) befüllt, die vorher über eine Kurzzeiterhitzung für Brauereibedingungen sterilisiert wurde.
- Für den 1. Tank wird die sterilisierte Würze auf 20 °C und im 2. Tank auf 16 °C Anstelltemperatur abgekühlt.
- Die Belüftung der Anstellwürze erfolgte im 1. Tank konstant mit 12 m³ keimfreier Luft im Normzustand pro Stunde, bezogen auf den Effektivinhalt entsprach dies rund 185 L Luft i.N./(hL·h). Die Belüftung wurde in der 28. Stunde der Fermentation bei einem Ethanolgehalt von rund 1,2 Vol.-% eingestellt.
- Die Beimpfung des 1. Tanks erfolgte mit dem Inhalt eines *Carlsberg*-Kolbens (80 L) und einer Hefekonzentration von $60 \cdot 10^6$ Zellen/mL.
  Die Startkonzentration für den 1. Tank betrug damit rund $0{,}7 \cdot 10^6$ Zellen/mL. Nach 8 Stunden Fermentationszeit wurde eine erste messbare Hefekonzentration von rund $1{,}5 \cdot 10^6$ Zellen/mL festgestellt.
- Die logarithmische Wachstumsphase beginnt erst nach der 8. Fermentationsstunde und endet bereits bei der 27. Fermentationsstunde bei einer Hefekonzentration von rund $42 \cdot 10^6$ Zellen/mL. Dies entspricht einer spezifischen Wachstumsrate von $\mu = 0{,}175\ h^{-1}$ bzw. einer Generationszeit von rund $t_G = 4\ h$. Diese Werte liegen im Bereich der in Abbildung 104 und Tabelle 58 in Kapitel 4.4.5 beschriebenen Richtwerte für 20 °C.
- Trotz hoher Belüftungsrate kommt es ab der 20. Fermentationsstunde zu einem deutlichen Anstieg der Ethanolkonzentration.

Bei einer Ethanolkonzentration von ca. 0,7 Vol.-% (26. Fermentationsstunde) nimmt die spezifische Wachstumsrate deutlich ab. Die Fähigkeit zur Hefevermehrung sinkt, was sich auch sehr deutlich in dem sinkenden Anteil der in der G_2-/S-Phase befindlichen Hefezellen äußert, sie sinkt ab dieser Ethanolkonzentration auf Werte weit unter 70 %.

- Nach einer Fermentationszeit von rund 35 Stunden wird der Inhalt des Reinzuchttanks 1 mit einer Hefekonzentration von $70 \cdot 10^6$ Zellen/mL zur Beimpfung von 700 hL Würze im Reinzuchttank 2 umgedrückt und die Fermentation wird bei konstant 16 °C fortgesetzt. Die Anstellhefekonzentration liegt bei $6 \cdot 10^6$ Zellen/mL und erfordert deshalb auch sterilisierte Würze.
- Die Abkühlung des Hefesatzes von 20 °C im 1. Tank auf 16 °C im 2. Tank verursacht eine Verzögerung der Hefevermehrung trotz eines verbesserten Nährstoffangebotes. Dies äußert sich ganz deutlich in dem weiteren Abfall des Anteils der Hefezellen, die sich in der G_2-/S-Phase befinden auf einen Wert von ca. 20 %.
- Die Belüftung des Fermenters wurde von anfänglich 4 auf dann konstant 2 m³ Luft i.N./h eingestellt. Die spezifische Belüftungsrate beträgt damit 2,6 L Luft i.N./(hL·h).
- Obwohl die spezifische Belüftungsrate im Tank 2 auf nur noch 1,4 % der Belüftungsrate im Tank 1 abgesenkt wurde, zeigte die Intensität der Ethanolbildung unter Berücksichtigung der Unterschiede in der Fermentationstemperatur keine gravierenden Unterschiede zwischen den beiden Fermentationsstufen. Die Intensität der Belüftung hatte keinen Einfluss auf die Geschwindigkeit und Höhe der Ethanolbildung.
- Die logarithmische Wachstumsphase beginnt ab ca. der 40. Stunde mit einer Hefekonzentration von $7,5 \cdot 10^6$ Zellen/mL und endet etwa bei der 60. Stunde mit einer Hefekonzentration von ca. $36 \cdot 10^6$ Zellen/mL. Zu diesem Zeitpunkt steigt die Ethanolkonzentration wieder auf Werte über 0,7...0,8 Vol.-% und der Anteil der „vermehrungswilligen" Hefezellen in der G_2-/S-Phase sinkt auf Werte unter 60 %.
  Am Ende der Vermehrungsphase (ca. 72. Stunde) betrug die durchschnittliche Hefekonzentration maximal $65 \cdot 10^6$ Zellen/mL.
- Unter Berücksichtigung der Anstellhefemenge ergibt die Endhefekonzentration eine rund 11fache Vermehrung der Hefezellen.
- In der logarithmischen Wachstumsphase beträgt die spezifische Wachstumsrate $\mu = 0,078$ h^{-1} und die Generationszeit $t_G = 8,8$ h, beide Werte liegen im Bereich der Richtwerte für eine Fermentationstemperatur von 16 °C.
- Die Belüftung wurde im Interesse der Bierqualität in der 64. Stunde bei einer Ethanolkonzentration von über 1,4 Vol.-% eingestellt.
- Der extern kontrollierte Extraktgehalt bestätigt den Verlauf der online-gemessenen Ethanolkonzentration. Im 1. Tank wird die Würze mit St = 11,7 % angestellt, sie besitzt am Ende der logarithmischen Wachstumsphase (27. Stunde) einen scheinbaren Extraktgehalt von E_s = 10,0 % und am Ende der Vermehrung (35. Stunde) von E_s = 7,5 %. Im 2. Fermenter hat der Tankinhalt beim Start (36. Stunde) einen E_s = 11,8 %, am Ende der logarithmischen Wachstumsphase (60. Stunde) einen E_s = 9,9 % und am Ende des Vermehrungsprozesses (72. Stunde) einen E_s = 7,2 %.

Bei Extraktabnahmen von ΔE_s = > 1,7...< 2,0 % (ausgehend von einer Vollbierwürze) übersteigt die Ethanolkonzentration die 0,7 Vol.-%-Marke und die logarithmische Wachstumsphase ist beendet.
Die kontinuierliche Ethanolmessung ist in ihrer Aussagekraft genauer und sehr viel besser für Regelungsprozesse einsetzbar als eine integrierte Extraktmessung.

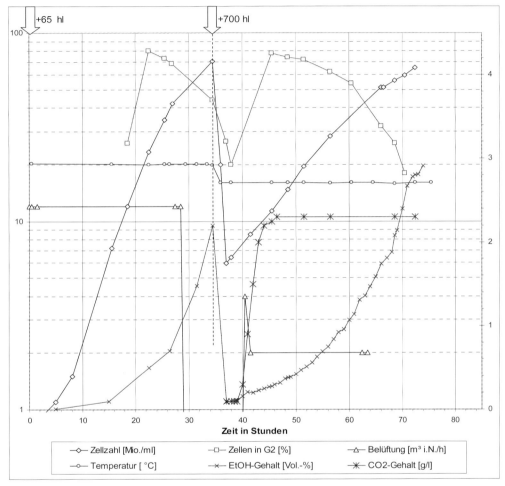

Abbildung 183 Versuchsablauf: Sterile Reinzucht und sterile Hefepropagation in je einer Stufe mit folgenden Messwerten (n. Ergebnissen von [193, 194]):
Linke Ordinate: Zellzahl in Mio. Zellen/mL, Anteil der Hefezellen in der Vermehrungsphase (G2-/S-Phase) in %, Belüftungsrate in m³ Luft i.N./h, Temperatur in °C
Rechte Ordinate: Ethanolgehalt in Vol.-%, CO_2-Gehalt in g/L

- Der messbare Sauerstoffgehalt des Fermenterinhaltes betrug in der 40. Stunde 4 mg/L und sank ab der 45. Stunde auf Werte unter 0,05 mg/L. Un-

abhängig von der Belüftungsrate betrug der durchschnittliche CO_2-Gehalt (gemessen in der Umpumpleitung des zylindrokonischen Fermenters 2) in Abhängigkeit von den Druckverhältnissen konstant 2,3 g/L.
- Nach 7 Tagen Gärung und Reifung wurden 34 hL dickbreiige Hefe (rund 4 L/hL Tankinhalt) in sehr guter Qualität (Totzellenanteil < 1,1 %) geerntet.
- Das Bier hatte einen SO_2-Gehalt von 3,5 mg/L und wies eine Lag-Time aus von 63 Minuten, beide Werte weisen auf keine erhöhte Oxidation des Bieres hin. Auch die anderen analytischen und sensorischen Werte des Bieres aus der 2. Vermehrungsstufe entsprachen dem guten betrieblichen Qualitätsniveau (pH-Wert = 4,1; Schaumhaltbarkeit nach NIBEM: 294…300 sec; Gesamtestergehalt: 17 mg/L; Gesamtgehalt an höheren Alkoholen: 91 mg/L).
- Statt des Abgärens des Inhaltes des 2. Fermenters kann dieser Inhalt ab der 70. Fermentationsstunde zum Anstellen eines ZKG mit 2500 hL Effektivinhalt und einer Hefekonzentration von etwa $18 \cdot 10^6$ Zellen/mL eingesetzt werden.
- Es würde sich aber dadurch ein Anfangsethanolgehalt von 0,8 Vol.-% einstellen, der eine weitere Vermehrung der Hefe in der Logphase verhindert.
Wird bereits nach ca. 60 h der ZKT angestellt, dann resultieren ca. $10 \cdot 10^6$ Zellen/mL bei 0,3 Vol.-% Ethanol.
- Dieses Beispiel zeigt, dass in solchen Fällen beispielsweise eine Hefeseparation sinnvoll sein kann, um die Ethanolkonzentration auf einen sehr geringen Wert zu Beginn der Hefevermehrung abzusenken.
Das separierte Bier kann einem anderen ZKT beigedrückt werden.

Beispiel für ein Drauflass- und Entnahmeverfahren in einer Großbrauerei

Die in Abbildung 184 dargestellten großtechnischen Versuchsergebnisse von [193] und [194] sind ein Beispiel für Drauflass- und Entnahmeverfahren in einem zylindrokonischen Propagationstank mit Umpumpvorrichtung (Effektivinhalt 750…800 hL), dessen technischer Aufbau in Abbildung 137 in Kapitel 5 prinzipiell dargestellt wurde. Diese Propagationsanlage kann im System einer geschlossenen Hefereinzucht mit steriler Würze (Entkeimung der Ausschlagwürze über eine KZE-Anlage) oder unter Beachtung der betrieblichen Verhältnisse mit keimfreier Anstellwürze betrieben werden. Die Verfahrensführung ähnelt dem unter Kapitel 6.2.5.1 beschriebenen großtechnischen Herführverfahren in zylindrokonischen Großtanks.

Versuchsbeschreibung und -auswertung

- Der zylindrokonische Propagationstank wird nach der CIP-Reinigung und Sterilisation mit 65 hL Reinzucht mit einer Hefekonzentration von $30 \cdot 10^6$ Zellen/mL und mit 105 hL keimfreier, auf 13 °C abgekühlter Würze (gebraut nach dem Deutschen Reinheitsgebot) befüllt, die bei Notwendigkeit vorher über eine Kurzzeiterhitzung für Brauereibedingungen sterilisiert werden kann. Die Anstellhefekonzentration betrug rund $11,5 \cdot 10^6$ Zellen/mL.
- Der zylindrokonische Propagationstank wird stufenweise gemäß Abbildung 184 in den angegebenen Zeitabständen so aufgefüllt, dass die Hefekonzentration nach dem Drauflassen eine Konzentration von $10 \cdot 10^6$ Zellen/mL nicht unterschreitet, um ohne zusätzliche Kurzzeiterhitzung der Würze eine hohe biologische Sicherheit zu gewährleisten.

- Die Fermenterbelüftung wurde am Anfang schrittweise auf 8 m³ Luft i.N./h erhöht und in den Drauflassphasen bzw. in der Entnahmephase unterbrochen. Nach der Entnahmephase wurde die Belüftung auf 6 m³ Luft i.N./h reduziert. Die spezifische, auf den hL Inhalt bezogene Belüftungsrate nahm entsprechend dem Füllungsgrad schrittweise ab. Die spezifische Belüftungsrate betrug z. B.
  - in der 12. Stunde 47,0 L Luft i.N./(hL·h),
  - in der 20. Stunde 23,5 L Luft i.N./(hL·h),
  - in der 30. Stunde 11,8 L Luft i.N./(hL·h) und
  - in der 55. Stunde 5,3 L Luft i.N./(hL·h).

  Ein Einfluss auf die Geschwindigkeit der Ethanolbildung konnte nicht festgestellt werden.
- Die Ethanolkonzentration wird durch den Zusatz von frischer Würze äquivalent reduziert. Dieser Ethanolverdünnungseffekt korreliert sehr gut mit dem Anteil der „vermehrungswilligen" Hefezellen, die sich in der G_2-/S-Phase befinden. Steigt die Ethanolkonzentration, sinkt der Anteil dieser vermehrungswilligen Hefezellen. Bei Ethanolkonzentrationen über 0,5 Vol.-% sinkt der Anteil auf Werte unter 80 %, bei Ethanolkonzentrationen ab 1,0 Vol.-% sogar auf Werte unter 50 %. Die durch den Drauflasseffekt erzielte Ethanolverdünnung wirkt sich immer positiv auf die Hefevermehrung aus.

  Da die Gärung trotz Belüftung nicht zu vermeiden ist, kann auch bei einem intensiven Drauflassverfahren in der Tendenz eine steigende Ethanolkonzentration und abnehmende Konzentrationen an vermehrungswilligen Hefezellen nicht vermieden werden.
- Betrachtet man die gesamte Drauflassphase als logarithmische Wachstumsphase, beginnend ab der 3. Stunde (170 hL mit einer Hefekonzentration von $11,5 \cdot 10^6$ Zellen/mL = 4,9 kg HTS) bis zur 41. Stunde (680 hL mit einer Hefekonzentration von $42 \cdot 10^6$ Zellen/mL = 71,4 kg HTS) so ergibt dies für die Fermentationszeit von 38 Stunden eine spezifische Wachstumsrate von $\mu = 0,0705$ h^{-1} bzw. eine Generationszeit von $t_G = 9,8$ h.

  Im 2. Teil des Versuchsprogramms nach der Kräusenentnahme, beginnend mit der 42. Stunde (180 hL mit einer Hefekonzentration von $42 \cdot 10^6$ Zellen/mL = 18,9 kg HTS) bis zum Ende der Belüftungsphase in der 60. Stunde (750 hL mit einer Hefekonzentration von $33 \cdot 10^6$ Zellen/mL = 61,875 kg HTS) ergibt sich für die 18 h Fermentationszeit eine spezifische Wachstumsrate von $\mu = 0,0659$ h^{-1} und eine Generationszeit von $t_G = 10,5$ h.

  Beide Generationszeiten liegen im Schwankungsbereich der unter Kapitel 4.4.5 in Abbildung 104 und Tabelle 58 angegebenen Richtwerte für eine Fermentationstemperatur von $\vartheta = 13$ °C.

  Aus Abbildung 184 ist ersichtlich, dass mit zunehmendem Ethanolgehalt die Generationszeit ansteigt.
- Die Intensität der Hefevermehrung nimmt bei Ethanolgehalten über 0,7 Vol.-% deutlich ab und entspricht nicht mehr der logarithmischen Wachstumsphase, sondern der Verzögerungsphase. Bei Ethanolkonzentrationen über 2,0 Vol.-% hört die Hefevermehrung unter den Bedingungen der Brauindustrie auf.
- Auch die tendenzielle Abnahme des scheinbaren Extraktes und des pH-Wertes unterstreichen, dass bei den vorhandenen Zuckerkonzentrationen die Gärung und damit die Ethanolbildung dominieren.

Die Hefe in der Brauerei

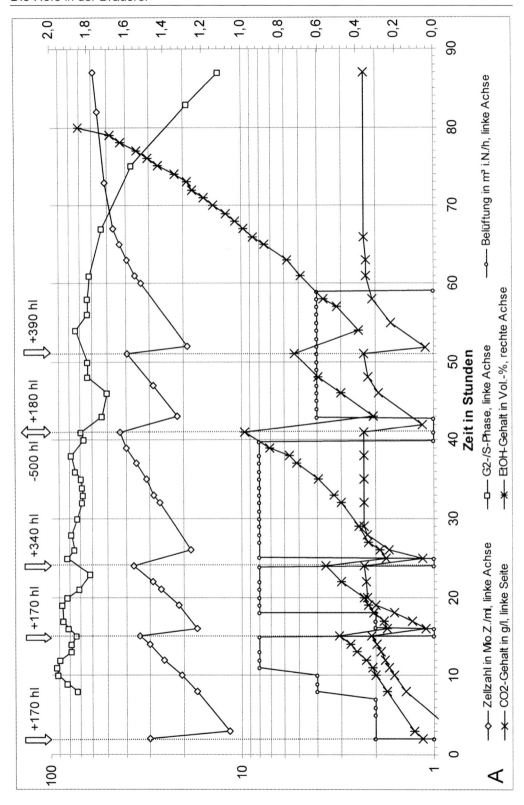

Hefemanagement in der Brauerei

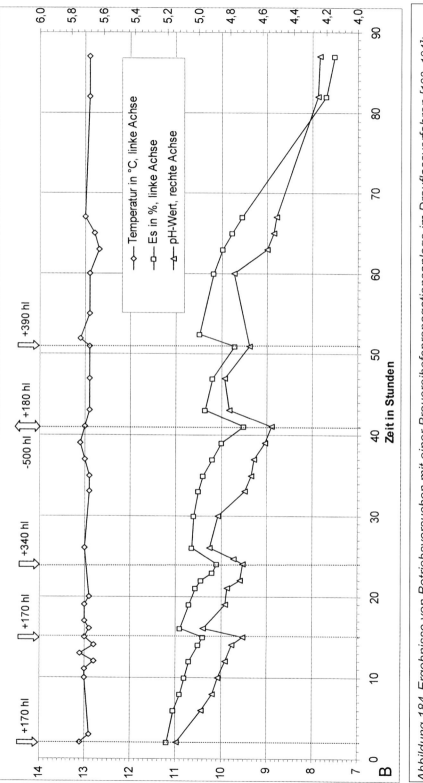

Abbildung 184 Ergebnisse von Betriebsversuchen mit einer Brauereihefepropagationsanlage im Drauflassverfahren [193, 194];
Bild A: <u>Linke Ordinate</u>: Zellzahl in Mio. Zellen/mL, Anteil der Hefezellen in der Vermehrungsphase (G_2-/S-Phase) in %, Belüftungsrate in m³ Luft i. N./h, CO_2-Gehalt in g/L,
<u>Rechte Ordinate</u>: Ethanolgehalt in Vol.-%
Bild B: <u>Linke Ordinate</u>: Temperatur in °C, scheinbarer Extraktgehalt in %; <u>Rechte Ordinate</u>: pH-Wert

- Die CO_2-Konzentration im Fermentationsmedium wird durch die Belüftungsrate nicht beeinflusst, sie ist lediglich von der Temperatur und den statischen Druckverhältnissen abhängig. Unter den Versuchsbedingungen liegt die Konzentration konstant bei 2,3 g CO_2/L.
- Der Vermehrungsversuch wurde in der 60. Stunde beendet (Einstellen der Belüftung) und der Tankinhalt normal abgegoren. Am 7. Tag wurden aus dem Tanksediment 15 hL reine, dickbreiige Hefe in hoher Qualität geerntet (im Beispiel: Totzellenanteil < 1 %, durchschnittliche Hefekonzentration $2,8 \cdot 10^9$ Zellen/mL).
- Bilanziert man die Biomasseproduktion für den Gesamtversuch, so ergeben sich unter Verwendung des Umrechnungsschlüssels ($10 \cdot 10^6$ Zellen/mL = 0,25 g HTS/L) folgende Ausbeuten:
  – Menge der Satzhefe: 65 hL mit $30 \cdot 10^6$ Zellen/mL =   4,9 kg HTS
  – 1. Hefeernte als Kräusen: 500 hL mit $42 \cdot 10^6$ Zellen/mL = 52,5 kg HTS
  – Erntehefe nach 7 Tagen: 15 hL mit $2,8 \cdot 10^9$ Zellen/mL = 105,0 kg HTS
  – Gesamternte = 157,5 kg HTS
  Bezogen auf die Einsatzmenge ergibt sich bei dieser Verfahrensführung und Anlage eine > 32fache Vermehrung und damit eine Satzhefemenge für 3150 hL Würze mit einer Anstellhefekonzentration von $20 \cdot 10^6$ Zellen/mL.
- Die 750 hL Fertigbier entsprachen der guten Normalqualität des Versuchsbetriebes (Schaumhaltbarkeit nach NIBEM: 270…330 sec; pH-Wert = 4,2; Gesamtestergehalt: 12,9 mg/L; Gesamtgehalt an aliphatischen Alkoholen: 93 mg/L) und wiesen durch die reduzierte und dann rechtzeitig abgebrochene Belüftung keine überhöhten Oxidationsschäden auf (SO_2-Gehalt: 3,1 mg/L; Lag-Time: 48 min).

6.2.5.3 Zusammenfassende Schlussfolgerungen über die bei der Hefepropagation anwendbaren Einflussfaktoren

Aus den aufgeführten Betriebsversuchen ergeben sich u.a. folgende Schlussfolgerungen und Hinweise:

- Die Geschwindigkeit der Hefevermehrung wird von der Fermentationstemperatur dominiert. Unter den o.g. vergleichbaren großtechnischen Versuchsbedingungen ist dabei mit den unter Kapitel 4.4.5 in Tabelle 56 ausgewiesenen Standardabweichungen und Variationskoeffizienten zu rechnen.
  Temperatursprünge, insbesondere die Abkühlung eines Hefesatzes in der logarithmischen Wachstumsphase führt zur deutlichen Reduzierung der Vermehrungsgeschwindigkeit und Prozessverzögerungen.
- Die Variation der Belüftungsrate im Bereich von 2,6 bis 185 L Luft i.N./(hL·h) hatte keinen erkennbaren Einfluss auf die Geschwindigkeit der Hefevermehrung und die Biomasseausbeute.
  Im Interesse der Qualitätserhaltung der in großen Hefepropagationsanlagen hergestellten Biermengen sollte die Belüftung auf das niedrigste Niveau eingestellt werden. Die in unter Kapitel 4.7 angegebenen Richtwerte sind als obere Grenzwerte anzunehmen.
- Für die Steuerung des Drauflasszeitpunktes und der Drauflassmenge bei einer mehrstufigen Propagation sind die Kontrolle der Hefekonzentration und eine kontinuierliche Ethanolmessung empfehlenswert.
- Bei Ethanolkonzentrationen über 0,7 Vol.-% geht die untergärige Brauereihefe in die Verzögerungsphase über, bei Ethanolkonzentrationen über 1,2 Vol.-% sollte eine Belüftung des Fermenters eingestellt werden. Steigende Ethanolgehalte verlängern die Generationszeit.
- Bei der Herführung mit keimfreien, nicht sterilisierten Würzen ist im Interesse der Erhaltung der Reinheit des Hefesatzes die Hefekonzentration beim Drauflassen auf Hefekonzentrationen $> 10 \cdot 10^6$ Zellen/mL einzustellen.
- Für Hefekonzentrationen unter $10 \cdot 10^6$ Zellen/mL ist die sterile Arbeitsweise erforderlich.
- Nach Temperaturschocks „arbeitet" die Hefe in gerührten Kulturen wieder auf dem ursprünglichen Niveau weiter, wenn der Temperaturunterschied wieder ausgeglichen wurde. Durch mechanischen Energieeintrag (Rühren, Umpumpen) lassen sich die negativen Auswirkungen von Temperaturschocks auf die Hefevermehrung vermindern oder kompensieren.
- Für die Erkennung des Zellzustandes der sich vermehrenden Hefe ist die kontinuierliche Ethanolgehaltsmessung als Onlinemessung aussagekräftiger als eine Labormessung des G_2-/S-Anteils der Hefezellen und damit eine guter Ansatzpunkt für die Automation von Propagationsanlagen.

Eine weitere Kurzbewertung der einzelnen möglichen Einflussfaktoren auf die Ergebnisse der Hefepropagation gibt Tabelle 123.

Tabelle 123 Vor- und Nachteile der bei der Hefepropagation anwendbaren Einflussfaktoren (Fortsetzung nächste Seiten)

Einflussfaktor	Varianten	Vorteile	Nachteile
Gefäßsystem und Verfahren	Offene Gefäße + Offene Herführung	• Einfache Handhabung mit einfachen Behältersystemen bzw. normalen Gärgefäßen • Keine Extrabehandlung der verwendeten Würze • Keine Überbelüftung u. geringe Oxidations- und Schäumgefahr • Propagationsbiere mit dem Normalbier fast identisch • Geringe Gefahr der Hefemutation	• Erhöhtes mikrobiologisches Risiko • Sauerstoffzufuhr normal nur über die Anstell- u. draufgelass. Würze möglich • Belüftung nicht nach dem optimalen Bedarf der Hefezelle • Mäßige Hefevermehrungen (< $80 \cdot 10^6$ Z/mL) • Kurze logarithmische Wachstumsphase • Keine optimale Großbehälterauslastung
	Geschlossene, sterile Gefäße + Prozessführung	• Große mikrobiologische Sicherheit • Automatisierbar beim Einsatz der richtigen Sensoren	• Hoher apparativer Aufwand • Erhöhte Mutationsgefahr bei längerem Arbeiten mit einem Rest Impfhefe
Geschlossene Behältersysteme	Eintankverfahren	• Einfaches Anlagenkonzept u. geringer apparativer Aufwand • Schnelle Hefevermehrung möglich • Konstante Bedingungen durch Anlagensteuerung einhaltbar	• Keine Würzesterilisation im Behälter möglich • Erhöhtes mikrobiologisches Risiko • Impfhefe als mehrfach verwendete Resthefe im Propagator kann mutieren
	Zweitankverfahren	• Autarkes, in sich geschlossenes System • Sterilisation der Würze im Behälter auch beim Arbeiten mit Heferest als Impfhefe machbar • Hohe biologische Sicherheit	• Hoher apparativer Aufwand • Höherer Reinigungs- u. Bedienaufwand • Hohe Anschaffungskosten
Bewegung im geschlossenen Gefäßsystem Fortsetzung s.S. 369/70	Schonendes Umpumpen (z. B. mit w = 1 m/s)	• Gleichmäßige und kontrollierte Belüftung • Geringe Schaumbildung bei richtiger Konstruktion • Gute Kontrollmöglichkeiten durch Sensoren in der Umpumpleitung • Externe Kühlung u. Erwärmung möglich	• Zusätzlich geeignete frequenzgesteuerte Pumpen u. Verbindungselemente für ein schonendes Umpumpen erforderlich

(Ziele: Vermeidung von Sedimentbildung, keine absolute Hefehomogenität erforderlich)	Rühren	• (keine Vorteile gegenüber der Umpumpvariante)	• Hoher apparativer Aufwand • Teure Lösung • Schwierige Reinigung u. Desinfektion
	Interne Belüftung	• Billigste Variante • Immer ausreichende Sauerstoffversorgung	• Große Schaumentwicklung • Keine Belüftung nach dem Bedarf der Hefezelle möglich ohne Sedimentation • Meist Überbelüftung u. Oxidation des Bieres • Keine repräsentative Probenahme vom Tankinhalt • Sensortechnik nicht leicht einsetzbar
Stellhefemenge Menge des Inoculums	Anstellhefekonzentration < $10 \cdot 10^6$ Zellen/mL	• Einsatz kleiner Laborreinzuchtvolumina	• Sterilisation der Würze erforderlich • Längere Prozessdauer bis zur sicheren Prüfung des Vermehrungsverlaufes (1…2 d) • Längere Behälterbelegung
	Anstellhefekonzentration > $10 \cdot 10^6$ Zellen/mL	• Schnell höhere Hefekonzentrationen • Erhöhte biologische Sicherheit • Kurze Prozessdauer • Evtl. Verzicht auf eine Würzesterilisation	• Höhere Starthefemenge erforderlich • Bei ständigem Arbeiten mit Impfhefen erhöhte Gefahr der Hefemutation
Würzequalität	Normale Vollbierwürze	• Kein zusätzlicher Aufwand	• Begrenzte Hefevermehrung durch begrenztes Nährstoffangebot (normal: max. Zellkonzentrationen von 80…$100 \cdot 10^6$ Zellen/mL)
	Anreicherung der Betriebswürze mit zusätzlichen Nährstoffen (z. B. Zusatz von Malzkeimen)	• Erhöhte Biomasseproduktion mit Zellkonzentrationen am Ende von > $100 \cdot 10^6$ Zellen/mL erreichbar	• Zusätzlicher Aufwand für die unbedingte Sterilisation der Anstellwürze mit Zusatzstoffen • Zusätzliche Materialkosten

Einflussfaktor	Varianten	Vorteile	Nachteile
Sauerstoffversorgung	Nur über die luftgesättigte Anstellwürze (ca. 8 mg O_2/L)	• Kein zusätzlicher Aufwand • Nur geringe Oxidationsgefahr für die Würze • Keine übernormale Schäumgefahr	• Kein sicheres u. ausreichendes Sauerstoffangebot für die Hefe in den einzelnen Vermehrungsstufen • Keine maximale Biomasseausbeute
	Maximalbelüftung mit ständigen O_2-Gehalten > 1 mg/L	• Kein Sauerstoffmangel • Förderung der Durchmischung	• Intensive Schaumbildung • Große Oxidationsgefahr • Niedrige SO_2-Gehalte im Bier • Oxidativer Stress der Hefe
	Intervallbelüftung nach dem Bedarf der im Fermenter tatsächlich vorhandenen Hefekonzentration	• Geringe Schäum- u. Oxidationsgefahr • Ausreichende O_2-Versorgung	• Hoher Mess- u. Regelaufwand • Repräsentative O_2-Messung erforderlich
	Prozessführung (Verdünnung, Intervallbelüftung) in Abhängigkeit von der Hefekonzentration **und** der Ethanolkonzentration	• Einstellung der Verdünnung nach der Ethanolkonzentration • Vermeidung unnötiger Belüftung bei Ethanolkonzentrationen > 0,8 Vol.-%, wenn die Hefevermehrung nicht mehr in der logarith. Wachstumsphase erfolgt	• Zusätzliche kontinuierliche Ethanolmessung erforderlich
Propagationstemperatur	Mittlere Temperatur bei 10 °C	• Keine Probleme beim Anstellen mit kalter Anstellwürze (kein Temperaturschock) • Hefebier mit einem dem Normalbier ähnlichen Nebenproduktprofil	• Längere Prozessdauer erforderlich t_G = 14…16 h
	Warme Vermehrung bei 15 °C bzw. 20 °C	• Schnellere Hefevermehrung $t_{G15°C}$ = ca. 8 h; $t_{G20°C}$ = ca. 5 h • Geringerer Bedarf der Hefezelle an Nährstoffen	• Gefahr eines Temperaturschocks beim Anstellen mit kälterer Würze

6.3 Kontrollverfahren bei der Dosierung der Anstellhefe und Methoden zur Bestimmung der Hefekonzentration

Die Bestimmung der Hefekonzentration in Fermentationslösungen und Hefesuspensionen ist für die Beurteilung des Hefewachstums im Reinzucht- oder Propagationsgefäß, für die Festlegung der Anstellhefemenge und für die Einstellung und Überprüfung der Hefedosieranlage beim Anstellen der Würze von großer Bedeutung. Hier wird unterschieden zwischen den Methoden, die nach einer Probenahme extern im Labor die vorhandene Hefezellkonzentration in der Probe ermitteln und Messverfahren, die als Online-Messverfahren direkt in den technologischen Prozess, vorzugsweise in die Anstellreglung, integriert sind.

Weiterhin gibt es praktikable Schnellmethoden zur alternativen Bestimmung der Biomassekonzentration in Hefesuspensionen, hauptsächlich zur Feststellung der Biomassekonzentration in Anstellhefechargen, die nach Volumen dosiert werden sollen. Die Bilanzierung der Hefeausbeute von Hefereinzuchtanlagen und die Einstellung einer hinreichend genauen Hefekonzentration beim Anstellen erfordern aussagekräftige Messmethoden zur Bestimmung der Hefezellkonzentration oder der Biomassekonzentration, die sichere und reproduzierbare Messergebnisse liefern.

6.3.1 Bestimmung der Hefezellkonzentration mit Labormethoden

Die Bestimmung der Zellzahl in Würze oder Hefesuspensionen ist möglich durch:
- die Verwendung der Zählkammer nach *Thoma* und
- durch die Verwendung von Teilchenzählgeräten.

6.3.1.1 Die Zellzahlbestimmung mit der Zählkammer nach Thoma

Diese Labormethode ist relativ einfach durchzuführen und erfordert nur ein geeignetes Mikroskop, eine *Thoma*-Zählkammer und diverses Zubehör für die Zellvereinzelung bzw. die Verdünnung der Proben.

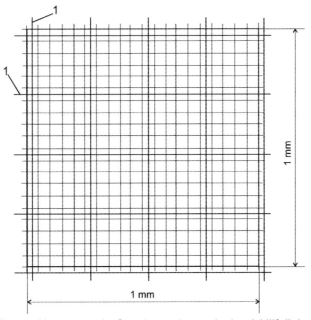

Abbildung 185 Thoma-Kammer, ein Quadrat schematisch   1 Hilfslinien

Die Zählkammer nach *Thoma* (Synonym: *Thoma*-Kammer) besteht aus einer geschliffenen Platte, die durch ein spezielles, ebenfalls plangeschliffenes Deckglas abgedeckt wird. Der Abstand des Deckglases vom Kammerboden beträgt genau 0,1 mm.

Auf der Kammeroberfläche sind zwei Quadrate mit einer Kantenlänge von je 1 mm eingeätzt.

Jedes Quadrat wird durch eine Reihe von senkrecht zueinander angeordneten, eingeätzten 21 parallelen Linien unterteilt, sodass die Fläche von 1 mm^2 in 20 x 20 = 400 Quadrate unterteilt wird. Jedes Quadrat hat also eine Fläche von 1/400 mm^2.

Zur besseren Unterscheidung ist nach jeweils vier Linien eine Hilfslinie eingeätzt, sodass sich 16 mittlere Quadrate zu je 4 x 4 = 16 Quadraten ergeben (Abbildung 185).

Die Vorbereitung der Probe zur Zählung

Die Untersuchungsprobe muss so vorbereitet werden, dass eventuelle Sprossverbände aufgetrennt werden, um die Auswertung zu verbessern.

Bei zu hohen Zellkonzentrationen muss die Probe ggf. reproduzierbar verdünnt werden. Die Verdünnung muss bei der Auswertung natürlich berücksichtigt werden.

Die Auflösung der Zellverbände kann erfolgen:
- Durch Zugabe verdünnter Schwefelsäure:
  1 mL verd. H_2SO_4 zu 3 mL Hefesuspension.
  Verd. H_2SO_4: 10 T H_2O + 1 T. konz. H_2SO_4.
- Durch Zugabe von verdünnter Natronlauge:
  beim Auffüllen einer Messprobe von 1 mL bis ca. 5 mL
  auf 10 oder 20 mL (s.u. „Einflussfaktoren...").
- Durch Zugabe einer Enzymlösung:
  Geeignet ist u.a. die im Zusammenhang mit dem Einsatz des Hefe-Zellzählgerätes der Fa. AL-Systeme [339] benutzte „Cellolyse 3-Lösung" zur Lysierung der Probe.
- Die Probe muss intensiv geschüttelt werden. Empfehlenswert sind hierfür Ultraschallbäder und Verdünnungsgeräte, wie sie auch für die Probenvorbereitung für Cell-Counter eingesetzt werden (s.a. [337]).

Die Vorbereitung der Thoma-Kammer

Das Deckglas der *Thoma*-Kammer wird zweckmäßigerweise auf die Trägerplatte vor dem Aufgeben der Probe aufgeschoben. Das Deckglas hält durch Adhäsion. Das „Haften" wird verbessert, wenn auf die Gleitfläche vorher die Spur eines Filmes von Siliconfett o.ä. aufgebracht wurde.

Bei guter Haftung des Deckglases sind „*Newton*sche-Ringe" auf den Gleitflächen zu sehen.

Das Füllen der Thoma-Kammer mit der Probe

Mittels einer kleinen Pipette oder mittels eines Glasstabes wird die homogenisierte Probe so schnell als möglich als Tropfen seitlich an den Spalt Deckglas/Trägerplatte gebracht. Die Probe wird durch die Kapillarwirkung eingezogen.

Hefemanagement in der Brauerei

Das Auszählen der Thoma-Kammer

Nach einer kurzen Wartezeit (ca. 2 min; zur Sedimentation der Hefezellen) kann die Probe ausgezählt werden.

Dabei wird eine relativ schwache Vergrößerung verwendet, um alle 16 Quadrate gleichzeitig beobachten zu können. Von jedem der beiden Zählquadrate der Kammer werden vier dieser 16er Quadrate ausgezählt. Das erfolgt in Hufeisenform (s.a. Abbildung 186), es werden also zweifach 4-mal 10 kleine Quadrate ausgezählt.

Zellen, die auf den Linien liegen, werden immer nur auf der linken und oberen Linie der Quadrate berücksichtigt. Sprossende Zellen gelten als zwei Zellen.

Die Zählung muss mindestens zweimal mit jeweils neu präparierten Kammern wiederholt werden.

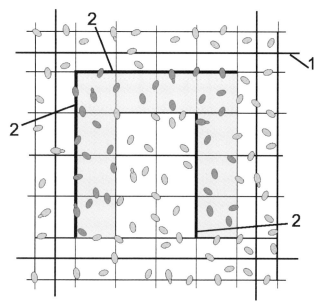

Abbildung 186 Thoma-Kammer-Beispiel: ein Zählquadrat schematisch
  Im Bespiel werden 37 Hefezellen gewertet
  1 Hilfslinien **2** Begrenzung für die Zählung

Die Berechnung und Auswertung des Resultates

Die Zählwerte der 4 x 10 kleinen Quadrate = 40 kleine Quadrate einer Messung werden addiert und ergeben ein Zählwert. Es müssen mindestens vier dieser Zählungen für einen Durchschnittswert durchgeführt werden.

Weicht eine Zählung deutlich von den übrigen Zählungen ab, wird dieses Resultat gestrichen, ggf. muss die Zählung mit einer zusätzlichen Probe wiederholt werden, s.a. Tabelle 124.

Bei einiger Übung und reproduzierbarer Arbeitsweise lässt sich ggf. die Zahl der Zählungen etwas reduzieren (die Entscheidung ist nur nach Kenntnis der Einzelwerte möglich).

Empfehlenswert ist es, die Zählergebnisse unmittelbar mittels eines Tabellenkalkulationsprogramms auszuwerten und bei Hefevermehrungsversuchen in Diagrammform darzustellen. Wenn eine halblogarithmische Darstellung gewählt wird, muss sich bei normaler Vermehrung eine Gerade ergeben, deren Anstieg im Wesentlichen von der

Temperatur abhängig ist (s.a. Kapitel 4.4.5). Ergeben sich Zählwerte, die deutlich von der „Normalgeraden" abweichen, kann die Zählung sofort wiederholt werden. Damit steigt die Aussagefähigkeit der Zählungen.

Die „Normalgerade" lässt sich aus betrieblichen Messungen bei der jeweiligen Bezugstemperatur relativ leicht erstellen.

Tabelle 124 Zählergebnis-Beispiel

	1. Quadrat	2. Quadrat	3. Quadrat	4. Quadrat
	28	38	29	39
	24	35	37	29
	29	28	34	41
	21	39	36	37
gesamt	102	140	136	146

Der Durchschnittswert der vier Zählquadrate wird mit 100.000 multipliziert, um auf die Anzahl der Zellen/mL zu kommen.

Es werden also 40 Quadratzellen = 1/10 mm^2 x 0,1 mm = 1/100 mm^3 ausgezählt. Um auf 1 mL = 1000 mm^3 zu kommen, muss deshalb mit 100.000 multipliziert werden. Wurde die Probe verdünnt, muss das Ergebnis noch mit dem Verdünnungsfaktor multipliziert werden.

Es lassen sich maximal etwa 50…55·10^6 Zellen/mL ohne Verdünnung der Probe auszählen

In Tabelle 124 kann das Ergebnis des ersten Quadrates gestrichen werden. Aus den drei restlichen Zählquadraten ergibt sich ein durchschnittliches Ergebnis von 141 Zellen. Nach Multiplikation mit dem Faktor 100.000 resultiert damit eine Hefezellzahl von 14,1·10^6 Zellen/mL.

Einflussfaktoren auf die Genauigkeit und ein Vorschlag zur Erhöhung der Genauigkeit bei stark schäumenden Proben

Die Genauigkeit der Hefekonzentrationsbestimmung ist sehr stark abhängig von

- Dem Zeitpunkt der Probenahme (in der Propagations- und Angärphase ist die Hefeverteilung in der Probe gleichmäßiger als in der Hauptgärphase, eine plötzliche Druckentlastung bei der Probenahme führt in der Gärphase zum Aufschäumen und Zusammenballen der Zellen und damit zu Inhomogenitäten);
- Der vorhandenen Flüssigkeitssäule und den Druckverhältnissen im Fermentationsgefäß zum Zeitpunkt der Probenahme (Auswirkungen wie vorher beschrieben);
- Der im Fermentationstank in Schwebe befindlichen Hefekonzentration (hohe Hefekonzentrationen verursachen im Endergebnis einen kleineren relativen Fehler als sehr niedrige Hefekonzentrationen, das Ergebnis hat hier einen hohen relativen Fehler).

Um den Fehler bei den Probenahmen aus gärender Würze zu minimieren, hat sich folgende Arbeitsweise bewährt:
- Die Probenahme erfolgt nach mehrmaligem kurzen „Vorschießen" an der Probenahmestelle in trockene, graduierte Reagenzgläser (mit 10 mL oder 20 mL Inhalt und mit Schliffstopfen) mit einer Probemenge von ca. 1 bis 5 mL.
- Nach dem Temperieren der Probe und dem Zusammenfallen des Schaums werden die am Glasrand haftenden Hefe-Schaumteile mit 0,1 normaler NaOH aus einer auf Null eingestellten graduierten Bürette heruntergespült und das Reagenzglas bis zur Markierung damit aufgefüllt.
  Die Differenz zwischen dem Nennvolumen des Reagenzglases und dem „Verbrauch" an 0,1 normaler NaOH ist das im Reagenzglas enthaltene Probevolumen, das in die Verdünnungsrechnung einzusetzen ist.
- Mit der Verwendung von 0,1 normaler NaOH werden nach ausreichender Homogenisierung folgende Vorteile erzielt:
  – eine erste Verdünnung der Probe, die in den meisten Fällen bei Fermentationsproben für die Auszählung reicht,
  – eine Entflockung der Hefe ohne sie zu schädigen und damit eine homogene Probe,
  – ein Abbinden von störenden CO_2-Blasen,
  – ein Auflösen von störenden Trubteilchen und
  – insgesamt damit ein sichereres Auszählen mittels der *Thoma*-Kammer.

Tabelle 125 Reproduzierbarkeitsangaben für die Hefekonzentrationsbestimmung mittels Thoma-Kammer inklusive Probenahme bei großtechnischen Betriebsversuchen (nach Messwerten von [112]) bei zwei Konzentrationsstufen

Hefekonzentration 10^6 Zellen/mL	Anzahl der Proben	$s^{1)}$ 10^6 Zellen/mL	V %	Vertrauensbereich von $s^{1)}$ 10^6 Zellen/mL
⌀ 63,9	7	6,1	9,5	4,88...8,24
⌀ 1,5	4	1,0	66,7	0,76...1,52

[1]) Berechnet nach *Doerffel* [340] für mehrstufige Messreihen

Bei Betriebsversuchen unter Versuchsbedingungen [112] wurden die in Tabelle 125 ausgewiesenen Genauigkeiten dieser Probenahme- und Messmethode erreicht (aus jedem Probenahmegefäß wurde eine Vierfachbestimmung durchgeführt).

6.3.1.2 Die Zellzahlbestimmung mit Teilchenzählgeräten

Teilchenzählgeräte, so genannte Cell-Counter sind für die Zellzahlbestimmung unter bestimmten Voraussetzungen geeignet.
Unterschieden werden müssen:
- einfache Teilchenzähler, die ursprünglich für die Hämatologie zur Zählung von Blutkörperchen entwickelt wurden und
- „intelligente" Zellzählgeräte, die Trub und Zellen, sprossende Zellen sowie lebende und tote Zellen unterscheiden können.

Einfache Teilchenzählgeräte

Der Nachteil dieser Zählgeräte liegt darin, dass sie sprossende Zellen nicht von einfachen Zellen und Hefezellen nicht von Trubpartikeln unterscheiden können. Das Messergebnis wird in nicht unerheblichem Maße von diesen Faktoren beeinflusst.

Wenn immer unter gleichen Bedingungen gezählt wird, lassen sich die störenden Einflüsse zum Teil durch Kalibrierung und evtl. durch eine alkalische Auflösung der Trubpartikel (siehe oben) eliminieren.

Damit besitzen die Zählergebnisse natürlich nur lokale betriebsspezifische Bedeutung und ein Vergleich verschiedener Propagationsanlagen oder Betriebe ist kaum möglich.

Probleme der Zellzählung mit einfachen Teilchenzählgeräten

Der Vergleich der mittels der *Thoma*-Zählkammer ermittelten Zählergebnisse mit denen von automatischen Labor-Zählgeräten ergibt zum Teil beträchtliche Abweichungen (s.a. Abbildung 187 bis Abbildung 189).
Diese Abweichungen lassen sich vor allem zurückführen auf:
- Einen gegebenen Feststoffgehalt der Würzen. Enthält die Würze zum Beispiel Trubteilchen, dann werden diese von automatischen Zählgeräten wie Hefezellen erfasst. Gleiches gilt zum Teil auch für Gasbläschen.
- Sprossende Zellen bzw. Sprossverbände: diese werden von Teilchenzählgeräten nur als ein Teilchen gezählt. Die ermittelten Zellzahlen liegen dann unter Umständen mit einem Faktor ≥ 2 unter dem Zählergebnis der *Thoma*-Kammer.

Das eigentliche Problem ist nicht die Abweichung der Ergebnisse, sondern dass sich keine konstanten Korrelationen über die gesamte Fermentation zwischen den Ergebnissen beider Messmethoden finden lassen, wie nachfolgende Beispiele zeigen:
- Bei einem hohen Trubgehalt der Anstellwürze täuschen die Ergebnisse des Zell-Counters am Anfang der Fermentation eine höhere Hefekonzentration vor. Allerdings steigen die mit der *Thoma*-Kammer bestimmten Zellkonzentrationen durch den zunehmenden Anteil an sprossenden Zellen dann steiler an, als die des Zell-Counters (siehe Abbildung 187). Es kommt zum Schnittpunkt beider Messkurven.
- Auch die Probenvorbereitung hat zweifellos einen Einfluss auf die Messwerte (zum Beispiel Zugabe und Einwirkungszeit der „Cellolyse-3"-Lösung).
- Bei reproduzierbarer Arbeitsweise lassen sich zum Teil annähernd parallele Kurvenverläufe der mit beiden Methoden gemessenen Zellzahlen erzielen (siehe Abbildung 188 und Abbildung 189).

Die Differenzen der Messergebnisse und der Anstieg der Kurven sind jedoch nicht konstant oder reproduzierbar. Bei vorhandenen Trubteilchen ergibt sich kein auswertbarer Zusammenhang.

Für die betriebliche Praxis resultiert daraus die Notwendigkeit, bei Einsatz von „einfachen" Zell-Countern deren Messergebnisse regelmäßig durch eine Kalibrierung mit der *Thoma*-Kammer zu prüfen und bei Bedarf zu wiederholen.

Intelligente Zellzählgeräte

Im Gegensatz zu den einfachen Teilchenzählern sind „intelligente" Zellzählgeräte in der Lage, lebende Zellen selektiv zu erfassen. Das Messsignal erfasst die Zellanzahl und korreliert mit der Zellgröße und Zellvitalität.

Der Online-Sensor [341], [342], [343], [344] und [345] erfasst die Kapazitätsänderungen im HF-Feld bei einer Messfrequenz von beispielsweise 310 kHz (möglicher Messbereich 0,2...10 MHz). Die Kapazitätserhöhung der Messsuspension gegenüber dem zellfreien Medium ist direkt proportional zur Zellmembranfläche und wird von der Zelldichte, der Zellgröße und der Zellvitalität beeinflusst. Gasblasen, tote Zellen und Trubpartikel beeinflussen die Messung nicht.

Der Sensor kann im Bereich $1 \cdot 10^6$ bis $10 \cdot 10^9$ Zellen/mL messen. Der Sensor muss natürlich durch eine Vergleichsmessung kalibriert werden.

Der Sensor ist auch für die Hefekonzentrationsbestimmung in Erntehefe, zur Trennung von Hefechargen, zur Anstellhefekonzentrationsregelung u.ä. einsetzbar.

Die relativ hohen Investitionskosten stehen zurzeit einer breiten Einführung des Sensors für die Zellzahlbestimmung entgegen.

Ein neuer Sensor zur Zellzählung wird von der Fa. Hamilton angeboten [394].

Einschätzung

Aus den vorstehend erörterten Gründen bleibt die *Thoma*-Kammer immer noch die preiswerteste und zuverlässigste Variante für die Zellzahlbestimmung. Sie sollte stets zur Kalibrierung von automatischen Zellzählgeräten genutzt werden, um deren Aussagekraft zu verbessern.

Im Übrigen hat die Zellzählung mittels Mikroskop den Vorteil, dass der Zählende „seine" Hefe noch direkt sehen kann, das ist sicher kein Nachteil.

Der Zeitaufwand für die Zellzählung ist außerdem viel geringer, als gemeinhin vermutet wird unter der Voraussetzung, dass die zweckmäßige Ausrüstung, eine entsprechende Arbeitsplatzgestaltung und eingearbeitetes Personal verfügbar sind.

Messgeräte, die die Zellzahl und die Biomassekonzentration direkt bestimmen, tote von lebenden Zellen und Trub von Hefe unterscheiden können, sind zwar erhältlich und wünschenswert, scheiden aber in der Regel als Betriebsmessung durch zu hohe Investitionskosten aus.

6.3.1.3 Probleme der Zellzahlbestimmung aus ZKT

Aus Betriebsgefäßen (Gärbottich, Lagertank, ZKG, ZKL) ist die repräsentative Zellzahlbestimmung problembehaftet, da die Hefe sedimentiert. Nur im Hochkräusenstadium kann mit relativ großer Sicherheit davon ausgegangen werden, dass der Behälterinhalt eine homogene Zellzahlverteilung aufweist. Auch bei gerührten Behältern ist eine Sedimentation nicht auszuschließen.

Diese Problematik ist mit dafür verantwortlich, dass in verschiedenen Veröffentlichungen unreale, zu hohe Zellkonzentrationen angegeben werden.

Eine realistische Erfassung der gesamten Zellmenge ist nur nach vollständiger Abtrennung der Hefe aus der Charge möglich, beispielsweise mittels Zentrifugalseparators.

Eine annähernde Bestimmung der Zellkonzentration ist bei der vollständigen Entleerung des Behälters möglich, wenn mengen- und zeitproportionale Proben entnommen werden, in denen dann die Zellkonzentration bestimmt wird. Daraus lässt sich dann eine durchschnittliche Zellkonzentration berechnen.

Die Hefe in der Brauerei

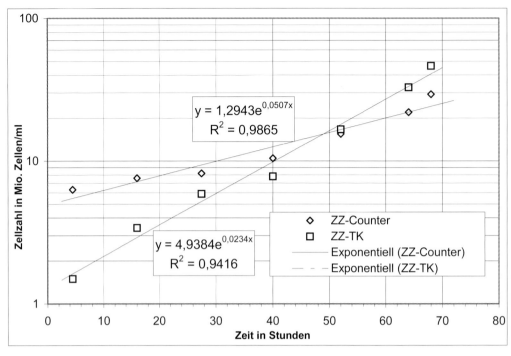

Abbildung 187 Vergleich Thoma-Kammer (TK) mit Zell-Counter, Beispiel Würze mit hohem Trubgehalt und einer zunehmenden Anzahl sprossender Zellen (Trendlinien exponentiell)

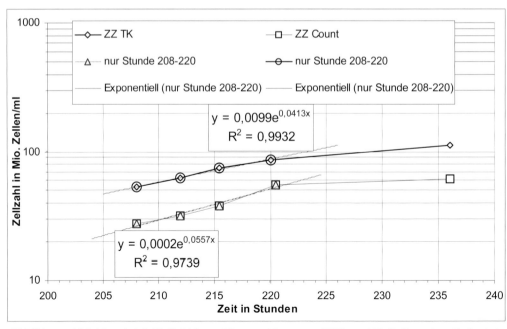

Abbildung 188 Vergleich Zellzählung Thoma-Kammer (TK) und Zell-Counter, Beispiel erheblicher Unterschiede der Zellzahlbestimmung: zahlreiche sprossende Zellen; der Anstieg der beiden Messreihen ist nicht gleich

Hefemanagement in der Brauerei

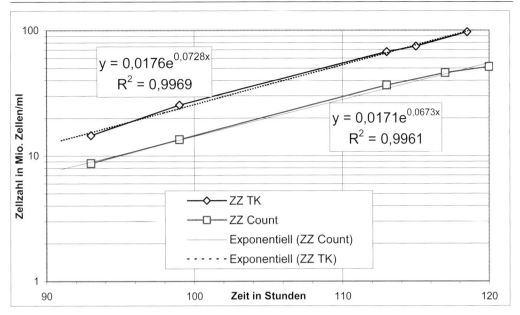

Abbildung 189 Vergleich Zellzählung Thoma-Kammer (TK) und Zell-Counter, Beispiel für zunehmende Unterschiede der Zellzahlbestimmung durch sprossende Zellen (Trendlinien exponentiell)

6.3.2 Die Dosierung der Anstellhefe und ihre Kontrollverfahren
Die Dosierung der Hefe in die Würze kann nach folgenden Varianten erfolgen:
- nach Volumen,
- nach Masse,
- durch Onlinebestimmung der dosierten Zellmenge.

6.3.2.1 Dosierung nach Volumen
Die einer gewünschten Zellkonzentration in der Anstellwürze entsprechende Menge „dickbreiiger" Hefe wird zur Würze gegeben. Es wird üblicherweise mit einer Zellzahl von $3 \cdot 10^9$ Zellen/mL „dickbreiiger" Hefe gerechnet. Bei einer Dosierung von 0,5 L dieser Hefe pro Hektoliter Würze werden etwa $15 \cdot 10^6$ Zellen/mL erreicht.

Die Hefezellzahl in der dickbreiigen Hefe kann durch Auszählen einer Verdünnungsreihe mittels *Thoma*-Zählkammer bestimmt werden (s.a. Kapitel 6.3.1.1).

Bedingt durch das Zählprinzip und die Verdünnungen muss bei geringen Konzentrationen mit relativ großen Fehlern gerechnet werden:

> ein Zählergebnis von ± 1 Zelle in den ausgezählten Quadraten entspricht in einer unverdünnten Probe bereits einer Zellzahl von ± $0,4 \cdot 10^6$ Zellen/mL.

Durch die Auswertung einer möglichst großen Menge an Zählquadraten lässt sich die Zählunsicherheit verringern.

Das zu dosierende Hefevolumen lässt sich in einem Bottich mittels Messlatte oder mittels einer Graduierung der Behälterwand bestimmen.

Zur automatischen Volumendosierung müssen Durchflussmessgeräte benutzt werden. Dafür eignen sich beispielsweise „Induktive Durchflussmessgeräte" (IDM), dabei dürfen sich aber keine Gasblasen im Messgut befinden, da diese mit als Anstellhefe erfasst werden.

Die Genauigkeit der Volumendosierung lässt sich verbessern, indem der „Feststoffgehalt" der dickbreiigen Hefe vorher durch Zentrifugieren bestimmt wird. Bei Verwendung graduierter Zentrifugengläser/-becher und reproduzierbarer Drehzahl und Zeitdauer lässt sich die zu erwartende Zellmenge/-masse in der Anstellhefe relativ gut vorausbestimmen.

Die Vergleichskurve zwischen dem Hefesedimentvolumen und der tatsächlichen Zellzahlkonzentration (siehe nachfolgendes Beispiel) kann mittels einer *Thoma*-Zählkammer bestimmt und daraus das erforderliche Dosiervolumen für eine anzustellende Würzecharge berechnet werden.

Beispiel für die Schnellbestimmung des feuchten Hefesedimentvolumens aus einer dickbreiigen Hefeprobe und der Zusammenhang zur äquivalenten Hefezellkonzentration
Durchführung:
In zwei graduierte Zentrifugengläser (mindestens mit einem oberen Füllstrich, evtl. selbst kalibriert) wird für eine Doppelbestimmung die zu untersuchende homogene, trubfreie Hefeprobe dosiert und dann immer nach dem gleichen Regime zentrifugiert, beispielsweise:

in 3 min	Steigerung der Drehzahl auf 2700 U/min
5 min	bei 2700 U/min zentrifugieren
1 min	Bremsen der Zentrifuge zum Stillstand

Nach dem Zentrifugieren ist der Überstand abzugießen und mit einer kleinen Mensur dessen Volumen zu messen. Da bei schäumenden, CO_2-haltigen Hefeproben eine genau abzulesende, volumetrische Füllung nicht möglich ist, muss das Volumen des Hefesediments nach dem Zentrifugieren ebenfalls bestimmt werden, z. B. durch eine volumetrische Differenzbestimmung:
– Auffüllen der Probe bis zur oberen Markierung mit Wasser und Erfassung des Auffüllvolumens,
– Nennvolumen minus Auffüllvolumen des Wassers = Volumen Hefesediment;
– Volumen des Hefesediments + Volumen des Überstandes = Einfüllvolumen
   = 100 %.

Statt der volumetrischen Messung können die gesamte Einfüllmenge der Probe und die Hefesedimentmenge unter Berücksichtigung der Leermasse des Zentrifugenglases auch gravimetrisch bestimmt werden.

Da die Einfüllmenge in Abhängigkeit vom Gasgehalt der Hefeprobe stark schwanken kann, muss aus den Messwerten der prozentuale feuchte Feststoffanteil, bezogen auf das Einfüllvolumen bzw. die Einwaage, in Prozent berechnet werden.

In Abbildung 190 werden die Ergebnisse der volumetrischen Feststoffgehaltsbestimmung aus eigenen Betriebsversuchen dargestellt [344].

Hefemanagement in der Brauerei

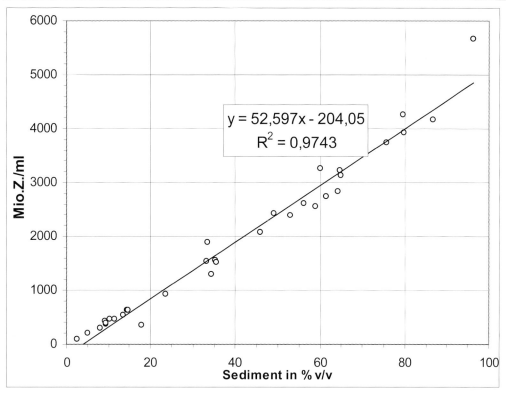

Abbildung 190 Bestimmung des volumetrischen Feststoffgehaltes und der dazugehörigen Hefezellzahlen von dünn- und dickbreiigen Hefeproben (nach [346]); z. B. 40 Vol.-% ≙ $1{,}9 \cdot 10^9$ Zellen/mL

6.3.2.2 Dosierung nach Masse
Die vorstehend beschriebene Volumendosierung kann auch mit Massedurchflussmessgeräten (*Coriolis*-Messprinzip) erfolgen, die ebenfalls kalibriert werden müssen. Der Investitionsaufwand ist größer als bei Verwendung von IDM.

Falls das Dosiergefäß auf Wägezellen oder Druckmessdosen steht, können diese für die Dosierung nach Masse (Differenzmessung) verwendet werden. Das Dosiergefäß muss dafür aber mit flexiblen Leitungen mit der Anlage verbunden werden.

6.3.2.3 Onlinebestimmung der Zellmenge
Die Onlinebestimmung der Zellmenge kann erfolgen durch:
- eine Differenz-Trübungsmessung oder,
- eine Teilchenzählung in der angestellten Würze.

6.3.2.3.1 Dosierung durch Differenz-Trübungsmessung
Bei der Differenz-Trübungsmessung wird die Trübung der Würze vor und nach der Hefedosierung mit optischen Sensoren gemessen. Damit lässt sich der Einfluss der Würzetrubteilchen hinreichend genau eliminieren, sodass die Trübungsgradzunahme mit der Zellzahl korreliert.

Die gemessenen Trübungswerte können durch eine parallele Zellzählung mittels Labormethode kalibriert werden, beispielsweise durch Zählung mit der *Thoma-Zählkammer*.

Für die Trübungsmessung werden in der Regel Sensoren eingesetzt, die das vorwärtsgestreute Licht messen. Damit lassen sich produktspezifische Störgrößen, wie Farbe und Verschmutzungseffekte der optischen Fenster, gut kompensieren. Hinweise zu optischen Sensoren siehe u.a. [347].

Die Anwendung von Sensoren, die die zellzahlbedingte Absorptionsänderung direkt messen, ist zwar bei geringeren Zellzahlen möglich, aber nicht so günstig wie die Streulichtmessung.

Die Auswertbarkeit der Trübungsmessung sinkt mit steigenden Zellkonzentrationen, sie ist aber im Bereich der üblichen Anstellhefekonzentrationen gewährleistet.
In Abbildung 192 ist der Zusammenhang zwischen Trübungswert und Hefezellzahl für das Beispiel Hefe/Wasser dargestellt.

Die Hefetrockensubstanz (HTS) ist natürlich nur dann eine geeignete Bezugsgröße, wenn der Totzellengehalt der Dosierhefe im Normalbereich ($\leq 2\%$) liegt.

Für die Erfassung der Hefezellzahlen in Propagationsanlagen ist diese Messung nicht geeignet, da eine Differenzmessung der Trübung in einem Behälter oder Kreislauf nicht möglich ist. Die während der Propagation erfolgende pH-Wert-Erniedrigung führt zur Ausscheidung von Trübstoffen, deren Trübungswertveränderung nicht kompensiert werden kann.

In Abbildung 191 ist eine Anstellhefedosierung schematisch dargestellt. Als Pumpen eignen sich beispielsweise Verdrängerpumpen (Kreiskolbenpumpen), die bei der CIP-Prozedur im Bypass betrieben werden müssen.

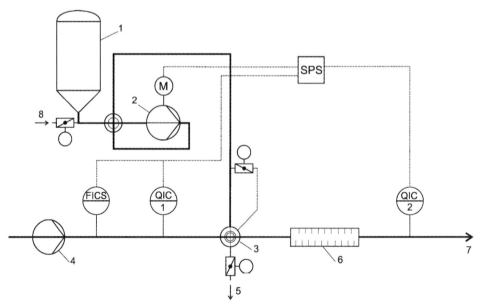

Abbildung 191 Anstellhefedosierungsregelung, schematisch
1 Anstellhefetank **2** Dosierpumpe **3** Doppelsitzventil mit Liftantrieb **4** Würzepumpe
5 CIP-Rücklauf **6** statischer Mischer **7** angestellte Würze **8** CIP-Vorlauf
Q... Trübungsmesssensor

Hefemanagement in der Brauerei

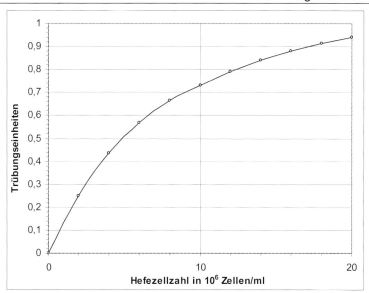

Abbildung 192 Der Zusammenhang zwischen Differenz-Trübungswert und Hefezellzahl (nach [348])

Messbedingungen: Länge der Messstrecke 40 mm, 20 °C, Hefe suspendiert in Wasser, Messfehler: $(0...5) \cdot 10^6$ Zellen/mL: $\pm 0,1 \cdot 10^6$ Zellen/mL; $(10...20) \cdot 10^6$ Zellen/mL: $\pm 0,5 \cdot 10^6$ Zellen/mL

6.3.2.3.2 Dosierung durch Erfassung der Teilchenzahl in der angestellten Würze

Diese Messung kann mit geeigneten Sensoren im Hauptstrom oder auch im Bypass vorgenommen werden.

Als Beispiel wird der „Hefemonitor"-Sensor (s.a. [341] bis [343]) genannt, der mit einer HF-Strahlung lebende Zellen selektiv erfassen kann (s.a. Kapitel 6.3.1.2 „Intelligente" Sensoren). Damit lässt sich die Anstellhefe nach Zellzahl bzw. HTS dosieren.

Dieser Sensor erfasst die Dielektrizitätskonstante von Hefesuspensionen. Es wird dabei ein Hochfrequenzsignal durch das mit Anstellhefe gefüllte Zuleitungsrohr gesendet. Dies erzeugt ein elektrisches Feld, durch das die Hefesuspension fließt. Die Ionen in der Zelle oder im Suspensionsmedium werden zu dem entgegengesetzt geladenen Pol in der intakten Zellwand der lebensfähigen Zelle gezogen. Dies bewirkt ein Phänomen, das als „β-Dispersion" bekannt ist. Es verursacht eine Lageveränderung des Phasenwinkels zwischen der Spannung und dem Strom des zurückkehrenden Signals. Beschädigte Zellen können die Ionen nicht halten und zeigen deshalb diesen Effekt nicht. Eine Auswertung der Phasenwinkelveränderung gibt die Zahl der intakten Zellen an, die gerade den Sensor passieren. Damit kann dieses Signal zur Messung der dosierten intakten Zellen genutzt werden. Die Messung der intakten Zellen ist allerdings nicht unbedingt identisch mit den lebensfähigen Zellen, aber es ist genauer als die Erfassung der normalen Hefemenge mit den o.g. Methoden. Dieses Messsystem kann natürlich auch in bekannte Anstellregelungen integriert werden.

Das Messsignal kann auf den Hefestamm kalibriert werden, so dass die Verwendung auch eines fremden Hefestammes sofort feststellbar ist.

6.4 Das Anstellen

Das Anstellen der Würze, d.h. die Zugabe der Hefe zur Würze, leitet den Gär- und Reifungsprozess bei der Bierherstellung ein. Das Anstellverfahren beeinflusst entscheidend die erforderliche Prozessdauer der Gär- und Reifungsphase sowie die Qualität der Biere als auch die Qualität der am Ende geernteten Hefe. Folgende Punkte sind bei der Festlegung eines Anstellverfahrens zu beachten:

6.4.1 Die Höhe der Hefegabe

Die biochemische Gesamtleistung der Hefe bei der Biergärung und -reifung ist im Wesentlichen ihrer Zellkonzentrationen im Gärmedium proportional. Eine Erhöhung der Zellkonzentration führt zur Erhöhung der Gärgeschwindigkeit und zur Beschleunigung der anderen biochemischen Reaktionen.
Eine Erhöhung der Hefegabe ergibt bei konstanter Temperaturführung:
- eine Erhöhung der Gärintensität,
- eine Verringerung des Hefezuwachses,
- ein höheres und früheres Maximum in der Konzentration der vicinalen Diketone,
- eine schnellere Entfernung dieser Jungbukettstoffe (= Beschleunigung der Reifung) und
- eine Verringerung der Bukettstoffbildung (höhere Alkohole, Ester, freie niedere Fettsäuren).
- Bei druckloser Hauptgärung einen erhöhten Bitterstoffverlust und
- eine erhöhte Gefahr der Hefeautolyse.

Eigene Versuche [112] in zylindrokonischen Großtanks ergaben bei einer Erhöhung der Anstellhefekonzentration von $20 \cdot 10^6$ Zellen/mL auf $50 \cdot 10^6$ Zellen/mL eine 50 %ige Verringerung des Hefezuwachses und damit auch eine Reduzierung des Extraktschwandes.

Eine Erhöhung der Anstellhefekonzentration um $1 \cdot 10^6$ Zellen/mL ergab weiterhin eine signifikante Zunahme der durchschnittlichen Vergärung vom Anstellen bis zum zweiten Prozesstag um 3,64 kg wirklichen Extrakt/(100 hL·24 h).

Einige weitere Richtzahlen für die klassische Gärung dazu sind in Tabelle 126 zusammengefasst.

Die Hefegabe bei der Untergärung schwankt normal zwischen 0,5…1 L dickbreiiger Hefe/hL Würze, bei der Obergärung zwischen 0,2…0,5 L dickbreiiger Hefe/hL Würze. Langzeitversuche bei der Untergärung mit Hefegaben von 0,5 bis zu 2 L dickbreiiger Hefe/hL Würze ergaben im klassischen Gärkeller eine Verkürzung der Hauptgärung von 12 auf 4 Tage bei gleicher Bierqualität nach damaligen Qualitätsmaßstäben [349].

Die Erhöhung der Hefegabe stellt ganz allgemein eine der wirksamsten und geeignetsten technologischen Maßnahmen zur Forcierung der Gärung dar, ohne dass dabei die Gefahr von nicht korrigierbaren Qualitätseinbußen zunimmt. Diese Maßnahme ist bei notwendigen Gärbeschleunigungen in offenen Gärsystemen in jedem Fall der Temperaturerhöhung vorzuziehen.

Eine Erhöhung der Hefegabe ist erforderlich bei:
- Enzymschwachen, gärträgen Hefesätzen, z. B. nach einer längeren Lagerphase der Satzhefe,
- Starkbierwürzen bzw. High-Gravity-Würzen und dunklen Würzen,
- Sehr niedrigen Gärtemperaturen,
- Einer kurzfristig erforderlichen Verkürzung der Hauptgärung,

Hefemanagement in der Brauerei

◻ Einem sehr niedrigen Sauerstoffgehalt der Anstellwürzen (< 4 mg O_2/L Würze),
◻ Verstärkter Infektionsgefahr bei den Anstellwürzen und
◻ Unsauberen und trubreichen Hefesätzen.

Die Höhe der Hefegabe sollte nicht schematisch nur nach Volumen bemessen werden. Die Hefekonzentration in einer Erntehefe kann je nach Konsistenz zwischen $1 \cdot 10^9$ Zellen/mL und bis zu $4 \cdot 10^9$ Zellen/mL schwanken und damit bei konstanter Volumendosage unterschiedliche Anstellhefekonzentrationen und ungleichmäßige Gärverläufe verursachen. Eine dickbreiige Satzhefe hat normal $3 \cdot 10^9$ Zellen/mL.

Die Hefegabe muss durch Online-Messverfahren bzw. durch begleitende Labormessmethoden (siehe Kapitel 6.3.1 und 6.3.2) normierbar und reproduzierbar gemacht werden.

Ein unkontrolliertes Vorlegen einer dickbreiigen Satzhefe aus einem abgegorenem ZKG in einen frisch anzustellenden ZKG birgt hinsichtlich einer einheitlichen Anstellhefekonzentration viele Unsicherheiten und sollte vermieden werden. Ein Anstellen mit Kräusen, wie bei dem im Kapitel 6.2.5.1 beschriebenen Drauflassverfahren, ermöglicht eine recht gute Automatisierbarkeit des Anstellverfahrens und erhöht die Sicherheit zur Gewährleistung einer gleichmäßigen Prozesstechnologie.

Tabelle 126 Richtwerte für die Hefegabe und ihre technologischen Auswirkungen bei der klassischen Gärung einer Vollbierwürze

Gärverfahren	Maßeinheit	klassisches Gär- und Reifungsverfahren	mäßig beschleunigte Gärung	stark beschleunigte Gärung
Dickbreiige Hefegabe je 1 hL Würze	L/hL	0,5	1,0	2,0
Hefekonzentration nach dem Anstellen	10^6 Zellen/mL	15	ca. 30	ca. 60
Ø Hefekonzentration nach 24 h	10^6 Zellen/mL	35…45	55…65	70…80
Erforderliche Gärdauer bei 9 °C	Tage	8…9	6…7	4…5
Maximale Hefekonzentration	10^6 Zellen/mL	50…60	70…80	90…100
Hefeernte je hL Bier	L/hL	ca. 1,5…2	ca. 2…3	ca. 3…3,5
Extraktabnahme in den ersten 24 h	% E_s	0,3…0,5	0,8…1,0	1,5…2,0
pH-Wert-Abnahme in den ersten 24 h	–	0,25…0,30	0,4…0,6	0,6…0,7
Temperaturanstieg in den ersten 24 h ohne Kühlung	K	0,5…1,0	1,4…2,0	2,0…3,0

6.4.2 Der Zeitpunkt und die Form der Hefegabe

Die Hefegabe muss aus Gründen der mikrobiologischen Sicherheit grundsätzlich schon bei Beginn des Anstellwürzeeinlaufes in Anstellbottich, Gärbottich oder Gärtank erfolgen. Der frühestmögliche Zeitpunkt der Hefegabe beschleunigt die Gärung und erhöht die biologische Sicherheit des Gär- und Reifungsprozesses. Auch in anfänglich keimfreien, drucklos gekochten Anstellwürzen können sich bei einer Standzeit von einigen Stunden ohne Satzhefe aus Sporen Würzebakterien in einer ca. 10fach kürzeren Generationszeit als die Hefezellen entwickeln, die der Würze und damit der Satzhefe notwendige Vitamine und Wuchsstoffe entziehen, ohne selbst dann bei Bier-pH-Werten lebensfähig zu sein. Besonders schädigend für die Satzhefe ist die Gefahr, dass diese Würzebakterien das in der Würze enthaltene Nitrat zu dem Zellgift Nitrit reduzieren (s.a. Kapitel 4.6.11.4).

Tabelle 127 Form der Hefegabe mit ihren Vor- und Nachteilen

	Form der Hefegabe	Vorteile	Nachteile
1.	100 % Propagations- oder Reinzuchthefe	• Intensive Gärung u. Reifung • Hohe mikrobiologische Sicherheit • Gleichmäßig hohe Bierqualität • Automatisierbares Betriebsregime	• Hoher Investitionsaufwand • Schlechtere Hefeklärung u. Filtrationsprobleme • Niedrige SO_2-Gehalte • Große Mengen an Überschusshefe • Höherer Extraktschwand
2.	Mischung aus Erntehefe (z. B. 70 %) und Propagationshefe (30 %)	• Bei gesunder Hefe zügige Gärung u. Reifung bei gleichmäßig guter Qualität Im Vergleich zu (1): • höhere SO_2-Gehalte, • geringere Investitionskosten, • geringere Anfallmenge an Überschusshefe, • bessere Hefeklärung	Im Vergleich zu (1): • Höheres mikrobiologisches Risiko, • erhöhter Arbeitsaufwand bei der Kontrolle u. Dosage der beiden Hefearten, • zusätzlicher Bedarf an Erntehefetanks, • zusätzlicher Aufwand für die Pflege der Erntehefe
3.	100 % Erntehefe	• Bei gesunder Hefe zügige Gärung u. Reifung bei gleich guter Qualität Gegenüber (1) und (2): • Geringeres Investitionsvolumen, • höhere SO_2-Gehalte, • bessere Hefeklärung, • geringster Anfall an Überschusshefe/Althefe	• Erhöhtes mikrobiologisches Risiko • Höchster Arbeitsaufwand bei der Pflege der Erntehefe • Zusätzlicher Bedarf an Erntehefetanks • Mehr Aufwand bei einer gleichmäßigen Hefedosage • Gefahr der Überalterung des Hefesatzes u. Qualitätsschwankungen • Erhöhter Qualitätskontrollaufwand bei der Satzhefe
4.	100 % Kräusen aus dem Drauflassverfahren	Gegenüber (3): • Verringertes mikrobiologisches Risiko, • intensive Gärung u. Reifung, • gut automatisierbar u. rationell für eine oder wenige Biersorten gleicher Art (z. B. nur untergärige, helle Vollbiere)	• Hoher betrieblicher Organisationsaufwand • Bei großer Sortenvielfalt nicht generell durchführbar • Kapazitätsreserven beim Gärbehältervolumen erforderlich • Beim intensiven Drauflassen weniger SO_2 im Bier und mögliche Hefeklärprobleme

Diese „zeitweisen" Infektionen verursachen eine geringere Hefevermehrung (= geringere FAN-Abnahme und langsamere Vergärung) und bei Gärungen unter höheren Drücken als im klassischen Gärbottich eine Zunahme des Totzellenanteils der Erntehefe (= deutliche Verschlechterung der Hefequalität).

Eine zeitliche Aufteilung der Hefegabe auf mehrere Sude, die im gleichen Gärgefäß angestellt werden, ist grundsätzlich anwendbar, erhöht aber den erforderlichen Kontroll- und Realisierungsaufwand. Weiterhin wird dadurch die Induktionsphase für die später dosierten Satzhefeteilmengen verschoben und eine beschleunigte Angärung vermieden.

Diese mehrfache, aufgeteilte Hefegabe ist nur bei einer zu langen Befüllungsphase eines Gärgefäßes (> 18 h) sinnvoll. D.h., dass bei einem nicht auf die Sudgröße abgestimmten Gärtankvolumen diese Hefegabe zu empfehlen ist, um ein zu intensives, verlängertes Drauflassverfahren zu vermeiden.

Die Form der Hefegabe ist abhängig vom betrieblichen Hefemanagement. Es sind hier hauptsächlich die in Tabelle 127 charakterisierten vier Varianten bekannt.

Bei ZKT-Anlagen mit Mantelkühlung muss unbedingt darauf geachtet werden, dass auch die im Zulaufrohr zum ZKT verbleibende Würze zwischen Konus und Absperrarmatur ausreichend mit Hefe angestellt wird. Diese eventuell unangestellte Würze außerhalb des ZKT wäre sonst ein gefährlicher Infektionsherd, der besonders bei einer langsamen Angärung zur Schädigung des Hefesatzes führen kann (z. B. Anstieg des Totzellengehaltes).

Um diesen Effekt bei langen waagerechten Rohrleitungen von > 1 m Länge zu vermeiden, bieten sich folgende Lösungsvarianten an:
- Separates Anstellen der letzten einlaufenden Würze;
- Kurzes Vorschießenlassen in einen anderen ZKT am Ende der Befüllung, um hefehaltige Würze in der ZKT-Zuleitung zu sichern;
- Umpumpen mit einer geeigneten Pumpe vom ZKT-Auslauf in die Probenahmeleitung.

6.4.3 Technologie der Hefedosage

Die Hefegabe muss so durchgeführt werden, dass eine innige Vermischung der Hefe mit der Anstellwürze erfolgt und die Freilegung der für den Stoffaustausch wirksamen Oberfläche der einzelnen Hefezelle gewährleistet wird. Eine gute Verteilung der Hefezellen in der Würze sichert auch eine Reduzierung der Hefepartikelgröße und damit ihre Sinkgeschwindigkeit in der Lag- bzw. Adaptionsphase bis zum Beginn der Gärung (siehe Kapitel 4.2.10).

Da die bekannten klassischen Methoden der Hefeverteilung in der Anstellwürze („Aufziehen" von Hand, in speziellen Apparaten oder im Bottich und die Verwendung von Anstellbottichen) nicht automatisierbar, mikrobiell anfällig, arbeitsintensiv und bei modernen geschlossenen Gärsystemen nicht anwendbar waren, hat sich die gleichmäßige Dosage der Satzhefe in die gekühlte und belüftete Anstellwürze mit Hilfe von Dosierpumpen und kontrolliert und gesteuert durch Sensoren bewährt (siehe Kapitel 6.3).

Bei einem länger gelagerten Hefesatz erhöht ein Mischen des Hefesatzes im Aufbewahrungsgefäß die Gleichmäßigkeit. Eine Belüftung der Satzhefe zur Förderung deren Vitalität sollte nur unmittelbar vor dem Anstellen durchgeführt werden (beschleunigt den Verbrauch der hefeeigenen Reservekohlenhydrate).

Besonders wirksam ist eine Belüftung in einem Gefäß mit der Satzhefemenge, der das gleiche Volumen Würze vorher zugesetzt wurde: das entspricht dem „modernen Aufziehen".

Die Hefe in der Brauerei

Die Dosage der Satzhefe sollte möglichst kurz nach dem Würzekühler erfolgen, um durch die Länge der Rohrleitung eine intensivere Durchmischung zu erzielen und um sie über den ganzen Sud möglichst gleichmäßig zu verteilen. Dem gleichen Zweck dient ein statischer Mischer nach der Dosierung. Eventuelle Druckerhöhungspumpen in der Würzeleitung übernehmen diese Aufgabe ebenfalls.

6.4.4 Die Anstelltemperatur

Je nach dem verwendeten Gärgefäßsystem unterscheiden sich die Gärtemperaturen für die kalte oder warme Gärführung (siehe Tabelle 128). Die Befüllungsdauer entscheidet über die weitere Temperaturführung beim Anstellen. Die Temperatur der zulaufenden Würze muss der jeweiligen Temperatur der bereits angestellten Charge entsprechen, um ein „Abschrecken" der Hefe zu vermeiden.

Bereits eine kurzzeitige Abkühlung von nur 10 Sekunden Einwirkungszeit und eine Temperaturerniedrigung von $\Delta\vartheta = 1$ K in den ersten 24 Stunden der Fermentation verursachte u.a. (nach [350]):

- eine Zunahme des Totzellengehaltes von bis zu 3 %,
- eine deutliche Verringerung des Sprosszellenanteils um bis zu 80 %,
- einen Anstieg des FAN-Gehaltes im Fertigbier bis zu 90 mg/L,
- eine Reduzierung der Extraktabnahme in der Hauptgärung um 10...30 %,
- einen pH-Wert-Anstieg um 0,05 pH-Einheiten und
- eine Reduzierung der Gärkraft der Erntehefen (gemessen in 10 %iger Maltoselösung bei 20 °C) um bis zu 3 mL CO_2/3 h.

Es wird vermutet, dass Temperatursprünge eine Veränderung der Plasmamembran verursachen und dadurch die Diffusionsvorgänge der Nährstoffe gestört werden. Temperaturschocks wirken besonders negativ auf sprossende Zellen. Sobald die Zellteilung beendet ist, wächst das Widerstandsvermögen der Hefezelle gegenüber dem Entzug von Wärme.

Bei längeren Befüllzeiten ist entweder die bereits angestellte Teilmenge vorsichtig zu kühlen ($\Delta\vartheta < 1$K/24 h bzw. bei einer externen Kühlung nur mit einem $\Delta\vartheta < 1$K zwischen PWÜ-Einlauf und PWÜ-Auslauf) oder die bessere Variante: die später zulaufenden Würzechargen besitzen stufenweise erhöhte Zulauftemperaturen.

Bei geschlossenen Gärgefäßen kann ein zu schneller Temperaturanstieg und der damit verbundene intensivere Hefestoffwechsel sehr gut durch einen geringen Überdruck bereits in der Anstell- und Befüllphase gedämpft werden. Bei einem 250 m³ fassenden ZKG (mit ca. 20 m Würzesäule) konnte mit einem Überdruck von 0,3 bar in der 24...36-stündigen Befüllphase bei ansteigenden Temperaturen des Tankinhaltes von $\vartheta = 10$ °C auf 13 °C der Gehalt an höheren Alkoholen in normalen Grenzen eingestellt werden [112].

Tabelle 128 Bereiche der Anstelltemperaturen

Gärverfahren	Gärführung	Bereich der Anstelltemperaturen
Klassische Hauptgärung in offenen Gärgefäßen, drucklos	kalt	5...6 °C
	warm	7...8 °C
Geschlossene Hauptgärung in ZKG und unter Überdruck	kalt	8...10 °C
	warm	14...18 °C

Allgemein führt eine Erhöhung der Anstelltemperatur:
- zur Beschleunigung der Hefevermehrung,
- zur Intensivierung des gesamten Hefestoffwechsels,
- zur größeren Turbulenz im Gärgefäß und damit zur besseren Hefeverteilung,
- zu einem schnelleren und tieferen pH-Wert-Abfall,
- zu einer stärkeren Ausscheidung von Eiweiß- und Bitterstoffen,
- zu einem stärkeren Anstieg der Konzentration an höheren Alkoholen und einem ungünstigeren Verhältnis von höheren Alkoholen zu Estern,
- zu weniger aromatischen und zu mehr leeren Bieren und
- zur Verringerung der flüchtigen Säuren und zur Erhöhung der fixen Säuren.

6.4.5 Die Zeitdauer des Anstellens und die Würzebelüftung

Die Zeitdauer des Anstellens ist im diskontinuierlichen Gärprozess von der Sudgröße, der Sudfolge und den Gärgefäßgrößen abhängig. Um die Schwierigkeiten bei der Temperaturführung durch lange Befüllungsphasen in der Anstellphase zu vermeiden, sind Befüllungszeiten von ≤ 10…14 Stunden (maximal 18 Stunden) anzustreben. Dies entspricht einem Volumenverhältnis von Ausschlagwürze zu Gärgefäßinhalt von 1 : 4 bis 1 : 5 bei einem Ausschlagrhythmus von 3…4 Stunden. Längere Füllzeiten erfordern ein Anstellverfahren mit erhöhtem Kontroll- und Manipulationsaufwand, um Qualitätsprobleme zu vermeiden, kürzere Sudfolgen sind günstiger.

Der Sauerstoffgehalt muss der gewünschten Hefevermehrungsrate entsprechen (Richtwerte siehe Tabelle 129). Beschleunigte Gärverfahren in klassischen Gefäßsystemen, die die Verteilung der Hefekonzentration in der Gär- und Reifungsphase nicht durch verfahrenstechnische Elemente unterstützen (z. B. durch Pumpen, Rührwerke, hohe Flüssigkeitssäulen wie im ZKG), benötigen eine intensive Propagationsphase zur Erzeugung vieler junger und länger in Schwebe bleibender Hefezellen.

Hier sind die in Tabelle 129 ausgewiesenen höheren Sauerstoffwerte auch bei der letzten Würzecharge, die im Propagationstank nach dem Drauflassverfahren angestellt wird, anzustreben. Ein geringer Flotationseffekt der nicht gelösten Luftbestandteile unterstützt die Hefeverteilung in der Anstellphase.

Der Sauerstoff der Anstellwürze hat im gärenden Medium vor allem Wuchsstoffcharakter und wird für die Synthese von Bausteinen für die Zellmembran benötigt (s.a. Kapitel 4.7.2).

Das Drauflassen belüfteter Würze hat so zu erfolgen, dass sich die Hefe in der Vermehrungsphase befindet und der scheinbare Vergärungsgrad V_s ≤ 10 % beträgt. Sobald eine Gärcharge deutlich angegoren ist (V_s > 15…20 %, c_{EtOH} > 0,7 Vol.-%) ist das Drauflassen belüfteter Würze zu unterlassen, um eine abnorme Nebenproduktbildung zu vermeiden, insbesondere eine überhöhte und verzögerte Bildung der vicinalen Diketone und ihrer Vorstufen. Das Hinausschieben des Gesamtdiacetylmaximums wird auf eine durch das mehrmalige, längere Drauflassen verursachte Verzögerung der Absorption der Würzeaminosäure Valin (Aminosäure der Gruppe 2) zurückgeführt, die die Bildung des α-Acetolactats unterdrückt [351]. Die Hefe nimmt am Anfang fast ausschließlich nur die Aminosäuren der Gruppe 1 auf, die beim einmaligen Anstellen innerhalb der ersten 36 Stunden von der Hefe vollkommen verwertet werden (siehe auch Tabelle 80, Kapitel 4.6.4). Erst dann erfolgt die Assimilation der Aminosäuren der Gruppe 2.

Um bei einem längeren Befüllungsvorgang einen zu intensiven Drauflasseffekt mit den negativen Auswirkungen für eine verzögerte Reifung und erhöhten Gehalt an

Gärungsnebenprodukten in ZKG zu vermeiden, kann folgende Arbeitsweise empfohlen werden:
- Beibehaltung der Hefegabe mit dem ersten Sud,
- Kaltes Anstellen der ersten beiden Sude (5…6 °C) und steigende Einlauftemperaturen entsprechend dem Tankinhalt bei den folgenden Würzechargen,
- Verringerung der Belüftungsrate bei den wärmer einlaufenden Suden und Wegfall der Belüftung bei den letzten 20…25 % des Tankinhaltes,
- Druckanwendung bereits in der Anstellphase bei einem Temperaturanstieg des Tankinhaltes auf über 8,5 °C.

Richtwerte für eine ausreichend belüftete Anstellwürze werden in Tabelle 129 angegeben.

Bei sonst gleichem Gärverfahren und gleicher Würzequalität bewirkt eine zunehmende Belüftung:
- eine größere Hefevermehrung,
- eine Erhöhung der Gärintensität,
- eine Verringerung des Stickstoffgehaltes im fertigen Bier,
- eine schnellere und tiefere pH-Wert-Absenkung,
- eine verstärkte Bildung der Jungbierbukettstoffe Acetaldehyd und der α-Acetohydroxysäuren (Vorstufen der vicinalen Diketone in der Gärphase),
- eine verstärkte Bildung der Bukettstoffe Ester und höhere Alkohole in der Gärphase,
- eine Erhöhung der Bitterstoffverluste in der Hauptgärung und
- eine verringerte Bildung von Schwefelwasserstoff, Dimethylsulfid und niederen Fettsäuren.
- Bei Vorhandensein der anderen erforderlichen Nährstoffe eine reduzierte SO_2-Bildung (verstärkte Bildung von S-haltigen Aminosäuren aus den vorhandenen Schwefelverbindungen in der Zelle) und damit eine Verringerung der antioxidativen Aktivität des Bieres und Zunahme der Gefahr einer beschleunigten Alterung (siehe die Ergebnisse u.a. von [352] und [355], weitere Ausführungen siehe dazu Punkt 4.5.4 und 4.6.11.3).

6.4.6 Anstellen mit Reinzucht- oder Propagationshefe

Bekannt sind Klärschwierigkeiten beim alleinigen Anstellen mit Reinzucht- oder Propagationshefe. Ursache ist die Kleinzelligkeit intensiv propagierter Hefe (s.a. Kapitel 4.2.1 und 4.2.10).

Bei Betrieben ohne Klärseparatoren können die Probleme der langandauernden Hefesedimentation durch das Anstellen mit anteiliger Erntehefe (ab der zweiten Führung) gemindert werden.

Vorteile der Hefeernte mit Separatoren sind:
- Keine Temperaturschocks, wenn vor der Abkühlung zentrifugiert wird;
- Die quantitative Ernte ist möglich.

Hefemanagement in der Brauerei

Tabelle 129 Richtwerte für Sauerstoffgehalte in belüfteten Anstellwürzen

Gär- u. Reifungstechnologie	Richtwerte
Allgemeine Richtwerte	5,5…8,0 mg O_2/L 12 %ige Würze
	60…80 %ige Sauerstoffsättigung der Würze des mit Luft höchstens erreichbaren Sättigungswertes
Klassische Gärung: – (offener Gärbottich, 4fache Hefevermehrung – 0,5 L untergärige Hefe/hL Würze, – maximale Gärtemperatur 9 °C, – 7…9 Tage Hauptgärung)	8…9 mg O_2/L Würze
Beschleunigte Gärung und Reifung in ZKG (10…12 Tage bis zum Beginn der Kaltlagerung, 3fache Hefevermehrung)	4,5…6 mg O_2/L Würze
Verminderung des Hefezuwachses und Gärverzögerung ab	$\leq$ 4,0 mg O_2/L Würze

6.5 Die Gärführung

Neben der Hefe- und Würzequalität, dem gesamten Anstellverfahren und den technischen Gär- und Reifungssystemen beeinflusst die weitere Gärführung die erforderliche Zeitdauer für den Gesamtprozess sowie die Qualität des Endproduktes.

Die Gärführung wird bestimmt durch das angewandte Temperatur-Druck-Regime, den Zeitpunkt des Schlauchens bzw. des Umdrückens bei einer Zweibehälter-Technologie und dem Zeitpunkt des Hefeziehens bei einem Gärverfahren im ZKT.

6.5.1 Temperaturführung

Die für die einzelnen Gär- und Reifungsverfahren angestrebten Maximaltemperaturen sind in Tabelle 130 zusammengefasst.

Tabelle 130 Angewandte Maximaltemperaturen bei Gärung und Reifung

Gärverfahren	Gärführung	Maximaltemperaturen	
		Gärphase	Reifungsphase
Klassische Hauptgärung in offenen Gärgefäßen, drucklos	kalt	8…9°C	
	warm	10…11°C	
Geschlossene Gärung und Reifung im ZKT unter Überdruck	kalt	10…14 °C	12…15 °C
	warm	14…16 °C	16…18…(20) °C

Der gesamte Stoffwechsel der Hefe kann wie allen chemischen und enzymatischen Reaktionen durch eine Temperaturerhöhung forciert werden. Eine Druckerhöhung in der Gär- und Reifungsphase wirkt sich in der Hauptsache durch die Erhöhung des im Gärmedium gelösten CO_2-Gehaltes dämpfend auf den Hefestoffwechsel aus.

Temperatur und Druck sind zwei gegenläufig wirkende technologisch einsetzbare Stellgrößen. Im Einzelnen sind die folgenden Effekte zu erwarten:

Eine Erhöhung der Temperatur in der Gärphase bewirkt:
- eine Erhöhung der Hefevermehrung (= höherer Extraktschwand),
- eine Erhöhung der Gärintensität (= Verkürzung der Gärphase),
- eine verstärkte und schnellere Bildung der höheren Alkohole (besonders deutlich), der Ester, der Aldehyde und der Vorstufen der vicinalen Diketone,
- höhere DMS- und niedrigere H_2S-Konzentrationen,
- einen schnelleren pH-Wert-Abfall und tiefere pH-Werte im Fertigbier,
- eine verstärkte FAN-Aufnahme aus der Würze,
- eine Erhöhung der Bitterstoffverluste,
- eine Verringerung der Schaumhaltbarkeit,
- eine verstärkte Eiweißausscheidung und
- eine größere Turbulenz im Gärgefäß und eine bessere Hefeverteilung.

Eine plötzliche Abkühlung in der Angärphase von $\Delta\vartheta > 1$ K/h führt:
- zum Hefeschock,
- zur deutlichen Reduzierung der Hefevermehrung bzw. zur Verzögerung der Hefevermehrung und
- zur Schädigung des Hefesatzes.

Jungbier sollte in der Hauptgärung maximal um 1…1,5 K/24 Stunden abgekühlt werden.

Eine Temperaturerhöhung in der Reifungsphase bewirkt:
- eine schnellere Umwandlung der α-Acetohydroxysäuren in ihre vicinalen Diketone (= geschwindigkeitsbegrenzender Schritt der Reifung),
- eine Erhöhung der diactylabbauenden Aktivität der Hefe,
- eine schnellere Reduktion auch der anderen Jungbierbukettstoffe und damit eine Beschleunigung der Reifung insgesamt,
- eine größere Gefahr der Hefeautolyse,
- eine Verringerung des gelösten CO_2-Gehaltes und
- eine erhöhte Gefahr der Wiederauflösung von bereits ausgeschiedenen Bestandteilen der Kältetrübung.

6.5.2 Einfluss des Druckes

Eine **Druckerhöhung** in der Gärphase bewirkt:
- eine Verringerung der Hefevermehrung,
- eine Verringerung der Gärintensität und damit eine Verlängerung der Gärphase,
- eine Verringerung der Gärungsnebenproduktbildung,
- einen langsameren pH-Wert-Abfall und einen höheren End-pH-Wert im Bier,
- eine Verringerung der Bitterstoffverluste,
- eine Verringerung der Eiweißausscheidung,
- eine Verringerung der Turbulenz im Gärgefäß durch eine verminderte CO_2-Entbindung und
- eine Erhöhung des CO_2-Gehaltes im Fertigbier.

Eine **Druckerhöhung** in der Reifungsphase bewirkt:
- eine Erhöhung des CO_2-Gehaltes bei weiterer Gärung und
- eine Beschleunigung der Hefesedimentation.

Großtechnische Gär- und Reifungsversuche in ZKT [112] mit 250 m³ Nettoinhalt ergaben, dass eine Verminderung der Gärleistung bei einer Erhöhung des Spundungsdruckes um 0,16 bar durch eine Erhöhung der durchschnittlichen Gärtemperatur um 1 K unter sonst gleichen Verhältnissen ausgeglichen werden kann.

6.5.3 Beeinflussung des Verhältnisses des vergärbaren Restextraktes zur in Schwebe befindlichen Hefekonzentration

Das Ziel eines Gär- und Reifungsverfahrens ist es, eine solche Hefekonzentration im gärenden und reifenden Bier zu sichern, dass die Vergärung des Extraktes bis $\Delta E_s \leq 0,2\,\%$ und die Reifungsphase optimal ablaufen können. Dabei ist besonders die Gewährleistung eines bestimmten Verhältnisses der Hefekonzentration zum noch vergärbaren Restextrakt für die erforderliche Prozessdauer von Bedeutung. Dieses Ziel wird durch eine Vielzahl von Faktoren beeinflusst, wie der Qualität der Anstellwürze und des Hefesatzes, die Verfahrensführung und die verwendete Apparatetechnik.

Folgende technologischen und technische Maßnahmen beeinflussen die in Schwebe befindliche Hefekonzentration positiv, um eine weitgehende und schnelle Vergärung bis nahe an den Endvergärungsgrad (Ziel im Ausstoßbier: $\Delta[V_{send} - V_{saus}] \leq 2\,\%$) und damit auch eine zügige Reifung zu erreichen (Ziel: Gesamtdiacetylgehalt < 0,1 mg/L):

- Die Verwendung von zwei verschiedenen Hefestämmen, von denen einer mehr Staubhefe- und der andere mehr Bruchhefecharakter besitzt. Nach getrennter Führung in der Hauptgärphase werden die Jungbiere für die Nachgärung und Reifung im Verhältnis 1 Volumenanteil Staubhefebier zu 1…5 Volumenanteile Bruchhefebier verschnitten;
- Eine klassische Zweibehältertechnologie, bei der nach der Hauptgärung mehrere Chargen in ein Lagergefäß geschlaucht und miteinander verschnitten werden;
- Eine unterschiedliche Schlauchreife der zu verschneidenden Jungbiere fördert die Nachgärung und Reifung. Man unterscheidet zwischen:
  - lauterem Jungbier: $\Delta E_s = 0,8…1,2\,\%$; $c_H = 2…8 \cdot 10^6$ Zellen/mL und
  - grünem Jungbier: $\Delta E_s = 1,4…1,8…(2)\,\%$; $c_H = 10…15 \cdot 10^6$ Zellen/mL;
- Als eine wirksame Methode zur Forcierung der Nachgärung ist das Aufkräusen, besonders bei zu lauter geschlauchten Bieren, anzusehen. Als Kräusenbiere werden angegorene Jungbiere mit einem Vergärungsgrad von $V_s = 20…30\,\%$ und einer Hefekonzentration von $c_H = 50…60 \cdot 10^6$ Zellen/mL angesehen. Die Hefe hat zu diesem Zeitpunkt die Angärzucker verbraucht und ist an Maltose adaptiert. Die Kräusenbiermenge sollte 10…15 % des Volumens des aufzukräusenden Bieres betragen und mit diesem innig vermischt werden;
- Der Einsatz zylindrokonischer Gärtanks mit Flüssigkeitssäulen zwischen 10…25 m beschleunigt nach dem Einsetzen der Gärung den Gär- und Reifungsverlauf. Die durch die Gärung entstehende und sich entbindende CO_2-Menge erzeugt im ZKG einen „turbulenten" Bereich, der zur fast homogenen Verteilung der Hefezellen und damit zum beschleunigten Stoffaustausch bis zum Ende der Gärung führt. Die intensive Gärung,

verbunden mit einem schnellen pH-Wertabfall, fördert die Umwandlung der Vorstufen der vicinalen Diketone in ihre Diketone und ihre weitere Reduktion durch die noch in Schwebe befindliche Resthefemenge. Um die Reifung nicht zu verzögern, wird der Tankinhalt erst nach dem Erreichen eines Gesamtdiacetylgehaltes von < 0,1 mg/L abgekühlt;
- Die Beschleunigung der Reifung nach der Beendigung der Gärung kann durch eine zusätzlich Bewegung des Tankinhaltes gefördert werden, z. B. durch:
  - ein ZKG-System mit externer Kühlung (siehe Beschreibung und Versuche von [112] und [118]);
  - eine Begasung im Konus mit CO_2, z. B. über einen Düsenring;
  - eine plötzliche Druckentlastung des hochgespundeten Tankinhaltes und
  - durch das Umpumpen bei einer Zweibehältertechnologie beim Einsatz von ZKT.

6.5.4 Einfluss der Bewegung des Gärsubstrates

Bei den Maßnahmen zur Beschleunigung der Gärung und Reifung durch eine zunehmende Bewegung, damit verbunden eine bessere Verteilung der Hefezellen und ein besserer Stoffaustausch, sind die folgenden Auswirkungen zu beachten:

Eine zunehmende Bewegung in der Gärphase kann bewirken:
- eine Erhöhung der Hefevermehrung,
- eine Erhöhung der Gärintensität,
- einen verstärkten und schnelleren pH-Wert-Abfall,
- eine Erhöhung der Bitterstoffverluste (besonders bei offenen und drucklosen Gefäßsystemen),
- eine intensivere Eiweißausscheidung,
- eine Verringerung der Schaumhaltbarkeit,
- eine verstärkte Bildung von Jungbierbukettstoffen (Vorstufen der vicinalen Diketone, Acetaldehyd, Schwefelverbindungen),
- eine verstärkte Bildung von Bukettstoffen (Ester und höhere Alkohole, ein ungünstigeres Verhältnis von Estern zu höheren Alkoholen) und
- eine Verringerung der freien Fettsäuren.

Die zunehmende Bewegung in der Reifungsphase kann bewirken:
- eine schnellere und intensivere Nachgärung und eine schnellere Erreichung des Endvergärungsgrades,
- eine Forcierung der Reifungsreaktionen durch die schnellere Umwandlung und den Abbau der Jungbierbukettstoffe,
- eine beschleunigte Verteilung der Hefeexkretionsstoffe im Bier (negativer Qualitätseintrag bei geschädigten und alten Hefezellen, abhängig von der Hefekonzentration) und
- eine erhöhte Gefahr von CO_2-Verlusten, insbesondere bei ZKT, und evtl. ein unerwünschter O_2-Eintrag bei einem nicht vollkommen geschlossenen System (z. B. in Verbindung mit einem Gefäßwechsel).

6.5.5 Beschleunigung der Hefeklärung

Nach dem Abschluss der Gärung ($\Delta E_s < 0,2\ \%$) und Reifung ist im Interesse einer guten Bierqualität eine schnelle Klärung erforderlich, insbesondere eine zügige Hefesedimentation und Abtrennung des Hefesedimentes.

Eine schnelle Hefesedimentation wird gefördert durch:

- eine plötzliche und schnelle Abkühlung des Tankinhaltes über externe Wärmeübertrager bzw. mit Hilfe einer wirkungsvollen Kühlzonenanordnung (möglichst erst nach der Haupternte des Hefesedimentes am Ende der Gärphase anwenden);
- eine schnelle Druckerhöhung am Ende der Gärphase auf Werte von $p_{ü} = 0{,}8\ldots1{,}0$ bar bzw. höher;
- einen Einsatz von Jungbierseparatoren (siehe auch Kapitel 7.3);
- den Einsatz von Klärhilfen (z. B. Buchenholz- oder Biospäne, in Deutschland nicht mehr im Gebrauch);
- Einsatz von Hefen mit deutlichem Bruchhefecharakter.

Nach dem Abschluss der Gärung und Reifung und der Hefeernte erfolgt in den modernen zylindrokonischen Gefäßsystemen eine schnelle Abkühlung des Tankinhaltes zur weiteren Klärung, kolloidalen Stabilisierung und sensorischen Abrundung mit einer anschließenden Kaltlagerung bei $0\ldots-2\ °C$ im Umfang von normal 7 Tagen. Eine schnelle Abkühlung kann beispielsweise realisiert werden mit (s.a. [353]):

- Einem Eintankverfahren mit externem Kühlkreislauf (die Entnahme aus dem ZKT und die Rückführung können umgeschaltet werden, sodass bei der schnellen Abkühlung die Unterschichtung möglich wird),
- Einem Zweitankverfahren mit zwischengeschaltetem Kühler (Abbildung 194).

6.6 Die Hefeernte

6.6.1 Die klassische Hefeernte

Am Ende der Gärung - der gesamte vergärbare Extrakt wurde verwertet - bzw. am Ende der Hauptgärung - der vergärbare Extrakt wurde zu etwa $80\ldots90\ \%$ vergoren - kann die Hefe geerntet werden.

Die untergärige Hefe sedimentiert in diesem Stadium auf dem Boden des Gärbehälters. Diese Sedimentation erfolgt unter dem Einfluss der Schwerkraft, da die Dichte der Hefezellen größer als die des Bieres bzw. des Jungbieres ist. Die Größe der Hefezell-Agglomerate beeinflusst die Sedimentationsgeschwindigkeit (siehe Kapitel 4.2.10), so dass kleinere Hefezellen länger in Schwebe bleiben. Das während der Gärung gebildete CO_2 ist für den Auftrieb der Hefezellen verantwortlich.

Bei der klassischen Gärführung in Gärbottichen kann die Hefe nach dem Schlauchen des Bieres vom Boden des Bottichs gewonnen werden. Mittels einer Hefekrücke wird das Sediment zum Ablaufstutzen gefördert und in größeren Brauereien mit einer Pumpe oder durch Schwerkraftförderung in die Aufbewahrungsgefäße (Hefewannen, Hefebottiche, Hefetanks) geleitet. Dabei kann das Geläger in Nachzeug, Kernhefe und Vorzeug getrennt werden, indem mit der Hefekrücke schichtweise ausgetragen wird. Der Effekt dieser Prozedur ist allerdings umstritten seit bekannt ist [354], dass die Hefevitalität in allen 3 Sedimentschichten gleich und nur der Gehalt an Trubteilchen, toten Zellen etc., also der „Verschmutzungsgrad", unterschiedlich ist.

Vor- und Nachzeug werden im Allgemeinen der Althefe zugeführt, die meist als Futtermittel entsorgt wird. Die Kernhefe wird zum Anstellen benutzt, nicht benötigte Hefe wird ebenfalls entsorgt.

In kleineren Brauereien wird in Hefeeimer ausgeheft, die manuell in die Hefewanne entleert werden müssen, teilweise können auch fahrbare Hefewannen unter den Bottichauslauf gestellt werden.

Erwähnt werden soll, dass der CO_2-bedingte Auftrieb der Hefezellen auch für die Kombination von Hefeernte und Anstellen genutzt werden kann. Nach dem Schlauchen des Bieres wird der Bottich oder Tank mit Würze aufgefüllt und nach ca. 1…2 Stunden kann abgepumpt und ggf. weiter mit Würze verdünnt werden.

6.6.2 Hefeernte aus einem zylindrokonischen Gärtank

In Abhängigkeit von der vorhandenen Anlagentechnik und der betrieblichen Verfahrensführung kann die Hefeernte aus zylindrokonischen Gärtanks in unterschiedlichen Varianten durchgeführt werden, u.a. in folgenden Varianten:

Variante 1: Zweitankverfahren ohne Jungbierseparation
Nach der abgeschlossenen Gärung und Reifung wird der Tankinhalt mit der Hefe in einer Teilabkühlung von der Reifungstemperatur auf 4…8 °C abgekühlt. Vorraussetzung ist eine wirkungsvolle Konuskühlung.
Vorteile:
- Die CO_2-Entbindung und die Turbulenz im Gärtank wird durch die Teilabkühlung deutlich reduziert.
- Die Hefe sedimentiert schneller und vollkommener.
- Der Großteil der Hefe kann ca. 12 Stunden nach Beendigung der Abkühlung geerntet werden.
- Der Stoffwechsel der abgekühlten Hefe wird reduziert.

Nachteile:
- Es besteht die Gefahr eines Temperaturschocks für die Hefe.
- Das Tanksediment ist inhomogen (Temperaturgradient).
- Um die Gefahr einer Hefeautolyse und die Erwärmung der Hefe durch autokatalytische Stoffwechselprozesse (Selbstverdauung) im Tanksediment zu vermeiden, ist eine sofortige und mehrmalige Hefeernte mit einer weiteren Tiefkühlung der zu bevorratenden Hefe erforderlich.

Variante 2: Zweitankverfahren mit Jungbierseparation
Nach Beendigung der Gärung und Reifung wird das Bier mit der Hefe ohne große Abkühlung zur Hefegewinnung separiert (siehe auch Kapitel 6.6.3).

Vorteile:
- Die Hefe wird im Bier keinem Temperaturschock ausgesetzt.
- Die Hefe ist gäraktiv und sofort wieder einsetzbar, siehe auch Ergebnisse von *Quain* et al. [355].
- Ein mehrmaliges Hefeziehen ist nicht mehr erforderlich.

- Die Abtrennung der Hefe erfolgt reproduzierbar in dem technologisch erforderlichen Rahmen
  (Einstellung auf Hefekonzentrationen < 2...5·10^6 Zellen/mL).
- Die separierte Hefe hat eine gleichmäßige Hefekonzentration und ist damit sehr gut beim Wiederanstellen nach Volumen dosierbar.

Nachteile:
- Die Hefe hat eine hohe Anfangstemperatur und erfordert auch für kurze Zwischenlagerzeiten (> 6 Stunden) bis zur nächsten Satzgabe nach der Separation eine sofortige Tiefkühlung.
- Der Stoffwechsel der Hefe ist ungebremst und benötigt dringend Nährstoffe, die im endvergorenem Bier nicht mehr vorhanden sind.
- Die Hefe verbraucht sehr schnell ihre eigenen Reservekohlenhydrate und erwärmt sich sehr schnell bei einer Zwischenlagerung ohne vorherige Tiefkühlung.

Variante 3: Eintankverfahren mit Mantelkühlung

Nach Beendigung der Gärung und Reifung erfolgt zur Vorbereitung der Hefeernte eine Zwischenkühlung auf 4...8 °C und nach der Hefesedimentation ist ein mehrmaliges Hefeziehen erforderlich.
Vor- und Nachteile: wie Variante 1

Variante 4: Eintankverfahren mit einer Tankkühlung mit externem Wärmeübertragerkreislauf

Abkühlung des ausgereiften Tankinhaltes mit der gesamten Hefe auf die Hefelagertemperatur (< 4 °C) oder eine Zwischentemperatur (4...8 °C), Unterbrechung des Umpumpprozesses zur Beschleunigung der Hefesedimentation, Hefeziehen bei gleichzeitiger weiterer Abkühlung des Tankinhaltes nach der Umstellung des Bierkühlerzulaufes vom Konus- zum Ziehstutzen, die sedimentierte Hefe wird nicht mehr umgepumpt.

Vorteile:
- Das Hefesediment hat eine homogene Anfangstemperatur.
- Vorteile sonst wie Variante 1.

Nachteile:
- Da dieser Tanktyp keine Konuskühlung besitzt, ist auch hier eine sofortige und mehrmalige Hefeernte mit einer weiteren Tiefkühlung für die zu bevorratende Hefe erforderlich.
- Es besteht auch hier die Gefahr eines Temperaturschocks für die Hefe, insbesondere bei schon geschädigten Hefesätzen.

Variante 5: Eintankverfahren mit maximaler Tankkühlung mit externem Wärmeübertragerkreislauf

Kühlung wie bei Variante 4 bis zur Zwischentemperatur 4...8 °C, Hefeernte nach Bedarf zum Anstellen oder auch direkt von der Reifungstemperatur aus.
  Danach wird mit der maximalen Wärmeübertragerleistung bei „umgedrehtem" Kreislauf gekühlt. Dazu wird im oberen Teil das Bier entnommen, gekühlt und in den Konus zurückgeleitet (Abbildung 193).

Vorteil: sehr schnelle Abkühlung des ZKT-Inhaltes bei maximal möglichem $\Delta\vartheta$. Die gesamte Resthefe wird mit gekühlt, ohne dass sie umgepumpt werden muss. Weitere Varianten und Zwischenstufen sind möglich.

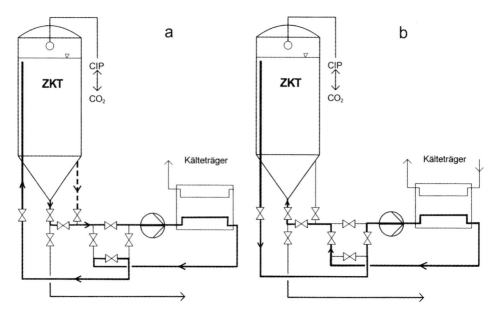

Abbildung 193 ZKT-Kühlung mit externem Plattenwärmeübertragerkreislauf (nach [351])
    a normale Kühlung **b** maximale Kühlleistung

Zur Hefeernte aus ZKT

Bei der Gärung in zylindrokonischen Tanks (ZKT) sammelt sich die Hefe im Konus des Tanks und kann aus diesem geerntet werden. Das ist durch Schwerkraftförderung unter Nutzung des statischen Druckes der überstehenden Biersäule und des überlagerten Spundungsdruckes möglich. Bei Bedarf kann die Förderung durch eine geeignete Pumpe unterstützt werden.

Die Pumpenförderung kann beim Einsatz von Verdrängerpumpen (z. B. Kreiskolben-, Exzenterschnecken- oder Membranpumpen) gleichzeitig zur Begrenzung oder Konstanthaltung des Volumenstromes des Hefeabzuges benutzt werden. Dadurch kann die Hefe also relativ langsam und zeitlich definiert geerntet werden. Die Hefe erhält damit genügend Zeit, im Konus nachzurutschen und die horizontale Grenzfläche Hefe/Bier bleibt erhalten. Erfolgt der Hefeabzug zu schnell, dann ist dieses Nachrutschen nicht mehr möglich und in der Hefe bildet sich ein „Trichter" aus, durch den vor allem Bier abgezogen wird.

Der Volumenstrom der Hefeernte sollte deshalb $\leq$ 10…15 hL/h sein (250-m^3-ZKT) bzw. $\leq$ 20…30 hL/h (500-m^3-ZKT). Bei Bedarf muss die Hefe in Etappen geerntet werden.

Zur Überwachung eines möglichen „Bierdurchbruches" lassen sich vorteilhaft optische Trennsensoren einsetzen.

Die Pumpen für die Heteförderung müssen ein kontaminationsarmes oder -freies Fördern ermöglichen, sie sollen entsprechend den Richtlinien der EHEDG (European Hygienic Equipment Design Group) gefertigt sein (sie müssen auch den Forderungen des US 3-A-Standards 74-00 entsprechen). Gleiches gilt natürlich auch für alle anderen Ausrüstungselemente wie Rohrleitungen, Armaturen, Sensoren usw. (s.a. Kapitel 5.5).

Bei pulsierend fördernden Pumpen können die Schwingungen auf der Saugseite der Pumpe das Nachrutschen der Hefe im Tankkonus fördern.

Das Nachrutschen der Hefe wird durch polierte Werkstoffoberflächen und kleine Konuswinkel erleichtert. Der Konuswinkel beträgt deshalb vorzugsweise 60…70° und sollte 90° nicht übersteigen.

Der Mittenrauwert der Konusoberfläche soll bei $R_a \leq 1,6$ µm liegen, besser noch sind Werte von $R_a \leq 0,8$ µm. Elektrochemisch polierte Oberflächen sind besonders günstig.

Die Hefe ist bei ZKT´s durch den statischen Druck der Biersäule und eventuelle Spundung relativ hoch mit gelöstem CO_2 angereichert. Bei der Hefeernte in einen drucklosen Behälter entgast das CO_2 und bildet einen relativ stabilen Schaum. Diese Volumenzunahme muss also beachtet werden und erfordert Steigraum in den Hefeaufbewahrungsgefäßen. Die Schaumbildung kann vermieden werden, indem die Ernte in gespundete Behälter vorgenommen wird. Nach Abschluss der Hefeernte wird die Hefe entgast, z. B. durch Rühren, Umpumpen und/oder definierte Druckentlastung. Nach der CO_2-Entfernung kann der Behälter entspannt werden.

Prinzipiell kann die Hefe bei langsamer Ernte aus ZKT auch in Vorzeug, Kernhefe und Nachzeug getrennt werden, darauf wird aber aus den o.g. Gründen im Allgemeinen verzichtet (Kapitel 6.6.1).

Bei der Verarbeitung von schlecht gelösten Malzen kann es zu β-Glucanausscheidungen kommen, die sich in den Grenzphasen zwischen Kernhefe und Bier mit Trubbestandteilen anreichern. Hier ist eine differenzierte Abtrennung und Weiterverarbeitung erforderlich.

Für den Zeitpunkt der Hefeernte gilt: so bald als möglich! Die Hefe sollte möglichst bald vom Bier getrennt und abgekühlt werden, um die Exkretion von Zellinhaltsstoffen zu vermeiden und die Assimilation ihrer Reservestoffe im Interesse der Erhaltung ihrer Vitalität zu reduzieren, vor allem dann, wenn der Endvergärungsgrad erreicht ist. Im Extremfall kann die Hefe autolysieren. Daraus ergibt sich die Notwendigkeit der mehrmaligen Hefeernte bei einem ZKT, beginnend bereits gegen Ende der Hauptgärung. Die einzelnen Erntefraktionen können oder sollen gemischt verwendet werden.

Die dickbreiige Erntehefemenge beträgt üblicherweise 2…2,5 L/hL bei einer Anstellhefekonzentration von etwa $15…20 \cdot 10^6$ Zellen/mL Würze, entsprechend einer dickbreiigen Anstellhefemenge von 0,5…0,6 L/hL Würze.

Die Hefe wird bei der klassischen Zweibehältertechnologie zum größten Teil nach der Hauptgärung geerntet, der Rest nach der Reifung/Lagerung als minderwertiges Geläger.

Zur Ernte obergäriger Hefen

Obergärige Hefen bilden in offenen, klassischen Gärgefäßen größere Sprossverbände und steigen durch den Auftrieb der CO_2-Bläschen an die Oberfläche und bilden eine voluminöse Kräusenschicht (Hefetrieb). Hier können sie bei Verwendung von offenen Gärbottichen durch Überschäumen (Hefetrieb) in besondere Auffanggefäße oder durch Abschöpfen geerntet werden.

Beim Einsatz von zylindrokonischen Gärtanks werden durch die Turbulenz während der Gärung die Sprossverbände zerstört und die obergärige Hefe kann wie die untergärige Hefe als Hefesediment geerntet werden. Bei Gärtanks ist es möglich, im Bereich der Kräusendecke/Würzeoberfläche Taschen für den Abzug der Kräusen anzuordnen, in denen sich die Kräusen sammeln und aus denen sie abgeleitet werden können. Bedingung ist die exakte Einhaltung des Füllniveaus.

6.6.3 Die Hefeernte mittels Jungbierseparation

Bei einem Zweitankverfahren kann die Hefe beim „Schlauchen" durch einen Jungbierseparator vor der Kühlung abgetrennt werden und kann sowohl zum direkten Anstellen eingesetzt als auch als Überschusshefe verkauft werden (s.a. Abbildung 194). Vorteilhaft ist bei dieser Variante, dass die Hefe **vor** der Kühlung auf Lagertemperatur **ohne** „Temperaturschock" geerntet werden kann.

Die Gärführung ist bei dieser Variante bis zum Abschluss der Reifung bei quasi konstanter Temperatur möglich.

Als Jungbierseparatoren können hermetische Zentrifugalseparatoren eingesetzt werden (z. B. in der Bauform selbstentleerender Tellerseparator; Variante mit periodischer Trommelöffnung oder quasikontinuierlichem Austrag durch Einsatz von Schälrohren). Bedingung ist, dass eine Sauerstoffaufnahme durch den Separator vermieden wird.

Der Durchsatz sollte so bemessen werden, dass die tägliche Produktionsmenge in $16\ldots \leq 24$ h entheft werden kann. Kürzere Zeiten führen zu unnötigen Energiespitzen bei der Kühlung.

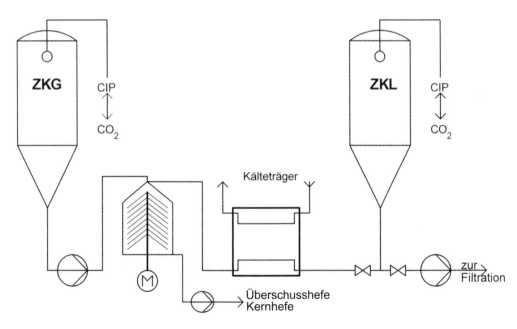

Abbildung 194 Zweitankverfahren mit Jungbierseparation und externem Wärmeübertrager für die Tiefkühlung auf Lagertemperatur

Der Grad der Hefeentfernung kann eingestellt oder mittels eines Sensors geregelt werden. Bei Bedarf kann nach der nahezu vollständigen Enthefung auch eine definierte Hefemenge wieder dosiert werden.

Bei einer eventuellen Zwischenstapelung muss die Hefe auf ≤ 4 °C im Durchlauf gekühlt werden (s.a. Kapitel 6.7.1).

6.7 Die Hefebehandlung

6.7.1 Kühlung der Hefe

In allen Fällen, bei denen die geerntete Hefe nicht direkt wieder zum Anstellen verwendet wird, muss sie gekühlt werden, um die Stoffwechselaktivitäten zu reduzieren. Dazu sind die Aufbewahrungsgefäße, wie Hefewannen oder Hefetanks, mit Mantelkühlflächen ausgerüstet, deren Effizienz durch Rührwerke verbessert wird.

Zum Teil erfolgt die Gelägerkühlung bereits im Gärgefäß, bei den ZKT werden deshalb auch Konuskühlzonen installiert.

Die schnelle Abkühlung der Hefe in Behältern mit Mantelkühlung ohne Rührwerk oder im ZKT-Konus mit aufgesetzten Kühlflächen ist nicht möglich. Die Wärme wird nur durch Wärmeleitung abgeführt, Konvektion ist nicht vorhanden. Die Temperaturdifferenz zwischen Hefe und Kälteträger kann nicht beliebig gesteigert werden, da es zu Eisbildung bzw. Anfrierungen kommt.

Wenn eine schnelle Kühlung der Hefe erfolgen soll, müssen geeignete Wärmeübertrager (WÜ) installiert werden, mit denen die Hefe im Durchlauf gekühlt wird, ggf. im mehrmaligen Umlauf. Geeignet sind beispielsweise Doppelrohr-WÜ, Spiral-WÜ, Platten-WÜ, Wendelrohr-WÜ in CIP-gerechter Ausführung.

Beachtet werden muss, dass die Hefe auf Temperaturschocks mit Exkretion des Zellinhalts reagieren kann. Dieser ist im fertigen Bier unerwünscht. Proteasen und Fettsäuren können z. B. den Schaum und die sensorische Stabilität des Bieres negativ beeinflussen.

6.7.2 Das Sieben der Hefe

Die Hefe kann gleich bei der Ernte oder auch danach gesiebt werden. Verwendet werden dazu Siebvorrichtungen, deren Durchsatz durch eine höherfrequente Bewegung des Siebes, hervorgerufen durch Vibrationsantriebe (Unwuchterreger, magnetische Schwingantriebe), erhöht wird.

Während in der Vergangenheit angenommen wurde, dass der positive Einfluss des Siebens auf die Entfernung von Trubteilchen und Hopfenharzen zurückzuführen ist, wird in neuerer Zeit davon ausgegangen, dass die Entgasung der Hefe (CO_2-Entfernung) - wichtig vor allem bei Hefe aus einem ZKT und aus Druckgärungen - und die Belüftung der Hefe, d.h. die Zufuhr von Sauerstoff, die wichtigen Ergebnisse des Hefesiebens sind.

Eine Verdünnung der Hefe mit Wasser sollte nicht erfolgen; ist eine Verdünnung der Hefe erforderlich, dann sollte Bier oder Würze genommen werden.

Moderne Hefesiebanlagen können für kontaminationsfreies Arbeiten mit einer Sterilbelüftung ausgerüstet sein.

Alternativ zum Hefesieben kann die Hefe auch im Aufbewahrungsgefäß oder in einer Umpumpleitung mit weniger Kontaminationsrisiko und geringerem Aufwand belüftet werden. Die Belüftung einer Anstellhefe sollte immer erst unmittelbar vor dem

Wiederanstellen erfolgen, da die Hefe sonst bei längeren Lagerphasen ihre Reservekohlenhydrate verbraucht und dann sehr schnell autolysiert.

Das Sieben der Hefe wird immer weniger praktiziert, in der Regel nur noch in Kleinbetrieben.

6.7.3 Das Aufziehen der Hefe

Das Aufziehen der Hefe erfolgt als Vorbereitung für das Anstellen der Würze mit Hefe. Ziel ist die Homogenisierung der Anstellhefe bei gleichzeitiger maximaler Belüftung.

In kleineren Brauereien werden mit Muskelkraft im Aufziehapparat Hefe, Würze und Luft innig miteinander gemischt und damit wird dann angestellt.

In mittleren Betrieben wird mittels „Hefebirne" aufgezogen, indem Sterilluft über Sintermetallkerzen, befestigt an einer Lanze oder am Behälterboden installiert, in die vorgelegte Würze und Hefe eingeblasen wird. In vielen Fällen werden statt des Sintermetalls perforierte Rohre benutzt. Anstatt der Hefebirne kann bei größerem Bedarf je Sud auch in den Hefetanks aufgezogen werden.

Auch das Umpumpen des Hefetanks im Kreislauf bei gleichzeitiger Belüftung in der Umpumpleitung ist sinnvoll. Dabei kann die Kreiselpumpe gleichzeitig als Mischer arbeiten, wenn die Luft auf der Saugseite so dosiert wird, dass die Strömung nicht abreißt. Die Verwendung von genau dosiertem Sauerstoff erleichtert diese Arbeitsweise und vermeidet die Schaumbildung weitestgehend.

6.7.4 Das moderne Aufziehen oder „Vitalisieren"

Wie bereits unter Kapitel 6.4.3 angesprochen, wird im modernen Großbetrieb das Aufziehen automatisiert. Die geerntete Hefe wird mit Würze versetzt (Verhältnis 1:1…1:2) und im Kreislauf gepumpt. Dabei wird der Hefesuspension Luft zugesetzt. Ziel ist die Entfernung des CO_2 und die Zufuhr von Sauerstoff.

Wird gekühlte Hefe zum Anstellen genommen, so kann mit der zugesetzten Würze die Temperatur der Suspension auf Anstelltemperatur angehoben werden (Temperaturen und Mengen ergeben sich aus der Mischungsrechnung). Die erforderliche Umpump- bzw. Belüftungszeit muss individuell ermittelt werden.

Das System muss unter Überdruck stehen, wenn die Erntehefe noch nicht entgast wurde. Zur Verminderung des Schäumens ist grundsätzlich ein geringer Überdruck über dem CO_2-Sättigungsdruck vorteilhaft.

Das Entgasen der Hefe und die Zufuhr von Sauerstoff vor dem Anstellen wird auch als „Vitalisierung" bzw. „Oxigenation" bezeichnet (s.a. Abbildung 137 und Abbildung 151; von verschiedenen Herstellern werden spezielle Systeme angeboten, Kapitel 5.4.3.6).

Das Belüften der Hefe muss unmittelbar vor dem Anstellen erfolgen (der Zeitrahmen beträgt 1…2 Stunden), belüftete Hefe sollte **nicht** mehr gelagert werden.
Die aufgezogene Hefesuspension wird anschließend vorzugsweise nach Zellzahl zur Würze dosiert.

6.7.5 Die Hefewäsche

Zur Wäsche wird die Hefe in kaltem Wasser suspendiert und nach einer Sedimentationszeit wird das „Waschwasser" abdekantiert. Durch die Flockulation der Hefe ist eine Phasentrennung im Allgemeinen recht gut möglich.

Als wesentlicher Nachteil einer Wäsche wird gesehen, dass die Hefe, durch die osmotischen Druck- und Konzentrationsunterschiede bedingt, an das Wasser wichtige Zellinhaltsstoffe abgibt und somit geschwächt wird. Ein Ausschwemmen von toten Hefezellen ist im Prinzip nicht möglich, da lebende und tote Zellen keinen Dichteunterschied aufweisen. Dagegen lassen sich Bakterien und Trubteilchen bedingt ausschwemmen, aber auch nur bei gleichzeitiger Schwächung der Hefe.

Die Säurewäsche der Hefe wird als Notmaßnahme zur Verringerung einer Kontamination mit diversen Bakterien gesehen. Eine Ansäuerung der Hefe mit verdünnter Schwefelsäure oder Phosphorsäure (≤ 10 %ig) auf pH-Werte von 2,1…2,5 und eine Einwirkzeit von 2…5 Stunden soll die Kontaminanten abtöten oder stark schwächen. Hefen werden bei den genannten pH-Werten weniger geschädigt als Bakterien (siehe auch Verfahrensvorschlag in [329]). Da eine quantitative Auswaschung der Säure nach der Behandlung nicht erreichbar ist, entspricht dieses im Ausland vielfach angewandte Verfahren nicht dem Deutschen Reinheitsgebot.

In neuerer Zeit werden die möglichen Effekte einer Hefewäsche oder des „Wässerns" in Relation zu den damit verbundenen Nachteilen sehr kritisch gesehen und deshalb auch immer weniger, nach Möglichkeit überhaupt nicht, praktiziert.

6.8 Die Hefelagerung

Die geerntete Hefe muss in vielen Fällen bis zum erneuten Anstellen aufbewahrt werden. Die Zeitdauer reicht von wenigen Stunden bis zu einigen Tagen, beispielsweise über das Wochenende. Ziel der technologischen Konzeption muss es sein, die Aufbewahrungszeiten soweit wie möglich zu minimieren.

Eine Aufbewahrung unter Wasser sollte aus den im Kapitel 6.7.5 genannten Gründen nicht praktiziert werden.

Wenn kurzfristig aufbewahrt werden muss, sollte dies unter Würze oder restextrakthaltigem Bier bei Temperaturen zwischen 1…< 4 °C erfolgen.

Die niedrigen Aufbewahrungstemperaturen sind erforderlich, um den Stoffwechsel der Hefe so weit wie möglich abzusenken und damit die Reservestoffe der Zelle zu erhalten. Die Abkühlung muss so schnell als möglich erfolgen (siehe Kapitel 6.6.1).

Bei längeren Aufbewahrungszeiten, beispielsweise während einer Sudpause, sollte die Hefe mit wenig oder nicht belüfteter Anstellwürze im Verhältnis 1 : 1 vermischt bei 0…2 °C gelagert werden.

Nach neueren Erkenntnissen sollte jede Erntehefe vor einer Aufbewahrungsphase, die länger dauert als 12 h, grundsätzlich auf etwa < 4 °C gekühlt und durch technische Maßnahmen (Druckentlastung, Rühren, Umpumpen) ohne Belüftung entgast werden, um das CO_2 zu entfernen.

Die Abkühlung der Hefe auf Temperaturen < 4 °C sollte immer im Durchflussverfahren vor der Hefeeinlagerung erfolgen. Denn bei einer Abkühlung der Hefe erst in einem mit Kühlmantel ausgerüsteten Hefeaufbewahrungsgefäß bildet sich trotz Umpumpen oder Rühren des Inhaltes (Rühren ist aber immer noch besser als Umpumpen) über längere Zeit ein deutlicher Temperatur- und Konzentrationsgradient aus, der eine Verschlechterung der Hefelebensfähigkeit verursacht (s.a. Ergebnisse von [356]).

Auch die Zwischenlagerung der Überschusshefe vor der Hefebiergewinnung nach den unter Punkt 7 beschriebenen Verfahren sollte bei Temperaturen unter 4 °C und so kurz wie möglich bis zur Weiterverarbeitung erfolgen, um eine Qualitätsschädigung des Endproduktes durch den Hefebierzusatz zu vermeiden (s.a. Kapitel 7.7).

Durch die Lagerung der Hefe kommt es bei steigender Lagertemperatur nach Versuchen von [357] und [358] beschleunigt zur:

- Anreicherung von Zellgiften und damit zur Verringerung der Hefevitalität und Hefeviabilität,
- Anreicherung von Acetaldehyd und daraus gebildetem Ethylacetat,
- Deutlichen Zunahme der mittelkettigen Fettsäuren (C_5 bis C_{12}, insbesondere von Octan- und Decansäuren),
- Erhöhung des FAN-Gehaltes (z. B. bei einer Lagertemperatur von 10 °C bis auf 400 mg FAN/L; dies verursacht bei einer thermischen Behandlung des Hefebieres eine verstärkte Bildung von Streckeraldehyden (2-Furfural und anderen Alterungskomponenten),
- Zunahme der schaumschädigenden Aktivität der Proteinase A (bei Lagertemperaturen von 10 °C erfolgt wieder eine Abnahme der Aktivität, vermutlich durch Selbstverdauung),
- Abnahme der Wasserstoffionenkonzentration mit einem Anstieg des pH-Wertes auf über 6,0 und
- Anreicherung der Hefe mit Calciumoxalat-Kristallen.

6.9 Presshefe

Aus biologischer und technologischer Sicht einwandfreie Überschusshefe kann auch unter Verwendung der ursprünglich für die Backhefeindustrie entwickelten Presstechnik (s. a. Kapitel 7.4) zu Presshefe mit einem Hefetrockensubstanzgehalt von 27…32 % verarbeitet und zum Wiedereinsatz in anderen Brauereien angeboten werden.

Für folgende Anwendungsfälle ist der Einsatz eines mit Erfolg geprüften Brauereihefestammes in Form von Presshefe u.a. sinnvoll:

- In Klein- und Gasthausbrauereien ohne eigene Hefereinzucht;
- Beim Anfahren nach längeren Braupausen auch in größeren Brauereien;
- Beim ersten Anfahren eines neuen Brauereibetriebes;
- Zum Überwinden von mikrobiologischen Havariefällen in allen Betriebsgrößen.

Die Verwendung von Presshefe als Anstellhefe hat im Vergleich zur Flüssighefe bei den aufgeführten Anwendungsfällen in der Brauerei folgende Vorteile:

- 1 kg Presshefe mit einer durchschnittlichen Hefekonzentration von $10…14 \cdot 10^{14}$ Zellen/kg reicht zum Anstellen von 5…6 hL Würze mit einer Hefeanstellkonzentration von ca. $20 \cdot 10^6$ Zellen/mL.
- Die qualitätsgerechte Presshefelagerung bei Temperaturen von $\vartheta \leq 5$ °C kann in Klein- und Gasthausbrauereien sehr gut mit normalen Kühlschränken realisiert werden.
- Die Bevorratung und Lagerfähigkeit der Presshefe ist im Vergleich zur Flüssighefe sowohl im Liefer- als auch im Einsatzbetrieb deutlich einfacher und länger.

Hefemanagement in der Brauerei

- Auf Presshefelieferung eingestellte Versandbrauereien können auf Grund einer normalen Lagerfähigkeit ihrer Presshefe von ca. 21 Tagen bei $\vartheta = < 5\,°C$ eine Vorratswirtschaft betreiben und Lieferwünsche kurzfristig (z. B. per Luftpost) realisieren.
- Die Verwendung von kühlbaren und thermostierten Transportbehältern gewährleistet die Qualitätserhaltung eines Presshefesatzes während des Transportes.
- Die Kosten der Presshefe sind in der Regel günstiger als bei Trockenhefe.

Die Haltbarkeitsdauer der Presshefe ist wie bei der Flüssighefe von der Intensität ihres endogenen Stoffwechsels in der Lagerphase abhängig.

Die Haltbarkeitsdauer einer Presshefe wird verlängert bei:
- Einer Erniedrigung der Lager- und Transporttemperatur von $\vartheta = 10\,°C$ auf $\vartheta \leq 5\,°C$,
- Einer Reduzierung des Wassergehaltes der Presshefe von 72 auf 68 %,
- Einer Erhöhung des Reservekohlenhydratgehaltes der für die Presshefeverarbeitung vorgesehenen Überschusshefe (s. a. Kapitel 4.1.2.3),
- Einer Reduzierung der mit Sauerstoff in Berührung kommenden freien Oberfläche der Presshefepartie (pelletierte Hefe ist schlechter haltbar als „gepfundete" Hefe).

Die Wärmebildung der Hefe wird durch die autokatalytischen Stoffwechselprozesse in der Hefezelle umso größer, je höher die Lagertemperatur ist, s.a. Tabelle 35.
Zur Qualitätserhaltung der Presshefe ist eine geschlossene Kühlkette vom Produzenten bis zum Abnehmer erforderlich.

6.10 Trockenhefe

Aktive Trockenhefen (ATH; instant activ dry yeast; IADY) werden in verschiedenen Gewerken verwendet, z. B. Trockenbackhefe im Bäckereigewerbe und bei der Hausbäckerei, Trockenweinhefen bei der kommerziellen Wein- und Sektherstellung sowie von Hobbywinzern. Konfektionierte Brauereitrockenhefen unterschiedlicher Hefearten werden zurzeit von verschiedenen Anbietern vorwiegend für Hobbybrauer in Kleinpackungen angeboten. Perspektivisch könnte dies auch ein Markt für die zunehmende Zahl von Haus- und Gasthausbrauereien sein.

Vorteile der Trockenhefeapplikation sind bei diesen Anwendern:
- die ständige Verfügbarkeit der Hefe, unabhängig von territorialen Gegebenheiten,
- ein relativ großes Sortenspektrum,
- die reproduzierbare Hefequalität und
- spezielle Aufwendungen für die Pflege der Satzhefe können entfallen.

Nach Untersuchungen von *De Rouck* et al. [359] reduziert der Einsatz von Trockenhefe bei der Biergärung den freien α-Aminostickstoffgehalt im Fertigbier deutlicher als die normale, wieder verwendete Erntehefe. Dadurch soll auch eine Erhöhung der Alterungsstabilität im Fertigbier erreicht werden.

Ein Nachteil sind die deutlich höheren Kosten der Trockenhefe im Vergleich zur eigenen Reinzüchtung.

Hochaktive Trockenhefe

Bei der Trockenbackhefe sind hochaktive Trockenhefen eingeführt. Sie werden vor der Trocknung nach einer speziellen Verfahrensführung so vermehrt, dass sie einen hohen Rohproteingehalt und damit einen geringen Reservekohlenhydratgehalt besitzen [360]. Durch eine Feinstgranulierung der Presshefe (Partikeldurchmesser vor der Trocknung 0,6 mm und durch Schrumpfung nach der Trocknung 0,4 mm) und in Verbindung mit einer effektiven Wirbelschichttrocknung wird der Hefe in weniger als 1 Stunde das Wasser bis auf den lebensnotwendigen Restgehalt von 3,2...6 % entzogen. Sie verbraucht in dieser Zeit nur noch geringe Mengen an Reservekohlenhydraten durch eine endogene Atmung und Gärung. Die Gefahr einer Hefeautolyse wird dadurch trotz eines hohen Rohproteingehaltes vermieden. Diese Hefen sind nach ihrer Rehydration sehr enzymstark und gäraktiv. Eine weitere Voraussetzung dafür ist die Erhaltung ihrer Lebensfähigkeit während des Trocknungsprozesses, bei der Lagerung und vor allem bei ihrer Rehydratisierung.

Wichtig ist, dass möglichst reine, kontaminationsfreie Hefen getrocknet werden. Der Einsatz von infektionsfreier Brauereiüberschusshefe zur Herstellung von vitaler Trockenhefe dürfte ohne eine zusätzliche Vorfermentation und einen mehrstufigen Reinigungs- und Konzentrierungsprozess nicht möglich sein. Die Herstellung dieser Produkte ist nur in darauf spezialisierten Betrieben sinnvoll und wirtschaftlich.

Die Anforderungen an aktive Trockenhefe sind in Tabelle 131 zusammengestellt. Weiterführende Literatur findet sich in [361] und [362].

Der britische Trockenhefehersteller für die Brauindustrie, DCL Yeast [363], gibt für seine Trockenhefen die in Tabelle 132 ausgewiesenen Produktspezifikationen an.

Tabelle 131 Eigenschaften und Anforderungen an aktive Trockenhefe (nach [361])

Äußere Form der Hefepartikel	zylindrisch
Mittlerer Partikeldurchmesser	0,4 mm
Rohproteingehalt (bez. auf HTS)	50...51 %
Wassergehalt	4...6 %
HTS	94...96 %
Aktivitätsverlust bei Lagerung unter Schutzgas	≤ 10 %/a
Verpackung unter Schutzgas	
geringer Aktivitäts- und Substanzverlust bei der Rehydratisierung[1)]	
Dichte ρ	1,80 kg/L
Schüttvolumen	1,4...1,9 L/kg
Wärmeleitfähigkeit λ	0,1 W/(m·K)
Spezifische Wärmekapazität c_p	2600 J/(kg·K)
Temperaturleitfähigkeit $\alpha = \lambda/(\rho \cdot c_p)$	$3 \cdot 10^{-8}$ m²/s

[1)] Bestimmung der relativen Stoffexkretion bei der Rehydratisierung z. B. durch Extinktionsmessung E^{1cm} bei λ = 260 nm

Vorbereitung der Hefe zum Trocknen

Die Hefe wird mechanisch möglichst weitgehend entwässert, zum Beispiel mit einem Precoat-Vakuumdrehfilter auf 32...35 % HTS. Die Entfernung des extrazellulären Wassers wird durch NaCl-Dosierung gefördert (dadurch wird der extrazellulare osmotische Druck erhöht mit der Folge, dass eine Zellverkleinerung durch Abgabe des intrazellularen Wassers eintritt).

Bei der Rehydratisierung der Trockenhefe ist die Erhaltung ihrer Lebensfähigkeit und Vitalität der Hefezelle entscheidend davon abhängig, dass die Zelle genug Zeit hat, ihre Zellmembran wieder zu rekonstituieren, ohne dass zu schnell Wasser aufgenommen wird und lebensnotwendige Zellinhaltsstoffe aus der Zelle ausgeschieden werden. Dazu müssen der Presshefe vor dem Trocknen Schutzstoffe (ca. 1 % bezogen auf die HTS-Menge) zugesetzt werden.

Die Schutzwirkungen dieser Stoffe beruhen auf der Stabilisierung und der Verstärkung der Zellmembran, die eine verlangsamte Wasseraufnahme bei der Rehydratisierung bewirken.

Tabelle 132 Produktspezifikationen für Trockenhefe der Fa. DCL Yeast [361]

Trockensubstanzgehalt	94…96 %
Stickstoffgehalt	5…7 % HTS
P_2O_5 - Gehalt	1…3 % HTS
Mikrobiologische Analyse nach dem Anstellen von 100 g Trockenhefe pro hL Würze:	
Hefekonzentration	ca. $10 \cdot 10^6$ Zellen/mL
Lebende Zellen	$> 6 \cdot 10^6$ Zellen/mL
Pathogene MO: *Salmonellen*	n.n. in 25 g
Staphylococcus aureus	< 0,01 /mL
Bakterienkonzentration, gesamt	< 5 /mL
Coliforme Keime, gesamt	< 0,1 /mL
Essigbakterien	< 1 /mL
Milchsäurebakterien	< 1 /mL
Pediokokken	< 1 /mL
Wilde Hefen	< 1 /mL
Haltbarkeit	24 Monate

Als Schutzstoffe bewähren sich Kombinationen von Lipidemulgatoren (Fettsäureglyceride, gemischte Glyceride aus Fettsäuren und anderen organischen Säuren, Sorbitan-Fettsäureester u.a.) kombiniert mit emulsionsstabilisierenden Dickungsmitteln (Natriumalginat, Methylcellulose, Carragheen). Es sind dazu die gültigen Lebensmittel-Zusatzstoff-Zulassungsverordnungen und die EG-Emulgatorrichtlinie zu beachten. Die Emulgatoren sind zum Teil patentrechtlich geschützt.

Die vom Vakuumfilter anfallende Presshefe wird mit dem Emulgator versetzt, gemischt und mit einem Extruder granuliert (Ø ≤ 0,6 mm). Ziel ist die Schaffung einer möglichst großen Oberfläche für die Trocknung.

Die Trocknung

Das Hefegranulat wird dann in einem Wirbelschichttrockner getrocknet. Die Trocknungslufttemperatur wird so eingestellt, dass die Hefetemperatur (Gutstemperatur) nicht über 35…36 °C ansteigt (siehe auch Abbildung 195).

Die Trocknungsluft muss nahezu vollständig entfeuchtet werden, beispielsweise mit einem Kälte- und Adsorptionstrockner, um der Hefe entsprechend der Sorptions- bzw.

Desorptionsisotherme das Wasser entziehen zu können (s.a. Abbildung 196). Die Trocknungsluft muss eine relative Feuchte von ≤ 5 % haben, entsprechend einem Taupunkt von ≤ 5 °C.
Der Trocknungsvorgang erfolgt vorzugsweise diskontinuierlich.

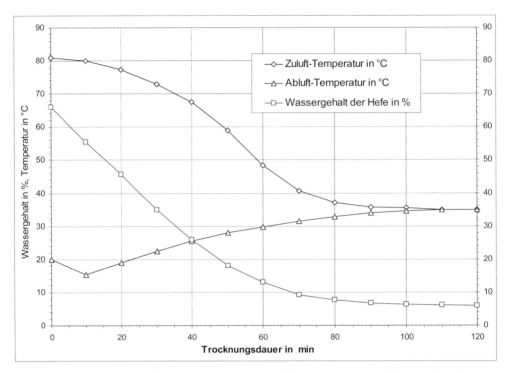

Abbildung 195 Relativer Temperaturverlauf der Hefetrocknung (z.T. nach [358])

Verpackung
Die Trockenhefe muss unter Schutzgas (N_2, CO_2) verpackt werden. Verwendet werden metallisierte (Al)-Verbundfolien aus PE und PET. Diese sind gas- und lichtundurchlässig. Die Lagerung sollte kalt vorgenommen werden.

Rehydratisation
Die Rehydratisation muss so erfolgen, dass die Trockenhefe möglichst wenig Aktivitätsverlust erleidet, der Totzellenanteil soll nur geringfügig steigen.
   Durch die Trocknung der Hefezelle kommt es zur Schädigung ihrer Zellmembransysteme, die in der Anfangsphase der Rehydratisierung zu Verlusten an essentiellen Inhaltsstoffen führt.
   Die Rehydratisierung von Trockenhefe erfolgt bei 35…<40 °C in Leitungswasser in einem Verhältnis von Trockenhefe zu Wasser von 1 : 10 am schnellsten und relativ schonend. Messungen haben ergeben, dass bei der o.g. Temperaturspanne die Stoffausscheidungen der Hefezelle nach ca. 5…10 Minuten beendet sind. In diesem Bereich erhöht sich der Totzellenanteil um ≤ 10 %.

Kommerzielle Trockenhefehersteller setzen vor dem Trocknen der Hefesuspension spezielle Membranschutzstoffe zu (siehe die o.g. Ausführungen). Für die Einhaltung der erforderlichen Dauer der Rehydratisierung sind die Angaben des Trockenhefeherstellers einzuholen, inwieweit diese Zusatzstoffe die Rehydratisierung verzögern. Eigene Versuche ergaben nach ca. 1 Stunde Rehydratisierungszeit bei 35 °C in Leitungswasser unter mehrmaligem Umrühren einen klumpenfreien Hefebrei, der eine sehr gute Gärleistung besaß.

Zu lange Standzeiten der Hefe in Wasser können schnell zu einem Mangel an Nährstoffen für die beginnenden Lebensprozesse der Zellen führen (abhängig vom Glycogengehalt der Hefezellen) und ebenfalls die Hefe schädigen.

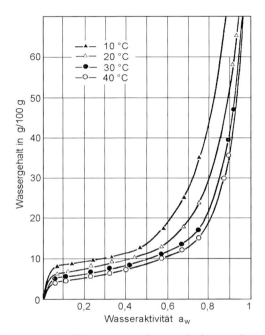

Abbildung 196 Isothermen der Wassersorption und -desorption von Backhefe
(nach [358])

Das zur Rehydratisation verwendete Leitungswasser sollte thermisch sterilisiert, keine chlorhaltigen Produkte enthalten und nicht entmineralisiert sein.

Berechnung der Hefegabe unter Verwendung einer Trockenhefe

Je nach Züchtungsbedingungen kann die Hefezellzahl pro Gramm Hefetrockensubstanz in folgendem Bereich schwanken:
- Schwankungsbereich der Zelltrockenmasse in Abhängigkeit von Züchtung: $(2…4) \cdot 10^{-11}$ g HTS/Zelle

Liegen keine konkreten Angaben der Trockenhefelieferanten vor, kann erfahrungsgemäß mit folgenden Richtwerten gerechnet werden, um eine zu geringe Hefegabe zu vermeiden:
- Durchschnittliche Zellzahl pro 1 g Hefetrockensubstanz (HTS); $3{,}7 \cdot 10^{10}$ Zellen/g HTS;
- Durchschnittlicher Trockensubstanzgehalt einer aktiven Trockenhefe 94 %;

Die Hefe in der Brauerei

- Durchschnittlicher Totzellenanteil einer schonend getrockneten Trockenhefe;: 40 %.

Rechenbeispiel
Wie viele Gramm Trockenhefe pro 1 hL Würze müssen zugesetzt werden, wenn unter Beachtung der vorher genannten Durchschnittswerte eine Anstellhefekonzentration von $20 \cdot 10^6$ lebenden Zellen/mL Würze (= ca. 0,66 L dickbreiige Hefe/hL Würze) bei einer untergärigen Hefe erreicht werden soll?

$$1 \text{ g Trockenhefe enthält } 0{,}94 \text{ g HTS.}$$

Die lebende Hefemenge in 1 g Trockenhefe beträgt damit:

Nach dem Durchschnittswert $3{,}7 \cdot 10^{10}$ Zellen/g HTS:

$$\frac{3{,}7 \cdot 10^{10} \text{ Zellen}}{1 \text{ g HTS}} \cdot \frac{0{,}94 \text{ g HTS}}{1 \text{ g Trockenhefe}} \cdot \frac{(100-40)\%}{100\%} =$$

$2{,}087 \cdot 10^{10}$ lebende Zellen/g Trockenhefe ≈ $2{,}1 \cdot 10^{10}$ Zellen/g

Nach dem kleinsten Wert $2 \cdot 10^{-11}$ g HTS/Zelle:

$$\frac{1 \text{ Zelle}}{2 \cdot 10^{-11} \text{ g HTS}} \cdot \frac{0{,}94 \text{ g HTS}}{1 \text{ g Trockenhefe}} \cdot \frac{(100-40)\%}{100\%} =$$

$0{,}282 \cdot 10^{11}$ lebende Zellen/g Trockenhefe ≈ $2{,}8 \cdot 10^{10}$ Zellen/g

Nach dem oberen Wert $4 \cdot 10^{-11}$ g HTS/Zelle:

$$\frac{1 \text{ Zelle}}{4 \cdot 10^{-11} \text{ g HTS}} \cdot \frac{0{,}94 \text{ g HTS}}{1 \text{ g Trockenhefe}} \cdot \frac{(100-40)\%}{100\%} =$$

$0{,}141 \cdot 10^{11}$ lebende Zellen/g Trockenhefe ≈ $1{,}4 \cdot 10^{10}$ Zellen/g

Um $20 \cdot 10^6$ Zellen/mL Würze zu dosieren, sind folgende Trockenhefemenge in Gramm für 1 hL Würze erforderlich:

Variante mit dem Durchschnittswert:

$$\frac{20 \cdot 10^6 \text{ Zellen}}{\text{mL Würze}} \cdot \frac{10^5 \text{ mL Würze}}{\text{hL Würze}} \cdot \frac{\text{g Trockenhefe}}{2{,}1 \cdot 10^{10} \text{ lebende Zellen}} = 95{,}2$$

≈ 95 g Trockenhefe/hL Würze

Variante mit dem kleinsten Wert:

$$\frac{20 \cdot 10^6 \text{ Zellen}}{\text{mL Würze}} \cdot \frac{10^5 \text{ mL Würze}}{\text{hL Würze}} \cdot \frac{\text{g Trockenhefe}}{2{,}8 \cdot 10^{10} \text{ lebende Zellen}} = 71{,}4$$

≈ 71 g Trockenhefe/hL Würze

Variante mit dem oberen Wert:

$$\frac{20 \cdot 10^6 \text{ Zellen}}{\text{mL Würze}} \cdot \frac{10^5 \text{ mL Würze}}{\text{hL Würze}} \cdot \frac{\text{g Trockenhefe}}{1{,}4 \cdot 10^{10} \text{ lebende Zellen}} = 142{,}9$$

≈ 143 g Trockenhefe/hL Würze

Unter Berücksichtigung des Durchschnittswertes sollten damit 95 g Trockenhefe je 1 hL Anstellwürze eingesetzt werden.

Hinweis: Bei obergärigen Hefen und einer warmen Gärführung (> 10 °C) reicht im Normalfall eine Anstellhefekonzentration von $c_H = (8\ldots10) \cdot 10^6$ Zellen/mL (≈ 0,3 L dickbreiige Hefe/hL)!

Gärungsqualität aktiver Trockenhefe (ADY, activ dry yeast)
Es ist zu beachten, dass auch nach korrekter Rehydration aktive Trockenhefen nicht in derselben Weise wie bereits schon mehrfach angestellte Erntehefen vergären.
   Erst nach dem ersten Anstellen beginnt diese Hefe ihre typischen Stammcharakteristika auszubilden. Die phenotypischen und genetischen Eigenschaften der ADY bleiben während des Gesamtprozesses stabil. Aktive Trockenhefe kann nach [364] mehrfach benutzt werden, ohne negative Auswirkungen auf den Gärverlauf, die phenotypischen und genetischen Eigenschaften und die Stabilität der Endproduktqualität.

6.11 Einige Empfehlungen für das Hefemanagement beim High-gravity-brewing

Unter Punkt 4.2.9 wurde bereits auf die Auswirkungen höher konzentrierter Würzen (St >12 %) auf den osmotischen Druck in den Hefezellen hingewiesen. Steigende Würze- und damit steigende Alkoholkonzentrationen:
- erhöhen den osmotischen Druck in den Hefezellen und erhöhen die Gefahr der Schockexkretion dieses Hefesatzes beim Wiederanstellen,
- erhöhen die Gefahr der Ausschüttung von Proteinase A aus der Hefezelle und schädigen damit Schaumhaltbarkeit und
- führen zur Vergrößerung der Zellvakuolen und erhöhen damit die Gefahr, dass sie platzen und dadurch die Autolyse und den Zelltod verursachen.

Bei einem geringen Anteil an Starkbiererntehefen im Betrieb sollte man diese Erntehefen verwerfen und nicht wieder zum Anstellen verwenden. Bei einem sehr hohen Anteil von High-gravity-Bieren in einem Betrieb sind u.a. folgende Empfehlungen für das Hefemanagement auf ihre Anwendung zu überprüfen:
- Die Hefereinzucht und die separate Hefepropagation sollten grundsätzlich nur mit Vollbierwürzen durchgeführt werden.
- Bei einem hohen Anteil an High-gravity-Bieren sollten die Anstellwürzen möglichst eine Stammwürze von St ≤ 16 % nicht überschreiten.
- Beträgt der Totzellenanteil der Erntehefe >10 %, so ist die Erntehefe zu verwerfen.

- Besitzen die Erntehefen einen Totzellenanteil zwischen 5...10 %, sollte diese Erntehefen nur noch ein- bis zweimal verwendet werden.
- Um den technologischen Aufwand für die Hefevermehrung (Reinzucht und Propagation) beim High-gravity-brewing in Grenzen zu halten, ist auch ein Anstellen mit Kräusen (Vs = 20...30 %, $c_H > 40...50 \cdot 10^6$ Zellen/mL) und einem anschließenden Drauflassverfahren praktikabel.
- Eine Teilhefeernte aus dem ZKT am Ende der Hauptgärung kann auch beim High-gravity-Bier noch eine hochvitale Anstellhefe liefern.
- High-gravity-Biere sollten im Interesse der Erhaltung der Schaumhaltbarkeit grundsätzlich thermisch haltbar (HKE oder Tunnelpasteurisation) gemacht werden.
- Die Erntehefen sollten nie unter Wasser aufbewahrt werden.
- Es sollte in Verbindung mit wissenschaftlichen Einrichtungen nach osmophileren Brauereihefestämmen gesucht werden.

7. Hefebiergewinnung und Verwertungsmöglichkeiten von Hefebier und Überschusshefe

Die jährlich anfallende Überschusshefe beträgt etwa 2...3 % des Gesamtbierausstoßes, ihre Verwertung ist deshalb wirtschaftlich nicht zu ignorieren!

7.1 Die Hefebiergewinnung

Die geerntete Hefe enthält je nach Erntezeitpunkt unterschiedliche Biermengen. Soweit die Erntehefe wieder zum Anstellen genutzt wird, ist dieses Bier nicht verloren.

Von der ausgesonderten Hefe sollte jedoch das Hefebier vor der Abgabe als Überschusshefe abgetrennt und betrieblich aufgearbeitet werden. Bedingung dafür ist, die Überschusshefe möglichst sauerstofffrei bzw. -arm zu erfassen und das Hefebier zu gewinnen sowie diese Gewinnung aus der frisch geernteten Abfallhefe möglichst ohne lange Zwischenlagerzeit zu realisieren. Die folgenden Möglichkeiten der Hefebiergewinnung bestehen:
- Die Trennung durch Sedimentation;
- Die Trennung durch Zentrifugal-Separation mittels Tellerseparators oder Dekanters;
- Die Trennung mittels Filterpresse;
- Die Trennung durch Membrantrennprozesse.

Die Hefebiergewinnung aus Erntehefe ist relativ unproblematisch, aus klassischer Gelägerhefe ist sie schwieriger und das daraus gewonnene Gelägerbier auch von minderer Qualität. Eine Hefebiergewinnung aus klassischer Gelägerhefe kann deshalb aus qualitativen Gründen grundsätzlich nicht empfohlen werden.

Kunst et al. [365] berichteten über die Hefebiergewinnung mittels Dekanter mit nachgeschaltetem Zentrifugalseparator und KZE-Anlage. Bei dieser Variante wird auch aus Gelägerhefe Hefebier gewonnen, das sich ohne erkennbare Probleme weiterverarbeiten lässt.

7.2 Sedimentation

Im einfachsten Fall wird die kalte Hefe-Bier-Suspension durch den Einfluss der Schwerkraft getrennt, also durch Sedimentation. Im Hefebehälter trennen sich die Phasen, dieser Prozess ist nach 2...3 Tagen abgeschlossen und das überstehende Bier kann oberschichtig abgezogen werden, z. B. durch seitliche Anstiche oder es wird abgehebert. Der erzielbare Hefe-Trockensubstanz-Gehalt (HTS) ist u.a. vom Trubgehalt abhängig und kann nicht genau vorausgesagt werden.
Es lassen sich etwa 12...15 % HTS erreichen.

Da in der Regel die Hefe möglichst dickbreiig geerntet wird, sind die Möglichkeiten der Hefebiergewinnung durch Sedimentation stark eingeschränkt.

Das Sedimentationsverfahren zur Hefebiergewinnung lohnt sich nur bei dünnflüssigen Erntehefen (Erntehefen mit einem hohen Bieranteil). Das sind Hefesuspensionen mit einem Feststoffvolumenanteil von $\alpha < 0{,}3$ m³/m³ ($\hat{=}$ HTS-Gehalt < 10...11 %).

Ab einem Feststoffvolumenanteil von α > 0,7…8 m³/m³ sedimentieren die Hefezellen nicht mehr in technologisch relevanten Zeiten (weitere Aussagen dazu siehe Kapitel 4.2.10 und Kapitel 4.2.11).

Die Restbiergewinnung durch Sedimentation ist nur dann sinnvoll, wenn die HTS-Konzentration in der Erntehefe gering ist, also bei relativ dünner Hefesuspension. Die Sedimentation erfordert zweckmäßigerweise:

- ≥ 2 Behälter, die abwechselnd genutzt werden;
- Behälter mit einem Verhältnis h/d ≥ 2;
- Die Möglichkeit des oberschichtigen Abzuges des Restbieres;
- Eine entsprechende Austragvorrichtung für die Hefe, beispielsweise mittels Dickstoffpumpe. Der Auslaufkonus muss an die Förderaufgabe angepasst sein.
Es sollte grundsätzlich anaerob gearbeitet werden.

7.3 Separation

Bei der Separation wird durch die Zentrifugalkraft die Trennung gegenüber der Sedimentation beschleunigt. Mittels Dekanters wird die Suspension in eine feste Phase mit etwa 24…28 % HTS und in das Hefebier getrennt. Mit modernen Zentrifugal-Separatoren lassen sich HTS-Gehalte von 24…26 % erreichen [366].

Für die Funktion der Hefeabtrennung mit einem Tellerseparator ist eine relativ konstante Zellkonzentration im Zulauf wichtig (z. B. 30…40 Vol.-% entsprechend α = 0,3…0,4 m³/m³). Erreicht wird das durch Homogenisieren und Einsatz eines Puffertanks sowie ggf. Beimischung von abgetrenntem Hefebier.

Zur Verbesserung der Separatorenfunktion kann es sinnvoll sein, die Hefe mit entgastem und möglichst kaltem Wasser zu verdünnen, dann zu separieren und das abgetrennte Hefebier/Wassergemisch über einen Zirkulationstank im Kreislauf zum erneuten Verdünnen zu nutzen. Die abgetrennte Hefe wird entsorgt. Das Hefebier/Wassergemisch kann am Ende bei verringertem Durchsatz des Separators von den letzten Heferesten getrennt werden.

Klassische Gelägerhefe kann nur nach Verdünnung separiert werden. Dabei können eventuell dosierte Stabilisierungsmittel stören.

7.3.1 Einsatz von Tellerseparatoren für die Hefebiergewinnung

Die Separatorentrommel wird zentral mit der Hefesuspension beschickt. Nach Beschleunigung auf Trommeldrehzahl werden die Hefe und Teile der partikulären Biertrubstoffe an den Tellern abgeschieden und gleiten in den Schlammraum. Der Austrag der abgetrennten Hefe kann periodisch durch kurzzeitiges Öffnen der Trommel erfolgen oder kontinuierlich durch Düsen an der Trommelperipherie.

Wichtige Parameter des Separators sind die gleichmäßige Verteilung der zugeführten Hefesuspension und ein schnelles, präzises Feststoffentleerungssystem zum Erreichen einer maximalen HTS- und Bierausbeute.

Über die Trübung des auslaufenden Bieres und/oder über ein herstellerabhängiges Schlammraumabtastsystem wird der Schlammraum periodisch bei kontinuierlichem Zulauf entleert. Für einen einwandfreien Ablauf des Verfahrens sollte die Konzentration der zulaufenden Hefe 40 Vol.-%, entsprechend etwa 10 % HTS, nicht überschreiten. Deshalb wird zum Teil auf die Verdünnung des Zulaufs mit Bier oder entgastem Wasser zurückgegriffen, s.o.

Hefebiergewinnung und Verwertungsmöglichkeiten

In der Literatur werden nachfolgende Daten für Tellerseparatoren angegeben:
- Bis zu 90 % Ausbeute, bezogen auf die in der Hefe enthaltene Biermenge;
- 18…21 bis 24…26 % HTS je nach Maschinentyp;
- $\leq 0{,}5 \cdot 10^6$ Hefezellen/mL im ablaufenden Bier;
- Durchsatz je Einheit bis 40 hL/h bei 10 % HTS-Zulaufkonzentration.

Im Testbetrieb wurden mit einem Düsenseparator mit Schälrohren bei Einlaufkonzentrationen von 8…12 % HTS Auslaufkonzentrationen von 15,5…21 % HTS bei einem Durchsatz von 25…75 hL/h erreicht (Leistungsaufnahme des Separators 45 kW). Die Hefezellzahl lag bei $< 10^5$ Zellen/mL im separierten Bier [367].

Der Hersteller GEA Westfalia gibt für die Düsenseparatoren HFC 15 einen Durchsatz von etwa 10 hL/h und für den Typ HFE 45 etwa 30 hL/h an [368].

7.3.2 Einsatz eines Dekanters zur Hefebiergewinnung

Im Gegensatz zu Separatoren werden die an der Trommelwand der horizontal rotierenden Trommel abgeschiedenen Feststoffe kontinuierlich mittels einer „Schnecke" (korrekt ist es eine Schraube) ausgetragen. Als Vorteil kann angeführt werden, das Dekanter eine deutliche höhere Feststoffkonzentration im Zulauf vertragen (bis zu 70 Vol.-%), so dass eine Verdünnung unnötig ist. Dafür ist die Klärung, besonders bei proteinreichen Suspensionen, aber als schlechter anzusehen. Klassische Dekanter hatten eine hohe Sauerstoffaufnahme, die bei modernen Ausführungen jedoch konstruktiv beseitigt wurde. Moderne Hefedekanter sind CIP-fähig und für größere Durchsätze geeignet. Nachfolgend werden 2 Beispiele genannt.

Westfalia Brauereidekanter GCB 506

Durch eine automatische Anpassung der Schneckendrehzahl und des Flüssigkeitsstandes in der Trommel kann auf Zulaufkonzentrationen zwischen 0…70 Vol.-% ohne Handeingriff reagiert werden. Bei dickbreiiger Kernhefe von 70 Vol.-% beträgt der Durchsatz 25 hL/h, bei dünnflüssigem Geläger bis zu 40 hL/h.

Die Auslaufhefezellzahl, d.h. die Hefekonzentration im gewonnenen Hefebier liegt bei $\leq 1 \cdot 10^6$ Zellen/mL, die HTS liegt im Bereich von > 25 %.

Als Vorteile können der Null-Mann-Betrieb und die große Flexibilität bei Zulaufschwankungen (keine Homogenisierung nötig, Verwendung von Standardtanks als Hefepuffertanks) angeführt werden.

Sedicanter® der Fa. Flottweg

Der Sedicanter® ist mit einer gegenüber dem normalen Dekanter geänderten Trommelgeometrie ausgestattet (s.a. Abbildung 197).

Der Sedicanter erreicht ein Beschleunigungsvielfaches von etwa $6.500…10.000 \cdot g$. Der Energiebedarf wird mit etwa 0,7…1 kWh/ hL-Hefesuspension angegeben.

Der Hefesuspensions-Durchsatz kann im Bereich 6…40 hL/h liegen. Die Hefe wird mit $24…\leq 28$ % HTS ausgetragen [369]. Die Zulaufkonzentration kann 8…16 % HTS ($\widehat{=}$ 30…70 Vol.-%) betragen.
Die Vorteile des Sedicanters werden u.a. mit geringerem Energiebedarf, geringeren Investitions- und Betriebskosten, der Entbehrlichkeit der Kühlung, geringeren R/D-Zeiten und geringer O_2-Aufnahme ($\leq 0{,}05$ ppm/L) beschrieben.

7.3.3 Einsatz von Klärseparatoren vor der Filtration

In verschiedenen Betrieben wurde gefunden, dass die Filtrierbarkeit des Bieres durch eine Vorklärung mittels eines Zentrifugal-Separators zum Teil deutlich verbessert werden kann. Vor allem zu hohe Hefegehalte, aber auch ein Teil der während der Gärung, Reifung und Lagerung ausgeschiedenen Feststoffe lassen sich entfernen. Damit lassen sich die zu erzielenden Filtratmengen erhöhen und der spezifische Filterhilfsmittelverbrauch lässt sich reduzieren.

Trübungsspitzen im Unfiltrat müssen durch einen Puffertank und eine automatische Umschaltung auf Kreislauf verhindert werden.

Die abgetrennten Feststoffe können direkt dem Verkaufshefebehälter zugeführt werden.

Prinzipiell ist es möglich, die Hefebier-/Gelägerbiergewinnung mit der Vorklärung des Unfiltrates mittels eines Separators zu kombinieren. Dazu wird dem Unfiltrat die sauerstofffreie Hefesuspension vor dem Separator zudosiert, möglichst vor dem stets anzustrebenden Puffertank, der auch „Hefestöße" kompensieren soll, s.a. Abbildung 198. Grundsätzlich ist diese Variante nur anwendbar bei:

- einer sauerstofffreien Hefesuspension,
- absolut frischen, nicht zwischengelagerten, gesunden Erntehefen, mit einem Totzellenanteil < 5 % (besser < 2 %) oder bei
- einer generellen Hochkurzzeiterhitzung der gesamten filtrierten Biercharge vor der Abfüllung.

Hefebiere aus gelagerten oder geschädigten Erntehefen (Totzellenanteile > 5 %) sollten grundsätzlich zur Inaktivierung der Proteinase A der Hefe thermisch behandelt werden (siehe Vorschläge in Kapitel 7.7).

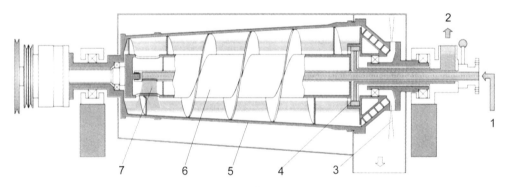

Abbildung 197 Trommel eines Sedicanters®, schematisch (nach Fa. Flottweg)
　　　　　　　1 Zulauf Unfiltrat **2** Austrag Hefebier (unter Druck) **3** Austrag Hefe
　　　　　　　4 Schälscheibe **5** Trommel **6** Förderschraube („Schnecke", sie wird mit einer Differenzdrehzahl zur Trommel betrieben **7** Eintritt Unfiltrat

7.3.4 Förderung der mittels Separators/Dekanters abgetrennten Hefe

Die abgetrennte Hefe muss mit Wasser auf etwa 12…15 % HTS rückverdünnt werden, um sie pumpfähig zu machen. Vorzugsweise werden Verdrängerpumpen (Einspindelpumpen, Zahnradpumpen, Kreiskolbenpumpen) zur Förderung der Hefesuspensionen eingesetzt. Der Förderweg muss CIP-fähig gestaltet werden.

Hefebiergewinnung und Verwertungsmöglichkeiten

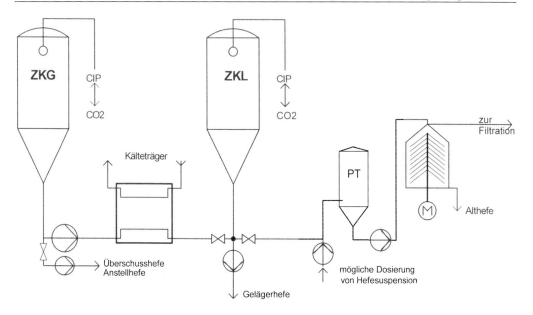

Abbildung 198 Nutzung eines Vorklär-Separators vor der Filteranlage zur Hefebiergewinnung aus einer Hefesuspension, PT Puffertank

7.3.5 Der Einsatz von Jungbier-Separatoren

ZKT, die mit einem Anstich am oberen Ende des Konus ausgerüstet sind (Abbildung 199), können aus diesem Anstich („Ziehstutzen") entleert werden. Das Geläger kann während der Entleerung synchron vor der Klärseparation dosiert werden, sodass eine separate Restbiergewinnung entfallen kann.

In gleicher Weise können auch Jungbier-Separatoren für die Hefebiergewinnung genutzt werden, indem ihnen eine frisch geerntete Hefesuspension zudosiert wird. Soll die abgetrennte Hefe wieder als Anstellhefe eingesetzt werden, muss die zugeführte Hefesuspension natürlich auch die Eigenschaften einer Anstellhefe besitzen.

Die Vorteile des Einsatzes der Separatoren für die Jungbier-Klärung bzw. die Vorklärung des Bieres können also mit der Wirtschaftlichkeit der Restbiergewinnung kombiniert werden. Die Restbiergewinnung ist damit ohne zusätzliche Installationen möglich.

Die Hefe in der Brauerei

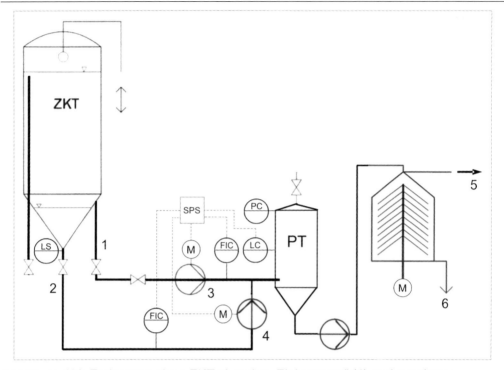

Abbildung 199 Entleerung eines ZKT über den „Ziehstutzen" (1) und synchrone Dosierung des Gelägers (2) vor dem Klär-Separator, PT Puffertank
1 Bier vom Ziehstutzen **2** Geläger **3** Bierpumpe **4** Hefe-Dosierpumpe **5** Bier zur Filteranlage **6** (Abfall-)Hefe

7.4 Hefepresse

Die Hefebiergewinnung kann mittels Kammerfilterpresse, Membran-Filterpresse oder Siebband-Filterpresse erfolgen. Die Pressen lassen sich bei Bedarf unter CO_2-Schutzgas betreiben, so dass das Hefebier keinen Sauerstoff aufnehmen kann. Der Hefefilterkuchen kann bei Bedarf mit Wasser zusätzlich ausgewaschen werden.

Die Siebband-Filterpresse (System *Grau*) und bedingt die Membran-Filterpresse sind für das CIP-Verfahren einrichtbar.

Die in der Backhefe-Industrie eingesetzten Vakuum-Trommelfilter sind für die Hefebiergewinnung nicht nutzbar, Druck-Trommelfilter nur bedingt.

Die Hefe lässt sich bis auf etwa 28...34 % HTS konzentrieren (die Konsistenz ist etwa der von Backhefe H_{27} vergleichbar), so dass die abgetrennte Hefe ggf. mit Wasser rückverdünnt werden muss, um sie pumpfähig zu machen.

Alternativ kann die abgepresste Hefe auch mechanisch gefördert werden bzw. kann mit nachgeschalteten Formmaschinen (Schneckenpresse, Extruder) mikrobiologisch einwandfreie Überschusshefe in keimfreie Gefäße oder Packungsmittel wie in der Backhefeindustrie verpackt und an andere Brauereien in Form von Presshefe zum Wiederanstellen versendet werden (siehe auch Kapitel 6.9).

Hefepressen sind relativ kostenintensiv (Investitions- und Betriebskosten) und die Anlagen lassen sich nur mit großem Aufwand automatisieren.

Der Aufwand für die Gewinnung qualitativ guten Hefebieres ist groß. Deshalb gilt diese Form der Hefebiergewinnung als veraltet.

7.5 Membran-Trennverfahren

Zur Trennung der Hefesuspensionen wird zurzeit vor allem die Membrantrenntechnik in Form der Crossflow-Mikrofiltration mittels keramischer Membranen genutzt.

Ein weiteres Crossflow-Mikrofiltrationssystem mit Membranen wurde von der Fa. Alfa Laval entwickelt (s.a. Kapitel 7.5.2).

Die in der Vergangenheit teilweise benutzte dynamische Vibrations-Mikrofiltration System *PallSep VMF* ([370], [371]) wird nicht mehr angewandt.

Zu weiteren Hinweisen zu Membran-Trennverfahren wird auf die Fachliteratur verwiesen [1], [2].

7.5.1 Crossflow-Mikrofiltration

Bei dieser Variante wird die Hefe-Bier-Suspension durch Membranfilter getrennt. Verwendet werden vor allem asymmetrische keramische Membranen in Rohrmodul-Bauweise, die in Crossflow-Technik (Synonym: Tangentialflussfiltration) betrieben werden, s.a. Abbildung 201.

Die Crossflow-Mikrofiltration wird etwa seit 1988/90 in der Brauereipraxis eingesetzt. Berichte zur Hefebiergewinnung mit Crossflow-Mikrofiltrationsanlagen finden sich u.a. in [372], [373], [374] und [375].

In Abbildung 206 sind keramische Membranmodule dargestellt. Membranmodule werden in der Regel aus Elementen mit sechseckigem Querschnitt gefertigt (s.a Abbildung 200 und Abbildung 202). Die Daten der Membranmodule sind in Tabelle 133 zusammengestellt.

Die asymmetrische Membran besitzt einen porösen Träger (die Porenweite liegt im Bereich von 10…20 µm), auf den die eigentliche dünne Membranschicht (Dicke etwa 50 µm) aufgebracht wird. Diese Membranschicht kann mit einer Porenweite im Bereich von 0,02…5 µm hergestellt werden. Für die Hefebiergewinnung werden meist Porenweiten von 0,2…0,45 µm eingesetzt (die Porenweite ist der Durchschnittswert der Porenweiten-Verteilung).

Keramische Membranen sind stabiler als Polymermembranen; nach [376] werden asymmetrische keramische Membranen in der Praxis für die Hefebiergewinnung bei korrekter Bedienung bis dato ohne Ausfälle, d.h. seit über 14 Jahren, betrieben.

Der Crossflow-Effekt wird durch die tangentiale Anströmung der Membranoberfläche erzielt. Die dafür erforderlichen hohen Fließgeschwindigkeiten bedingen in den rohrförmigen Membrankanälen relativ hohe Druckverluste. Die liegen im Bereich von 0,3…1,8 bar/(1 m Membranmodullänge) in Abhängigkeit von der Viskosität bei einer Fließgeschwindigkeit von 1…5 m/s. Bei der Bierrückgewinnung wird nur mit ≤ 3 m/s umgewälzt. Den Zusammenhang zwischen Modullänge, Fließgeschwindigkeit und Druckverlust zeigt Abbildung 207.

Der Permeatfluss nimmt als Funktion der Zeit durch Verlegung der Poren exponentiell ab. Er kann durch zyklische Rückspülung der Membranen mit Permeat oder (nach Produktverdrängung) mit entgastem Wasser wesentlich gesteigert werden, so dass sich die Zeiten bis zur Reinigung deutlich verlängern (Abbildung 208).

Der Energieeintrag der eingesetzten Pumpen ist infolge der geringen hydraulischen Wirkungsgrade relativ groß. Deshalb muss die zirkulierende Hefesuspension ständig gekühlt werden (s.a. Abbildung 203).

Die Suspension wird im Kreislauf mit hoher Fließgeschwindigkeit durch die Kanäle gefördert, das Hefebier tritt durch den Membrankörper hindurch und wird abgeleitet. Auch bei diesem System kann bzw. muss mit entgastem Verdünnungswasser gearbeitet werden. Die Hefe kann je nach angewandtem Verfahren nur bis auf etwa 17…20 % HTS konzentriert werden.

Das Membran-Trennverfahren kann sauerstofffrei betrieben werden und ist automatisierbar.

Tabelle 133 Eigenschaften von Crossflow-Membranmodulen für die Hefebiergewinnung, (nach Angaben verschiedener Hersteller)

	nach Fa. Pall	nach Fa. Filtrox
Werkstoff	$\alpha\text{-}Al_2O_3$	
mittl. Porendurchmesser der Membranschicht	0,8 µm	0,9 µm
Modullänge	1020 mm	
Kanaldurchmesser	6 mm	8 mm
Anzahl der Kanäle/Element	19	7
Membranfläche/Element bei 6 mm Ø:	0,36 m²	
Anzahl der Elemente/Modul bei 6 mm Ø:	22 $\cong$ 13,0 m²	bei 8 mm Ø: 9,1 m²
Ø - Fließgeschwindigkeit in den Kanälen	1,5…2 m/s	3…$\leq$ 5 m/s
max. HTS-Gehalt	< 20 %	< 20 %
Ø - Permeatdurchsatz (abhängig von HTS-Gehalt des Unfiltrats)	17…20 L/(m²·h)	15…25 L/(m²·h)

Die Crossflow-Filtration für die Hefebiergewinnung kann prinzipiell in folgenden Varianten betrieben werden als:
- Kontinuierlicher Prozess (s.a. Abbildung 203);
- Halbkontinuierlicher Prozess (s.a. Abbildung 204);
- Batchprozess (diskontinuierlich; s.a. Abbildung 205).

Der Batchprozess ist vor allem für kleinere Anlagen geeignet. Nach [377] werden Batch-Anlagen mit 8,6 m², 15,8 m² und 23,7 m² Filtrationsfläche als anschlussfertige automatisierte Anlagen gefertigt.

Reinigung von Membranfiltern
Die Reinigung der Membranfilter erfolgt automatisiert nach dem CIP-Verfahren. Die alkalische Reinigung kann durch alkalische Proteasen unterstützt werden.

Hefebiergewinnung und Verwertungsmöglichkeiten

Abbildung 200 Crossflow-Modul der Fa. Filtrox im Schnitt

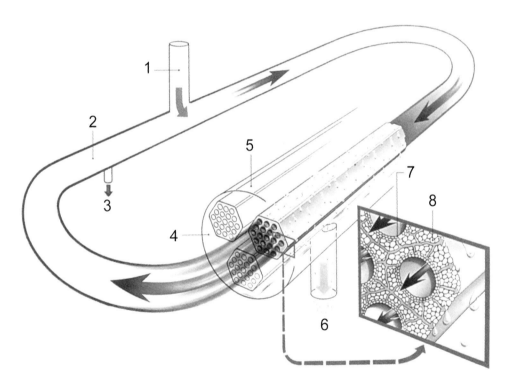

Abbildung 201 Crossflow-Filtration, schematisch (nach Fa. Schenk)
1 Unfiltrat-Zulauf **2** Retentat-Kreislauf **3** Retentat-Ausschleusung
4 Modul aus Membranfilterelementen **5** Filterelement **6** Permeat
(Filtrat) **7** Keramik-Membran-Filterschicht **8** Keramikstützkörper

Die Hefe in der Brauerei

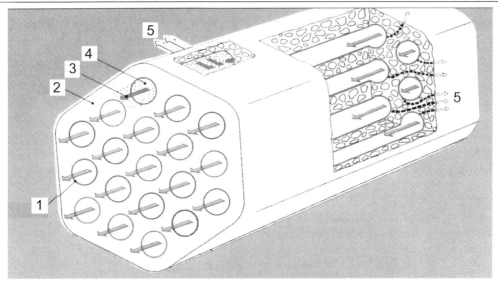

Abbildung 202 Keramisches Modulelement (nach Fa. Schenk)
1 Membran **2** Trägermaterial **3** Retentatfluss **4** Fließkanal
5 Permeat (Filtrat)

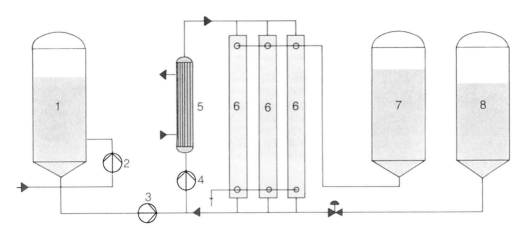

Abbildung 203 Fließschema einer Crossflow-Mikrofiltrationsanlage, für kontinuierlichen Betrieb geeignet (nach Fa. Schenk)
1 Hefestapeltank **2** Umwälzpumpe **3** Speisepumpe **4** Umwälzpumpe für Retentat
5 Wärmeübertrager Retentat-Kreislauf **6** Crossflow-Module **7** Permeat-Stapeltank (Hefebier) **8** Retentat-Stapeltank (Überschusshefe)

Hefebiergewinnung und Verwertungsmöglichkeiten

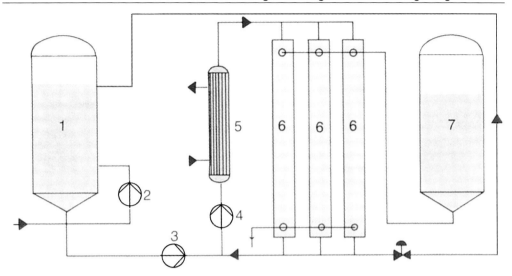

Abbildung 204 Fließschema einer Crossflow-Mikrofiltrationsanlage für halbkontinuierlichen Betrieb (nach Fa. Schenk)
1 Hefestapeltank **2** Umwälzpumpe **3** Speisepumpe **4** Umwälzpumpe für Retentat
5 Wärmeübertrager Retentat-Kreislauf **6** Crossflow-Module **7** Permeat-Stapeltank (Hefebier)

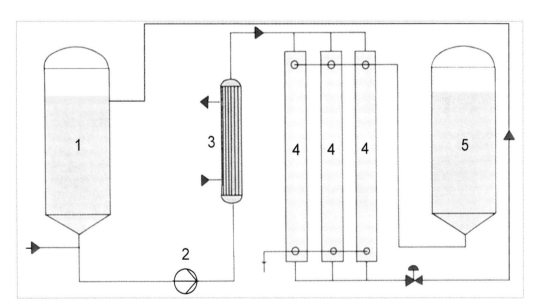

Abbildung 205 Fließschema einer Crossflow-Mikrofiltrationsanlage für Batchbetrieb (nach Fa. Schenk)
1 Hefestapeltank **2** Umwälzpumpe **3** Wärmeübertrager Retentat-Kreislauf **4** Crossflow-Module **5** Permeat-Stapeltank (Hefebier)

Abbildung 206 Beispiele für keramische Membran-Rohrmodule (nach Fa. Schenk)

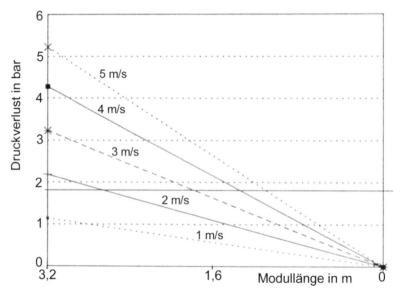

Abbildung 207 Druckverlust als Funktion von Fließgeschwindigkeit und Membrankanallänge (nach [371])

Abbildung 208 Permeat-Volumenstrom als Funktion der Zeit, schematisch
1 Permeatfluss normal **2** durchschnittlicher Permeatfluss mit Rückspülung **3** aktueller Permeatfluss

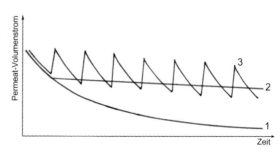

7.5.2 Restbiergewinnung nach Alfa Laval

In Abbildung 209 ist ein Schema zur Restbiergewinnung nach einem Crossflow-Mikrofiltrationsverfahren dargestellt. Das Filtersystem mit M39-H-Modulen arbeitet mit FSM-0,45 µm-Membranen aus PVDF. Die Flachmembranen sind in einem Gestell mit Rahmen und Platten eingespannt.

Es sind Filterflächen zwischen 30 und 168 m² realisierbar, die Filterfläche wird auf 1 bis 5 Module („Loop") verteilt. Die Module können in Reihe geschaltet betrieben werden. Die Anschlussleistungen liegen zwischen 25 und 175 kW. Die Produktionszeit kann 18 bis 22 h/d betragen.

Je nach Hefequalität (Überschusshefe aus der Gärung oder/und Gelägerhefe) sind Hefedurchsätze (mit 10…15 % TS) von 50 bis 100 hL/d je Modul erreichbar. Daraus werden bis zu 45 hL Bier (Permeat) gewonnen, dabei wird das Retentat auf 18…20 % TS aufkonzentriert. Die Filtrationstemperatur sollte im Bereich von 10 °C liegen. Die Anlage läuft im Automatikbetrieb.

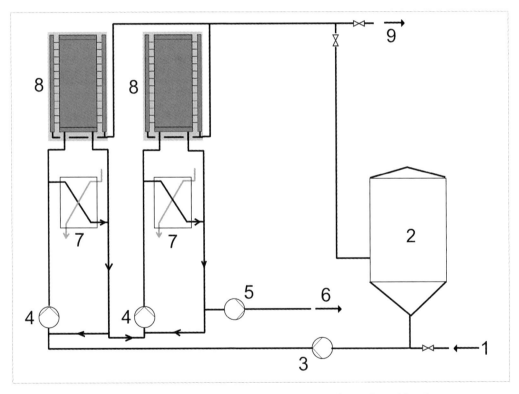

Abbildung 209 Restbiergewinnung mit einem Alfa Laval-Crossflow-Membrantrennverfahren (nach [378]). Im Beispiel sind 2 Module installiert, die in Reihe geschaltet betrieben werden.
1 Resthefesuspension, homogenisiert **2** CIP-Behälter **3** Hefespeisepumpe **4** Kreislaufpumpe des Moduls **5** Permeatpumpe **6** Retentat (Hefekonzentrat) **7** Kühler für Retentat **8** Membranmodul **9** Permeat (Restbier)

Abbildung 210 Ansicht einer CMF-Anlage für die Restbiergewinnung von Alfa Laval, bestehend aus 2 CMF-Modulen, in der Oettinger Brauerei Mönchengladbach (Foto Alfa Laval). Im Vordergrund die Retentatpumpen, jeweils links davon die Retentatkühler

Abbildung 211 Ansicht des CMF-Moduls gemäß Abbildung 210 (Foto Alfa Laval)
1 Hefezulauf **2** Retentatrücklauf **3** Hefebier (Permeat) **4** Rahmen und Platten mit den Flachmembranen **5** Sammelkanal für Permeat (2 Stück je Modul) **6** Spannvorrichtung

Das Retentat (Restbier) kann entweder dem Filtrat der Bierfilteranlage direkt beigedrückt werden (≤ 2,5 %) oder es wird wieder mit Würze verschnitten. Über positive Betriebserfahrungen mit dem System berichtete *Faustmann* [379]. Mit der Anlage (Membranfilterfläche 36 m^2, $\dot{V}$ ca. 15 hL/h) werden aus 50.000 hL Resthefe/a etwa 25.000 hL Restbier gewonnen, die direkt nach der Bierfiltration wieder zudosiert werden.

Die Reinigung der CMF-Anlage erfolgt noch jeder dritten Charge mit Natronlauge, Additiven und Säure. Nach jeder ersten und zweiten Charge wird nur eine Spülung mit Heißwasser (85 °C) vorgenommen.

7.6 Einschätzung der Varianten

Die unter Kapitel 7.3 und 7.5 genannten Verfahren sind für die Hefebiergewinnung aus qualitativer Sicht gut geeignet unter der Bedingung, dass die Hefebiergewinnung sauerstofffrei erfolgt.

Ein Nachteil liegt in den hohen Investitions- und Betriebskosten begründet, so dass diese Varianten nur für relativ große Brauereien geeignet sind.

Vorteilhaft sind die Verringerung des Althefetransportvolumens, die Reduzierung der organischen Abwasserbelastung und die Schwandsenkung.

Die Hefebiermenge ist von den apparativen Voraussetzungen (Form und Größe der Gärbehälter, technische Ausstattung der Hefebehälter) und von der Geschwindigkeit und Sorgfalt der Hefeernte abhängig. Die gewinnbare Hefebiermenge liegt im Bereich von 1...2 % der Verkaufsbiermenge, z.T. auch darüber.

Voraussetzungen für eine Hefebier-Verwendung ohne technologische und qualitative Nachteile sind:
- Die möglichst sauerstofffreie Gewinnung des Hefebieres;
- Das Vermeiden von Kontaminationen (z. B. durch eine ausreichende Pasteurisation ohne Ethanolverluste, beispielsweise durch Dosierung in die heiße Ausschlagwürze vor dem Würzekühler bei gesicherter Verweilzeit);
- Das Hefebier sollte zur Inaktivierung eventuell exkretierter Proteasen immer mit einer KZE-Anlage thermisch behandelt werden, soweit es nicht in die heiße Würze dosiert wird;
- Ein Verschnitt mit der Würze bzw. dem Bier im gleichen Verhältnis wie das Hefebier anfällt oder nur geringfügig größer (1...2 Teile Hefebier zu 99...98 Teilen Würze bzw. Bier);
- Die Gewinnung von Hefebier sollte nur von frisch geernteten Überschusshefen erfolgen, möglichst ohne längere Zwischenlagerung, um den Eintrag von den die Bierqualität schädigenden Hefeexkretionsstoffen durch längere Lagerung und durch geschädigte Hefesätze zu vermeiden (siehe Kapitel 6.8);
Die unmittelbare Nutzung des Hefebieres beim Einsatz von Klär-Separatoren, in deren Zulauf die Hefesuspension dosiert wird, kann nur bei frisch geernteten Hefen empfohlen werden;
- Die Überschusshefen sollten bei Temperaturen ≤ 5 °C gestapelt werden, soweit sie nicht unmittelbar nach der Ernte aufgearbeitet werden können.

Nur bei absolut sauerstofffreier Trennung von Hefe und Hefebier aus frisch geernteter, gesunder Überschusshefe mit einem Totzellenanteil < 5 % kann dieses direkt nach der thermischen Inaktivierung der Proteasen dem Prozess wieder zugeführt werden, indem es auf der Unfiltratseite vor dem Bierfilter dosiert wird (s.a. Kapitel 7.7).

Die Entscheidung für eine der genannten Varianten muss die objektspezifischen Investitions- und Betriebskosten berücksichtigen.

Auch bei mittleren Brauereigrößen kann sich eine Hefebiergewinnung unter Verwendung einer auf die betreffende Betriebsgröße angepassten Hefebiergewinnungsanlage rechnen. Die Entscheidung kann nur auf der Grundlage einer betriebsspezifischen Wirtschaftlichkeitsbetrachtung erfolgen.

7.7 Qualitätseigenschaften und Aufarbeitung von Hefebieren

Hefebiere haben im Vergleich zu normalen, unfiltrierten Lagerbieren:
- einen höheren pH-Wert (pH > 4,5...6),
- eine dunklere Farbe,
- einen betont hefigen und zum Teil auch bittereren Geschmack,
- eine Resthefekonzentration von < $2 \cdot 10^6$ Zellen/mL (Zentrifuge, Dekanter) bzw. nur 0...1 Zelle/mL (Crossflow-Mikrofiltration) und
- eine erhöhte Konzentration an:
    - Hefeenzymen (besonders Proteinase A),
    - Bitterstoffen,
    - freiem α-Aminostickstoff,
    - mittelkettigen Fettsäuren,
    - Diacetyl,
    - Dimethylsulfid und
    - Estern.

Die nachfolgende Tabelle 134 zeigt die unterschiedliche Zusammensetzung eines Betriebsbieres und des dazugehörigen Hefebieres (nach [380]).

Tabelle 134 Zusammensetzung des Hefebieres im Vergleich zum Betriebsbier (nach [378])

Qualitätsmerkmal	Einheit	Betriebsbier	Hefebier
Farbe	EBC-Einheiten	8,8	22,8
pH-Wert	-	4,7	6,11
Löslicher Gesamt-N-Gehalt	mg/100 mL	109,9	327,0
FAN- Gehalt	mg/100 mL	11,9	55,0
Viskosität	mPa·s	1,638	1,804
Gesamtfettsäuregehalt	mg/L	7,9	16,6

Die Negativeigenschaften des Hefebieres nehmen zu, je länger und je wärmer (≥ 4 °C) die Hefe vor der Hefebiergewinnung gelagert wurde und je schlechter der physiologische Zustand des verarbeiteten Hefesatzes ist (Totzellenanteil > 2...5 %).

Hefebier aus Überschusshefe und Geläger sollte deshalb dem Bierherstellungsprozess nicht unbehandelt wieder zugeführt werden. Das ist weniger eine Frage der möglichen Kontaminationen oder einer Sauerstoffbelastung, die sich bei entsprechender Anlagengestaltung und Betriebsweise weitgehend ausschließen lassen, als vielmehr die Forderung nach thermischer Inaktivierung der vorhandenen Protease-aktivität aus den Hefezellen, insbesondere der schaumschädigenden Proteinase A (siehe auch Kapitel 4.3.5).

Weiterhin sollte aus Sicherheitsgründen das Hefebier nochmals einer Gärung unterzogen werden. Dies führt zur Reduktion der mittelkettigen Fettsäuren und des FAN-Eintrages durch das Hefebier.

Nachfolgende Arbeitsweise ist zur Vermeidung von Qualitätsschäden im Endprodukt durch den Zusatz von Hefebier zu empfehlen:
- Möglichst keine oder nur eine kurze Zwischenlagerung von Hefesuspensionen und Hefebieren bis zur Weiterverarbeitung;
- Zwischenlagerungen dieser Produkte immer bei $\vartheta < 4$ °C;
- Thermische Inaktivierung der Hefeproteasen im Hefebier vor dessen Weiterverarbeitung;
- Unterziehung des Hefebiers einer zweiten Gärung durch Zusatz zur Anstellwürze;
- Hefebiere und auch sonstige Restbiere lassen sich relativ problemlos in die heiße Würze vor dem Würzekühler dosieren;
- Sinnvoll ist es, das Restbier (Hefebier, Gelägerbier und sonstige Restbiere) möglichst unter Sauerstoffausschluss zu sammeln und kühl zu stapeln sowie schnellst möglich zu jedem Sud zwischen Whirlpool und Würzekühlerpumpe in die heiße Würze zu dosieren.
  Die Dosierung sollte immer in der gleichen Menge erfolgen, wie die Restbiere anfallen, beispielsweise mit ≤ 2 %.

Die Dosierung aus einem Stapeltank lässt sich mit relativ wenig Aufwand automatisieren. Beachtet werden muss,
- dass das Dosierverhältnis eingehalten wird,
- dass die Würzetemperatur nach der Dosierung möglichst nicht unter 95 bis 96 °C absinkt und
- dass die Verweilzeit vor dem Würzekühler so bemessen wird, dass - in Abhängigkeit vom Kontaminationsgrad des Restbieres - etwa 1000...2000 PE erzielt werden können (s.a. das nachfolgende Rechenbeispiel).

Bei der geschilderten Verfahrensweise geht kein Ethanol verloren und die biologische Sicherheit ist gegeben. Der Verschnitt des Hefebieres wird durch diese Arbeitsweise automatisch gesichert und es werden eventuelle Hefezell-Exkretionen (z. B. Proteasen) inaktiviert. Eine sensorische Beeinflussung des Bieres ist bei der genannten Dosierung nahezu ausgeschlossen.

Hefebiere aus der Trennung mittels Membrantrennverfahren und modernen Dekantern können bei Erfüllung der vorstehend genannten Kriterien nach einer KZE-Behandlung auch vor der Filtration in das Unfiltrat dosiert werden, s.o.

Beispiel-Modellrechnung für die erforderliche Verweilzeit für PE ≥ 2000 bei der Dosierung von Rest- und Hefebier in die heiße Würze vor dem Würzekühler:

Ausgangsdaten:

Geforderte PE:	≥ 2000
Ausschlagmenge:	600 hL
Kühlzeit:	50 min ≙ $\dot{V}$ = 720 hL/h
Dosierte Biermenge:	≤ 2 % ≙ ≤ 12 hL ≙ $\dot{V}$ = 18 hL/h
Temperatur der Restbiermenge:	5 °C
Dosierzeit:	40 min, Start 5 min nach Beginn Würzekühlung
Würzetemperatur vor dem Dosieren:	98,00 °C | 97,0 °C | 96,00 °C
resultierende Temperatur nach der Dosierung:	95,18 °C | 94,6 °C | 93,24 °C

Berechnungsgleichung für die Pasteurisiereinheiten (PE):

$$PE = t \cdot 1{,}33^{(\vartheta - 60\,°C)} \qquad \text{Gleichung 81}$$

t = Zeit in min
ϑ = Temperatur nach der Dosierung in °C

In Gleichung 81 wurde der z-Wert zu z = 8 K nach einem Vorschlag von *Röcken* angenommen (üblicherweise wird mit einem z-Wert = 7 K gerechnet, so dass sich dann der bekannte Faktor 1,393 ergibt) [381]. Mit dem Faktor 1,33 ergibt sich ein „sicherer" PE-Wert auch bei *Lactobacillen*.

Mit Gleichung 81 resultieren folgende Heißhaltezeiten (Tabelle 135):

Tabelle 135 Heißhaltezeiten als Funktion der PE-Einheiten

PE	Temperatur nach der Dosierung	Erforderliche Heißhaltezeit in min	in s
2000	95,18 °C	0,0879	5,3
5000	95,18 °C	0,220	13,2
2000	94,60 °C	0,104	6,2
5000	94,60 °C	0,259	15,5
2000	93,24 °C	0,153	9,2
5000	93,24 °C	0,382	22,9

Für die erforderliche Länge der Würzeleitung zwischen Dosierstelle und Würzekühlereintritt ergeben sich die Zusammenhänge nach Tabelle 136.

Die in der Vergangenheit empfohlene Aufarbeitung des Hefebieres mittels Aktivkohle-Behandlung ist aufwändig und nicht unumstritten [382].

Tabelle 136 Erforderliche Leitungslänge für die Heißhaltezeit nach Tabelle 135

DN	erforderliche Heißhaltezeit in s	$\dot{V}$ in hL/h	Fließ-geschwindigkeit in m/s	erforderliche Leitungslänge in m
100	5,3	738	2,61	$\geq 13,8$
100	6,2	738	2,61	$\geq 16,2$
100	9,2	738	2,61	$\geq 24,0$
100	13,2	738	2,61	$\geq 34,4$
100	15,5	738	2,61	$\geq 40,5$
100	22,9	738	2,61	$\geq 60,0$
125	5,3	738	1,67	$\geq 8,9$
125	6,2	738	1,67	$\geq 10,4$
125	9,2	738	1,67	$\geq 15,4$
125	13,2	738	1,67	$\geq 22,0$
125	15,5	738	1,67	$\geq 25,9$
125	22,9	738	1,67	$\geq 38,2$

7.8 Verwertung der Überschusshefe

Die Überschusshefe wird in der Regel an entsprechende Abnehmer verkauft. Die Aufbereitung in der Brauerei ist im Allgemeinen zu aufwendig.
Verwertungsmöglichkeiten der Überschusshefe bestehen z. B. in folgenden Varianten:
- Dickbreiige Überschusshefe als Futtermittel;
- Überschusshefe als Maischezusatz;
- Trocknung der Hefe und weitere Aufarbeitung;
- Trocknung der Hefe und Nutzung als Futterhefe (ggf. nach Entbitterung);
- Einsatz in der Mischfutterproduktion;
- Herstellung von Hefeextrakten als Geschmackskomponenten für die Suppen- und Soßenindustrie;
- Hefeextrakte als Bionutrition für die Mikrobiologie und Biotechnologie;
- Getrocknete Bierhefe als Zusatz für Nahrungsergänzungsmittel bzw. für die Tablettenproduktion;
- Gewinnung von Hefezellfraktionen für den menschlichen und tierischen Bedarf;
- Einsatz als natürliches Beschichtungsmaterial („Yeast Wrap") in Verbindung mit pflanzlichen Faserstoffen.
- Die anaerobe Fermentation mit Biogasgewinnung und -nutzung (Energie- und ökonomische Bilanz siehe u.a. [390]).

Die Bierhefe-Verwertung wurde zusammenfassend erstmals von *Vogel* [383] beschrieben, heute ein historischer Rückblick.
  Nach *von Laer* [384] ist qualitativ gute Bierhefe auch ein guter Rohstoff für die Herstellung von speziellen Nischenprodukten für die Lebensmittelindustrie.
  In Tabelle 137 sind einige Anforderungen an den Rohstoff Bierhefe für die Lebensmittelproduktion zusammengefasst.

Probleme bei der Verwertung von Bierhefe zu Lebensmittelingredienzien bereiten (nach [382]):
- Das stark schwankende Rohstoffvolumen zwischen Winter- und Sommersaison;
- Die stark schwankende Rohstoffqualität Bierhefe;
- Die geringe Möglichkeit der Einflussnahme auf die Zusammensetzung der Überschussbierhefe;
- Die Notwendigkeit der extrem mikrobiologisch sauberen Arbeitsweise;
- Der große Forschungsaufwand und die lange Einführungszeit für die Implementierung neuer Produkte;
- Der hohe Wettbewerbsdruck von Seiten der Backhefehersteller.

Weiterhin muss nach Hoggan [385] darauf hingewiesen werden, dass der unkontrollierte Einsatz von Hefe in der menschlichen Ernährung durch den hohen Gehalt an Nucleinsäuren (Gichtgefahr) und dem hohen Bitterstoffgehalt der Bierhefe (Geschmackseinfluss) problematisch ist. Der Mensch sollte maximal 30 g Hefe pro Tag zu sich nehmen. Dies entspricht einer Zufuhr von 2 g Nucleinsäure pro Tag und führt bereits zu hohen Harnsäurewerten im Blut und zu Gichtanfällen. Wenn man die Hefe einem thermischen Schock aussetzt (6 s bei 68 °C) lässt sich ihr Nucleinsäuregehalt von ca. 7 % auf 1,5 % reduzieren.

Tabelle 137 Anforderungen an den Rohstoff Bierhefe für die Lebensmittelproduktion (nach [382])

Allgemeine Kriterien	Frisch und von gutem typischen Geruch	
	Nach Deutschem Reinheitsgebot hergestellt	
	Nach ISO 9001:2000, HACCP, GMO-freien Bedingungen produziert	
	Frei von Verunreinigungen, wie Filterhilfsmitteln, Spelzen etc.	
Chemisch-physikalische Kriterien	Farbe	hell beige
	Trockensubstanz	> 12 %
	pH-Wert	5,0…6,0
	Temperatur	< 12 °C
	Bittereinheiten	< 150 BE (EBC)
	Proteingehalt	> 45 %
Mikrobiologische Kriterien	Anteil Lebendzellen	> 85 %
	Fremdkeimzahl	< 10^5/g
	Salmonellen	Negativ/25 g
	E. coli	< 10/g
	Bacillus cereus-Gruppe	< 10/g
	Lactobacillus	< 10/g

7.8.1 Bierhefe als Futtermittel

Bierhefe ist aufgrund ihres hohen Gehaltes an Rohprotein mit guter biologischer Wertigkeit und hoher Verdaulichkeit, aber auch wegen ihres beachtlichen Mineralstoff- und Vitamingehaltes, ein sehr wertvolles Nebenprodukt der Bierbereitung.

Burgstaller [386] hat zum Thema „Bierhefe - ein wertvolles Eiweißfuttermittel für landwirtschaftliche Nutztiere" eine detaillierte Übersicht erarbeitet.

Überschusshefe, die als Futterhefe verwendet werden soll, wird in der Regel aus Kostengründen nach einer Vorkonzentrierung (Dekanter o.ä.) auf Walzentrocknern thermisch aufgeschlossen und getrocknet.

7.8.2 Bierhefe zur Maische

Eigene Versuche zeigten auch die Möglichkeit auf, die Überschusshefe im frischen Zustand der Maische zuzusetzen und sie so mit den Trebern zu verkaufen.

Folgendes ist dabei zu beachten:
- Um Läuterprobleme zu vermeiden, sollte der Zusatz von 1 kg dickbreiiger Hefe je Hektoliter Ausschlagwürze nicht überschritten werden.
- Der Zusatz sollte grundsätzlich bei Maischtemperaturen über 60 °C erfolgen, um einen Gärprozess und damit Extraktverluste in der Maische zu vermeiden.
- Im Normalfall erzielt man bei dieser Entsorgungsvariante einen geringen Extraktgewinn und eine Zunahme des FAN-Gehaltes der Anstellwürzen von 5…10 mg/L.

7.8.3 Bierhefefraktionen als pharmazeutische Produkte und Nahrungszusatzstoffe

Darüber hinaus werden aus Bierhefe pharmazeutische Produkte hergestellt, beispielsweise Vitamin-B-Komplex-Präparate. Auch β-Glucanextrakte aus Hefezellen werden zur komplexen Stärkung des Immunsystems bei Tieren und im Food- und Kosmetikbereich eingesetzt ([177, 178, 179], [382], [387], siehe auch Kapitel 4.3.2).

Durch eine mehrstufige Extraktion von *Saccharomyces cerevisiae* wurde auch ein Extrakt mit deutlichen antioxidativen Eigenschaften gewonnen, der zur Verbesserung der Stressresistenz der Hefe und zur Verbesserung des Hefestoffwechsels eingesetzt werden kann [388].

Im Interesse einer besseren Abproduktverwertung wurde konzentrierte Hefe in Nahrungsmitteln eingesetzt bzw. als Brotaufstrich mit akzeptabler sensorischer Qualität aufgearbeitet [389].

Weitere Informationen über Bierhefe als natürlichen Schönheitsquell und über diverse Bierhefe enthaltende pharmazeutische Produkte siehe auch [390] und [391].

7.8.4 Hefeextrakte

Ein seit Jahrzehnten großtechnisch aus Hefe hergestelltes Produkt sind Hefeextrakte, die als Würzmittel in der Lebensmittelherstellung sowie als Nährsubstrate in der Mikrobiologie und Fermentationsindustrie eingesetzt werden. Verwendet wird vor allem Backhefe und im geringeren Umfang entbitterte Bierhefe.

Es gibt folgende drei Verfahren zur Hefeextraktherstellung, bei denen die Zellmembran zerstört und die Zellinhaltsstoffe abgebaut und herausgelöst werden:
1. Hefeautolysate: Lebende Hefezellen werden einer Selbstverdauung (autolytische Proteolyse) unterworfen, bei der die zelleigenen Enzyme,

hauptsächlich die Proteasen, die Hefeproteine zu Aminosäuren, wenig Peptiden und Resteiweiß abbauen (Dauer ca. 24 h bei ϑ = 48...55 °C).
2. Hefeplasmolysate: Die Selbstverdauung erfolgt wie bei Pkt. 1 nur unter dem beschleunigenden Einfluss hoher Kochsalzkonzentrationen (z. B. 50 g NaCl pro 1 kg HTS).
3. Hefehydrolysate: Der Abbau hochmolekularer Hefeinhaltsstoffe erfolgt auf nichtenzymatischem Wege durch die kontrollierte Erhitzung nach einem Salzsäurezusatz. Nach der Neutralisation werden die Hydrolysate wie unter Punkt 1 und 2 weiterbehandelt.

Ein aus Bierhefe hergestelltes Hefeautolysat kann die in Tabelle 138 ausgewiesene Zusammensetzung haben. Bei der Lyse der Zellinhaltsstoffe werden zur Desinfektion geeignete Mittel zugesetzt.

Nach der Extraktion und dem Abbau der Zellinhaltsstoffe zu wasserlöslichen Abbauprodukten werden durch Separation und/oder Kieselgur-Precoatfiltration die Zellwände aus dem Zellsaft entfernt und dieser geklärt. Der Zellsaft (mit ca. 8 % Trockensubstanz, TS) wird im Vakuum-Fallstromverdampfer (bei 70...80 °C) zu einem Flüssigextrakt von > 50...60 % Trockensubstanz aufkonzentriert (natürliche Haltbarkeiten erst bei > 50 % TS). Eine weitere Konzentrierung im Rührverdampfer zu Pasten mit 70...85 % TS oder im Sprühtrockner zu Pulver (ca. 94 % TS) ist möglich.

Zur Geschmacksverstärkung bemüht man sich besonders Glutamat/Glutaminsäure freizusetzen und die vorhandenen 3'-Nucleotide in geschmacksintensivere Substanzen umzuwandeln.

Tabelle 138 Mögliche Zusammensetzung eines Hefeautolysates aus Bierhefe

Wasser	24...29 %
Gesamtstickstoff	4,7...5 %
Lipide	1 %
Kohlenhydrate	10...20 %
Gesamtaschegehalt	25...32 %
Natriumchlorid	13...21 %
Glutathion	80 mg
Thiamin (Vitamin B_1)	8...15 mg
Riboflavin (Vitamin B_2)	5 mg
Nicotinsäureamid	30 mg

7.8.5 Lagerung der Überschusshefe

Die Überschusshefe wird in geeigneten Behältern gestapelt, aus denen sie in Tankwagen gefüllt wird. Die Hefeabgabe erfolgt zweckmäßigerweise homogenisiert nach Feststoffgehalt und kann durch Wägung des Tankwagens ermittelt werden. Hefestapelbehälter müssen frostsicher installiert werden.

Die Tankwagenfüllstation muss ebenfalls frostsicher gestaltet werden. Wassereinläufe müssen an das Produktionsabwassernetz angeschlossen werden. Der Tankwagen muss über eine Überfüllsicherung verfügen bzw. es muss eine mobile Grenzwertsonde anschließbar sein.

Anforderungen an einen Hefestapelbehälter:
- Frostsichere Aufstellung (Begleitheizung);
- Anschluss an das CIP-Reinigungssystem;
- Ausrüstung mit einer Überfüllsicherung und einer geeigneten Inhaltsmessung;
- Installation einer Homogenisiermöglichkeit: beispielsweise durch Umpumpen oder mittels Rührwerk;
- Die zylindrokonische Bauform ist günstig. Zweckmäßig ist es, den Behälter für einen geringen Betriebsüberdruck auszulegen, um ihn schaumfrei füllen zu können;
- Der Behälter muss mit einer fuktionssicheren Überdruckarmatur ausgerüstet sein, die über einen ausreichend großen Querschnitt verfügt.

7.9 Überschusshefe und Abwasserbelastung

Da der Absatz organischer Brauereireststoffe als Futtermittel zunehmend schwieriger wird, gilt es auch alternative Nutzungswege zu finden, die durch eine konsequente Abfallvermeidung und eine wertstoffliche Nebenproduktnutzung zur Wertschöpfungssteigerung einer Brauerei beitragen.

Die Entsorgung der Überschuss- und Abfallhefe über das Abwasser bei indirekt einleitenden Brauereien würde zu Starkverschmutzerzuschlägen und damit zu erheblichen Kosten (siehe [392]) führen.

Die in Tabelle 139 aufgeführten Richtwerte sind bei der in der Brauerei anfallenden Abfall- und Überschusshefe zu berücksichtigen.

Tabelle 139 Richtwerte für die Einschätzung einer evtl. Umweltbelastung durch Überschuss- bzw. Abfallhefe (nach [390])

Anteil der Hefe bzw. des Gelägers an den biogenen Reststoffen einer Brauerei		9…10 %
Geläger- u. Überschusshefemenge gesamt je Hektoliter Verkaufsbier (VB)		2,0…2,6 kg/hL VB
Gärkellerhefe je Hektoliter Verkaufbier		1,1…1,8 L/hL VB
• davon Presshefe		0,7…1,1 kg/hL VB
• davon Abpressbier		0,4…0,7 L/hL VB
Lagerkellerhefe je Hektoliter Verkaufsbier		0,9…1,5 L/hL VB
• davon Presshefe		0,5…0,9 kg/hL VB
• davon Abpressbier		0,3…0,5 L/hL VB
Einsparpotenzial je 1 hL VB an zurückgewonnenem Extrakt		0,10 Euro/hL VB
CSB-Werte der Gärkellerhefe	200.000 mg O_2/L	= ca. 2,22 EWG/L Hefe [1]
CSB-Werte der Lagerkellerhefe	170.000 mg O_2/L	= ca. 1,89 EWG/L Hefe [1]

[1]) EWG = CSB-Verbrauch je Einwohner und Tag
  (CSB = Chemischer Sauerstoffbedarf; EWG = Einwohnergleichwert)

Die bereits 1973 von *Kübeck* [393] ermittelten folgenden Durchschnittswerte aus vier Brauereibetrieben bestätigen die in Tabelle 139 ausgewiesenen Richtwerte:
- Anfall der Gärkellerüberschusshefe 1,32 kg/hL Verkaufsbier
- Anfall an Lagerkeller-Gelägerhefe 0,79 kg/hL Verkaufsbier
- Anfall an Gesamtüberschusshefe 2,11 kg/hL Verkaufsbier
- BSB_5-Lastwert der Gesamtüberschusshefe 0,307 kg BSB_5/hL Verkaufsbier
- Anteil der Gesamtüberschusshefe an der Gesamtschmutzfracht der Brauerei 66,6 %.

Als mögliche interne Verwertungsmöglichkeiten der Überschusshefe werden von [390] in Ergänzung zu den im Kapitel 7.8 genannten Verwertungsmöglichkeiten empfohlen:
- Die Zugabe der Hefe zu den Trebern (Tierfutter);
- Die Gewinnung von Hefeabpressbier und dessen Verwertung im Braubetrieb (siehe Kapitel 7.1…7.7);
- Die anaerobe Fermentation mit Biogasgewinnung und -nutzung (Energie- und ökonomische Bilanz siehe u.a. [390]).

Anhang

Tabelle 140 Dissertationen, die sich mit ausgewählten Themen zur Charakterisierung von Hefestämmen, Varianten ihrer Qualitätsbeeinflussung und den Einfluss ihrer Vitalität und ihres Enzympotentials auf den Gärverlauf beschäftigen

Name, Vorname	Jahr	Univ.	Thema	Einige Schwerpunkte der Arbeit
Stamm, Marc	2000	TUM	Enzymchemische und technologische Untersuchungen über den Einfluss von Hefeenzymen – speziell Hefeproteinasen auf den Bierschaum	- Bestimmung der proteolytischen Aktivität im Bier; - negativer Einfluss der Proteinase A der Hefe auf den Bierschaum und - die 44 kD-Proteinfraktion
Schöneborn, Holger	2002	TUM	Differenzierung und Charakterisierung von Betriebshefekulturen mit genetischen und physiologischen Methoden	- Untersuchungsmethoden zur Bestimmung der Anzahl der Hefestämme in einer Betriebshefe; - Reinheitskontrolle einer Hefekultur; - Amplification Fragment Length Polymorphism u. - Mikrosatelliten-Analyse am besten geeignet.
Scherer, Andreas	2003	TUM	Entwicklung von PCR-Methoden zur Klassifizierung industriell genutzter Hefen	- Amplification Fragment Length Polymorphism hat das höchste Differenzierungspotential; - mittels PCR-Analyse hohen Verwandschaftsgrad von *Sacch. pastorianus* u. untergäriger Bierhefe festgestellt.
Thiele, Frithjof	2006	TUM	Einfluss der Hefevitalität und der Gärungsparameter auf die Stoffwechselprodukte der Hefe und auf die Geschmacksstabilität	- Sieben Methoden der Hefevitalitätsmessung getestet; - gute Reproduzierbarkeit mit modifizierter Messung des intrazellulären pH-Wertes erreicht; - Einfluss der Hefevitalität auf Gärparameter u. Geschmacksstabilität (SO_2-Gehalt) ermittelt.
Wellhoener, Urs	2006	TUM	Beurteilung des physiologischen Zustandes von Brauereihefe mittels Aktivitätsmessungen von Schlüsselenzymen bei der Propagation und Gärung	- Aktivitätsmessungen von Maltase, Pyruvatdehydrogenase, Pyruvatdecarboxylase u. Alkoholdehydrogenase; - Enzymaktivitätsverlauf steht in enger Beziehung zu einzelnen Phasen des Gärverlaufes.

Uhde, Christoph	2017	TUB	Optimierung von untergärigen Brauereihefestämmen für den Brauprozess mittels Selektion und Mutagenese	- Auswahl eines optimalen Hefestammes durch Selektion u. ungezielte, nichtgentechnische Mutagenese (UV-Bestrahlung, Ethylmethan-Sulphonat-Behandlung) für High-Gravity-Brewing Prüfung auf Osmotoleranz und genetische Stabilität
Hartwig, Axel	2008	TUM	Optimierung der Hefetechnologie mit dem Ziel einer Verbesserung der Geschmacksstabilität im Praxismaßstab	- Anlagenplanung und praxisnahe Hefereinzuchtversuche in einer mittelständigen Brauerei zur Optimierung der Geschmacksstabilität der Betriebsbiere; - erst der Hefestamm 321 (He.-Bru-Abkömmling) erbrachte nach Variation der Belüftung SO_2-Gehalte von 6…10 mg/L Bier.
Hutzler, Mathias	2009	TUM	Entwicklung und Optimierung von Methoden zur Identifizierung und Differenzierung von getränkerelevanten Hefen	- Applikation von hochspezifischen PCR-Analysenmethoden zur differenzierenden Identifizierung getränkespezifischer Hefearten; die 363 untersuchten Hefestämme konnten 53 verschiedenen Hefearten zugeordnet werden
Schönenberg, Sven	2010	TUM	Der physiologische Zustand und der Sauerstoffbedarf von Bierhefen unter brautechnologischen Bedingungen - Optimierung der Propagations- und Anstelltechnologie in Hinblick auf die Gäreigenschaften und die Bierqualität	- Eine nicht optimal integrierte Belüftung bei der Hefepropagation führt zur Schädigung des antioxidativen Potenzials der Würzen/Biere; - eine Neubewertung des FAN-Gehaltes der Würze; - Versuche zur Anpassung der Würzebelüftung an den Hefemetabolismus; - Enzymaktivitäten (Pyruvatdecarboxylase, Acetaldehyddehydrogenase, Alkoholdehydrogenase) charakterisieren den vermehrungs- und gärungsphysiologischen Zustand der Hefe.

Meier-Dörnberg, Tim	2018	TUM	Comparative characterization of selected *Saccharomyces* yeast strains as beer fermentation starter cultures	- Modell zur Charakterisierung und Unterscheidung ausgewählter *Saccharomyces*-Hefen; - Identifizierung der untersuchten Hefen bis auf Stammebene; - Zehn der meist industriell benutzten Hefestämme für die klassischen Biersorten charakterisiert; - Aussagen zum Schadpotenzial von *Saccharomyces cerevisiae* var. *diastaticus*.
Michel, Maximilian	2017	TUM	Use of non-*Saccharomyces* yeast for beer fermentation as illustrated by *Torulaspora delbrueckii*	- Einsatzuntersuchungen von Nicht-*Saccharomyces*-Hefen für die Bierproduktion; - Am Beispiel wird unter Verwendung von *Torulaspora delbrueckii* der Einfluss der Fermentationsbedingungen (Temperaturführung, Anstellhefekonzentration, Sauerstoffgehalt der Würze) auf die Bierqualität demonstriert.

Die Hefe in der Brauerei

Index

A

Abwasserbelastung	435
Überschusshefe	435
Adenin	91, 159
ADP	191
ADY	411
Aminosäuren	224
Alanin	224
Asparaginsäure	224
Glutaminsäure	224
Glycin	224
Histidin	224
Isoleucin	224
Leucin	224
Lysin	224
Methionin	224
Phenylalanin	224
Prolin	224
Reihenfolge der Assimilation	224
Serin	224
Threonin	224
Tryptophan	224
Tyrosin	224
Valin	224
Aminostickstoffgehalt	224
Ammoniumionen	224
AMP	191
Angärphase	392
Hefeschock	392
Anlagenplanung	338
Anstellen	385
Anstellen mit Kräusen	354
Anstellreglung	371
Dosierung der Hefe	379
Hefegabe	385
Satzhefe	385
Anstellhefe, Anforderungen	80
Anstellhefedosierung	382
Anstelltemperatur	388
Arginin	224
Armaturen	
180°-Bogen	304
Absperrarmaturen	306
Absperrklappe	303
Behälterauslaufarmaturen	306
Clamp-Verbindungen	303
Doppelsitzventil	305, 306
Drehwinkel-Antrieb	306
Funktionssicherheit	306
Kugelhahn	306
Leckageräume	306
Mehrwegearmaturen	306
Probeentnahme	307
Probeentnahmearmaturen	306
Probeentnahmesystem für ZKT	327
Regelarmaturen	306
Rohrverschraubung	303
Schwenkbogen	304
Schwenkbogen mit Gelenk	304
Wartung	331
Asparagin	224
Asparaginsäure	232
Assimilationshefe	252
Atmungskette	211
ATP	191
Ausrüstung Propagationsgefäß	
Armaturen	272
Mannloch	270
Probenahme-/Impfstutzen	272
Reinigungsvorrichtung	272
Rührwerk	272
Sensoren	272
Thermometer	273
Umpumpkreislauf	272
Wärmeübertragerfläche	270
Autolyse	225
Automation der Propagationsanlage	341

B

Batchkultur	166

Begasung
    keramische Membran   287
    schaumfrei   287
Begasungssysteme
    Friborator   288
    Inferator   288
    IZ-Tauchstrahler   288
    keramisches Belüftungsmodul   291
    Mischdüse   291
    Oberflächenbelüfter   288
    Radialstromdüse nach *Hoechst*   288
    Siliconmembran   293
    Strahldüse nach *BASF*   288
    Strahldüse nach *Bayer*   288
    Strahlrohrbelüftung   288
    System mit unstetiger
        Querschnittserweiterung   289
    Tauchbelüfter   288
    Vogelbusch-Dispergator   288
Belüftung
    Anstellwürze   240
    Sauerstoffaufnahmerate   241
    Sauerstoffüberschuss und
        Geschmacksstabilität   240
    Schaumbekämpfung   185
    Schaumbildung   185
Belüftungssysteme   288
Betriebsmesstechnik
    Feldbustechnik   341
    Voraussetzung für die B.   341
Betriebsmesstechnik für
    Propagationsanlagen   341
Bier
    Danzig   51
    Jopenbier   51
Biergärung
    Ausgewählte
    Gärungsnebenprodukte   215
Bierhefe
    Altersverteilung der Hefezellen   157
    Aminobenzoesäure   96
    Aminosäuren   84
    Aschegehalt   96
    Ascorbinsäure   96
    Auswahlkriterien   46
    Bezeichnungen   18
    Bierheferassen   39
    Biotin   96

Bruchhefen   144
Carlsberg 1   62
Carlsberg 2   62
Cerebrine   94
chemische Zusammensetzung   84
Chitin   90
Cholin   96
Cytochrome   96
Desoxyribonucleinsäuren   91
Eigenschaften   20
Eisen   98
Entwicklung der Züchtung   26
Ergosterin   94
Flockungstest   148
Flockungsvermögen   67
Folsäure   96
Gärversuche   69
Gattung Saccharomyces   67
Glucan   89
Glutathion   86
Glycogengehalt   87
Hefebiergehalt   141
Hefestammsammlung der
    VLB Berlin   23
Hefesterin   93
Hefetrockensubstanz   82
Kalium   97
Kohlenhydrate   87
Kupfer   98
Lipide   91
Lipidkonzentration   92
Magnesium   97
Mannangehalt   89
meso-Inosit   96
Molformel   85
Neutralfette   92
Nicotinsäure   96
Obergärige Hefe   18, 47
Pantothensäure   96, 97
Phosphatide   92
Phosphor   96
Porphyrine   95
Qualitätsanforderungen   342
Rasse Frohberg   46
Rasse Saaz   46
Rassen und Stämme   18, 19
Reinproteingehalt   84
Reinzüchtung   39

Riboflavin	97
Ribonucleinsäuren	91
Sacch. carlsbergensis	67
Sacch. cerevisiae	47, 156
Schwefel	97
Selektion	44
Selen	98
Sprossbild	46
Sprossnarben	79
Spurenelemente	98
Squalen	94
Stamm-Sammlungen	21
Staubhefen	144
Thiamin	97
Trehalosegehalt	90
untergärige H.	18
Vitamin B12	96
Vitamine	96
Wassergehalt der Hefe	82
Weihenstephaner Stammsammlung	22
Wuchsstoffe	96, 98
Zink	98
Zusammensetzung	86
Bierhefe, obergärig	47
Bierhefe, untergärig	44
Bierhefevermehrung, Grundlagen	82
Bilanzen	
Theoretische Energie- und Produktbilanz bei der Gärung	194
Biofilme	47, 67
Biomasseertragskoeffizient	252
Biomassezuwachs	100
Blasenbildung	
durch Entspannungsflotation	286
mit Scherkraftunterstützung	285
mittels Düsen	285
Brettanomyces bruxellensis	48
Bruchhefen	144
Buchner, Eduard	37
Bukettstoffe	17, 214

C

Carlsberg-Brauerei	
Hansen, E. Chr.	59
Jacobsen, J. C.	59
Carlsberg-Kolben	64
CIP-Fähigkeit	307
Oberflächengüte	307
CIP-Verfahren	338
Benetzbarkeit der Oberfläche	339
Oberflächenspannung der Medien	339
Problemzonen	339
Rohrleitungsreinigung	340
Stapelreinigung	340
verlorene Reinigung	340
Voraussetzungen	338
Coenzym A	204, 232
Crabtree-Effekt	179, 211
Crossflow-Mikrofiltrationsanlage	419
keramische Membran	419
Permeat	421
Permeatdurchsatz	420
Permeatfluss	424
Polymermembranen	419
Retentat	421
Cytochrome	96
Cytosin	91, 159

D

Dampfdruck des Fördermediums	335
Dampfgenerator	310
Degeneration des Hefesatzes	74, 159, 225
Delbrück, Max	61
Desinfektion	338
Desoxyribonucleinsäure	91
Dextrine	
α-Dextrine	221
Dichtungen	
dynamische Dichtungen	306
O-Ring	298
Rundring	298
Sterildichtung	298
Dichtungswerkstoffe	297
Dimethylsulfid	215
DMS	216
DNA	91, 159
Druckgärverfahren	71
D-Wert	245

443

E

Elastomere	298
Enzyme	37
β-1,6-Glucanasen	90
α-Glucosidase	210, 221
Coenzym A	202, 203
Cytochromoxidase	211
Diastase	37
Gärungsenzyme von *Sacch. cerevisiae*	201
Hefeenzyme	145
Invertase	44
Maltase	210
Maltosepermease	210
Melibiase	44
Permeasen	154
Phosphofructokinase	212
Proteinase A	151
Zymasegärung	38
Ernährungsweise	219
Autotroph	219
Chemotroph	219
Heterotroph	219
Kohlenstoffquelle	219
Lithotroph	219
organotroph	219
Phototroph	219
Wasserstoff-Donator	219
Escherichia coli	143
Ethanolausbeute	223

F

FAD	204
FAN	*Siehe* Stickstoff
Flockungstest	148
Flockungstheorien	146
Flockungsvermögen	69
Flusszytometrie	180
Fructose	221

G

Gärführung	342, 391
Bewegung in der Gärphase	394
Bewegung in der Reifungsphase	394
Druckerhöhung Gärphase	392
Druckerhöhung Reifungsphase	393
Temperaturführung	391
Gärgefäß nach *Lietz*	70
Gärintensität	77
Gärleistung	69
Gärung und Reifung Maximaltemperaturen	391
Gärungsnebenprodukte	213
Gärverfahren	
Druckgärverfahren	71
nach *Lietz*	71
nach *Nathan*	71
nach *Wellhoener*	71
Vakuumgärung	71
Gärversuche	69
Gaslöslichkeit	280
Berechnung	280
Gasdiffusionsfläche	283
Löslichkeitskoeffizient	280
Partialdruck	283
Phasengrenzfläche	283
Sauerstofflöslichkeit	282
Technischer Löslichkeitskoeffizient	280
Gaslösung	285
mittels Injektordüse	286
mittels statischer Mischer	286
mittels Strahldüse	286
mittels Strahlmischer	286
mittels Venturi-Mischer	286
mittels Zentrifugalmischer	286
mittels Zweistoffdüse	286
Oberflächenspannung	285
Generationszeit	174
Gerstenrohfrucht	225
Geschmacksstabilität	215
Glucose	221
Glutamin	224
Glycerinbildung	213
Glycogen	212
Glycogenspeicherung	212
Grünmalz	37
Guanin	91, 159

H

Hansen, Emil Christian 36, 342
haploide Hefezelle 150
Hauskontamination 41
Hefe
    Abbaureaktionen der Hefe 193
    Rheologische Parameter 111
Hefe Typ *Frohberg* 65
Hefe Typ *Saaz* 65
Hefeausbeute 222, 223
Hefeautolyse 225, 396
Hefebank 349
Hefebehandlung 401
    Aufziehen der Hefe 402
    Gelägerkühlung 401
    Hefelagerung 403
    Hefesieb 401
    Hefewäsche 403
    Hefezwischenlagerung 404
    Kühlung der Hefe 401
    Säurewäsche 403
    Vitalisieren 402
Hefebeurteilung
    Gärgefäß nach *Lietz* 70
Hefebier
    Aufarbeitung 428
    Eigenschaften 428
    KZE-Behandlung 429
    thermische Inaktivierung 429
    Verwendungsvoraussetzungen 427
Hefebiergewinnung 139, 413, 428
    Auslaufkonzentration der Hefe 415
    Crossflow-Mikrofiltration 419
    durch Sedimentation 413
    durch Separation 414
    durch Tangentialflussfiltration 419
    Düsenseparator 415
    Einlaufkonzentration 415
    Einschätzung der Varianten 427
    Hefebierausbeute 139
    Jungbier-Separator 417
    mittels Dekanter 415
    mittels Dynamischer
        Vibrations-Mikrofiltration 419
    mittels Hefepresse 418
    mittels Kammerfilterpresse 418
    mittels Membran-Filterpresse 418
    mittels Membrantrenntechnik 419
    mittels Sedicanter® 415
    mittels Vorklärseparator 416
    Überschusshefe 413
Hefedegeneration 342
Hefeeigenschaften, physikochemische
    Casson-Viskosität 112
    Dichte 107
    Differentialviskosität 118
    Druckempfindlichkeit 182
    Hefetrockensubstanz 82, 107, 110
    Konsistenzangaben 108
    Oberflächenladung 124
    Osmotischer Druck 124
    Rheogramm 117
    Rheologische Parameter 111
    scheinbare Viskosität 118
    Sedimentation 125
    Sedimentationsgeschwindigkeit 125
    spezifische Oberfläche 106
    spezifische Wärme 123
    Thixotropie 117
    Viskosität 118
    Wärmeleitfähigkeit 123
    Zellgröße 169
Hefeeigenschaften, technologische
    Absetzgeschwindigkeit 126, 132
    Absterbevorgang 246
    Abtötung 246
    Bruchbildungsvermögen 144
    Flockungstest 148
    Flockungsvermögen 144
    Gärkraft 226
    Größenverteilung 105
    Haltbarkeit 226
    Hefedegeneration 342
    Kältestress 213
    Lagerfähigkeit 193
    osmotischer Druck 124, 150
    oxidativer Stress 254
    Temperaturschock-
        empfindlichkeit 346, 388
    Ursachen für eine Degeneration 74
Hefeenergie- und -baustoffwechsel
        Siehe Stoffwechsel
Hefeenzyme
    Enzymproteine 145
    Glucanasen 145

Invertase	145	Hefebehandlung	342, 401
Katalase	145	Hefeernte	342
Mannase	145	Hefelagerung	342, 349
Melibiase	145	Überschusshefe	342
Permeasen	154	Zwischenlagerung	226
Phosphatase	145	Hefemischpopulation	343
Proteinase A	151	Hefen	
Proteindisulfidreduktase	145	bierschädliche Hefen	53
Hefeernte	395	Hefenährstoffe	
aus ZKT	396, 398	Mineralstoffe, essentiell	220
Eintankverfahren	397	Nährstoffbedarf	219
Hefekrücke	395	Nährstoffe, essentiell	219
Hefekühlung	397, 399	Spurenelementbedarf	229
Jungbierseparation	396	Vitaminbedarf	231
Kernhefe	395	Wuchsstoffbedarf	231
Konuswinkel	399	Hefepropagation	15, 342
mittels Jungbierseparation	400	Hefepropagationsanlage	276
Mittenrauwert der Konus-		„geschlossene" Vermehrung	269
oberfläche	399	Ausrüstungselemente	269
Nachzeug	395	Beispiele	277
obergärige Hefe	399	Betriebsvarianten	266
Tankkonus	399	Fließbild	265
Vorzeug	395	Propagationsgefäß	270
Zweitankverfahren	396, 400	Raum-Zeit-Ausbeute	185
Hefeextrakt	433	Steigraum	188
Hefeflockung	146	Verfahrensfließbild	271
PYF-Faktor	146	Hefequalität	
Hefegabe	106	Anforderungen an Brauereihefe	342
Anstelltemperatur	388	Viabilität	14
Technologie der Hefedosage	387	Vitalität	14, 81, 168, 180, 226
Trockenhefe	409	Hefereinzucht	342
Zeitpunkt	386	„Natürliche Reinzucht"	62
Hefegenom	19	Geschichte	59
Komplettsequenzierung	165	Plattenkultur nach *Koch*	60
Hefeherführapparat, n.		Verfahrensablauf	264
Stockhausen / Coblitz	64, 351	Hefereinzucht	
Hefeherführung		Tröpfchenkultur nach *Lindner*	60
Kannenverfahren	266	Hefereinzuchtapparat	64, 65
offene Hefeherführung	267	Hefereinzüchtung	19
Verfahrensablauf	264	Hefesatz	14
Hefeisolierung	342	Degeneration	73
Hefeklärung	395	Mutationen des Hefesatzes	74
Hefekonservierung	342	Regenerierung	73
Hefekonzentration	181	Stressfaktoren	76
Anstellhefe	181	Wiederverwendung der Satzhefe	78
Hefemanagement	14, 15, 342	Hefeschock	392
Anstellen	342	Hefesedimentation	395
Geläger-/Hefebiergewinnung	342	Hefestamm	14

Hefestoffwechsel *Siehe* Stoffwechsel
Hefesuspension
    Feststoffvolumenanteil 128, 414
    Hefeabsetzdauer 137
    Hefesedimentvolumen 380
    Oberflächenspannung 185
    Redoxpotenzial 185
    Sedimentationsgeschwindigkeit 128
Hefetrocknung
    Hefegranulat 407
    Sorptionsisotherme 407
Hefevermehrung
    Siehe auch Vermehrung
    Abbruch der Propagation 179
    Absterbephase 166
    aerobe Gärung 174, 176
    Akzelerationsphase 167
    anaerobe Gärung 176
    Batchverfahren 179, 356
    Beispiel Propagationsanlage 362
    Beispiele der Betriebsführung 357
    Biomasseausbeute 367
    Biomasseertragskoeffizient 235
    Biomassezuwachs 186
    Bruttobehältervolumen 189
    Carlsberg-Kolben 346
    Chargenkultur 179
    Crabtree-Effekt 174, 179, 235
    Dauerkulturen 349
    Drauflassverfahren 186, 354
    Durchflusszytometer 176
    EBC-Gärrohr 344
    Energiegewinnung 219
    Energiequelle 219
    erforderl. Hefereinzucht-
        volumen 187, 189
    erforderliche Prozesszeit 186
    erforderliches Behältervolumen 187
    Ethanolkonzentration 179
    Ethanolverdünnungseffekt 176
    exponentielle Wachstumsphase 167
    Extraktschwand 248
    FAN-Verbrauch 237
    Fermentationstemperatur 173
    G_2-/S-Phase 176
    Generations-
        zeit 172, 174, 186, 189, 260, 363
    Gesamtsauerstoffbedarf 261
    geschlossene Hefereinzucht 362
    Hefereinzuchtapparat 356
    Hefeschrägagarkultur 346
    Hefezellmenge 186
    Hefezuwachs 237
    Herführung von Brauereihefen 346
    in Brauereiwürze 235
    Induktionsphase 167
    Kannenverfahren
        nach *Carriére, A.* 353
    Kardinaltemperaturen 172
    Konservierungsmethode 348
    kontinuierliche Hefevermehrung 356
    kritische Substratkonzentration 174
    Lagphase 166
    Limitierung durch 238
    logarithmische Wachstums-
        phase 166
    Michaelis-Menten-Konstante 173
    Modellrechnung 186
    negative Akzeleration 167
    nichtlogarithmische
        Vermehrungsphase 167
    offene Hefeherführung 351
    ökonomischer Ertragskoeffizient 174
    Pasteur-Kolben 346
    Pflege der Stammkulturen 342
    pH-Wert 183
    Probegärgefäß 344
    Prozessdauer 189
    Prozesszeit 171
    Reaktionswärme 194
    Reduzierung der Hefeausbeute 236
    Reinzuchthefeherführung 342
    Reinzüchtung 343
    Sauerstoffbedarf 219
    Sauerstoffverbrauch 261
    spezifische Wachstumsrate 260
    Stammauswahl 342, 344
    Stationäre Phase 166
    Stoffwechselwege 190
    Substratkonzentration 174
    Temperatur 172
    Varianten der H. 356
    vegetative Vermehrung 156
    Verlauf der Ethanolkon-
        zentration 363
    Verzögerungsphase 167

Wachstumsrate	172	Oberfläche	106
Wirkung von Kohlendioxid	178	Oberflächenladung	124
Würzeagar	346	Organellenmembranen	154
Würzeschrägagarkulturen	348	Osmotischer Druck	100, 124
Zellzyklus	168	Plasmamembran	92, 144, 149
Zuckerassimilation	174	Prämitochondrien	151
Zuckerkonzentration	176	Protoplasten	148
Zulaufverfahren	179	Ribosomen	142, 153
Zuwachsfaktor	260	Richtwerte	109
Hefeverwertung	431	Sedimentationsge-	
Hefeautolysat	433	schwindigkeit	105, 125
Hefeextrakt	433	Sedimentationsgesetze	126
Hefehydrolysate	434	Speicherstoffe	153
Hefeplasmolysate	434	Spezifische Wachstumsrate	170
Hefeviabilität	14	Sprossnarben	148
Hefevitalität	14, 81, 168, 169, 180, 226	Sprossung	148
Hefevitamine	98	Stoffaustauschfläche	106
Hefewachstum	166	Stofftransport	153
Hefewechsel	77	Vakuolen	142, 151
Hefewirtschaft	14	Vermehrung	156
Hefewuchsstoffe	96	Wärmephysikalische Kennwerte	123
Hefezelle	100	Zellgröße	100
Absetzdauer	135	Zellgrößenverteilung	101
Absetzgeschwindigkeit	131	Zellkern	142, 150
Aufbau	142	Zellmembran	153
Cytoplasma	142, 143, 153	Zellorganellen	142
Dichte	107	Zellteilung	161
dynamische Viskosität	119	Zellvolumen	100
Endoplasmatisches Reticulum	152	Zellwand	142, 144
Enzyme	145	Zellzahlen	100
Flockungstheorien	146	Zellzyklus	168
Generationszeit	170	Zusammensetzung der	
Glycogen	153	Zellwand	149
Golgi-Körper	152	Hefezusammensetzung, chemische	
Größenverteilung	104	β-1,3-Glucan	145
Hefesedimentation	101	Aminobenzoesäure	96
Hefetrockenmasse	101	Aminosäuremenge	84
Hefetrockensubstanzgehalt	110	Aschegehalt	96
Hefezellbestandteile	142	Ascorbinsäure	96
Hefezellvolumina	104	Biotin	96
Hefezellwand	144	Carotinoide	96
Kardinaltemperaturen	172	Cerebrine	94
Kennwerte	100, 103	Chitin	90
Mechanismen des		Cholin	92, 96
Stofftransportes	155	Ergosterin	93, 150
Membran	142	Folsäure	96
Mitochondrien	142, 150	Gesamtglucan	90
Modellberechnung	101	Glucane	90

Glucosamin	90
Glutathion	86, 97
Glycerin	92
Glycerophospholipide	93
Glycogen	153
Glycogengehalt	87
Hämine	96
Hefegummi	89
Kephalin	92
Kohlenhydrate	87
Lecithin	92
Lipide	91
Lipidgranula	153
Mannangehalt	89
Mineralstoffgehalt	227
m-Inosit	96
Neutralfette	92
Nicotinsäure	96
Ölsäure	92
Palmitinsäure	92
Pantothensäure	96
Phosphatide	92
Phosphorsäure	92
Polymetaphosphat	153
Porphyrine	95
Reinproteingehalt	84
Rohproteingehalt	226
Spurenelementgehalt	227
Squalen	94
Stearinsäure	92
Sterine	93
Trehalose	90
Vitamin B12	96
Vitamine	96
Wuchsstoffe	219, 220
Zellwandzusammensetzung	149
Hemmung des Stoffwechsels	
allosterisch	209
kompetitiv	209
nichtkompetitiv	209
High-Gravity-Verfahren	79
High-Gravity-Würze	125, 221
Hochkräusenstadium	15
Hygienerichtlinie	
nach EHEDG	299
nach US 3-A-Standards 74-00	299

I

ICP-Methode	81
ICP-Wert	184
Isolierung der Hefestämme	343
Plattenverfahren nach *Koch*	343
Tröpfchenkultur nach *Lindner*	343

J

Jopenbier	51
Jopenbierbrauerei	52
Jopenbiergärhefe	52
Jungbierseparator	395, 400

K

Kahmhefe	57
Katabolitrepression	210
Kennwerte	
Brauereihefen	101
Hefezelle	100
Produktausbeute	194
spezif. Wärme	123
Keofitt-Armatur	319
Koaleszenz von Blasen	286
Konservierung des Hefestammes	
Antrocknen an sterilem Filterpapier	351
Flüssigstickstoffkonservierung	349
Gefriertrocknung	351
Hefebank	349
in Saccharoselösung	349
Kryokonservierung	349
Langzeitkonservierung	349
Lyophilisation	351
Zellschutzmittel	350
Kontamination	
Kontaminationshefe	42
Oberflächenzustand	302
Kontamination mit *Sacch. pastorianus*	36
Kontrolle der Anstellhefe	
ICP-Methode	81
Infektionsfreiheit	80
Methylenblaufärbung	81

Schnellnachweismethoden	81	Messung, Hefekonzentration	367
Totzellengehalt	80	Methylenblaufärbung	81
Vitalität	81	Methylenviolettfärbung	81
Kräusen	15	*Michaelis-Menten*-Kinetik	154
Kükenhähnchen	324	Mikroflora des Bieres	40
Kulturhefe	16, 342	Mikroorganismen	
Ordnungsbegriffe	16	*Aspergillus niger*	40
Unterschiede obergärige u.		Bierschädliche	49
untergärige Hefen	17	*Brettanomyces bruxellensis*	48
Kulturhefen der Gärungs- und		*Candida mycoderma*	58
Getränkeindustrie	16	D- und z-Werte	249
Kulturheferasse	19	*Escherichia coli*	51
Kulturhefestämme	19	*Hansenula anomala*	59
Kurzzeiterhitzung	244	Kahmhefe	57
Heißhaltetemperatur	247	*Lactobacillen*	49
Heißhaltezeit	247	*Lactobacillus plantarum*	49
KZE-Anlage	337	*Pediococcus*	50
Heißwasserkreislauf	338	Pediokokken	49
		Pichia farinosa	53, 58
		Pichia membranaefaciens	58
L		*Sacch. cerevisiae* var.	
		diastaticus	55
Lagphase	75, 78	*Sacch. cerevisiae* var.	
Lebensfähigkeit der Hefe	14	*ellipsoideus*	55
Lebensmittelfett	295	*Sacch. ellipsoideus*	59
Lietz, Peter	55	*Sacch. eubayanus*	18
Lindner, Paul	40	*Sacch. farinosus*	51
Löslichkeit, Gase	260	*Sacch. pastorianus*	53, 55
		Saccharomyces bailii	53
		Saccharomycodes ludwigii	56
M		*Schizosacch. pombe*	57
		Termobakterien	50
Maltose	221	Wilde Hefen	57
Maltosepermease	221	Mineralsstoffe	
Maltotetraose	221	Kulturhefe	97
Maltotriose	221	Magnesium	97
Malzwurzelkeime	251	Malzwürze	97
Membranventile	312	Phosphor	96
Messtechnik		Schwefel	97
ATP-Messung	191	Mineralstoffbedarf	227
Cell-Counter	375	Assimilationsrate	229
Ethanolmessung	367	Kalium	227
Flusszytometrie	180	Magnesium	227
Hefemonitor	383	Phosphatbedarf	227
intelligente Zellzählgeräte	377	Schwefelbedarf	227
Onlinemessung Ethanolgehalt	367	Überdosierung	229
Onlinesensor für Hefe	377	Modellrechnung	
Teilchenzählgeräte	375	Extraktschwand	248

Gesamtsauerstoffbedarf	259
Hefebierbehandlung	429
Hefezuwachs	259
Kurzzeiterhitzung	247
Molybdändisulfid	295
m-RNA	164

N

Nadelventile	312
Nathan-Verfahren	71
Natürliche Auslese der Hefe	343
Nicht-*Saccharomyces*-Hefen	
Brettanomyces anomalus	25
Brettanomyces bruxellensis	25
Pichia kluyveri	25
Saccharomycodes ludwigii	24
Torulaspora delbrueckii	25
Nitrat	76, 230
Nitrit	76, 230

O

Oberflächenladung der Hefezelle	124
Oberflächenspannung	185
Obergärige Hefe	15, 43
Ordnungsbegriffe der Kulturhefen	16
Osmotischer Druck der Hefezelle	124
Oxidative Zuckerassimilation	174

P

Pantothensäure	232
Paraffinöl	349
Pasteur, Louis	35
Pasteur-Effekt	211
Pasteurisation	244
Permeasen	154
Phosphatidylcholin	93
Phosphatidylethanolamin	93
Phosphatidylinosit	93
pH-Wert	183
cytoplasmatischer pH-Wert	181
cytosolischer pH-Wert	183
extrazellulärer pH-Wert	183
intrazellulärer pH-Wert	183
pH-Wert-Optimum	184
pH-Wert-Messung	
ICP-Messung	183
intrazellulär	183
Plasmamembran	92, 149
Plasmamembran, Modell	149
Presshefe	84, 123, 183, 404
Probeentnahme	307
Anforderungen	307
automatisch	310
manuell	310
Probeentnahmearmatur	
Anforderungen	307
Automatisches Probenahme-	
system	327
Dekontamination	311
Doppelsitzventil	320
Einbau	325
Membranventil	313
Nadelventil	321
Probeentnahme mit Kanüle	323
Probeentnahmehähnchen	324
Probeentnahmesystem nach	
GEA Brewery Systems	327
Probeentnahmesystem nach	
Pentair-Südmo	328
Probeentnahmevorrichtung	322
Probenahmesystem AsepticPro	330
Probenahmesystem Keofitt	312
Prozessanschluss	326
Ventil mit Faltenbalgdichtung	314
Probeentnahmehähnchen	324
Probeentnahmesystem	311
Produktausbeute	194
Prolinverwertung	224
Propagationsanlage	277, 279
Proteinase A	151
Protoplasten	148
Prozessgrößen, Onlinemessung	300
Pumpen	332
Druckbegrenzungsventil	332
Förderhöhe einer Pumpe	335
Förderung einer	
Hefesuspension	416
Frequenzsteuerung	334
Gleitringdichtung	333
Haltedruck	334

Kavitation	332	RNA	91, 159
Kreiselpumpe	334	Rohre	296
Leermeldesonde	332	Hygieneklassen	296
Membranpumpen	332	Mittenrauwerte	297
NPSH-Wert	334	Rohrleitungen	
Pumpenbauformen	332	Abzweige	300
Quench	333	Anforderungen	299
Quenchraumspülung	333	Betriebssicherheit	302
Saugleitung	334	Chemikalienbeständigkeit	306
Seitenkanal-Pumpe	334	Druckverlustberechnung	121
Sternradpumpe	334	Festverrohrung	302, 304
Trockenlaufschutz	332, 333	Leckageüberwachung	304
Überströmventil	332	manuelle Verbindungstechnik	302
Verdrängerpumpen	332	Paneeltechnik	302, 305
PYF-Faktor	148	Passstück-Verbindung	302
		Rohrleitungsabzweig	305
		Rohrleitungsknoten	305

Q

Qualitätssicherungssystem	304	Schweißspannungen	304
		Schwenkbogen-Verbindung	302
		Totraum	300
		Totraumminimierung	303
		Verbindungstechnik	302

R

Raffinosevergärung	54		

S

Redoxpotenzial	185	*Sacch. bayanus*	18, 42
Reinigung	338	*Sacch. carlsbergensis*	18, 42
Reinigungsvorrichtung		*Sacch. cerevisiae*	15, 18, 39, 41, 43
Sprühkugel	272	*Sacch. eubayanus*	18
Zielstrahlreiniger	272	*Sacch. pastorianus*	18, 37, 42
Reinzucht, natürliche	62	*Sacch. uvarum*	18, 42
Reinzuchtanlage	64	*Saccharomyces dairensis*	23
Großer *Lindner*'scher		*Saccharomyces rosei*	23
Hefereinzuchtapparat	65	*Saccharomycodes ludwigii*	23
nach *Greiner*	68	Saccharose	221
nach *Hansen-Kühle*	64	Sauerstoff	252
nach *Jörgensen-Bergh*	64	Bedarf	253
nach *Lindner*	64	Effizienz der Sauerstoffzufuhr	287
nach *Weinfurtner*	267	Energieausbeute	287
Reinzuchtgefäß		$k_L \cdot a$-Wert	287
Carlsberg-Kolben	267	Löslichkeit	260
Erlenmeyer-Kolben	267	nichtenergetischer Bedarf	234
Reinzuchthefe	62, 264	OCR-Wert	287
Reinzüchtung der Hefe	60	OTR-Wert	287
Reynolds-Zahl	127	Sauerstoffaufnahmerate	257, 258
Ribonucleinsäure	91	Sauerstoffbedarf	255
Ribose	91		
Richtwerte, Anstellwürze	390		

Sauerstoffeinfluss auf die Hefevermehrung	71
Stoffübergangskoeffizient	287
Sauerstofflösung in Würze	281
Sauerstoffpartialdruck	283
Sauerstofftransportrate	255
Sauerstoffversorgung	252, 274
reiner Sauerstoff	274
Sterilluft	274
Schaumbildung, Schaumproblem	287
Schrägagar-Kultur	264
Schwefeldioxid	216
Schwefelstoffwechsel	214
Schwefelverbindungen im Bier	216
Sedimentationsgeschwindigkeit der Hefe	105
Sensor	
Adapter	300
Anschlusssysteme	299, 300
CO_2-Gehalt	273
Dichte	273
Druck	273
Ethanolmessung	176, 274
Füllstand/Inhalt	273
pH-Wert-Messung	274
Prozessanschluss	301
Prozessanschluss APV®-Gehäuse	301
Prozessanschluss nach US 3-A-Standard	301
Prozessanschluss Varinline®-Gehäusesystem	301
Sauerstoffmessung	273
Temperatur	273
Trübung	273
Zellkonzentration	273
Separator	
Düsenseparator	415
Hefebiergewinnung	413
Jungbierseparator	400, 417
Klärseparator	416
S-Methylmethionin	216
Sprossnarben	79, 148
Sprossverbände	157
Spurenelementbedarf	229
Spurenelemente	
Eisen	98
Kupfer	98
Schwermetalle	99
Selen	98
Zink	98
Stammauswahl	14
Stammpflege	14
Stammsammlung von Hefen	20, 349
Statischer Druck	182
Staubhefen	144
Sterilisation	245, 340
Batchverfahren	336
Bedingungen für die S.	340
Betriebswürze	336
Durchlaufverfahren	336
Glasgefäße	346
Kurzzeiterhitzungsanlage	337
strömender Dampf	340
Wärmedurchgangskoeffizient	336
Würze	338
z-Wert	246
Sterilluft	275
Bereitung	275
Stickstoff, assimilierbar	
Dosierung	235
FAN	224
FAN-Gehalt	224
FAN-Verbrauch	225
Gerstenrohfruchtwürze	225
Stickstoffmangel	238
Stoffwechsel	
β-Alanin	232
α-Aminostickstoffgehalt	224
α-Glucosidase	155
5-Ketogluconsäure	221
Acetyl-CoA	202
Adaptionsvermögen Maltose	220
Adenosindiphosphat	191
Adenosinmonophosphat	191
Adenosintriphosphat	191
aerobe Gärung	222
Aktiver Ionen-Pumpentransport	154
Aktiver Transport	155
alkoholische Gärung	193
allosterische Hemmung	209
Aminosäuregemische	226
Ammoniaklösung	223
Ammoniumsalze	223
anabolische Reaktion	196, 207
Anabolischer Baustoffwechsel	168

Anabolismus	226
anaplerotische Reaktion	196, 207, 226
Arabinose	220
Atmung	193
Atmungsenzyme	151
Atmungskette	211
ATP-ADP-AMP-Verhältnis	212
Baustoffwechsel	196
Bernsteinsäure	221
Bindungsenergie	190
Biomasseausbeute	195
Brenztraubensäure	198
Bukettstoffe	214
Cellobiose	220
Citratzyklus	151, 205
Citronensäure	221
CO_2-Partialdruck	182
Coenzym A	203
Coenzym TPP	204
Crabtree-Effekt	211, 222
D-Erythrit	221
Desoxyribonucleinsäure	159
Desoxyribose	159
Diffusion	154
Einfache Diffusion	154
Emden-Meyerhof-Parnas-Weg	198
Endprodukthemmung	183
Energie- und Baustoffwechsel	190
Energie- und Produktbilanz	194
Energieausbeute	195
Energiequelle	220, 221
energiereiche Bindung	191
Energiespeicherung	193, 212
Energiestoffwechsel	196
Erhaltungsstoffwechsel	193
erleichterte Diffusion	155
Essigsäure	221
Ethanol	221
Ethanolausbeute	223
extrazelluläre Stoffwechselprodukte	190
FAN-Verbrauch	225
FDP-Weg	198
Fettsäuresynthese	143, 207
Flavinadenindinucleotid	204, 205
freie Energie	192
Fructose	220
Fructose-1,6-diphosphat-Weg	199
Funktionsenzyme	150
Galactose	220
Gärungsenzyme	198
Gluconeogenese	143, 193
Gluconsäure	221
Glucose	220
Glucose-6-Phosphat	154
Glycerin	213, 221
Glycogen	193
Glycogenspeicherung	212
Glycolyse	143
Hefeausbeute	222, 223
Hexosemonophosphat-Weg	143
Horecker-Weg	206
Hydrolasen	151
Jungbukettstoffe	214
katabolische Reaktion	196
Katabolismus	226
Katabolitrepression	210
Kohlenstoffquelle	221
Kompartimentierung des Stoffwechsels	209
kompetitive Hemmung	209
Krebs-Zyklus	205
Lactose	220
Liponsäureamid	204
Maltase	210
Maltose	155, 220
Maltosepermease	210
Maltotetraose	220
Maltotriose	155, 220
Mannit	221
Mannose	220
Melibiose	220
Methanol	221
Milchsäure	221
nichtkompetitive Hemmung	209
Nucleotidbasen	159
osmotischer Druck	182
oxidative Decarboxylierung	202, 205
oxidative Phosphorylierung	196
Pantothensäuremangel	232
Paraffine	221
Pasteur-Effekt	211
Pentosen	220
Pentosephosphat-Weg	206
Permeasen	155

Phosphorylierung	150
Polymetaphosphat	193
Produktausbeute	195
Pyruvat	198
Pyruvat- und Citratkonzentration	212
Pyruvatcarboxylierung	232
Raffinose	220
Reaktionswärme	195
Regulationsmöglichkeiten	209
Reservekohlenhydrate	193
Rhamnose	220
Ribonucleinsäure	159
Ribose	220
Saccharose	220
Sauerstoffmangel	234
Schwefeldioxid	216
Schwefelstoffwechsel	214
Sorbit	221
Stickstoffdosage	226
Stickstoffquellen	222, 223
Stofftransport	153
Stoffwechselbeeinflussung	181
Stoffwechselwege	190
Sulfid	215
Syntheseproteine	150
Thiaminpyrophosphat	204
Transportgeschwindigkeit	155
Trehalose	193
Tricarbonsäure-Zyklus	205
Vitamine	98
Wasseraktivität	182
Wasserstoffüberträger	196
Wuchsstoffe	98
Xylose	220
zelluläre Stoffwechselprodukte	190
Zuckerkonzentration	223
Zuckerverwertung	220
Stressfaktoren	75, 180
Kälteschock	76
Nährstoffmangel	76
oxidativer Stress	76
Stressresistenz	433
Temperaturschock	76
Systematik der Hefen	18

T

Temperaturschock der Hefe	388
Temperaturschockempfindlichkeit	346
Termobakterien	50
Theoretische Energie- und Produktbilanz bei der Gärung	194
Thixotropie	117
Thoma-Kammer	273
Thymin	91, 159
TPP	204
t-RNA	164
Trockenhefe	343, 405
ADY	411
aktive Trockenhefe	411
Aktivitätsverlust	408
Brauereitrockenhefe	405
Gärungsqualität	411
Hefegabe	409
Hefetrocknung	406
Lagerung	408
Rehydratisierung	407
Totzellenanteil	408
Wassergehalt	83
Tröpfchenkultur nach *Lindner*	60

U

Überschusshefe	
Abwasserbelastung	435
Bierhefe als Futtermittel	432
Bierhefeverwertung	431
Eiweißfuttermittel	432
Entsorgung	435
pharmazeutische Produkte aus Bierhefe	433
Presshefe	84, 404
Trockenhefe	405
Verwertung	431
Untergärige Hefe	16, 43, 47, 395
Uracil	91

V

Vakuolen	
Aminosäurepool	151

Lysosomen	151	Wachstumsphase, logarithmisch	78
Polymetaphosphatgranula	151	Wachstumsrate	177
Zellautolyse	151	Wartungskosten	302
Vakuumgärung	71	Wasser, extrazellulär	82

Ventil
- Nadelventil 321
- Sterilventil 315

Vermehrung
Siehe auch Hefevermehrung
- Altersverteilung 157
- Ascosporen 158
- Ascuszelle 158
- Chromosomen 158
- diploide Zygote 158
- Geburtsnarben 157
- haploide Hefezelle 158
- Hybriden 158
- *Mendelsche* Gesetze 158
- Ploidiegrad 159
- Sexualzyklus 158
- Sexuelle Vermehrung 158
- Sprossnarben 157
- Stammeigenschaften 159
- Tochterzelle 156
- Zellgröße 159
- Zellkernteilung 156
- Zellsprossung 156

Vermehrungskinetik
- Anzahl der Generationen 170
- Biomassezuwachs 169
- G_2-/S-Anteil 367
- Generationszeit 169, 170
- spezifische Wachstumsrate 170
- Zellmasse 169
- Zellmenge 170
- Zuwachsfaktor 171

viability, Viabilität 14

Vitalität, logarithmische
- Wachstumsphase 180

vitality, Vitalität 14

Vitamine 98
- Kulturhefe 97
- Malzwürze 97

W

Wachstumsphase 153

Werkstoffe
- Beständigkeit der Dichtungswerkstoffe 298
- Edelstahl, Rostfrei®. 294
- Korrosion 295
- Kunststoffe 296
- Mittenrauwert 296
- Nichtrostende Stähle 294
- Oberflächenzustand 296
- Pflege des Edelstahles 295
- Unterscheidungsmöglichkeiten für Elastomere 298

Wichtige Forscher
- *Appert* 28
- *Baco* 26
- *Balling, C.J.N.* 32
- *Berzelius, J. J.* 29
- *Buchner, Eduard* 37
- *Buchner, Hans* 38
- *Cagniard de la Tour, Charles* 29
- *Delbrück, Max* 61
- *Ehrenberg, Chr. G.* 30
- *Erxleben, J. Chr. P.* 29
- *Gay-Lussac, J. L.* 28
- *Glimm, Engelhardt* 51
- *Hahn, M.* 38
- *Hansen, Emil Chr.* 36, 45
- *Helmholtz, H. v.* 32
- *Horkel, J. A.* 30
- *Kaiser, G. v.* 34
- *Koch, Richard* 69
- *Koch, Robert* 60
- *Kützing, Friedrich Traugott* 29
- *Lavoisier, A.* 28
- *Leeuwenhoek, Antonio van* 26
- *Liebig, Justus v.* 32, 35
- *Lietz, Peter* 36
- *Lindner, Paul* 39, 61
- *Lullus* 26
- *Magnus, A.* 26
- *Marquard, Heinrich* 33
- *Mitscherlich, Eilhard* 32
- *Müller, Johannes* 31
- *Nathan, Leopold* 71

Pasteur, Louis	34, 45
Pedersen, R.	37
Persoon, C. H.	29
Poggendorff, J. Chr.	29
Priestley, J.	28
Scheele, C. W.	28
Schwann, Theodor	29
Stahl, Georg Ernst	27
Stockhausen, F.	69
Thénard, L. J.	29
Traube, M.	37
v. Naegeli, C. W.	37
v. Humboldt, Alexander	29
v. Linné, C.	29
v. Pechnann	37
Weinfurtner, F.	69, 353
Wellhoener, H. J.	71
Windisch, Siegfried	36
Wöhler, F.	32
Wiederverwendung der Hefe	78
Wuchsstoffbedarf	231
anaerob	234
D-Biotin	231
Desthiobiotin	231
Fettsäuren, ungesättigt	232
Linolensäure	232
Linolsäure	232
Ölsäure	232
Wuchsstoffe	98
Wuchsstoffmangel	238
Würze	
Kurzzeiterhitzung	244
Nährstoffanreicherung	251
Pasteurisation	244
Reinzuchtwürze	247
thermische Behandlung	247
Würzequalität	390
Würzebakterien	243
Würzebelüftung	284
Würzezusammensetzung	
Anforderungen an Bierwürze	239, 243
biologische Säuerung	240
mikrobiologischer Status	241
Mineralstoffe, essentiell	237
Wuchsstoffgehalt	238

Z

Zählkammer nach *Thoma*	372
Auswertung	372
Auszählung der Kammer	373
Einflüsse und Genauigkeit	374
Füllen der Kammer	372
Vorbereitung	372
Zellautolyse	151, 167
Zellkern	
Chromosomen	150
DNA	150
Doppelhelix	159
Grenzmembran	150
Nucleolos	150
Nucleotidstränge	159
RNA	150
Wasserstoffbrücken	159
Zellteilung	
Codone	164
Elongation	163
Hefegenom	165
Initiation	163
Ligasen	161
messenger-RNA	164
Polymerasen	161
Promoterregion	163
RNA-Polymerase	163
Termination	163
Transfer-Ribonucleinsäuren	164
Transfer-RNA	164
Transkription	162
Translation	165
Zelltod	149, 234
Zellwand	
Disulfidbrücken	144
Glycerophospholipide	150
Hefegummi	144
Membranpermeabilität	232
m-Inosit	233
Mitochondrionmembran	234
Permeasen	150
Phosphomannanschicht	144
Sterine	150
Stofftransport	150
Transportenzyme	150
Transportproteine	150
Zellzahl	100

Zellzahlbestimmung		Mitose	168
Differenz-Trübungsmessung	381	Mutterzelle	168
Onlinebestimmung der		quieszente Zelle	168
Zellmenge	381	Ruhephase der Hefe	168
Probleme	377	Synthesephase	168
Teilchenzählgeräte	371	Tochterzelle	168
Teilchenzählung in der		Zellzyklus der Hefezelle	168
angestellten Würze	381	ZKT	72
Zählkammer nach *Thoma*	371	Zuckerverwertung	221
Zellzerstörung	183	Angärzucker	221
Zellzyklus		Reihenfolge:	221
Autolyse	168	z-Wert	246
G_1-Phase	168	Zymasegärung	38
G_2-Phase	168		

Literatur- und Quellenverzeichnis

1 Annemüller, G. u. H.-J. Manger: Gärung und Reifung des Bieres; 2. Aufl.,
  Berlin: Verlagsabteilung der VLB, 2013
2 Annemüller, G. u. H.-J. Manger: Klärung und Stabilisierung des Bieres;
  Berlin: Verlagsabteilung der VLB, 2011
3 Walsh, R. M. u. P. A. Martin: Growth of *Saccharomyces cerevisiae* and
  Saccharomyces uvarum in a Temperature-Gradient-Incubator
  J. Inst. Brewing **83** (1977), S. 169-172
4 Hansen, J. u. M.C. Kielland-Brandt: *Saccharomyces carlsbergensis* contains two
  functional MET2 alleles similar to homologues from
  S. cerevisiae and *S. monacensis,* Gene **140** (1994) S. 33-40
5 Pedersen, H. B.: Molecular Analyses of Yeast DNA-Tools for Pure Yeast Maintenance in
  Brewing, J. Am. Soc. Brew. Chem. 52 (1994)1, S.23-27
6 Børsting, C. et al.: *Saccharomyces carlsbergensis* contains two functional genes
  encoding the acyl-CoA binding protein, one similar to the ACB1 gene from *S. cerevisiae*
  and one identical to the ACB1 gene from *S. monacensis*, Yeast **13** (1997) S. 1409-1421
7 Brandl, A.: Neue Erkenntnisse zur Brauhefe-Taxonomie und Qualitätskontrolle mittels PCR;
  Tagungsband des 2. Weihenstephaner Hefesymposiums, Freising, d. 15./16.06.2004
8 Hansen, E. Chr.: C. R. Lab. Carlsberg **2** (1888), S. 257-322
9 Delbrück, M. und A. Schrohe: Hefe, Gärung und Fäulnis; Berlin: Verlag P. Parey, 1904, S. 25
10 Hansen, E. Chr.: C. R. Lab. Carlsberg **7** (1908), S. 166-198
11 Kudrjawzew, W. I.: Die Systematik der Hefen, Berlin: Akademie Verlag, 1960
12 Lodder, J. u. N.J.W. Kreger-van Rij: The Yeasts, 2. Aufl.,
  Amsterdam, London: North-Holland Publishing Company, 1970
13 Barnett, J. A., R. W. Payne u. D. Yarrow: Yeasts: Charakteristics and Identification
  Cambridge: University Press, 1983
14 Pedersen, M. B., loc cit. durch P. Sigsgaard: Züchtung neuer Bierhefe des Carlsberg
  Research Center, Vortrag auf der Brauwirtschaftlichen Tagung 1991 der Fakultät für
  Brauwesen, TU München-Weihenstephan, 25.04.1991
15 Libkind, D. et al.: Microbe domestication and the identification of the wild genetic stock of
  lager-brewing yeast; Proc. Natl. Acad. Sci. **108** (2011), S. 14539-14544
16 Stewart, G. G. et al.: Developments in brewing and distilling yeast stains;
  J. Inst. Brewing **119** (2013), S. 202-220
17 Hung, J. u. M. Dahabieh: Neue Hefen, neue Biere: GVO-freie Hefetechnologien für neue
  Bieraromen (Teil 3), Brauwelt **159** (2019) 1-2, S. 17-20
18 Pettilä, M.: Metabolic engineering approaches - opportunities for brewing
  Proc. EBC, 28th Congr. Budapest 2001, S. 53/1-53/9
19 Donhauser, S., Wagner, D. und H. Guggeis: Hefestämme und Bierqualität, 1. Mitt.,
  Brauwelt **127** (1987) 29, S. 1273-1280 und
  Donhauser, S., Wagner, D. und D. Gordon: Hefestämme und Bierqualität, 2. Mitt.,
  Brauwelt **127** (1987) 38, S. 1654-1664
20 Wagner, D.: Einfluss des Hefestammes auf die Bierqualität, ref. durch
  Brauwelt **142** (2002) 44, S. 1594 und 1596
21 Wackerbauer, K., Cheon, Ch. u. M. Beckmann: Yeast propagation – With spezial
  emphasis on flocculation behavious during the first cycle
  Brauwelt International **22** (2004) 2, S. 89-99
22 Hung, J. u. M. Dahabieh: Neue Hefen, neue Biere: GVO-freie Hefetechnologien für neue
  Bieraromen (Teil 3), Brauwelt **159** (2019) 1-2, S. 17-20

23 Forschungszentrum Weihenstephan für Brau- und Lebensmittelqualität, Mikrobiologische Analytik und Hefezentrum, Alte Akademie 3, D-85354 Freising (E-Mail: m.hutzler@tum.de)
24 Hefebank Weihenstephan; www.hefebank-weihenstephan.de
25 Alfred Jørgensen Laboratory Ltd.: AJL Yeast Catalogue 2002, unter: www.ajl.dk
26 Hutzler, M., T. Meier-Dörnberg, D. Stretz, J. Englmann, M. Zarnkow u. F. Jakob: TUM Yeast-LeoBavaricus Is Born - TUM68®, Brauwelt International 2017/IV, S. 280-282
27 Michel, M., T. Meier-Dörnberg, M. Hutzler u. F. Jakob: Alternative Bierhefen - Was erwartet uns, Brauwelt **158** (2018) 10, S. 266-268
28 Pahl, R.: Rezeptentwicklung und die neue Forschungs- und Lehrbrauerei der VLB, Vortrag auf dem 24. Dresdner Brauertag, Tagungsunterlagen, Dresden am 27.04.2018
29 Hageboeck, M.: Persönliche Mitteilung, Berlin 12.12.2019
30 Hefe des Monats Stamm 476, ref. in Getränkeindustrie **64** (2010) 10, S. 69
31 http://www.doemens.org/de/beratung/hefebank-mikro-organismensammlung/trockenhefen.html
32 Glaubitz, M., R. Koch u. G. Bärwald: Atlas der Gärungsorganismen, Verlag Paul Parey Berlin u. Hamburg 1983
33 Kunz, Th. u. F.-J. Methner: Verfahren zur Herstellung eines Getränkes, DE-OS 102009023209 v. 29.05.2009
34 Annemüller, G., H.-J. Manger u. P. Lietz: Die Berliner Weiße - Ein Stück Berliner Geschichte -, VLB-Fachbuchverlag Berlin, 2. Aufl. 2018
35 Hutzler, M., T. Meier-Dörnberg, S. Wagner, M. Zarnkow u. F. Jakob: Advanced Yeast Hunting, Vortrag: 36. EBC Congress, Proceedings Llubljana 2017
36 Ingenkamp, C.: Die geschichtliche Entwicklung unserer Kenntnis von Fäulnis und Gärung, Dissertation Universität Bonn, 1885
37 Paul de Kruif: Mikrobenjäger, Zürich, Orell Füssli Verlag, 1935
38 Stahl, G. E.: Zymotechnia fundamentalis, Stettin und Leipzig, 1748
39 Wortmann, J.: Die wiss. Grundlagen der Weinbereitung und Kellerwirtschaft, Berlin: Verlag P. Parey, 1905
40 Gay Lussac: Annales de Chim. Bd. 76 , 1810, S. 247
41 Lindner, P.: Wie sichert man sich eine haltbare Hefe Wochenschrift f. Brauerei **9** (1892) 24, S. 623-624
42 Cagniard de la Tour, Ch.: Annales de Chim. et de Physique, 1838, Bd. 68, S. 206
43 Thenard, L.: Annal. de Chim. et de Phys. Bd. 28, 1825, S.128
44 Erxleben, C.P.F.: Über Güte und Stärke des Bieres und die Mittel, diese Eigenschaften richtig zu würdigen in: „Hefe, Gärung Fäulnis" Berlin: Verlag Paul Parey, 1904
45 Klöcker, A.: Die Gärungsorganismen Stuttgart: Verlag M. Waag, 1900
46 Oberhauser, G. : Annales de Chimie et de Physique Bd. 68, S. 206, 1838
47 Müller, R.H.W. .in „Der Nordhäuser Roland", 1957, S. 267
48 Müller, R.H.W. und R. Zaunick: Lebensdarstellungen deutscher Naturforscher, Nr. 8, F.T. Kützing - Aufzeichnungen und Erinnerungen 1807-1893; Leipzig: Barth, 1960
49 Kützing, F. T.: Mikroskopische Untersuchungen über die Hefe und Essigmutter, nebst mehreren anderen dazu gehörigen vegetabilischen Gebilden: in: „Hefe, Gärung und Fäulnis"; Berlin: Verlag P. Parey, 1904, S. 25
50 Schwann, Th.: Vorläufige Mitteilung, betreffend Versuche über die Weingärung unf Fäulnis, Poggendorffs Annalen 1837, Bd. 41, S. 184
51 Blondeau, C.: J. de Pharm.et de Chim., 3. Sèr., Bd.12, 1847 S. 244
52 Mitscherlich, E.: ref.d. F. Lafar: Handbuch der technischen Mykologie Jena: Verlag F. Fischer, Bd. 4, 1907
53 Wöhler, F. und J. Liebig: Das enträtselte Geheimnis der geistigen Gärung, Annalen der Chemie, Bd. 29, S. 100
54 Marquard, H.: Die Pfund- oder Preßhefe, Weimar: B.F. Voigt, 1859

55 Kaiser, K. G.: Die Hefereinzucht, Kunst und Gewerbeblatt, Bd. 16,
S. 204, Bd. 28, S. 50. Polytechnischer Verein München

56 Pasteur, L.:Mem. sur la fermentation alcoholique,
Annal. De Chim. et de Phys. 3. Ser. Bd 58, 1860, S. 323

57 Rees, M.: Botanische Untersuchungen über die Alkoholgährungspilze, Leipzig, 1870

58 Hansen, E. C.: Maladies provoquées dans la biére par des ferments alkooloques.
Comp. Rend. des traveaux du lab. de Carlsberg, 1883, Bd 2, Heft 2

59 Windisch, S.: Untersuchungen über *Saccharomyces pastorianus,*
Monatsschrift f. Brauerei **14** (1961) S. 183

60 Lietz, P.: Isolierung der Hefeart *Saccharomyces pastorianus* aus Bier.
Zentralbl. f. Bakteriologie, Parasitenkunde, Infektionskrankheiten u. Hygiene, II. Abt.,
Vol.118, S. 383, 1964

61 Buchner, E.: Die Zymasegärung, Berlin-München: R. Oldenbourg, 1903

62 Grüß, J.: Saccharomyces Winlocki, die Hefe aus den Pharaonengräbern,
GGB-Jahrbuch 1929, S. 7-17

63 Lindner, P.: Atlas der mikroskopischen Grundlagen der Gärungskunde,
Berlin: Verlag Paul Parey, 1927;

64 Bärwald, G.: Atlas der Gärungsorganismen; Begründet von von M. Glaubitz u. R. Koch;
4. völlig neu bearbeitete und ergänzte Auflage, Berlin: Verlag Paul Parey, 1983

65 Glaubitz, M. u. R. Koch: Atlas der Gärungsorganismen, 3. neubearbeitete Aufl.,
Berlin: Verlag Paul Parey, 1965

66 Jacobsen, L.: Die Carlsbergstiftung; Jahrbuch der Gesellschaft für die Geschichte
und Bibliographie des Brauwesens 1928, S. 40-48

67 Kreger-van Rij, N.J.W.: The Yeast; 3. Aufl., Amsterdam: Elsvier, 1987

68 Lindner, P.: Mikroskopische und biologische Betriebskontrolle in den Gärungsgewerben,
6. Aufl., Berlin: Verlag Paul Parey, 1930

69 Mösch, H.-U.: Pilzliche Adhäsine: Klebstoffe für soziales Verhalten und Pathogenität;
Biospektrum, Sept. 2013, S. 496-498

70 Tamai, Y., Momma, T., Yoshimoto, H. u. Y. Kaneko: „Co-existence oft two types of chromo-
some in the bottom fermenting yeast, Sacch. pastorianus; Yeast 1998 Juli 14, p. 923-933

71 Ingram, M.: The lactic acid bacteria in Proceedings of the 4 Ashton symposium 1973,
University Bristol, p. 1-13].

72 Kitahara, K. u. J. Suzuki: *Sporolactobacillus nov*. subgen. In: J. gen. Appl. Mikrobiol., p. 59-71

73 Henneberg W.: Handbuch der Gärungsbakteriologie; Berlin: Paul Parey
Verlagsbuchhandlung,1926

74 Urbanek, A.: Danziger Jopenbier; in GGB-Jahrbuch 2017, S. 181-188

75 Lindner, P.: Saccharomyces farinosus und Saccharomyces Bailii; Zwei neue Hefenarten aus
Danziger Jopenbier; Wochenschr. f. Brauerei **11** (1894) S. 153-156

76 Engelhardt Glimm: Über das Danziger Jopenbier; in: Mitteilungen aus dem Laboratorium für
Nahrungsmittel-Chemie und landwirtschaftliche Gewerbe der Techn. Hochschule Danzig;
Schriften der Naturforschenden Gesellschaft zu Danzig, 1927, Heft 2

77 Ob die Hefe Sacch. farinusus identisch mit der Hefe Pichia farinosa ist, ist nicht bekannt.

78 Lietz, P.: Einige Bemerkungen zur Gärung und Reifung des Jopenbieres und der daran
beteiligten Mikrobenflora; GGB Jahrbuch 2017, S. 189-192

79 Arkima,V.: Die Bildung der Fettsäuren $C_4 - C_{10}$ bei durch wilde Hefen hervorgerufenen
Gärungen; Proc. EBC, 14th Congr. Salzburg 1973, S. 309-315

80 Foto: Archiv Peter Lietz

81 Windisch, S.: Untersuchungen über *Saccharomyces pastorianus,*
Monatsschrift f. Brauerei **14** (1961) S. 183

82 Niefind, H. J. u. G. Späth: Die Bildung flüchtiger Aromastoffe durch Mikroorganismen
Proc. EBC, 13th Congr. Estoril 1971, S. 459-468

83 Henneberg, W.: Handbuch der Gärungsbakteriologie, Bd. 2: Spezielle Pilzkunde
  Berlin: Verlagsbuchhandlung Paul Parey, 1926
84 Koch, R.: Zur Untersuchung von pathogenen Mikroorganismen
  Mitt. aus dem Kaiserl. Gesundheitsamt, Bd. 1, Berlin, 1881
85 Lindner, P.: Die Tröpfchenkultur und die Bedeutung des Mikroskopes in der Brauerei;
  Wochenschr. f. Brauerei **11** (1894) 23, S. 697-699
86 Hansen, E. Ch.: Mitteilung aus dem Carlsberg Laboratorium / Untersuchungen aus der Praxis
  der Gährungsindustrie Wochenschrift f. Brauerei **5** (1888) 34, S.685-689; 35, S. 705-707
87 Hansen, E. Ch.: Über Hefe und Hefereinzucht, Allgemeine Zeitschrift für Bierbrauerei
  und Malzfabrikation, 1887, S. 518
88 Delbrück, M.: Die Carlsberger reingezüchtete Hefe,
  Wochenschrift f. Brauerei **2** (1885) 10, S. 126-128
89 Delbrück, M.: Neues über natürliche Hefenzucht;
  Wochenschrift f. Brauerei **8** (1896) 25, S. 640-642
90 Munsche, A.: Beiträge zur experimentellen Prüfung der Gesetze der natürlichen Reinzucht.
  Zeitschrift für Spiritusindustrie, 1895
91 Hansen, E. Ch.: Über Hefe und Hefereinzucht;
  Wochenschrift f. Brauerei **11** (1887) 24, S. 457-460
92 Lafar, F.: Handbuch der Technischen Mykologie, Bd. 4, Gustav Fischer, Jena, 1907
93 Schnegg, H.: Die Hefereinzucht, Nürnberg: Verlag F. Carl, 1944
94 Lindner, P.: Mikroskopische Betriebskontrolle in den Gärungsgewerben,
  5. Aufl., Berlin: Paul Parey, 1909
95 Donhauser, S., Vogeser, G. und R. Springer: Klassifizierung von Brauereihefen und
  anderen industriell genutzten Hefen durch DNS-Restriktionsanalysen,
  Monatsschrift f. Brauwiss. **42** (1989)1, S. 4-10
96 Donhauser, S., Springer, R. und G. Vogeser: Identifizierung und Klassifizierung
  von Brauereihefen durch Chromosomenanalyse mit der Pulsfeldgelelektrophorese
  Monatsschrift f. Brauwiss. **43** (1990) 12, S. 392-400
97 Martens, F. B. et al. : Möglichkeiten zur Identifizierung und Charakterisierung von
  Hefestämmen mit Methoden der DNA-Analytik,
  Proc. EBC, 20th Congr. Helsinki, 1985, S. 211
98 Wiest, A.: Möglichkeiten zur Identifizierung und Charakterisierung von Hefestämmen mit
  Methoden der DANN-Analytik; Dissertation, TU München, 1992
99 Lietz, P.: Charakterisierung und Differenzierung untergäriger Bierheferassen, Dissertation,
  Humboldt Universität zu Berlin, Landw. Gärtn. Fakultät , Inst. f. Mikrobiologie, 1965
100 Yatsushiro, T.: Praktische Gärmethode zur Beurteilung der Malzqualität und des
  Bruchbildungsvermögens der Hefen; Wiss. Beilage: Die Brauerei, **6** (1953) 4, S. 41-43
101 Weinfurtner, F., Wullinger, F. und A. Piendl: Eine Kleingärapparatur zur Ermittlung der
  Gäreigenschaften von Brauereihefen Brauwissenschaft **14** (1961) 3, S. 109-119
  Die Charakterisierung von Brauereihefen nach den physiologischen Eigenschaften und die
  Beurteilung der Hefestämme nach dem „Gärwert"; Brauwissens. **14** (1961) 5/6, S. 281-291
102 Bavisotto, V. S., L. A.Roch: Gaschromatographische Bestimmung von flüchtigen
  Bestandteilen im Bier während des Brauens, der Gärung und Lagerung,
  ASBC-Proc. 1959, S. 63-75, 1960, S. 101-117 und 1961, S. 16-23
103 Sack, G.: Die Bildung von höheren Alkoholen bei der Vergärung von Bierwürze, Diss.
  TU Berlin, 1958
104 Bärwald, G.: Über die höheren aliphatischen Alkohole im Bier und einige Faktoren zu ihrer
  mengenmäßigen Beeinflussung, Diss. TU Berlin, 1964
105 Nordström, P.: Eine mögliche Regelung der Bildung flüchtiger Ester beim Brauen,
  Proc. EBC, 10th Congr. Stockholm 1965, S. 195-208
106 Windisch, F.: Bottichgärung unter Druck, zur Frage der Bottichabdeckung, Gärungskohlen-
  säuregewinnung; Jahrbuch der VLB **19** (1928) S. 232-254

107 Windisch, F.: Vergleichende Untersuchungen über offene und geschlossene Bottichgärung; Wochenschrift f. Brauerei **45** (1928) 49, S. 547-553

108 Lietz, P.: Verfahren zur Verkürzung der Gär- und Reifungszeit von untergärigen Bieren, DDR W.-Patent 5 39 83

109 Wellhoener, H. J.: Ein Verfahren revolutioniert die Brauerei, BW **103** (1963) 22/23, S. 397 und Der Einfluß der Gärtemperatur auf die Bierqualität BW **103** (1963) 45/46, s. 845-851

110 Wellhoener, H. J.: Bierherstellugsverfahren für unter- und obergäriges Bier Patentschrift der Schweiz 474 571 vom 30.06.1969 (Anmeldung 10.02.1964)

111 Wackerbauer, K.: Die Beschleunigung der Gär- und Reifungsvorgänge im Bier durch eine kombinierte Warm- und Kaltlagerung; Monatsschr. f. Brauerei **18** (1965) 7, S. 185-188

112 Krauß, G. und G. Sommer: Versuche zur Abkürzung der Gär- und Lagerzeit bei der Bierherstellung, Monatsschr. f. Brauerei **20** (1967) S. 49-77

113 Kieninger, H.: Beitrag über neue Verfahren in der Bierbereitung Brauwelt **104** (1964) 80, S. 1537-1540

114 Annemüller, G.: Verfahrensentwicklung zur beschleunigten diskontinuierlichen Gärung und Reifung von hellen Vollbieren in zylindrokonischen Großtanks, Diss. A, Humboldt Universität zu Berlin, 1975

115 Lindner, P.:Das Nathan'sche Bierherstellungsverfahren im „Hansena"-Apparat, Wochenschrift f. Brauerei **18** (1901) S. 354-356

116 Lindner, P.: Vorläufige Mittheilung über das Nathan'sche Bierherstellungsverfahren Wochenschrift f. Brauerei **19** (1902) S. 5-7 und 13-15 und Nathans Bierbereitung **19** (1902) S. 597

117 Nathan, L.: Über die Mittel zur Beschleunigung der Biergärung und der Reifung des Bieres, Wochenschrift f. Brauerei **20** (1903) S. 395

118 Nathan, L. u. W. Fuchs: Über die Beziehungen des Sauerstoffes und der Bewegung der Nährlösung zur Vermehrung und Gärtätigkeit der Hefe Z. f. ges. Br. **29** (1906) S. 226, 243, 282, 299, 312

119 zitiert durch P. Lindner in „Mikroskopische Betriebskontrolle in den Gärungsgewerben, 5. Aufl., S. 332, Berlin: Parey, 1909

120 Manger, H.-J.: Beiträge zur Gestaltung und apparativen Ausrüstung von Großraumgefäßen zur Gärung und Reifung von Bier, Diss. A, Humboldt-Universität zu Berlin, 1975

121 Kollnberger, P. (Themenverantwortlicher): „Entwicklung von kontinuicrlichen Bierherstellverfahren" - eine Studie, VLB Berlin, 1989

122 Manger, H.-J.: Maschinen, Apparate und Anlagen der Fermentationsindustrie Lehrbriefe 6 bis 8 (1. veränd. Ausg.), Lehrbriefe für das Hochschulfernstudium Dresden: Zentralstelle für das Hochschulfernstudium, 1982

123 Eigenfeld, M., R. Kerpes u. Th. Becker: Fluide oder Rigide - Einfluss von Stress auf die Plasmamembran der Hefe; Brauwelt **159** (2019), Nr. 40/41, S. 1146-1149

124 Manger, H.-J. u. G. Annemüller: Die Geschwindigkeit der Hefevermehrung in der Brauerei Brauwelt **140** (2000) 13/14, S. 520-525

125 Mönch, D., Krüger, E. u. U. Stahl: Wirkung von Stress auf Brauereihefen Monatsschr. f. Brauwissenschaft **48**(1995) 9/10, S. 288-299

126 Lee, M.: Yeast genetic responses - Relevance to brewing EBC-Monograph 28, S. 115-127; EBC-Symposium Yeast Physiology - a New Era of Opportunity, Nutfield (UK), November 1999; Nürnberg: Verlag Hans Carl, 2000

127 Smart, K. A.: The management of brewing yeast stress Proc. EBC, 28th Congr. Budapest 2001, S. 32/1-32/10

128 Higgins, V.J., Oliver, A.D., Day, R.E., Dawes, I.W. und P.J. Rogers: Application of genome-wide transcriptional analysis to identify genetic markers useful in industrial fermentations Proc. EBC, 28th Congr. Budapest 2001, S. 52/1-52/10

129 Smart, K. A.:Differential regulation of yeast cell wall mannoproteins in response to stress during brewing yeast fermentation; Proc. EBC, 29th Congr. Dublin 2003, S. 44/1-44/9

130 Hatanaka, H., Omura, F. et al.: Application of DNA microarray analysis for identification of lager yeast stains and detection of mutation in lager yeast
Proc. EBC, 31st Congr. Venice 2007, S. 397-405
131 Nakao, Y.: Gene expression analysis of lager yeast under different oxygenation condition using newly developed DNA microarray; Proc. EBC, 31st Congr. Venice 2007, S. 406-419
132 Thiele, F. u. W. Back: Influence of yeast vitality and fermentation parameters on the formation of yeast metabolites; Proc. EBC, 31st Congr. Venice 2007, S. 309-322
133 Jenkins, Ch. et al.: Impact of wort composition and serial repitching on lager brewing yeast fermentation performance and organelle integrity
Proc. EBC, 28th Congr. Budapest 2001, S. 40/1-40/10
134 Hlaváček, F.: Brauereihefen, Leipzig: VEB Fachbuchverlag, 1961
135 Haikara, A. et al.: Microbiological quality control in breweries by PCR - the BREWPROC approach Proc. EBC, 29th Congr. Dublin 2003, S. 102/1-102/11
136 Wellhoener, U. u. E. Geiger: Definition of the physiological condition of a brewers yeast by means of enzyme activity measurements during propagation and fermentation
Proc. EBC, 29th Congr. Dublin 2003, S. 55/1-55/11
137 Wellhoener, U.: Beeinflussung der Hefe-Enzymaktivitäten durch technologische Parameter und Substratzusammensetzung, Tagungsband des 2. Weihenstephan. Hefesymposiums, Freising, d. 15./16.06.2004
138 Harms, D., Mirbach, S., Nitzsche, F. u. K.-J. Hutter: Novel ways of management - a new analytical approach to optimise yeast handling
Proc. EBC, 29th Congr. Dublin 2003, S. 41/1-41/10
139 Hutter, K.-J., Kurz, T. u. A. Delgado: Determination and modelling of yeast performance and physiology; Proc. EBC, 29th Congr. Dublin 2003, S. 43/1-43/11
140 Rodrigues, P. G. et al.: Yeast quality control in industrial brewing process using vitaltitration, a new method for vitality determination
Proc. EBC, 29th Congr. Dublin 2003, S. 57/1-57/9
141 Back, W., Imai, T., Forster, C. u. L. Narziss: Hefevitalität und Bierqualität
Mschr. f. Brauwiss. **51**(1998) 11/12, S. 189-195
142 Boulton, C. A., Box, W. G., Quain, D. E. u. S. W. Molzahn: Vicinal diketone reduction as a measure of yeast vitality; Proc. EBC, 27th Congr. Cannes 1999, S.687-694
143 Springer, R.: Die Genexpression der Hefe und ihre Erfassung durch molekularbiologische Methoden; Tagungsband des 2. Weihenstephaner Hefesymposiums, Freising, d. 15./16.06.2004
144 Rose, A. H. und J.S. Harrison: The Yeasts, Second Edition:
  Vol. 1: Biology of Yeasts, 1989
  Vol. 2: Yeasts and the Environment, 1989
  Vol. 3: Metabolism and physiology of Yeasts, 1989
  Vol. 4: Yeast Organelles, 1991
  Vol. 5: Yeast Technology, 1993
  Vol. 6: Yeast Genetics, 1995
  London-New York-Tokyo: Academic Press
145 Dellweg, H.: Biotechnologie, Grundlagen und Verfahren
Weinheim: VCH Verlagsgesellschaft mbH, 1987
146 Roels, J. A.: Energetics and Kinetics in Biotechnology
Amsterdam: Elsevier Biomedical Press, 1983
147 Bronn, W. K.: Technologie der Hefefabrikation - Backhefe; Vorlesungsskripte für das Fachgebiet Brennerei- u. Hefetechnologie der TU Berlin, 14. Auflage, 1989/90
148 Rose, A. H. u. J. S. Harrison: Ullmanns Encyklopädie der technischen Chemie, 4. neubearb. Aufl., Band 19, S.529; Weinheim: Verlag Chemie, 1980
149 Rehm, H.-J. u. G. Reed: Biotechnology, Volume 1: Microbial Fundamentals
Weinheim: Verlag Chemie, 1981, S. 479

150 DSM Food Specialties Beverage Ingredients Delft (NL): Vinification Infos, Rapidase®Filtration, 03.09.2012

151 Reinders, A.: Trehalose - Energiereserve oder Schutzstoff ,Vortragstexte der VH-Hefetagung, Hamburg 1995, S. 141-151 Berlin: Versuchsanstalt der Hefeindustrie e.V., 1995

152 Kunerth, St.: Beeinflussung der Hefevitalität durch Gärungsparameter und ihre Charakterisierung durch ausgewählte Metaboliten; Dissertation TU Berlin, 1999

153 Reiff, F. et al. : Die Hefen in der Wissenschaft; Nürnberg: Verlag Hans Carl, 1960

154 Hough, J.S., Briggs, D.E. u. R. Stevens: Malting and Brewing Science
London: Verlag: Chapman and Hall Ltd., 1971

155 Kneer, R.: Schwermetallakkumulation in Saccharomyces cerevisiae
Vortragstexte der VH-Hefetagung, Berlin 1996, S. 163-179
Berlin: Versuchsanstalt der Hefeindustrie e.V., 1996

156 Wenk, C.: Chrom und Chromhefe in der Tierernährung; Vortragstexte der VH-Hefetagung, Berlin 1996, S. 153-162; Berlin: Versuchsanstalt der Hefeindustrie e.V., 1996

157 Wolf, K.-H. u. W. Kubelka: Entwicklung eines Verfahrens zur vertikalen Gärung und Reifung, Forschungsbericht; Berlin: Forschungsinstitut für die Gärungsindustrie, Enzymologie und technische Mikrobiologie, 1976

158 Fischer, K.: Sedimentation von Flüssighefe; Vortrag auf der VH-Hefetagung
Berlin: Versuchsanstalt der Hefeindustrie e.V., 1996

159 Burkhardt, L. u. G. Annemüller: Stoffdatenermittlung von Hefe, Teil 1: Untersuchungen zur Erfassung der Dichte von Hefesuspensionen und Hefezellen in Abhängigkeit von Hefetrockensubstanzgehalt und Temperatur
Monatsschrift f. Brauwissenschaft **51** (1998) 1/2, S. 4-10

160 Senge, B., Blochwitz, R. u. G. Annemüller: Stoffdatenermittlung von Hefe, Teil 2: Rheolog. Untersuchungen von Bierhefesuspensionen
Monatsschrift f. Brauwissenschaft **51** (1998)3/4, S. 39-48

161 Kurz, T.: Mathematically Based Management of Saccharomyces sp.
Batch Propagations and Fermentations; Diss. TU München 2002 bzw. Fortschritt-Berichte VDI-Reihe 14; Düsseldorf: VDI-Verlag GmbH, 2003

162 Kunte, J.: Ergebnisse von Zellgrößenmessungen, persönliche Mitteilung, Berlin 2004

163 Schöneborn, H.: Differenzierung und Charakterisierung von Betriebshefekulturen mit genetischen und physiologischen Methoden Dissertation TU München-Weihenstephan, 2002

164 Cahill, G., Walsh P. K. u. D. Donnelly: Development of image analysis technology for breweries; Proc. EBC, 28th Congr. Budapest 2001, S. 88/1-88/10

165 Horst, W.: Die neue Generation von Hefeseparatoren; Vortrag auf der VH-Hefetagung
Berlin: Versuchsanstalt der Hefeindustrie e.V., 1999

166 Lenoël, M. et al. : Proc. EBC, 21st Congr. Madrid 1987, S. 425-432

167 Autorenkollektiv: Manual of Good Practice: Fermentation and Maturation
Nürnberg: Fachverlag Hans Carl, 2000

168 Stafford, R. A., Stoupis, T. u. G. G. Stewart: The response of brewers' yeast to a defined shear field for differing exposure times;
Proc. EBC, 28th Congr. Budapest 2001, S. 34/1-34/8

169 Reher, E. O., Haroske, D. und K. Köhler: Strömungen nicht-Newtonscher Flüssigkeiten
1. Mitteilung: Eine Analyse der nicht-Newtonschen Reibungsgesetze und deren Anwendung für die Rohrströmung, Teil I, Chem. Techn. **21** (1969) 3, S. 137-143

170 Tschubik, I. A. u. A. M. Maslow: Wärmephysikalische Konstanten von Lebensmitteln und Halbfabrikaten, Leipzig: VEB Fachbuchverlag, 1972

171 Lüers, H.: Die wissenschaftlichen Grundlagen von Mälzerei und
Brauerei, Nürnberg: Verlag Hans Carl, 1950

172 Stewart, G. G.: Fermentation of high gravity worts - its influence on yeast metabolism and morphology; Proc. EBC, 28th Congr. Budapest 2001, S. 36/1-36/9

173 Adolphi, G. u. H. V. Adolphi: Grundzüge der Verfahrenstechnik
Leipzig: VEB Deutscher Verlag für Grundstoffindustrie, 1970

174 Robel, H.: Mechanische Verfahrenstechnik, 4. Lehrbrief: Mechanische Flüssigkeitsabtrennung - Sedimentation im Schwerefeld; Magdeburg: TH Otto von Guericke, 1962

175 Adolphi, G.: Lehrbuch der chemischen Verfahrenstechnik
Leipzig: VEB Deutscher Verlag für Grundstoffindustrie, 1969

176 Pawlow, K. F., Romankow, P.G. u. A. A. Noskow: Beispiele und Übungsaufgaben zur chemischen Verfahrenstechnik; Leipzig: VEB Deutscher Verlag für Grundstoffindustrie, 1969

177 Tonn, H. u. J. Mollenhauer: Zähigkeit, Oberflächenspannungen und weitere Stoffwerte von Würze und Bier; Monatsschrift für Brauerei **14** (1961) 6, S. 108-114

178 Wackerbauer, K., Beckmann, M. u. Ch. Cheong: Die Propagation der Hefe
Brauwelt **142** (2002) 23/24, S. 785-797

179 Kogan, L.: (1-3),(1-6)-Beta-D-Glucans of yeast and fungi and their biological activity, Chemistry **23** (2000), S. 107-152

180 Williams, D.L., Mueller, A. u. W. Browder: Glucan Based macrophage stimulators
Clinical Immunotherapy 5 (1996) 5, S. 392-399

181 Mitteilung der Leiber GmbH: Aseptische Bedingungen - Anlage zur Bierhefeveredlung liefert Extrakte mit langer Haltbarkeit; Lebensmitteltechnik (2003) 4, S. 73

182 http://www.crc.dk/flab/images/newpag1.gif

183 Voetz, M. u. H. Woest: PYF-Analytik - Malzuntersuchung zur Früherkennung eines Fermentationsproblems; Vortrag auf der 97. Internationalen Oktobertagung der VLB Berlin, 4./5. Okt. 2010

184 D'Hautcourt, O. u. K. A. Smart: The Measurement of Brewing Yeast Flocculation
J. Am. Soc. Brew. Chem. **57** (1999), S. 123-128

185 Lawrence, St. J., Gibson, B.R. u. K. A. Smart: The regulation of flocculation by environmental stress and its application for predictive performance analysis
Proc. EBC, 31st Congr. Venice 2007, S. 280-291

186 Stamm, M.: Einfluss von Hefeproteinasen auf den Bierschaum, Handbuch zum 34. Technol. Seminar Weihenstephan 2001, S. 23/1-23/3

187 Miedl, M., Brey, St., Bruce, J. H. u. G. G. Stewart: Der Einfluss von Hefe-Proteinase A auf die Schaumstabilität von Bier; Tagungsband des 2. Weihenstephaner Hefesymposiums, Freising, d. 15./16.06.2004

188 Fukal, L., Kaš, J. u. P. Rauch: Hefeproteasen, J. Inst. Brewing **92** (1986) 4, S. 357-359

189 Tanaka, K. u. O. Kobayasi: Analysis of karyotypic polymorphismus in a bottom-fermenting yeast strain by polymerase chain reaction

190 Smart, K.: Brewing Yeast Fermentation Performance - Second edition
Oxford: Blackwell Science Ltd., 2003

191 Monod, J. : Recherches sur la Croissances des Cultures Bacteriennes
Paris: Hermann et Cie., 1942

192 Hutter, K.-J. u. C. Lange: Yeast management and process control by flow cytometric analysis, Proc. EBC, 28th Congr. Budapest 2001, S. 363-369

193 Hutter, K.-J. u. C. Lange: Flow Cytometry: A New Tool in Brewing Technoloy
ref.d. Smart [141]

194 Nishida, Y. et al.: The optimization of yeast transfer timing in a propagation process;
Proc. EBC, 28th Congr. Budapest 2001, S. 30/1-30/9

195 Klant, J.: Untersuchungen zur Optimierung der Belüftung bei der Hefepropagation, Diplomarbeit, TU Berlin, Fakultät für Prozesswissenschaften, FG Grundlagen der Gärungs- u. Getränketechnologie, Berlin 2002

196 Annemüller, G. u. J. Klant: Betriebsversuche zur Optimierung einer Hefeherführanlage, Bericht vor dem Technisch-Wissenschaftlichen-Ausschuss der VLB – FA GLA, Dortmund, 11.03.2002

197 Manger, H.-J.: unveröffentlichte Messungen aus Betriebsversuchen 1997/98

198 Annemüller, G. et al.: unveröffentlichte Versuche des FG Grundlagen der Gärungs- und Getränketechnologie im Laborfermenter mit Betriebswürzen und zwei untergärigen Bierhefestämmen, Berlin 1997
199 Lehmann, J.: Optimierung der Hefeassimilation und deren Einbindung in den Produktionsprozess, Diss., TU München, 1997
200 Bergander ,E.: Biologie der Hefen; Leipzig: VEB Fachbuchverlag, 1967
201 Gerätebeschreibung Flusszytometer PAS, PARTEC GmbH Münster, 1999
202 Hutter, K.-J. u. S. Müller: Biomonitoring der Betriebshefen in praxi mit fluoreszenzoptischen Verfahren - III. Mitteilung: Funktionalitätstests an Hefezellen Monatsschrift f. Brauwissenschaft **49** (1996) 5/6, S. 164-170
203 Hutter, K.-J., Remer, M. u. S. Müller: Biomonitoring der Betriebshefen in praxi mit fluoreszenz-optischen Verfahren - VII. Mitteilung: Untersuchungen zur flusscytometrischen Bestimmung des Glykogengehaltes der Betriebshefe Monatsschrift f. Brauwissenschaft **53** (2000) 5/6, S. 68-76
204 Slaughter, J. C.: The effects of carbon dioxide on yeast In: Cantarelli, C. u. G. Lanzarini   Biotechnology Applications in Beverage Production; London, New York: Elsevier Applied Science Publishers Ltd., 1989
205 Jones, R. P. u. P. F. Greenfield: Effect of carbon dioxide on yeast growth and fermentation; Enzyme and Microbiol. Technology 4 (1982) S. 210-223
206 Zufall, C., Kunerth, S., Tietje, N. u. K. Wackerbauer: Beeinflussung der Hefevitalität durch physikalischen Druck; Mschr. f. Brauwissenschaft 53 (2000) 3/4, S. 44-49
207 Swart, C. W. et al.: Intracellular gas bubbles deform organelles in fermenting brewing yeasts; J. Inst. Brewing **119** (2013) S. 15-16
208 Lopez, V., Gil, R., Carbonell, J.V. u. A. Navarro: New molecular probes for assessing stress conditions in brewing yeast: biotechnological implications and applications, Proc. EBC, 26th Congr. Maastricht 1997, S. 395-404
209 Frukubo, S., Matsumoto, T., Yomo, H., Fukui, N., Ashikari, T. u. Y. Kakimi: The in vivo ^{31}P-NMR analysis of brewing yeast and its practical application to brewing, Proc. EBC, 26th Congr. Maastricht 1997, S.423-430
210 Heggart, H. M. et al.: Measurement of Brewing Yeast Viability and Vitality: A Review of Methods; MBAA Technical Quarterly Vol. 37 (2000), Number 4, S. 408-430
211 Thiele, F.: Hefe Viabilität und Hefe Vitalität - Ein Vergleich von Methoden Handbuch 37. Techn. Seminar Weihenstephan (2004) S. 2/1-2/4
212 Schneeberger, M., Krottenthaler, M. u. W. Back: Hefesuspension - Der Einfluss der Aufbewahrungsbedingungen der Hefesuspension auf die Qualität des darin enthaltenen, wiedergewinnbaren Hefebieres; Brauwelt **144** (2004)38, S.1148-1151
213 Burkhardt, L., Linh, V.H., Woinar, K. und G. Annemüller: ATP-Messung in Hefezellen während des Angärens von Bierwürze in ZKT Monatsschrift für Brauwissenschaft **50** (1997) 5/6, S. 100-107
214 Stryer, L.: Biochemie, völlig neu bearbeitete Aufl., 1990 aus dem Amerikan. übersetzt von B. Pfeiffer u. J. Guglielmi; Heidelberg-Berlin-New York: Spektrum Akad. Verlag, 1991
215 De Clerck, J. : Lehrbuch der Brauerei Bd. 1, Berlin: Verlag der VLB, 1962, S.637
216 Dyr, J.: Chemie a technologie sladu a piva II; Prag: Verlag SNTL, 1965, S. 81 u. 98
217 Lejsek, T.: Brauwelt **109** (1969), 42/43, S. 829-833
218 Narziss, L.: Abriss der Bierbrauerei, 3. Aufl., Stuttgart: F. Enke Verlag, 1972
219 Schlegel, H. G.: Allgemeine Mikrobiologie, Stuttgart: Georg-Thieme-Verlag, 1981
220 Rautio, J. et al.: Daily changes in maltopermease and maltase activities during normal and high gravity fermentations by ale and lager stains Proc. EBC, 28th Congr. Budapest 2001, S. 37/1-37/10
221 Hohmann, St.: Zelluläre Schutzfaktoren Trehalose und Glycerin: Ansätze zur Verbesserung der Stressresistenz der Hefe; Proceedings der Tagung der Versuchsanstalt der Hefeindustrie e.V., Hamburg 1995, S. 153-162

222 Narziss, L., Miedaner, H. u. A. Gresser: Heferasse und Bierqualität. Bildung der höheren Alkohole während der Gärung Brauwelt 123 (1983) 27, S. 1139-1140, 1142, 1144, Heferasse und Bierqualität. Der Einfluß der Heferasse auf die Bildung der niederen freien Fettsäuren während der Gärung sowie auf das Niveau der Schaumwerte im Bier Brauwelt **123** (1983) 33, S. 1354-1357; Heferasse und Bierqualität. Die Bildung der Ester während der Gärung; Brauwelt 123 (1983) 45, S. 2024, 2026-2027, 2030, 2032, 2034

223 Kremkow, C.: Bieranalyse und Bierqualität; Mschr. f. Brauerei 24 (1971) 2, S. 25-32

224 Narziß, L., Miedaner, H., Lustig, S. u. J. Kübrich: Einfluss von biereigenem SO_2 auf die Alterung des Bieres; Brauwelt **135**(1995) 49, S. 2576-2606

225 Niefind, H.-J.: Über die flüchtigen Schwefelverbindungen im Bier und ihre gaschromatographische Bestimmung; Dissertation TU Berlin, 1969

226 Niemsch, K. u. G. Bender: Verkosterschulung mittels verbesserter Testreihen Mschr. f. Brauerei **32** (1979) 4, S. 183

227 Jones, M. u. J. S. Pierce: Absorption of amino acids from wort by yeasts J. Inst. Brewing **70** (1964) 2, S. 307-315

228 Stewart, G. G. u. I. Russel: Centenary Review - one hundred years of yeast research and development in the brewing Industry; J. Inst. Brewing **92** (1986) 6, S. 537-558

229 Analytica-EBC: 8.10: Free Amino-Nitrogen in Wort by Spectrophotometrie (IM) Nürnberg: Verlag Hans Carl, 1998

230 Mändl, B.: Mineralstoffe, Spurenelemente, Organische und Anorganische Säuren in der Ausschlagwürze EBC-Monograph 1, Wortsymposium, Zeist 1974, S. 226-232

231 Weinfurtner, F., F. Eschenbecher u. W. Borges; Zbl. Bakt. Parasit., II. Abt., (1959), Vol. 113

232 Annemüller, G. u. H.-J. Manger: Grenzen und Konsequenzen der Hefevermehrung in Bierwürze; Brauwelt **138** (1998) 49/50, S. 2478-2481

233 Krüger, E. und H.-M. Anger: Kennzahlen zur Betriebskontrolle und Qualitätsbeschreibung in der Brauwirtschaft; Hamburg: Behr's-Verlag, 1990

234 Narziss, L.: Die Bierbrauerei, Band II: Die Technologie der Würzebereitung Stuttgart: Ferdinand Enke Verlag, 7. Aufl., 1992

235 Burkert, J., Wittek, D., Geiger, E. und D. Wabner: Why aerate wort? A critical investigation of processes during wort aeration; Brauwelt International 22 (2004) 1, S. 40-43

236 Geiger, E., Tenge, Ch. u. R. Springer: Optimierungsaspekte der Hefetechnologie Brauwelt **144** (2004) 8, S. 185-187

237 Tenge, Ch., Geiger, E. u. D. Wallerius: Auswirkungen von Belüftungsvarianten bei der Anstelltechnologie, Brauwelt **144** (2004) 12, S. 336-338

238 Dickel, T., Krottenthaler, M. u. W. Back: Untersuchungen zum Einfluss des Kühltrubeintrages auf die Bierqualität; Brauwelt **140** (2000) 33/34, S. 1330-1332

239 Back, W.: Farbatlas und Handbuch der Getränkebiologie, Teil I Nürnberg: Verlag Hans Carl – Getränke-Fachverlag, 1994

240 Jährig, A. u. W. Schade: Mikrobiologie der Gärungs- und Getränkeindustrie Meckenheim: CENA-Verlag, 1993

241 Autorenkollektiv: Beer pasteurisation: Manual of good practice, produced by the EBC Technology and Engineering Forum Nürnberg: Hans Carl Getränke-Fachverlag, 1995

242 DAB 7: - Deutsches Arzneibuch, 7. Aufl, Berlin, 1965

243 DIN 58900: Teil 1: Sterilisation; Allgemeine Grundlagen; Begriffe, Teil 2: Sterilisation; Allgemeine Grundlagen; Anforderungen

244 Bader: Sterilization: Prevention of Contamination In: American Society for Microbiology, Hrsg. Manual of industrial microbiology, Washington 1986, S. 345-362

245 Wallhäußer, K. H. Praxis der Sterilisation, Desinfektion, Konservierung, 5. Aufl., Stuttgart: Georg Thieme-Verlag, 1995

246 Schade, W., Jährig, A., Kalunjanz, K. A. u. J. V. Kapterewa: Beiträge zur Problematik der thermischen Abtötung von Hefen der Art Saccharomyces cerevisiae
Wiss. Zeitschrift d. Humboldt-Univ. zu Berlin, Mat.-Nat. Reihe
XXXIV, Berlin 1985, Heft 10, S. 977-982

247 Westphal, G., Buhr, H. u. H. Otto: Reaktionskinetik in Lebensmitteln
Berlin-Heidelberg-New York: Springer-Verlag, 1996

248 Pawlowski, F., E. Schild u. G. Nowak: Die Brautechnischen Untersuchungsmethoden (7. Aufl.), Nürnberg: Verlag Hans Carl, 1953

249 Methner, F.-J.: Optimierte Hefepropagation mittels kontinuierlicher Belüftung
Proc. EBC, 27th Congress Cannes 1999, S. 637-646

250 Taidi, B., Mazike, H. G. u. J. A. Hodgson: Use of corn steep liquor to increase the yield of brewing yeast obtained from propagation
Proc. EBC, 28th Congress Budapest 2001, S. 297-305

251 Geiger, E.: Kontinuierliche Hefevermehrung; Brauwelt **133** (1993) 16, S. 646-649

252 Back, W., Bohak, I. und T. Ackermann: Optimierte Hefewirtschaft
Brauwelt **133** (1993) 39, S. 1960-1963,

253 v. Nida, L.: Aerobe Hefeherführung, Brauwelt **136** (1996) 36, S. 1685-1688

254 Lehmann, J. u. W. Back: Praktische Umsetzung der Hefeassimilation
Brauindustrie **84** (1997) 4, S. 225-228

255 Annemüller, G. u. H.-J. Manger: Die Belüftung der Hefereinzucht - maximal ist nicht gleich optimal! Brauwelt **139** (1999) 21/22, S. 993-994 und 1003-1007

256 Ohno, T. u. R Takahashi: Role of Wort Aeration in the Brewing Process
Part.1: Oxygen Uptake and Biosynthesis of Lipid By the Final
Yeast, J. Inst. Brewing **92** (1986) S. 84-87
Part.2: The Optimal Aeration Conditions For the Brewing
Process, J. Inst. Brewing **92** (1986) S. 88-92

257 Wackerbauer, K., Evers, H. und S. Kunerth: Hefepropagation und Aktivität der Reinzuchthefe, Brauwelt **136** (1996) 37, S. 1736-1743

258 Martin, V., Quain, D. E. u. K. A. Smart: Brewing Yeast Oxidation Stress Responses: Impact of Brewery Handling, ref. in Brewing Yeast -Fermentation Performance - 2nd Edition, Edited by Katherine Smart; Oxford: Blackwell Science Ltd., 2003, S. 61-73

259 Higgins, V. J., Oliver, A.D., Day, R.E., Dawes, I.W. u. P.J. Rogers: Application of genome-wide transcriptional analysis to identify genetic markers useful in industrial fermentations; Proc. EBC, 28th Congress Budapest 2001, S. 495-502

260 Schönenberg, S. u. E. Geiger: Yeast physiology - a key to optimize fermentation process
Proc. EBC, 31st Congr. Venice 2007, S. 388-396

261 Pötzl, E.: Hefevitalisierung - Erfahrungen mit dem neuen Fermex-System
Brauwelt **138** (1998) 31/32, S. 1448-1450

262 Evers, H.: Vortrag auf dem 2. Brau-Ring Braumeisterseminar in Neresheim-Ohmenheim, 1998

263 Nielsen, O.: Yeast propagation - oxygen and beer yeast, a complicated relationship
Proc. EBC, 29th Congr. Dublin 2003, S. 11/1-11/9

264 Bergander, E.: Biochemie und Technologie der Hefe
Dresden und Leipzig: Verlag Theodor Steinkopff, 1959

265 Rizzi, M., Jenne, M., Schmatzriedt, S. u. M. Reuss: Strategien zur Züchtung von Saccharomyces cerevisiae unter Berücksichtigung des Einflusses von Mineralsalzen und oberflächenaktiven Agenzien auf den Sauerstofftransport; Proceedings der Tagung der Versuchsanstalt der Hefeindustrie e.V., Hamburg 1995, S. 97-109

266 Lippert, E.: Die Auswirkung der Korrelation von Atmung und Gärung im Hinblick auf eine kontinuierliche Gestaltung industrieller Hefezüchtungsverfahren
Dissertation A, Humboldt-Universität zu Berlin, 1968

267 Dellweg, H.: Biotechnologie - Grundlagen und Verfahren
   Weinheim: VCH-Verlagsgesellschaft mbH, 1987
268 Daoud, J.S. und B.A. Searle: Yeast Vitality and Fermentation Performance
   EBC-Monograph XII - Vuoranta 1986, S. 108-121
269 Seemann, N.: Untersuchungen zur Ermittlung des Sauerstoffbedarfes für eine definierte Hefevermehrung, Diplomarbeit, TU Berlin, FB LMW/BT, FG Grundlagen der Gärungs- u. Getränketechnologie, Berlin, 1994
270 Schnegg, H.: Die Hefereinzucht, 3. Aufl., Nürnberg: Brauwelt-Verlag, 1952
271 Autorenkollektiv: EBC Analytica Microbiologica II; Zouterwoude: EBC Selbstverlag, 1992
272 Carriére, A.: Reinzuchthefeherführung im Labor und Betrieb;
   Neue Wege **4** (1963) S. 315-325
273 Weinfurtner, F.: Richtlinien für Hefereinzucht, biologische Brauereibetriebskontrolle, Desinfektionmittelprüfung; Nürnberg: Verlag Hans Carl, 1957
274 Nielsen, O.; Hefe-Propagation: Theorie und Praxis, Teil 2: Hefepropagation
   in der Praxis Brauwelt **144** (2004) 38, S. 1162-1163
275 Manger, H.-J.: Kompendium Messtechnik - Online-Messgrößen in Brauerei, Mälzerei und Getränkeindustrie; Berlin: Verlagsabteilung der VLB-Berlin, 2. Aufl. 2019
276 Brandl, G., Mang, K.-P. und H.-J. Manger: Sauerstoffmessung in der Brauerei und der Getränkeindustrie; Brauerei-Forum **18** (2003) 3, S. 80-83, 4, S. 111-114
277 Informationsmaterial der Fa. Biotechnologie Kempe GmbH, 14532 Kleinmachnow
   www.kempe-sensors.de
278 Manger, H.-J.: Betriebsversuche 1997 und 1998, unveröffentlicht
279 Fischer, K.: persönliche Mitteilung vom 23.04.2004
280 D'Ans/Lax: Taschenbuch für Chemiker und Physiker, 3. Aufl.,
   Heidelberg-Berlin-New York: Springer-Verlag, 1967
281 WTW Weilheim: Bedienungsanleitung für das Sauerstoffmessgerät „Oxi 54"
282 Autorenkollektiv: Verfahrenstechnische Berechnungsmethoden, Teil 4
   „Stoffvereinigen in fluiden Phasen"; Leipzig: VEB Verlag für Grundstoffindustrie, 1978
283 Manger, H.-J.: Maschinen, Apparate, Anlagen der Fermentationsindustrie, Teil 11,
   S. 63-64 und Teil 12, S. 6-8; 1987; Dresden: Zentralstelle für das Hochschulfernstudium
284 MEURA: Yeast propagation systems, Firmenschrift vom 21.03.2003
285 DIN EN 10027-1: Bezeichnungssysteme für Stähle - Teil 1: Kurznamen; (01/2005)
   DIN EN 10027-2 Bezeichnungssysteme für Stähle; Teil 2: Nummernsystem; (09/1992
286 DIN EN 10088: Nichtrostende Stähle (z.Z. gilt Ausgabe 06/93)
   Teil 1 Verzeichnis der nichtrostenden Stähle
   Teil 2 Technische Lieferbedingungen für Blech und
   Band für allgemeine Verwendung
   Teil 3 Technische Lieferbedingungen für Halbzeug,
   Stäbe, Walzdraht und Profile für allgemeine Verwendung
287 Informationsstelle Edelstahl Rostfrei[®]   Edelstahl Rostfrei – Eigenschaften
   Druckschrift MB 821, 2. Aufl., Ausgabe 1997 (Anschrift s. [263])
288 Informationsstelle Edelstahl Rostfrei®: Die Verarbeitung von Edelstahl Rostfrei
   Druckschrift MB 822, 3. Aufl., Ausgabe 2001; Schweißen von Edelstahl Rostfrei
   Druckschrift MB 823, 4. Aufl., Ausgabe 2004;
   Informationsstelle Edelstahl Rostfrei, PSF 10 22 05 in
   40013 Düsseldorf (www.edelstahl-rostfrei.de)
289 Manger. H.-J.: Edelstahl Rostfrei[®] in der Gärungs- und Getränkeindustrie
   Brauerei Forum **14** (1999) 10, S. 283-285; 11, S. 315-317
290 Manger, H.-J.: Korrosion und Korrosionsschutz an Edelstählen in der Getränkeindustrie; Brauerei Forum **15** (2000) 3, S. 77-79; 4, S. 109-111
291 DIN 11483: Milchwirtschaftliche Anlagen; Reinigung und Desinfektion;
   Teil 1 Berücksichtigung der Einflüsse auf nicht rostenden Stahl (Ausgabe 01/83)

Teil 1 A1, dito; Änderung 1 (Ausgabe 01/91)
Teil 2 Berücksichtigung der Einflüsse auf Dichtungsstoffe (Ausgabe 02/84)
292 DIN EN ISO 4287: Geometrische Produktspezifikation (GPS); Oberflächenbeschaffenheit: Tastschnittverfahren - Benennungen, Definitionen und Kenngrößen der Oberflächenbeschaffenheit (11/2009) und
DIN EN ISO 4288: Geometrische Produktspezifikation (GPS); Oberflächenbeschaffenheit: Tastschrittverfahren; Regeln und Verfahren für die Beurteilung der Oberflächenbeschaffenheit (04/1998)
293 DIN 11866: Rohre aus nichtrostenden Stählen für Aseptik, Chemie und Pharmazie - Maße, Werkstoffe (2003-01)
294 DIN 11850: Rohre aus nichtrostendem Stahl für Lebensmittel und Chemie - Maße, Werkstoffe (06-2009)
295 Bobe, U. und K. Sommer: Untersuchungen zur Verbesserung der CIP-Fähigkeit von Oberflächen Brauwelt **147** (2007) 31/32, S. 844-847
296 Lehrstuhl Maschinen und Apparatekunde der TU München: Werkstoffoberflächen, Haftung, Reinigung; Brautechnik; Brauwelt **143** (2003) 20/21, S. 632-635
297 Schmidt, R., Beck, U., Weigl, B., Gamer, N., Reiners, G. und K. Sommer: Topographische Charakterisierung von Oberflächen im steriltechnischen Anlagenbau Chem.-Ing.-Techn. **75** (2003)4, S. 428-431
298 EHEDG s.a.: www.ehedg.org
299 Annemüller, G. u. H.-J. Manger: Gärung und Reifung des Bieres, Kap. 23, 2. Aufl., Berlin: Verlagsabteilung der VLB Berlin, 2011
300 Probst, R.: Einwirkungen von Reinigungs- und Desinfektionsmitteln auf elastomere Dichtungsmaterialien; Brauindustrie **93** (2008) 2, S. 12-17
301 DIN 11483-2: Milchwirtschaftliche Anlagen; Reinigung und Desinfektion; Berücksichtigung der Einflüsse auf Dichtungsstoffe
302 Manger, H.-J.: Armaturen, Rohrleitungen, Pumpen, Wärmeübertrager und CIP-Anlagen in der Gärungs- und Getränkeindustrie; Berlin: Verlagsabteilung der VLB, 2013
303 DIN-EN 1672-1: Nahrungsmittelmaschinen, Sicherheits- und Hygieneanforderungen, Allgemeine Gestaltungsleitsätze,
Teil 1 Sicherheitsanforderungen, Entwurf 04/1995
DIN EN 1672-2: Teil 2 Hygieneanforderungen, Entwurf 02/1995
304 ASI 8.21/94: BG Nahrungsmittel und Gaststätten (Hrsg.), „Grundsätze einer hygienischen Lebensmittelherstellung"
305 Gesellschaft für Öffentlichkeitsarbeit der Deutschen Brauwirtschaft e.V. (Hrsg.), Bonn: „Gute Hygienepraxis und HACCP", 1997
306 N.N.: QHD - Ein Prüfsystem für die Reinigbarkeit von Anlagenkomponeneten Brauwelt **138** (1998) 31/32, S. 1412-1413
307 LMHV: Verordnung über Lebensmittelhygiene (Lebensmittel-Hygieneverordnung) vom 05.08.97 (BGBl.I 1997, S.2008)
308 LFGB: Lebensmittel- , Bedarfsgegenstände- und Futtermittelgesetzbuch i. d. Fassung vom 1. Sept. 2005 (BGBl. I S. 2618, 3007)
309 Jetzt unter SPX Flow Technology, Zechenstraße 49, D-59425 Unna
310 Anschlusssystem BioConnect®/BioControl®
Fa. NEUMO GmbH & Co. KG (www.neumo.de)
311 EHEDG: European Hygienic Equipment Design Group, Prüfzeichen QHD (Qualified Hygienic Design), s.a. www.ehedg.org und www.hygienic-design.de
312 N.N.: QHD - Ein Prüfsystem für die Reinigbarkeit von Anlagenkomponenten Brauwelt **138** (1998) 31/32, S. 1412-1413
313 www.swagelok.de - Nupro Kükenhähne
314 Murach, M.: Das Tucher-Projekt; Vortrag zur 96. Frühjahrstagung der VLB in Nürnberg, 2009

315 Kontinuierliches Probenahmesysteme ContiPro und AsepticPro sowie Informationsunterlagen von der Pentair-Südmo GmbH, Riesbürg, September 2011
316 Manger, H.-J.: Pumpen in der Gärungs- und Getränkeindustrie;
Brauerei-Forum **21** (2006) 9, S. 13-16; 10, S. 14-17; **22** (2007) 1, S. 22-25; 2, S. 15-22; 3, S. 23-26; 4, S. 16-20; 5, S. 16-19 und 6, S. 18-22
317 Manger, H.-J.: Planung von Anlagen für die Gärungs- und Getränkeindustrie, 2. Aufl., Berlin: Verlagsabteilung der VLB, 2010
318 DIN 11483: Milchwirtschaftliche Anlagen; Reinigung und Desinfektion;
Teil 1: Berücksichtigung der Einflüsse auf
nichtrostenden Stahl (Ausgabe 01/83)
Teil 1 A1: dito; Änderung 1 (Ausgabe 01/91)
Teil 2: Berücksichtigung der Einflüsse auf Dichtungsstoffe (Ausgabe 02/84)
319 Wildbrett, G. (Hrsg.): Reinigung und Desinfektion in der Lebensmittelindustrie, 1. Aufl., Hamburg: Behr's Verlag, 1996
320 Kessler, H.-G.: Lebensmittel- und Bioverfahrenstechnik - Molkereitechnologie, Kapitel 21.5
München: Verlag A. Kessler, 1996
321 Manger, Hans-J.: Produktrohrleitungen in der Brauerei - ein Problem?
Brauerei-Forum **18** (2003) 7, S. 193-195, 9, S. 246-249, 10, S.275-277
322 Autorenkollektiv: EBC Analytica Microbiologica II; Zouterwoude: EBC Selbstverlag , 1992
323 Emeis, C.C.: Mschr. Brauerei **19** (1966), S. 156-158
324 Walkey, R. J. u. B. H. Kirsop: Performance of strains of Saccharomyces cerevisiae in batch fermentation; J. Inst. Brew. 75 (1969) , S. 393-398,
s.a. EBC-Analytica Microbiologica, Teil 1; Brauwissenschaft **30** (1977) 3, S. 65-77
325 Schade, W., K.-H. Kirste u. A. Jährig: Großraumfermenter in Freibauweise für die Gärung und Reifung von Bier, III. Mitteilung: Mikrobiologische Probleme und die Fragen der Hefewahl; Die Lebensmittelindustrie **23** (1976) 7, S. 315-318 und 8, S. 365-368
326 Mändl, B., F. Eschenbecher u. K. Wackerbauer: Ref. in Brautechnisches Kaleideskop, Brauwelt **114** (1974) 34, S. 707-708
327 Pöhlmann, R.: Die Gärungstechnologie auf neuen Wegen
Brauwelt **111** (1971)88, S. 1947-1952
328 Helm, E., Nøhr, B. u. R.S.W. Thorne: The Measurement of Yeast Flocculence and Its Significance in Brewing; Wallerstein Lab. Commun. 10 (1952) S. 315-325
329 Box, W., Goodger, A. u. D. Quain: A real time flocculation test for direct analysis of yeast ex brewery; Proc. EBC, 29th Congr. Dublin 2003, S. 62/1-62/9
330 Donhauser, S.: Charakterisierung von Hefearten und -stämmen
Brauwelt **135** (1995) 50, S.2644-2650
331 Autorenkollektiv: European Brewery Convention: Fermentation & Maturation, Manual of Good Practice, 2000; Nürnberg: EBC and Fachverlag Hans Carl, 2000
332 Fraude-Schulz, U.: Umbau einer Hefereinzuchtanlage; Bericht vor dem TWA der VLB - FA für Gärung, Lagerung und Abfüllung - Berlin, den 09.10.2000
333 Hoffmann, P.: Methoden der Langzeiterhaltung von Hefekulturen
Proceedings der Tagung der Versuchsanstalt der Hefeindustrie e.V., Berlin 1998, S. 39-43
334 Beckmann, M.: Der Einfluss unterschiedlicher Konservierungsverfahren für Brauereihefen auf die physiologischen und brautechnischen Eigenschaften, Dissertation TU Berlin, 2002
335 Wackerbauer, K. u. M. Beckmann: Die Konservierung von Brauereihefen (Teil I)
Brauwelt **142** (2002)27/28, S. 943-948
336 Coblitz, W. u. F. Stockhausen: Ein neues Verfahren zur Herführung reiner Anstellhefe für Großbetriebe, Wochenschrift f. Brauerei (1913), S. 581
337 Verkaufskatalog der Glasbläserei des Instituts für Gärungsgewerbe und der VLB
Apparate und Geräte zur biologischen Betriebskontrolle
Berlin (Sept. 1927), S. 40-41, Katalog - Nr. 1721-23

338 Carriére, A.: Reinzuchthefeherführung im Labor und Betrieb;
Neue Wege **4** (1963) S. 315-325

339 Prospekt Hefe-Zellzählgerät Modell 871-2 der Fa. AL-Systeme/
IUL Instruments GmbH Königswinter

340 Doerffel, K.: Statistik in der analytischen Chemie, Leipzig: 1966

341 Infomaterial zu den Hefemonitoren 316B, 320 und Yeast-Analyser 800 der
Fa. ABER Instruments Ltd./UK; Vertrieb durch IUL Instruments GmbH Königswinter

342 Siems, G.: Erste Praxiserfahrungen mit dem Hefemonitor; Brauwelt **136** (1996) 9, S. 429-433

343 Boulton, C.A., Maryan, P.S., Loveridge, D. u. D.B. Kell: The application of a novel
biomass sensor to the control of yeast pitching rate
Proc. EBC, 22nd. Congr. Zurich, 1989, S. 653-661

344 Boulton, C.A. und V.J. Clutterbuck: Application of a radiofrequency permittivity
biomass probe to the control of yeast cone cropping
Proc. EBC, 24th. Congr. Oslo, 1993, S. 509-516

345 Carvell, J.P. und K. Turner: New Applications and Methods Utilizing Radio-
Frequency Impedance Measurements for Improving Yeast Management
MBAA TQ, vol. 40, no.1, 2003, pp. 30-38

346 Annemüller, G.: Messwerte aus Betriebsversuchen, Berlin 1973, unveröffentlicht

347 Manger, H.-J.: Optische Sensoren in der Gärungs- und Getränkeindustrie
Brauerei-Forum **19** (2004) 10, S. 237-239 und folgende Ausg.

348 Fa. Tuchenhagen Datenblatt Varivent®-Detektor TQTK

349 Krauß. G. u. G. Sommer: Versuche zur Abkürzung der Gär- unfd Lagerzeit bei der
Bierherstellung; Mschr. f. Brauerei **20** (1967) 2, S. 49-77

350 Annemüller, G.: Probleme der Hefetechnologie bei der Gärung und Reifung von
Bier in zylindrokonischen Großtanks; Lebensmittelindustrie **28** (1981) 12, S. 549-555

351 Masschelein, Ch.: Geometrie der Großraumgärgefäße und ihr Einfluß auf die Funktionen
der Hefe; Brauwelt **115** (1975)19, S. 608-613

352 Link, K.: Alterungsstabilität und SO_2-Gehalt - Erfahrungen und Ergebnisse aus
Praxisversuchen der Spaten-Löwenbräu-Gruppe München; Bericht vor dem TWA-
Fachausschuss für Gärung, Lagerung und Abfüllung der VLB Saarbrücken, 08.03.2004

353 Manger, H.-J.: Die technisch-technologisch optimale Brauerei
Brauwelt **138** (1998) 41/42, S. 1916-1923

354 Eschenbecher, E. u. H. Hindelang: Zum physiologisch-gärungstechnologischen
Verhalten der Bruchhefeernte in der untergärigen Brauerei
Brauwissenschaft **29** (1976) 2, S. 33-38

355 Quain, D. et al. : Why warm cropping is best!
Proc. EBC, 28th Congr. Budapest 2001, S. 41/1-41/9

356 Cahill, G., Walsh, P. K. u. D. Donnelly: A study of the variation in temperature,
solids concentration and yeast viability in agitated stored yeast
Proc. EBC, 29th Congr. Dublin 2003, S. 42/1-42/16

357 Back, W. : Hefetechnologie und Bierqualität; Handbuch zum 37. Technologischen Seminar
Weihenstephan (2004) S. 1/1-1/11

358 Schneeberger, M., Krottenthaler, M. u. W. Back: Der Einfluss des Aufbewahrungs-
zeitraumes von Überschusshefe auf die Qualität des darin enthaltenen, wiedergewinnbaren Hefebieres; Handbuch zum
37. Technologischen Seminar Weihenstephan (2004) S.3/1-3/3

359 De Rouck, G. et al.: Prolonged flavour stability by production of beer with low
residual FAN using active dry yeast; Proc. EBC, 31st Congr. Venice 2007, S. 455-467

360 Bronn, W.K.: Technologie der Hefefabrikation, 13. Aufl.; Kapitel 8 Technologie
der Trockenbackhefeherstellung, S. 8/1-8/ 27
Berlin: Versuchsanstalt der Hefeindustrie im IfGB, 1986

361 Fischer, R. und S.F.Lucà: Verfahren zur kontinuierlichen Herstellung von Trockenbackhefe, Die Branntweinwirtschaft **138** (1998) 17, S. 258-259

362 Schneider, M.: Technologische Untersuchungen zur Trocknung von Backhefe
Diss., HU Berlin, 1981

363 Product Specifications: Fa. DCL YEAST Limited, Sutton (UK)

364 Powell, Chr. D., Boulton, C. u. T. Fischborn: Dry Yeast - Myths and Facts
Postervortrag EBC-Congr. Hamburg, 2009

365 Kunst, T., Eger, C., Jünemann, A., Lustig, S. und H.-G. Bellmer:
Yeast beer recovery with a decanter;
Proc. EBC, 29th Congr. Dublin, 2003, S. 37/1-37/9

366 Druckschrift: Separatoren und Dekanter in Brauereien;
GEA-Westfalia Separator, S. 16

367 Krumm, B.: Bericht über den Testeinsatz des Hefeseparators FEUX 510 ,
TWA der VLB-Berlin, 2003

368 GEA Westfalia: Druckschrift Brauerei_DE-2013-04.indd „Systeme und Verfahren in Brauereien" S. 23-25

369 Colesan, F. und S. Paterson: Bierrückgewinnung aus Überschußhefe mit dem Flottweg-Sedicanter® ;Brauwelt **139** (1999) 8, S. 300-302

370 Produktbeschreibung „PallSep VMF" Fa. Pall GmbH Filtrationstechnik, Dreieich

371 Methner, F.-J., Peters, U., Stettner, G., Lotz, M. u. J. Ziel: Untersuchungen zur Bierrückgewinnung aus Überschusshefe; Brauwelt **144** (2004) 17, S. 470-474

372 Müller, W. K. und K.-G. Polster: Tangentialfluß-Filtration von Hefe zur Bierrückgewinnung, Teil 1 und 2; Brauwelt **131** (1991) 16, S. 618-624; 29, S. 1260-1263

373 Laackmann, H.-P.: Hefebiergewinnung, Brauwelt **133** (1993) 14/15, S. 620-623

374 Gottkehaskamp, L. und R. Schlenker: Die Aufbereitung von Überschußhefe mit Keraflux-Anlagen, Brauwelt **137** (1997) 38, S. 1704-1707

375 Girr, M.: Bier aus Überschusshefe, Brauindustrie **78** (1993) 10, S. 1032-1039

376 Bock, M.: persönl. Mitteilung vom April 2003, Fa. PallSeitzSchenk Filtersystems GmbH

377 Rögener, F., Bock, M. und M. Zeiler: Neuer Batch-Prozess für die Bierrückgewinnung aus Überschusshefe; Brauwelt **143** (2003) 16/17, S. 505-508

378 Restbiergewinnung mit einem Crossflow-Mikrofiltrationssystem nach Alfa Laval (nach Druckschrift PCM00069EN 0706)

379 Faustmann, A.:Von der Pilotanlage zur Industrieanlage - Hefebierrückgewinnung durch Crossflow-Membranen-Filtration, Vortrag zur Oktobertagung der VLB
Berlin am 13.10.2008

380 Ref. in Brauwelt **126** (1986) Nr. 18, S. 739-741

381 Röcken, W.: Aktuelle Gesichtspunkte zum Thema Pasteurisation
Brauwelt **124** (1984) 42, S. 1826 - 1832

382 Donhauser, S. und K. Glas: Hefepreßbier und seine Aufbereitung
Monatsschrift f. Brauwissenschaft **39** (1986) 8, S. 284-292

383 Vogel, H.: Sammlung chemischer und chemisch-technischer Vorträge; Hrsg. von R. Pummerer; Neue Folge Heft 42: Die Technik der Bierhefe-Verwertung
Stuttgart: Ferdinand Enke, 1939

384 von Laer, M.: Nebenprodukt Bierhefe - Rohstoff für Ingredients der Lebensmittelindustrie; Tagungsband des 2. Weihenstephaner Hefesymposiums, Freising, d. 15./16.06.2004

385 Hoggan, J.: Hefe als Nebenprodukt, ref. in Brauwissenschaft **32** (1979) 10, S. 306

386 Burgstaller, G.: Bierhefe - ein wertvolles Eiweißfuttermittel für landwirtschaftliche Nutztiere
Hrsg.: Bayerischer Brauerbund e.V., München, 1994

387 Jährig, S., Fleischer, L.-G. u. T. Kurz: β-Glucan aus Hefe - Verfahrenstechnische und physiologische Aspekte; Tagungsband des 2. Weihenstephaner Hefesymposiums, Freising, d. 15./16.06.2004

388 Bourdaudhui, G. et al.: Improved yeast resistance to stress using antioxidants extracted from Saccharomyces cerevisiae
Proc. EBC, 29th Congr. Dublin 2003, S. 54/1-54/12
389 Rogers, P. J. et al.: Enhancing the value of spent yeast and brewers spent grain
Proc. EBC, 28th Congr. Budapest 2001, S. 106/1-106/10
390 www.Bierhefe.com
391 www.biolabor.de
392 Pesta, G.: Verfahrenstechnische und wirtschaftliche Aspekte bei der Verwertung und Entsorgung von Hefe; Tagungsband des 2. Weihenstephaner Hefesymposiums, Freising, d. 15./16.06.2004
393 Kübeck, G.: Abwasserabgabe - Konsequenzen für Brauereien und Mälzereien, Brauwelt **113** (1973) 49, S. 1051-1056
394 *Incyte Arc* Sensor® der Fa. Hamilton. Infomaterial der Fa. Hamilton Bonaduz AG: Prozessanalytik in Brauereien, 2019; www.hamiltoncompagny.com; contact.pa.ch@hamilton.ch

Weitere Titel aus unserem Fachbuchprogramm:

Technologie Brauer & Mälzer. Wolfgang Kunze
11. überarb. Aufl. 2016, 1000 S., Hardcover, 129 €, ISBN 978-3-921690-81-9

Gärung und Reifung des Bieres. Gerolf Annemüller / Hans-J. Manger
2. überarb. Aufl. 2013, 872 S., Hardcover, 99 €, ISBN: 978-3-921690-73-4

Klärung und Stabilisierung des Bieres. Gerolf Annemüller / Hans-J. Manger
1. Aufl. 2011, 896 S., Hardcover, 99 €, ISBN: 978-3-921690-66-6

Füllanlagen für Getränke. Hans-J. Manger
1. Auflage 2008, 960 S., Hardcover, 69 €, ISBN: 978-3-921690-60-4

Armaturen, Rohrleitungen, Pumpen, Wärmeübertrager, CIP-Anlagen in der Gärungs- und Getränkeindustrie. Hans-J. Manger
1. Auflage 2013, 366 S., Paperback, 49 €, ISBN: 978-3-921690-72-7

Kälteanlagen in der Brau- und Malzindustrie. Hans-J. Manger
2. überarb. Auflage 2015, 176 S., Paperback, 40 €, ISBN: 978-3-921690-79-6

Kompendium Messtechnik. Hans-J. Manger
1. Auflage 2006, 256 S., Paperback, 45 €, ISBN: 978-3-921690-51-2

Kohlendioxid und CO_2-Gewinnungsanlagen. Hans-J. Manger, Hartmut Evers
3. überarb. Aufl. 2012, 96 S., Paperback, 25 €, ISBN: 978-3-921690-69-7

Maschinen, Apparate und Anlagen für die Gärungs- und Getränkeindustrie
Hans-J. Manger

    Teil 1: Rohstoffbehandlung in Mälzerei, Brauerei und Getränkeindustrie
    3. überarb. Aufl. 2019, 162 S:, Paperback, 30 €, ISBN: 978-3-921690-89-5

    Teil 2: Mälzerei
    2. überarb. Aufl. 2017, 204 S., Paperback, 40 €, ISBN: 978-3-921690-84-0

    Teil 3: Rohstoffzerkleinerung
    1. Auflage 2019, 121 S., Paperback, 30 €, ISBN: 978-3-921690-88-8

Planung von Anlagen für die Gärungs- und Getränkeindustrie. Hans-J. Manger
4. überarb. Aufl. 2017, 256 S., Paperback, 40 €, ISBN: 978-3-921690-82-6

Fachrechnen für Mälzerei- und Brauereitechnologen.
Gerolf Annemüller / Hans-J. Manger
1. Auflage 2015, 358 S., Paperback, 49 €, ISBN: 978-3-921690-78-9

Die Berliner Weiße – ein Stück Berliner Geschichte.
Gerolf Annemüller / Hans-J. Manger / Peter Lietz,
2. Erweiterte Auflage 2018, 396 S., 29,90 e, ISBN 978-3-921690-86-4

Gesamtübersicht, weitere Informationen und Bestellung:

www.vlb-berlin.org/verlag

Versuchs- und Lehranstalt für Brauerei in Berlin (VLB) e.V., Seestraße 13, 13353 Berlin